MATHEMATIK

FÜR

WIRTSCHAFTSWISSENSCHAFTEN

Ein Trainingsbuch:

Definitionen und Sätze

Aufgaben mit kommentierten Lösungen

Dr. Dieter Lohse
Dr. Detlef Wille
unter Mitarbeit von
Katharina Hogrefe
Olesya Uzunova

2. Auflage

Binomi Verlag	**Schützenstr. 9, 30890 Barsinghausen**	
	Telefon	**05105 6624000**
	Telefax	**05105 515798**
	E–Mail	**verlag@binomi.de**
	Internet	**www.binomi.de**
Druck	BWH GmbH Medien Kommunikation	

Zu beziehen beim Verlag oder im Buchhandel

ISBN 978–3–923 923–22–9

Hannover 10/08

Vorwort

Das vorliegende Buch soll für Studierende der Wirtschaftswissenschaften eine begleitende Hilfe zu Mathematikvorlesungen sein. Darin werden Aufgaben aus allen gängigen Gebieten der Mathematik für Wirtschaftswissenschaften zu Übungszwecken angeboten.
Es wird empfohlen, Lösungen zunächst selbst zu erarbeiten und diese dann anhand der ausführlichen Lösungen zu kontrollieren. Natürlich können die Aufgaben mit Lösungen auch direkt zum Verständnis der Theorie bzw. mathematischer Verfahren durchgearbeitet werden. Um bei eventuell fehlenden Kenntnissen der zugrundeliegenden mathematischen Begriffe nicht gleich zusätzlich zu einem Lehrbuch greifen zu müssen, wurden fast allen Abschnitten eine kurze und übersichtliche Zusammenstellung der im entsprechenden Abschnitt benötigten Definitionen, sowie wichtiger Sätze vorangestellt. Dadurch ist das Buch auch gut zum Selbststudium geeignet.

Die Aufgaben sind abschnittsweise durchnumeriert worden. Bei Verweisen auf Aufgaben innerhalb des gleichen Abschnitts wird lediglich die laufende Aufgabennummer zitiert, sonst die gesamte Aufgabennummer, also einschließlich Kapitel- und Abschnittnummer.

Die Klausuraufgaben des letzten Kapitels sollen speziell der Vorbereitung und Handhabung von Fragestellungen in Klausuren dienen. Die Aufgaben wurden in den letzten Jahren am Fachbereich Wirtschaftswissenschaften der Universität Hannover in den Lehrveranstaltungen "Mathematik für Studierende der Wirtschaftswissenschaften" gestellt. Wichtig ist bei der Bearbeitung dieser Aufgaben auch die Beachtung des Zeitaufwands pro Aufgabe.

Hannover, September 2003

Inhaltsverzeichnis

Kapitel 1

Funktionen

1.1 Grundlagen

Wir geben eine Zusammenstellung der Definitionen von Mengenbildungen.
Den Term $\{x \in X \mid ...\}$ lese man stets als:
Menge aller x aus X mit der Eigenschaft ....

Mengenoperationen

A und B seien Teilmengen von X.

$A \cap B$	$=$	$\{x \in X \mid x \in A \text{ und } x \in B\}$	**Durchschnitt** von A und B
$A \cup B$	$=$	$\{x \in X \mid x \in A \text{ oder } x \in B\}$	**Vereinigung** von A und B
$A \setminus B$	$=$	$\{x \in X \mid x \in A \text{ und } x \notin B\}$	A **vermindert** um B
$A \times B$	$=$	$\{(x,y) \mid x \in A \text{ und } y \in B\}$	**Kartesisches Produkt** von A und B

Besondere Zahlenmengen

$\mathbb{N}$	$=$	$\{1,2,3,4,...\}$	Menge der **natürlichen** Zahlen
$\mathbb{N}_0$	$=$	$\{0,1,2,3,4,...\}$	
$\mathbb{Z}$		Menge der **ganzen** Zahlen	
$\mathbb{Q}$		Menge der **rationalen** Zahlen	
$\mathbb{R}$		Menge der **reellen** Zahlen	
$\mathbb{C}$		Menge der **komplexen** Zahlen	

Intervalle

$[a,b]$	$:=$	$\{x \in \mathbb{R} \mid a \leq x \leq b\}$	**(abgeschlossenes Intervall)**
$]a,b[$	$:=$	$\{x \in \mathbb{R} \mid a < x < b\}$ auch (a,b) geschrieben	**(offenes Intervall)**
$[a,b[$	$:=$	$\{x \in \mathbb{R} \mid a \leq x < b\}$	
$]a,b]$	$:=$	$\{x \in \mathbb{R} \mid a < x \leq b\}$	

1.1.1

Es seien die folgenden Teilmengen von $\mathbb{Z}$ gegeben:
$X_1 := \{y \in \mathbb{Z} \mid y \text{ ist eine gerade Zahl }\}$
$X_2 := \{y \in \mathbb{Z} \mid \text{es gibt ein } z \in \mathbb{Z} \text{ mit } y^2 + z^2 \leq 2\}$
$X_3 := \{y \in \mathbb{Z} \mid y \text{ ist teilbar durch } 6\}$
$X_4 := \{y \in \mathbb{Z} \mid (y^4 + y^2 - 2)(y^2 - 2y) = 0\}$
$X_5 := \{y \in \mathbb{Z} \mid 3y^2 \text{ ist teilbar durch } 4\}$

a) Man bestimme: $X_1 \cap X_2$, $X_3 \cup X_5$, $X_1 \setminus X_3$ und $X_2 \times X_4$.

b) Man untersuche, für welche $i, j \in \{1, \ldots, 5\}, i \neq j$ die Beziehung $X_i \subseteq X_j$ gilt. Welche der Mengen sind gleich?

Alle fünf Mengen lassen sich leicht in aufzählender Schreibweise angeben. Damit kann man dann a) und b) beantworten.
Sofort ersichtlich ist:

$$X_1 = \{..., -6, -4, -2, 0, 2, 4, 6, ...\}$$

und

$$X_3 = \{..., -12, -6, 0, 6, 12, 18, ...\}$$

Für X_2 findet man durch Einsetzen:

$$X_2 = \{-1, 0, 1\}$$

Da ein Produkt genau dann 0 ist, wenn mindestens ein Faktor 0 ist, folgt für X_4:

$$y \in X_4 \quad \Longleftrightarrow \quad y \in \mathbb{Z} \text{ und } \left(y(y-2) = 0 \text{ oder } y^4 + y^2 - 2 = 0\right)$$

$$\begin{aligned} y(y-2) = 0 \quad &\Longleftrightarrow \quad y = 0 \text{ oder } y = 2 \\ y^4 + y^2 - 2 = 0 \quad &\Longleftrightarrow \quad y = 1 \text{ oder } y = -1 \end{aligned}$$

Damit folgt:

$$X_4 = \{-1, 0, 1, 2\}$$

X_5 kann nur gerade Zahlen enthalten. Ein Quadrat einer ungeraden Zahl und das Produkt ungerader Zahlen sind nämlich ungerade. Ist y aber eine gerade Zahl, so ist y^2 und damit auch $3y^2$ durch 4 teilbar. Also gilt

$$X_5 = X_1 \; .$$

a) Man erhält:

$$\begin{aligned} &X_1 \cap X_2 = \{0\} \\ &X_3 \cup X_5 = X_1 \\ &X_1 \setminus X_3 = \{..., -8, -4, -2, 2, 4, 8, 10, 14, ...\} \\ &X_2 \times X_4 = \{(-1,-1), (-1,0), (-1,1), (-1,2), ..., (1,2)\} \\ &X_2 \times X_4 \text{ hat } 3 \cdot 4 = 12 \text{ Elemente.} \end{aligned}$$

b) Durch Vergleich ergeben sich folgende Beziehungen:

$$X_2 \subseteq X_4, \qquad X_3 \subseteq X_1, \qquad \text{sowie } X_1 = X_5$$

1.1.2
Es seien A, B und C die folgenden Teilmengen von $\mathbb{R}$,

$$A := \{x \in \mathbb{R} \mid x \geq 2x+1\}, \quad B := \{x \in \mathbb{R} \mid x \leq 10\},$$

und

$$C := \{x \in \mathbb{R} \mid x \cdot (1-x) \leq x^2\}.$$

Man skizziere die Mengen A, B, C, $A \cap B$, $A \cap C$, $B \cap C$, $A \cap B \cap C$.
Man verifiziere am Beispiel
$(A \cup B) \cap C = (A \cap C) \cup (B \cap C)$ und $(A \cap B) \cup C = (A \cup C) \cap (B \cup C)$.

Wegen $x \geq 2x+1 \iff x \leq -1$ ist $A = \{x \in \mathbb{R} \mid x \leq -1\}$.

Zu C: Wegen $x\,(1-x) \leq x^2 \iff x - x^2 \leq x^2 \iff \frac{x}{2} \leq x^2$
muß $x \geq \frac{1}{2}$ oder $x \leq 0$ sein. (Bitte veranschaulichen Sie sich diesen Sachverhalt auch anhand einer Skizze der Graphen der Funktionen f und g mit $f(x) = \frac{x}{2}$ und $g(x) = x^2$.)

Also folgt: $C =]-\infty, 0] \cup [\frac{1}{2}, \infty[$
Skizze:

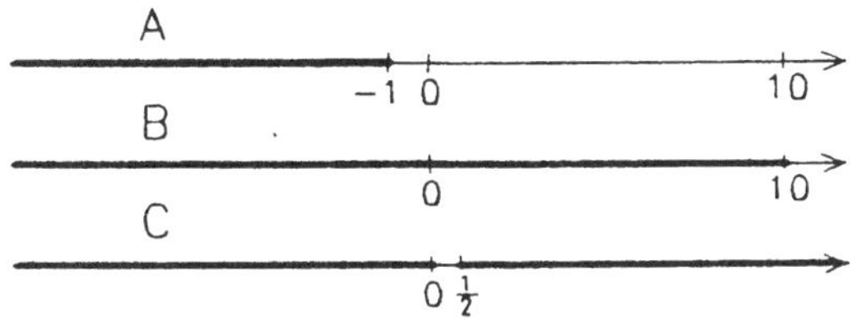

$$A \cap B =]-\infty, -1], \quad B \cap C =]-\infty, 0] \cup [\frac{1}{2}, 10], \quad A \cap C =]-\infty, -1]$$

$$A \cap B \cap C =]-\infty, -1]$$

Skizze:

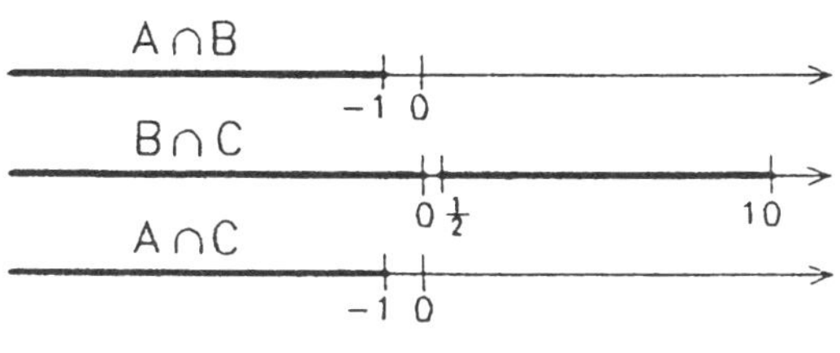

Es gilt $A \cup B =]-\infty, 10]$. Nun folgt:

$$\begin{aligned}
(A \cup B) \cap C &= \ ]-\infty, 10] \cap (\ ]-\infty, 0] \cup [\tfrac{1}{2}, \infty[\ ) \\
&= \ ]-\infty, 0] \cup [\tfrac{1}{2}, 10] \\
(A \cap C) \cup (B \cap C) &= \ ]-\infty, -1] \cup (\ ]-\infty, 0] \cup [\tfrac{1}{2}, 10]\ ) \\
&= \ ]-\infty, 0] \cup [\tfrac{1}{2}, 10] \\
(A \cap B) \cup C &= \ ]-\infty, -1] \cup (\ ]-\infty, 0] \cup [\tfrac{1}{2}, \infty[\ ) \\
&= \ ]-\infty, 0] \cup [\tfrac{1}{2}, \infty[\\
(A \cup C) \cap (B \cup C) &= (\ ]-\infty, 0] \cup [\tfrac{1}{2}, \infty[\ ) \cap\ ]-\infty, \infty[\\
&= \ ]-\infty, 0] \cup [\tfrac{1}{2}, \infty[
\end{aligned}$$

1.1.3
Man mache sich an einem Bild für Mengen A, B und C die folgenden, allgemeinen Regeln klar:
$(A \cup B) \cap C = (A \cap C) \cup (B \cap C)$ und $(A \cap B) \cup C = (A \cup C) \cap (B \cup C)$.

$(A \cup B) \cap C = (A \cap C) \cup (B \cap C)$

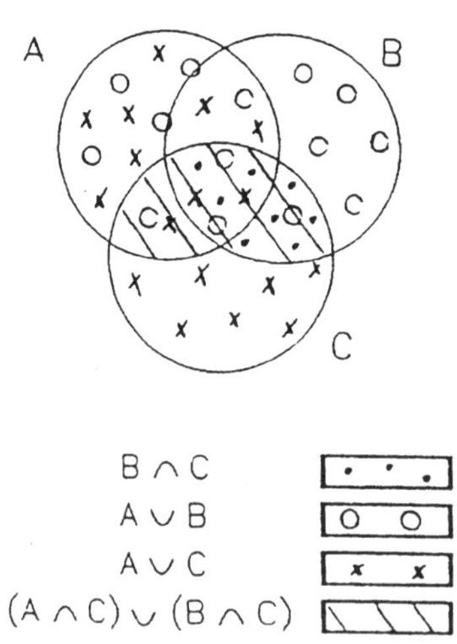

$(A \cap B) \cup C = (A \cup C) \cap (B \cup C)$

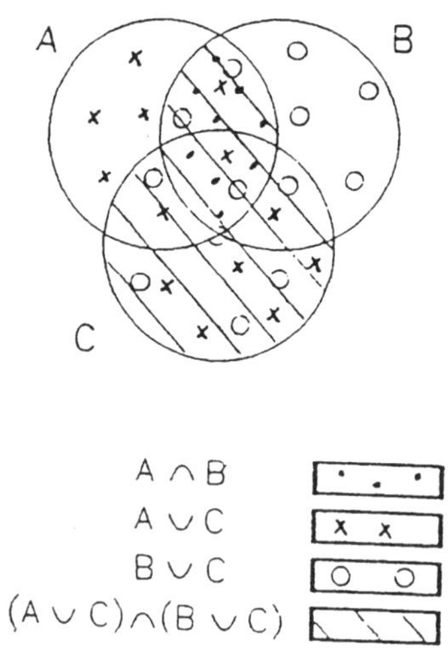

1.1.4
Man skizziere die Menge

$$\{(x,y) \in \mathbb{R}^2 \mid x^2+y^2 \leq 4 \quad \text{und} \quad 0 \leq y \leq x^2 \leq 2\}.$$

$\{(x,y) \mid x^2+y^2 \leq 4\}$ ist die abgeschlossene Kreisscheibe mit Mittelpunkt $(0,0)$ und Radius 2.
$\{(x,y) \mid x^2 \geq y \geq 0\}$ beschreibt die Fläche unter der Parabel $y = x^2$ bis zur x–Achse.
Eine zweite Bedingung ist $x^2 \leq 2$, also $x \leq \sqrt{2}$ und $x \geq -\sqrt{2}$. Es ergibt sich die nebenstehend skizzierte Menge.

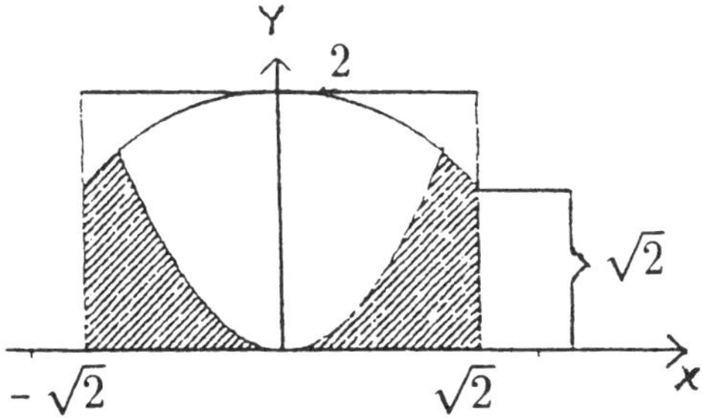

1.1.5
a) Man schreibe ausführlich:

$$\sum_{i=2}^{8}(2i+1) \qquad \text{und} \qquad \prod_{j=7}^{14} j$$

b) Man schreibe mit dem Summenzeichen:

$$4+6+8+10+12+14$$

c) Man schreibe mit dem Produktzeichen:

$$\frac{1}{2}\cdot\frac{2}{3}\cdot\frac{3}{4}\cdot\frac{4}{5}$$

a) Es gilt:

$$\sum_{i=2}^{8}(2i+1) = 5+7+9+11+13+15+17$$

$$\prod_{j=7}^{14} j = 7\cdot 8\cdot 9\cdot 10\cdot 11\cdot 12\cdot 13\cdot 14$$

b) $$4+6+8+10+12+14 = \sum_{k=2}^{7} 2k$$

c) $$\frac{1}{2}\cdot\frac{2}{3}\cdot\frac{3}{4}\cdot\frac{4}{5} = \prod_{n=1}^{4}\frac{n}{n+1}$$

1.1.6

Man berechne die folgenden Summen:

a) $\sum_{k=0}^{4} k^2$

b) $\sum_{i=1}^{5}(i^2+2)$

c) $\sum_{k=2}^{5} 10\cdot(\frac{1}{3})^k$

d) $\sum_{k=1}^{10}\frac{1}{k\cdot(k+1)}$

a)

$$\sum_{k=0}^{4} k^2 = 1^2+2^2+3^2+4^2 = 30$$

b)

$$\sum_{i=1}^{5}(i^2+2) = 3+6+11+18+27 = 65$$

c)

$$\sum_{k=2}^{5} 10\,(\frac{1}{3})^k = 10\,(\frac{1}{3})^2 + 10\,(\frac{1}{3})^3 + 10\,(\frac{1}{3})^4 + 10\,(\frac{1}{3})^5 = \frac{400}{243}$$

d) Wegen $\frac{1}{k\,(k+1)} = \frac{1}{k} - \frac{1}{k+1}$ folgt:

$$\sum_{k=1}^{10}\frac{1}{k\,(k+1)} = \sum_{k=1}^{10}(\frac{1}{k}-\frac{1}{k+1}) = (1-\frac{1}{2}) + (\frac{1}{2}-\frac{1}{3}) + \ldots + (\frac{1}{10}-\frac{1}{11}) =$$
$$= 1-\frac{1}{11} = \frac{10}{11}$$

Hinweis: In manchen Fällen verwendet man folgende Summen:
Für jede natürliche Zahl n gilt:

$$\sum_{i=1}^{n} i = 1+2+3+\ldots+n = \frac{n}{2}\,(n+1)$$
$$\sum_{i=1}^{n} i^2 = 1^2+2^2+3^2+\ldots+n^2 = \frac{n}{6}\,(n+1)\,(2n+1)$$

1.1.7

Schreiben Sie unter Verwendung des Summenzeichens:

a) $\frac{1}{2} + \frac{1}{4} + \frac{1}{8} + \frac{1}{16} + \ldots + \frac{1}{1024}$

b) $3 + 8 + 15 + 24 + \ldots + 99$

c) $a + \frac{1}{2}\, a^2 + \frac{1}{4}\, a^3 + \ldots. + \frac{1}{128}\, a^8$

$$\begin{aligned}
\frac{1}{2} + \frac{1}{4} + \frac{1}{8} + \frac{1}{16} + \ldots + \frac{1}{1024} &= \frac{1}{2^1} + \frac{1}{2^2} + \frac{1}{2^3} + \frac{1}{2^4} + \ldots + \frac{1}{2^{10}} \\
&= \sum_{k=1}^{10} \frac{1}{2^k}
\end{aligned}$$

$$\begin{aligned}
3 + 8 + 15 + 24 + \ldots + 99 &= (4-1) + (9-1) + (16-1) + \\
&\quad +(25-1) + \ldots + (100-1) \\
&= \sum_{i=2}^{10} (i^2 - 1)
\end{aligned}$$

$$\begin{aligned}
a + \frac{1}{2}\, a^2 + \frac{1}{4}\, a^3 + \ldots + \frac{1}{128}\, a^8 &= (\frac{1}{2})^0\, a + (\frac{1}{2})^1\, a^2 + \ldots + (\frac{1}{2})^7\, a^8 \\
&= \sum_{k=0}^{7} (\frac{1}{2})^k\, a^{k+1} \\
\text{oder} \quad &= \sum_{k=1}^{8} (\frac{1}{2})^{k-1}\, a^k
\end{aligned}$$

1.1.8

Gegeben sind die Summen $\sum_{i=1}^{10} a_i = 3$ und $\sum_{i=1}^{10} a_i^2 = 6$. Wie lautet

$$\sum_{i=1}^{10} (2a_i + 1)(3a_i - 2) \quad ?$$

Wegen $(2a_i + 1)\,(3a_i - 2) = 6a_i^2 - a_i - 2$ folgt:

$$\begin{aligned}
\sum_{i=1}^{10} (2a_i + 1)(3a_i - 2) &= (\sum_{i=1}^{10} 6a_i^2) - (\sum_{i=1}^{10} a_i) - (\sum_{i=1}^{10} 2) = \\
&= 6\,(\sum_{i=1}^{10} a_i^2) - 3 - 10 \cdot 2 = 6 \cdot 6 - 3 - 20 = 13
\end{aligned}$$

1.1.9

Man schreibe die Doppelsumme $\sum_{i=1}^{3}\sum_{j=2}^{5} a_{ij}$ ausführlich.

Es gilt:

$$\sum_{i=1}^{3}\sum_{j=2}^{5} a_{ij} = a_{12} + a_{13} + a_{14} + a_{15} + a_{22} + a_{23} + a_{24} + a_{25} + a_{32} + a_{33} + a_{34} + a_{35}$$

Man erkennt durch Umordung der Summanden, daß man die Summationsreihenfolge vertauschen darf.

$$\sum_{i=1}^{3}\sum_{j=2}^{5} a_{ij} = \sum_{j=2}^{5}\sum_{i=1}^{3} a_{ij}$$

1.1.10

Gegeben ist die Summe $\sum_{i=1}^{50} a_i = 400$. Wie lautet

$$\sum_{k=1}^{50}\sum_{i=1}^{50} a_i(a_k + 4) \quad ?$$

$$\begin{aligned}\sum_{k=1}^{50}\sum_{i=1}^{50} a_i\,(a_k + 4) &= \sum_{k=1}^{50}(a_k + 4)(\sum_{i=1}^{50} a_i) = \\ &= 400\,((\sum_{k=1}^{50} a_k) + (\sum_{k=1}^{50} 4)) = 400\,(400 + 200) \\ &= 240000\end{aligned}$$

1.2 Ungleichungen

Für Ungleichungen gelten die folgenden Rechenregeln, mit denen äquivalente Umformungen durchgeführt werden können.
Beachten Sie insbesondere Regel 3.

Rechenregeln für Ungleichungen

1.	$a, b, c \in \mathbb{R}$	:	$a < b$	$\Longleftrightarrow$	$a + c < b + c$
2.	$a, b, c \in \mathbb{R}\,,\ c > 0$	:	$a < b$	$\Longleftrightarrow$	$ac < bc$
3.	$a, b, c \in \mathbb{R}\,,\ c < 0$	:	$a < b$	$\Longleftrightarrow$	$ac > bc$

Betrag einer Zahl

$$|x| := \begin{cases} x\,, & \text{falls } x \geq 0 \\ -x\,, & \text{falls } x < 0 \end{cases}$$

Merke: **Der Betrag einer Zahl ist ihr Abstand vom Nullpunkt auf der Zahlengeraden.**

1.2.1

Welche reellen Zahlen x erfüllen die Ungleichung

$$\frac{1}{x-1} < 1\ ?$$

Multipliziert man hier mit dem Nenner $x - 1$, so hängt es von x ab, welche der angegebenen Regeln 2 und 3 anzuwenden sind. Es wird also eine **Fallunterscheidung** durchgeführt:

1. Fall: $x - 1 > 0$, d. h. $x > 1$

In diesem Fall gilt:

$$\frac{1}{x-1} < 1 \iff 1 < x - 1 \iff 2 < x$$

In diesem Fall erhält man also die **Erfüllungsmenge** $L_1 = (2, \infty)$ der Ungleichung.

2. Fall: $x - 1 < 0$, d. h. $x < 1$

Hier gilt:

$$\frac{1}{x-1} < 1 \iff 1 > x - 1 \iff 2 > x$$

Dies führt auf einen zweiten Teil der Erfüllungsmenge, nämlich $L_2 = (-\infty\,, 1)$.
Insgesamt gilt für die Erfüllungsmenge L:

$$L = L_1 \cup L_2 = (-\infty\,, 1)\ \cup\ (2, \infty)$$

1.2.2

Für welche $x \in \mathbb{R}$ gelten die folgenden Ungleichungen?
Man gebe äquivalente Umformungen an, und skizziere die entsprechenden Punktmengen auf der Zahlengeraden.

a) $\dfrac{x^2+x-2}{x^2-1} < 1$ b) $\dfrac{x^2+x-2}{|x^2-1|} < 1$

Beide Quotienten sind für $x \in \mathbb{R} \setminus \{-1, 1\}$ definiert.
a) 1. Fall: $x^2 > 1$

Dann ist

$$\frac{x^2+x-2}{x^2-1} < 1 \iff x^2+x-2 < x^2-1 \iff x < 1$$

Also folgt hier $x < -1$ wegen $x^2 > 1$.

2. Fall: $x^2 < 1$

Dann ist

$$\frac{x^2+x-2}{x^2-1} < 1 \iff x^2+x-2 > x^2-1 \iff x > 1$$

In diesem Fall erfüllen keine $x \in \mathbb{R}$ die gegebene Ungleichung, da aus der Voraussetzung $x^2 < 1$ folgt: $-1 < x < 1$

Insgesamt erfüllen genau alle $x \in]-\infty, -1[$ die gegebene Ungleichung.

Skizze:

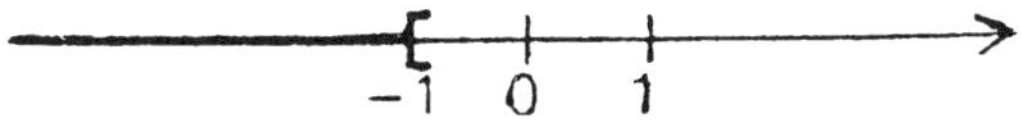

b)

$$\frac{x^2+x-2}{|x^2-1|} < 1 \iff x^2+x-2 < |x^2-1| = \begin{cases} x^2-1 & \text{falls } x^2 > 1 \\ 1-x^2 & \text{falls } x^2 < 1 \end{cases}$$

Wieder werden Fallunterscheidungen wie unter a) gemacht, wobei der erste Fall sogar identisch mit dem Fall unter a) ist.
2. Fall: $x^2 < 1$

$$x^2+x-2 < 1-x^2 \iff x^2+\frac{x}{2}-\frac{3}{2} < 0 \iff (x-1)\,(x+\frac{3}{2}) < 0$$

Die letzte Ungleichung ist erfüllt für alle x mit $-\frac{3}{2} < x < 1$, da ein Produkt aus zwei Faktoren genau dann negativ ist, wenn ein Faktor negativ und der andere

Faktor positiv ist. Unter der Voraussetzung $x^2 < 1$ dieses 2. Falles erfüllen also alle x mit $x \in]-1, 1[$ die Ungleichung.

Skizze:

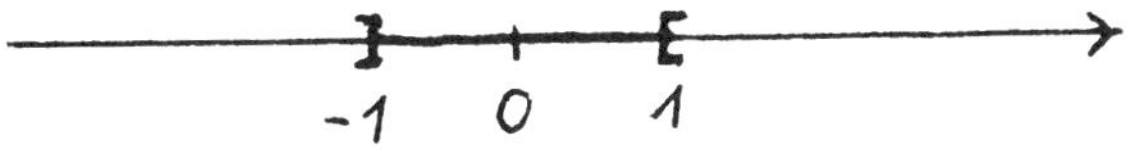

1.2.3

Welche $x \in \mathbb{R}$ genügen den folgenden Ungleichungen?

a) $\dfrac{x^2 + 2x - 4}{x - 2} < x + 3$ b) $\dfrac{2x + 3}{|x + 1|} < 1$

Die Ungleichungen gelten für:

a) $x \in (-2, 2)$

b) $x \in (-\infty, -\frac{4}{3})$

Graphische Interpretation:

$$\frac{2x + 3}{|x + 1|} < 1 \iff \underbrace{2x + 3}_{f(x)} < \underbrace{|x + 1|}_{g(x)}$$

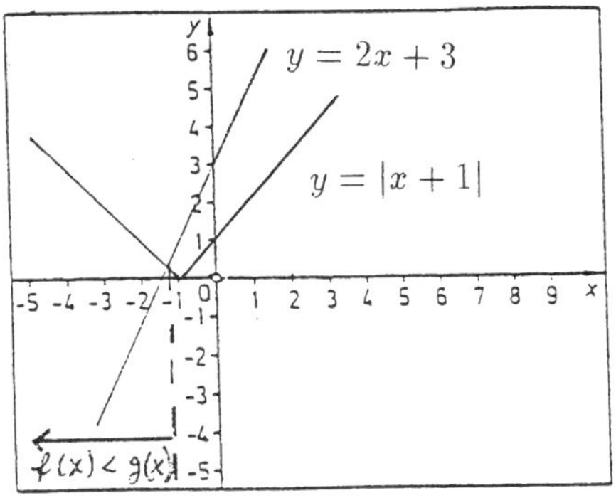

1.2.4

Welche Punkte der (x, y)–Ebene erfüllen die folgenden drei Ungleichungen?

$$\frac{1}{2}x - y + 1 \geq 0\,, \qquad y \geq 0\,, \qquad 0 \leq x \leq 4$$

Wir führen die äquivalente Umformung

$$\frac{1}{2}x - y + 1 \iff y \leq \frac{1}{2}x + 1$$

durch. Man erkennt nun alle Begrenzungsgeraden des Lösungsbereichs, und erhält so die nebenstehende Skizze.

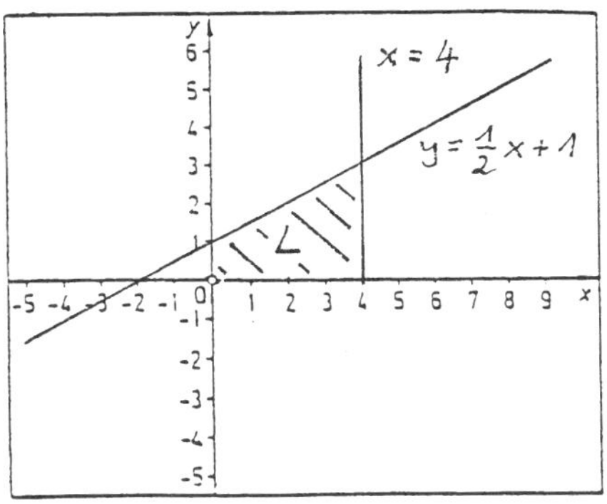

1.2.5

Herr G. Recht möchte jedem seiner Kinder ein Geschenk machen. Dazu stehen ihm höchstens 36 € zur Verfügung. Der Preis für jedes Geschenk soll mindestens 10 € betragen, beide Geschenke sollen sich in ihrem Wert um höchstens 5 € unterscheiden. Man bezeichne die Preise mit x und y und skizziere die möglichen Preiskombinationen in der (x, y)–Ebene.

Die nachstehende Skizze ergibt sich aus den folgenden Bedingungen:

$$x \geq 10, \quad y \geq 10, \quad |x-y| \leq 5, \quad x+y \leq 36$$

Dabei führt $|x-y| \leq 5$ wegen

$$|x-y| \leq 5 \iff -5 \leq x-y \leq 5$$

auf die beiden eingezeichneten parallelen Geraden, die durch $y = x - 5$ (rechte Ungleichung) und $y = x + 5$ (linke Ungleichung) gegeben sind.

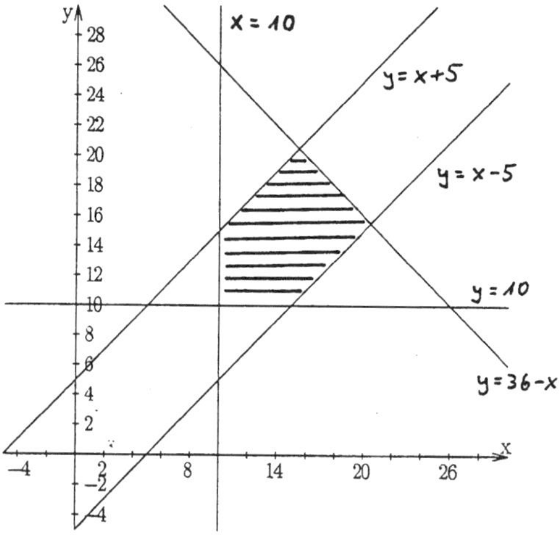

1.3 Elementare Funktionen

Eine mengentheoretische Schreibweise für Funktionen ist:

$$f : \begin{cases} A & \longrightarrow & B \\ x & \longmapsto & f(x) \end{cases}$$

A heißt **Definitionsbereich**, B heißt **Wertebereich** von f.
Wir geben Funktionen hier meist durch ihre **Funktionsgleichung**

$$f(x) = \ldots \quad \text{oder} \quad y = f(x)$$

an.

Verknüpfung von Funktionen

$(f+g)(x)$	$:=$	$f(x) + g(x)$	**Summe** von f und g
$(f \cdot g)(x)$	$:=$	$f(x) \cdot g(x)$	**Produkt** von f und g
$(f \circ g)(x)$	$:=$	$f(g(x))$	**Verkettung** von f und g

1.3.1
Skizzieren Sie die Graphen der Funktionen mit:

a) $f(x) = \frac{1}{2}x + 2$ **b)** $f(x) = 2x + 3$ **c)** $y = |x|$

d) $y = |2x + 3|$ **e)** $f(x) = \dfrac{1}{x}$ **f)** $f(x) = \dfrac{1}{x^2 + 1}$, $|x| \le 3$

a) , b)

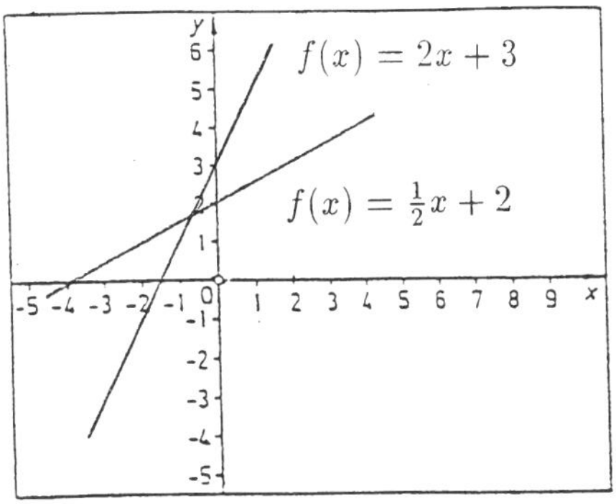

c) , d)

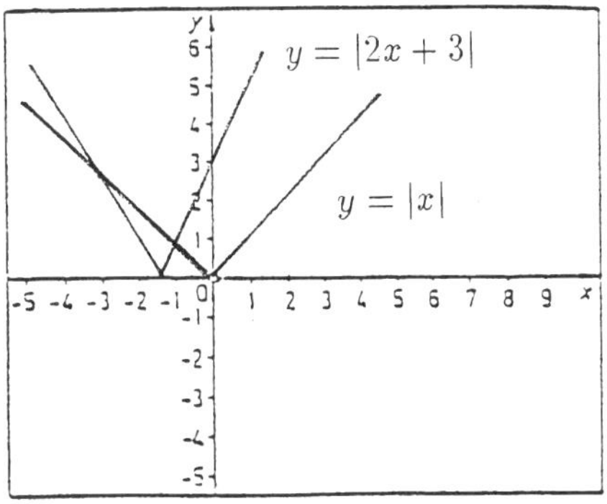

e)

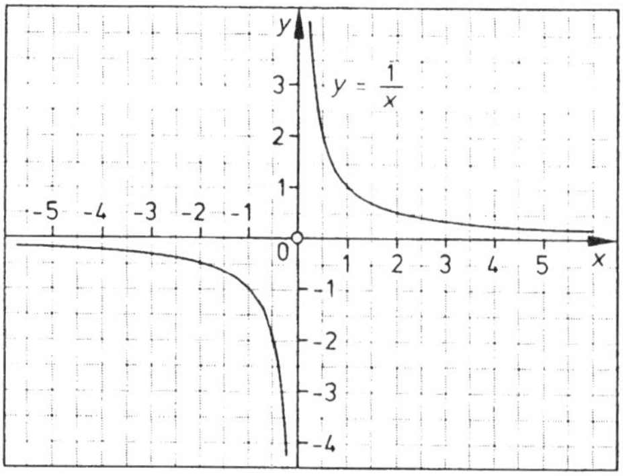

f)

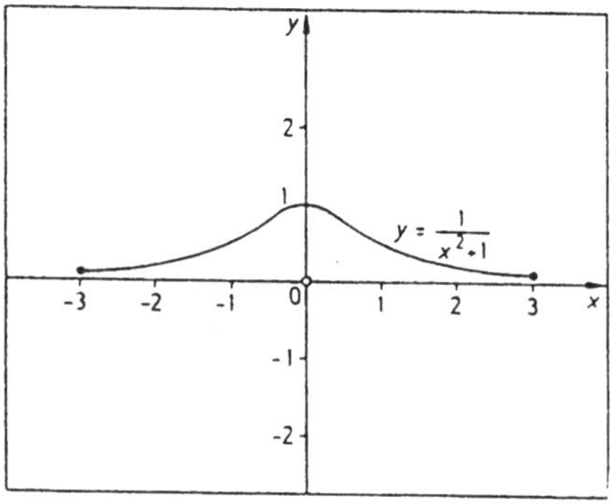

1.3.2

Es sei $f(x) = \frac{1}{2}x + 2$ und $g(x) = x^2$.
Man berechne die Funktionsterme für $f + g$, $f \cdot g$, $f \circ g$, $g \circ f$, und gebe jeweils den größtmöglichen Definitionsbereich der entstehenden Funktion an.

Zunächst folgt für $f + g$ und für $f \cdot g$:

$$(f+g)(x) = f(x)+g(x) = x^2+\frac{1}{2}x+2, \qquad (f\cdot g)(x) = f(x)\cdot g(x) = \frac{1}{2}x^3+2x^2$$

Für die Verkettung folgt:

$$\begin{aligned}(f \circ g)(x) &= f(g(x)) = f(x^2) = \frac{1}{2}x^2 + 2\\ (g \circ f)(x) &= g(f(x)) = g(\frac{1}{2}x + 2) = (\frac{1}{2}x + 2)^2 = \frac{1}{4}x^2 + 2x + 4\end{aligned}$$

Alle diese Funktionen besitzen den Definitionsbereich $\mathbb{R}$.

1.3.3

Bei der Produktion eines Gutes entstehen fixe Kosten von 1500 € und variable Kosten von 0,75 € /Stück. Geben Sie die Funktion an, die die Gesamtkosten K in Abhängigkeit von der Ausbringungsmenge bestimmt. Wie groß muß die produzierte und abgesetzte Menge x_1 sein, damit ein Gewinn erzielt wird, wenn für die Erlösfunktion E gilt: $E(x) = 1,5x$?
Zeichnen Sie die Graphen der Kosten– und Erlösfunktionen!

Während die fixen Kosten von der Ausbringungsmenge x unabhängig sind, ergeben sich die variablen Kosten zu $0,75 \cdot x$ (Einheit ist €). Also ist

$$K(x) = 1500 + 0,75x, \quad (x \geq 0)$$

die Kostenfunktion. Es wird Gewinn erzielt, wenn $K(x) < E(x)$ gilt. Es ist $K(x) < E(x)$ genau dann, wenn $1500 + 0,75x < 1,5x$ gilt. Dies ist für $x = 2000$ erfüllt.

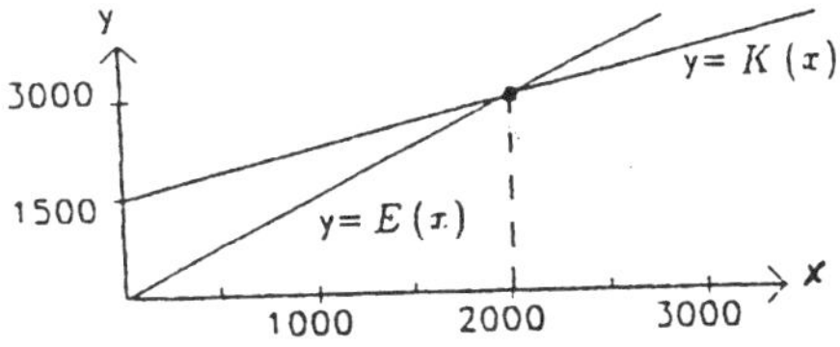

Ergebnis: Für $x > 2000$ wird Gewinn erzielt.

1.3.4
Der Preis eines Produktes ist eine lineare Funktion der Ausbringungsmenge x mit der Gleichung $p = 5 - 0,2 \cdot x$. Man skizziere den Graphen von $p = p(x)$ und ermittle den Erlös in Abhängigkeit von der Ausbringungsmenge. Man bestimme die Ausbringungsmenge mit dem maximalen Erlös.

Aus dem Zusammenhang

$$\text{Erlös} = \text{Preis} * \text{Absatz}$$

folgt für den Erlös $E(x)$ in Abhängigkeit von dem Absatz x:

$$E(x) = p(x) \cdot x = (5 - 0,2x)\,x = 5x - 0,2x^2$$

Die Erlösfunktion ist also eine quadratische Funktion, ihr Graph also eine Parabel.

Die Nullstellen von

$$E(x) = x(5 - 0,2x)$$

sind 0 und 25. Das Argument x_s des Scheitelpunktes einer quadratischen Parabel ist aus Symmetriegründen die Mitte zwischen den Nullstellen. Es folgt:

$$x_s = \frac{1}{2}(0 + 25) = 12,5$$

Wegen $E(12,5) = 31,25$ folgt
$S = (12,5\,;\,31,25)$,
d. h. der maximale Erlös beträgt 31,25.

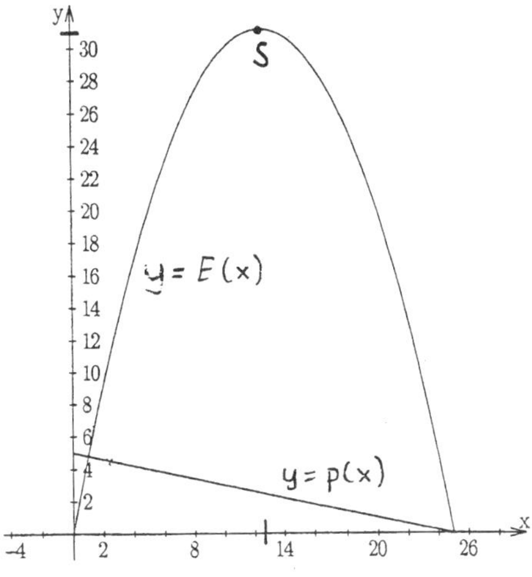

1.3.5

Durch die nachstehenden Gleichungen sind Parabeln gegeben.

$(i)\quad y = x^2 + 2x - 3 \quad (ii)\quad y = 3x^2 - 12x + 9 \quad (iii)\quad y = 2x^2 - 8x + 6$

a) Man bestimme die Scheitelpunkte der Parabeln.

b) Man bestimme die Nullstellen der Parabeln.

c) Mit Hilfe von b) bestimme man – falls möglich – die Scheitelpunkte der Parabeln auf eine zweite Art.

d) Man fertige eine Skizze an.

a) Aus der Form $y = a\,(x - x_s)^2 + y_s$ erkennt man (x_s, y_s) als Scheitelpunkt der Parabel. Mittels quadratischer Ergänzung wird also die gegebene Gleichung jeweils auf diese Form gebracht.

$$\begin{array}{llll} (i) & y & = & x^2 + 2x - 3 \\ & & = & (x+1)^2 - 1 - 3 \\ & & = & (x+1)^2 - 4 \qquad \Longrightarrow \quad \text{Scheitelpunkt:} \quad S = (-1, -4) \end{array}$$

$$\begin{array}{llll} (ii) & y & = & 3x^2 - 12x + 9 \\ & & = & 3\,(x^2 - 4x) + 9 \\ & & = & 3\,(x-2)^2 - 12 + 9 \\ & & = & 3\,(x-2)^2 - 3 \qquad \Longrightarrow \quad \text{Scheitelpunkt:} \quad S = (2, -3) \end{array}$$

$$\begin{array}{llll} (iii) & y & = & -2x^2 + 16x - 33 \\ & & = & -2\,(x^2 - 16x) - 33 \\ & & = & -2\,(x-4)^2 + 32 - 33 \\ & & = & -2\,(x-4)^2 - 1 \qquad \Longrightarrow \quad \text{Scheitelpunkt:} \quad S = (4, -1) \end{array}$$

b) Die Nullstellen von $x^2 + px + q$ sind gegeben durch

$$x_{1,2} = -\frac{p}{2} \pm \sqrt{\frac{p^2}{4} - q}\ ,$$

falls $\frac{p^2}{4} - q \geq 0$.

(i) $\quad x_{1,2} = -1 \pm \sqrt{1+3} = -1 \pm 2 \qquad$ Nullstellen: 1 und -3

(ii) $\quad 3x^2 - 12x + 9 = 0 \iff x^2 - 4x + 3 = 0 \iff x_{1,2} = 2 \pm \sqrt{4-3}$
Nullstellen sind 1 und 3.

(iii) $\quad -2x^2 + 16x - 33 = 0 \iff x^2 - 8x + \frac{33}{2} = 0$

$\frac{p^2}{4} - q = 16 - \frac{33}{2} < 0 \quad \Longrightarrow \quad$ Es existieren keine Nullstellen.

(Das entnimmt man auch schon Teil a), da es sich um eine nach unten geöffnete Parabel handelt, deren Scheitelpunkt unterhalb der x–Achse liegt.

c) Sind Nullstellen vorhanden, so ist aus Symmetriegründen die Abszisse des Scheitelpunktes die Mitte zwischen den Nullstellen.
Damit erhält man bei der ersten Parabel $S = (-1, f(-1))$ und bei der zweiten Parabel $S = (2, f(2))$. Der jeweilige Funktionswert läßt sich mittels der gegebenen Gleichung berechnen.
Bei der dritten Parabel versagt diese Methode, da keine Nullstellen vorhanden sind.

d) Skizzen:

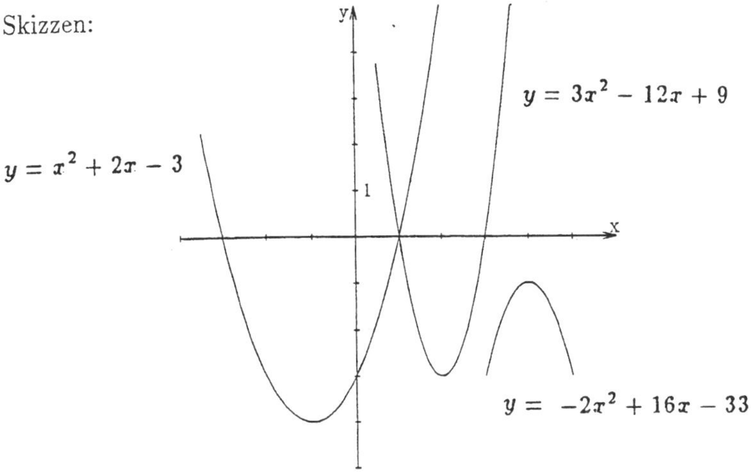

1.3.6
Skizzieren Sie die Graphen der Funktionen, die gegeben sind durch:
a) $y = f(x) = \sqrt{x}\,, \quad x \in [0, \infty)$ **b)** $y = f(x) = \sqrt[3]{x}\,, \quad x \in \mathbb{R}$
c) $y = f(x) = \sqrt[3]{x^2}\,, \quad x \in \mathbb{R}$

Skizzen:

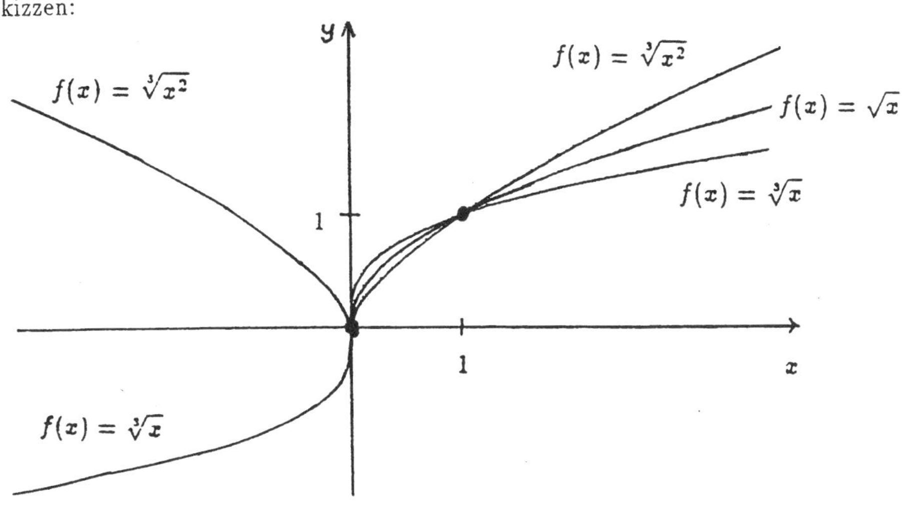

1.3.7

Durch die nebenstehende Tabelle sind Werte einer Funktion f gegeben. Aus Erfahrung weiß man, daß f eine quadratische Funktion ist, d. h. es gilt $y = f(x) = ax^2 + bx + c$ mit $a, b, c \in \mathbb{R}$. Welcher Funktionswert ergibt sich für f an der Stelle 5,2?

x	y
0	0
2	1
4	3

Aufgrund der Einfachheit des Problems sollte hier keine Polynominterpolation nach LAGRANGE vorgenommen werden. Aus dem Wertepaar $(0; 0)$, d. h. $f(0) = 0$ erkennt man nämlich sofort, daß $c = 0$ gilt. Es verbleibt der Ansatz $f(x) = ax^2 + bx$.

Das Wertepaar $(2; 1)$ ergibt: $1 = 4a + 2b$
Das Wertepaar $(4; 3)$ ergibt: $3 = 16a + 4b$

Diese beiden Gleichungen liefern ein einfaches Gleichungssystem mit der Lösung $a = \frac{1}{8}$, $b = \frac{1}{4}$.

Damit folgt $f(x) = \frac{1}{8}x^2 + \frac{1}{4}x$ und es ist $f(5,2) \approx 4,68$.

1.3.8

Für ein gewisses Problem sei der Graph der momentanen Kosten gegeben durch $K(t) = 1 + 0,5t$ (wie stets unter Festlegung entsprechender Einheiten). $(t \geq 0)$
Veranschaulichen Sie die Kosten für das Zeitintervall [2 ; 4], und bestimmen Sie diese.

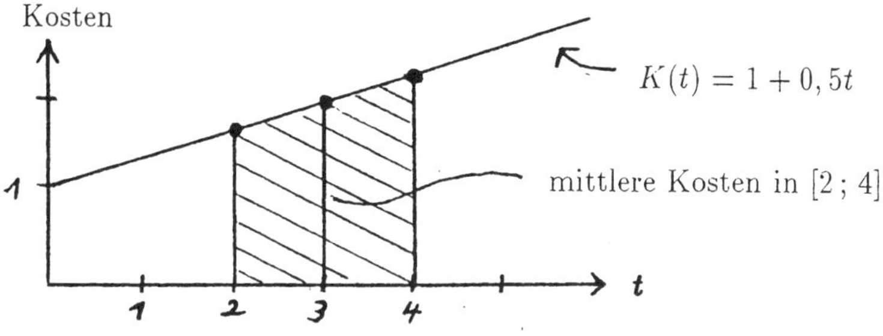

Da $K(t)$ eine lineare Funktion darstellt, gilt:

$$\text{Kosten für das Zeitintervall} = \underbrace{\begin{array}{c}\text{mittlere Kosten}\\ \text{im Zeitintervall}\end{array} * \text{Intervallänge}}_{=\text{ schraffierte Trapezfläche}}$$

$$= K(3) \cdot 2 = 2,5 \cdot 2 = \underline{\underline{5}}$$

1.4 Polynome, binomischer Satz, Binomialkoeffizient

Wir geben hier die Definition sowie einige wichtige Formeln für die Binomialkoeffizienten an.

Es wird definiert: $0! := 1$

$n! := 1 \cdot 2 \cdot 3 \cdot \ldots \cdot n$ für $n \in \mathbb{N}$

(lies: $n-$**Fakultät**)

Binomischer Satz

$$(a+b)^n = \sum_{k=0}^{n} \binom{n}{k} a^{n-k}\, b^k$$

Die Zahlen $\binom{n}{k}$ heißen **Binomialkoeffizienten** und sind definiert durch:

$$\binom{n}{k} := \frac{n!}{(n-k)!\,k!} \quad \text{für } n,k \in \mathbb{N}_0\,,\ n \geq k$$

Es gilt:

1. $\binom{n}{k} = \dfrac{n \cdot (n-1) \cdot \ldots \cdot (n-k+1)}{1 \cdot 2 \cdot 3 \cdot \ldots \cdot k}$ falls $n \geq k \geq 1$

2. $\binom{n}{k} = \binom{n}{n-k}$

3. **Rekursionsformel** $\binom{n+1}{k} = \binom{n}{k} + \binom{n}{k-1}$

1.4.1

Man dividiere das Polynom $p(x) = x^3 + 2x - 1$ durch den Linearfaktor $x+1$.

Es ist auf übersichtliche Schreibweise zu achten, da der Term x^2 nicht auftritt.

$$\begin{array}{rrrrrrl}
x^3 & & & + & 2x & - & 1 \quad : (x+1) = x^2 - x + 3 - \dfrac{4}{x+1} \\
-(x^3 & + & x^2\,) & & & & \\
\hline
& - & x^2 & + & 2x & - & 1 \\
-(& - & x^2 & - & x\,) & & \\
\hline
& & & & 3x & - & 1 \\
& & & & -(3x & + & 3) \\
\hline
& & & & & - & 4
\end{array}$$

1.4.2

Man berechne alle reellen Nullstellen der folgenden Polynome p, $(x \in \mathbb{R})$

a) $p : x \mapsto 3x^2 + 12x - 15$ **b)** $p : x \mapsto x^3 - 2x^2 - 5x + 6$.

(Hinweis zu (b): p hat eine ganzzahlige Nullstelle.)

a) $p(x) = 0 \iff x^2 + 4x - 5 = 0$

Nullstellen von $x^2 + px + q = 0$ berechnen sich zu:

$$x_{1,2} = -\frac{p}{2} \pm \sqrt{\frac{p^2}{4} - q}$$

Mit $p = 4$ und $q = -5$ erhält man hier:

$$x_{1,2} = -2 \pm \sqrt{9} = -2 \pm 3$$

Ergebnis: Nullstellen sind 1 und -5.

b)

1. Schritt: Eine ganzzahlige Nullstelle wird geraten. 1 ist eine Nullstelle, wie man durch Einsetzen erhält.

2. Schritt: $x - 1$ ist ein Teiler von p, d. h. es gilt $p(x) = (x-1)\,q(x)$, wobei die weiteren Nullstellen von p die Nullstellen von q sind. Es wird nun also eine Polynomdivision durchgeführt, um $q(x)$ zu berechnen.

$$\begin{array}{rrrrrrrl}
x^3 & - & 2x^2 & - & 5x & + & 6) & :(x-1) = x^2 - x - 6 \\
-(x^3 & - & x^2) & & & & & \\
\hline
 & - & x^2 & - & 5x & + & 6 & \\
 & -(- & x^2 & + & x) & & & \\
\hline
 & & & - & 6x & + & 6 & \\
 & & & -(- & 6x & + & 6) & \\
\hline
 & & & & & & 0 &
\end{array}$$

Es ist also $q(x) = x^2 - x - 6$, und Nullstellen von q sind:

$$x_{1,2} = -\frac{(-1)}{2} \pm \sqrt{\frac{1}{4} + 6} = \frac{1}{2} \pm \frac{5}{2}$$

Ergebnis: Nullstellen sind -2, 1 und 3.

1.4.3

Eine ganze rationale Funktion besitzt die Form

$$\mathbb{R} \ni x \mapsto x^4 + ax^3 + bx^2 + cx + d \quad (a, b, c, d \in \mathbb{R})$$

und hat die vier Nullstellen $x_1 = 2$; $x_2 = 3,5$; $x_3 = -1$; $x_4 = 4$.
Wie lautet d ?

Die ganze rationale Funktion ist ein normiertes Polynom vom Grade 4. Ein solches Polynom ist durch die Angabe aller 4 Nullstellen x_1, x_2, x_3 und x_4 eindeutig bestimmt zu:

$$(x - x_1)(x - x_2)(x - x_3)(x - x_4)$$

Ausmultiplizieren liefert für d:

$$d = (-x_1)(-x_2)(-x_3)(-x_4) = (-2)(-3,5)(+1)(-4) = -28$$

1.4.4

Aus $(4 + 0,5x)^{10}$ erhält man durch Umformung ein Polynom 10. Grades der Form $a_0 + a_1 x + a_2 x^2 + ... + a_{10} x^{10}$. Wie lautet der Koeffizient a_8 des Summanden $a_8 x^8$?

In der binomischen Formel $(a+b)^n = \sum_{k=0}^{n} \binom{n}{k} a^{n-k} b^k$ setzen wir hier:

$a = 4$, $b = \frac{x}{2}$, $n = 10$ und $k = 8$.

Es folgt:

$$a_8 x^8 = \binom{10}{8} \cdot 4^{10-8} \cdot (\frac{x}{2})^8$$

$$a_8 = \binom{10}{2} \cdot 4^2 \cdot (\frac{1}{2})^8 = \frac{10 \cdot 9}{1 \cdot 2} \cdot \frac{2^4}{2^8} = \frac{45}{16}$$

1.4.5

Schreiben Sie ausführlich (ohne Klammer) :

a) $(a+b)^5$ **b)** $(1+x)^6$ **c)** $(2 - \frac{x}{2})^7$ **d)** $(1 + 0,1x)^5$

a) $a^5 + 5a^4b + 10a^3b^2 + 10a^2b^3 + 5ab^4 + b^5$

b) $1 + 6x + 15x^2 + 20x^3 + 15x^4 + 6x^5 + x^6$

c) $128 - 224x + 168x^2 - 70x^3 + \frac{35}{2}x^4 - \frac{21}{8}x^5 + \frac{7}{32}x^6 - \frac{1}{128}x^7$

d) $1 + 0,5x + 0,1x^2 + 0,01x^3 + 0,0005x^4 + 0,00001x^5$

1.4.6

Berechnen Sie:

a) $\binom{10}{4}$ b) $\binom{201}{198}$ c) $\binom{23}{4} + \binom{23}{5}$

a)

$$\binom{10}{4} = \frac{10 \cdot 9 \cdot 8 \cdot 7}{1 \cdot 2 \cdot 3 \cdot 4} = 210$$

b) Wir benutzen hier die Formel: $\binom{n}{k} = \binom{n}{n-k}$

$$\binom{201}{198} = \binom{201}{3} = \frac{201 \cdot 200 \cdot 199}{1 \cdot 2 \cdot 3} = 1\,333\,300$$

c) Für die Binomialkoeffizienten gilt die Rekursionsformel:

$$\binom{n+1}{k} = \binom{n}{k} + \binom{n}{k-1}$$

$$\binom{23}{4} + \binom{23}{5} = \binom{24}{5} = \frac{24 \cdot 23 \cdot 22 \cdot 21 \cdot 20}{1 \cdot 2 \cdot 3 \cdot 4 \cdot 5} = 42\,504$$

1.4.7

Man zeige: Für jede natürliche Zahl n gilt: $\sum_{k=0}^{n} \binom{n}{k} = 2^n$

Die Richtigkeit der Aussage läßt sich mittels vollständiger Induktion zeigen. Unter Verwendung des binomischen Lehrsatzes ist jedoch auch ein direkter Beweis möglich:
Man wählt in $(a+b)^n$ die Zahlen a und b jeweils zu 1 und erhält:

$$2^n = (1+1)^n = \sum_{k=0}^{n} \binom{n}{k} \cdot 1^{n-k} \cdot 1^k = \sum_{k=0}^{n} \binom{n}{k}$$

1.5 Weitere Funktionen

In diesem Abschnitt wird eine Zusammenstellung weiterer wichtiger Funktionen gegeben.

1.5.1
Man skizziere die Graphen der folgenden Funktionen, gebe (wo möglich) ihre Periode an und untersuche auf Symmetrie.
Wo sind die Funktionen monoton wachsend, wo monoton fallend?

a) $f(x) = \sin x$ b) $f(x) = \cos x$
c) $f(x) = \cos(\pi x)$ d) $f(x) = x^2 \cdot \cos(\pi x)$

Welche dieser Funktionen sind beschränkt?

a) Der Graph von sin ist punktsymmetrisch zum Ursprung, für alle x gilt also

$$\sin(-x) = -\sin x\,.$$

sin ist periodisch mit der Periode 2π. sin ist monoton wachsend in $[-\frac{\pi}{2}, \frac{\pi}{2}] \cup [\frac{3}{2}\pi, \frac{5}{2}\pi]$ und monoton fallend in $[\frac{\pi}{2}, \frac{3}{2}\pi]$. Wegen $|\sin x| \leq 1$ für alle x, ist sin beschränkt.

b) Der Graph von cos ist achsensymmetrisch zur y–Achse, für alle x gilt also

$$\cos x = \cos(-x)\,.$$

cos ist periodisch mit der Periode 2π. cos ist monoton wachsend in $[\pi, 2\pi]$ und monoton fallend in $[0, \pi]$. Wie sin ist auch cos durch 1 beschränkt.

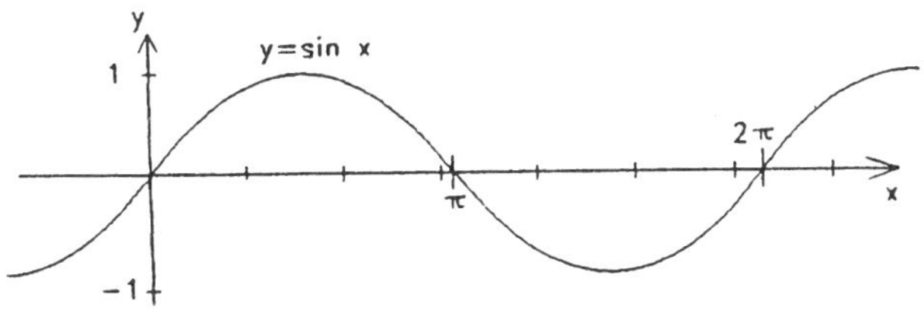

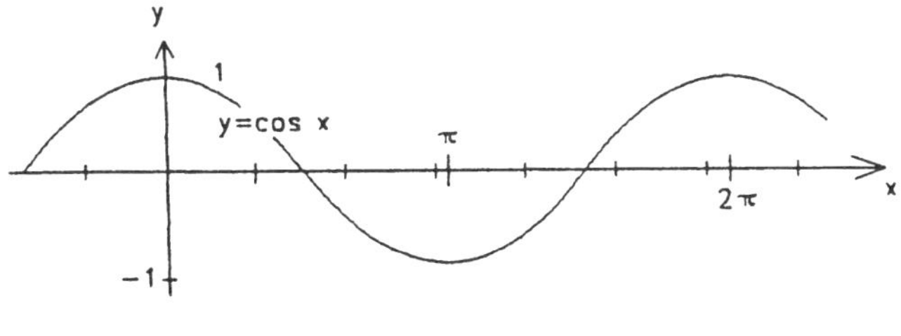

c) f hat die Periode 2 und ist monoton fallend in $[0,1]$ und monoton wachsend in $[1,2]$. Ansonsten siehe b).

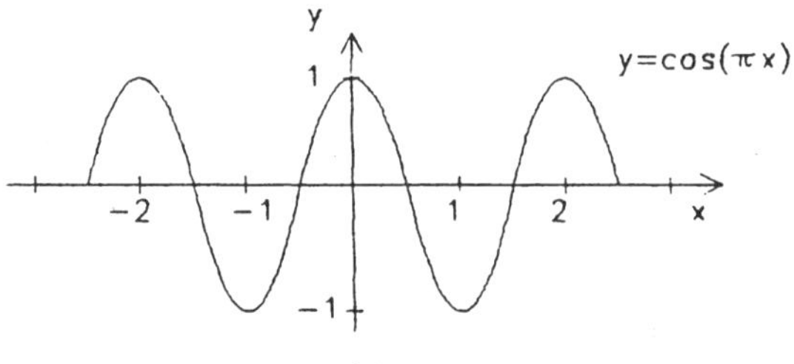

d) f ist nicht periodisch; der Graph ist achsensymmetrisch. f ist unbeschränkt. Die Diskussion der Monotonie ist erst mit Hilfsmitteln der Analysis möglich, die hier noch nicht zur Verfügung stehen.

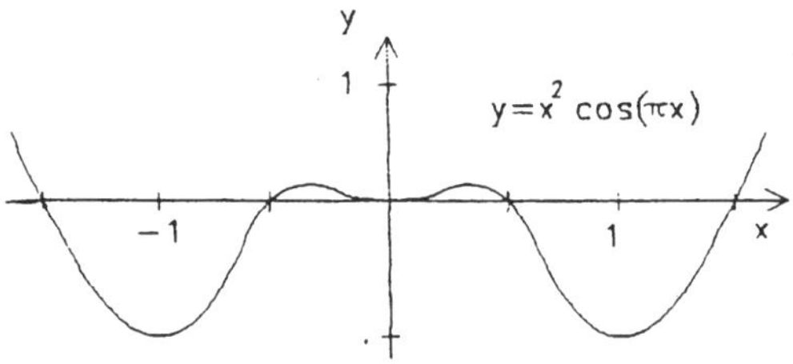

1.5.2

Gegeben ist die Funktion f mit $f(x) = \frac{2x}{x+1}$.

a) Welches ist der größtmögliche Definitionsbereich von f?

b) Man zeichne den Graphen von f.

c) Besitzt f eine Umkehrfunktion f^{-1}?

d) Man ermittle gegebenenfalls die Funktionsgleichung von f^{-1}.

e) Man zeichne gegebenenfalls den Graphen von f^{-1}.

a) Eine rationale Funktion ist überall dort definiert, wo der Nenner nicht verschwindet, hier also auf $\mathbb{R} \setminus \{-1\}$.

c) An dem Graphen erkennt man, daß es zu jedem Wert genau ein Argument gibt, d. h. f ist injektiv, also umkehrbar. Der Graph der Umkehrfunktion f^{-1}

ergibt sich aus dem Graphen von f durch Spiegelung an der Winkelhalbierenden des ersten Quadranten.

d) Zur Berechnung der Funktionsgleichung der Umkehrfunktion wird x zunächst in y und y in x umbenannt, anschließend wird nach y aufgelöst.

$$\begin{aligned} x &= \frac{2y}{y+1} \Longleftrightarrow (y+1)\,x = 2y \\ &\Longleftrightarrow y\,(x-2) + x = 0 \\ &\Longleftrightarrow y = \frac{x}{2-x} = f^{-1}(x) \end{aligned}$$

e) Skizze des Graphen von f^{-1}:

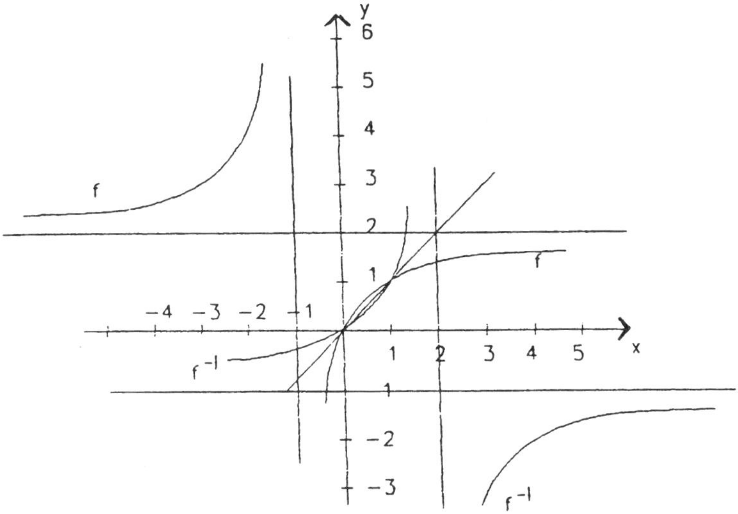

1.5.3
Skizzieren Sie die Graphen der Exponential–Funktionen

$$y = 2^x; \quad y = (\frac{3}{2})^x; \quad y = 4^x; \quad y = (\frac{1}{4})^x; \quad y = (\frac{1}{2})^x; \quad y = (\frac{2}{3})^x$$

$$y = 2,71828^x.$$

Alle Graphen bitte in ein Bild, sowie den zu $y = 1$.

Die Zahl 2,71828 ist eine Näherung für die sog. EULERsche Zahl e.

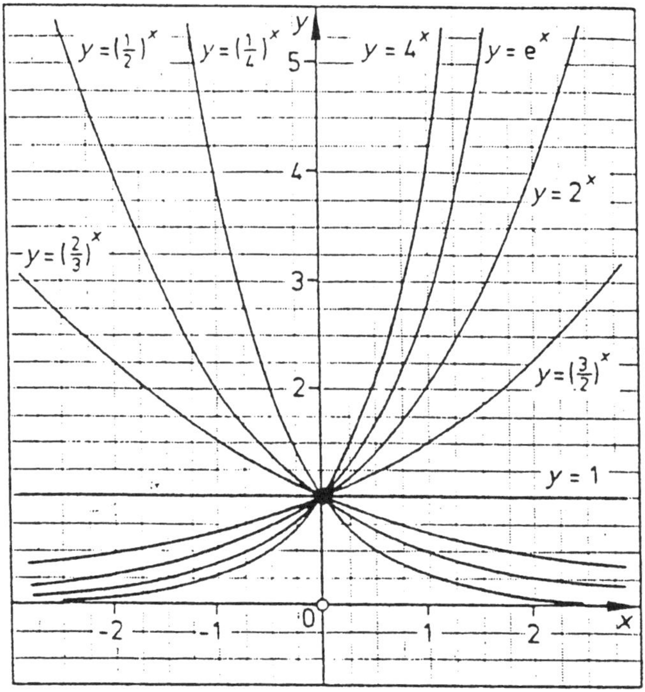

1.5.4
Skizzieren Sie die Graphen von $f(x) = 2^x$ und der Umkehrfunktion. Äußern Sie sich auch zu Definitions- und Wertbereichen.

$f(x) = 2^x$ besitzt den Definitionsbereich $D(f) = \mathbb{R}$ und den Wertbereich $W(f) = \{x \mid x > 0\}$.
Die Umkehrfunktion von f lautet $f^{-1}(x) = \log_2(x)$.
Diese Funktion besitzt den Definitionsbereich $D(f^{-1}) = \{x \mid x > 0\}$ und den Wertbereich $W(f^{-1}) = \mathbb{R}$.

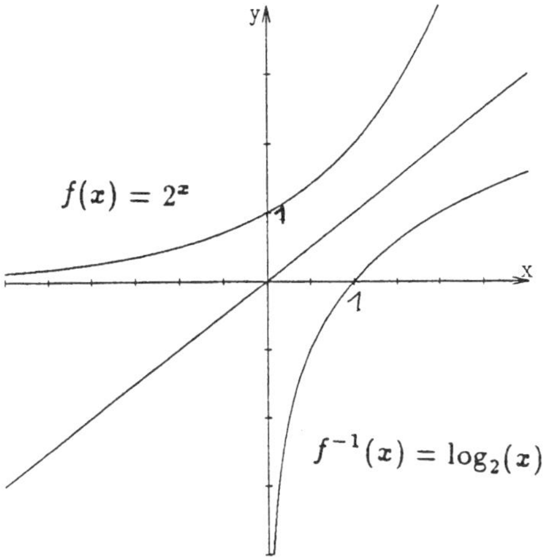

1.5.5
Berechnen Sie:
a) $\log_5 125$ b) $\log_{10} \frac{1}{100000}$

Es gilt die wichtige Äquivalenz:

$$\log_a b = c \iff a^c = b$$

a)

$$\log_5 125 = x \iff 5^x = 125 \iff x = 3$$

b)

$$\log_{10} \frac{1}{100\,000} = x \iff 10^x = \frac{1}{100\,000} \iff 10^x = 10^{-5} \iff x = -5$$

1.5.6
Lösen Sie die Exponentialgleichung: $3 = 2^{3x-1}$

Durch Logarithmieren (z. B. mit dem Zehnerlogarithmus lg) erhält man:

$$3 = 2^{3x-1} \iff \lg 3 = (3x-1)\lg 2 \iff x = \frac{1}{3}\left(\frac{\lg 3}{\lg 2} + 1\right)$$

1.5.7
Herr G. Heim zahlt bei seiner Bank 18000 € ein, die diesen Betrag mit 6 % p.a. verzinst. Wie hoch ist sein Guthaben nach Ablauf von 2 Jahren, 10 Jahren, n Jahren, wenn er zwischendurch kein Geld von diesem Konto abhebt?

Lösung: Es gilt $K_n = K_0\,(1 + \dfrac{i}{100})^n$.
Nach 2 Jahren beträgt sein Guthaben 20224,80 € .
Nach 10 Jahren beträgt sein Guthaben 32235,26 € .
Nach n Jahren beträgt sein Guthaben $18000\,(1 + \frac{6}{100})^n$ € .

1.5.8

Die Privatbank G.L.D. Schleicher bietet Frau O. Zelot eine Geldanlage an, bei der sich ihr eingezahltes Kapital durch Zinsen, Prämien und einen Bonus in 15 Jahren verdoppelt haben soll.
Welchen effektiven Jahreszinssatz gewährt damit die Bank ?

Bei einem effektiven Jahreszinssatz i ist ein Kapital K nach 15 Jahren auf $(1+i)^{15}\,K$ angewachsen. Hier soll es sich dabei verdoppelt haben. Dafür folgt:

$$2K = (1+i)^{15}\,K \iff 2 = (1+i)^{15} \iff \sqrt[15]{2} = 1+i \iff i = \sqrt[15]{2} - 1$$

Die Bank gewährte einen effektiven Jahreszinssatz von $i = \sqrt[15]{2} - 1 \approx 4,7294\%$.

1.5.9

Ein Kapital K hat sich bei einem Zinssatz von $i = 11,5\%$ innerhalb eines Zeitraumes t um 50 % erhöht. Wie lang war der Zeitraum t ?

Bei $i\%$ Verzinsung wächst ein Kapital K in t Jahren auf

$$K\,(1+i)^t.$$

Mit den angegebenen Werten ergibt sich hier:

$$K\,(1+0,115)^t = 1,5K \iff (1+0,115)^t = 1,5$$

Durch Logarithmieren folgt:

$$t\,\lg(1+11,5) = \lg 1,5 \quad\Longrightarrow\quad t = \frac{\lg 1,5}{\lg(1+0,115)} \approx 3,7248$$

Der Zeitraum betrug etwa $3\frac{3}{4}$ Jahre.

1.5.10

Zeichnen Sie den Graphen der Potenzfunktion

$$y = 10 \cdot x^{2,5} \qquad \text{mit } x > 0$$

bei doppelt–logarithmischer Achseneinteilung.

Logarithmieren von

$$y = 10 \cdot x^{2,5}$$

liefert

$$\lg y = \lg 10 + 2,5 \cdot \lg x.$$

Mit der Transformation

$$u := \lg y \quad , \quad v := \lg x$$

folgt:

$$\begin{aligned} u &= \lg 10 + 2,5v \\ &= 1 + 2,5v \end{aligned}$$

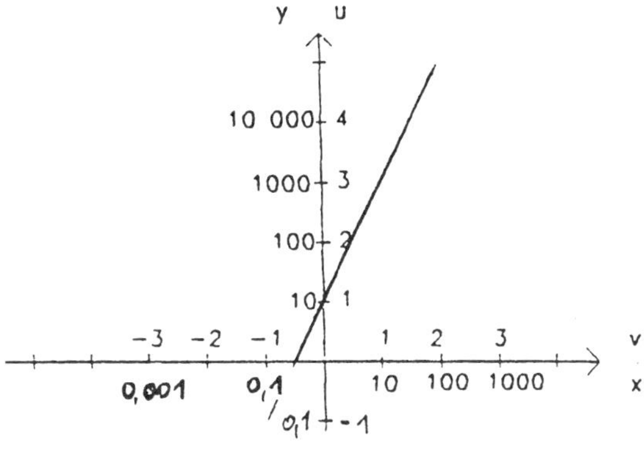

Dies stellt eine Gerade dar.

1.5.11

a) Zeichnen Sie den Graphen der Exponentialfunktion $y = 100 \cdot 1,75^{px}$ für $p = 2$ und $p = 4$ bei einfach–logarithmischer Achseneinteilung.

b) Bestimmen Sie die Umkehrfunktion zu $y = 100 \cdot 1,75^{2x}$ und zeichnen Sie den Graphen bei logarithmischer Einteilung der x–Achse.

a)
Durch Logarithmieren von

$$y = 100 \cdot 1,75^{px}$$

und die Transformation

$$u := \lg y \quad , \quad v := x$$

folgt: $u = \lg 100 + px \cdot \lg 1,75$.
Die Graphen sind also Geraden;
für $p = 2$: $u \approx 2 + 0,49x$
für $p = 4$: $u \approx 2 + 0,97x$

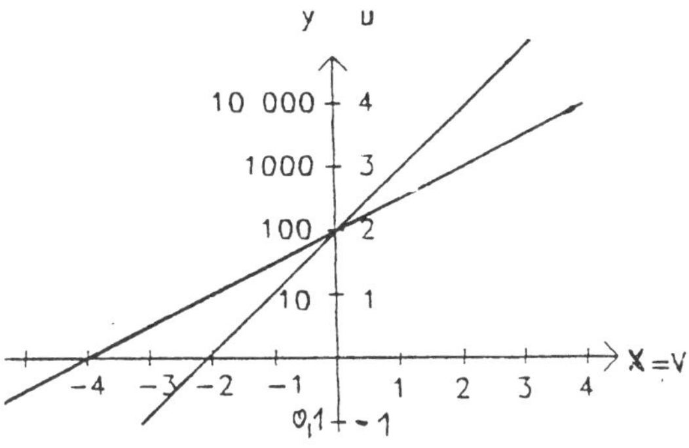

b) Die Umkehrfunktion läßt sich auf zwei Arten bestimmen:
Man kann $u = 2 + 2x \cdot \lg 1,75$ nach x auflösen und dann u und x vertauschen (am einfachsten) oder man löst $y = 100 \cdot 1,75^{2x}$ nach x auf und vertauscht anschließend x und y.
Auf die erste Art erhält man $x = \dfrac{u-2}{2\lg 1,75}$, also $u = \dfrac{1}{2\lg 1,75}x - \dfrac{1}{\lg 1,75}$ und erkennt gleich, daß der Graph bei logarithmischer Einteilung der x–Achse eine Gerade ist.

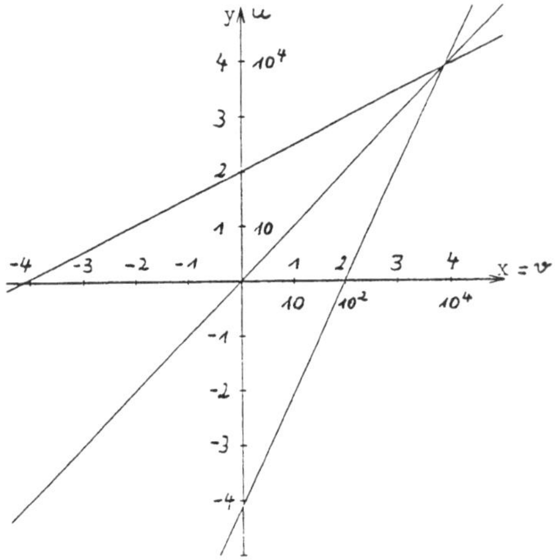

Bei der zweiten Rechenmöglichkeit erhält man zunächst durch Logarithmieren:

$$\lg y = \lg 100 + 2x \cdot \lg 1,75\ ,$$

also $x = \dfrac{\lg y - 2}{2\lg 1,75}$, bzw.

$$y = \frac{1}{2\lg 1,75}\lg x - \frac{1}{\lg 1,75}\ .$$

Die Substitution $\lg x = v$ zeigt dann wieder, daß der Graph bei logarithmischer Einteilung der x–Achse eine Gerade ist, die die Gleichung

$$y = \frac{1}{2\lg 1,75}v - \frac{1}{\lg 1,75} \approx 2v - 4$$

besitzt.

1.5.12

Die Bevölkerungsstatistik eines Staates weist folgende Daten aus:
Bevölkerungszahl: 26 540 000
jährliche Sterberate pro 1000 Einwohner: 14
jährliche Geburtenrate pro 1000 Einwohner: 45
In wieviel Jahren hat sich die Bevölkerungszahl bei diesen Daten verdoppelt?

Es ist die natürliche Exponentialfunktion zu verwenden. Mit den Bezeichnungen

σ :	jährliche Sterberate pro 1000 Einwohner
α :	jährliche Geburtsrate pro 1000 Einwohner
B_0 :	Anfangsbevölkerung zum Zeitpunkt t_0
t :	Zeit in Jahren ab t_0
$B(t)$:	Bevölkerungszahl zum Zeitpunkt t

gilt die folgende Formel für die Bevölkerungsentwicklung:

$$B(t) = B_0 \cdot \mathrm{e}^{\frac{\alpha-\sigma}{1000}t}$$

Hier gilt:

$$B(t) = 26\,540\,000\mathrm{e}^{0,031t}$$

Soll sich die Bevölkerungszahl verdoppeln, so erhält man für die dazu nötige Zeit t die Gleichung

$$2 = \mathrm{e}^{0,031t}$$

mit der Lösung:

$$t = \frac{\ln 2}{0,031} \approx 22,36$$

Ergebnis: Die Bevölkerung hat sich in ca. 22,36 Jahren verdoppelt.

Hinweis: Eine Berechnung von Bevölkerungsanzahlen oder sonstiger stetiger Wachstumsprozesse mittels der Zinseszinsformel kann nur als Näherung betrachtet werden, und das auch nur so lange Zeitraum und Prozentsatz recht klein sind.
Das mathematische Modell des diskreten Zinszuwachses ist falsch zur Beschreibung stetiger Wachstumsprozesse. Bei der Bevölkerungsentwicklung z. B. treten die Geburten und Todesfälle über das ganze Jahr verteilt auf und nicht etwa nur am 31.12.!

1.6 Präferenzrelationen

Eine **Relation** R auf einer Menge M ist eine Teilmenge von $M \times M$, also $R \subseteq M \times M$. Die Elemente von R sind also Paare (a, b) mit $a, b \in M$. Statt $(a, b) \in R$ schreibt man häufig $a\,R\,b$, da diese Schreibweise bei Standardrelationen (z.B. der Relation $\leq$) üblich ist.

Eigenschaften von Relationen

$\succeq$ sei eine Relation auf einer Menge M.
$\succeq$ heißt **reflexiv**, falls für alle $a \in M$ gilt: $a \succeq a$.
$\succeq$ heißt **symmetrisch**, falls gilt: $a \succeq b \Longrightarrow b \succeq a$.
$\succeq$ heißt **antisymmetrisch**, falls gilt: $a \succeq b \ \wedge \ b \succeq a \Longrightarrow a = b$.
$\succeq$ heißt **transitiv**, falls gilt: $a \succeq b \ \wedge \ b \succeq c \Longrightarrow a \succeq c$.
$\succeq$ heißt **vollständig**, falls gilt: $a \succeq b$ oder $b \succeq a$.

Eine reflexive, symmetrische und transitive Relation heißt **Äquivalenzrelation.**
Eine Relation R heißt **Präferenzrelation** (bzw. **Präferenzordnung**), falls gilt:
R ist transitiv, vollständig und erfüllt die folgende Bedingung:
$aRb \wedge bRa \Longrightarrow a \sim b$ d.h. es gibt eine Äquivalenzrelation $\sim$, so daß $a \sim b$ gilt.
Diese Äquivalenzrelation $\sim$ ist durch R definiert und ist häufig die Gleichheitsrelation. In diesem Falle ist obige Bedingung gerade die Antisymmetrie. Daher sagt man häufig auch: R ist Präferenzordnung, falls R transitiv, vollständig und antisymmetrisch ist.

Ist $\succeq$ eine Relation auf der Menge M und $a \in M$, so heißt die Menge $\{b \in M \mid b \succeq a\}$ die **Bessermenge** B zu a.

1.6.1
Auf $G = \mathbb{R}^+ \times \mathbb{R}^+ := \{(x, y) | x, y \in \mathbb{R}, x > 0, y > 0\}$ ist eine Relation $\succeq$ definiert durch

$$(y_1, y_2) \succeq (x_1, x_2) :\Longleftrightarrow (y_1 \geq x_1 \wedge y_2 \geq x_2) .$$

a) Ist $\succeq$ transitiv?
b) Ist $\succeq$ eine Präferenzrelation?
c) Man skizziere die Bessermenge für ein beliebiges (x_1, x_2).

a) Es seien (x_1, x_2) , (y_1, y_2) , $(z_1, z_2) \in G$ beliebig und es gelte $(x_1, x_2) \succeq (y_1, y_2)$ und $(y_1, y_2) \succeq (z_1, z_2)$. Die Frage ist, ob dann $(x_1, x_2) \succeq (z_1, z_2)$ gilt. Aus $(x_1, x_2) \succeq (y_1, y_2)$ folgt $x_1 \geq y_1$ und $x_2 \geq y_2$. Aus $(y_1, y_2) \succeq (z_1, z_2)$ folgt $y_1 \geq z_1$ und $y_2 \geq z_2$. Damit gilt $x_1 \geq y_1 \geq z_1$, also $x_1 \geq z_1$, da $\geq$

transitiv ist. Entsprechend folgt $x_2 \geq z_2$. $x_1 \geq z_1$ und $x_2 \geq z_2$ bedeutet aber $(x_1, x_2) \succeq (z_1, z_2)$, also ist $\succeq$ transitiv.

b) Wir untersuchen zunächst auf Vollständigkeit:
Seien $(x_1, x_2), (y_1, y_2) \in G$ beliebig. Dann muß stets $(x_1, x_2) \succeq (y_1, y_2)$ oder $(y_1, y_2) \succeq (x_1, x_2)$ gelten.
Betrachtet man aber z.B. die Paare $(3, 2)$ und $(4, 1)$, so gilt weder $(3, 2) \succeq (4, 1)$ (da $3 \not\geq 4$) noch $(4, 1) \succeq (3, 2)$ (da $1 \not\geq 2$). Also ist $\succeq$ nicht vollständig, d.h. $\succeq$ ist keine Präferenzrelation.

c) Die Bessermenge

$$B = \{(y_1, y_2) | (y_1, y_2) \succeq (x_1, x_2)\}$$

zu (x_1, x_2) ist nebenstehend skizziert. Es ist die schraffierte Menge einschließlich des Randes.

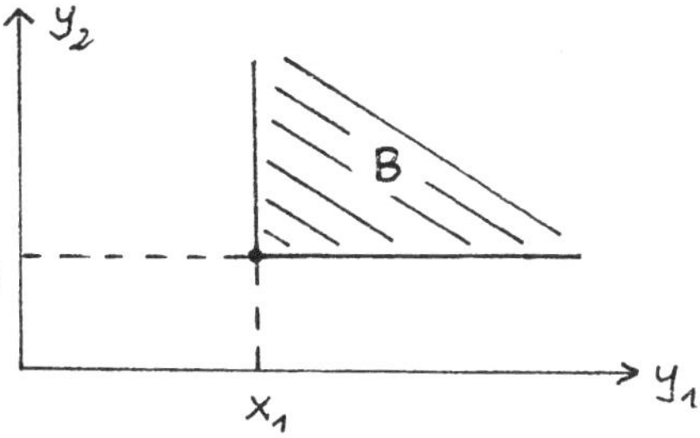

1.6.2
Auf $\mathbb{R}^2_+ := \{(x, y) | x, y \in \mathbb{R}$ und $x > 0$ und $y > 0\}$ sei eine Relation $\succeq$ definiert durch

$$(x_1, x_2) \succeq (y_1, y_2) :\iff \sqrt{x_1^2 + x_2^2} \geq \sqrt{y_1^2 + y_2^2}\,.$$

a) Man skizziere die Bessermenge zu einem beliebigen $(y_1, y_2) \in \mathbb{R}^2_+$.
b) Man zeige, daß $\succeq$ eine Präferenzrelation ist.

a) Die Bessermenge B zu $(y_1, y_2) \in \mathbb{R}^2_+$ ist

$$B = \{(x_1, x_2) | \sqrt{x_1^2 + x_2^2} \geq \sqrt{y_1^2 + y_2^2}\}\,.$$

Wie läßt sie sich beschreiben? Ist (y_1, y_2) vorgegeben, so setze man $k := \sqrt{y_1^2 + y_2^2}$. k ist also der Abstand von (y_1, y_2) vom Nullpunkt. Die Bedingung $\sqrt{x_1^2 + x_2^2} \geq k$ liefert dann $x_1^2 + x_2^2 \geq k^2$.

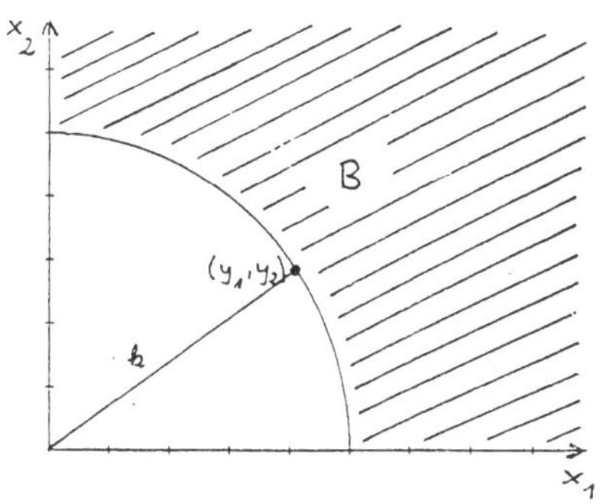

Diese Ungleichung beschreibt den Außenbereich eines Kreises um den Nullpunkt mit dem Radius k einschließlich des Kreises selbst.

b) Es ist zu zeigen:
(1) $\succeq$ ist transitiv (2) $\succeq$ ist vollständig

(3) Definiert man auf $\mathbb{R}_+^2$ eine Relation $\sim$ durch

$$(x_1, x_2) \sim (y_1, y_2) \iff \sqrt{x_1^2 + x_2^2} = \sqrt{y_1^2 + y_2^2},$$

so ist $\sim$ eine Äquivalenzrelation und es gilt:
$(x_1, x_2) \succeq (y_1, y_2) \wedge (x_1, x_2) \succeq (y_1, y_2) \Longrightarrow (x_1, x_2) \sim (y_1, y_2)$.

Zu (1): Es seien (x_1, x_2) , (y_1, y_2) , $(z_1, z_2) \in \mathbb{R}_+^2$ beliebig und es gelte $(x_1, x_2) \succeq (y_1, y_2)$ und $(y_1, y_2) \succeq (z_1, z_2)$. Dann folgt $\sqrt{x_1^2 + x_2^2} \geq \sqrt{y_1^2 + y_2^2}$ und $\sqrt{y_1^2 + y_2^2} \geq \sqrt{z_1^2 + z_2^2}$, also

$$\sqrt{x_1^2 + x_2^2} \geq \sqrt{y_1^2 + y_2^2} \geq \sqrt{z_1^2 + z_2^2}$$

und damit $\sqrt{x_1^2 + x_2^2} \geq \sqrt{z_1^2 + z_2^2}$. Das bedeutet $(x_1, x_2) \succeq (z_1, z_2)$, was zu zeigen war.

Zu (2): Zu zeigen ist: Sind $(x_1, x_2), (y_1, y_2) \in \mathbb{R}_+^2$ so folgt $(x_1, x_2) \succeq (y_1, y_2)$ oder $(y_1, y_2) \succeq (x_1, x_2)$.
Seien $(x_1, x_2), (y_1, y_2)$ gegeben und $x := \sqrt{x_1^2 + x_2^2}$ sowie $y := \sqrt{y_1^2 + y_2^2}$. Für beliebige Zahlen x, y gilt:

$$\underbrace{x \geq y}_{} \quad \text{oder} \quad \underbrace{y \geq x}_{} \quad \text{, also gilt}$$

$$\sqrt{x_1^2 + x_2^2} \geq \sqrt{y_1^2 + y_2^2} \quad \text{oder} \quad \sqrt{y_1^2 + y_2^2} \geq \sqrt{x_1^2 + x_2^2} \quad ,$$

d.h. $(x_1, x_2) \succeq (y_1, y_2)$ oder $(y_1, y_2) \succeq (x_1, x_2)$, was zu zeigen war.

Zu (3): Seien $(x_1, x_2), (y_1, y_2) \in \mathbb{R}_+^2$ mit $(x_1, x_2) \succeq (y_1, y_2)$ und $(y_1, y_2) \succeq (x_1, x_2)$ gegeben. Das bedeutet

$$\underbrace{\sqrt{x_1^2 + x_2^2}}_{=:x} \geq \underbrace{\sqrt{y_1^2 + y_2^2}}_{=:y} \text{ und } \underbrace{\sqrt{y_1^2 + y_2^2}}_{=y} \geq \underbrace{\sqrt{x_1^2 + x_2^2}}_{=x} .$$

Für beliebige reelle Zahlen x, y gilt:

$$x \geq y \text{ und } y \geq x \iff x = y$$

Also gilt hier $\sqrt{x_1^2 + x_2^2} = \sqrt{y_1^2 + y_2^2}$ und das bedeutet $(x_1, x_2) \sim (y_1, y_2)$.
Zu zeigen bleibt, daß $\sim$ eine Äquivalenzrelation ist. Die Bedingungen dafür, nämlich

(i) Reflexivität, d.h. $(x_1, x_2) \sim (x_1, x_2)$ für alle $(x_1, x_2) \in \mathbb{R}_+^2$
(ii) Symmetrie, d.h. $(x_1, x_2) \sim (y_1, y_2) \Longrightarrow (y_1, y_2) \sim (x_1, x_2)$
(iii) Transitivität, d.h. $(x_1, x_2) \sim (y_1, y_2) \wedge (y_1, y_2) \sim (z_1, z_2)$
$\Longrightarrow (x_1, x_2) \sim (z_1, z_2)$

sind alle erfüllt, da $(x_1, x_2) \sim (y_1, y_2)$ gerade $\sqrt{x_1^2 + x_2^2} = \sqrt{y_1^2 + y_2^2}$ bedeutet und $=$ reflexiv, symmetrisch und transitiv ist.
Insgesamt ist damit gezeigt, daß $\succeq$ eine Präferenzordnung ist.

Kapitel 2

Differentialrechnung einer Veränderlichen

2.1 Folgen und Reihen

Eine **Folge** ist eine Funktion $f \; : \; \mathbb{N} \longrightarrow \mathbb{R}$. Man schreibt statt $f(n)$ üblicherweise a_n und nennt a_n das **allgemeine Glied** der Folge. Damit schreibt man eine Folge in der Form $a_1 \, , \, a_2 \, , \, a_3 \, , \, a_4 \, , \, \ldots$

Spezielle Folgen

Arithmetische Folge: $a_1 \, , \, a_1 + d \, , \, a_1 + 2d \, , \, \ldots \, , a_n = a_1 + (n-1)d$

(Jedes Folgenglied entsteht aus dem vorhergehenden durch **Addition** einer festen Zahl d.)

$$a_1 + a_2 + a_3 + \ldots + a_k = \frac{k}{2}(a_1 + a_k) = \frac{k}{2}\left(2a_1 + (k-1)d\right)$$

Geometrische Folge: $a_1 \, , \, a_1 \cdot q \, , \, a_1 \cdot q^2 \, , \, \ldots \, , a_1 \cdot q^{n-1}$

(Jedes Folgenglied entsteht aus dem vorhergehenden durch **Multiplikation** mit einer festen Zahl q.)

$$a_1 + a_1 q + a_1 q^2 + \ldots + a_1 q^k = \frac{a_1(q^{k+1} - 1)}{q - 1} \qquad (\text{ für } q \neq 1)$$

Reihen

Ist $a_1, a_2, a_3, \ldots$ eine Folge und $s_k := a_1 + a_2 + \ldots + a_k$ die k–te **Teilsumme** der Folge, so heißt die Folge $s_1, s_2, s_3, \ldots$ eine **Reihe**.

Schreibweise für diese Reihe: $\sum_{i=1}^{\infty} a_i$

Die k–ten Teilsummen heißen auch **endliche Reihen**.

2.1.1

Geben Sie jeweils das nächste Folgenglied an:

a) $2, 4, 6, 8, \ldots$ **b)** $6, 4, \frac{8}{3}, \frac{16}{9}, \ldots$ **c)** $17, 9, 1, \frac{1}{2}, \frac{1}{4}, \frac{1}{8}, \ldots$

d) $15, 18, 22, 27, \ldots$ **e)** $2, 3, 5, 8, 13, \ldots$ **f)** $3, 3, 6, 18, 72, \ldots$

Versuchen Sie auch, die Folge durch einen Term a_n zu beschreiben.

a) Nächstes Glied: 10 Allgemeines Glied: $a_n = 2n$

b) Nächstes Glied: $\frac{32}{27}$ Allgemeines Glied: $a_n = 6\left(\frac{2}{3}\right)^{n-1}$

c) Nächstes Glied: $\frac{1}{16}$ Allgemeines Glied: $a_n = \frac{1}{2}^{n-3}$ für $n \geq 3$

d) Nächstes Glied: 33 Allgemeines Glied: $a_n = 12 + \frac{1}{2}(n^2 + 3n + 2)$

Dies erkennt man wie folgt:

$$\begin{aligned} a_n &= 15 + 3 + 4 + 5 + \ldots + (n+1) \\ &= 15 + \underbrace{1 + 2 + \ldots + (n+1)}_{\frac{(n+2)(n+1)}{2}} - 3 \\ &= 12 + \frac{1}{2}(n^2 + 3n + 2) \end{aligned}$$

e) Nächstes Glied: 21 Allgemeines Glied: $a_{n+2} = a_{n+1} + a_n$ für $n \geq 1$

f)

$$3, \xrightarrow{\cdot 1} 3, \xrightarrow{\cdot 2} 6, \xrightarrow{\cdot 3} 18, \xrightarrow{\cdot 4} 72, \xrightarrow{\cdot 5} 360, \ldots$$

Nächstes Glied: 360 Allgemeines Glied: $a_{n+1} = n \cdot a_n$

2.1.2

Der Wert einer Maschine sinkt im ersten Jahr um 4000 € . Jedes weitere Jahr werden 1000 € mehr abgeschrieben. Wie teuer war die Maschine, wenn ihr Buchungswert nach 10 Jahren gleich Null ist?

Der Preis der Maschine betrug:

$$\underbrace{(4000 + 5000 + 6000 + \ldots + 13000)}_{10 \text{ Summanden}} \text{ €} = \frac{10}{2} \cdot (4000 + 13000) \text{ €} = 85000 \text{ €}$$

2.1.3

Berechnen Sie (mittels geeigneter Formeln):

a) $2+4+6+\ldots+560$ **b)** $\frac{1}{2}+1+\frac{3}{2}+\ldots+100$

c) $\sum_{i=0}^{20}(\frac{2}{3})^i$ Was ergibt sich für $\sum_{i=0}^{\infty}(\frac{2}{3})^i$?

d) $\sum_{i=3}^{7}(9i-2)$

Bildet man für eine arithmetische Folge mit dem allgemeinen Glied $a_n = a_1 + (n-1)\,d$ die Summe $a_1 + a_2 + \ldots + a_k$, so gilt:

$$a_1 + a_2 + \ldots + a_k = \frac{k}{2}\,(2a_1 + (k-1)\,d)$$

Bildet man für eine geometrische Folge mit dem allgemeinen Glied $a_n = a_1 q^{n-1}$ die Summe $a_1 + a_1 q + a_1 q^2 + \ldots + a_1 q^k$ so gilt:

$$a_1 + a_1 q + a_1 q^2 + \ldots + a_1 q^k = \frac{a_1\,(q^{k+1}-1)}{q-1}$$

a) Dies ist die Summe der ersten 280 Glieder einer arithmetischen Folge mit $a_1 = 2$ und $d = 2$. Die Formel liefert:

$$2+4+\ldots+560 = 140\,(4+2\cdot 279) = 78680$$

b) Dies ist die Summe der ersten 200 Glieder einer arithmetischen Folge mit $a_1 = \frac{1}{2}$ und $d = \frac{1}{2}$.

$$\frac{1}{2}+1+\frac{3}{2}+\ldots+100 = 100\,(1+\frac{1}{2}\,199) = 10050$$

c) Dies ist die Summe einer geometrischen Folge. Die Formel liefert:

$$\sum_{i=0}^{20}(\frac{2}{3})^i = \frac{(\frac{2}{3})^{21}-1}{\frac{2}{3}-1} \approx 2,9994 \quad \text{und} \quad \sum_{i=0}^{\infty}(\frac{2}{3})^i = \lim_{k\to\infty}\frac{(\frac{2}{3})^k-1}{\frac{2}{3}-1} = \frac{0-1}{-\frac{1}{3}} = 3$$

d) Dies ist die Summe einer arithmetischen Folge mit $a_1 = 25$, $d = 9$ und $k = 5$. Die Formel liefert:

$$\sum_{i=3}^{7}(9i-2) = \frac{5}{2}\,(2\cdot 25 + 4\cdot 9) = 215$$

2.1.4

Herr Zack zahlt auf einen Sparvertrag jedes Jahr zum 1. Januar 1000 € ein. Es ist ein Zinssatz von 5 % p.a. vereinbart. Wie groß ist sein Kapital am Tage der 6. Einzahlung?

Alle Angaben erfolgen in € .
Die erste Einzahlung wird bis zum Tag der 6. Einzahlung 5 Jahre lang verzinst und erbringt dadurch an diesem Tage:

$$1000 \cdot (1 + 0,05)^5 = 1000 \cdot 1,05^5$$

Die 2. Einzahlung wird bis zum Tag der 6. Einzahlung 4 Jahre lang verzinst und erbringt:

$$1000 \cdot 1,05^4$$

Bei derartiger Berücksichtigung aller Einzahlungen berechnet sich das Kapital K zu:

$$\begin{aligned} K &= 1000 \cdot 1,05^5 + 1000 \cdot 1,05^4 + 1000 \cdot 1,05^3 + 1000 \cdot 1,05^2 \\ &= +1000 \cdot 1,05 + 1000 \\ &= 1000 \cdot \frac{1,05^6 - 1}{1,05 - 1} \qquad \text{(Summe geometrische Reihe)} \\ &\approx 6802 \end{aligned}$$

Ergebnis: Herr Zack hat am Tag der 6. Einzahlung ein Kapital von 6802 € auf seinem Sparvertrag.

2.1.5

Ein Lottogewinn von 500.000 € wird auf einem Bankkonto angelegt und mit 5 % verzinst. Wie lange reicht das Vermögen, wenn man jährlich (am Anfang des Jahres) 50.000 € abhebt?

Da nichts über den Zeitpunkt des Lottogewinns ausgesagt ist, wird der Einfachheit halber unterstellt, daß im Jahr des Gewinns noch keine Zinsen gutgeschrieben werden.
Bezeichnungen:

V_n: Vermögen in € zu Beginn des Jahres n

$q := 1 + 0,05 = 1,05$

$K := 500000$

$r := 50000$

Damit berechnet man:

$$\begin{aligned} V_1 &= K - r \\ V_2 &= (K - r)\,q - r = Kq - r\,(1 + q) \\ V_3 &= V_2 q - r = Kq^2 - r\,(1 + q + q^2) \\ &\vdots \end{aligned}$$

$$\begin{aligned} V_n &= V_{n-1}q - r = Kq^{n-1} - r\underbrace{\left(1 + q + q^2 + \ldots + q^{n-1}\right)}_{\text{geometrische Reihe}} \\ &= Kq^{n-1} - r\,\frac{q^n - 1}{q-1} \end{aligned}$$

Das Vermögen ist verbraucht, wenn $V_n = 0$ gilt. Mit den angegebenen Werten folgt:

$$\begin{aligned} 0 &= 500000 \cdot 1,05^{n-1} - 50000\,\frac{1,05^n - 1}{1,05 - 1} \\ &= 500000 \cdot 1,05^{n-1} - 1000000 \cdot 1,05^n + 1000000 \quad \mid : 500000 \\ &= 1,05^{n-1} - 2 \cdot 1,05^n + 2 \quad \mid \cdot 1,05 \\ &= 1,05^n - 2 \cdot 1,05 \cdot 1,05^n + 2 \cdot 1,05 \\ &= 1,05^n - 2,1 \cdot 1,05^n + 2,1 \end{aligned}$$

Aus dieser Gleichung wird n bestimmt. Dazu löst man zunächst nach $1,05^n$ auf und ermittelt dann n durch Logarithmieren.

$$\begin{aligned} 0 &= 1,05^n\,(1 - 2,1) + 2,1 \\ 0 &= -1,1 \cdot 1,05^n + 2,1 \\ \Longrightarrow &\quad 1,05^n = \frac{2,1}{1,1} \\ &\quad n \lg 1,05 = \lg \frac{2,1}{1,1} \\ &\quad n = \frac{\lg 2,1 - \lg 1,1}{\lg 1,05} \approx 13,25 \end{aligned}$$

Ergebnis: Das Vermögen reicht, um 13 mal zu Anfang des Jahres 50000 € abheben zu können. Am Anfang des 14. Jahres kann nur noch ein Restbetrag von weniger als 50000 € abgehoben werden.

2.1.6

Witwe Stoll will ihr Haus verkaufen und hat zwei Angebote vorliegen:
(A) 5 jährliche Raten zu 60.000 €
(B) 10 jährliche Raten zu 35.000 €
Die erste Rate ist jeweils sofort bei Verkauf fällig. Welches Angebot sollte Frau Stoll wählen, wenn ein Zinssatz von 8 % p.a. zugrunde gelegt wird?

Die Leistungen werden zum Zeitpunkt $t = 9$ Jahre verglichen.
Bezeichnungen:

$$r_1 := 60000, \qquad r_2 := 35000, \qquad q := 1,08$$

		1	2	3	4	5	6	7	8	9 Jahre
Angebot (A) $\longrightarrow$	r_1	r_1	r_1	r_1	r_1					
Angebot (B) $\longrightarrow$	r_2	r_2	r_2	r_2	r_2	r_2	r_2	r_2	r_2	r_2

Die Leistung L_A aus Angebot (A) nach 9 Jahren ergibt sich aus:

$$\begin{aligned} L_A &= r_1q^9 + r_1q^8 + r_1q^7 + r_1q^6 + r_1q^5 \\ &= r_1q^5\,(1+q+q^2+q^3+q^4) \\ &= r_1q^5\,\frac{q^5-1}{q-1} = 60000 \cdot 1,08^5\,\frac{1,08^5-1}{1,08-1} \\ &\approx 517200 \end{aligned}$$

Die Leistung L_B aus Angebot (B) nach 9 Jahren ergibt sich aus:

$$\begin{aligned} L_B &= r_2q^9 + r_2q^8 + \ldots + r_2q + r_2 \\ &= r_2\,(1+q+q^2+q^3+\ldots+q^9) \\ &= r_2\,\frac{q^{10}-1}{q-1} = 35000\,\frac{1,08^{10}-1}{1,08-1} \\ &\approx 507000 \end{aligned}$$

Ergebnis: Frau Stoll sollte das Angebot (A) wählen. Es ist (verglichen in 9 Jahren) um ca. 10000 € besser als Angebot (B).

2.1.7

Ein Unternehmen erhält Herrn Stark als neuen Vorstandsvorsitzenden. In einer Betriebsversammlung bei seiner Amtsübernahme verspricht er der Belegschaft bei seinen Ausführungen über den jährlichen Geschäftsbericht:
(a) den Jahresumsatz von derzeit 1,465 Mrd. € in den nächsten 5 Jahren um jeweils 3 % zu steigern,
(b) die Schuldenlast von derzeit 80 Mio. € in den nächsten 6 Jahren zu tilgen.
Welchen Jahresumsatz wird das Unternehmen demnach in 5 Jahren aufweisen können ?
Herr Stark will die Schulden in 6 gleich großen Raten (jeweils am Ende eines Geschäftsjahres) tilgen. Wie groß sind diese Raten, wenn ein Zinssatz von 8 % zugrundeliegt?

Nach 5 Jahren beträgt der Jahresumsatz

$$1,465\,(1+3\%)^5 = 1,465\,(1,03)^5 \approx 1,698$$

Milliarden € .

Es sei x die Größe der Raten in Millionen € , s die Schuld in Millionen € und $i = 8\%$ der Zinssatz. Nach dem ersten Jahr beträgt die Schuld noch $s\,(1+i) - x$, nach dem zweiten Jahr noch

$$s\,(1+i)^2 - x\,(1+i) - x,$$

und schließlich nach dem sechsten Jahr noch

$$s\,(1+i)^6 - x\,(1 + (1+i) + (1+i)^2 + \ldots + (1+i)^5).$$

Der letzte Betrag muß bei Tilgung gleich 0 sein. Es folgt:

$$x = s\,(1+i)^6\,\frac{1-(1+i)}{1-(1+i)^6} \approx 17,3052$$

Die Raten müssen etwa 17,3 Mio. € betragen.

2.1.8
Jemand soll 11 Jahre lang zu Beginn jedes Jahres 5000 € erhalten. Wieviel kann er als einmalige Zahlung zum Zeitpunkt $t = 0$ verlangen, wenn ein Zinssatz von 8% p. a. zur Anwendung kommt?

Es handelt sich um eine vorschüssige Rente, und bei entsprechender Formelverwendung lassen sich die gewünschten Angaben leicht machen.
Hier soll das Problem jedoch elementar gelöst werden.
Am Ende des 11. Jahres würden alle 11 Zahlungen, wenn man sie auf ein mit 8% verzinstes Konto eingezahlt hätte, folgendes Kapital R_{11} ergeben (Angaben in €):

$$R_{11} = \underbrace{5000\cdot 1,08^{11}}_{\substack{\text{Zahlung zu}\\ \text{Anfang des}\\ \text{Jahres 1}}} + 5000\cdot 1,08^{10} + \ldots + \underbrace{5000\cdot 1,08}_{\substack{\text{Zahlung zu}\\ \text{Anfang des}\\ \text{Jahres 11}}}$$

Unter Verwendung der Formel für eine endliche geometrische Reihe folgt:

$$R_{11} = 5000\,(\underbrace{1,08 + 1,08^2 + \ldots + 1,08^{10} + 1,08^{11}}_{=1,08\cdot\frac{1-1,08^{11}}{1-1,08}}) \approx 89885$$

Die gesuchte einmalige Zahlung zum Zeitpunkt $t = 0$ wird offensichtlich angegeben durch den Betrag R_0 in der Gleichung $R_n = R_0\,(1+i)^n$, die mit den hier gegebenen Werten lautet:

$$89885 = R_0 \cdot 1,08^{11} \quad\Longrightarrow\quad R_0 = \frac{89885}{1,08^{11}} \approx 38550$$

Ergebnis: Zum Zeitpunkt $t = 0$ können 38550 € als einmalige Zahlung verlangt werden.

2.2 Grenzwerte

Wir geben hier die grundlegende Definition der Konvergenz von Folgen und dann Konvergenzkriterien für Reihen an.

Konvergenz und Divergenz

Eine Folge (a_n) heißt **konvergent**, wenn es eine Zahl a gibt (den **Grenzwert** der Folge), so daß gilt:
Für jedes $\epsilon > 0$ gibt es ein $n_0 \in \mathbb{N}$, so daß für alle $n \geq n_0$ gilt: $|a_n - a| < \epsilon$.

Eine nicht konvergente Folge heißt **divergent**.

Konvergenzkriterien für Reihen

1. Ist die Reihe $\sum\limits_{n=0}^{\infty} a_n$ mit $a_n > 0$ konvergent, und gilt $0 \leq c_n \leq a_n$ für alle $n \geq n_0$, so ist auch die Reihe $\sum\limits_{n=0}^{\infty} c_n$ konvergent.

   (Majoranten–Kriterium)

2. Ist die Reihe $\sum\limits_{n=0}^{\infty} a_n$ mit $a_n > 0$ divergent, und gilt $c_n \geq a_n$ für alle $n \geq n_0$, so ist auch die Reihe $\sum\limits_{n=0}^{\infty} c_n$ divergent.

   (Minoranten–Kriterium)

Zwei konvergente Reihen

$$\sum_{n=0}^{\infty} q^n = \frac{1}{1-q} \quad \text{für } |q| < 1$$

(geometrische Reihe)

$$\sum_{n=0}^{\infty} \frac{1}{n!} = \mathrm{e} = 2,71828\ldots$$

(Exponentialreihe)

Eine divergente Reihe

$$\sum_{n=1}^{\infty} \frac{1}{n} = 1 + \frac{1}{2} + \frac{1}{3} + \frac{1}{4} + \frac{1}{5} + \ldots$$

(harmonische Reihe)

2.2.1

Man untersuche die Folgen auf Monotonie und Beschränktheit und bestimme gegebenenfalls ihren Grenzwert.

a) $a_n = \dfrac{2n+1}{(-n)}$ b) $a_{n+1} = a_n - (\dfrac{1}{3})^n$, $a_0 = 2$

c) $a_n = (-1)^n - (-\dfrac{1}{2})^n$

a) Die Folge ist monoton steigend, denn $a_n = -2 - \frac{1}{n} < -2 - \frac{1}{n+1} = a_{n+1}$
Wegen $\lim\limits_{n\to\infty} \frac{1}{n} = 0$ ist -2 die kleinste obere Schranke der Folge, und ihr Grenzwert lautet $\lim\limits_{n\to\infty} a_n = -2$.

b) Die Folge ist monoton fallend, denn beim Übergang von a_n zu a_{n+1} wird stets etwas Positives subtrahiert.
Die Folge ist nach unten durch $\frac{1}{2}$ beschränkt, welches auch der Grenzwert der Folge ist. Dies erkennt man wie folgt:

$$a_{n+1} = 2 - (\frac{1}{3})^0 - (\frac{1}{3})^1 - (\frac{1}{3})^2 - \dots - (\frac{1}{3})^n$$

Also gilt:

$$\begin{aligned} a_{n+1} \geq \lim_{k\to\infty} a_{k+1} &= 2 - \lim_{k\to\infty} \sum_{i=0}^{k} (\frac{1}{3})^i \\ &= 2 - \lim_{k\to\infty} \frac{1-(\frac{1}{3})^{k+1}}{1-\frac{1}{3}} = 2 - \frac{3}{2} \\ &= \frac{1}{2} \end{aligned}$$

c) Die Folge besitzt offensichtlich keine Monotonieeigenschaft; sie ist alternierend.
Wegen $\lim\limits_{n\to\infty} (-\dfrac{1}{2})^n = 0$ erkennt man, daß die Folge die beiden Häufungspunkte 1 und -1 besitzt, es existiert also kein Grenzwert der Folge.

2.2.2

Untersuchen Sie, ob die unten angegebenen Folgen konvergent sind, und bestimmen Sie gegebenenfalls ihren Grenzwert.

a) $a_n = \dfrac{n^2+2n+1}{5n-3n^2}$ b) $a_n = \dfrac{2n^3+n^2-1}{n^2-1}$ $(n > 1)$

c) $a_n = \dfrac{n-\sqrt{n}}{n+\sqrt{n}}$ d) $a_n = \dfrac{n^2}{2\cdot n^2+1} + (\dfrac{1}{2})^n$

a) Es gilt:

$$a_n = \frac{n^2+2n+1}{5n-3n^2} = \frac{n^2\,(1+\frac{2}{n}+\frac{1}{n^2})}{n^2\,(-3+\frac{5}{n})} = \frac{1+\frac{2}{n}+\frac{1}{n^2}}{-3+\frac{5}{n}}$$

Damit folgt:

$$\lim_{n\to\infty} a_n = -\frac{1}{3}$$

b) Die Folge ist nicht konvergent, da im Zähler ein Polynom in n steht, dessen höchste vorkommende Potenz einen größeren Exponenten besitzt als das im Nenner stehende Polynom: $\lim\limits_{n\to\infty} a_n = \infty$

c)

$$a_n = \frac{n-\sqrt{n}}{n+\sqrt{n}} = \frac{n\,(1-\sqrt{\frac{1}{n}})}{n\,(1+\sqrt{\frac{1}{n}})} = \frac{1-\sqrt{\frac{1}{n}}}{1+\sqrt{\frac{1}{n}}},$$

also $\lim\limits_{n\to\infty} a_n = 1$

d) Wegen $\lim\limits_{n\to\infty} (\frac{1}{2})^n = 0$ folgt $\lim\limits_{n\to\infty} a_n = \frac{1}{2}$.

2.2.3

Man bestimme (falls sie existiert) die Summe der Reihe:

a) $\sum\limits_{n=1}^{\infty} \frac{1+n}{n^2}$ **b)** $\sum\limits_{n=1}^{\infty} \frac{1}{n\,(n+1)}$ **c)** $\sum\limits_{n=2}^{\infty} \frac{6}{(n+1)\cdot(n-1)}$

a) Wegen

$$\sum_{n=1}^{\infty}\frac{1+n}{n^2} = \sum_{n=1}^{\infty}(\frac{1}{n^2}+\frac{1}{n}) \quad > \quad \sum_{n=1}^{\infty}\frac{1}{n} \qquad (\text{da } \frac{1}{n^2}+\frac{1}{n} > \frac{1}{n})$$

divergiert die Reihe, denn die **harmonische Reihe**

$$\sum_{n=1}^{\infty}\frac{1}{n}$$

divergiert.

b) Der Term $\frac{1}{n\,(n+1)}$ wird zunächst durch eine **Partialbruchzerlegung** in zwei Summanden zerlegt mittels des Ansatzes ($A, B \in \mathbb{R}$):

$$\begin{aligned} \frac{1}{n\,(n+1)} &= \frac{A}{n} + \frac{B}{n+1} \\ &= \frac{A\,(n+1)+Bn}{n\,(n+1)} = \frac{n\,(A+B)+1\cdot A}{n\,(n+1)} \end{aligned}$$

Da der ursprüngliche Term mit dem so erhaltenen übereinstimmt, folgt:

$$\begin{array}{rcl} A + B &=& 0 \\ A &=& 1 \qquad \text{d. h. } B = -1 \end{array}$$

Damit gilt:

$$\sum_{n=1}^{\infty} \frac{1}{n\,(n+1)} = \sum_{n=1}^{\infty} (\frac{1}{n} - \frac{1}{n+1}) =$$

$$= \lim_{k\to\infty} ((1-\frac{1}{2}) + (\frac{1}{2}-\frac{1}{3}) + \ldots + (\frac{1}{k} - \frac{1}{k+1})) = \lim_{k\to\infty} (1 - \frac{1}{k+1})$$

Ergebnis: $$\sum_{n=1}^{\infty} \frac{1}{n\,(n+1)} = 1\,.$$

c) Mit einer ähnlichen Aufspaltung wie in b) ergibt sich:

$$\sum_{n=2}^{\infty} \frac{6}{(n+1)\,(n-1)} = \frac{9}{2}$$

2.2.4

Man bestimme die Summe der Reihe:

$$5 + 4 + 1 + \frac{1}{2} + \frac{1}{4} + \frac{1}{8} + \ldots$$

$$\begin{aligned} 5 + 4 + 1 + \frac{1}{2} + \frac{1}{4} + \frac{1}{8} + \ldots &= 9 + \sum_{n=0}^{\infty} (\frac{1}{2})^n = \\ &= 9 + 1 \cdot \frac{1}{1-\frac{1}{2}} = 9 + 2 = 11 \end{aligned}$$

2.2.5

Weisen Sie durch Vergleich mit geeigneten Reihen nach:

a) $1 + \frac{1}{2^2} + \frac{1}{3^3} + \frac{1}{4^4} + \ldots$ ist konvergent.

b) $1 + \frac{1}{\sqrt{2}} + \frac{1}{\sqrt{3}} + \frac{1}{\sqrt{4}} + \ldots$ ist divergent.

c) $1 + \frac{1}{1!} + \frac{1}{2!} + \frac{1}{3!} + \frac{1}{4!} + \ldots$ ist konvergent.

a)

Gegebene Reihe: $1+\frac{1}{2^2}+\frac{1}{3^3}+\frac{1}{4^4}+\dots$

Vergleichsreihe: $1+\frac{1}{2^2}+\frac{1}{2^3}+\frac{1}{2^4}+\dots=1+\frac{1}{4}\cdot\frac{1}{1-\frac{1}{2}}=\frac{3}{2}$

Jeder Summand der Vergleichsreihe ist größer oder gleich dem entsprechenden Summanden der gegebenen Reihe. Die Vergleichsreihe besteht aus dem ersten Summenden 1 und einer unendlichen geometrischen Reihe, die konvergiert. Damit konvergiert auch die gegebene Reihe, und es gilt:

$$1+\frac{1}{2^2}+\frac{1}{3^3}+\frac{1}{4^4}+\dots<\frac{3}{2}$$

b) Die gegebene Reihe wird mit der harmonischen Reihe verglichen:

$$\begin{array}{ccccccccc} 1 & + & \frac{1}{\sqrt{2}} & + & \frac{1}{\sqrt{3}} & + & \frac{1}{\sqrt{4}} & +\dots & = \sum_{n=1}^{\infty}\frac{1}{\sqrt{n}} \\ 1 & + & \frac{1}{2} & + & \frac{1}{3} & + & \frac{1}{4} & +\dots & = \sum_{n=1}^{\infty}\frac{1}{n} \end{array}$$

Wegen $n \geq \sqrt{n}$, d. h. $\frac{1}{n} \leq \frac{1}{\sqrt{n}}$ muß gelten:

$$\sum_{n=1}^{\infty}\frac{1}{\sqrt{n}} \geq \sum_{n=1}^{\infty}\frac{1}{n}=\infty$$

Die gegebene Reihe ist also divergent.

c) Die gegebene Reihe wird mit einer unendlichen geometrischen Reihe verglichen:

$$\begin{aligned} \sum_{i=0}^{\infty}\frac{1}{i!} &= 1+\frac{1}{1!}+\frac{1}{2!}+\frac{1}{3!}+\frac{1}{4!}+\dots \\ &= 1+1+\frac{1}{1\cdot 2}+\frac{1}{1\cdot 2\cdot 3}+\frac{1}{1\cdot 2\cdot 3\cdot 4}+\dots \end{aligned}$$

Vergleichsreihe:

$$1+\underbrace{1+\frac{1}{2}+\frac{1}{2\cdot 2}+\frac{1}{2\cdot 2\cdot 2}+\dots}_{=2}$$

Vom 4. Summanden an ist jeder Summand der Vergleichsreihe größer als der entsprechende der gegebenen Reihe. Die Vergleichsreihe besteht aus dem ersten Summanden 1 und einer unendlichen geometrischen Reihe. Es gilt

$$\sum_{i=0}^{\infty}\frac{1}{i!}<3,$$

d. h. die gegebene Reihe ist konvergent.

(Bemerkung: Es gilt: $\sum_{i=0}^{\infty} \frac{1}{i!} = e = 2,71828....$)

2.2.6

a) Untersuchen Sie die folgende Reihe auf Konvergenz bzw. Divergenz:

$$\frac{1}{9} + \frac{1}{19} + \frac{1}{29} + \frac{1}{39} + \dots$$

b) Zeigen Sie, daß die Reihe $\frac{1}{4} + \frac{1}{10} + \frac{1}{28} + \frac{1}{82} + \frac{1}{244} + \dots$ konvergent ist, und geben Sie eine möglichst kleine obere Schranke für den Wert an.

a)

$$\begin{aligned} & \frac{1}{9} + \frac{1}{19} + \frac{1}{29} + \frac{1}{39} + \dots \\ > \ & \frac{1}{10} + \frac{1}{20} + \frac{1}{30} + \frac{1}{40} + \dots \qquad \text{ist Minorante} \\ = \ & \frac{1}{10} \cdot \underbrace{\left(1 + \frac{1}{2} + \frac{1}{3} + \frac{1}{4} + \dots\right)}_{\substack{=\infty \\ \text{(harm. Reihe)}}} \quad = \infty \end{aligned}$$

Die harmonische Reihe ist eine divergente Minorante. Damit ist die gegebene Reihe divergent.

b)

$$\begin{aligned} S &= \frac{1}{4} + \frac{1}{10} + \frac{1}{28} + \frac{1}{82} + \frac{1}{244} + \dots \\ &< \frac{1}{3} + \frac{1}{9} + \frac{1}{27} + \frac{1}{81} + \frac{1}{243} + \dots \qquad \text{ist Majorante} \end{aligned}$$

Die angegebene Majorante ist eine geometrische Reihe mit $a_1 = \frac{1}{3}$ und $q = \frac{1}{3}$. Es folgt:

$$\begin{aligned} S < a_1 \cdot \frac{1}{1-q} &= \frac{1}{3} \cdot \frac{1}{1 - \frac{1}{3}} \\ &= \frac{1}{3} \cdot \frac{3}{2} = \frac{1}{2} \end{aligned}$$

Also ist die Reihe konvergent mit $\frac{1}{2}$ als einer oberen Schranke. Eine noch bessere obere Schranke erhält man durch $S < \frac{1}{2} - (\frac{1}{3} - \frac{1}{4}) = \frac{5}{12}$. ($\frac{1}{2}$ minus Differenz der ersten Glieder der Majorante und der gegebenen Reihe.)

2.2.7

a) Gegeben ist die Reihe

$$S = 1 - \frac{1}{2} + \frac{1}{3} - \frac{1}{4} + \frac{1}{9} - \frac{1}{8} + \frac{1}{27} - \frac{1}{16} \pm \dots \quad .$$

Ist die Reihe absolut konvergent? (Tip: Zerlegung in 2 Teilreihen) Untersuchen Sie S auch auf Konvergenz, und bestimmen Sie die Summe, wenn S konvergiert.

b) Untersuchen Sie die nachstehende Folge auf Konvergenz, und bestimmen Sie gegebenenfalls deren Grenzwert:

$$a_{n+1} = a_n + \frac{1}{n+1} \qquad \text{Anfangsglied } a_0 = 5,41 \; .$$

a) Offensichtlich gilt: $S = \sum_{n=0}^{\infty} \left((\frac{1}{3})^n - (\frac{1}{2})^{n+1} \right)$. Bei der Untersuchung auf absolute Konvergenz erhält man also:

$$\sum_{n=0}^{\infty} \left((\frac{1}{3})^n + (\frac{1}{2})^{n+1} \right) = \underbrace{\sum_{n=0}^{\infty} (\frac{1}{3})^n + \sum_{n=0}^{\infty} (\frac{1}{2})^{n+1}}_{\text{zwei unendl. geometrische Reihen}}$$

$$= 1 \cdot \frac{1}{1-\frac{1}{3}} + \frac{1}{2} \cdot \frac{1}{1-\frac{1}{2}} = \frac{3}{2} + \frac{1}{2} \cdot 2 = 2,5$$

Also ist S absolut konvergent und somit konvergent.
Auf Konvergenz von S läßt sich auch dadurch schließen, daß es sich um eine alternierende Reihe handelt, bei der die Folge $|a_n|$ eine monotone Nullfolge ist. Ihren Grenzwert bestimmt man nach Umordnung (dies ist erlaubt, da die Reihe absolut konvergiert) zu

$$S = \sum_{n=0}^{\infty} (\frac{1}{3})^n - \sum_{n=0}^{\infty} (\frac{1}{2})^{n+1} = \frac{3}{2} - 1 = 0,5 \; .$$

b) Man erhält explizit:

$$\begin{aligned} a_0 &= 5,41 \\ a_1 &= a_0 + \tfrac{1}{1} = a_0 + 1 \\ a_2 &= a_1 + \tfrac{1}{2} = a_0 + 1 + \tfrac{1}{2} \\ a_3 &= a_2 + \tfrac{1}{3} = a_0 + 1 + \tfrac{1}{2} + \tfrac{1}{3} \\ &\vdots \\ a_n &= \ldots = a_0 + 1 + \tfrac{1}{2} + \tfrac{1}{3} + \ldots + \tfrac{1}{n} \\ &= a_0 + \sum_{i=1}^{n} \frac{1}{i} \end{aligned}$$

Also gilt: $\lim\limits_{n\to\infty} a_n = a_0 + \sum\limits_{i=1}^{\infty} \frac{1}{i}$. Die letzte Reihe ist die harmonische Reihe, die divergent ist. Also ist die gegebene Folge ebenfalls divergent.

2.2.8

Berechnen Sie:

a) $\sum\limits_{n=0}^{\infty}[(-\frac{1}{2})^n + (\frac{1}{2})^n]$ **b)** $\sum\limits_{n=1}^{\infty}[(\frac{1}{2})^{n-1} + (\frac{1}{3})^{n+1} - (\frac{1}{4})^n]$

a)

$$\sum_{n=0}^{\infty}[(-\frac{1}{2})^n + (\frac{1}{2})^n] = \sum_{n=0}^{\infty}(-\frac{1}{2})^n + \sum_{n=0}^{\infty}(\frac{1}{2})^n = \frac{1}{1+\frac{1}{2}} + \frac{1}{1-\frac{1}{2}} = \frac{8}{3}$$

b)

$$\sum_{n=1}^{\infty}[(\frac{1}{2})^{n-1} + (\frac{1}{3})^{n+1} - (\frac{1}{4})^n] = \sum_{n=1}^{\infty}(\frac{1}{2})^{n-1} + \sum_{n=1}^{\infty}(\frac{1}{3})^{n+1} - \sum_{n=1}^{\infty}(\frac{1}{4})^n =$$

$$\sum_{n=0}^{\infty}(\frac{1}{2})^n + \sum_{n=2}^{\infty}(\frac{1}{3})^n - \sum_{n=1}^{\infty}(\frac{1}{4})^n = \frac{1}{1-\frac{1}{2}} + (\frac{1}{3})^2 \cdot \frac{1}{1-\frac{1}{3}} - (\frac{1}{4})^1 \cdot \frac{1}{1-\frac{1}{4}} = \frac{11}{6}$$

2.2.9

Berechnen Sie:

a) $(\sum\limits_{i=0}^{\infty}(\frac{1}{2})^i) \cdot (\sum\limits_{k=1}^{\infty}(\frac{1}{3})^k)$

b) $(1 - \frac{1}{2} + \frac{1}{4} - \frac{1}{8} \pm \ldots) \cdot (32 + 8 - 2 + \frac{1}{2} \pm \ldots)$

c) $\sum\limits_{i=0}^{\infty}\sum\limits_{k=0}^{\infty} 3 \cdot (\frac{1}{2})^i \cdot \frac{1}{k!}$

a)

$$\left(\sum_{i=0}^{\infty}\left(\frac{1}{2}\right)^{i}\right)\cdot\left(\sum_{k=1}^{\infty}\left(\frac{1}{3}\right)^{k}\right)=\frac{1}{1-\frac{1}{2}}\cdot\left(\frac{1}{3}\right)^{1}\cdot\frac{1}{1-\frac{1}{3}}=1$$

b)

$$\begin{aligned}&\left(1-\frac{1}{2}+\frac{1}{4}-\frac{1}{8}\pm\ldots\right)\cdot\left(32+8-2+\frac{1}{2}\pm\ldots\right)=\\ =\ &1\cdot\frac{1}{1-(-\frac{1}{2})}\cdot\left(32+8\cdot\frac{1}{1-(-\frac{1}{4})}\right)\\ =\ &\frac{2}{3}\cdot\left(32+\frac{32}{5}\right)=\frac{128}{5}=25,6\end{aligned}$$

c)

$$\sum_{i=0}^{\infty}\sum_{k=0}^{\infty}3\cdot\left(\frac{1}{2}\right)^{i}\cdot\frac{1}{k!}=3\cdot\underbrace{\sum_{i=0}^{\infty}\left(\frac{1}{2}\right)^{i}}_{=2}\cdot\underbrace{\sum_{k=0}^{\infty}\frac{1}{k!}}_{=\mathrm{e}}=6\mathrm{e}$$

2.3 Grenzwerte von Funktionen, Stetigkeit

Die Stetigkeit einer Funktion f an einer Stelle x_0 ihres Definitionsbereichs prüft man meistens mit folgendem einfachen Kriterium nach:

Stetigkeitskriterium

f ist in $x_0 \in D(f)$ stetig genau dann, wenn gilt:

$$\lim_{x \to x_0^-} f(x) = \lim_{x \to x_0^+} f(x) = f(x_0)$$

2.3.1

Geben Sie die Grenzwerte an:

a) $\lim\limits_{x \to \infty} 2$ b) $\lim\limits_{x \to -\infty} \frac{1}{x}$ c) $\lim\limits_{x \to \infty} x^2$

d) $\lim\limits_{x \to \infty} \frac{1}{x^4}$ e) $\lim\limits_{x \to -\infty} \frac{2x}{x+1}$ f) $\lim\limits_{x \to \infty} \frac{4x^2+1}{2x^2}$

a) $\lim\limits_{x \to \infty} 2 = 2$

b) $\lim\limits_{x \to -\infty} \frac{1}{x} = 0$

c) $\lim\limits_{x \to \infty} x^2 = \infty$

d) $\lim\limits_{x \to \infty} \frac{1}{x^4} = 0$

e) $\lim\limits_{x \to -\infty} \frac{2x}{x+1} = \lim\limits_{x \to -\infty} \frac{2}{1+\frac{1}{x}} = \frac{2}{1+0} = 2$

f) $\lim\limits_{x \to \infty} \frac{4x^2+1}{2x^2} = \lim\limits_{x \to \infty} (2 + \frac{1}{2x^2}) = 2 + 0 = 2$

2.3.2

Berechnen Sie den folgenden Grenzwert, und fertigen Sie ein Schaubild an:

a) $\lim\limits_{x \to 1^-} \frac{3}{x-1}$ b) $\lim\limits_{x \to -2^+} \frac{x+1}{x+2}$

a)

$$\lim_{x \to 1^-} \frac{3}{x-1} = -\infty$$

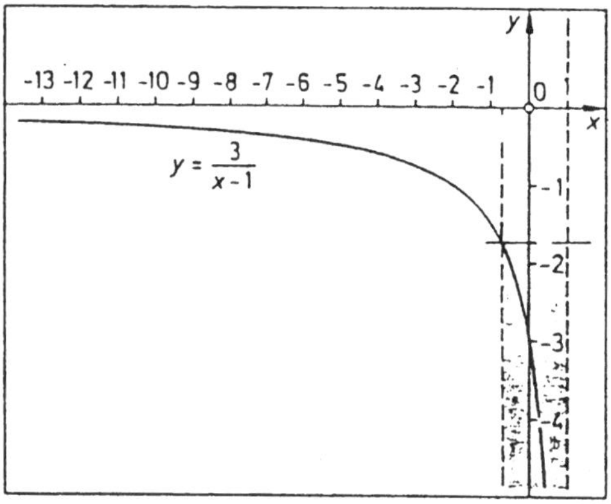

b) Es gilt:

$$\lim_{x \to -2^+} \frac{x+1}{x+2} = -\infty$$

Für $x \to -2^+$ ist nämlich x stets größer als -2, daher ist der Nenner des Bruches stets positiv, während der Zähler für $x < -1$ negativ wird.

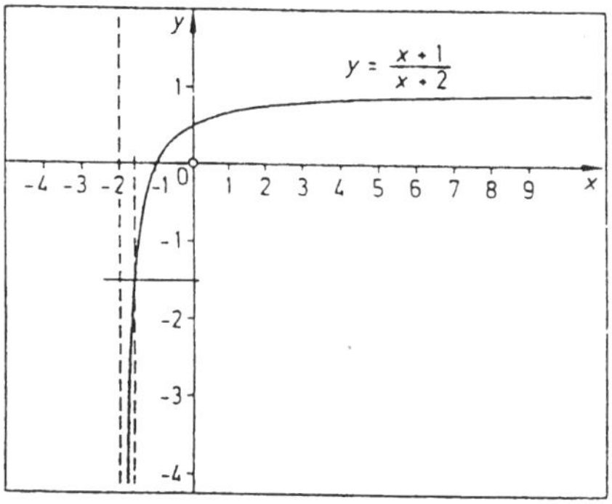

2.3.3
Man berechne , falls sie existieren, die folgenden Grenzwerte:
a) $\lim\limits_{x \to -\infty} \dfrac{x^2+2x+1}{1-x^2}$ b) $\lim\limits_{x \to 3^+} \dfrac{x-3}{|4x-12|}$ c) $\lim\limits_{x \to 3} \dfrac{x-3}{|4x-12|}$

a)

$$\lim_{x \to -\infty} \frac{x^2+2x+1}{1-x^2} = \lim_{x \to -\infty} \frac{x^2\left(1+\frac{1}{x}+\frac{1}{x^2}\right)}{x^2\left(-1+\frac{1}{x^2}\right)} =$$

$$= \lim_{x \to -\infty} \frac{1+\frac{1}{x}+\frac{1}{x^2}}{-1+\frac{1}{x^2}} = -1,$$

da $\lim\limits_{x \to -\infty} \dfrac{1}{x^k} = 0$ für $k > 1$.

b)

$$\lim_{x\to 3+} \frac{x-3}{|4x-12|} = \lim_{x\to 3+} \frac{x-3}{4\,|x-3|} = \lim_{x\to 3+} \frac{x-3}{4\,(x-3)} = \frac{1}{4}$$

$x \to 3^+$ bedeutet $x > 3$ und dafür ist $|x-3| = x-3$.

c) Der rechtsseitige Grenzwert wurde bereits unter b) ermittelt. Nun ist der linksseitige zu bestimmen:

$$\lim_{x\to 3-} \frac{x-3}{|4x-12|} = \lim_{x\to 3-} \frac{x-3}{4\,|x-3|} = \lim_{x\to 3-} \frac{x-3}{4\,(-x+3)} = -\frac{1}{4}$$

Da links- und rechtsseitiger Grenzwert verschieden sind, existiert $\lim\limits_{x\to 3} \dfrac{x-3}{|4x-12|}$ nicht.

2.3.4

Man berechne , falls sie existieren, die folgenden Grenzwerte:

a) $\lim\limits_{x\to\infty} (\sqrt{x^2-1} - x)$ **b)** $\lim\limits_{x\to 0} \sqrt{\dfrac{e^{2x}-1}{e^x-1}}$

a) Es wird zunächst der Term $\sqrt{x^2-1} - x$ umgeformt:

$$\begin{aligned}\sqrt{x^2-1} - x &= (\sqrt{x^2-1} - x) \cdot \frac{\sqrt{x^2-1}+x}{\sqrt{x^2-1}+x} \\ &= \frac{x^2-1-x^2}{\sqrt{x^2-1}+x} = \frac{-1}{\sqrt{x^2-1}+x}\end{aligned}$$

Damit folgt nun:

$$\lim_{x\to\infty} (\sqrt{x^2-1} - x) = \lim_{x\to\infty} \frac{-1}{\sqrt{x^2-1}+x} = 0$$

b) Die Teilfunktionen sind alle stetig, und damit auch die mittelbare Funktion $\sqrt{\dfrac{e^{2x}-1}{e^x-1}}$. Es gilt daher:

$$\begin{aligned}\lim_{x\to 0} \sqrt{\frac{e^{2x}-1}{e^x-1}} = \sqrt{\lim_{x\to 0} \frac{e^{2x}-1}{e^x-1}} = \sqrt{\lim_{x\to 0} \frac{(e^x+1)(e^x-1)}{e^x-1}} = \\ = \sqrt{\lim_{x\to 0} (e^x+1)} = \sqrt{2} \approx 1,41\end{aligned}$$

2.3.5

Man schreibe $f(x)$ als Summe eines Polynoms und eines echt gebrochenen Bruchs:

$$f(x) = \frac{6x^8 + 10x^7 - 2x^3 + x^2 - 1}{2x^7 - 4x + 8}$$

Es muß eine Polynomdivision durchgeführt werden.

$$\begin{array}{rrrrrrrrrrrrl}
(6x^8 & + & 10x^7 & - & 2x^3 & + & x^2 & & & - & 1) & : (2x^7 - 4x + 8) = \\
-(6x^8 & & & & & - & 3x^2 & + & 24x) & & & 3x + 5+ \\
\hline
& & 10x^7 & - & 2x^3 & + & 4x^2 & - & 24x & - & 1 & +\text{Rest} \\
& & -(10x^7 & & & & & - & 20x & + & 40) & \\
\hline
& & & - & 2x^3 & + & 4x^2 & - & 4x & - & 41 &
\end{array}$$

Für rationale Funktionen $f(x) = \frac{s(x)}{t(x)}$, wobei $s(x), t(x)$ Polynome sind und s einen Grad $\geq$ dem Grad von t besitzt, kann stets ein Polynom p abgespalten werden, so daß $f(x) = p(x) + \frac{r(x)}{t(x)}$ gilt mit $\text{Grad}\, r(x) < \text{Grad}\, t(x)$. Der Graph von $y = p(x)$ heißt dann **Asymptote** des Graphen von f.

2.3.6

Eine gebrochen rationale Funktion f ist gegeben durch

$$f(x) = \frac{(x^2+3)(x+2)}{4 \cdot (x^2+x-2)}.$$

a) Wie lautet die Funktionsgleichung der Asymptote ?
b) Wie lautet die Nullstellenmenge $N(f)$ der Funktion ?

a) Wie bei der vorigen Aufgabe wird eine Polynomdivision durchgeführt. Dabei wird der Faktor $\frac{1}{4}$ zunächst weggelassen.

$$\begin{array}{rrrrrrrl}
(x^3 & + & 2x^2 & + & 3x & + & 6 &) : (x^2 + x - 2) = x + 1 + \dfrac{4x+8}{x^2+x-2} \\
-(x^3 & + & x^2 & - & 2x) & & & \\
\hline
& & x^2 & + & 5x & + & 6 & \\
& & -(x^2 & + & x & - & 2) & \\
\hline
& & & & 4x & + & 8 &
\end{array}$$

Die Asymptote lautet also: $y(x) = \frac{1}{4}(x+1)$

b) Der Zähler wird nur bei $x = -2$ gleich Null, da der Term $x^2 + 3$ keine reellen Nullstellen besitzt. Da aber der Nenner für $x_1 = 1$ und $x_2 = -2$ zu Null wird, lautet der Definitionsbereich von f:

$$D(f) = \mathbb{R} \setminus \{-2, 1\}.$$

Also gilt $-2 \notin D(f)$ und somit: $N(f) = \emptyset$.

2.3.7

Bestimmen Sie den Definitionsbereich, die Nullstellenmenge, und zeichnen Sie den Graph der Funktion (Asymptoten beachten) mit:

$$f(x) = \frac{2x+1}{x-3}$$

Äußern Sie sich über Lücken, Pole und Sprungstellen.

Definitionsbereich:	$\mathbb{R} \setminus \{3\}$
Nullstellenmenge:	$\{-\frac{1}{2}\}$
Lücken:	keine
Pole:	ein Pol bei $x = 3$
Sprungstellen:	keine
Aysmptote:	$y = 2$

Die Asymptote ergibt sich als Polynomanteil bei der Polynomdivision $(2x+1) : (x-3) = 2 + \frac{7}{x-3}$.

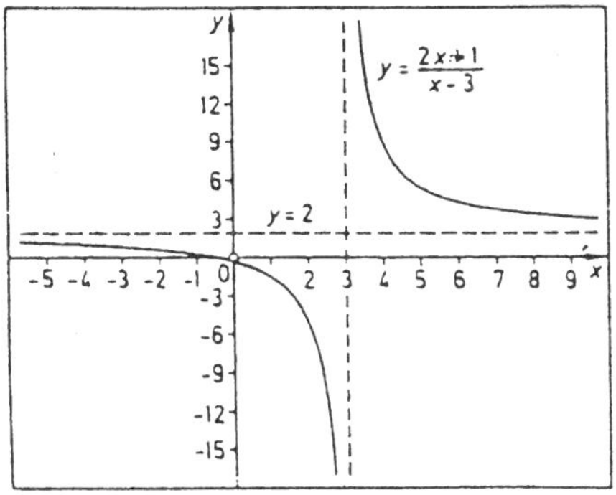

2.3.8

Bestimmen Sie den Definitionsbereich und die Nullstellenmenge der Funktion mit:

$$f(x) = \frac{x^3}{x^2-4}$$

Äußern Sie sich über Lücken, Pole und Sprungstellen.

Definitionsbereich:	$\mathbb{R} \setminus \{-2, 2\}$	Nullstellenmenge:	$\{0\}$
Pole:	bei -2 und 2	Lücken:	keine
Asymptote:	$f(x) = \frac{x^3}{x^2-4} = x^3 : (x^2-4) = x + \frac{4x}{x^2-4}$		

Die Asymptote ist gegeben durch $y(x) = x$.

2.3.9

Wo sind die durch nachstehende Funktionsterme definierten Funktionen stetig bzw. unstetig?

Fertigen Sie jeweils eine Skizze an!

a) $\frac{1}{1-|x|}$ **b)** $\ln(3x^2 + 3x - 36)$

a)
$D(f) = \mathbb{R} \setminus \{-1, 1\}$
f ist überall stetig.

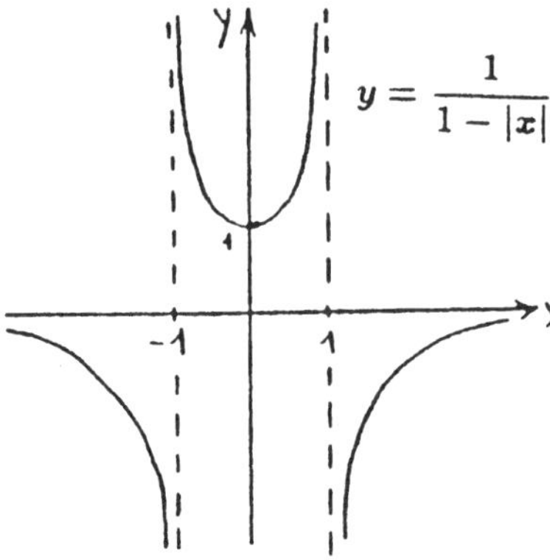

b)
$D(f) = \mathbb{R} \setminus [-4, 3]$
f ist überall stetig.

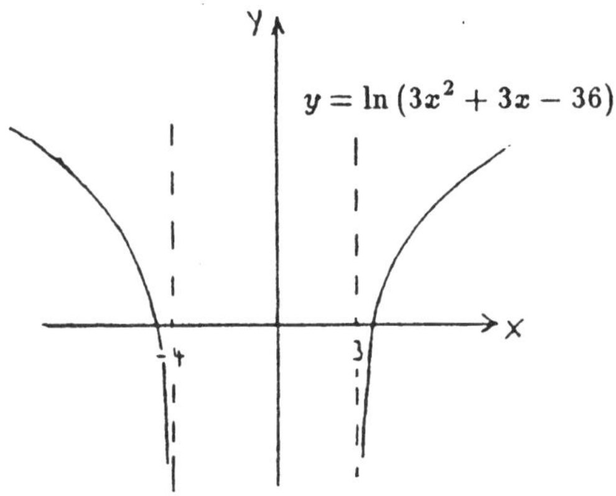

2.3.10

Man bestimme a so, daß die Funktion $f(x)$ an der Stelle 0,5 stetig ist.

$$f(x) = \begin{cases} x^2 + 2x + 3 & \text{für } x \leq 0,5 \\ a - 2x & \text{für } x > 0,5 \end{cases}$$

Für jede reelle Zahl a ist

$$\lim_{x \to 0,5-} f(x) = \lim_{x \to 0,5-} (x^2 + 2x + 3) = (\frac{1}{2})^2 + 2 \cdot \frac{1}{2} + 3 = 4,25$$

$$\lim_{x \to 0,5+} f(x) = \lim_{x \to 0,5+} (a - 2x) = a - 2 \cdot \frac{1}{2} = a - 1$$

f ist bei $\frac{1}{2}$ stetig, wenn rechts- und linksseitiger Grenzwert übereinstimmen, und gleich $f(\frac{1}{2})$ sind. Wegen

$$f(\frac{1}{2}) = \lim_{x \to 0,5-} f(x) = 4,25$$

gilt dies, falls $4,25 = a - 1$ ist.
Für $a = 5,25$ ist damit die Funktion f an der Stelle $0,5$ stetig.

2.3.11

Zeigen Sie mittels des Zwischenwertsatzes, daß die Funktion f mindestens eine reelle Nullstelle besitzt.

$$f : x \mapsto x^4 - x^2 - 9$$

Der Zwischenwertsatz besagt, daß eine stetige Funktion auf einem Intervall $[a, b]$ alle reellen Zahlen zwischen $f(a)$ und $f(b)$ als Funktionswert annimmt. Es gilt hier z.B. $f(0) = -9$ und $f(2) = 3$. Da f stetig ist, wird also jeder Wert zwischen -9 und 3, insbesondere 0, angenommen.

2.3.12

Man untersuche die folgende Funktion auf Stetigkeit an der Stelle x_0:

$$f(x) = \begin{cases} 4x^2 - 1 & \text{falls } x \leq 0 \\ 1 - x^2 & \text{falls } x > 0 \end{cases} \quad , \quad x_0 = 0$$

Es gilt $\lim\limits_{x \to 0+} f(x) = 1$ und $\lim\limits_{x \to 0-} f(x) = -1$. Da diese Grenzwerte verschieden sind, ist f unstetig an der Stelle $x_0 = 0$.

2.3.13

Bei einem Ferngespräch kosten jede angefangenen 8 Sekunden 0,23 € . Veranschaulichen Sie die Kosten K des Telefongespräches in Abhängigkeit von der Gesprächsdauer t!
Geben Sie unter Verwendung der Gaußfunktion eine Funktion zur Beschreibung der Kosten an, und äußern Sie sich darüber, wo diese Funktion nicht stetig ist.

Wir benötigen hierzu die die sogenannte Gauß–Klammer $[\,.\,]$, definiert durch

$$[x] := \textit{größte ganze Zahl kleiner oder gleich } x \in \mathbb{R}.$$

Für $x \in \mathbb{R}$ beschreibt $[x]$ diejenige ganze Zahl, welche aus x durch Abrundung entsteht. Also liefert $-[-x]$ diejenige ganze Zahl, welche aus x durch Aufrundung entsteht.

Bei einer Gesprächsdauer von $t := x\,\text{sec}$ werden folglich $-[-\frac{x}{8}]$ Einheiten berechnet. Die Telefonkosten lassen sich somit beschreiben durch die Funktion f mit $f(x) = -0,23 \cdot [-\frac{x}{8}]\,, x \in \mathbb{R}^+$.
f ist nicht stetig an den Stellen $8, 16, 24, 32, 40, \ldots$

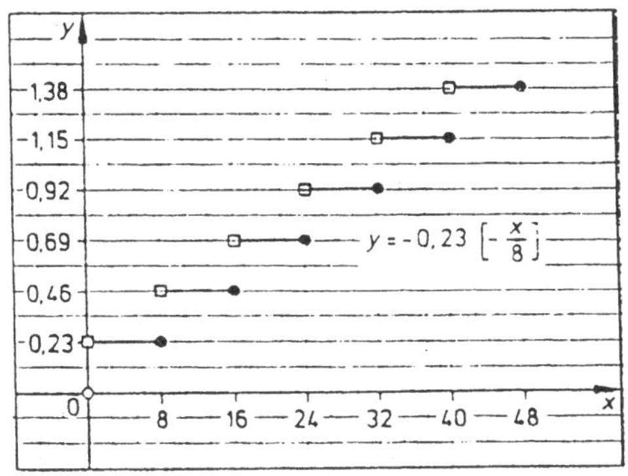

2.4 Definition der Ableitung, Differentiationsregeln

Existiert der Grenzwert $\lim\limits_{x \to x_0} \dfrac{f(x) - f(x_0)}{x - x_0}$, so heißt dieser Grenzwert die **Ableitung** von f an der Stelle x_0.

(Schreibweise: $f'(x_0)$ oder $\dfrac{dy}{dx}(x_0)$, falls $y = f(x)$.)

Die Funktion f' heißt Ableitung von f.

Ableitungsregeln

1. **Potenzregel**:	$f(x) = x^n$	$\Longrightarrow$	$f'(x) = nx^{n-1}$ für alle $n \in \mathbb{R}$
2. **Summenregel**:	$(f+g)'$	$=$	$f' + g'$
3. **Konstantenregel**:	$(c \cdot f)'$	$=$	$c \cdot f'$
4. **Produktregel**:	$(f \cdot g)'$	$=$	$f' \cdot g + f \cdot g'$
5. **Quotientenregel**:	$(\frac{f}{g})'$	$=$	$\dfrac{f'g - fg'}{g^2}$
6. **Kettenregel**:	$(f(g(x)))'$	$=$	$f'(g(x)) \cdot g'(x)$

2.4.1
Man bestimme für $f(x) = 4x - x^2$, $x \in \mathbb{R}$ ausführlich den Grenzwert des Differenzenquotienten an der Stelle $x_0 = 3$.
Wo schneidet die Tangente an den Graphen von f im Punkt $P_0 = (3, y_0)$ die x-Achse? Fertigen Sie eine Skizze an.

$$
\begin{aligned}
f'(3) &= \lim_{x \to 3} \frac{f(x) - f(3)}{x - 3} \\
&= \lim_{x \to 3} \frac{4x - x^2 - 3}{x - 3} \\
&= \lim_{x \to 3} \frac{(1-x)(x-3)}{x - 3} \\
&= \lim_{x \to 3} (1 - x) = -2
\end{aligned}
$$

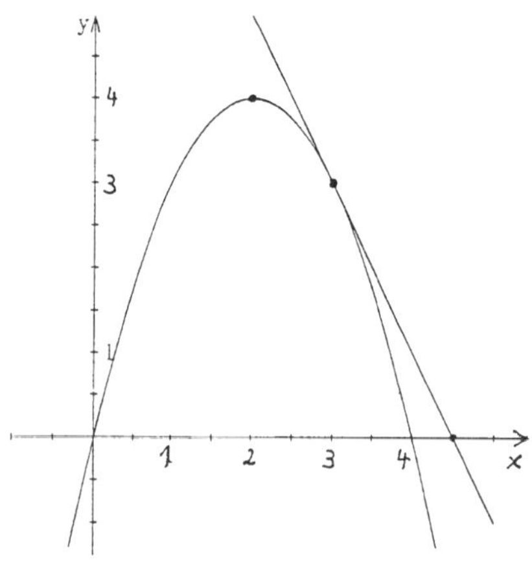

Die Tangente an den Graphen von f im Punkt (x_0, y_0) hat die Gleichung

$$y - y_0 = f'(x_0)(x - x_0) .$$

Für den Punkt $(3, y_0)$ gilt $y_0 = f(3) = 3$ und $f'(3) = -2$. Damit hat die gesuchte Tangente die Gleichung $y - 3 = -2(x - 3)$ bzw. $y = -2x + 9$. Mit $y = 0$ folgt daraus $x = 4,5$. Die Tangente an den Graphen von f im Punkt $P_0 = (3, y_0)$ schneidet die x-Achse bei $x = 4,5$.

2.4.2

Gegeben ist die Funktion $f : x \mapsto x^2 + 2$.

a) Wie lautet die Ableitung $f'(x)$?

b) Wie lautet die Steigung des Graphen von f an den Stellen $-3, \quad -1, \quad 1, \quad 3$?

c) Wie lauten die Gleichungen der Tangenten des Graphen von f in den Punkten

$$(-3; f(-3)) \, , \; (-1; f(-1)) \text{ und } (3; f(3)) \quad ?$$

d) Fertigen Sie eine Zeichnung an mit den Graphen von f und den Tangenten aus Teil c).

a) $f'(x) = 2x$

b) $f'(x) = 2x \quad \Longrightarrow$

$f'(-3) = -6 \qquad f'(-1) = -2$

$f'(1) = 2 \qquad f'(3) = 6$

c)

$h_1(x) = -6x - 7$

$h_2(x) = -2x + 1$

$h_3(x) = 6x - 7$

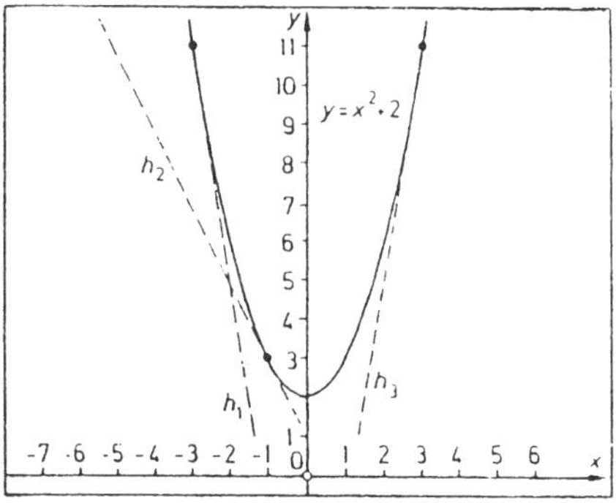

2.4.3

Der Graph der quadratischen Funktion mit $f(x) = 5 - x^2$ besitzt im Punkt $P = (-3\,;\, f(-3))$ eine Tangente. An welcher Stelle schneidet diese Tangente die y–Achse ?

Die Tangente an den Graphen von f im Punkte $(x_0; y_0)$ besitzt die Gleichung:

$$y - y_0 = f'(x_0)(x - x_0)$$

Hier gilt $x_0 = -3$, $y_0 = f(x_0) = f(-3) = -4$. Die Ableitung von f lautet: $f'(x) = -2x$ Damit ergibt sich $f'(-3) = 6$. Die Tangente lautet:

$$y - (-4) = 6\,(x - (-3)) \quad \text{oder} \quad y = 6x + 14$$

Die y–Achse wird also bei $y = 14$ geschnitten.

2.4.4

Gegeben ist eine Kostenfunktion $K(x) = \frac{1}{4} \cdot (x-2)^3 + 2$.
Man berechne mit Hilfe der Differentiale näherungsweise, welche Kostensteigerung sich ergibt bei einer Produktionssteigerung um 1 %, wenn man von einer Produktionsmenge von

a) 4 b) 2 c) 0,5 ausgeht?

Was läßt sich über das Ergebnis im Fall b) sagen ?

Wir benutzen die folgenden Bezeichnungen:

$\triangle K$	: Kostensteigerung
$\triangle x = d\,x$	: Produktionssteigerung
$d\,K$	: Differential (als Näherung für $\triangle K$)

Es gilt: $\triangle K \approx d\,K = K'(x_0)\,d\,x = \frac{3}{4}\,(x_0-2)^2\,d\,x$

a)

$$x_0 = 4; \qquad 1\% \text{ von } 4 \mathrel{\hat{=}} 0,04 = d\,x$$
$$d\,K = \frac{3}{4}\,(4-2)^2 \cdot 0,04 = 0,12$$

Wegen $K\,(4) = 4$ bedeutet $d\,K = 0,12$: Die Kostensteigerungsrate beträgt angenähert 3%.

b)

$$x_0 = 2; \qquad 1\% \text{ von } 2 \mathrel{\hat{=}} 0,02 = d\,x$$
$$d\,K = \frac{3}{4}\,(2-2)^3 \cdot 0,02 = 0$$

Die Kostensteigerungsrate beträgt 0%, unabhängig von $d\,x$.

c)

$$x_0 = 0,5; \qquad 1\% \text{ von } 0,5 \mathrel{\hat{=}} 0,005 = d\,x$$
$$d\,K = \frac{3}{4}\,(0,5-2)^3 \cdot 0,005 \approx 0,00844$$

Wegen $K\,(0,5) \approx 1,156$ bedeutet $d\,K \approx 0,00844$: Die Kostensteigerungsrate beträgt angenähert 0,73%.

2.4.5

Man berechne näherungsweise mit Hilfe des Differentials, um wieviel sich der Funktionswert der Funktion mit $y = (x-3)^3$ ändert, wenn man $x = 4$ um 25 % vergrößert.

$$\begin{aligned} \triangle y \approx d\,y &= f'(x_0) \cdot d\,x \\ &= 3\,(x_0 - 3)^2 \cdot d\,x \qquad (x_0 = 4;\; d\,x = 4 \cdot 25\% = 1) \\ &= 3\,(4-3)^2 \cdot 1 \\ &= 3 \end{aligned}$$

Der Funktionswert ändert sich angenähert um 3.
(Die tatsächliche Änderung berechnet sich aus $\triangle y = f(5) - f(4)$ zu $\triangle y = 8 - 1 = 7$.)

2.4.6

Bestimmen Sie die Ableitungen nachstehender Funktionen:

a) $f : x \mapsto 28x^2 - 4x + 3$ **b)** $f : x \mapsto 8 - 3x^3 \quad ; \quad x \geq 0$

c) $f : t \mapsto t^2 + \sqrt{t} - 3$ **d)** $f : s \mapsto 4s^2 + \frac{1}{s} - \ln s$

a) $f'(x) = 56x - 4$ **b)** $f'(x) = -9x^2 \quad ; x > 0$

c) $f'(t) = 2t + \frac{1}{2\sqrt{t}}$ **d)** $f'(s) = 8s - \frac{1}{s^2} - \frac{1}{s}$

2.4.7

Gegeben ist eine Funktion durch $f(x) = 2 \cdot e^x \cdot \sin x + \sqrt{x^2 + 2}$.
Wie lautet $f'(3,1)$?

Wir setzen $f_1(x) := 2e^x \cdot \sin x$ und $f_2(x) := \sqrt{x^2+2}$. Dann ist

$$f(x) = f_1(x) + f_2(x)$$

und nach der Summenregel:

$$f'(x) = f_1'(x) + f_2'(x)$$

Die Ableitung $f_1'(x)$ wird nach der Produktregel berechnet.

$$f_1'(x) = 2e^x \cdot \sin x + 2e^x \cdot \cos x = 2e^x(\sin x + \cos x)$$

Die Ableitung $f_2'(x)$ wird nach der Kettenregel berechnet.

$$f_2'(x) = ((x^2+2)^{\frac{1}{2}})' = \frac{1}{2}(x^2+2)^{(\frac{1}{2}-1)} \cdot (2x) = \frac{x}{\sqrt{x^2+2}}$$

Damit folgt

$$f'(x) = 2e^x (\sin x + \cos x) + \frac{x}{\sqrt{x^2+2}}$$

und

$$f'(3,1) = 2e^{3,1} (\sin 3,1 + \cos 3,1) + \frac{3,1}{\sqrt{3,1^2+2}} \approx -41,6017.$$

(Die Argumente von sin und cos müssen hier jeweils im Bogenmaß interpretiert werden.)

2.4.8

Berechnen Sie $f'(x)$ für:

a) $f(x) = 4x^7 + 3x^2$

b) $f(x) = x^2 \cdot 2^x$

c) $f(x) = \sqrt{x} \cdot \sin x$

d) $f(x) = x^2 - 2e^x$

e) $f(x) = \sqrt{2x^3 - x}$

f) $f(x) = \sqrt{3x^4 - x^2}$

g) $f(x) = \dfrac{x^2-1}{2x-1}$

h) $f(x) = \dfrac{x^3-2x}{x+2}$

i) $f(x) = \ln(1+2x^2)$

k) $f(x) = x^2 \cdot \sin(x-a)$, $(a \in \mathbb{R})$

l) $f(x) = \sin x \cdot e^{x+1}$

m) $f(x) = (x^2 + \frac{1}{x})^4$

n) $f(x) = \dfrac{16+2x}{x+\sqrt{x}} + e^{3x+1}$

o) $f(x) = x \cdot \sin x \cdot \ln x$

a) $f'(x) = 28x^6 + 6x$

b) $f'(x) = 2x \cdot 2^x + x^2 \cdot 2^x \cdot \ln 2 = x \cdot 2^x (2 + x \cdot \ln 2)$

c) $f'(x) = \dfrac{1}{2\sqrt{x}} \cdot \sin x + \sqrt{x} \cdot \cos x$

d) $f'(x) = 2x - 2e^x$

e) $f'(x) = \dfrac{1}{2\sqrt{2x^3-x}} \cdot (6x^2 - 1)$

f) $f'(x) = \dfrac{1}{2\sqrt{3x^4-x^2}} \cdot (12x^3 - 2x) = \dfrac{6x^3-x}{\sqrt{3x^4-x^2}}$

g) $f'(x) = \dfrac{2x(2x-1) - (x^2-1)\cdot 2}{(2x-1)^2} = \dfrac{2x^2-2x+2}{(2x-1)^2}$

h) $f'(x) = \dfrac{(3x^2-2)(x+2) - (x^3-2x)}{(x+2)^2} = \dfrac{2x^3+6x^2-4}{(x+2)^2}$

i) $f'(x) = \dfrac{1}{1+2x^2} \cdot 4x$

k) $f'(x) = 2x \cdot \sin(x-a) + x^2 \cdot \cos(x-a)$

l) $f'(x) = \cos x \cdot e^{x+1} + \sin x \cdot e^{x+1} = e^{x+1}(\sin x + \cos x)$

m) $f'(x) = 4\,(x^2 + \dfrac{1}{x})^3 \cdot (2x - \dfrac{1}{x^2})$

n) $f'(x) = \dfrac{2\,(x+\sqrt{x}) - (16+2x)\,(1+\frac{1}{2\sqrt{x}})}{(x+\sqrt{x})^2} + 3e^{3x+1}$

o) $f'(x) = \sin x \cdot \ln x + x \cdot \cos x \cdot \ln x + x \cdot \sin x \cdot \dfrac{1}{x}$
$\quad = \sin x \cdot (1 + \ln x) + x \cdot \cos x \cdot \ln x$

2.4.9

An welchen Stellen besitzt die Ableitung von f den Wert p?

a) $f(x) = x^2\,(x-1), \quad p = 1$

b) $f(x) = \dfrac{1}{2}\,e^{2x-1}, \quad p = 5$

c) $f(x) = \sqrt{1 - x + 2x^3}, \quad p = 0$

d) $f(t) = \dfrac{t^2+2t}{1-3t}, \quad p = -1$

a) $f'(x) = 2x\,(x-1) + x^2 = 3x^2 - 2x$

$f'(x) = 1 \quad\Longrightarrow\quad x_1 = 1, \quad x_2 = -\frac{1}{3}$

b) $f'(x) = e^{2x-1}$

$f'(x) = 5 \quad\Longrightarrow\quad x = \frac{1+\ln 5}{2} \approx 1,305$

c) $f'(x) = \dfrac{-1+6x^2}{2\sqrt{1-x+2x^2}}$

$f'(x) = 0 \quad\Longrightarrow\quad x_1 = \sqrt{\dfrac{1}{6}} \approx 0,408, \quad x_2 = -\sqrt{\dfrac{1}{6}} \approx -0,408$

d) $f'(t) = \dfrac{(2t+2)\,(1-3t) - (t^2+2t)\,(-3)}{(1-3t)^2}$

$f'(t) = -1$

Die entstehende quadratische Gleichung besitzt keine reellen Lösungen. Die Ableitung von f besitzt daher nirgends den Wert -1.

2.4.10
Man bestimme die Tangente im Punkt (2 ; 20) des Graphen mit der Gleichung $y = f(x) = 24 - x^2$.

Aus $f'(x) = -2x$ ergibt sich für die Steigung der Tangente in dem Punkte $P = (2\,;\,20):\quad f'(2) = -4$
Die Tangentengleichung hat damit die Form

$$y = -4x + b, \quad (b \in \mathbb{R}).$$

Da die Tangente durch $P = (2;20)$ verlaufen muß , erhält man aus $20 = -4 \cdot 2 + b$ schließlich $y = -4x + 28$ als Gleichung der Tangente.

2.4.11
Wo ist die Tangente an die Kurve der Funktion mit $y = x^3 - x$ parallel zu der Geraden mit der Gleichung $y = \frac{3}{4}x + 3$?

Gesucht sind Punkte des Graphen, in denen die Tangentensteigung genau so groß ist wie die Steigung der Geraden mit der Gleichung $y = \frac{3}{4}x + 3$. Es ist also die Gleichung $3x^2 - 1 = \frac{3}{4}$ zu lösen. Hieraus folgt

$$x^2 = \frac{7}{12}, \quad \text{also } x_{1,2} = \pm\sqrt{\frac{7}{12}} \approx \pm 0,764.$$

An den Stellen $-0,764$ und $0,764$ ist die Steigung des Graphen von $y = x^3 - x$ gleich der Steigung der Geraden mit der Gleichung $y = \frac{3}{4}x + 3$.

2.4.12
Man bestimme die Ableitung von
a) $y = (x+1)e^{x^2}$ b) $y = (x+1)^{x^2}$ c) $y = x^{\sqrt{x}}$

a) $y = (x+1)e^{x^2} \quad \Longrightarrow$

$$\begin{aligned} y' &= 1 \cdot e^{x^2} + (x+1) \cdot e^{x^2} \cdot 2x \\ &= (1 + 2x(x+1))e^{x^2} = (1 + 2x + 2x^2)e^{x^2} \end{aligned}$$

b) $y = (x+1)^{x^2} = e^{x^2 \cdot \ln(x+1)} \quad \Longrightarrow$

$$\begin{aligned} y' &= e^{x^2 \cdot \ln(x+1)} \cdot (x^2 \cdot \ln(x+1))' \\ &= e^{x^2 \cdot \ln(x+1)} \cdot (2x \cdot \ln(x+1) + x^2 \frac{1}{x+1} \cdot 1) \\ &= e^{x^2 \cdot \ln(x+1)} \cdot (2x \ln(x+1) + \frac{x^2}{x+1}) \\ &= (x+1)^{x^2} \cdot (2x \ln(x+1) + \frac{x^2}{x+1}) \end{aligned}$$

c) $y = x^{\sqrt{x}} \iff y = e^{\sqrt{x}\cdot\ln x}$

$$\begin{aligned} y' &= e^{\sqrt{x}\cdot\ln x}\cdot\left(\frac{1}{2\sqrt{x}}\cdot\ln x+\sqrt{x}\cdot\frac{1}{x}\right) \\ &= e^{\sqrt{x}\cdot\ln x}\cdot\left(\frac{\ln x}{2\sqrt{x}}+\frac{1}{\sqrt{x}}\right)=\frac{1}{\sqrt{x}}\left(\frac{1}{2}\ln x+1\right)\cdot x^{\sqrt{x}} \end{aligned}$$

2.4.13

Bei der Produktion eines beliebig teilbaren Gutes entstehen Gesamtkosten von $K(x) = \frac{1}{4}x^3 - 60x^2 + 4200x$ (in €), wenn die Ausbringungsmenge x höchstens 40 Einheiten beträgt. Die Produktionskosten für jede weitere Einheit betragen 3000,– € .

a) Berechnen Sie die Funktionsgleichungen der Kostenfunktion K und der Durchschnittskostenfunktion $\overline{K}$ in Abhängigkeit von der Ausbringungsmenge.

b) Berechnen Sie $\lim\limits_{x\to\infty}\overline{K}(x)$ und die Ableitung von $\overline{K}$ an allen Stellen, wo sie existiert.

c) Für welche x betragen die durchschnittlichen Kosten $\overline{K}(x)$ höchstens 3100,– € pro Einheit?

Hinweis: Es ist $\overline{K} = \dfrac{K(x)}{x}$.

a) Für $x \geq 40$ ist $K(x) = K(40) + (x-40)\cdot 3000$, also gilt:

$$K(x) = \begin{cases} \frac{1}{4}x^3 - 60x^2 + 4200x & \text{falls } x \in [0,40] \\ 88000 + (x-40)\cdot 3000 & \text{falls } x \in]40,\infty[\end{cases}$$

Damit folgt für die Durchschnittskostenfunktion:

$$\overline{K}(x) = \begin{cases} \frac{1}{4}x^2 - 60x + 4200 & \text{für } x \in [0,40] \\ \frac{88000}{x} + \frac{x-40}{x}\cdot 3000 & \text{für } x \in]40,\infty[\end{cases}$$

b)

$$\overline{K}'(x) = \begin{cases} \frac{1}{2}x - 60 & \text{für } x \in [0,40[\\ \frac{32000}{x^2} & \text{für } x \in]40,\infty[\end{cases}$$

$\overline{K}$ ist bei $x = 40$ nicht differenzierbar, da die links- und rechtsseitige Ableitung nicht übereinstimmen. Für den gesuchten Grenzwert folgt:

$$\lim_{x\to\infty}\overline{K}(x) = \lim_{x\to\infty}\left(\frac{88000}{x} + \frac{x-40}{x}\cdot 3000\right) = 3000$$

c) Gesucht sind diejenigen $x \in [0, \infty[$ mit $\overline{K}(x) \leq 3100$. Für $x \in [0, 40]$ ergibt sich die Ungleichung

$$\frac{1}{4}x^2 - 60x + 4200 \leq 3100.$$

Die zugehörige quadratische Gleichung $x^2 - 240x + 16800 = 12400$ besitzt die Lösungen $x = 20$ und $x = 220 > 40$. Für $x \geq 20$ gilt die zu erfüllende Ungleichung.
Im Falle $x \geq 40$ ergibt sich die Ungleichung

$$3000 - \frac{32000}{x} < 3100,$$

die für alle positiven x gilt. Das liefert insgesamt die

Lösung: Für $x \geq 20$ betragen die durchschnittlichen Kosten höchstens 3100,–€ pro Einheit.

2.4.14

Die Gesamtkosten K einer Ausbringung x sind gegeben durch:

a) $K(x) = \sqrt{ax+b} + c \quad ; \quad (a, b, c \in \mathbb{R}^+)$

b) $K(x) = ax^2 + bx\dfrac{x+c}{x+d} \quad ; \quad (a, b, c, d \in \mathbb{R})$

Bestimmen Sie die Grenzkosten !

Die Grenzkosten sind gegeben durch:

a) $K'(x) = \dfrac{a}{2\sqrt{ax+b}}$

b) $K'(x) = 2ax + b\dfrac{x+c}{x+d} + bx\dfrac{d-c}{(x+d)^2}$

2.4.15

Eine Funktion f ist gegeben durch:

$$f(x) = \begin{cases} ae^{bx} - 1 & \text{für } 0 \leq x \leq 2 \\ 2 - e^{-0,5x} & \text{für } x > 2 \end{cases} \quad ; \quad a, b \in \mathbb{R}$$

a) Die Parameter a, b sind so zu bestimmen, daß f an der Stelle 2 stetig und differenzierbar ist.

b) Bestimmen Sie den Grenzwert von f für $x \to \infty$.

c) Skizzieren Sie den Graphen von f (nach Bestimmung von a und b).

a) Wir setzen

$$g(x) := ae^{bx} - 1 \quad ; \quad h(x) := 2 - e^{-0,5x}.$$

$$
\begin{array}{llll}
f \text{ stetig an der Stelle } 2 & \iff & g(2) \stackrel{!}{=} h(2) & \\
 & \implies & a\mathrm{e}^{2b} - 1 = 2 - \mathrm{e}^{-1} & \text{(I)} \\
f \text{ diffbar an der Stelle } 2 & \iff & g'(2) \stackrel{!}{=} h'(2) & \\
\left.\begin{array}{l} g'(x) = ab\mathrm{e}^{bx} \\ h'(x) = \frac{1}{2}\mathrm{e}^{-0,5x} \end{array}\right\} & \implies & ab\mathrm{e}^{2b} = \dfrac{1}{2}\mathrm{e}^{-1} & \text{(II)}
\end{array}
$$

Aus (II) folgt $a\mathrm{e}^{2b} = \dfrac{\mathrm{e}^{-1}}{2b}$ (III).
Dies setzen wir in (I) ein und erhalten:

$$\frac{\mathrm{e}^{-1}}{2b} - 1 = 2 - \mathrm{e}^{-1} \quad \text{also} \quad b = \frac{\frac{1}{2}\mathrm{e}^{-1}}{3 - \mathrm{e}^{-1}} \approx 0,0699$$

Aus (III) ergibt sich damit $a = \dfrac{\mathrm{e}^{-1}}{2b\mathrm{e}^{2b}} \approx 2,284.$

b) $\lim\limits_{x\to\infty} f(x) = \lim\limits_{x\to\infty} (2 - \mathrm{e}^{-0,5x}) = 2 - 0 = 2$

c) **Skizze:**

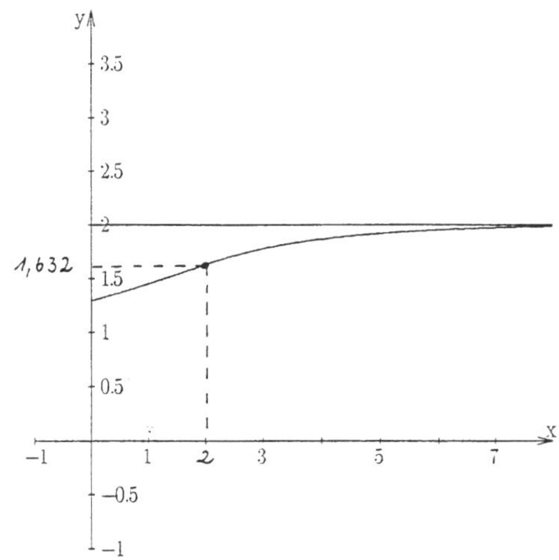

2.5 Das NEWTONsche Näherungsverfahren

Die NEWTONsche Näherungsformel zur näherungsweisen Berechnung von Nullstellen von Funktionen $f(x)$, also zur näherungsweisen Lösung der Gleichung $f(x) = 0$, lautet:

$$x_n = x_{n-1} - \frac{f(x_{n-1})}{f'(x_{n-1})} \qquad (n \in \mathbb{N})$$

Dabei muß eine "Anfangsnäherung" x_0 i. a. geraten werden.
(Als Iterationsverfahren ist dieses Verfahren gut geeignet für Taschenrechner bzw. zur Programmierung.)

2.5.1
Lösen Sie die folgenden Gleichungen:

a) $x^3 + x^2 + 1 = 0$	**b)** $2x^3 = 8x - 7$	**c)** $x^4 + 2x^3 + x + 1 = 0$
d) $x^3 + 4x^2 = 2x - 11$	**e)** $3x + e^{2x} = 0$	**f)** $0 = z^2 + z \cdot 2^z$

Es wird jeweils das NEWTONsche Näherungsverfahren angewendet.

a) $x_0 = -1$
$\Longrightarrow \quad x_1 = -2 \ , \quad x_2 \approx -1,625 \ , \quad x_3 \approx -1,486 \ , \quad x_4 \approx -1,466 = x_5$
Die Gleichung besitzt nur die Lösung $\overline{x} \approx -1,466$.
Daß die Gleichung keine weiteren Lösungen besitzt, erkennt man wie folgt: Man dividiert $x^3 + x^2 + 1$ durch den Linearfaktor $x - 1,466$, wobei man auf drei Stellen nach dem Komma rundet. Das entstehende quadratische Polynom besitzt keine weiteren Nullstellen, wie man der zugehörigen quadratischen Gleichung entnimmt.

b) $x_0 = -3 \quad \Longrightarrow \quad x_1 = -2,5 \ , \quad x_2 \approx -2,356 \ , \quad x_3 \approx -2,344 = x_4$
Die Gleichung besitzt nur die Lösung $\overline{x} \approx -2,344$. (Argumentation wie bei a).)

c) (i) $x_0 = -1 \quad \Longrightarrow \quad x_3 \approx -0,641$
(ii) $x_0 = -2 \quad \Longrightarrow \quad x_3 \approx -2,118$

Die Gleichung besitzt die Lösungen $\overline{x_1} \approx -0,641$ und $\overline{x_2} \approx -2,118$.

d) $x_0 = -5 \quad \Longrightarrow \quad x_2 \approx -4,874$
Die Gleichung besitzt nur die Lösung $\overline{x} \approx -4,874$.

e) $x_0 = 0 \quad \Longrightarrow \quad x_2 \approx -0,216$
Die Gleichung besitzt nur die Lösung $\overline{x} \approx -0,216$.

f) $0 = z^2 + z \cdot 2^z = z \cdot (z + 2^z)$
$z = 0$ ist eine Lösung dieser Gleichung. Es bleibt $z + 2^z = 0$ zu lösen.
$z_0 = -0,5 \quad \Longrightarrow \quad z_2 \approx -0,641$
Die Gleichung besitzt die Lösungen $\overline{z_1} = 0$ und $\overline{z_2} \approx -0,641$.

2.5.2

Man gebe ein Beispiel an, bei dem das näherungsweise Bestimmen einer Nullstelle mit dem NEWTONschen Näherungsverfahren versagt.

Beim NEWTONschen Näherungsverfahren wird in einem Näherungspunkt jeweils die Tangente an den Graphen von f gelegt, und der Schnittpunkt dieser Tangente mit der x–Achse liefert die nächste Näherung.
Die nebenstehende Skizze zeigt daher, daß man sich hier immer mehr von der Nullstelle entfernt, da aus Monotoniegründen stets $x_n > x_{n-1}$ gilt.

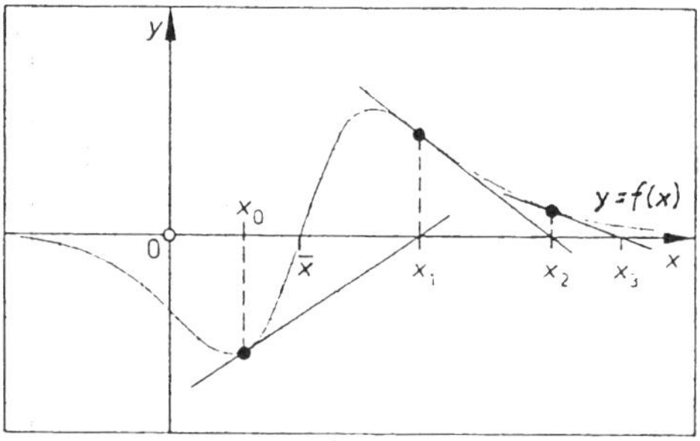

2.5.3

Bestimmen Sie die Nullstellenmenge der folgenden Funktionen:

a) $f(x) = x^3 - 4x + 4,9$ **b)** $f(z) = 0,5z^4 - 6z^3 + z^2 - 1,5$

c) $f(r) = r + e^{2r}$ **d)** $f(x) = x \cdot e^x - x^2$

a) $x_0 = -2,5 \quad \Longrightarrow \quad x_2 \approx -2,450 \quad ; \quad N(f) = \{-2,450\}$

b)
$$\left.\begin{array}{lll} (i) & z_0 = -0,5 \Longrightarrow & z_2 \approx -0,572 \\ (ii) & z_0 = 10 \Longrightarrow & z_5 \approx 11,833 \end{array}\right\} \Longrightarrow \quad N(f) = \{-0,572\,;\ 11,833\}$$

c) $r_0 = -0,5 \quad \Longrightarrow \quad r_5 \approx -0,426 \quad ; \quad N(f) = \{-0,426\}$

d) $x \cdot e^x - x^2 = x \cdot (e^x - x)$
$N(f) = \{0\}$, da $e^x > x$ für jedes $x \in \mathbb{R}$.

2.5.4

In welchen Punkten schneiden sich die Graphen der Funktionen f und g? Fertigen Sie eine Skizze an!

a) $f(x) = x^3 + 1 \quad ; \qquad g(x) = x$

b) $f(x) = \frac{1}{2}x + 2 \quad ; \qquad g(x) = x^3$

c) $f(x) = x^2 \quad ; \qquad g(x) = e^x$

a) Aus $f(x) = g(x)$ erhält man die Gleichung $x^3 + 1 = x$ oder

$$x^3 - x + 1 = 0$$

Mit $x_0 = -1$ folgt $x_3 \approx -1,325$. Der Schnittpunkt S der Graphen lautet:

$$S \approx (-1,325\ ;\ -1,325)$$

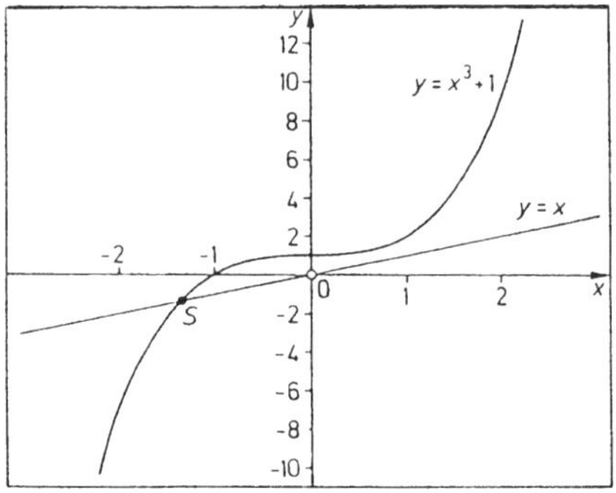

b)

$$f(x) = g(x) \quad \Longrightarrow \quad \frac{1}{2}x + 2 = x^3$$

$$\Longrightarrow \quad x^3 - \frac{1}{2}x - 2 = 0$$

$$x_0 = 1,5 \quad \Longrightarrow \quad x_2 \approx 1,392$$

$$S \approx (1,392\ ;\ 2,696)$$

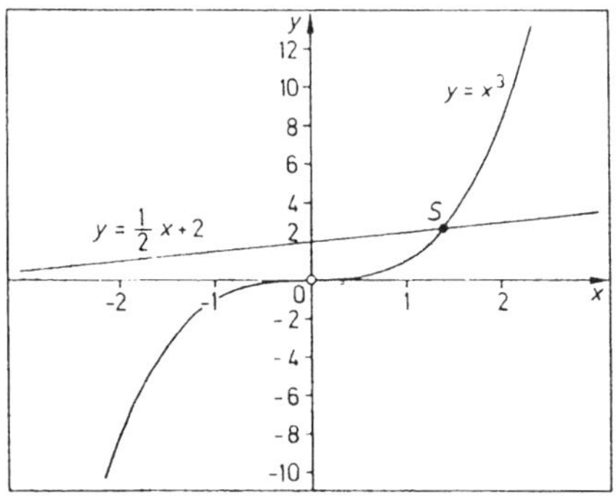

c)

$$f(x) = g(x) \implies x^2 = e^x$$
$$\implies e^x - x^2 = 0$$
$$x_0 = -1 \implies x_3 \approx -0{,}703$$

$$S \approx (-0{,}703\ ;\ 0{,}495)$$

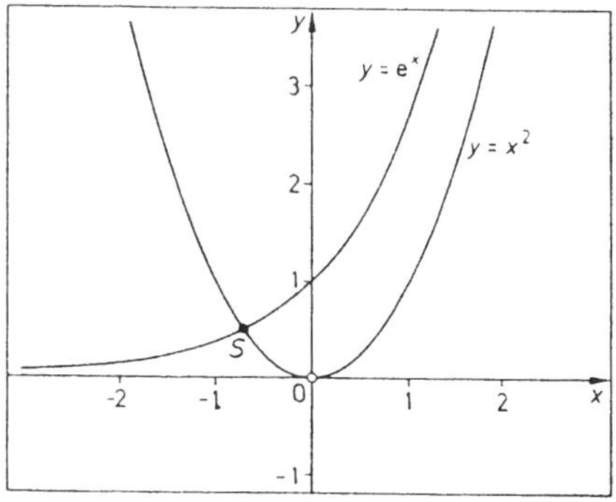

2.5.5

Auf beiden Ufern eines Flusses (ein Ufer erhöht) stehen in 250 m Abstand 2 Masten, zwischen denen ein Kabel verspannt ist. Der Höhe h in m des Kabels bezogen auf die Wasseroberfläche läßt sich ein Zahlenwert zuordnen durch die Funktion f mit

$$f(x) = 2 \cdot 10^{-7}x^4 - 8 \cdot 10^{-5}x^3 + 12 \cdot 10^{-3}x^2 - 0{,}8x + 40 \quad , 0 \le x \le 250.$$

Wie lang ist die horizontale Strecke, auf der das Kabel nicht höher als 30 m hängt?

$$f(x) = \frac{2x^4}{10^7} - \frac{8x^3}{10^5} + \frac{12x^2}{10^3} - 0{,}8x + 40$$

$$f(x) = 30 \implies$$

$$\frac{2x^4}{10^7} - \frac{8x^3}{10^5} + \frac{12x^2}{10^3} - 0{,}8x + 10 = 0$$

(i) $x_0 = 0 \implies x_3 \approx 15{,}91 = s_1$
(ii) $x_0 = 200 \implies x_3 \approx 184{,}09 = s_2$

Auf 168,18 m Länge hängt das Kabel nicht höher als 30 m.

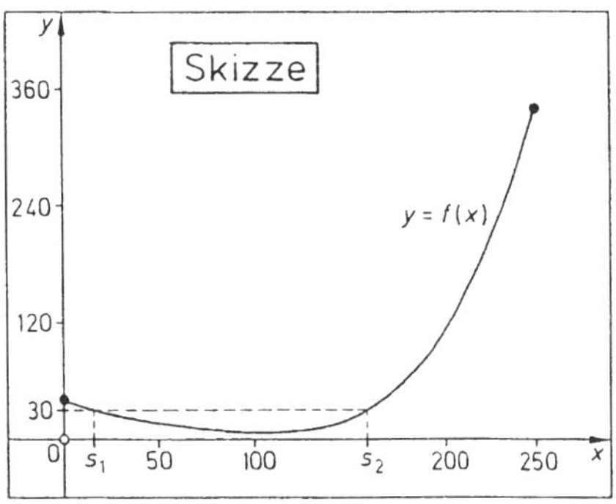

2.6 Elastizität, Anwendungen

2.6.1

Berechnen Sie die Elastizität der Funktion f mit:

a) $f(x) = 3x + 1$ b) $f(x) = 4x^2 + 2x$

c) $f(x) = ax^2 + bx + c, \quad (a, b, c \in \mathbb{R})$

d) $f(x) = ax^b, \quad (a, b \in \mathbb{R}^+)$ e) $f(x) = \mathrm{e}^{-ax}, \quad (a \in \mathbb{R}^+)$

f) $f(x) = 4x \cdot \mathrm{e}^{-2x}$ g) $f(x) = 3 - 2\ln x$

h) $f(x) = a^x, \quad (a \in \mathbb{R}^+, \ a \neq 1)$

Die Elastizität $E\,f$ einer Funktion f ist gegeben durch

$$E\,f(x) = \frac{\frac{f'(x)}{f(x)}}{\frac{1}{x}} = \frac{x f'(x)}{f(x)} \approx \frac{\frac{\Delta y}{y}}{\frac{\Delta x}{x}}\,.$$

Ist $|E\,f(x)| > 1$, dann heißt f elastisch.

Ist $|E\,f(x)| < 1$, dann heißt f unelastisch.

Damit folgt hier:

a) $E\,f(x) = \dfrac{x \cdot f'(x)}{f(x)} = \dfrac{3x}{3x+1}$

b) $E\,f(x) = \dfrac{x \cdot (8x+2)}{4x^2+2x} = \dfrac{4x+1}{2x+1}, \ (x \neq 0)$

c) $E\,f(x) = \dfrac{2ax^2+bx}{ax^2+bx+c}$

d) $E\,f(x) = \dfrac{x \cdot abx^{b-1}}{ax^b} = \dfrac{ab \cdot x^b}{a \cdot x^b} = b, \quad (x \neq 0)$

e) $E\,f(x) = \dfrac{x\,(-a)\mathrm{e}^{-ax}}{\mathrm{e}^{-ax}} = -ax$

f) $E\,f(x) = \dfrac{x\,(4\mathrm{e}^{-2x} + 4x \cdot \mathrm{e}^{-2x} \cdot (-2))}{4x \cdot \mathrm{e}^{-2x}} = 1 - 2x, \quad (x \neq 0)$

g) $E\,f(x) = \dfrac{x \cdot \frac{-2}{x}}{3 - 2\ln x} = \dfrac{-2}{3 - 2\ln x}$

h) $E\,f(x) = \dfrac{x \cdot a^x \cdot \ln a}{a^x} = x \cdot \ln a$

2.6.2
Wie lautet die Elastizität der Funktion $f: x \mapsto \dfrac{3}{x^3}$ an der Stelle $x_0 = 4$?

Aus $f(x) = \dfrac{3}{x^3} = 3x^{-3}$ folgt $f'(x) = 3(-3)x^{-4}$. Damit ergibt sich:

$$E\,f(x) = \frac{x f'(x)}{f(x)} = \frac{x(-9)x^{-4}}{3x^{-3}} = -\frac{9}{3}x^{(1-4+3)} = -3x^0 = -3$$

Also ergibt sich insbesondere auch für $x_0 = 4$ die Elastizität $E\,f(x_0) = -3$.

2.6.3
Wie ist die Zahl $a \in \mathbb{R}$ zu wählen, damit die Funktion f mit $f(x) = 0,5 \cdot e^{ax}$ an der Stelle 10 die Elastizität 2 besitzt ?

Mit $a \in \mathbb{R}$ und $f(x) = \frac{1}{2}e^{ax}$ ist $f'(x) = \frac{a}{2}e^{ax}$, also $E\,f(x) = \dfrac{x\,\frac{a}{2}e^{ax}}{\frac{1}{2}e^{ax}} = xa$.
Das gesuchte $a \in \mathbb{R}$ soll die Bedingung $E\,f(10) = 2$ erfüllen. Es folgt also $a = \frac{1}{5} = 0,2$.

<u>Ergebnis:</u> Die Zahl a ist zu $\frac{1}{5}$ zu wählen.

2.6.4
Für die Elastizität einer Funktion f gelte an jeder Stelle $x \in D(f)$ die Gleichung $E\,f(x) = 1$. Was kann daraus gefolgert werden?

Die Elastizität einer Funktion f an der Stelle $x_0 \in D(f)$ gibt angenähert an, in welchem Verhältnis eine prozentuale Veränderung von x_0 eine prozentuale Veränderung von $f(x_0)$ bewirkt.
Im Falle $E\,f(x) = 1$ für jedes $x \in D(f)$ gilt somit: Eine prozentuale Veränderung von x bewirkt angenähert eine gleichgroße prozentuale Veränderung von $f(x)$.

2.6.5
Ein Unternehmen hat eine Monopolstellung im Markt. Die Nachfrager verhalten sich als Mengenanpasser, die Preis- Absatz- Funktion und die Kostenfunktion sind gegeben durch:

$$p = p(x) = \tfrac{10}{-8} \cdot (x - 8) \quad ; \quad K(x) = (x-1)^3 + 4(x-1) + 6$$

a) In welchen Intervallen können hierbei der Preis p und die Menge x variieren ?

b) Man bestimme zu der zu p gehörigen Nachfragefunktion die Preiselastizität.

c) Bestimmen Sie die Elastizität der Gesamtkosten K und der Durchschnittskosten $\overline{K}$.

a) Für die Produktionsmenge x und den Preis p muß sinnvollerweise gelten: $x \geq 0$ und $p \geq 0$
Damit folgt aus der Gleichung

$p = -\frac{10}{8}(x-8)$:

$$0 \leq p \leq 10; \quad 0 \leq x \leq 8$$

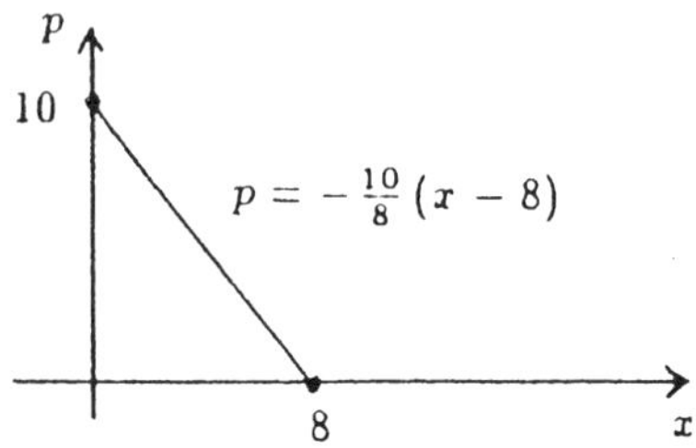

b) Die zu p gehörende Nachfragefunktion p^{-1} läßt sich angeben durch

$$x = 8 - \frac{8}{10}p.$$

Ihre Elastizität lautet: $E\,p^{-1}(p) = \dfrac{p \cdot (-\frac{8}{10})}{8 - \frac{8}{10}p} = \dfrac{p}{p-10}$ Man beachte: Aus Gründen der wirtschaftlichen Interpretation werden hier nicht wie sonst üblich für die Umkehrfunktion die Variablen getauscht: p soll stets für den Preis stehen und x für die Menge eines Gutes (Ausbringungsmenge, nachgefragte Menge).

c)

$$\begin{aligned}
E\,K(x) &= \frac{x \cdot (3(x-1)^2 + 4)}{(x-1)^3 + 4(x-1) + 6} \\
\overline{K}(x) &= \frac{K(x)}{x} = \frac{1}{x}(x^3 - 3x^2 + 3x - 1 + 4x - 4 + 6) \\
&= x^2 - 3x + 7 + \frac{1}{x} \\
\Longrightarrow \quad E\,\overline{K}(x) &= \frac{x \cdot (2x - 2 - \frac{1}{x^2})}{x^2 - 3x + 7 + \frac{1}{x}} = \frac{2x^3 - 3x^2 - 1}{x^3 - 3x^2 + 7x + 1} \quad (x \neq 0)
\end{aligned}$$

2.6.6

Zu $K(x) = \frac{1}{4}(x-2)^3 + 2$ bestimme man die prozentuale Änderung von $K(x)$, wenn (die Ausbringungsmenge) x um ein Prozent erhöht wird. Man verwende die Elastizität.
Zahlenbeispiel: Für $x = 5$ berechne man den bei dieser Näherung gemachten Fehler.

Aus dem der Elastizität zugrundeliegenden Quotienten $\dfrac{\frac{\triangle y}{y}}{\frac{\triangle x}{x}}$ erkennt man:

Ändert sich x um 1% (d. h. $\triangle x = \frac{1}{100}x$), so gibt die Elastizität von f an der Stelle x ungefähr die prozentuale Veränderung von y ($= f(x)$) an der Stelle x an.

Hier gilt:

$$E\,K(x) = \frac{3x\,(x-2)^2}{(x-2)^3+8}$$

An der Stelle $x = 5$ gilt: $E\,K(5) = \frac{27}{7} \approx 3,857$
Wegen $K(5) = 8,75$ bedeutet eine Änderung um 3,857%:

$$K(5,05) \approx 8,75 \cdot (1 + 0,03857) \approx 9,087$$

Die exakte Berechnung von $K(5,05)$ aus $K(x)$ ergibt $K(5,05) = 9,09315...$ Vergleicht man diese beiden Werte, so beträgt der relative Fehler bei der Verwendung der Elastizität:

$$\frac{9,093 - 9,087}{9,093} \approx 0,00066 = 0,066\%$$

2.6.7

Eine Gewinnfunktion ist gegeben durch $f(x) = \frac{4x}{x^2+9}$; $x \geq 0$.

a) Wie lautet der Grenzgewinn an der Stelle 2 ?

b) Wie lautet der größte Gewinn ?

a) Der Grenzgewinn ist durch $f'(x)$ gegeben. Die Anwendung der Quotientenregel ergibt hier:

$$f'(x) = \frac{(x^2+9)\,4 - 4x\,(2x)}{(x^2+9)^2} = \frac{36-4x^2}{(x^2+9)^2} = (-4)\,\frac{x^2-9}{(x^2+9)^2}$$

Damit folgt:

$$f'(2) = -4\,\frac{4-9}{(4+9)^2} \approx 1,53846$$

b) Für eine lokale Extremstelle x_0 einer Funktion f muß notwendig $f'(x_0) = 0$ gelten. Hier gilt:

$$f'(x) = 0 \iff x^2 - 9 = 0 \iff x_{1,2} = \pm\sqrt{9} = \pm 3$$

Wegen $x \geq 0$ kommt nur $+3$ in Frage. f' ist im Intervall $[0,3[$ positiv und im Intervall $]3,\infty[$ negativ. Daher ist f im Intervall $[0,3[$ streng monoton wachsend und im Intervall $]3,\infty[$ streng monoton fallend. Also ist f bei $x = 3$ maximal, und der größte Gewinn ist:

$$f(3) = \frac{4 \cdot 3}{3^2+9} = \frac{12}{18} = \frac{2}{3}$$

2.6.8
Der Preis des Geschirrspülmittels Plitsch– Platsch in Abhängigkeit von der nachgefragten Menge x läßt sich nach gewissen Idealisierungen beschreiben durch $f(x) = 9 \cdot \mathrm{e}^{-2x^2}$ mit $x \geq 0$.

a) Wo gilt $|E\,f(x)| < 1$, d. h. in welchem Intervall ist f unelastisch?

b) Wie lautet der Grenzumsatz $U'(x)$ an der Stelle 1 ?

c) Wie lautet der maximale Umsatz ?

Hinweis: Für den Umsatz $U(x)$ gilt: $U(x) = x \cdot f(x)$

a)

$$f'(x) = 9\,(-2 \cdot 2x)\mathrm{e}^{-2x^2} \quad \Longrightarrow \quad E\,f(x) = -36x^2\,\frac{\mathrm{e}^{-2x^2}}{9\mathrm{e}^{-2x^2}} = -4x^2$$

Es gilt $|E\,f(x)| < 1$ genau dann, wenn $x \in]0, \frac{1}{2}[$.
In diesem Intervall ist f also unelastisch.

b)

$$U(x) = x\,f(x) = 9x\mathrm{e}^{-2x^2} \quad \Longrightarrow \quad U'(x) = 9\mathrm{e}^{-2x^2} + 9x\,(-4x)\mathrm{e}^{-2x^2}$$

$$U'(1) = 9\mathrm{e}^{-2} + (-36)\mathrm{e}^{-2} = -27\mathrm{e}^{-2} \approx -3,6541$$

c)

$$U'(x) = 0 \iff 9\mathrm{e}^{-2x^2}(1 - 4x^2) = 0 \iff x_{1,2} = \pm\frac{1}{2}$$

Wegen $x \geq 0$ kommt nur $x_1 = 0,5$ in Frage. U ist in $[0\,;\,0,5[$ streng monoton wachsend (da $U' > 0$) und in $]0,5\,;\infty[$ fallend. Der maximale Umsatz ist daher

$$U(\frac{1}{2}) = 9\,\frac{1}{2}\,\mathrm{e}^{-2\cdot\frac{1}{4}} = 4,5\,\mathrm{e}^{-\frac{1}{2}} \approx 2,729.$$

2.6.9
Gegeben ist die Funktion f mit $f(x) = x^3 + 2x \;\;;\;\; x > 0.$

a) Bestimmen Sie die Elastizität von f, und zeigen Sie:
Für jedes $x > 0$ gilt: $1 < E\,f(x) < 3$

b) Bestimmen Sie mittels der Elastizität ungefähr die Stelle, an der eine 2%–ige Erhöhung von x eine 3%–ige Erhöhung von $y = f(x)$ bewirkt.

a) Aus $f'(x) = 3x^2 + 2$ folgt:

$$\begin{aligned} E\,f(x) &= \frac{x \cdot f'x}{f(x)} = \frac{x(3x^2+2)}{x^3+2x} \\ &= \frac{3x^3+2x}{x^3+2x} = \frac{3x^2+2}{x^2+2} \qquad (\text{da } x > 0) \end{aligned}$$

Zum Nachweis der oben angegebenen Schranken wird E' ermittelt:

$$\begin{aligned} E' f(x) &= \frac{6x(x^2+2)-(3x^2+2)2x}{(x^2+2)^2} \\ &= \frac{6x^3+12x-6x^3-4x}{(x^2+2)^2} = \frac{8x}{(x^2+2)^2} \end{aligned}$$

Wegen $8x > 0$ für $x > 0$ und $(x^2+2)^2 > 0$ gilt $E' f(x) > 0$ für $x > 0$. Also ist $E\,f(x)$ streng monoton wachsend, und es bleibt übrig, die "Ränder" des Definitionsbereiches von $E\,f(x)$ zu betrachten:

$$\begin{aligned} \lim_{x\to 0+} E\,f(x) &= \lim_{x\to 0+} \frac{3x^2+2}{x^2+2} &= \tfrac{2}{2} &= 1 \\ \lim_{x\to\infty} E\,f(x) &= \lim_{x\to\infty} \frac{x^2(3+\frac{2}{x^2})}{x^2(1+\frac{2}{x^2})} &= \tfrac{3}{1} &= 3 \end{aligned}$$

Also gilt für jedes $x > 0$: $\quad 1 < E\,f(x) < 3$.

b) Wegen $E\,f(x) \approx \frac{\frac{\Delta y}{y}}{\frac{\Delta x}{x}}$ (wobei $y = f(x)$ ist) folgt:

$$\begin{aligned} \frac{\Delta y}{y} &\approx \frac{\Delta x}{x} \cdot E\,f(x) \\ 0,03 &\approx 0,02 \cdot \frac{3x^2+2}{x^2+2} \\ 3(x^2+2) &\approx 2(3x^2+2) \\ 2 &\approx 3x^2 \\ x &\approx \sqrt{\frac{2}{3}} \approx 0,82 \end{aligned}$$

2.7 Höhere Ableitungen, TAYLORscher Satz

Das Ableiten läßt sich iterieren: Die Ableitung der Ableitung f' von f ist die zweite Ableitung f'' von f usw. .
Eine wichtige Anwendungsmöglichkeit von höheren Ableitungen liefert die TAYLORreihenentwicklung einer Funktion f, durch die es möglich ist, (komplizierte) Funktionen durch Polynome anzunähern.

TAYLOR–Reihe

Die Reihe

$$\sum_{k=0}^{\infty} \frac{f^{(k)}(x_0)}{k!}(x-x_0)^k = f(x_0)+\frac{f'(x_0)}{1!}(x-x_0)+\frac{f''(x_0)}{2!}(x-x_0)^2+\ldots \overset{(*)}{=} f(x)$$

heißt **TAYLOR–Reihe** von f an der Stelle x_0.
Zu (*):
Unter gewissen Voraussetzungen konvergiert diese TAYLOR–Reihe gegen $f(x)$. In diesem Falle ist das Gleichheitszeichen gerechtfertigt.

2.7.1

Geben Sie die ersten 6 Ableitungen an:

a) $f(x) = x^4$ **b)** $f(x) = x^6$

c) $f(x) = \frac{1}{120}x^8 + \frac{1}{60}x^4$ **d)** $f(x) = \frac{5}{x}$

e) $f(x) = \mathrm{e}^x$ **f)** $f(x) = x \cdot \mathrm{e}^x$

a) $f'(x) = 4x^3$ $f''(x) = 12x^2$
$f'''(x) = 24x$ $f^{(4)}(x) = 24$
$f^{(5)}(x) = f^{(6)}(x) = 0$

b) $f'(x) = 6x^5$ $f''(x) = 30x^4$
$f'''(x) = 120x^3$ $f^{(4)}(x) = 360x^2$
$f^{(5)}(x) = 720x$ $f^{(6)}(x) = 720$

c) $f'(x) = \frac{1}{15}x^7 + \frac{1}{15}x^3$ $f''(x) = \frac{7}{15}x^6 + \frac{1}{5}x^2$
$f'''(x) = \frac{14}{5}x^5 + \frac{2}{5}x$ $f^{(4)}(x) = 14x^4 + \frac{2}{5}$
$f^{(5)}(x) = 56x^3$ $f^{(6)}(x) = 168x^2$

d) $f'(x) = -\frac{5}{x^2}$ $\qquad f''(x) = \frac{10}{x^3}$

$f'''(x) = -\frac{30}{x^4}$ $\qquad f^{(4)}(x) = \frac{120}{x^5}$

$f^{(5)}(x) = -\frac{600}{x^6}$ $\qquad f^{(6)}(x) = \frac{3600}{x^7}$

e) $f^{(n)}(x) = \mathrm{e}^x$ für $n \in \mathbb{N}$

f) $f^{(n)}(x) = n \cdot \mathrm{e}^x + x \cdot \mathrm{e}^x$ für $n \in \mathbb{N}$

2.7.2

Wie lautet $f'''(1)$ für $f(x) = 4\sqrt{x} + 2x + \frac{1}{3} \cdot \mathrm{e}^x$?

$$\begin{aligned} f'(x) &= \frac{2}{\sqrt{x}} + 2 + \frac{1}{3}\mathrm{e}^x \\ f''(x) &= -\frac{1}{x^{\frac{3}{2}}} + \frac{1}{3}\mathrm{e}^x \\ f'''(x) &= \frac{\frac{3}{2}}{x^{\frac{5}{2}}} + \frac{1}{3}\mathrm{e}^x \\ f'''(1) &= \frac{3}{2} + \frac{\mathrm{e}}{3} \approx 2,406094 \end{aligned}$$

2.7.3

Die Parameter $a, b, c \in \mathbb{R}$ der Funktion $h : x \mapsto ax^3 + bx + c$ sind so zu bestimmen, daß gilt: $h''(2) = 24$, $h'(0) = h(0) = 3$.

Es gilt $h'(x) = 3ax^2 + b$ und $h''(x) = 6ax$.
Einsetzen der gegebenen Werte liefert:

$$\begin{aligned} h(0) = 3 &\quad\Longrightarrow\quad c = 3 \\ h'(0) = 3 &\quad\Longrightarrow\quad b = 3 \\ h''(2) = 24 &\quad\Longrightarrow\quad 12a = 24 \quad \text{, also } a = 2 \end{aligned}$$

<u>Ergebnis:</u> $h(x) = 2x^3 + 3x + 3$

2.7.4

Für die 4. Ableitung einer Funktion f mit $f(x) = ax^n$, $a \in \mathbb{R}$, $n \in \mathbb{N}$, gilt $f^{(4)}(x) = 48$. Wie lauten die Parameter a und n?

$$f(x) = ax^n \quad \Longrightarrow \quad f^{(4)}(x) = a \cdot n\,(n-1)\,(n-2)\,(n-3) \cdot x^{n-4}$$

$$f^{(4)}(x) = 48 \text{ für jedes } x \in \mathbb{R} \quad \Longrightarrow \quad f^{(4)}(x) \text{ ist konstant, d. h. } x^{n-4} = 1.$$

Damit muß $n - 4 = 0$ gelten, und somit $n = 4$.

$$\begin{aligned} n = 4 \quad \Longrightarrow \quad a \cdot 4 \cdot (4-1) \cdot (4-2) \cdot (4-3) &= 48 \\ a &= 2 \end{aligned}$$

Ergebnis: $f(x) = 2x^4$

2.7.5

Wie lautet der Funktionsterm der n–ten Ableitung der Funktion $f(x) = x\mathrm{e}^x + \mathrm{e}^x$?

Es sind die Summen– und die Produktregel zu verwenden.
Nach der Bildung einiger Ableitungen $f^{(n)}(x)$ läßt sich leicht ein Bildungsgesetz erkennen.

$$\begin{aligned} f(x) &= x\mathrm{e}^x + \mathrm{e}^x \\ f'(x) &= \mathrm{e}^x + x\mathrm{e}^x + \mathrm{e}^x \\ &= x\mathrm{e}^x + 2\mathrm{e}^x \\ f''(x) &= \mathrm{e}^x + x\mathrm{e}^x + 2\mathrm{e}^x \\ &= x\mathrm{e}^x + 3\mathrm{e}^x \\ f'''(x) &= x\mathrm{e}^x + 4\mathrm{e}^x \\ &\vdots \\ f^{(n)}(x) &= x\mathrm{e}^x + (n+1)\mathrm{e}^x \\ &= (n+1+x)\,\mathrm{e}^x \end{aligned}$$

Korrekterweise müßte diese Formel nun mittels vollständiger Induktion bewiesen werden, worauf wir hier aber verzichten.

2.7.6

Wie lautet die Taylorentwicklung von $f(x) = \dfrac{1}{1+3x}$ um $x_0 = 0$? Geben Sie die ersten 6 Summanden an.

Für die TAYLORreihenentwicklung einer Funktion f um x_0 gilt (siehe Vorspann):

$$f(x) = f(x_0) + \frac{f'(x_0)}{1!}(x - x_0) + \frac{f''(x_0)}{2!}(x - x_0)^2 + ...$$

Man erhält hier:

$$\begin{aligned}
f(x) &= \frac{1}{1+3x}; & f(0) &= 1 \\
f'(x) &= \frac{-3}{(1+3x)^2}; & f'(0) &= -3 \\
f''(x) &= \frac{18}{(1+3x)^3}; & f''(0) &= 18 \\
f'''(x) &= \frac{-162}{(1+3x)^4}; & f'''(0) &= -162 \\
f^{(4)}(x) &= \frac{1944}{(1+3x)^5}; & f^{(4)}(0) &= 1944 \\
f^{(5)}(x) &= \frac{-29160}{(1+3x)^6}; & f^{(5)}(0) &= -29160
\end{aligned}$$

$$\Longrightarrow \quad f(x) = 1 - 3x + 9x^2 - 27x^3 + 81x^4 - 243x^5 + - ...$$

2.7.7

Die Funktion f mit $f(x) = \sqrt{1+2x}$ ist mittels einer (dreigliedrigen) TAYLORentwicklung um $x_0 = 0$ durch eine quadratische Funktion g anzunähern. Wie lautet $g(x)$?

Berechnen Sie $g(0,5)$ und vergleichen Sie dieses mit $f(0,5)$.

$$\begin{aligned}
f(x) &= \sqrt{1+2x} = (1+2x)^{\frac{1}{2}} \\
f'(x) &= \frac{1}{2}(1+2x)^{-\frac{1}{2}} \cdot 2 = \frac{1}{\sqrt{1+2x}} \\
f''(x) &= -\frac{1}{2}(1+2x)^{-\frac{3}{2}} \cdot 2 = \frac{-1}{\sqrt{1+2x}^3}
\end{aligned}$$

$$\left.\begin{aligned} f(0) &= 1 \\ f'(0) &= 1 \\ f''(0) &= -1 \end{aligned}\right\} \quad \Longrightarrow g(x) = 1 + x - \frac{x^2}{2}$$

Es folgt $g(0,5) = 1,375$. Der Wert für $f(0,5)$ lautet $f(0,5) = \sqrt{2} \approx 1,414$.

2.7.8

Die Funktion f mit

$$f(x) = 1 + 3x + x^2 + e^x \cdot \sin x$$

ist durch TAYLORentwicklung von e^x und $\sin x$ (um $x_0 = 0$) durch eine quadratische Funktion g anzunähern. Wie lautet $g(x)$?

Es gilt:

$$e^x = 1 + x + \frac{x^2}{2!} + \frac{x^3}{3!} + \frac{x^4}{4!} + \ldots$$

$$\sin x = x - \frac{x^3}{3!} + \frac{x^5}{5!} - \frac{x^7}{7!} \mp \ldots$$

Multipliziert man diese Reihen, so erkennt man, daß die TAYLORentwicklung von $e^x \sin x$ (um $x_0 = 0$) wie folgt beginnt:

$$e^x \sin x = x + x^2 + \frac{1}{3}x^3 + \ldots$$

Es werden hier nur die ersten beiden Summanden benötigt, um $f(x)$ durch eine quadratische Funktion $g(x)$ anzunähern.
Man erhält: $g(x) = 1 + 4x + 2x^2$.

2.7.9

Man bestimme für die Funktion f mit $f(x) = 2x^3 + 6x^2$ die Intervalle, in denen sie

i) streng monoton wachsend,
ii) streng monoton fallend,
iii) streng konvex,
iv) streng konkav ist.

Die Funktion f ist in solchen Intervallen streng monoton wachsend (fallend), wo $f'(x) > 0$ (bzw. $f'(x) < 0$) gilt.

$$f'(x) = 6x^2 + 12x\,, \quad f'(x) = 0 \quad \Longrightarrow \quad 6x(x+2) = 0\,, \quad x_1 = -2 \text{ oder } x_2 = 0$$

z. B. $f'(-3) = 18 > 0$	z. B. $f'(-1) = -6 < 0$	z. B. $f'(1) = 18 > 0$
	-2	0
f wächst	f fällt	f wächst
streng monoton	streng monoton	streng monoton

Die Funktion f ist in solchen Intervallen streng konvex (bzw. konkav), wo $f''(x) > 0$ (bzw. $f''(x) < 0$) gilt.

$$f''(x) = 12x + 12 \quad \Longrightarrow \quad f''(x) = 0 \text{ für } x = -1$$

z. B. $f''(-2) = -12 < 0$	z. B. $f''(0) = 12 > 0$
	-1
f ist	f ist
streng konkav	streng konvex

Im Punkt $P = (-1; 4)$ wechselt die Kurve von Rechts- in Linkskrümmung. P ist damit Wendepunkt.

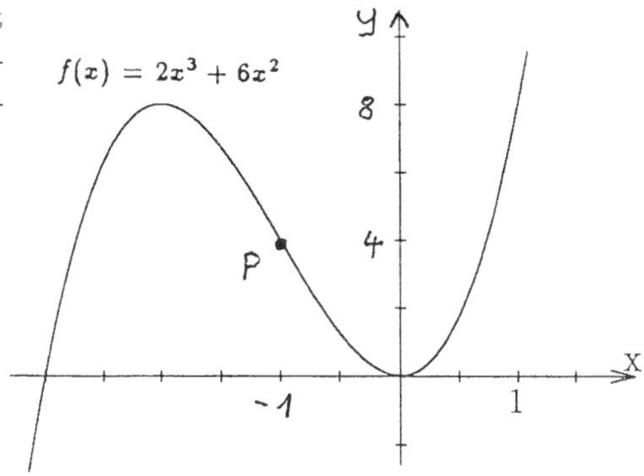

2.7.10
Der Graph der Funktion $f : x \mapsto x^3 - 2x^2 + 4x - 1,5$ besitzt einen Wendepunkt $W = (x_1 ; y_1)$. Wie lautet die Koordinate y_1 ?

$W = (x_1 ; y_1)$ ist Wendepunkt für den Graphen von f, wenn gilt:

$$(i) \quad f(x_1) = y_1 \qquad (ii) \quad f''(x_1) = 0 \qquad (iii) \quad f'''(x_1) \neq 0$$

Hier gilt:

$$f'(x) = 3x^2 - 4x + 4 \qquad f''(x) = 6x - 4$$

$$f''(x) = 0 \iff x = \frac{2}{3}$$

Wegen $f'''(\frac{2}{3}) = 6 \neq 0$, liegt bei $x = \frac{2}{3}$ ein Wendepunkt vor, und es gilt:

$$y_1 = f(x_1) = f(\frac{2}{3}) = (\frac{2}{3})^3 - 2(\frac{2}{3})^2 + 4(\frac{2}{3}) - \frac{3}{2} \approx 0,574074$$

2.7.11
Der Umsatz (in Mio. €) eines neuen Produkts läßt sich beschreiben durch eine Funktion U mit $U(t) = \dfrac{2t^2}{t^2 + 1}$ mit $t \geq 0$, wobei t die Zeit in Jahren nach Einführung des Produkts angibt.

a) Skizzieren Sie den Graphen der Umsatzfunktion.
b) Was können Sie über ein eventuelles Umsatzmaximum aussagen?
c) Nach welcher Zeit wird ein Umsatz von 1,6 Mio. € erzielt?
d) Wo ist U konvex?

a)

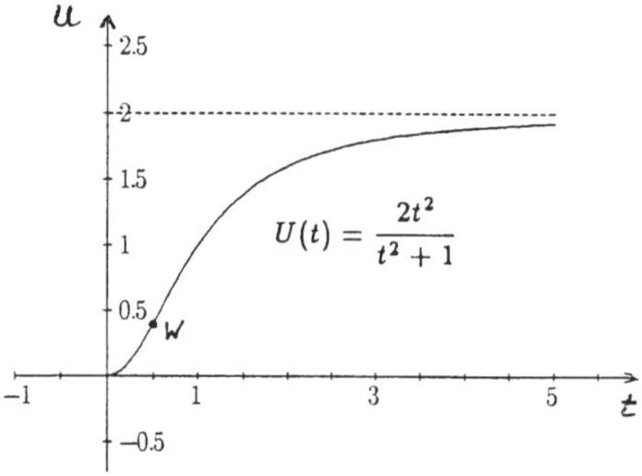

b) U ist monoton steigend, d. h. U besitzt kein Maximum, aber U ist nach oben beschränkt: $U \leq 2$, denn ist es $\lim\limits_{t\to\infty} U(t) = 2$.

c) $U(t) \overset{!}{=} 1,6 = \dfrac{2t^2}{t^2+1} \quad \Longrightarrow \quad 1,6t^2 + 1,6 = 2t^2$

Es folgt $4 = t^2$ mit den Lösungen $t_1 = 2$ und $t_2 = -2 \notin D(U)$.

Nach 2 Jahren wird dieser Umsatz erzielt.

d) Es gilt: U konvex $\Longleftrightarrow$ $U''(t) \geq 0$

$$U'(t) = \frac{4t\,(t^2+1) - 2t^2(2t)}{(t^2+1)^2} = \frac{4t^3 + 4t - 4t^3}{(t^2+1)^2} = \frac{4t}{(t^2+1)^2}$$

$$U''(t) = \frac{4\,(t^2+1)^2 - 4t \cdot 2(t^2+1)\cdot 2t}{(t^2+1)^4} = \frac{-12t^2+4}{(t^2+1)^3}$$

$$U''(t) = 0 \quad \Longrightarrow \quad -12t^2 + 4 = 0$$

$$t^2 = \frac{4}{12} = \frac{1}{3} \quad \Longrightarrow \quad t_{1,2} = \pm\sqrt{\frac{1}{3}}, \qquad t_1 = \sqrt{\tfrac{1}{3}} \approx 0,577, \quad t_2 \notin D(U)$$

Wegen $U''(0) > 0$ gilt: U ist konvex für $0 \leq t \leq 0,577$.

2.8 Extremwertbestimmung

Extremwertbestimmung ist das hauptsächliche Anwendungsgebiet der Differentialrechnung. Typische Praxisaufgaben findet man ab Aufgabe 5.

2.8.1

Man bestimme die relativen und die absoluten Extremwerte der Funktionen mit:

a) $f(x) = \frac{1}{4}x^3 - 3x$ b) $f(x) = 2x^2 - x^4$

c) $f(x) = x^4 + x^3 - 4x^2$ d) $f(x) = -4x^5 + 15x^3$

e) $f(x) = \frac{3x}{x^2+2}$ f) $f(x) = \frac{x^2-4}{x-5}$

g) $f(x) = 2x^3 - 3x^2 - 12x + 1$; im Intervall $[-3, 3]$

h) $f(x) = -\frac{1}{3}x^3 + 3x^2 + 5x - 2$; im Intervall $[-3, 6]$

Man skizziere die Graphen der Funktionen !

a) $f'(x) = \frac{3}{4}x^2 - 3$; $f''(x) = \frac{3}{2}x$

$$f'(x) = 0 \implies N(f') = \{-2\ ,\ 2\}$$
$$f''(2) > 0 \implies P_1 = (2; -4) \text{ ist relativer Minimalpunkt.}$$
$$f''(-2) < 0 \implies P_2 = (-2; 4) \text{ ist relativer Maximalpunkt.}$$

b) $f'(x) = 4x - 4x^3$; $f''(x) = 4 - 12x^2$

$$f'(x) = 0 \implies N(f') = \{-1\ ;\ 0\ ;\ 1\}$$
$$f''(-1) < 0 \implies P_1 = (-1; 1) \text{ ist (absoluter) Maximalpunkt.}$$
$$f''(0) > 0 \implies P_2 = (0; 0) \text{ ist relativer Minimalpunkt.}$$
$$f''(1) < 0 \implies P_3 = (1; 1) \text{ ist (absoluter) Maximalpunkt.}$$

c) $f'(x) = 4x^3 + 3x^2 - 8x$; $f''(x) = 12x^2 + 6x - 8$

$$f'(x) = 0 \implies N(f') = \{-1,838\ ;\ 0\ ;\ 1,088\}$$
$$f''(0) < 0 \implies P_1 = (0; 0) \text{ ist relativer Maximalpunkt.}$$
$$f''(-1,838) > 0 \implies P_2 = (-1,838; -8,310) \text{ ist relativer (und absoluter) Minimalpunkt.}$$
$$f''(1,088) > 0 \implies P_3 = (1,088; -2,046) \text{ ist relativer Minimalpunkt.}$$

d) $f'(x) = -20x^4 + 45x^2$; $f''(x) = -80x^3 + 90x$; $f'''(x) = -240x^2 + 90$

$$f'(x) = 0 \implies N(f') = \{0\ ;\ 5\ ;\ -1,5\}$$
$$f''(1,5) < 0 \implies P_1 = (1,5\ ;\ 20,25) \text{ ist relativer Maximalpunkt.}$$
$$f''(-1,5) > 0 \implies P_2 = (-1,5\ ;\ -20,25) \text{ ist relativer Minimalpunkt.}$$

$f''(0) = 0$ und $f'''(0) > 0 \implies 0$ ist keine Extremstelle.

e) $f'(x) = \dfrac{-3x^2+6}{(x^2+2)^2}$; $f''(x) = \dfrac{-6x\,(x^2+2)^2 - (-3x^2+6)4x\,(x^2+2)}{(x^2+2)^4}$

$$f'(x) = 0 \implies N(f') = \{-\sqrt{2}\ ;\ \sqrt{2}\}$$
$$f''(\sqrt{2}) < 0 \implies P_1 = (\sqrt{2}\ ;\ \tfrac{3}{4}\sqrt{2}) \text{ ist (absoluter) Maximalpunkt.}$$
$$f''(-\sqrt{2}) > 0 \implies P_2 = (-\sqrt{2}\ ;\ -\tfrac{3}{4}\sqrt{2}) \text{ ist (absoluter) Minimalpunkt.}$$

f)

$$f'(x) = \frac{x^2 - 10x + 4}{(x-5)^2}$$
$$f''(x) = \frac{(2x-10)\,(x-5)^2 - (x^2-10x+4)2\,(x-5)}{(x-5)^4}$$

$$f'(x) = 0 \implies x_1 = 5 + \sqrt{21}\,,\ x_2 = 5 - \sqrt{21}\ ;\ N(f') = \{9,583\ ;\ 0,417\}$$
$$f''(x_1) > 0 \implies P_1 = (9,583\ ;\ 19,17) \text{ ist relativer Minimalpunkt.}$$
$$f''(x_2) < 0 \implies P_2 = (0,417\ ;\ 0,835) \text{ ist relativer Maximalpunkt.}$$

g) $f'(x) = 6x^2 - 6x - 12$ für $-3 < x < 3$; $f''(x) = 12x - 6$

$$f'(x) = 0 \implies N(f') = \{-1\ ,\ 2\}$$
$$f''(-1) < 0 \implies P_1 = (-1\ ;\ 8) \text{ ist (absoluter) Maximalpunkt.}$$
$$f''(2) > 0 \implies P_2 = (2\ ;\ -19) \text{ ist relativer Minimalpunkt.}$$

An den Randstellen -3 und 3 des Definitionsbereichs von f liegen auch Extrema vor, deren Charakter durch Monotoniebetrachtungen feststellbar ist.

$$P_3 = (-3\ ;\ -44) \text{ ist (absoluter) Minimalpunkt.}$$

$$P_4 = (3\ ;\ -8) \text{ ist relativer Maximalpunkt.}$$

h) $f'(x) = -x^2 + 6x + 5$ für $-3 < x < 6$; $\quad f''(x) = -2x + 6$

$$f'(x) = 0 \implies N(f') = \{3 - \sqrt{14}\} = \{-0,742\}$$

Achtung: $3 + \sqrt{14} \approx 6,742 \notin D(f)$!!

$f''(-0,742) > 0 \implies P_1 \approx (-0,742\ ;\ -3,922)$ ist (absoluter) Minimalpunkt.

Die Betrachtung der Randstellen von $D(f)$ ergibt:

$P_2 = (-3\ ;\ 19)$ ist relativer Maximalpunkt.

$P_3 = (6\ ;\ 64)$ ist (absoluter) Maximalpunkt.

zu **a)**

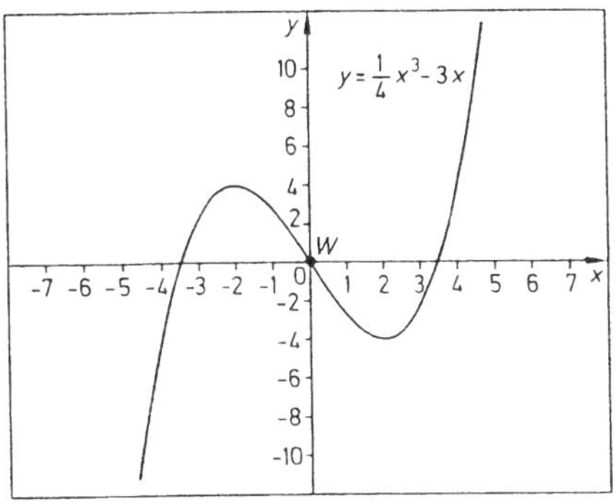

zu **b)**

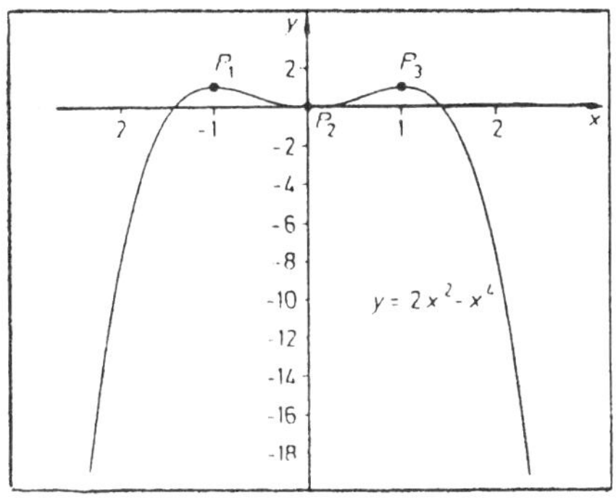

zu **c)**

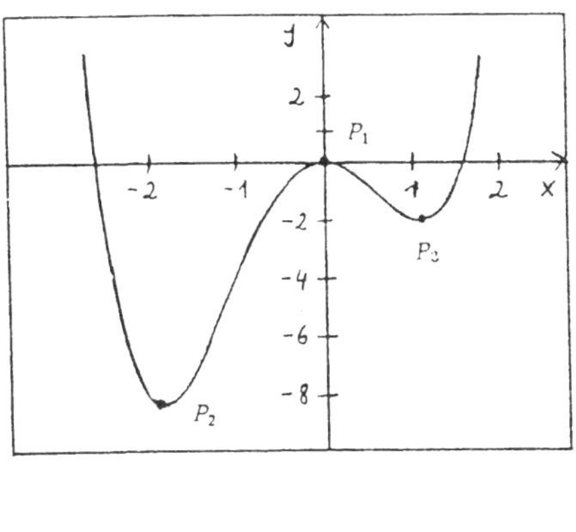

zu **d)**

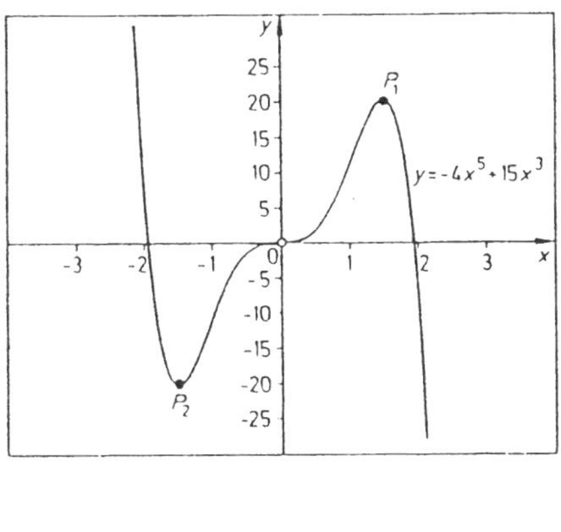

zu **e)**

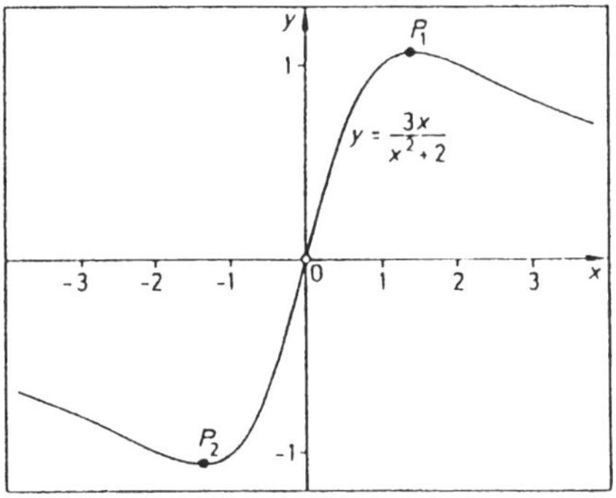

zu **f)**

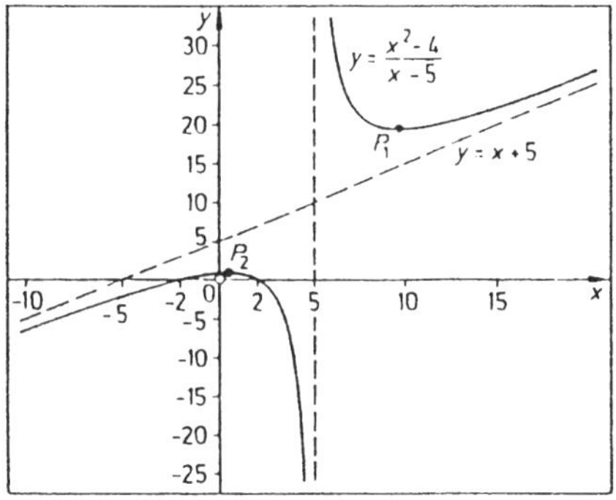

zu **g)**

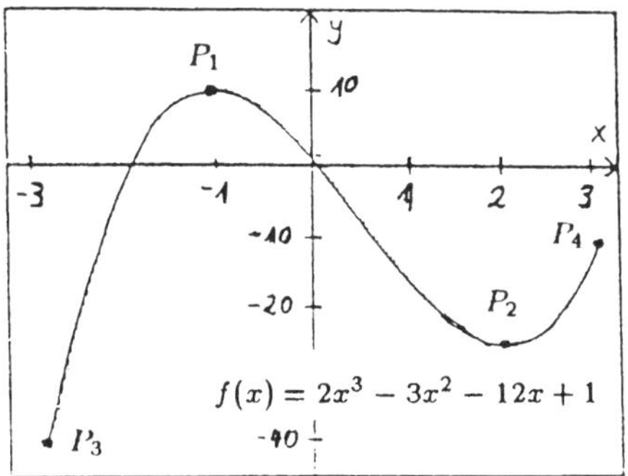

zu **h)**

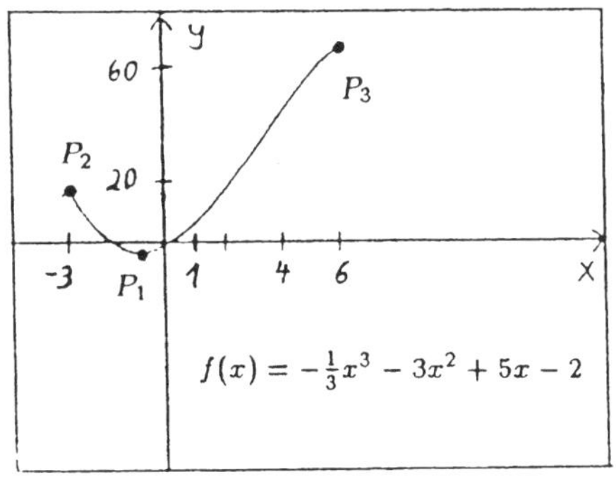

2.8.2

Man bestimme das absolute Maximum und Minimum der Funktion f mit

$$f(x) = ax^2 + (\frac{b-2ax}{4})^2, \quad (a, b \in \mathbb{R}^+)$$

im Intervall $[0, \frac{b}{2a}]$.

$$\begin{aligned} f'(x) &= 2ax + 2 \cdot \frac{b-2ax}{4}(-\frac{2a}{4}) \quad \text{für } 0 < x < \frac{b}{2a} \\ &= (2a + \frac{1}{2}a^2)x - \frac{1}{4}ab \end{aligned}$$

$$f'(x) = 0 \implies (2a + \frac{1}{2}a^2)x = \frac{1}{4}ab$$

Aus der letzten Gleichung folgt $x = \dfrac{b}{8+2a}$.
Wegen $f''(x) = 2a + \frac{1}{2}a^2 > 0$ (man beachte: $a \in \mathbb{R}^+$) ist $\frac{b}{8+2a}$ stets Minimalstelle von f.

Da f eine quadratische Funktion ist, stellt $S = (\dfrac{b}{8+2a}\,;\,\dfrac{b^2}{16+4a})$ den Scheitelpunkt der zugehörigen Parabel dar. S ist somit absoluter Minimalpunkt. Deshalb müssen die Randstellen von $D(f)$ Maximalstellen sein. Es gilt:

$$f(0) = \frac{b^2}{16}\,; \qquad f(\frac{b}{2a}) = \frac{b^2}{4a}$$

Im Fall $16 > 4a$, d. h. $4 > a$, ist 0 relative und $\frac{b}{2a}$ absolute Maximalstelle. Im Fall $16 < 4a$ ist 0 absolute und $\frac{b}{2a}$ relative Maximalstelle.
Für $a = 4$ sind beide Randstellen absolute Maximalstellen.

2.8.3

In einem Geschäftsbericht legt ein Unternehmer eine Gewinn–Verlust–Kurve (mit gewissen idealisierenden Voraussetzungen) der letzten 5 Jahre vor, die sich beschreiben läßt durch eine Funktion mit

$$G(t) = \frac{1}{3}t^3 - 4t^2 + 8t - 1\,, \quad 0 \le t \le 5.$$

Dabei gibt $G(t)$ den Gewinn pro Woche in 10000 € an und t die Zeit in Jahren seit Beginn der letzten 5 Jahre. Wann wurden der größte Gewinn und Verlust erzielt, und wie hoch waren diese?

$$\begin{aligned} G(t) &= \frac{1}{2}t^3 - 4t^2 + 8t - 1\,,\ 0 \le t \le 5 \\ G'(t) &= \frac{3}{2}t^2 - 8t + 8\,,\ 0 < t < 5\,; \qquad G''(t) = 3t - 8 \\ G'(t) = 0 &\implies N(G') = \{\frac{4}{3}\,,\,4\}\,; \quad G''(\frac{4}{3}) < 0\,, \quad G''(4) > 0 \end{aligned}$$

Ferner gilt:

$$G(0) = -1\,, \qquad G(\frac{4}{3}) \approx 3,74\,. \qquad G(4) = -1\,, \qquad G(5) = 1,5$$

Die berechneten Werte zeigen insgesamt:
Der größte Verlust betrug 10000 € pro Woche und trat – sieht man von den gleichgroßen Investitionskosten zum Zeitpunkt $t = 0$ ab – nach 4 Jahren ein.
Der größte Gewinn wurde nach 1 Jahr 17 Wochen erzielt. Er betrug ca. 37400 € pro Woche.

2.8.4

Bestimmen Sie die Extremalpunkte des Graphen von f und skizzieren Sie den Graphen.

a) $f(z) = \sqrt{z^2+1}$ **b)** $f(r) = \frac{1}{3}r + \sqrt{r}$

c) $f(x) = e^{-x^2}$ **d)** $f(x) = x - \sin x$

e) $f(x) = \sqrt{|x^2-4|}$ **f)** $f(x) = \sqrt{x} - x^2$

g) $f(t) = \dfrac{t^2}{2} - \ln t$ **h)** $f(x) = \ln x - x$

a) $f'(z) = \dfrac{z}{\sqrt{z^2+1}}$

Aus $f'(z) = 0$ ergibt sich $z = 0$ als einzige Lösung. Aus Monotoniegründen folgt, daß $P_1 = (0\ ;\ 1)$ ein Minimalpunkt ist. Die Berechnung von f'' ist hier also überflüssig.

b) $f'(r) = \dfrac{1}{3} + \dfrac{1}{2\sqrt{r}}$

$f'(r) = 0$ besitzt keine reellen Lösungen. Wegen $D(f) \setminus D(f') = \{0\}$ gibt es die Randstelle 0 des Definitionsbereichs von f, an der ein Extremum vorliegen kann. Aus Monotoniegründen folgt, daß $P_1 = (0\ ;\ 0)$ ein Minimalpunkt ist.

zu **a)**

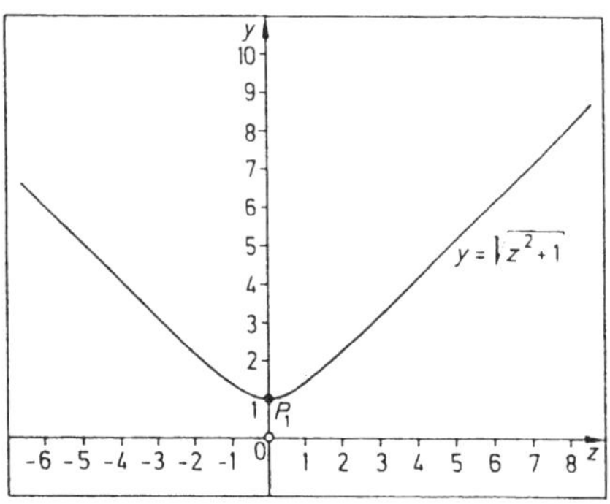

zu **b)**

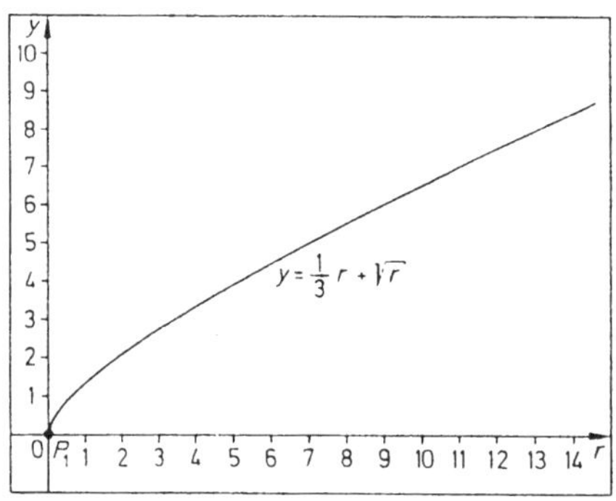

c) $f'(x) = -2xe^{-x^2}$, $f''(x) = -2e^{-x^2} + 4x^2e^{-x^2}$

$$f'(x) = 0 \implies N(f') = \{0\}$$
$$f''(0) < 0 \implies P_1 = (0\ ;\ 1) \text{ ist Maximalpunkt.}$$

d) $f'(x) = 1 - \cos x$, $f''(x) = \sin x$

$$\begin{aligned} f'(x) = 0 \implies \cos x &= 1 \\ x_k &= 2k\pi\,,\ (k \in \mathbb{Z}) \\ N(f') &= \{2k\pi \mid k \in \mathbb{Z}\} \end{aligned}$$

Wegen $f''(2k\pi) = 0$ wird f''' gebildet: $f'''(x) = \cos x$
$f'''(2k\pi) = 1 \neq 0$, d. h. der Graph von f besitzt keine Extremalpunkte, denn die Stellen x_k sind Wendestellen.

zu **c)**

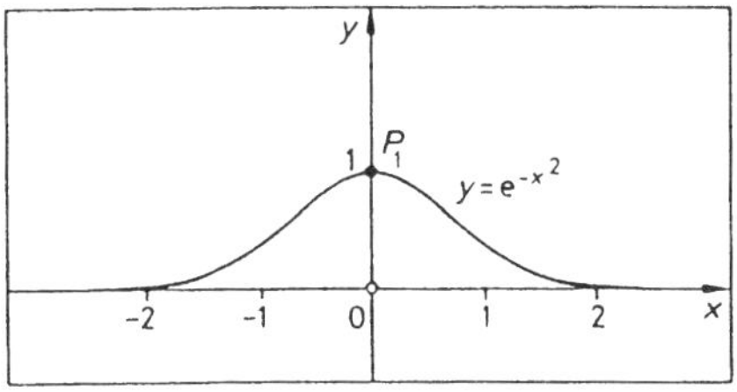

zu **d)**

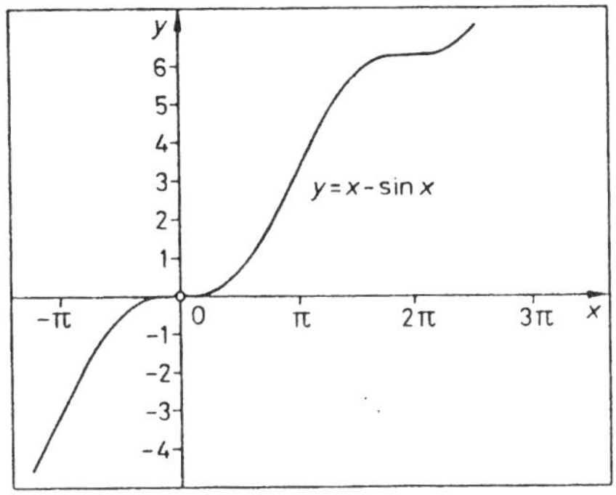

e) $f(x) = \begin{cases} \sqrt{x^2-4} & \text{für } |x| \geq 2 \\ \sqrt{4-x^2} & \text{für } |x| < 2 \end{cases}$
2 und -2 sind Teilungsstellen von $D(f)$.

$$\lim_{x\to 2+} \frac{f(x)-f(2)}{x-2} = \infty \,, \qquad \lim_{x\to 2-} \frac{f(x)-f(2)}{x-2} = -\infty$$

Unter Beachtung der Symmetrie folgt daraus $D(f') = \mathbb{R} \setminus \{-2\,,\,2\}$.

$$f'(x) = \begin{cases} \dfrac{x}{\sqrt{x^2-4}} & \text{für } |x| > 2 \\ \dfrac{-x}{\sqrt{4-x^2}} & \text{für } |x| < 2 \end{cases}$$

Es folgt $N(f') = \{0\}$. f'' wird also für $|x| < 2$ benötigt.

$$f''(x) = \frac{-\sqrt{4-x^2} + x \cdot \frac{1}{2\sqrt{4-x^2}} \cdot (-2x)}{4-x^2}$$

Unter Verwendung von f'' ergibt sich $P_1 = (0\,;\,2)$ als Maximalpunkt. An den Stellen -2 und 2, wo f nicht differenzierbar ist, können Extrema vorliegen. Es läßt sich erkennen:
$P_2 = (-2\,;\,0)$ und $P_3 = (2\,;\,0)$ sind Minimalpunkte aus Monotoniegründen.

f) $f'(x) = \dfrac{1}{2\sqrt{x}} - 2x\,; \qquad f''(x) = -\dfrac{1}{4\sqrt{x^3}} - 2$

$$f'(x) = 0 \quad \Longrightarrow \quad N(f') = \{\frac{1}{\sqrt[3]{16}}\}$$

$$f''\left(\frac{1}{\sqrt[3]{16}}\right) < 0 \quad \Longrightarrow \quad P_1 \approx (0,397\ ;\ 0,472) \text{ ist Maximalpunkt.}$$

$P_0 = (0\ ;\ 0)$ ist Minimalpunkt aus Monotoniegründen.

zu **e)**

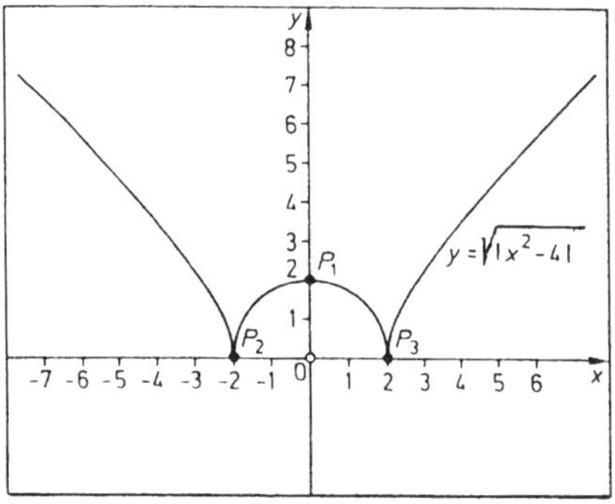

zu **f)**

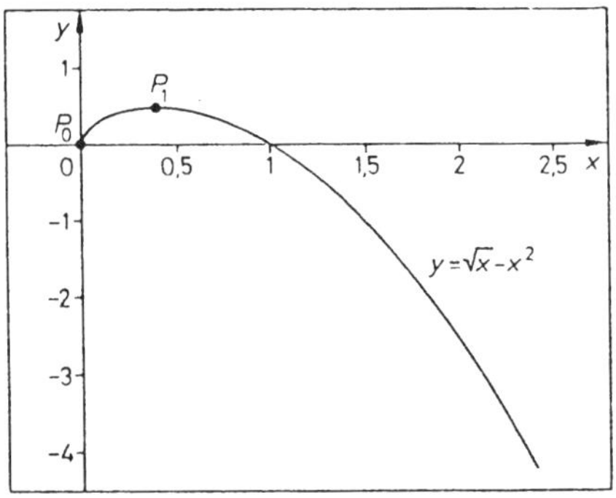

g) $f'(t) = t - \frac{1}{t}\ ,\ \ t > 0\ ;\qquad f''(t) = 1 + \frac{1}{t^2}$

$$f'(t) = 0 \quad \Longrightarrow \quad N(f') = \{1\}$$
$$f''(1) > 0 \quad \Longrightarrow \quad P = (1\ ;\ \frac{1}{2}) \text{ ist Minimalpunkt.}$$

h) $f'(x) = \frac{1}{x} - 1\ ,\ \ x > 0\ ;\qquad f''(x) = -\frac{1}{x^2}$

$$f'(x) = 0 \quad \Longrightarrow \quad N(f') = \{1\}$$
$$f''(1) < 0 \quad \Longrightarrow \quad P = (1\ ;\ -1) \text{ ist Maximalpunkt.}$$

zu **g)**

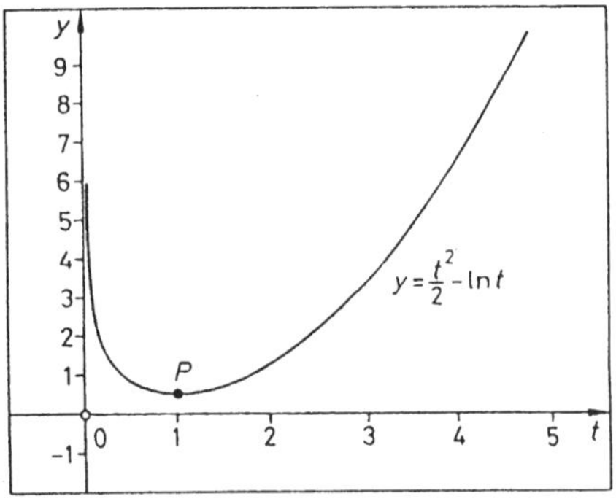

zu **h)**

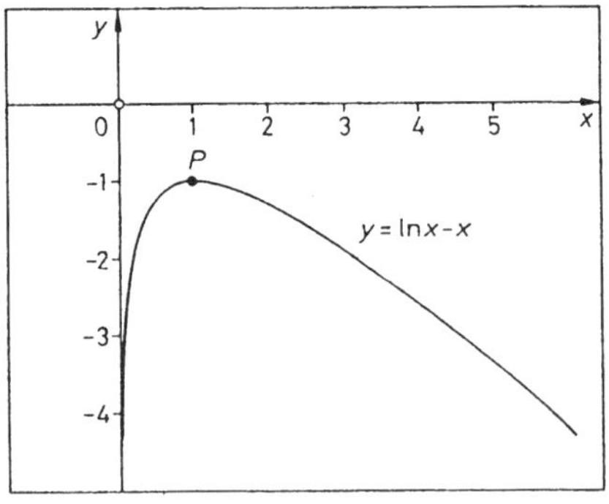

2.8.5

Eine Firma hat täglich einen Lieferwagen im Einsatz, der von Dortmund nach Hamburg (341 km über BAB) und zurück verkehrt. Zur Senkung ihrer Kosten will die Firma diejenige Fahrtgeschwindigkeit für das Fahrzeug wissen, die unter Berücksichtigung der Lohnkosten für Fahrer und des Benzinverbrauchs zu minimalen Fahrtkosten führt. Eine Fahrerarbeitsstunde kostet 24,00 € . 1 l Benzin kostet 1,39 € und der Verbrauch ist aus der Abbildung ersichtlich.

B : Benzinverbrauch in l pro 100 km

v : Geschwindigkeit in km/h (nach Angaben des Fahrzeugherstellers)

$B(v) = 0,001v^2 - 0,05v + 8,8$

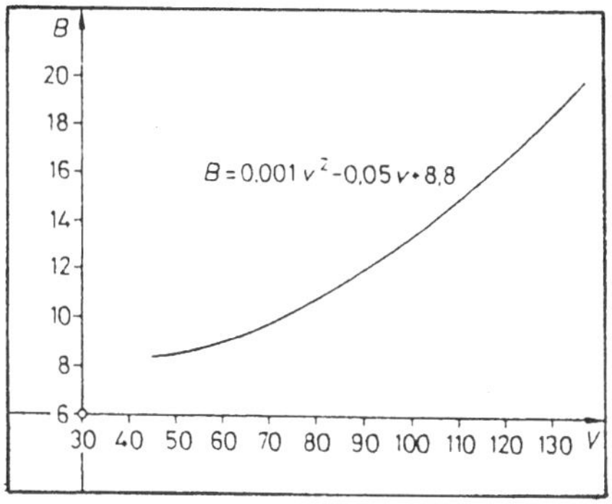

Fertigen Sie eine Skizze an mit je einem Graphen für die Benzinkosten, Lohnkosten und die Gesamtkosten. Berechnen Sie die kostengünstigste Fahrgeschwindigkeit.

Sei $f(v)$ der Term, durch den sich die Kosten in € in Abhängigkeit von der Fahrgeschwindigkeit berechnen lassen.
Aus den Angaben folgt dann:

$$f(v) = \frac{682}{v} \cdot 24 + (0,001v^2 - 0,05v + 8,8) \cdot \frac{682}{100} \cdot 1,39 \; ; \quad v > 0$$

$$f'(v) = -\frac{682 \cdot 24}{v^2} + (0,002v - 0,05) \cdot 6,82 \cdot 1,39$$

$$f'(v) = 0 \implies -16338 + 0,01896v^3 - 0,47399v^2 = 0$$

Das NEWTONsche Näherungsverfahren mit $v_0 = 100$ liefert $v_2 \approx 104,3$. Mit

$$f''(v) = \frac{682 \cdot 24 \cdot 2}{v^3} + 0,019$$

ergibt sich $f''(v_2) > 0$, d. h. v_2 ist Minimalstelle von f.
Die günstigste Fahrgeschwindigkeit beträgt etwa 104 km/h.

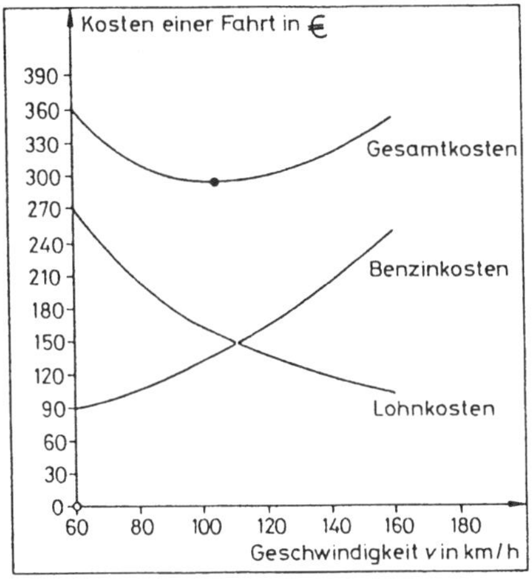

2.8.6

In einem Betrieb eines Konzerns für elektrotechnische Geräte soll die Produktion eines Autozubehörteils aufgenommen werden. Die Monatsproduktion soll mindestens 1000 Stück umfassen, sie kann aus Kapazitätsgründen jedoch nicht mehr als 10000 Stück pro Monat betragen. Aus Erfahrungen in anderen Teilbetrieben sind die untenstehenden Kostenzusammenhänge bekannt. Diskutieren Sie die Stückkosten K, und interpretieren Sie Ihre Ergebnisse !
Bezeichnungen:

K_1 : Betriebskosten pro Stück in €	$K_1 = 0,06 \cdot \sqrt{n}$
K_2 : Materialkosten pro Stück in €	$K_2 = 3,4$
K_3 : Investitionskosten pro Stück in €	$K_3 = \frac{9400}{n}$
K : Stückkosten in €	$K = K_1 + K_2 \cdot K_3$
n : Stückanzahl pro Monat	$K = 0,06 \cdot \sqrt{n} + 3,4 + \frac{9400}{n}$

Eine Diskussion der Stückkosten führt auf die Diskussion der Funktion

$$f : [1000\ ,\ 10000] \to \mathbb{R}, \quad x \mapsto 0,06 \cdot \sqrt{x} + 3,4 + 9400/x\ ,$$

deren Argumente für eine wirtschaftliche Interpretation auf ganze Zahlen zu runden sind. Die Ableitung ist $f'(x) = 0,03/\sqrt{x} - 9400/x^2$. Die lokalen Extremstellen sind Nullstellen von f'.

$$f'(x) = 0 \iff \frac{0,03}{\sqrt{x}} = \frac{9400}{x^2} \iff \frac{x^2}{\sqrt{x}} = x^{3/2} = \frac{9400}{0,03} \iff x \approx 4610\ .$$

Mit $f''(x) = -\dfrac{0,015}{x \cdot \sqrt{x}} + \dfrac{18800}{x^3}$ folgt $f''(4610) > 0$, d.h. $E_1 = (4610\ ;\ 9,51)$ ist Minimalpunkt.

Weil f' genau eine Nullstelle besitzt, ist f links dieser Nullstelle streng monoton fallend und rechts streng monoton wachsend. Folglich ist E_1 eine absolute Minimalstelle, und die beiden Randpunkte $E_2 = (1000\ ;\ 14,70)$ und $E_3 = (10000\ ;\ 10,34)$ sind relative Maximalstellen, wobei E_2 sogar absolut ist.

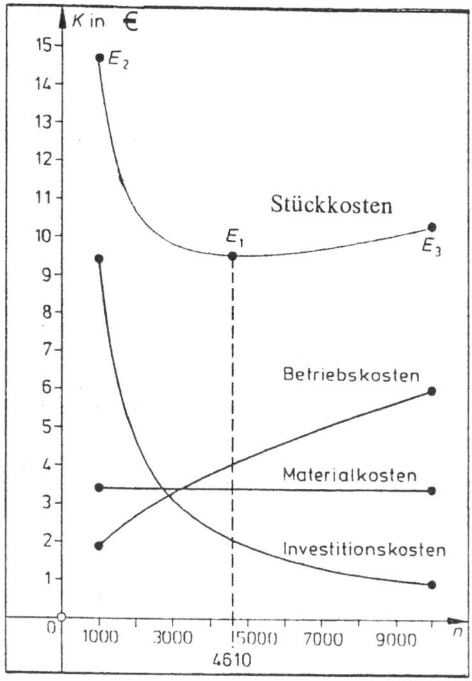

Interpretation:

Die Betriebsleitung sollte die Produktion des Autozubehörteils auf 4610 Stück pro Monat ausrichten. Es ergeben sich dann die niedrigsten Stückkosten von 9,51 € . Ein Abweichen von der optimalen Stückzahl 4610 führt vor allem bei einem Absinken der Anzahl zu deutlichen Stückkostenerhöhungen.

2.8.7

Ein Unternehmen hat eine Monopolstellung am Markt. Die Nachfrager verhalten sich als Mengenanpasser, die Preis–Absatz–Funktion und die Kostenfunktion sind gegeben durch:

$$p = p(x) = \frac{10}{-8} \cdot (x-8)\ ; \qquad K(x) = (x-1)^3 + 4\,(x-1) + 6$$

Für welche Ausbringungsmenge x erzielt das Unternehmen ein Gewinnmaximum?
(Hinweis: Gewinn = Umsatz – Kosten)

$$\underbrace{\text{Gewinn}}_{=:G(x)} = \underbrace{\text{Umsatz}}_{=\text{Preis}\cdot\text{Ausbringungsmenge}} - \text{Kosten}$$

$$\begin{aligned}
\text{Also:}\quad G(x) &= p(x)\cdot x - K(x)\ ; \quad \text{nur } x > 0 \text{ sinnvoll}\\
&= -\frac{10}{8}(x-8)\cdot x - (x-1)^3 - 4\,(x-1) - 6\\
G'(x) &= -\frac{5}{2}x + 10 - 3\,(x-1)^2 - 4 = -3x^2 + \frac{7}{2}x + 3
\end{aligned}$$

$$
\begin{aligned}
G'(x)=0 \quad \Longrightarrow \quad 3x^2-\frac{7}{2}x-3 &= 0\\
x^2-\frac{7}{6}x-1 &= 0\\
x_{1,2} &= \frac{7}{12}\pm\sqrt{\frac{49}{144}+1}\\
x_1 &\approx 1,74\\
x_2 &\approx -0,57 \notin D(G)
\end{aligned}
$$

$G''(x) = -6x + \frac{7}{2}$
$G''(1,74) \approx -6,9 < 0 \quad \Longrightarrow \quad$ 1,74 ist Maximalstelle.
Ergebnis: Für die Ausbringungsmenge $x \approx 1,74$ erzielt das Unternehmen ein Gewinnmaximum mit $G(1,74) \approx 4,25$.
Ist die Ausbringungsmenge nur in ganzen Stücken sinnvoll, so muß durch Rundung $x_1 = 1$ oder $x_2 = 2$ (wegen $1 < 1,74 < 2$) als Maximalstelle gewählt werden. Wegen $G(1) = 2,75$ und $G(2) = 4$ gilt dann, daß $x_2 = 2$ die optimale Ausbringungsmenge ist.

2.8.8
Eine Umsatzfunktion ist gegeben durch

$$U(t) = t^2 - \frac{1}{9}t^3 \quad \text{mit } 0 \leq t \leq 8.$$

$U(t)$ gibt den Tagesumsatz in 1000 € an und t die Zeit in Jahren seit Einführung des Produktes.
a) Zu welchem Zeitpunkt t_1 trat eine Wende im Umsatz ein?
b) Welches war der größte Tagesumsatz in den 8 Jahren?

a) Eine Wendestelle t_1 liegt dann vor, wenn $U''(t) = 0$ und $U'''(t) \neq 0$ gelten.

$$
\begin{aligned}
U(t) &= t^2-\frac{1}{9}t^3 \;;\quad 0\leq t\leq 8\\
U'(t) &= 2t-\frac{1}{3}t^2 \;;\quad U''(t)=2-\frac{2}{3}t \qquad U'''(t)=-\frac{2}{3}
\end{aligned}
$$

$$2-\frac{2}{3}t=0 \quad \Longrightarrow \quad t_1=3$$

Da stets $U'''(t) \neq 0$ gilt, ist $t_1 = 3$ die einzige Wendestelle, d. h. nach 3 Jahren trat eine Wende im Umsatz auf.

b) Gesucht ist das Maximum der Funktion U. Dazu werden zunächst die Nullstellen von $U'(t)$ bestimmt. Nach a) folgt:

$$U'(t) = 0 \implies 2t - \frac{1}{3}t^2 = 0 \implies t\,(2 - \frac{1}{3}t) = 0$$

$U'(t) = 0$ besitzt also die Lösungen $t_1 = 6$ und $t_2 = 0$. Da die Ableitung von U an den Randstellen 0 und 8 nicht existiert, kann nur $t_1 = 6$ mit der 2. Ableitung U'' untersucht werden. Es gilt:

$$U''(t) = 2 - \frac{2}{3}t \implies U''(6) = 2 - 4 < 0$$

6 ist also relative Maximalstelle von U mit dem Funktionswert $U(6) = 12$. Es werden noch die Ränder betrachtet. Dafür gilt $U(0) = 0$ und $U(8) \approx 7,11$.
Ergebnis: Der größte Tagesumsatz in den acht Jahren betrug 12000 € .

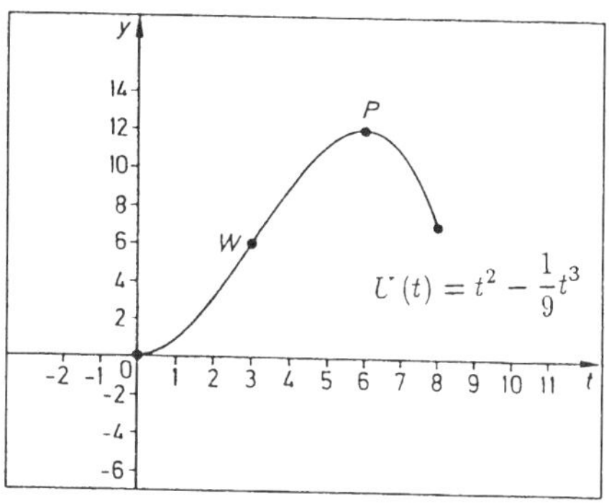

2.8.9
Man bestimme die Extrema der Funktion $f(x) = 100 \cdot x^{\log x}$.
(Hinweis: Man nehme zunächst eine Darstellung in einem doppelt-logarithmischen Koordinatensystem vor.)

Durch Logarithmieren mit dem Zehnerlogarithmus log folgt:

$$\log y = \log(100x^{\log x}) = \log 100 + \log x^{\log x} = 2 + \log x \cdot \log x$$

Mit $u := \log y$ und $v := \log x$ folgt also $u = 2 + v^2$. $u = 2 + v^2$ hat nur bei $v = 0$ ein Extremum und zwar ein Minimum mit dem Funktionswert $u = 2$.
Da log eine monoton steigende Funktion ist, hat auch $y = f(x)$ dort ein Minimum als einziges Extremum.
Mit $v = 0$ folgt $0 = \log x$, also $x = 1$. Mit $u = 2$ folgt $2 = \log y$, also $y = 100$.
$(1, 100)$ ist einziger Extrempunkt, und zwar Minimalpunkt von f.

2.8.10

Ein Umsatz ist gegeben durch die Funktion $U(t) = 55 \cdot \mathrm{e}^{\frac{4t}{1+t^2}}\ ; t \geq 0$.

a) Man bestimme den Grenzumsatz füt $t = 0$.

b) Man skizziere den Umsatz in einem Koordinatensystem mit geeigneter logarithmischer Achseneinteilung.

c) Man berechne Zeitpunkt und Größe des maximalen Umsatzes.

a) Der Grenzumsatz ist gegeben durch $U'(t)$; zu bestimmen ist also $U'(0)$.

$$U'(t) = 55 \cdot \mathrm{e}^{\frac{4t}{1+t^2}} \cdot \frac{4(1+t^2) - 4t \cdot 2t}{(1+t^2)^2} = 55 \frac{4 - 4t^2}{(1+t^2)^2} \cdot \mathrm{e}^{\frac{4t}{1+t^2}}$$

Also gilt $U'(0) = 55 \cdot 4 \cdot \mathrm{e}^0 = 220$.

b) Es wird der natürliche Logarithmus verwendet. Logarithmieren liefert

$$\underbrace{\ln U}_{=:\, y} = \underbrace{\ln 55}_{\approx 4} + \frac{4t}{1+t^2}\,,$$

und damit $y \approx 4 + \dfrac{4t}{1+t^2}$.

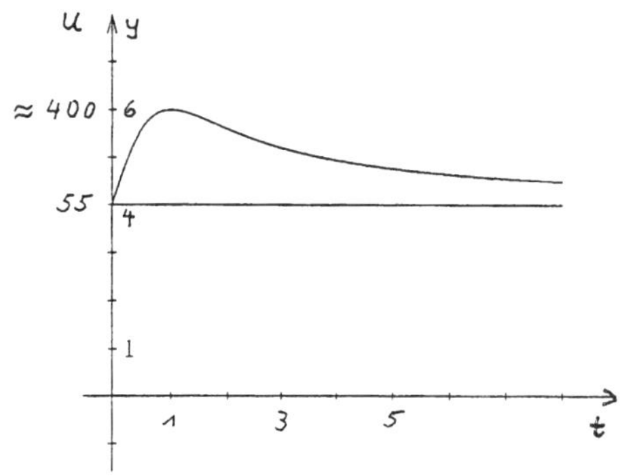

c) Es wird ausgenutzt, dass y und U für gleiches t Extremstellen haben. Daher liefert $y' = 0$ mögliche Extremstellen für U.

$$y' = \frac{4(1+t^2) - 4t \cdot 2t}{(1+t^2)^2} = \frac{4 - 4t^2}{(1+t^2)^2}$$

$$y' = 0 \iff 4 - 4t^2 = 0 \iff t_{1,2} = \pm 1$$

Da $t_2 = -1 \notin D(U)$, verbleibt $t_1 = 1$. Man berechnet z.B. $y''(1) < 0$, also ist $t = 1$ absolute Maximalstelle von y und von U (beachte die Skizze!). Es gilt

$$U(1) = 55 \cdot \mathrm{e}^{\frac{4}{2}} \approx 406,4\ .$$

2.8.11

Eine Kostenfunktion ist gegeben durch $K(x) = 2\mathrm{e}^{-x}(x^2 + 2x)\ ; x > 0$.

a) Man bestimme Lage und Art der Extremstellen von K und skizziere den Graphen von K.

b) Mittels der Elastizität bestimme man ungefähr die Stelle(n), wo eine 3%-ige Erhöhung von x eine 6%-ige Senkung von K bewirkt.

a) Es wird $K'(x) = 0$ gelöst.

$$K'(x) = -2e^{-x}(x^2+2x) + 2e^{-x}(2x+2) = 2e^{-x}(-x^2-2x+2x+2) = 2e^{-x}(-x^2+2)$$

Da $e^{-x} > 0$ gilt, ist $K'(x) = 0$ äquivalent zu $-x^2 + 2 = 0$. Davon gehört nur die Lösung $x = \sqrt{2}$ zu $D(K)$.

Untersuchung von $x = \sqrt{2}$ auf Extremaleigenschaft mit
- Vorzeichenwechsel der 1. Ableitung, oder
- mit der 2. Ableitung.

Man erkennt an der letzten Darstellung von $K'(x)$ sofort, dass K' bei $\sqrt{2}$ das Vorzeichen von + auf − wechselt. Also ist $\sqrt{2}$ eine Maximalstelle.

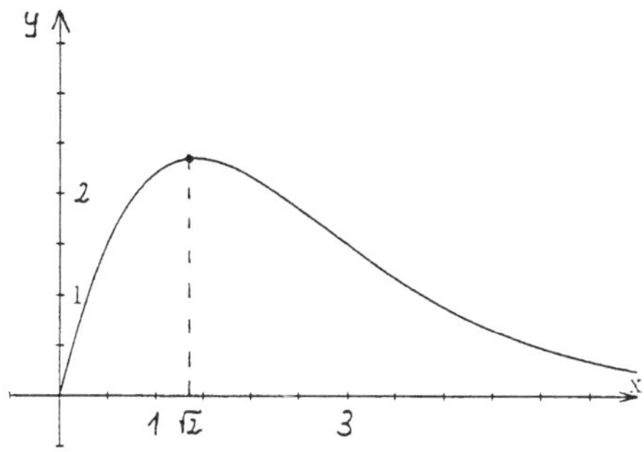

b) Die Elastizität $E(K) = \frac{K'(x)}{K(x)} \cdot x$ berechnet sich hier zu

$$E(K) = \frac{2e^{-x}(-x^2+2)}{2e^{-x}(x^2+2x)} \cdot x = \frac{-x^2+2}{x^2+2x} \cdot x\,.$$

Nun ist $E(K) \approx \frac{\frac{\Delta K}{K}}{\frac{\Delta x}{x}}$, und daraus folgt für die zu ermittelnden Stellen x:

$$\underbrace{\frac{-0,06}{0,03}}_{=-2} = \frac{-x^2+2}{x^2+2x} \cdot x$$

Dies führt durch Multiplikation mit $x^2 + 2x$ auf die Gleichung $x^3 - 2x^2 - 6x = 0$ bzw. $x(x^2 - 2x - 6) = 0$ mit den Lösungen

$$x_1 = 0 \notin D(K) \quad , \quad x_{2,3} = 1 \pm \sqrt{1+6}\,,$$

also $x_2 = 1 + \sqrt{7} \approx 3,646$ und $x_3 = 1 - \sqrt{7} \notin D(K)$.
Ergebnis: Die Stelle $x_2 \approx 3,646$ erfüllt die Forderung.

2.8.12

Gegeben ist die Funktion $f(x) = e^{-x^2+6x-9}$ für $x \geq 0$.

a) Man bestimme die Extrema von f.

b) In welchen Bereichen ist f konvex bzw. konkav? Man skizziere den Graphen von f.

a) Die Ableitung lautet $f'(x) = e^{-x^2+6x-9}(-2x+6)$. Da die e–Funktion nicht Null wird gilt

$$f'(x) = 0 \iff -2x+6=0 \iff x=3\ .$$

Überprüfung mittels f'', da f'' in b) sowieso benötigt wird.

$$f''(x) = e^{-x^2+6x-9}(-2x+6)^2 + e^{-x^2+6x-9}(-2)\ .$$

Man erkennt, daß $f''(3) < 0$ gilt, also ist $x = 3$ eine Maximalstelle und $f(3) = e^0 = 1$ lautet das Maximum.
Die Randstelle $x = 0$ muß noch untersucht werden. Es ist $f(0) = e^{-9}$. Wegen $f'(0) = e^{-9}\cdot 6 > 0$, besitzt der Graph von f an der Stelle 0 eine positive Steigung; also ist $x = 0$ eine Randminimalstelle.

b)
Es gilt:

f konvex	$\iff$	$f''(x) \geq 0$
f konkav	$\iff$	$f''(x) \leq 0$

Aus Teil a) folgt
$f''(x) = e^{-x^2+6x-9}((-2x+6)^2-2)$.

$$\begin{aligned} f''(x)=0 &\iff (-2x+6)^2-2=0 \\ &\iff x^2-6x+\frac{17}{2}=0 \\ &\iff x_{1,2} = 3 \pm \frac{1}{2}\sqrt{2} \end{aligned}$$

Man berechnet z.B. $f''(1) > 0$, $f''(3) < 0$ und $f''(10) > 0$.
Daraus folgt: f ist konvex für $0 \leq x \leq 3-\frac{1}{2}\sqrt{2}$. f ist konkav für $3-\frac{1}{2}\sqrt{2} \leq x \leq 3+\frac{1}{2}\sqrt{2}$. f ist konvex für $x \geq 3+\frac{1}{2}\sqrt{2}$.

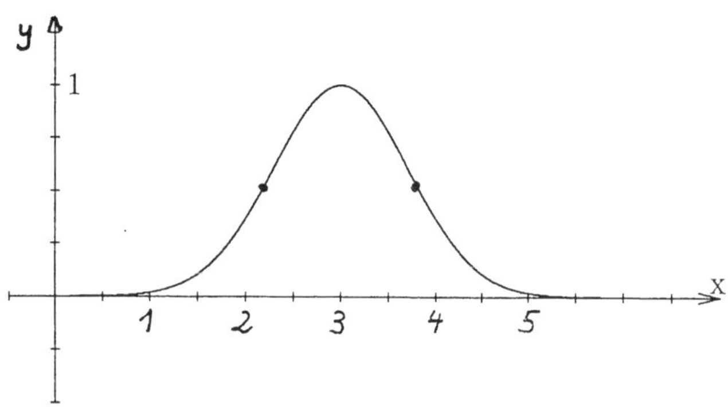

Kapitel 3

Geometrie des $\mathbb{R}^n$; Matrizenalgebra und lineare Gleichungssysteme

3.1 Vektorrechnung im $\mathbb{R}^n$; lineare Unabhängigkeit

Es werden hier nur die grundlegenden Rechenoperationen für Vektoren zusammengestellt.

Rechenoperationen für Vektoren

Es seien stets $\mathbf{x} = \begin{pmatrix} x_1 \\ \vdots \\ x_n \end{pmatrix}$ und $\mathbf{y} = \begin{pmatrix} y_1 \\ \vdots \\ y_n \end{pmatrix}$ Vektoren des $\mathbb{R}^n$.

1. **Summe** von Vektoren: $\mathbf{x} + \mathbf{y} = \begin{pmatrix} x_1 + y_1 \\ \vdots \\ x_n + y_n \end{pmatrix} \in \mathbb{R}^n$
2. **Multiplikation mit einem Skalar:** $c\mathbf{x} = \begin{pmatrix} cx_1 \\ \vdots \\ cx_n \end{pmatrix} \in \mathbb{R}^n$
3. **Skalarprodukt:** $\mathbf{x}^\mathsf{T} \cdot \mathbf{y} = x_1y_1 + x_2y_2 + \ldots + x_ny_n \in \mathbb{R}$!

Alle weiteren grundlegenden Begriffe zur Vektorrechnung werden in den Aufgaben geklärt.

3.1.1
Für die Vektoren $\boldsymbol{a} = \begin{pmatrix} -2 \\ 1 \end{pmatrix}$ und $\boldsymbol{b} = \begin{pmatrix} 3 \\ 2 \end{pmatrix}$ bestimme man graphisch und rechnerisch:
a) $\boldsymbol{a} + \boldsymbol{b}$ b) $\boldsymbol{a} - \boldsymbol{b}$ c) $2\boldsymbol{a} + 3\boldsymbol{b}$

a) $\boldsymbol{a} + \boldsymbol{b} = \begin{pmatrix} -2 \\ 1 \end{pmatrix} + \begin{pmatrix} 3 \\ 2 \end{pmatrix} = \begin{pmatrix} -2+3 \\ 1+2 \end{pmatrix} = \begin{pmatrix} 1 \\ 3 \end{pmatrix} = (1;3)^\top$

b) $\boldsymbol{a} - \boldsymbol{b} = \begin{pmatrix} -2 \\ 1 \end{pmatrix} - \begin{pmatrix} 3 \\ 2 \end{pmatrix} = \begin{pmatrix} -2-3 \\ 1-2 \end{pmatrix} = \begin{pmatrix} -5 \\ -1 \end{pmatrix} = (-5;-1)^\top$

c) $2\boldsymbol{a} + 3\boldsymbol{b} = 2\begin{pmatrix} -2 \\ 1 \end{pmatrix} + 3\begin{pmatrix} 3 \\ 2 \end{pmatrix} = \begin{pmatrix} -4+9 \\ 2+6 \end{pmatrix} = \begin{pmatrix} 5 \\ 8 \end{pmatrix} = (5;8)^\top$

Skizze:

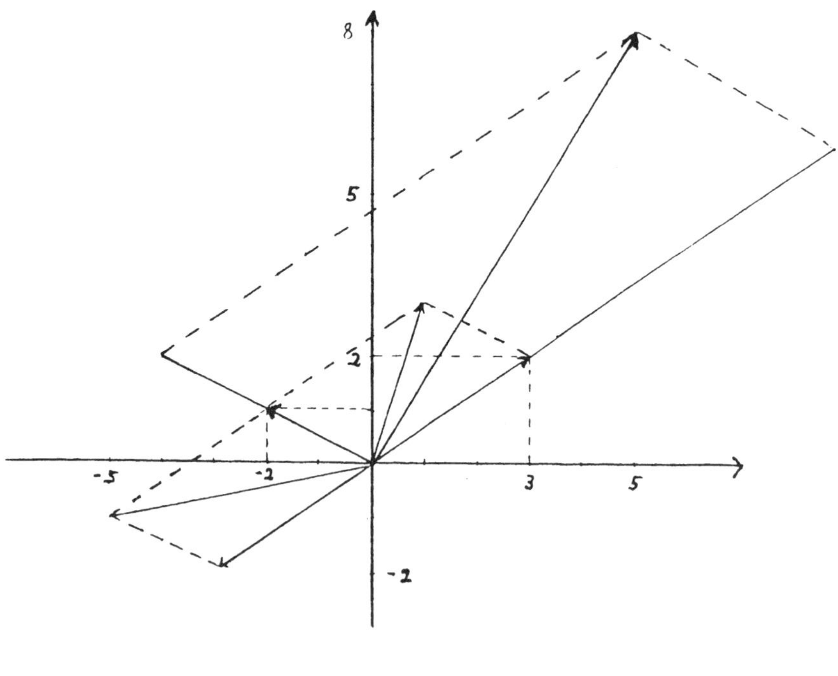

3.1.2

Es sind gegeben: $\boldsymbol{x} = \begin{pmatrix} 1 \\ 0 \\ 2 \\ 3 \end{pmatrix}$; $\boldsymbol{y} = \begin{pmatrix} 2 \\ 1 \\ 0 \\ 2 \end{pmatrix}$; $\boldsymbol{z} = \begin{pmatrix} 3 \\ 2 \\ 0 \\ 6 \end{pmatrix}$.

Berechnen Sie:

a) $3\boldsymbol{x} - 2\boldsymbol{y} + 5\boldsymbol{z}$ b) $(\boldsymbol{x}^\top \cdot \boldsymbol{y}) \cdot \boldsymbol{z}$

c) $(\boldsymbol{y}^\top \cdot \boldsymbol{z})\, \boldsymbol{x}$ d) $(\boldsymbol{z}^\top \cdot \boldsymbol{x})\, \boldsymbol{y}$

e) $\dfrac{\boldsymbol{x}^\top \cdot \boldsymbol{y}}{\boldsymbol{x}^\top \cdot \boldsymbol{x}}$ f) $\dfrac{\boldsymbol{y}^\top \cdot \boldsymbol{x}}{\boldsymbol{y}^\top \cdot \boldsymbol{y}}\, \boldsymbol{z}$

Machen Sie sich bitte klar:

(i) Bei b), c), d) sind die Klammern erforderlich!
(ii) Bei e), f) kann nicht "gekürzt" werden!

a) $3\boldsymbol{x} - 2\boldsymbol{y} + 5\boldsymbol{z} = 3 \begin{pmatrix} 1 \\ 0 \\ 2 \\ 3 \end{pmatrix} - 2 \begin{pmatrix} 2 \\ 1 \\ 0 \\ 2 \end{pmatrix} + 5 \begin{pmatrix} 3 \\ 2 \\ 0 \\ 6 \end{pmatrix} = \begin{pmatrix} 14 \\ 8 \\ 6 \\ 35 \end{pmatrix}$

b)

$$\boldsymbol{x}^\top \cdot \boldsymbol{y} = (1; 0; 2; 3) \begin{pmatrix} 2 \\ 1 \\ 0 \\ 2 \end{pmatrix} = 1 \cdot 2 + 0 \cdot 1 + 2 \cdot 0 + 3 \cdot 2 = 8$$

$$\Longrightarrow \quad (\boldsymbol{x}^\top \cdot \boldsymbol{y})\, \boldsymbol{z} = 8\boldsymbol{z} = \begin{pmatrix} 24 \\ 16 \\ 0 \\ 48 \end{pmatrix} = (24; 16; 0; 48)^\top$$

Ein "Weglassen" der Klammern ist nicht möglich, da es dann zu interpretationsabhängigen Ergebnissen kommen kann: So ist z. B. $\boldsymbol{x}\,(\boldsymbol{y}^\top \cdot \boldsymbol{z})$ ein Vielfaches des Vektors $\boldsymbol{x}$, nämlich $20\boldsymbol{x}$, und es gilt $20\boldsymbol{x} \neq 8\boldsymbol{z}$.

c) $(\boldsymbol{y}^\top \cdot \boldsymbol{z})\, \boldsymbol{x} = 20\boldsymbol{x} = (20; 0; 40; 60)^\top$

d) $(\boldsymbol{z}^\top \cdot \boldsymbol{x})\, \boldsymbol{y} = 21\boldsymbol{y} = (42; 21; 0; 42)^\top$

e) $\dfrac{\boldsymbol{x}^\top \cdot \boldsymbol{y}}{\boldsymbol{x}^\top \cdot \boldsymbol{x}} = \dfrac{8}{14} = \dfrac{4}{7}$

Die Vektorprodukte $\boldsymbol{x}^\top \cdot \boldsymbol{y}$ und $\boldsymbol{x}^\top \cdot \boldsymbol{x}$ sind reelle Zahlen, weshalb auch der Quotient dieser beiden Produkte erklärt ist. Ein "Quotient zweier Vektoren" $\boldsymbol{y}$ und $\boldsymbol{x}$ ist jedoch nicht definiert!

f) $\frac{y^\top \cdot x}{y^\top \cdot y} z = \frac{8}{9} z = (\frac{8}{3}; \frac{16}{9}; 0; \frac{16}{3})^\top$

3.1.3
Bestimmen Sie die Länge der Vektoren x, y, z aus der vorherigen Aufgabe.

a) $|x| = \sqrt{x^\top \cdot x} = \sqrt{x_1^2 + x_2^2 + x_3^2 + x_4^2} = \sqrt{1+0+4+9} = \sqrt{14}$

b) $|y| = \sqrt{4+1+0+4} = \sqrt{9} = 3$

c) $|z| = \sqrt{9+4+0+36} = \sqrt{49} = 7$

3.1.4
Bestimmen Sie den Abstand der in Aufgabe 3.2 genannten Vektoren x, y, z zu einander.

a) Abstand $d(x, y)$ zwischen x und y:

$$d(x, y) = |x - y| = |(-1; -1; 2; 1)|^\top = \sqrt{1+1+4+1} = \sqrt{7}$$

(Überzeugen Sie sich: $d(y, x) = \sqrt{7} = d(x, y)$.)

b) Abstand zwischen x und z:

$$d(x, z) = |x - z| = \sqrt{21}$$

c) Abstand zwischen y und z:

$$d(y, z) = |y - z| = \sqrt{18}$$

3.1.5
Der Vektor $x = \begin{pmatrix} 2 \\ -3 \\ 0 \\ 6 \end{pmatrix}$ ist so zu normieren, daß der normierte Vektor $\overline{x}$ ein Einheitsvektor ist.

Gesucht ist ein Normierungsfaktor $\alpha \in \mathbb{R}$, so daß gilt: $|\alpha x| = 1$.

$$|\alpha x| = |(2\alpha; -3\alpha; 0; 6\alpha)^\top| = \sqrt{4\alpha^2 + 9\alpha^2 + 36\alpha^2} = 7\sqrt{\alpha^2}$$

$$7\sqrt{\alpha^2} = 1 \iff \alpha_1 = \frac{1}{7}\,; \quad \alpha_2 = -\frac{1}{7}$$

Ergebnis: Es sind zwei Vektoren angebbar. (Sie unterscheiden sich nur durch ihre "Richtung".)
$\overline{\boldsymbol{x}}^\top = (\frac{2}{7}; -\frac{3}{7}; 0; \frac{6}{7})^\top$ ist ein gesuchter Einheitsvektor.

3.1.6

Man schreibe den Vektor $\boldsymbol{x} = \begin{pmatrix} 1 \\ -2 \\ 5 \end{pmatrix}$ als Linearkombination der Vektoren

$$\boldsymbol{a} = \begin{pmatrix} 1 \\ 1 \\ 1 \end{pmatrix}, \ \boldsymbol{b} = \begin{pmatrix} 1 \\ 2 \\ 3 \end{pmatrix}, \ \boldsymbol{c} = \begin{pmatrix} 2 \\ -1 \\ 1 \end{pmatrix}.$$

Gesucht sind $\alpha, \beta, \gamma \in \mathbb{R}$ mit

$$\begin{pmatrix} 1 \\ -2 \\ 5 \end{pmatrix} = \alpha \begin{pmatrix} 1 \\ 1 \\ 1 \end{pmatrix} + \beta \begin{pmatrix} 1 \\ 2 \\ 3 \end{pmatrix} + \gamma \begin{pmatrix} 2 \\ -1 \\ 1 \end{pmatrix}.$$

Betrachtet man diese Gleichung komponentenweise, so erhält man das folgende lineare Gleichungssystem:

$$\begin{array}{ccccccc} \alpha & + & \beta & + & 2\gamma & = & 1 \\ \alpha & + & 2\beta & - & \gamma & = & -2 \\ \alpha & + & 3\beta & + & \gamma & = & 5 \end{array}$$

Lineare Gleichungssysteme werden später systematisch behandelt. Dieses Gleichungssystem kann man aber auch ohne allgemeine Theorie lösen. Man subtrahiert z. B. die zweite und anschließend die dritte Gleichung jeweils von der ersten Gleichung und erhält:

$$\begin{array}{ccccc} -\beta & + & 3\gamma & = & 3 \\ -2\beta & + & \gamma & = & -4 \end{array}$$

Addiert man nun das -2–fache der ersten Gleichung zur zweiten, so erhält man $-5\gamma = -10$, also $\gamma = 2$. Einsetzen ergibt dann $\beta = 3$ und $\alpha = -6$.

Ergebnis: $$\begin{pmatrix} 1 \\ -2 \\ 5 \end{pmatrix} = -6 \begin{pmatrix} 1 \\ 1 \\ 1 \end{pmatrix} + 3 \begin{pmatrix} 1 \\ 2 \\ 3 \end{pmatrix} + 2 \begin{pmatrix} 2 \\ -1 \\ 1 \end{pmatrix}$$

3.1.7

Es seien $\boldsymbol{x} = \begin{pmatrix} 3 \\ 5 \\ 2 \end{pmatrix}, \ \boldsymbol{y} = \begin{pmatrix} 4 \\ 0 \\ 1 \end{pmatrix}, \ \boldsymbol{z} = \begin{pmatrix} 2 \\ 2 \\ 1 \end{pmatrix}$.

Man untersuche, ob $\boldsymbol{x}$ Linearkombination von $\boldsymbol{y}$ und $\boldsymbol{z}$ ist.

Die Menge der Linearkombinationen von $\boldsymbol{y}$ und $\boldsymbol{z}$ wird geschrieben als $\langle \boldsymbol{y}, \boldsymbol{z} \rangle$. Diese Menge wird auch **lineare Hülle** von $\boldsymbol{y}$ und $\boldsymbol{z}$ genannt.
Es ist $\boldsymbol{x} \in \langle \boldsymbol{y}, \boldsymbol{z} \rangle$ genau dann, wenn es $\alpha, \beta \in \mathbb{R}$ gibt mit $\boldsymbol{x} = \alpha \boldsymbol{y} + \beta \boldsymbol{z}$. Das ergibt das Gleichungssystem:

$$\begin{array}{rcrcl} 4\alpha & + & 2\beta & = & 3 \\ & & 2\beta & = & 5 \\ \alpha & + & \beta & = & 2 \end{array}$$

Aus der zweiten Gleichung folgt $\beta = \frac{5}{2}$, aus der dritten Gleichung damit $\alpha = -\frac{1}{2}$. Diese eindeutige Lösung der letzten beiden Gleichungen müßte nun auch die erste Gleichung erfüllen. Einsetzen zeigt, daß dies stimmt. Also gilt $\boldsymbol{x} \in \langle \boldsymbol{y}, \boldsymbol{z} \rangle$.

3.1.8

Man untersuche jeweils, ob die gegebenen Vektoren linear unabhängig sind.

a) $\boldsymbol{x}^{(1)} = \begin{pmatrix} 1 \\ 2 \end{pmatrix}, \quad \boldsymbol{x}^{(2)} = \begin{pmatrix} -1 \\ 1 \end{pmatrix}$

b) $\boldsymbol{x}^{(1)} = \begin{pmatrix} 1 \\ 0 \\ 0 \end{pmatrix}, \quad \boldsymbol{x}^{(2)} = \begin{pmatrix} 1 \\ 1 \\ 0 \end{pmatrix}, \quad \boldsymbol{x}^{(3)} = \begin{pmatrix} 1 \\ 1 \\ 1 \end{pmatrix}$

c) $\boldsymbol{x}^{(1)} = \begin{pmatrix} 2 \\ -1 \\ 3 \end{pmatrix}, \quad \boldsymbol{x}^{(2)} = \begin{pmatrix} 1 \\ 1 \\ -2 \end{pmatrix}, \quad \boldsymbol{x}^{(3)} = \begin{pmatrix} 3 \\ -3 \\ 8 \end{pmatrix}$

d) $\boldsymbol{x}^{(1)} = \begin{pmatrix} 1 \\ 2 \\ 1 \\ 0 \\ 0 \end{pmatrix}, \quad \boldsymbol{x}^{(2)} = \begin{pmatrix} 1 \\ 1 \\ 0 \\ 1 \\ 1 \end{pmatrix}, \quad \boldsymbol{x}^{(3)} = \begin{pmatrix} 1 \\ 0 \\ 0 \\ 1 \\ 1 \end{pmatrix}$

Vektoren $\boldsymbol{x}^{(1)}, ..., \boldsymbol{x}^{(n)}$ sind genau dann linear unabhängig, wenn aus

$$\alpha_1 \boldsymbol{x}^{(1)} + \alpha_2 \boldsymbol{x}^{(2)} + ... + \alpha_n \boldsymbol{x}^{(n)} = \mathbf{0} \qquad (\mathbf{0} \text{ ist der Nullvektor.})$$

folgt: $\alpha_1 = \alpha_2 = ... = \alpha_n = 0$

a) Sei

$$\alpha_1 \begin{pmatrix} 1 \\ 2 \end{pmatrix} + \alpha_2 \begin{pmatrix} -1 \\ 1 \end{pmatrix} = \begin{pmatrix} 0 \\ 0 \end{pmatrix}.$$

Das ergibt das Gleichungssystem:

$$\begin{array}{rcrcl} \alpha_1 & - & \alpha_2 & = & 0 \\ 2\alpha_1 & + & \alpha_2 & = & 0 \end{array}$$

Addition der Gleichungen liefert $3\alpha_1 = 0$, also $\alpha_1 = 0$, und damit folgt weiter $\alpha_2 = 0$. Aus $\alpha_1 \boldsymbol{x}^{(1)} + \alpha_2 \boldsymbol{x}^{(2)} = \mathbf{0}$ folgt also zwangsweise $\alpha_1 = \alpha_2 = 0$, d. h. die Vektoren sind linear unabhängig.
(Man sagt dann auch: Der Nullvektor läßt sich nur auf triviale Art aus den Vektoren linear kombinieren!)

b) Entsprechend erhält man hier das Gleichungssystem:

$$\begin{array}{rcrcrcl} \alpha_1 & + & \alpha_2 & + & \alpha_3 & = & 0 \\ & & \alpha_2 & + & \alpha_3 & = & 0 \\ & & & & \alpha_3 & = & 0 \end{array}$$

Durch "Rückwärtseinsetzen" folgt aus $\alpha_3 = 0$ sofort auch $\alpha_2 = 0$ und $\alpha_1 = 0$, also sind die Vektoren linear unabhängig.

c) Das Gleichungssystem lautet hier:

$$\begin{array}{rcrcrcl} 2\alpha_1 & + & \alpha_2 & + & 3\alpha_3 & = & 0 \\ -\alpha_1 & + & \alpha_2 & - & 3\alpha_3 & = & 0 \\ 3\alpha_1 & - & 2\alpha_2 & + & 8\alpha_3 & = & 0 \end{array}$$

Wir addieren das 2-fache der zweiten Gleichung zur ersten Gleichung und anschließend das 3-fache der zweiten Gleichung zur dritten Gleichung. Es folgt:

$$\begin{array}{rcrcl} 3\alpha_2 & - & 3\alpha_3 & = & 0 \\ \alpha_2 & - & \alpha_3 & = & 0 \end{array}$$

Dieses Gleichungssystem wird z. B. durch $\alpha_2 = \alpha_3 = 1$ erfüllt. Dazu ergibt sich $\alpha_1 = -2$. Also gilt z. B.

$$-2\begin{pmatrix} 2 \\ -1 \\ 3 \end{pmatrix} + \begin{pmatrix} 1 \\ 1 \\ -2 \end{pmatrix} + \begin{pmatrix} 3 \\ -3 \\ 8 \end{pmatrix} = \begin{pmatrix} 0 \\ 0 \\ 0 \end{pmatrix}.$$

Der Nullvektor kann also auch auf nichttriviale Art aus den Vektoren linear kombiniert werden, und damit sind die Vektoren linear abhängig.

d) Häufig reicht einfaches Hinsehen, um zu entscheiden, ob Vektoren linear abhängig oder linear unabhängig sind. Will man hier bei d) den Nullvektor aus $\boldsymbol{x}^{(1)}, \boldsymbol{x}^{(2)}$ und $\boldsymbol{x}^{(3)}$ linear kombinieren, so zeigt die Verteilung der Nullen in den Vektoren, daß $\boldsymbol{x}^{(1)}$ mit dem Vorfaktor $\alpha_1 = 0$ versehen werden muß . In $\boldsymbol{x}^{(2)}$ und $\boldsymbol{x}^{(3)}$ stehen in der dritten Komponente nämlich jeweils Nullen, so daß die 1 in der dritten Komponente von $\boldsymbol{x}^{(1)}$ nur durch $\alpha_1 = 0$ verschwinden kann. Danach zeigt die Betrachtung der zweiten Komponente der Vektoren, daß auch $\alpha_2 = 0$ gelten muß . Schließlich muß dann auch $\alpha_3 = 0$ sein. Die Vektoren sind also linear unabhängig.
Häufig erspart dieses Verfahren umfangreiche Rechnung.

3.1.9

Gegeben sind die Vektoren

$$\boldsymbol{a} = \begin{pmatrix} 1 \\ 0 \\ 1 \end{pmatrix}, \quad \boldsymbol{b} = \begin{pmatrix} 1 \\ 2 \\ -1 \end{pmatrix}, \quad \boldsymbol{c} = \begin{pmatrix} 2 \\ 1 \\ t \end{pmatrix} \qquad \text{mit } t \in \mathbb{R}.$$

Für welche Werte von t sind die Vektoren $\boldsymbol{a}, \boldsymbol{b}, \boldsymbol{c}$ linear abhängig, und für welche Werte linear unabhängig?

Es sind Lösungen der Vektorgleichung

$$\alpha \begin{pmatrix} 1 \\ 0 \\ 1 \end{pmatrix} + \beta \begin{pmatrix} 1 \\ 2 \\ -1 \end{pmatrix} + \gamma \begin{pmatrix} 2 \\ 1 \\ t \end{pmatrix} = \begin{pmatrix} 0 \\ 0 \\ 0 \end{pmatrix}$$

zu suchen.

Schematische Darstellung des sich hieraus ergebenden Gleichungssystems und dessen Umformungen:

(Das Ausgangsschema, also die ersten drei Zeilen, ist dabei aus der Vektorgleichung gewonnen worden.)

α	β	γ	r	
1	1	2	0	$\cdot(-1)$ ⌐
0	2	1	0	+
1	-1	t	0	←
1	1	2	0	
0	2	1	0	⌐ +
0	-2	$t-2$	0	←
1	1	2	0	
0	2	1	0	
0	0	$t-1$	0	

Aus der letzten Zeile erkennt man: $\gamma(t-1) = 0$

Für $t = 1$ erfüllt jedes $\gamma \in \mathbb{R}$ diese Gleichung, insbesondere also auch $\gamma \neq 0$. Damit ließen sich β und α bestimmen, und wegen $\gamma \neq 0$ sind die Vektoren im Falle $t = 1$ linear abhängig.

Für $t \neq 1$ folgt $\gamma = 0$ und hiermit aus den restlichen Gleichungen $\beta = 0$ und $\alpha = 0$. D. h. , für $t \neq 1$ sind die Vektoren linear unabhängig.

3.1.10

Man bestimme die Dimension des Raumes $\langle \boldsymbol{a}, \boldsymbol{b}, \boldsymbol{c} \rangle$, wobei

$$\boldsymbol{a} = \begin{pmatrix} 0 \\ 1 \\ 1 \\ 1 \end{pmatrix}, \quad \boldsymbol{b} = \begin{pmatrix} -1 \\ 1 \\ -1 \\ 1 \end{pmatrix}, \quad \boldsymbol{c} = \begin{pmatrix} 2 \\ 1 \\ 0 \\ 1 \end{pmatrix}$$

Man sieht, daß $\boldsymbol{a}, \boldsymbol{b}$ linear unabhängig sind, denn 2 Vektoren sind genau dann linear abhängig, wenn einer der Vektoren ein Vielfaches des anderen ist. Das ist bei $\boldsymbol{a}, \boldsymbol{b}$ nicht der Fall. Damit folgt: $2 \leq \dim \langle \boldsymbol{a}, \boldsymbol{b}, \boldsymbol{c} \rangle \leq 3$

Es braucht nur noch untersucht zu werden, ob $\boldsymbol{a}, \boldsymbol{b}, \boldsymbol{c}$ linear unabhängig sind. Sei dazu $\alpha_1 \boldsymbol{a} + \alpha_2 \boldsymbol{b} + \alpha_3 \boldsymbol{c} = \boldsymbol{0}$, also

$$\begin{array}{ccccccc} & - & \alpha_2 & + & 2\alpha_3 & = & 0 \\ \alpha_1 & + & \alpha_2 & + & \alpha_3 & = & 0 \\ \alpha_1 & - & \alpha_2 & & & = & 0 \\ \alpha_1 & + & \alpha_2 & + & \alpha_3 & = & 0 \end{array}$$

Die 2. und 4. Gleichung sind identisch. Wir subtrahieren die dritte Gleichung von der zweiten Gleichung, übernehmen die erste Gleichung und erhalten:

$$\begin{array}{ccccc} -\alpha_2 & + & \alpha_3 & = & 0 \\ 2\alpha_2 & + & \alpha_3 & = & 0 \end{array}$$

Hieraus folgt $\alpha_2 = \alpha_3 = 0$, und damit weiter $\alpha_1 = 0$. Also läßt sich der Nullvektor nur trivial aus $\boldsymbol{a}, \boldsymbol{b}, \boldsymbol{c}$ linear kombinieren. $\boldsymbol{a}, \boldsymbol{b}, \boldsymbol{c}$ sind daher linear unabhängig und es gilt:

$$\dim \langle \boldsymbol{a}, \boldsymbol{b}, \boldsymbol{c} \rangle = 3$$

3.1.11

Es seien

$$\boldsymbol{x}^{(1)} = \begin{pmatrix} 1 \\ 1 \\ 2 \\ 1 \end{pmatrix}, \quad \boldsymbol{x}^{(2)} = \begin{pmatrix} 0 \\ -2 \\ 1 \\ 0 \end{pmatrix}, \quad \boldsymbol{x}^{(3)} = \begin{pmatrix} 1 \\ -1 \\ 3 \\ 1 \end{pmatrix},$$

$$\boldsymbol{y}^{(1)} = \begin{pmatrix} 3 \\ 1 \\ 7 \\ 3 \end{pmatrix}, \quad \boldsymbol{y}^{(2)} = \begin{pmatrix} -3 \\ 2 \\ -5 \\ -1 \end{pmatrix}, \quad \boldsymbol{y}^{(3)} = \begin{pmatrix} 0 \\ 3 \\ 2 \\ 2 \end{pmatrix}.$$

Ferner seien $U_1 = \langle \boldsymbol{x}^{(1)}, \boldsymbol{x}^{(2)}, \boldsymbol{x}^{(3)} \rangle$ und $U_2 = \langle \boldsymbol{y}^{(1)}, \boldsymbol{y}^{(2)}, \boldsymbol{y}^{(3)} \rangle$.

Man bestimme jeweils die Dimension und eine Basis von U_1 und U_2.

Wie in der vorangegangenen Aufgabe folgt $2 \leq \dim U_1 \leq 3$.
Aus $\alpha_1 \boldsymbol{x}^{(1)} + \alpha_2 \boldsymbol{x}^{(2)} + \alpha_3 \boldsymbol{x}^{(3)} = \boldsymbol{0}$ erhält man das Gleichungssystem:

$$\begin{array}{rcrcrcl} \alpha_1 & & & + & \alpha_3 & = & 0 \\ \alpha_1 & - & 2\alpha_2 & - & \alpha_3 & = & 0 \\ 2\alpha_1 & + & \alpha_2 & + & 3\alpha_3 & = & 0 \\ \alpha_1 & & & + & \alpha_3 & = & 0 \end{array}$$

Addition des 2-fachen der dritten Gleichung zur zweiten Gleichung ergibt:

$$5\alpha_1 + 5\alpha_3 = 0.$$

Setzt man also z. B. $\alpha_1 = 1, \alpha_3 = -1$ und dann $\alpha_2 = 1$, so hat man den Nullvektor aus $\boldsymbol{x}^{(1)}, \boldsymbol{x}^{(2)}, \boldsymbol{x}^{(3)}$ nichttrivial linear kombiniert. Es folgt: $\dim U_1 = 2$
Eine Basis von U_1 ist z. B. durch $\boldsymbol{x}^{(1)}, \boldsymbol{x}^{(2)}$ gegeben, da diese Vektoren linear unabhängig sind.
Entsprechend sieht man zunächst $2 \leq \dim U_2 \leq 3$ und erhält durch ähnliche Rechnung wie eben $\dim U_2 = 2$.
(Man kann auch durch "scharfes Hinsehen" $\boldsymbol{y}^{(1)} + \boldsymbol{y}^{(2)} - \boldsymbol{y}^{(3)} = \boldsymbol{0}$ erkennen.)
Z. B. bilden $\boldsymbol{y}^{(2)}, \boldsymbol{y}^{(3)}$ eine Basis von U_2.

3.1.12

Gegeben seien die Punkte
$A = (3\,;\,5\,;\,2)$, $B = (4\,;\,0\,;\,1)$, $C = (2\,;\,2\,;\,1)$.

a) Man gebe Parameterdarstellungen für die Gerade g durch A und B sowie für die Ebene E durch A, B und C an.

b) Man untersuche, ob die Punkte $P = (0\,;\,0\,;\,0)$ und $Q = (-1\,;\,2\,;1)$ in der Ebene E liegen.

a) Um eine Parameterdarstellung der Geraden g durch A und B aufzustellen, benötigt man einen Punkt der Geraden, sowie einen Vektor in Richtung der Geraden (**Richtungsvektor** der Geraden). Ein Punkt ist durch A (bzw. durch B) gegeben. Einen Richtungsvektor erhält man durch die Differenz der zugehörigen Ortsvektoren $\boldsymbol{a}$ und $\boldsymbol{b}$, also durch $\boldsymbol{a} - \boldsymbol{b}$. Damit kann man eine Parameterdarstellung in folgender Weise angeben:

$$g: \ \boldsymbol{x} = \overbrace{\begin{pmatrix} 3 \\ 5 \\ 2 \end{pmatrix}}^{\boldsymbol{a}} + \lambda \overbrace{\begin{pmatrix} -1 \\ 5 \\ 1 \end{pmatrix}}^{\boldsymbol{a}-\boldsymbol{b}}, \quad \lambda \in \mathbb{R}$$

Für die Ebene E, die A, B und C enthält, geht man in entsprechender Weise vor. Vektoren, die E aufspannen, sind z. B. durch $\boldsymbol{a} - \boldsymbol{b}$ und $\boldsymbol{a} - \boldsymbol{c}$ gegeben.

Also lautet eine Parameterdarstellung:

$$E: \ \boldsymbol{x} = \begin{pmatrix} 3 \\ 5 \\ 2 \end{pmatrix} + \lambda \begin{pmatrix} -1 \\ 5 \\ 1 \end{pmatrix} + \mu \begin{pmatrix} 1 \\ 3 \\ 1 \end{pmatrix}, \quad \lambda, \mu \in \mathbb{R}$$

b) Ein Punkt P liegt genau dann in E, wenn es reelle Zahlen λ, μ gibt, mit

$$OP = \begin{pmatrix} 3 \\ 5 \\ 2 \end{pmatrix} + \lambda \begin{pmatrix} -1 \\ 5 \\ 1 \end{pmatrix} + \mu \begin{pmatrix} 1 \\ 3 \\ 1 \end{pmatrix}.$$

Für den gegebenen Punkt P erhält man daraus das lineare Gleichungssystem:

$$\begin{array}{rcrcr} -\lambda & + & \mu & = & -3 \\ 5\lambda & + & 3\mu & = & -5 \\ \lambda & + & \mu & = & -2 \end{array}$$

Dieses Gleichungssystem besitzt die Lösung $\lambda = -\frac{5}{2}$ und $\mu = \frac{1}{2}$. Also liegt P in E.

Für Q erhält man das Gleichungssystem:

$$\begin{array}{rcrcr} -\lambda & + & \mu & = & -4 \\ 5\lambda & + & 3\mu & = & -3 \\ \lambda & + & \mu & = & -1 \end{array}$$

Dieses Gleichungssystem besitzt keine Lösung, also liegt Q nicht in E.

3.1.13

Es sei $H = \{\boldsymbol{x} \in \mathbb{R}^3 \mid (1; 2; 2) \cdot \boldsymbol{x} = 12\}$.

a) Was beschreibt H?

b) Welchen Abstand besitzt H vom Ursprung?

a) H beschreibt eine Hyperebene des $\mathbb{R}^3$, d. h. durch H wird eine Fläche (Ebene) im $\mathbb{R}^3$ dargestellt.

b) Der Abstand der Ebene zum Ursprung berechnet sich zu:

$$d = \frac{|12|}{|(1; 2; 2)|} = \frac{12}{\sqrt{9}} = 4$$

3.1.14

Beweisen Sie: Vier Vektoren $\boldsymbol{a}, \boldsymbol{b}, \boldsymbol{c}, \boldsymbol{d} \in \mathbb{R}^3$ sind stets linear abhängig.

Es werden die Vektoren $\boldsymbol{a}, \boldsymbol{b}, \boldsymbol{c}$ betrachtet.
1. Fall: $\boldsymbol{a}, \boldsymbol{b}, \boldsymbol{c}$ sind linear abhängig; dann ist die Aussage wahr.
2. Fall: $\boldsymbol{a}, \boldsymbol{b}, \boldsymbol{c}$ sind linear unabhängig.
Dann bilden sie eine Basis des $\mathbb{R}^3$ und jeder Vektor des $\mathbb{R}^3$ läßt sich als Linearkombination von $\boldsymbol{a}, \boldsymbol{b}, \boldsymbol{c}$ darstellen, insbesondere also auch der Vektor $\boldsymbol{d}$. Damit sind $\boldsymbol{a}, \boldsymbol{b}, \boldsymbol{c}, \boldsymbol{d}$ linear abhängig.

3.1.15

Bestimmen Sie einen Vektor $\mathbf{z} \in \mathbb{R}^3$ mit $|\mathbf{z}| = 1$ derart, daß $\mathbf{z}^\top \cdot \mathbf{x} = 0$ und $\mathbf{z}^\top \cdot \mathbf{y} = 0$ gilt, wobei $\mathbf{x} = \begin{pmatrix} 1 \\ 0 \\ 1 \end{pmatrix}$ und $\mathbf{y} = \begin{pmatrix} -1 \\ 0 \\ 1 \end{pmatrix}$ sein soll.

Sei $\mathbf{z} = \begin{pmatrix} z_1 \\ z_2 \\ z_3 \end{pmatrix} \in \mathbb{R}^3$.

$$\mathbf{z}^\top \cdot \mathbf{x} = 0 \quad = \quad (z_1, z_2, z_3) \begin{pmatrix} 1 \\ 0 \\ 1 \end{pmatrix} \quad = \quad z_1 + 0 + z_3 = 0 \qquad (1)$$

$$\mathbf{z}^\top \cdot \mathbf{y} = 0 \quad = \quad (z_1, z_2, z_3) \begin{pmatrix} -1 \\ 0 \\ 1 \end{pmatrix} \quad = \quad -z_1 + 0 + z_3 = 0 \qquad (2)$$

Aus (2) folgt $z_1 = z_3$, und dies eingesetzt in (1) ergibt $z_3 = 0$, also auch $z_1 = 0$.

Damit erfüllen alle Vektoren $\mathbf{z} = \begin{pmatrix} 0 \\ t \\ 0 \end{pmatrix}$ mit $t \in \mathbb{R}$ die beiden Gleichungen.

Die Forderung $|\mathbf{z}| = 1 = \sqrt{z_1^2 + z_2^2 + z_3^2}$ ergibt $\sqrt{t^2} = 1$, also $|t| = 1$. Damit ergeben sich zwei Lösungen, nämlich die Vektoren

$$\mathbf{z}^{(1)} = \begin{pmatrix} 0 \\ 1 \\ 0 \end{pmatrix} \quad \text{und} \quad \mathbf{z}^{(2)} = \begin{pmatrix} 0 \\ -1 \\ 0 \end{pmatrix} .$$

3.2 Matrizenalgebra

Eine $m \times n-$Matrix $\mathbf{A} = (a_{ij})$ über $\mathbb{R}$ (Kurzbezeichnung: $\mathbf{A} \in \mathbb{R}^{m \times n}$) ist ein rechteckiges Zahlenschema der Form

$$\begin{pmatrix} a_{11} & a_{12} & \dots & a_{1n} \\ a_{21} & a_{22} & \dots & a_{2n} \\ \vdots & \vdots & \ddots & \vdots \\ a_{m1} & a_{m2} & \dots & a_{mn} \end{pmatrix},$$

wobei die a_{ij} reelle Zahlen sind.

Matrizen ermöglichen häufig eine kompakte Schreibweise, z. B. bei Gleichungssystemen. Dazu werden Rechenoperationen mit Matrizen benötigt.

Rechenoperationen für Matrizen

Summe
$\mathbf{A} = (a_{ij})$ und $\mathbf{B} = (b_{ij})$ seien $m \times n-$Matrizen.

$$\mathbf{A} + \mathbf{B} := \begin{pmatrix} a_{11} + b_{11} & \dots & a_{1n} + b_{1n} \\ \vdots & \ddots & \vdots \\ a_{m1} + b_{m1} & \dots & a_{mn} + b_{mn} \end{pmatrix}$$

Multiplikation mit einem Skalar

$$c\mathbf{A} = c \begin{pmatrix} a_{11} & \dots & a_{1n} \\ \vdots & \ddots & \vdots \\ a_{m1} & \dots & a_{mn} \end{pmatrix} := \begin{pmatrix} ca_{11} & \dots & ca_{1n} \\ \vdots & \ddots & \vdots \\ ca_{m1} & \dots & ca_{mn} \end{pmatrix}$$

Produkt
$\mathbf{A}$ sei $m \times n-$Matrix, $\mathbf{B}$ sei $n \times r-$Matrix. Dann ist $\mathbf{AB}$ diejenige $m \times r-$Matrix

$$\mathbf{AB} = (c_{ij}) \text{ mit } c_{ij} = \sum_{k=1}^{n} a_{ik} b_{kj}, \quad i = 1, ..., m; \; j = 1, ..., r.$$

Veranschaulichung von $\mathbf{AB}$ (FALKsches Rechteckschema)

$$\begin{array}{cc} & \begin{pmatrix} \boxed{\begin{matrix} b_{1j} \\ \vdots \\ b_{nj} \end{matrix}} \end{pmatrix} \\ \begin{pmatrix} \boxed{a_{i1} \dots a_{in}} \\ \\ \mathbf{A} \end{pmatrix} & \begin{pmatrix} \boxed{c_{ij}} \\ \\ \mathbf{AB} \end{pmatrix} \end{array}$$

Dieses Schema wird in den Aufgaben 1 – 7 ausführlich behandelt.

Ein wichtiger Begriff ist der **Rang** einer Matrix, da dieser häufig in Sätzen über Matrizen als Entscheidungskriterium dient.

Rang einer Matrix

Die Zeilen bzw. Spalten einer $m \times n$–Matrix $\mathbf{A}$ erzeugen jeweils einen Unterraum des $\mathbb{R}^n$ bzw. $\mathbb{R}^m$. Die Dimensionen dieser Räume heißen **Zeilenrang** von $\mathbf{A}$ bzw. **Spaltenrang** von $\mathbf{A}$. Es gilt:

$$\text{Zeilenrang} = \text{Spaltenrang} =: \textbf{Rang}\,\mathbf{A}$$

Eine Abkürzung für Rang $\mathbf{A}$ ist: rg $\mathbf{A}$ oder rg $(\mathbf{A})$.

Wir listen einige häufig benutzte spezielle Matrizen auf:

Spezielle Matrizen

Einheitsmatrix ($n \times n$–Matrix)

$$\mathbf{E} = \begin{pmatrix} 1 & 0 & \dots & 0 \\ 0 & 1 & \dots & 0 \\ \vdots & & \ddots & \vdots \\ 0 & 0 & \dots & 1 \end{pmatrix}$$

Nullmatrix ($m \times n$–Matrix)

$$\mathbf{0} = \begin{pmatrix} 0 & \dots & 0 \\ \vdots & \dots & \vdots \\ 0 & \dots & 0 \end{pmatrix}$$

obere Dreiecksmatrix

$$\mathbf{A} = \begin{pmatrix} a_{11} & a_{12} & \dots & a_{1n} \\ 0 & a_{22} & \dots & a_{2n} \\ \vdots & & \ddots & \vdots \\ 0 & 0 & \dots & a_{nn} \end{pmatrix}$$

Fortsetzung **Spezielle Matrizen**

Matrix mit **Zeilenstufenform**

$$\mathbf{A} = \begin{pmatrix} * & & & & & & \\ 0 & \dots & 0 & * & & & \\ \vdots & & & 0 & \dots & 0 & * \\ 0 & \dots & & & \dots & 0 & \dots & 0 \end{pmatrix}$$

Hierbei bezeichnet * reelle Zahlen $\neq 0$. Die Sterne markieren die "Stufenränder"; links davon und darunter stehen nur Nullen.

Transponierte Matrix $\mathbf{A}^\top$

$$\mathbf{A} = \begin{pmatrix} a_{11} & a_{12} & a_{13} & \dots & a_{1n} \\ a_{21} & a_{22} & a_{23} & \dots & a_{2n} \\ \vdots & & & \ddots & \vdots \\ a_{m1} & a_{m2} & a_{m3} & \dots & a_{mn} \end{pmatrix} \qquad \mathbf{A}^\top = \begin{pmatrix} a_{11} & a_{21} & \dots & a_{m1} \\ a_{12} & a_{22} & \dots & a_{m2} \\ a_{13} & a_{23} & \dots & a_{m3} \\ \vdots & & \ddots & \vdots \\ a_{1n} & a_{2n} & \dots & a_{mn} \end{pmatrix}$$

Inverse Matrix $\mathbf{A}^{-1}$

Ist $\mathbf{A}$ eine $n \times n$–Matrix und existiert eine Matrix $\mathbf{B}$ mit $\mathbf{AB} = \mathbf{BA} = \mathbf{E}$, so heißt **B inverse Matrix** zu $\mathbf{A}$.
Schreibweise: $\mathbf{B} = \mathbf{A}^{-1}$

Existiert $\mathbf{A}^{-1}$, so heißt **A invertierbar** oder **nicht–singulär**.

Rechengesetze

1. $(\mathbf{AB})^\top = \mathbf{B}^\top \mathbf{A}^\top$
2. Sind $\mathbf{A}, \mathbf{B}$ invertierbare $n \times n$–Matrizen, so ist auch $\mathbf{AB}$ invertierbar, und es gilt $(\mathbf{AB})^{-1} = \mathbf{B}^{-1}\mathbf{A}^{-1}$.

3.2.1

Es sind gegeben:

$$\mathbf{A} = \begin{pmatrix} 1 & 1 & 2 & 3 \\ 2 & 1 & 4 & 1 \\ 3 & -1 & 1 & 0 \end{pmatrix} \quad \text{und } \mathbf{b} = \begin{pmatrix} 2 \\ 3 \\ -1 \\ 1 \end{pmatrix}, \quad \mathbf{c} = \begin{pmatrix} 1 \\ -1 \\ 1 \end{pmatrix}$$

Berechnen Sie: **a)** $\mathbf{A} \cdot \mathbf{b}$ **b)** $\mathbf{A}^\top \cdot \mathbf{c}$

a) Es wird das FALKsche Rechteckschema verwendet:

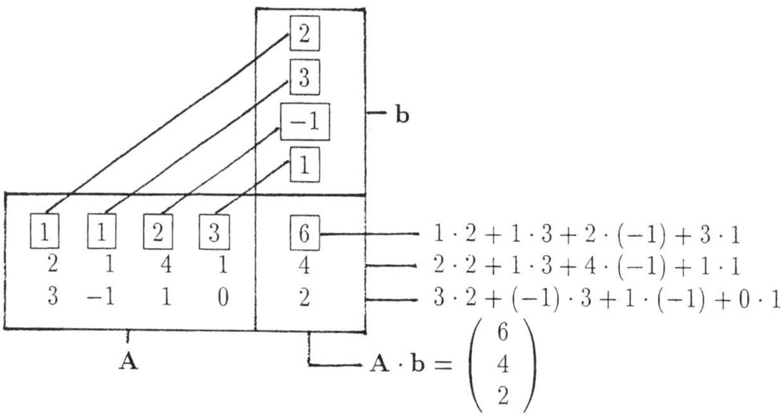

b)

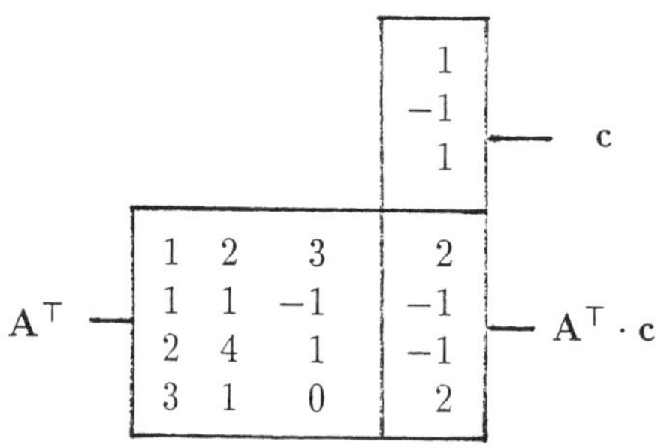

3.2.2

Man berechne die Matrizenprodukte

$$(a_1 \;\; a_2 \;\; a_3)\begin{pmatrix} b_1 \\ b_2 \\ b_3 \end{pmatrix} \quad \text{und} \quad \begin{pmatrix} a_1 \\ a_2 \\ a_3 \end{pmatrix}(b_1 \;\; b_2 \;\; b_3).$$

Das erste Matrizenprodukt ergibt eine 1×1–Matrix, also im Prinzip eine Zahl:

$$(a_1 \;\; a_2 \;\; a_3)\begin{pmatrix} b_1 \\ b_2 \\ b_3 \end{pmatrix} = a_1b_1 + a_2b_2 + a_3b_3$$

Das zweite Matrizenprodukt ergibt eine 3×3 Matrix.

$$\begin{pmatrix} a_1 \\ a_2 \\ a_3 \end{pmatrix}(b_1 \;\; b_2 \;\; b_3) = \begin{pmatrix} a_1b_1 & a_1b_2 & a_1b_3 \\ a_2b_1 & a_2b_2 & a_2b_3 \\ a_3b_1 & a_3b_2 & a_3b_3 \end{pmatrix}$$

3.2.3

Man multipliziere die Matrizen

$$\mathbf{A} = \begin{pmatrix} 2 & -3 & 2 \\ 4 & -9 & 0 \\ 3 & 0 & 0 \\ 8 & 1 & -2 \end{pmatrix} \quad \text{und} \quad \begin{pmatrix} 1 & 3 & 2 & 4 \\ 0 & -2 & -3 & 1 \end{pmatrix} = \mathbf{B}\,.$$

(1) Das Produkt **AB** existiert nicht, da
Spaltenzahl **A** $\neq$ Zeilenzahl **B**

(2) Das Produkt **BA** ist berechenbar, da
Spaltenzahl **B** = Zeilenzahl **A** = 4

				2	−3	2	
				4	−9	0	
	B			3	0	0	— **A**
				8	1	−2	
1	3	2	4	52	−26	−6	— **BA**
0	−2	−3	1	−9	19	−2	

z. B. : 19

$= 0 \cdot (-3) + (-2) \cdot (-9) + (-3) \cdot 0 + 1 \cdot 1$

3.2.4
Berechnen Sie $\begin{pmatrix} 1 & -1 \\ 2 & -2 \end{pmatrix} \begin{pmatrix} a & b \\ a & b \end{pmatrix}$ (für $a, b \in \mathbb{R}$; $ab \neq 0$).

Das Produkt ergibt die Nullmatrix $\begin{pmatrix} 0 & 0 \\ 0 & 0 \end{pmatrix}$.
Man beachte: Das Produkt zweier Matrizen kann eine Nullmatrix ergeben, obgleich keine der beiden Matrizen auch nur ein Element besitzt, das 0 ist!

3.2.5
Es seien $\mathbf{A} = \begin{pmatrix} 2 & 1 \\ 3 & 0 \end{pmatrix}$ und $\mathbf{B} = \begin{pmatrix} 1 & 3 \\ 2 & 0 \end{pmatrix}$.
Berechnen Sie **AB** und **BA**.

Man erhält:

$$\mathbf{AB} = \begin{pmatrix} 4 & 6 \\ 3 & 9 \end{pmatrix}$$

$$\mathbf{BA} = \begin{pmatrix} 11 & 1 \\ 4 & 2 \end{pmatrix}$$

Man beachte: Das Matrix–Produkt ist i. a. nicht kommutativ!

3.2.6
Für die Matrizen

$$\mathbf{A} = \begin{pmatrix} 3 & 4 & -2 \\ 4 & -1 & 1 \\ 2 & 2 & -3 \\ 1 & 5 & 2 \end{pmatrix}, \quad \mathbf{B} = \begin{pmatrix} 4 & 3 \\ 1 & 2 \\ 7 & -5 \end{pmatrix} \text{ und } \mathbf{C} = \begin{pmatrix} 1 & 2 & 3 & 4 \\ 5 & 6 & 7 & 8 \end{pmatrix}$$

berechne man alle Matrizenprodukte aus je zwei Faktoren, soweit diese Produkte definiert sind.

Definiert sind die Matrizenprodukte **AB**, **BC** und **CA**. Das erste Produkt wird mittels des FALKschen Multiplikationsschemas berechnet:

$$\begin{array}{rrr|rr}
 & & & 4 & 3 \\
 & & & 1 & 2 \\
 & & & 7 & -5 \\
\hline
3 & 4 & -2 & 2 & 27 \\
4 & -1 & 1 & 22 & 5 \\
2 & 2 & -3 & -11 & 25 \\
1 & 5 & 2 & 23 & 3
\end{array}$$

(oben rechts: **B**; links: **A**; unten rechts: $= \mathbf{AB}$)

Die übrigen Produkte lauten:

$$\mathbf{BC} = \begin{pmatrix} 4 & 3 \\ 1 & 2 \\ 7 & -5 \end{pmatrix} \begin{pmatrix} 1 & 2 & 3 & 4 \\ 5 & 6 & 7 & 8 \end{pmatrix} = \begin{pmatrix} 19 & 26 & 33 & 40 \\ 11 & 14 & 17 & 20 \\ -18 & -16 & -14 & -12 \end{pmatrix}$$

$$\mathbf{CA} = \begin{pmatrix} 1 & 2 & 3 & 4 \\ 5 & 6 & 7 & 8 \end{pmatrix} \begin{pmatrix} 3 & 4 & -2 \\ 4 & -1 & 1 \\ 2 & 2 & -3 \\ 1 & 5 & 2 \end{pmatrix} = \begin{pmatrix} 21 & 28 & -1 \\ 61 & 68 & -9 \end{pmatrix}$$

3.2.7

Berechnen Sie **AB**, **BA** und $\mathbf{A}^\top\mathbf{B}^\top$ für

$$\mathbf{A} = \begin{pmatrix} 1 & -1 & 2 \\ -2 & 3 & 0 \\ 1 & 2 & 2 \end{pmatrix}, \quad \mathbf{B} = \begin{pmatrix} 2 & 0 & -3 \\ 1 & 4 & 2 \\ 0 & 1 & 3 \end{pmatrix}.$$

Es wird zunächst **AB** mit dem FALKschen Schema berechnet:

$$\begin{array}{c|ccc|ccc|c} & & & & 2 & 0 & -3 & \\ & & & & 1 & 4 & 2 & \leftarrow \mathbf{B} \\ & & & & 0 & 1 & 3 & \\ \hline & 1 & -1 & 2 & 1 & -2 & 1 & \\ \mathbf{A} \rightarrow & -2 & 3 & 0 & -1 & 12 & 12 & \leftarrow \mathbf{AB} \\ & 1 & 2 & 2 & 4 & 10 & 7 & \end{array}$$

Ebenso berechnet man: $\mathbf{BA} = \begin{pmatrix} -1 & -8 & -2 \\ -5 & 15 & 6 \\ 1 & 9 & 6 \end{pmatrix}.$

Für das Produkt $\mathbf{A}^\top\mathbf{B}^\top$ ist es nicht notwendig, erneut eine Matrizenmultiplikation durchzuführen, denn es gilt $\mathbf{A}^\top\mathbf{B}^\top = (\mathbf{BA})^\top$.

$$\mathbf{A}^\top\mathbf{B}^\top = (\underbrace{\mathbf{BA}}_{\substack{\text{bereits}\\ \text{berechnet}}})^\top = \begin{pmatrix} -1 & -8 & -2 \\ -5 & 15 & 6 \\ 1 & 9 & 6 \end{pmatrix}^\top$$

$$= \begin{pmatrix} -1 & -5 & 1 \\ -8 & 15 & 9 \\ -2 & 6 & 6 \end{pmatrix}$$

3.2.8

Für welche zweireihigen quadratischen reellen Matrizen gilt:

$$\mathbf{A} + 2\mathbf{E} = 3\mathbf{A}^\top + \mathbf{B} \quad \text{mit} \quad \mathbf{B} = \begin{pmatrix} 1 & 2 \\ 3 & 4 \end{pmatrix}?$$

Ansatz: $\mathbf{A} := \begin{pmatrix} a & b \\ c & d \end{pmatrix}$

$$\begin{pmatrix} a & b \\ c & d \end{pmatrix} + 2\begin{pmatrix} 1 & 0 \\ 0 & 1 \end{pmatrix} = 3\begin{pmatrix} a & c \\ b & d \end{pmatrix} + \begin{pmatrix} 1 & 2 \\ 3 & 4 \end{pmatrix} \Longrightarrow$$

$$\begin{pmatrix} 1 & -2 \\ -3 & -2 \end{pmatrix} = \begin{pmatrix} 2a & 3c-b \\ 3b-c & 2d \end{pmatrix}$$

Also:

$$\left.\begin{array}{rcl} 1 & = & 2a \\ -2 & = & 3c-b \\ -3 & = & 3b-c \\ -2 & = & 2d \end{array}\right\} \Longrightarrow \mathbf{A} = \begin{pmatrix} \frac{1}{2} & -\frac{11}{8} \\ -\frac{9}{8} & -1 \end{pmatrix}$$

3.2.9

Zeigen Sie, daß die nachstehenden Matrizen **A** und **B** invers zueinander sind.

$$\mathbf{A} = \begin{pmatrix} 1 & -1 & 2 \\ \frac{1}{6} & 3 & 0 \\ 1 & 2 & 2 \end{pmatrix}, \quad \mathbf{B} = \begin{pmatrix} 6 & 6 & -6 \\ -\frac{1}{3} & 0 & \frac{1}{3} \\ -\frac{8}{3} & -3 & \frac{19}{6} \end{pmatrix}$$

Man berechnet $\mathbf{AB} = \mathbf{E}$ und $\mathbf{BA} = \mathbf{E}$; d. h. **A** ist invers zu **B** (und **B** invers zu **A**).

3.2.10

Man bestimme die Inverse zu $\mathbf{A} = \begin{pmatrix} 3 & 0 & 0 \\ 0 & -2 & 0 \\ 0 & 0 & 4 \end{pmatrix}$.

Das Bestimmen der Inversen zu **A** (– deren Existenz zunächst einfach vorausgesetzt und nachfolgend gezeigt wird –) kann hier ohne das Lösen von Gleichungssystemen erfolgen:
Die Inverse zu **A** kann nur eine Matrix der Art $\mathbf{B} \in \mathbb{R}^{3\times 3}$ sein, etwa

$$\mathbf{B} = \begin{pmatrix} b_{11} & b_{12} & b_{13} \\ b_{21} & b_{22} & b_{23} \\ b_{31} & b_{32} & b_{33} \end{pmatrix}.$$

Die Multiplikation **AB** ergibt:

$$\mathbf{AB} = \begin{pmatrix} 3b_{11} & 3b_{12} & 3b_{13} \\ -2b_{21} & -2b_{22} & -2b_{23} \\ 4b_{31} & 4b_{32} & 4b_{33} \end{pmatrix} \stackrel{!}{=} \mathbf{E} = \begin{pmatrix} 1 & 0 & 0 \\ 0 & 1 & 0 \\ 0 & 0 & 1 \end{pmatrix}$$

Die Forderung $\mathbf{AB} = \mathbf{E}$ ergibt damit für **B**:

$$\mathbf{B} = \begin{pmatrix} \frac{1}{3} & 0 & 0 \\ 0 & -\frac{1}{2} & 0 \\ 0 & 0 & \frac{1}{4} \end{pmatrix}$$

Man berechnet damit auch $\mathbf{BA} = \mathbf{E}$; d. h. **B** ist die Inverse zu **A**.
Allgemein gilt bei einer Matrix $\mathbf{A} \in \mathbb{R}^{n \times n}$ mit $a_{ii} \neq 0$:

$$\mathbf{A} = \begin{pmatrix} a_{11} & & \mathbf{0} \\ & \ddots & \\ \mathbf{0} & & a_{nn} \end{pmatrix} \Longrightarrow \mathbf{A}^{-1} = \begin{pmatrix} \frac{1}{a_{11}} & & \mathbf{0} \\ & \ddots & \\ \mathbf{0} & & \frac{1}{a_{nn}} \end{pmatrix}$$

3.2.11

Man berechne sämtliche Potenzen $\mathbf{A}^n$ und $\mathbf{B}^k$ $(k, n \in \mathbb{N})$ der Matrizen

$$\mathbf{A} = \begin{pmatrix} 4 & 12 & 8 \\ -7 & -6 & -8 \\ 4 & -3 & 2 \end{pmatrix} \quad \text{und} \quad \mathbf{B} = \begin{pmatrix} -9 & 4 & -2 \\ -25 & 11 & -5 \\ -5 & 2 & 0 \end{pmatrix}.$$

Wir beginnen mit der Berechnung von $\mathbf{A}^2, \mathbf{A}^3, \ldots$ und hoffen, daß wir nach der Berechnung einiger Potenzen ein Bildungsgesetz erkennen.

$$\mathbf{A}^2 = \begin{pmatrix} 4 & 12 & 8 \\ -7 & -6 & -8 \\ 4 & -3 & 2 \end{pmatrix} \begin{pmatrix} 4 & 12 & 8 \\ -7 & -6 & -8 \\ 4 & -3 & 2 \end{pmatrix} = \begin{pmatrix} -36 & -48 & -48 \\ -18 & -24 & -24 \\ 45 & 60 & 60 \end{pmatrix}$$

Für $\mathbf{A}^3$ ergibt sich dann:

$$\mathbf{A}^3 = 3 \begin{pmatrix} -12 & -16 & -16 \\ -6 & -8 & -8 \\ 15 & 20 & 20 \end{pmatrix} \begin{pmatrix} 4 & 12 & 8 \\ -7 & -6 & -8 \\ 4 & -3 & 2 \end{pmatrix} = \begin{pmatrix} 0 & 0 & 0 \\ 0 & 0 & 0 \\ 0 & 0 & 0 \end{pmatrix}$$

Damit gilt $\mathbf{A}^n = \mathbf{0}$ für $n \geq 3$.

Bei $\mathbf{B}$ gehen wir entsprechend vor:

$$\mathbf{B}^2 = \begin{pmatrix} -9 & 4 & -2 \\ -25 & 11 & -5 \\ -5 & 2 & 0 \end{pmatrix} \begin{pmatrix} -9 & 4 & -2 \\ -25 & 11 & -5 \\ -5 & 2 & 0 \end{pmatrix} = \begin{pmatrix} -9 & 4 & -2 \\ -25 & 11 & -5 \\ -5 & 2 & 0 \end{pmatrix}$$

Damit gilt $\mathbf{B}^k = \mathbf{B}$ für alle $k \geq 1$.
Bei beliebig gegebenen Matrizen wird man allerdings kaum die Potenzen allgemein berechnen können. Bei dieser Aufgabe geht die "innere Struktur" der gegebenen Matrizen $\mathbf{A}$ und $\mathbf{B}$ ein.

3.2.12

Sei $\mathbf{A} = \begin{pmatrix} 2 & 0 & 0 \\ 1 & 2 & 0 \\ 0 & 0 & -1 \end{pmatrix}$. Man berechne $\mathbf{A}^3 - 3\mathbf{A}^2 + 4\mathbf{E}$ und verwende das Ergebnis zur Berechnung von $\mathbf{A}^{-1}$.

Zunächst erhält man:

$$\mathbf{A}^2 = \begin{pmatrix} 2 & 0 & 0 \\ 1 & 2 & 0 \\ 0 & 0 & -1 \end{pmatrix} \begin{pmatrix} 2 & 0 & 0 \\ 1 & 2 & 0 \\ 0 & 0 & -1 \end{pmatrix} = \begin{pmatrix} 4 & 0 & 0 \\ 4 & 4 & 0 \\ 0 & 0 & 1 \end{pmatrix}$$

$$\mathbf{A}^3 = \begin{pmatrix} 4 & 0 & 0 \\ 4 & 4 & 0 \\ 0 & 0 & 1 \end{pmatrix} \begin{pmatrix} 2 & 0 & 0 \\ 1 & 2 & 0 \\ 0 & 0 & -1 \end{pmatrix} = \begin{pmatrix} 8 & 0 & 0 \\ 12 & 8 & 0 \\ 0 & 0 & -1 \end{pmatrix}$$

$$\mathbf{A}^3 - 3\mathbf{A}^2 + 4\mathbf{E} = \begin{pmatrix} 8 & 0 & 0 \\ 12 & 8 & 0 \\ 0 & 0 & -1 \end{pmatrix} - \begin{pmatrix} 12 & 0 & 0 \\ 12 & 12 & 0 \\ 0 & 0 & 3 \end{pmatrix} + \begin{pmatrix} 4 & 0 & 0 \\ 0 & 4 & 0 \\ 0 & 0 & 4 \end{pmatrix} = \mathbf{0}$$

Aus $\mathbf{A}^3 - 3\mathbf{A}^2 + 4\mathbf{E} = \mathbf{0}$ folgt $4\mathbf{E} = 3\mathbf{A}^2 - \mathbf{A}^3$ oder:

$$\mathbf{E} = \mathbf{A}\,(\frac{3}{4}\mathbf{A} - \frac{1}{4}\mathbf{A}^2)$$

Also gilt:

$$\mathbf{A}^{-1} = \frac{3}{4}\mathbf{A} - \frac{1}{4}\mathbf{A}^2 = \begin{pmatrix} \frac{1}{2} & 0 & 0 \\ -\frac{1}{4} & \frac{1}{2} & 0 \\ 0 & 0 & -1 \end{pmatrix}$$

3.2.13

Man bestimme $\lim\limits_{n\to\infty} \begin{pmatrix} 1 & 0 & 0 \\ 0 & 0,8 & 0 \\ 0 & 0 & 0,4 \end{pmatrix}^n$.

Mit $\mathbf{A} = \begin{pmatrix} 1 & 0 & 0 \\ 0 & 0,8 & 0 \\ 0 & 0 & 0,4 \end{pmatrix}$ berechnet man

$$\mathbf{A}^2 = \begin{pmatrix} 1 & 0 & 0 \\ 0 & 0,8 & 0 \\ 0 & 0 & 0,4 \end{pmatrix} \begin{pmatrix} 1 & 0 & 0 \\ 0 & 0,8 & 0 \\ 0 & 0 & 0,4 \end{pmatrix} = \begin{pmatrix} 1^2 & 0 & 0 \\ 0 & 0,8^2 & 0 \\ 0 & 0 & 0,4^2 \end{pmatrix} .$$

Ganz analog berechnet man $\mathbf{A}^3$ usw. und es gilt

$$\mathbf{A}^n = \begin{pmatrix} 1^n & 0 & 0 \\ 0 & 0,8^n & 0 \\ 0 & 0 & 0,4^n \end{pmatrix} .$$

Damit folgt

$$\lim_{n\to\infty} \mathbf{A}^n = \lim_{n\to\infty} \begin{pmatrix} 1^n & 0 & 0 \\ 0 & 0,8^n & 0 \\ 0 & 0 & 0,4^n \end{pmatrix} = \begin{pmatrix} 1 & 0 & 0 \\ 0 & 0 & 0 \\ 0 & 0 & 0 \end{pmatrix} .$$

3.2.14

Gegeben ist die Matrix $\mathbf{A} = \begin{pmatrix} 2 & 1 & -2 & 4 \\ 1 & 2 & 1 & 3 \\ 0 & -2 & 1 & -7 \\ -1 & 3 & 0 & 8 \end{pmatrix}$.

Man berechne die nachstehenden Produkte und beschreibe die Wirkungsweise bzw. die Bedeutung des Produkts:

a) $\mathbf{x}^\top = (1, 1, 1, 1)$; $\mathbf{A} \cdot \mathbf{x}$

b) $\mathbf{B} = \begin{pmatrix} 0 & 0 & 0 & 0 \\ 0 & 0 & 0 & 0 \\ 1 & 1 & 1 & 1 \\ 0 & 0 & 0 & 0 \end{pmatrix}$; $\mathbf{B} \cdot \mathbf{A}$

c) $\mathbf{y}^\top = (0, 0, 1, 0)$; $\mathbf{A} \cdot \mathbf{y}$; $\mathbf{y}^\top \cdot \mathbf{A}$

d) $\mathbf{C} = \begin{pmatrix} 0 & 0 & 0 & 0 \\ 1 & 0 & 0 & 0 \\ 0 & 0 & 0 & 0 \\ 0 & 0 & 1 & 0 \end{pmatrix}$; $\mathbf{A} \cdot \mathbf{C}$; $\mathbf{C} \cdot \mathbf{A}$

e) Man gebe (mit den Erkenntnisse von Teil d)) eine Matrix **M** an, so daß die Produktmatrix **AM** die gleichen Spalten wie **A** hat, jedoch
  (i) im umgekehrter Reihenfolge
  (ii) die Spalten 1 und 4 vertauscht sind.

a) $$\mathbf{A}\cdot\mathbf{x} = \begin{pmatrix} 2 & 1 & -2 & 4 \\ 1 & 2 & 1 & 3 \\ 0 & -2 & 1 & -7 \\ -1 & 3 & 0 & 8 \end{pmatrix}\begin{pmatrix} 1 \\ 1 \\ 1 \\ 1 \end{pmatrix} = \begin{pmatrix} 5 \\ 7 \\ -8 \\ 10 \end{pmatrix}$$

Man erkennt, daß hierbei die Zeilensummen der Matrix **A** berechnet werden.

b) $$\mathbf{B}\cdot\mathbf{A} = \begin{pmatrix} 0 & 0 & 0 & 0 \\ 0 & 0 & 0 & 0 \\ 1 & 1 & 1 & 1 \\ 0 & 0 & 0 & 0 \end{pmatrix}\begin{pmatrix} 2 & 1 & -2 & 4 \\ 1 & 2 & 1 & 3 \\ 0 & -2 & 1 & -7 \\ -1 & 3 & 0 & 8 \end{pmatrix} = \begin{pmatrix} 0 & 0 & 0 & 0 \\ 0 & 0 & 0 & 0 \\ 2 & 4 & 0 & 8 \\ 0 & 0 & 0 & 0 \end{pmatrix}$$

$\mathbf{B}\cdot\mathbf{A}$ enthält in der dritten Zeile, die Spaltensummen der Matrix **A**, ansonsten nur Nullen.

c) $$\mathbf{A}\cdot\mathbf{y} = \begin{pmatrix} 2 & 1 & -2 & 4 \\ 1 & 2 & 1 & 3 \\ 0 & -2 & 1 & -7 \\ -1 & 3 & 0 & 8 \end{pmatrix}\begin{pmatrix} 0 \\ 0 \\ 1 \\ 0 \end{pmatrix} = \begin{pmatrix} -2 \\ 1 \\ 1 \\ 0 \end{pmatrix}$$

$$\mathbf{y}^\top\cdot\mathbf{A} = (0,0,1,0)\begin{pmatrix} 2 & 1 & -2 & 4 \\ 1 & 2 & 1 & 3 \\ 0 & -2 & 1 & -7 \\ -1 & 3 & 0 & 8 \end{pmatrix} = (0,-2,1,-7)$$

$\mathbf{A}\cdot\mathbf{y}$ ergibt die 3. Spalte der Matrix **A**, $\mathbf{y}^\top\cdot\mathbf{A}$ die 3. Zeile von **A**.

d)
$$\mathbf{A}\cdot\mathbf{C} = \begin{pmatrix} 2 & 1 & -2 & 4 \\ 1 & 2 & 1 & 3 \\ 0 & -2 & 1 & -7 \\ -1 & 3 & 0 & 8 \end{pmatrix}\begin{pmatrix} 0 & 0 & 0 & 0 \\ 1 & 0 & 0 & 0 \\ 0 & 0 & 0 & 0 \\ 0 & 0 & 1 & 0 \end{pmatrix} = \begin{pmatrix} 1 & 0 & 4 & 0 \\ 2 & 0 & 3 & 0 \\ -2 & 0 & -7 & 0 \\ 3 & 0 & 8 & 0 \end{pmatrix}$$

$$\mathbf{C}\cdot\mathbf{A} = \begin{pmatrix} 0 & 0 & 0 & 0 \\ 1 & 0 & 0 & 0 \\ 0 & 0 & 0 & 0 \\ 0 & 0 & 1 & 0 \end{pmatrix}\begin{pmatrix} 2 & 1 & -2 & 4 \\ 1 & 2 & 1 & 3 \\ 0 & -2 & 1 & -7 \\ -1 & 3 & 0 & 8 \end{pmatrix} = \begin{pmatrix} 0 & 0 & 0 & 0 \\ 2 & 1 & -2 & 4 \\ 0 & 0 & 0 & 0 \\ 0 & -2 & 1 & -7 \end{pmatrix}$$

Die Multiplikation von **A** mit **C** von rechts erzeugt eine Matrix, in der die erste Spalte die zweite Spalte von **A** ist, die dritte Spalte die vierte Spalte von **A** ist und sonst nur Nullen auftauchen.
Entsprechend erzeugt die Multiplikation der Matrix **A** mit **C** von links eine Matrix, deren zweite Zeile die erste Zeile von **A** ist, die vierte Zeile die dritte Zeile von **A** ist und sonst nur Nullen auftauchen.

e) Mit $\mathbf{M} = \begin{pmatrix} 0 & 0 & 0 & 1 \\ 0 & 0 & 1 & 0 \\ 0 & 1 & 0 & 0 \\ 1 & 0 & 0 & 0 \end{pmatrix}$ folgt

$$\mathbf{AM} = \begin{pmatrix} 2 & 1 & -2 & 4 \\ 1 & 2 & 1 & 3 \\ 0 & -2 & 1 & -7 \\ -1 & 3 & 0 & 8 \end{pmatrix}\begin{pmatrix} 0 & 0 & 0 & 1 \\ 0 & 0 & 1 & 0 \\ 0 & 1 & 0 & 0 \\ 1 & 0 & 0 & 0 \end{pmatrix} = \begin{pmatrix} 4 & -2 & 1 & 2 \\ 3 & 1 & 2 & 1 \\ -7 & 1 & -2 & 0 \\ 8 & 0 & 3 & -1 \end{pmatrix}$$

also leistet **M** das Gewünschte.

Entsprechend sind für $\mathbf{M} = \begin{pmatrix} 0 & 0 & 0 & 1 \\ 0 & 1 & 0 & 0 \\ 0 & 0 & 1 & 0 \\ 1 & 0 & 0 & 0 \end{pmatrix}$ in **AM** die Zeilen 1 und 4 vertauscht, 2 und 3 jedoch unverändert.

> **3.2.15**
> Es wird die Matrix **A** aus der vorigen Aufgabe betrachtet.
> **a)** Man berechne $\mathbf{E}_{21}(4) \cdot \mathbf{A}$ und beschreibe die Wirkungsweise dieser Matrizenmultiplikation.
> **b)** Man gebe eine Matrix $\mathbf{E}_{ij}(\alpha)$ an, die durch das Produkt $\mathbf{E}_{ij}(\alpha) \cdot \mathbf{A} =: \mathbf{B}$ eine Matrix **B** erzeugt mit $b_{41} = 0$.

a) Die Elementarmatrix $\mathbf{E}_{21}(4)$ ist diejenige Matrix, die Einsen in der Hauptdiagonalen, 4 an der Stelle $(2,1)$ und sonst nur Nullen enthält. Also:

$$\begin{aligned}
\mathbf{E}_{21}(4) \cdot \mathbf{A} &= \begin{pmatrix} 1 & 0 & 0 & 0 \\ 4 & 1 & 0 & 0 \\ 0 & 0 & 1 & 0 \\ 0 & 0 & 0 & 1 \end{pmatrix} \cdot \mathbf{A} = (\mathbf{E} + \begin{pmatrix} 0 & 0 & 0 & 0 \\ 4 & 0 & 0 & 0 \\ 0 & 0 & 0 & 0 \\ 0 & 0 & 0 & 0 \end{pmatrix}) \cdot \mathbf{A} \\
&= \mathbf{E} \cdot \mathbf{A} + \begin{pmatrix} 0 & 0 & 0 & 0 \\ 4 & 0 & 0 & 0 \\ 0 & 0 & 0 & 0 \\ 0 & 0 & 0 & 0 \end{pmatrix} \cdot \mathbf{A} \\
&= \mathbf{A} + \begin{pmatrix} 0 & 0 & 0 & 0 \\ 8 & 4 & -8 & 16 \\ 0 & 0 & 0 & 0 \\ 0 & 0 & 0 & 0 \end{pmatrix}
\end{aligned}$$

In der letzten Matrix ist die 2. Zeile das 4-fache der 1. Zeile von **A**.
Also: $\mathbf{E}_{21}(4) \cdot \mathbf{A}$ erzeugt aus **A** eine Produktmatrix **B**, bei der zur 2. Zeile von **A** das 4-fache der 1. Zeile von **A** addiert wird.

$$\mathbf{E}_{21}(4) \cdot \mathbf{A} = \begin{pmatrix} 2 & 1 & -2 & 4 \\ 9 & 6 & -7 & 19 \\ 0 & -2 & 1 & -7 \\ -1 & 3 & 0 & 8 \end{pmatrix} =: \mathbf{B}$$

b) $\mathbf{E}_{ij}(\alpha)$ muß nach Teil a) so gewählt werden, daß das α-fache der Zeile j von **A** zur 4. Zeile von **A** addiert in der ersten Spalte eine 0 ergibt. Das leistet z.B.

die Elementarmatrix $\mathbf{E}_{42}(1)$.

$$\mathbf{E}_{42}(1)\cdot\mathbf{A} = \begin{pmatrix} 1 & 0 & 0 & 0 \\ 0 & 1 & 0 & 0 \\ 0 & 0 & 1 & 0 \\ 0 & 1 & 0 & 1 \end{pmatrix} \begin{pmatrix} 2 & 1 & -2 & 4 \\ 1 & 2 & 1 & 3 \\ 0 & -2 & 1 & -7 \\ -1 & 3 & 0 & 8 \end{pmatrix} = \begin{pmatrix} 2 & 1 & -2 & 4 \\ 1 & 2 & 1 & 3 \\ 0 & -2 & 1 & -7 \\ 0 & 5 & 1 & 11 \end{pmatrix}$$

Die Matrix $\mathbf{E}_{41}(\frac{1}{2})$ tut es auch!

3.2.16

Man zeige: $\mathbf{E}_{ij}(\alpha)\cdot\mathbf{E}_{ij}(-\alpha) = \mathbf{E}$, $(i \neq j)$.
Wie lautet die Inverse zu $\mathbf{E}_{ij}(\alpha)$ und die zu $\mathbf{E}_{ij}(-\alpha)$?

Wir schreiben $\mathbf{E}_{ij}(\alpha) =: \mathbf{E} + \mathbf{A}_{ij}(\alpha)$. $\mathbf{A}_{ij}(\alpha)$ ist also diejenige Matrix, die nur Nullen enthält bis auf die Stelle (i,j), an der α steht. Damit folgt:

$$\begin{aligned} \mathbf{E}_{ij}(\alpha)\cdot\mathbf{E}_{ij}(-\alpha) &= (\mathbf{E}+\mathbf{A}_{ij}(\alpha))\cdot(\mathbf{E}+\mathbf{A}_{ij}(-\alpha)) \\ &= \underbrace{\mathbf{E}\cdot\mathbf{E}}_{\mathbf{E}} + \underbrace{\mathbf{E}\cdot\mathbf{A}_{ij}(-\alpha)+\mathbf{A}_{ij}(\alpha)\cdot\mathbf{E}}_{\mathbf{0}} + \underbrace{\mathbf{A}_{ij}(\alpha)\cdot\mathbf{A}_{ij}(-\alpha)}_{\mathbf{0}} \\ &= \mathbf{E} \end{aligned}$$

Das letzte Produkt ergibt die Nullmatrix, da $i \neq j$ gilt und damit auch die i-te Zeile von $\mathbf{A}_{ij}(\alpha)$ skalar multipliziert mit der j-ten Spalte von $\mathbf{A}_{ij}(-\alpha)$ Null ergibt.
Wegen des eben Gezeigten ist $\mathbf{E}_{ij}(-\alpha)$ die Inverse zu $\mathbf{E}_{ij}(\alpha)$ und umgekehrt.

3.2.17

Man zeige: Sind $\mathbf{A}, \mathbf{B} \in \mathbb{R}^{n\times n}$ untere Dreiecksmatrizen, so ist auch $\mathbf{M} := \mathbf{A}\cdot\mathbf{B}$ eine untere Dreiecksmatrix.
Wie lauten die Elemente m_{ii} auf der Hauptdiagonalen von $\mathbf{M}$?

Es ist

$$\mathbf{M} = \mathbf{A}\cdot\mathbf{B} = \begin{pmatrix} a_{11} & 0 & & \dots & 0 \\ a_{21} & a_{22} & 0 & \dots & 0 \\ a_{31} & & & & 0 \\ \vdots & & & \ddots & \\ a_{n1} & & & & a_{nn} \end{pmatrix} \begin{pmatrix} b_{11} & 0 & & \dots & 0 \\ b_{21} & b_{22} & 0 & \dots & 0 \\ b_{31} & & & & 0 \\ \vdots & & & \ddots & \\ b_{n1} & & & & b_{nn} \end{pmatrix}.$$

Für Elemente m_{ij} mit $i < j$ - also Elemente oberhalb der Hauptdiagonalen in $\mathbf{M}$ - gilt:

$$m_{ij} = \sum_{k=1}^{n} a_{ik}b_{kj} = \sum_{k=1}^{i} a_{ik}\underbrace{b_{kj}}_{0} + \sum_{k=i+1}^{n}\underbrace{a_{ik}}_{0} b_{kj} = 0$$

Damit ist $\mathbf{M}$ eine untere Dreiecksmatrix.
Für die Elemente m_{ii} auf der Hauptdiagonalen von $\mathbf{M}$ gilt:

$$\begin{aligned} m_{ii} &= \sum_{k=1}^{n} a_{ik} b_{kj} \\ &= \sum_{k=1}^{i-1} a_{ik} \underbrace{b_{ki}}_{0} + a_{ii} b_{ii} + \sum_{k=i+1}^{n} \underbrace{a_{ik}}_{0} b_{ki} = a_{ii} b_{ii} \end{aligned}$$

3.2.18

Die Matrizen $\mathbf{A}, \mathbf{B} \in \mathbb{R}^{5\times 5}$ besitzen die Struktur $\begin{pmatrix} \mathbf{M}_1 & \mathbf{0} \\ \mathbf{0} & \mathbf{M}_2 \end{pmatrix}$ mit $\mathbf{M}_1 \in \mathbb{R}^{2\times 2}, \mathbf{M}_2 \in \mathbb{R}^{3\times 3}$ und der Nullmatrix $\mathbf{0}$. („Blockmatrizen"). Man zeige, daß $\mathbf{A} \cdot \mathbf{B}$ ebenfalls Blockmatrix mit der gleichen Gestalt ist.

Es wird direkt ausmultipliziert:

$$\begin{array}{ccccc|ccccc}
 & & & & & b_{11} & b_{12} & 0 & 0 & 0 \\
 & & & & & b_{12} & b_{22} & 0 & 0 & 0 \\
 & & & & & 0 & 0 & b_{33} & b_{34} & b_{35} \\
 & & & & & 0 & 0 & b_{43} & b_{44} & b_{45} \\
 & & & & & 0 & 0 & b_{53} & b_{54} & b_{55} \\
\hline
a_{11} & a_{12} & 0 & 0 & 0 & \mathbf{A}_1\mathbf{B}_1 & & 0 & 0 & 0 \\
a_{21} & a_{22} & 0 & 0 & 0 & & & 0 & 0 & 0 \\
0 & 0 & a_{33} & a_{34} & a_{35} & 0 & 0 & & & \\
0 & 0 & a_{43} & a_{44} & a_{45} & 0 & 0 & & \mathbf{A}_2\mathbf{B}_2 & \\
0 & 0 & a_{53} & a_{54} & a_{55} & 0 & 0 & & &
\end{array}$$

Dabei wurde gesetzt:

$$\begin{pmatrix} a_{11} & a_{12} \\ a_{21} & a_{22} \end{pmatrix} = \mathbf{A}_1 \in \mathbb{R}^{2\times 2} \quad , \quad \begin{pmatrix} b_{11} & b_{12} \\ b_{21} & b_{22} \end{pmatrix} = \mathbf{B}_1 \in \mathbb{R}^{2\times 2}$$

und

$$\begin{pmatrix} a_{33} & a_{34} & a_{35} \\ a_{43} & a_{44} & a_{45} \\ a_{53} & a_{54} & a_{55} \end{pmatrix} = \mathbf{A}_2 \in \mathbb{R}^{3\times 3} \quad , \quad \begin{pmatrix} b_{33} & b_{34} & b_{35} \\ b_{43} & b_{44} & b_{45} \\ b_{53} & b_{54} & b_{55} \end{pmatrix} = \mathbf{B}_2 \in \mathbb{R}^{3\times 3} .$$

Also hat die Produktmatrix die gleiche Gestalt wie $\mathbf{A}$ bzw. $\mathbf{B}$.

3.3 Lineare Gleichungssysteme, GAUSSscher Algorithmus

Ein lineares Gleichungssystem (kurz LGS) hat folgendes Aussehen:

$$\begin{array}{ccccccccc} a_{11}x_1 & + & a_{12}x_2 & + & \dots & + & a_{1n}x_n & = & b_1 \\ a_{21}x_1 & + & a_{22}x_2 & + & \dots & + & a_{2n}x_n & = & b_2 \\ \vdots & & & & & & \vdots & & \vdots \\ a_{m1}x_1 & + & a_{m2}x_2 & + & \dots & + & a_{mn}x_n & = & b_m \end{array}$$

Mit Hilfe von Matrizen schreibt man dieses System kurz in der Form:

$$\mathbf{A}\boldsymbol{x} = \boldsymbol{b}$$

Die $m \times n-$Matrix $\mathbf{A}$ heißt Koeffizientenmatrix des linearen Gleichungssystems, die Matrix $(\mathbf{A}, \boldsymbol{b})$, bei der neben $\mathbf{A}$ rechts als $n+1-$te Spalte der Vektor der rechten Seite des Gleichungssystems angefügt wird, heißt **erweiterte Matrix** des LGS.
Wichtig ist folgendes Lösungskriterium für lineare Gleichungssysteme:

Lösungskriterium für LGS
Ein lineares Gleichungssystem $\mathbf{A}\boldsymbol{x} = \boldsymbol{b}$ ist genau dann lösbar, wenn der Rang der Koeffizientenmatrix $\mathbf{A}$ gleich dem Rang der erweiterten Matrix ist.
Die Lösungsmenge ist ein affiner Unterraum der Dimension $n - \operatorname{rg}(\mathbf{A})$.

Bezeichnungen
Ein lineares Gleichungssystem $\mathbf{A}\boldsymbol{x} = \boldsymbol{b}$ heißt:

homogen	$\Longleftrightarrow$	$\boldsymbol{b} = \mathbf{0}$
inhomogen	$\Longleftrightarrow$	$\boldsymbol{b} \neq \mathbf{0}$
quadratisch	$\Longleftrightarrow$	$n = m$

Für quadratische Systeme ist das folgende Kriterium wichtig.

Eindeutige Lösbarkeit
Ein quadratisches LGS ist eindeutig lösbar genau dann, wenn $\operatorname{rg}(\mathbf{A}) = n$ gilt.

Der GAUSSsche Algorithmus zur Lösung eines LGS wird in Aufgabe 3.3.4 erläutert.

3.3.1

Welche Lösungen besitzt das folgende gestaffelte Gleichungssystem?

$$\begin{array}{rcrcrcrcr} 2x_1 & + & x_2 & + & 2x_3 & & & = & 1 \\ & & x_2 & - & x_3 & & & = & -3 \\ & & & & 2x_3 & - & x_4 & = & 0 \\ & & & & & & 3x_4 & = & 6 \end{array}$$

Aus Gleichung 4 folgt: $x_4 = 2$

Durch "Rückwärtseinsetzen" erhält man aus

Gleichung 3 :	$2x_3 - 2$	$=$	0	$\Longrightarrow$	$x_3 = 1$
Gleichung 2 :	$x_2 - 1$	$=$	-3	$\Longrightarrow$	$x_2 = -2$
Gleichung 1 :	$2x_1 - 2 + 2$	$=$	1	$\Longrightarrow$	$x_1 = \frac{1}{2}$

Das Gleichungssystem besitzt also die berechnete eindeutige Lösung.

3.3.2

Drei Ebenen des $\mathbb{R}^3$ sind gegeben durch:

$$\begin{array}{lrcrcrcr} E_1: & x_1 & + & x_2 & + & x_3 & = & 1 \\ E_2: & -x_1 & + & x_2 & - & 2x_3 & = & 4 \\ E_3: & 2x_1 & + & x_2 & + & x_3 & = & 2 \end{array}$$

Schneiden sich diese Ebenen in einem Punkt?

Durch Zeilenumformungen erhält man:

$$\begin{array}{rcrcrcrl} x_1 & + & x_2 & + & x_3 & = & 1 & \quad \rceil + \quad \cdot(-2) \\ -x_1 & + & x_2 & - & 2x_3 & = & 4 & \quad \leftarrow \quad + \\ 2x_1 & + & x_2 & + & x_3 & = & 2 & \quad \leftarrow \\ \hline x_1 & + & x_2 & + & x_3 & = & 1 & \\ & & 2x_2 & - & x_3 & = & 5 & \quad \cdot\frac{1}{2} \ \rceil + \\ & & -x_1 & - & x_3 & = & 0 & \quad \leftarrow \\ \hline x_1 & + & x_2 & + & x_3 & = & 1 & \\ & & 2x_2 & - & x_3 & = & 5 & \\ & & & - & \frac{3}{2}x_3 & = & \frac{5}{2} & \end{array}$$

$x_3 = -\dfrac{5}{3}$, $x_2 = \dfrac{5}{3}$, $x_1 = 1$ lautet die Lösung dieses gestaffelten Gleichungssystems.

Die drei Ebenen schneiden sich somit im Punkt $(1\,;\ \dfrac{5}{3}\,;\ -\dfrac{5}{3})$.

3.3.3

Man bestimme den Rang der folgenden Matrizen:

a) $\mathbf{A} = \begin{pmatrix} 1 & 2 & -1 & 0 \\ 2 & 6 & -3 & -3 \\ 3 & 10 & -5 & -6 \end{pmatrix}$ b) $\mathbf{B} = \begin{pmatrix} 1 & 3 \\ 0 & -2 \\ 5 & -1 \\ -2 & 3 \end{pmatrix}$

c) $\mathbf{C} = \begin{pmatrix} 2 & 3 & -4 & -7 & -3 \\ 3 & 8 & 1 & -7 & -8 \\ 1 & 4 & 3 & -1 & -4 \\ 1 & 3 & 1 & -2 & -3 \end{pmatrix}$

Der Rang einer Matrix ist die Dimension des von den Zeilenvektoren (oder Spaltenvektoren) der Matrix aufgespannten Unterraumes. Der Rang einer Matrix ändert sich nicht, wenn man eine der folgenden Umformungen mit Zeilen bzw. mit Spalten einer Matrix durchführt.

1. Vertauschen von Zeilen.
2. Multiplikation einer Zeile mit einer Zahl $\neq 0$.
3. Addition eines Vielfachen einer Zeile zu einer anderen Zeile.

Zur Rangbestimmung wird die Matrix nun durch elementare Umformung auf Zeilenstufenform gebracht. Dann läßt sich ihr Rang direkt ablesen.

a)

$$\begin{pmatrix} 1 & 2 & -1 & 0 \\ 2 & 6 & -3 & -3 \\ 3 & 10 & -5 & -6 \end{pmatrix} \rightsquigarrow \begin{pmatrix} 1 & 2 & -1 & 0 \\ 0 & 2 & -1 & -3 \\ 0 & 4 & -2 & -6 \end{pmatrix} \rightsquigarrow \begin{pmatrix} 1 & 2 & -1 & 0 \\ 0 & 2 & -1 & -3 \\ 0 & 0 & 0 & 0 \end{pmatrix}$$

Der Rang der Matrix ist also 2.

b) Hier erkennt man direkt, daß die Spaltenvektoren der Matrix linear unabhängig sind. Da Spalten- und Zeilenrang gleich sind und gleich dem Rang der Matrix sind, folgt: $\operatorname{rg}(\mathbf{B}) = 2$

c) Wir gehen wie in a) vor:

$$\begin{pmatrix} 2 & 3 & -4 & -7 & -3 \\ 3 & 8 & 1 & -7 & -8 \\ 1 & 4 & 3 & -1 & -4 \\ 1 & 3 & 1 & -2 & -3 \end{pmatrix} \rightsquigarrow \begin{pmatrix} 1 & 3 & 1 & -2 & -3 \\ 0 & -3 & -6 & -3 & 3 \\ 0 & -1 & -2 & -1 & 1 \\ 0 & 1 & 2 & 1 & -1 \end{pmatrix} \rightsquigarrow$$

$$\begin{pmatrix} 1 & 3 & 1 & -2 & -3 \\ 0 & 1 & 2 & 1 & -1 \\ 0 & 0 & 0 & 0 & 0 \\ 0 & 0 & 0 & 0 & 0 \end{pmatrix} \qquad \text{Ergebnis: } \operatorname{rg}(\mathbf{C}) = 2$$

3.3.4

Lösen Sie die nachstehenden linearen Gleichungssysteme (LGS) mit dem GAUSS-Algorithmus.

a)
$$\begin{array}{rcrcrcr} x_1 & & & + & 2x_3 & = & 1 \\ 3x_1 & + & 2x_2 & + & x_3 & = & 0 \\ 4x_1 & + & x_2 & + & 3x_3 & = & 0 \end{array}$$

b)
$$\begin{array}{rcrcrcrcr} x_1 & + & x_2 & - & x_3 & - & x_4 & = & 1 \\ 2x_1 & + & 5x_2 & - & 7x_3 & - & 5x_4 & = & -2 \\ 2x_1 & - & x_2 & + & x_3 & + & 3x_4 & = & 4 \\ 5x_1 & + & 2x_2 & - & 4x_3 & + & 2x_4 & = & 6 \end{array}$$

c)
$$\begin{array}{rcrcrcr} & & 2x_2 & - & x_3 & = & -1 \\ 2x_1 & + & x_2 & - & x_3 & = & 1 \end{array}$$

d)
$$2x_1 - x_2 + 3x_3 = 7$$

e)
$$\begin{array}{rcrcrcr} x_1 & & & + & 2x_3 & = & 0 \\ 3x_1 & + & x_2 & + & 4x_3 & = & 5 \\ -2x_1 & + & 2x_2 & - & 3x_3 & = & 0 \\ 5x_1 & + & 4x_2 & + & 7x_3 & = & 10 \end{array}$$

a) Die Lösung erfolgt unter Anwendung einer Schreibweise in Tabellenform. (Die Pivotelemente, also diejenigen Elemente, die angeben mit welcher Gleichung gearbeitet wird und welche Variable eliminiert wird, werden durch Umrahmung besonders gekennzeichnet.)

$\boxed{1}$	0	2	1	$\cdot(-3)$, $\cdot(-4)$
3	2	1	0	+
4	1	3	0	+
$\boxed{1}$	0	2	1	
0	$\boxed{2}$	−5	−3	$\cdot(-\frac{1}{2})$
0	1	−5	−4	+
$\boxed{1}$	0	2	1	
0	$\boxed{2}$	−5	−3	
0	0	$\boxed{-2,5}$	−2,5	

Man erkennt, daß das LGS eindeutig lösbar ist (da $\operatorname{rg}(\mathbf{A}) = \operatorname{rg}(\mathbf{A}, \mathbf{b})$).
Durch Rückwärtseinsetzung erhält man als eindeutige Lösung:

$$\mathbf{x} = \begin{pmatrix} x_1 \\ x_2 \\ x_3 \end{pmatrix} = \begin{pmatrix} -1 \\ 1 \\ 1 \end{pmatrix}$$

b)

$\boxed{1}$	1	−1	−1	1
2	5	−7	−5	−2
2	−1	1	3	4
5	2	−4	2	6
$\boxed{1}$	1	−1	−1	1
0	$\boxed{3}$	−5	−3	−4
0	−3	3	5	2
0	−3	1	7	1
$\boxed{1}$	1	−1	−1	1
0	$\boxed{3}$	−5	−3	−4
0	0	$\boxed{-2}$	2	−2
0	0	−4	4	−3
$\boxed{1}$	1	−1	−1	1
0	$\boxed{3}$	−5	−3	−4
0	0	$\boxed{-2}$	2	−2
0	0	0	0	1

Man erkennt, daß die Koeffizientenmatrix **A** den Rang 3 hat, die erweiterte Matrix aber den Rang 4. Das LGS besitzt also keine Lösung.

c) Vertauscht man die Gleichungen, so erkennt man, daß die Matrix schon Zeilenstufenform hat. Wir bringen noch auf Einheitsform:

$\boxed{2}$	1	−1	1
0	$\boxed{2}$	−1	−1
$\boxed{1}$	0	$-\frac{1}{4}$	$\frac{3}{4}$
0	$\boxed{1}$	$-\frac{1}{2}$	$-\frac{1}{2}$

Hieraus liest man als allgemeine Lösung ab:

$$\mathbf{x} = \begin{pmatrix} \frac{3}{4} \\ -\frac{1}{2} \\ 0 \end{pmatrix} + \lambda \begin{pmatrix} \frac{1}{4} \\ \frac{1}{2} \\ 1 \end{pmatrix} = \begin{pmatrix} 1 \\ 0 \\ 1 \end{pmatrix} + \mu \begin{pmatrix} 1 \\ 2 \\ 4 \end{pmatrix} \quad (\mu \in \mathbb{R} \text{ beliebig})$$

d) Hier können zwei Variablen als freie Parameter gewählt werden. Um die Rechnung einfach zu gestalten, setzen wir $x_1 = \lambda, x_3 = \mu$.
Dann folgt $x_2 = -7 + 2\lambda + 3\mu$. Allgemeine Lösung:

$$\mathbf{x} = \begin{pmatrix} 0 \\ -7 \\ 0 \end{pmatrix} + \lambda \begin{pmatrix} 1 \\ 2 \\ 0 \end{pmatrix} + \mu \begin{pmatrix} 0 \\ 3 \\ 1 \end{pmatrix} \quad (\lambda, \mu \in \mathbb{R} \text{ beliebig})$$

Man beachte, daß hierbei nichts anderes geschehen ist als die Umwandlung einer Koordinatendarstellung einer Ebene in eine Parameterdarstellung dieser Ebene.

e)

[1]	0	2	0
3	1	4	5
−2	2	−3	0
5	4	7	10
[1]	0	2	0
0	[1]	−2	5
0	2	1	0
0	4	−3	10
[1]	0	2	0
0	[1]	−2	5
0	0	[5]	−10
0	0	5	−10
[1]	0	2	0
0	[1]	−2	5
0	0	[5]	−10
0	0	0	0

Wegen $\text{rg}\,(\mathbf{A}) = \text{rg}\,(\mathbf{A}, \mathbf{b}) = 3$ existiert eine eindeutige Lösung. Sie lautet:

$$\mathbf{x} = \begin{pmatrix} x_1 \\ x_2 \\ x_3 \end{pmatrix} = \begin{pmatrix} 4 \\ 1 \\ -2 \end{pmatrix}$$

3.3.5

Bei der Lösung eines LGS $\mathbf{Ax} = \mathbf{b}$ mit dem Gauß–Algorithmus hat sich ein Schema wie folgt ergeben, wobei als Pivotvariable bislang x_1 und x_2 verwendet wurden:

x_1	x_2	x_3	x_4	x_5	$\mathbf{b}$
[1]	2	0	−2	1	0
0	[1]	1	4	1	1
0	0	0	2	−1	−1
0	0	0	4	2	3

Beschreiben Sie den weiteren Verlauf der Rechnung!

Als nächste "natürliche" Pivotvariable kann x_3 nicht gewählt werden, da dort

in Zeile 3 und Zeile 4 eine 0 steht. Man erreicht also auch nichts durch Zeilentausch.
Lösungsmöglichkeit: Tausche die Spalten von x_3 und x_5.

	x_1	x_2	x_5	x_4	x_3	$\mathbf{b}$	
	$\boxed{1}$	2	1	−2	0	0	
	0	$\boxed{1}$	1	4	1	1	
	0	0	$\boxed{-1}$	2	0	−1	·2 ⌉+ | · (−1)
	0	0	2	4	0	3	← ⌋
(1)	$\boxed{1}$	2	1	−2	0	0	
(2)	0	$\boxed{1}$	1	4	1	1	
(3)	0	0	$\boxed{1}$	−2	0	1	
(4)	0	0	0	$\boxed{8}$	0	1	

$\mathrm{rg}\,(\mathbf{A}) = \mathrm{rg}\,(\mathbf{A}, \mathbf{b}) = 4 \quad \Longrightarrow \quad$ Es existiert eine Lösung.
Wir wählen: $x_3 = t \in \mathbb{R}$
Bestimmung der Lösung durch "Rückwärtseinsetzen":

$$\begin{array}{llcll} \text{aus (4)}: & x_4 & = & \frac{1}{8} & \\ \text{aus (3)}: & x_5 & = & 1 + 2x_4 = 1 + \frac{1}{4} & = \frac{5}{4} \\ \text{aus (2)}: & x_2 & = & 1 - x_5 - 4x_4 - x_3 & \\ & & = & 1 - \frac{5}{4} - \frac{4}{8} - t & = -\frac{3}{4} - t \\ \text{aus (1)}: & x_1 & = & -2x_2 - x_5 + 2x_4 & \\ & & = & 2\left(\frac{3}{4} + t\right) - \frac{5}{4} + \frac{1}{4} & = \frac{1}{2} + 2t \end{array}$$

Ergebnis: $$\mathbf{x} = \begin{pmatrix} \frac{1}{2} \\ -\frac{3}{4} \\ 0 \\ \frac{1}{8} \\ \frac{5}{4} \end{pmatrix} + t \begin{pmatrix} 2 \\ -1 \\ 1 \\ 0 \\ 0 \end{pmatrix}, \quad t \in \mathbb{R}$$

3.3.6

Die Lösung eines linearen Gleichungssystems führt auf das Schema:

x_1	x_2	x_3	x_4	$\mathbf{b}$
1	0	1	−1	1
0	1	−1	$a+2$	−1
0	0	$a+5$	$-3a-6$	$a+5$

a) Für welche $a \in \mathbb{R}$ existieren Lösungen?
b) Wie lautet die Lösung im Falle $a = -4$?

a) Im gegebenen Endschema

x_1	x_2	x_3	x_4	**b**
1	0	1	-1	1
0	1	-1	$a+2$	-1
0	0	$a+5$	$-3a-6$	$a+5$

ist zu prüfen, für welche $a \in \mathbb{R}$ gilt: $\operatorname{rg}(\mathbf{A}) = \operatorname{rg}(\mathbf{A}|\mathbf{b})$.
Für $a \neq -5$ ist offensichtlich $\operatorname{rg}(\mathbf{A}) = 3$. Da dies der maximale Rang ist, folgt $\operatorname{rg}(\mathbf{A}) = \operatorname{rg}(\mathbf{A}, \mathbf{b})$.
Für $a = -5$ gilt dies ebenfalls, da dann $-3a - 6 \neq 0$ ist.
Also existieren für alle $a \in \mathbb{R}$ Lösungen für das LGS.
b) Für $a = -4$ lautet das gegebene Endschema:

1	0	1	-1	1
0	1	-1	-2	-1
0	0	1	6	1

Wir setzen $x_4 =: t \in \mathbb{R}$, und erhalten von unten nach oben weiter:

$$x_3 = 1 - 6t \quad , \quad x_2 = -4t \quad , \quad x_1 = 7t \ .$$

Die Lösung lautet also $\mathbf{x} = (7t, -4t, 1-6t, t)^{\mathsf{T}}$, $t \in \mathbb{R}$.

3.3.7

Man zeige: $\mathbf{A} \cdot \mathbf{A} = \mathbf{A}$ und $\mathbf{A} \neq \mathbf{E} \implies \mathbf{A}$ ist nicht invertierbar.

Annahme: $\mathbf{A}^{-1}$ existiert. Dann folgt durch Multiplikation der Gleichung $\mathbf{A} \cdot \mathbf{A} = \mathbf{A}$ mit $\mathbf{A}$ von links (oder rechts):

$$\underbrace{\mathbf{A}^{-1} \cdot \mathbf{A}}_{\mathbf{E}} \cdot \mathbf{A} = \underbrace{\mathbf{A}^{-1} \cdot \mathbf{A}}_{\mathbf{E}} ,$$

also $\mathbf{A} = \mathbf{E}$, im Widerspruch zur Voraussetzung.
Also existiert $\mathbf{A}^{-1}$ nicht, d.h. $\mathbf{A}$ ist nicht invertierbar.

3.3.8

Bestimmen Sie die Lösung von $\mathbf{Ax} = \mathbf{b}$ aus der Aufgabe 6 durch Verwendung des Algorithmus von GAUSS–JORDAN!

Es ist also das Endschema in der Form

E				**M**	**b**
1					–
	1		**0**		–
		1			–
	0		1		–

anzugeben. Dazu wird die Rechnung der Aufgabe 6 fortgesetzt (zunächst wird Gleichung (4) durch 8 geteilt):

x_1	x_2	x_5	x_4	x_3	$\mathbf{b}$	
1	2	1	-2	0	0	
0	1	1	4	1	1	
0	0	1	-2	0	1	
0	0	0	1	0	$\frac{1}{8}$	$\cdot 2$ + ; $\cdot(-4)$ + ; $\cdot 2$ +
1	2	1	0	0	$\frac{1}{4}$	
0	1	1	0	1	$\frac{1}{2}$	
0	0	1	0	0	$\frac{5}{4}$	$\cdot(-1)$ + ; $\cdot(-1)$ +
0	0	0	1	0	$\frac{1}{8}$	
1	2	0	0	0	-1	
0	1	0	0	1	$-\frac{3}{4}$	$\cdot(-2)$ +
0	0	1	0	0	$\frac{5}{4}$	
0	0	0	1	0	$\frac{1}{8}$	
1	0	0	0	-2	$\frac{1}{2}$	$\Longrightarrow \quad x_1 = \frac{1}{2} + 2t$
0	1	0	0	1	$-\frac{3}{4}$	$\Longrightarrow \quad x_2 = -\frac{3}{4} - t$
0	0	1	0	0	$\frac{5}{4}$	$\Longrightarrow \quad x_5 = \frac{5}{4}$
0	0	0	1	0	$\frac{1}{8}$	$\Longrightarrow \quad x_4 = \frac{1}{8}$ und $x_3 = t$

Ergebnis (wie zuvor): $\mathbf{x} = (\frac{1}{2}\,;\, -\frac{3}{4}\,;\, 0\,;\, \frac{1}{8}\,;\, \frac{5}{4})^\top + t\,(2\,;\, -1\,;\, 1\,;\, 0\,;\, 0)^\top$

3.3.9

a) Bestimmen Sie – falls sie existiert – die Inverse zu

$$\mathbf{A} = \begin{pmatrix} 1 & 3 & 3 \\ 1 & 4 & 3 \\ 1 & 3 & 4 \end{pmatrix}.$$

b) Lösen Sie das Gleichungssystem $\mathbf{A}\mathbf{x} = \begin{pmatrix} 1 \\ 2 \\ 1 \end{pmatrix}$.

c) Lösen Sie die Matrizengleichung $\mathbf{AX} = \mathbf{B}$ mit

$$\mathbf{B} = \begin{pmatrix} 0 & 1 & 2 \\ -1 & 1 & 0 \\ 2 & 3 & 1 \end{pmatrix}.$$

a) Bezeichnet **X** die Inverse zu **A**, so ist das Gleichungssystem $\mathbf{A}\cdot\underbrace{\mathbf{X}}_{=\mathbf{A}^{-1}}=\mathbf{E}$ zu lösen.

Multiplikation von links mit $\mathbf{A}^{-1}$ ergibt:

$$\underbrace{\mathbf{A}^{-1}\mathbf{A}}_{\mathbf{E}}\mathbf{X}=\underbrace{\mathbf{A}^{-1}\mathbf{E}}_{\mathbf{A}^{-1}} \quad \text{also} \quad \mathbf{EX}=\mathbf{A}^{-1}$$

Damit gewinnt man aus dem nebenstehenden Schema die Matrix $\mathbf{A}^{-1}$, wenn das Schema (LGS mit mehreren rechten Seiten) so durch Zeilenoperationen umgeformt wird, daß **A** in **E** umgewandelt ist:

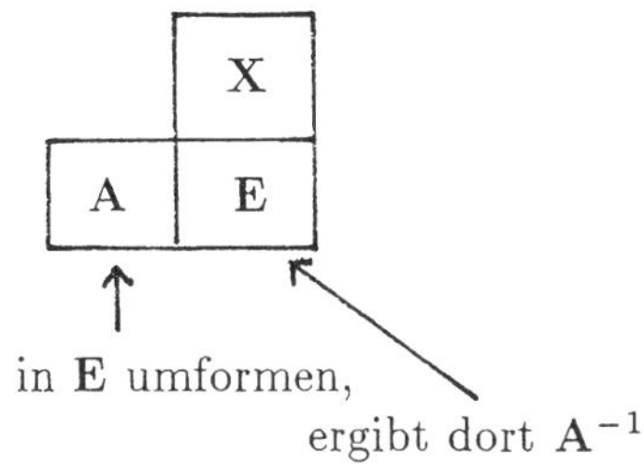

A			E		
1	3	3	1	0	0
1	4	3	0	1	0
1	3	4	0	0	1
1	3	3	1	0	0
0	1	0	−1	1	0
0	0	1	−1	0	1
1	0	3	4	−3	0
0	1	0	−1	1	0
0	0	1	−1	0	1
1	0	0	7	−3	−3
0	1	0	−1	1	0
0	0	1	−1	0	1
E			$\mathbf{A}^{-1}$		

Es ist also $\mathbf{A}^{-1}=\begin{pmatrix} 7 & -3 & -3 \\ -1 & 1 & 0 \\ -1 & 0 & 1 \end{pmatrix}$.

b) Es wird hier nicht mit dem Gauß–Algorithmus gearbeitet, da bereits $\mathbf{A}^{-1}$ vorliegt (wozu dieser Algorithmus ja schon benutzt wurde). Aus $\mathbf{Ax}=\mathbf{b}$ folgt durch Multiplikation von links mit $\mathbf{A}^{-1}$:

$$\underbrace{\mathbf{A}^{-1}\mathbf{A}}_{\mathbf{E}}\mathbf{x} = \mathbf{A}^{-1}\mathbf{b}$$

$$\mathbf{x} = \mathbf{A}^{-1}\mathbf{b} = \ldots = \begin{pmatrix} -2 \\ 1 \\ 0 \end{pmatrix}$$

c) Hier wird wegen der Kenntnis von $\mathbf{A}^{-1}$ auch nicht mehr ein LGS mit mehreren rechten Seiten gelöst, sondern:

$$\begin{aligned} \mathbf{AX} = \mathbf{B} \quad \Longrightarrow \quad \underbrace{\mathbf{A}^{-1}\mathbf{A}}_{\mathbf{E}}\mathbf{X} &= \mathbf{A}^{-1}\mathbf{B} \\ \mathbf{X} &= \mathbf{A}^{-1}\mathbf{B} \\ &\vdots \\ &= \begin{pmatrix} -3 & -5 & 11 \\ -1 & 0 & -2 \\ 2 & 2 & -1 \end{pmatrix} \end{aligned}$$

3.3.10

Es seien $\mathbf{A} = \begin{pmatrix} 2 & 1 & -1 \\ -1 & 1 & 1 \\ 3 & 2 & -1 \end{pmatrix}$ und $\mathbf{B} = \begin{pmatrix} 2 & 0 & 1 \\ -1 & 1 & 1 \\ -3 & 2 & -1 \end{pmatrix}$.

Man löse die Matrizengleichungen (1): $\mathbf{AX} = \mathbf{B}$ und (2): $\mathbf{XB} = \mathbf{A}$, falls diese eindeutig lösbar sind.

Die Matrizengleichungen sind genau dann eindeutig lösbar, wenn bei (1) $\mathbf{A}$ und bei (2) $\mathbf{B}$ invertierbar sind. Dann gilt:

$\mathbf{AX} = \mathbf{B}$ hat die Lösung $\mathbf{X} = \mathbf{A}^{-1}\mathbf{B}$.

$\mathbf{XB} = \mathbf{A}$ hat die Lösung $\mathbf{X} = \mathbf{AB}^{-1}$.

Zur Berechnung von $\mathbf{X}$ kann man bei (1) aber auch wieder wie unter Teil a) der vorherigen Aufgabe vorgehen:

Man schreibe neben die Matrix $\mathbf{A}$ die Matrix $\mathbf{B}$ und forme in diesem Schema den linken Teil durch elementare Zeilenumformungen zur Einheitsmatrix um. Dann steht rechts die gesuchte Matrix $\mathbf{X}$.

Bei der Gleichung (2) $\mathbf{XB} = \mathbf{A}$ betrachte man die durch Transponieren entstehende Gleichung $\mathbf{B}^\top\mathbf{X}^\top = \mathbf{A}^\top$ und gehe dann wie bei (1) vor.

In der folgenden Rechnung bedeuten die Zahlen im rechten Teil nach || folgendes:

Jede Spalte gibt an, womit die entsprechenden Zeilen zu multiplizieren sind, damit bei Addition der Zeilen eine Zeile des nächsten Blocks des Schemas entsteht. Z. B. ergibt die Addition des 1–fachen der ersten Zeile und des 2–fachen der zweiten Zeile die zweite Zeile des zweiten Blocks und die Addition des 3–fachen der zweiten Zeile und des 1–fachen der dritten Zeile die dritte Zeile des zweiten Blocks.

zu (1):

2	1	−1	2	0	1	1	
−1	1	1	−1	1	1	2	3
3	2	−1	−3	2	−1		1
−1	1	1	−1	1	1		
0	3	1	0	2	3	−5	
0	5	2	−6	5	2	3	
−1	1	1	−1	1	1		1
0	3	1	0	2	3	1	
0	0	1	−18	5	−9	−1	−1
−1	1	0	17	−4	10	−1	
0	3	1	0	2	3	$\frac{1}{3}$	$\frac{1}{3}$
0	0	1	−18	5	9		
1	0	0	−11	3	−6		
0	1	0	6	−1	4		
0	0	1	−18	5	−9		

zu (2):

2	−1	−3	2	−1	3	1		
0	1	2	1	1	2			
1	1	−1	−1	1	−1	−2		
1	1	−1	−1	1	−1			
0	1	2	1	1	2	3		
0	−3	−1	4	−3	5	1		
1	1	−1	−1	1	−1	5		
0	1	2	1	1	2		5	
0	0	5	7	0	11	1	−2	
5	5	0	2	5	7	$\frac{1}{5}$		
0	5	0	−9	5	−12	$-\frac{1}{5}$	$\frac{1}{5}$	
0	0	5	7	0	11			$\frac{1}{5}$
1	0	0	$\frac{11}{5}$	0	$\frac{18}{5}$			
0	1	0	$-\frac{9}{5}$	1	$-\frac{12}{5}$			
0	0	1	$\frac{7}{5}$	0	$\frac{11}{5}$			

Lösung von $\mathbf{AX} = \mathbf{B}$:

$$\mathbf{X} = \begin{pmatrix} -11 & 3 & -6 \\ 6 & -1 & 4 \\ -18 & 5 & -9 \end{pmatrix}$$

Lösung von $\mathbf{XB} = \mathbf{A}$:

$$\mathbf{X} = \begin{pmatrix} \frac{11}{5} & -\frac{9}{5} & \frac{7}{5} \\ 0 & 1 & 0 \\ \frac{18}{5} & -\frac{12}{5} & \frac{11}{5} \end{pmatrix}$$

3.3.11

Gegeben sind die Matrizen $\mathbf{A} = \begin{pmatrix} 1 & 2 & 0 \\ 1 & 2 & 1 \\ 0 & 1 & 1 \end{pmatrix}$ und $\mathbf{B} = \begin{pmatrix} 0 & 1 & 1 \\ 1 & 0 & 1 \\ 1 & 1 & 0 \end{pmatrix}$.

a) Bestimmen Sie $\mathbf{A}^{-1}$.

b) Lösen Sie die Matrizengleichung $\mathbf{A}^2 + 0,5\mathbf{AX} = \mathbf{B}$.

a) $\mathbf{A}^{-1}$ wird bestimmt durch Lösen von $\mathbf{AX} = \mathbf{E}$, also durch Lösen eines linearen Gleichungssystems mit drei rechten Seiten:

$\mathbf{A} =$	1	2	0	1	0	0		$\cdot(-1)$
	1	2	1	0	1	0	$= \mathbf{E}$	+
	0	1	1	0	0	1		
	1	2	0	1	0	0		
	0	0	1	−1	1	0		Zeilentausch
	0	1	1	0	0	1		
	1	2	0	1	0	0		
	0	1	1	0	0	1		+
	0	0	1	−1	1	0		$\cdot(-1)$
	1	2	0	1	0	0		+
	0	1	0	1	−1	1		$\cdot(-2)$
	0	0	1	−1	1	0		
	1	0	0	−1	2	−2		
	0	1	0	1	−1	1	$= \mathbf{A}^{-1}$	
	0	0	1	−1	1	0		

b) Es wird zunächst umgeformt:

$$\begin{aligned} \mathbf{A}^2 + \frac{1}{2}\mathbf{AX} &= \mathbf{B} \\ \mathbf{A} + \frac{1}{2}\underbrace{\mathbf{A}^{-1}\mathbf{A}}_{\mathbf{E}}\mathbf{X} &= \mathbf{A}^{-1}\mathbf{B} \\ \mathbf{A} + \frac{1}{2}\mathbf{X} &= \mathbf{A}^{-1}\mathbf{B} \quad \text{also } \mathbf{X} = 2(\mathbf{A}^{-1}\mathbf{B} - \mathbf{A}) \end{aligned}$$

$$\begin{aligned} \mathbf{A}^{-1}\mathbf{B} - \mathbf{A} &= \begin{pmatrix} -1 & 2 & -2 \\ 1 & -1 & 1 \\ -1 & 1 & 0 \end{pmatrix}\begin{pmatrix} 0 & 1 & 1 \\ 1 & 0 & 1 \\ 1 & -1 & 0 \end{pmatrix} - \begin{pmatrix} 1 & 2 & 0 \\ 1 & 2 & 1 \\ 0 & 1 & 1 \end{pmatrix} \\ &= \begin{pmatrix} 0 & -3 & 1 \\ 0 & 2 & 0 \\ 1 & -1 & 0 \end{pmatrix} - \begin{pmatrix} 1 & 2 & 0 \\ 1 & 2 & 1 \\ 0 & 1 & 1 \end{pmatrix} = \begin{pmatrix} -1 & -5 & 1 \\ -1 & 0 & -1 \\ 1 & -2 & -1 \end{pmatrix} \end{aligned}$$

Also: $\mathbf{X} = \begin{pmatrix} -2 & -10 & 2 \\ -2 & 0 & -2 \\ 2 & -4 & -2 \end{pmatrix}$.

3.3.12

Gegeben sind die Matrizen

$$\mathbf{A} = \begin{pmatrix} 2 & 1 & 0 \\ 1 & -1 & 2 \\ 0 & 2 & 1 \end{pmatrix} \quad \text{und} \quad \mathbf{B} = \begin{pmatrix} 5 & 2 & 4 \\ -2 & -1 & 2 \\ 4 & 2 & 7 \end{pmatrix}.$$

a) Berechnen Sie die Inverse zu **A** (falls diese existiert).

b) Bestimmen Sie die Matrix **X** mit $(\mathbf{A} + \mathbf{A}^\top)\mathbf{X} = \mathbf{A} + \mathbf{A}^\top\mathbf{B}$.

a) Wie in der vorigen Aufgabe wird $\mathbf{A}^{-1}$ berechnet.

A			**E**			
2	1	0	1	0	0	$\cdot\frac{1}{2}$
1	−1	2	0	1	0	
0	2	1	0	0	1	
	⋮			⋮		
1	0	0	$\frac{5}{11}$	$\frac{1}{11}$	$-\frac{2}{11}$	
0	1	0	$\frac{1}{11}$	$-\frac{2}{11}$	$\frac{4}{11}$	
0	0	1	$-\frac{2}{11}$	$\frac{4}{11}$	$\frac{3}{11}$	
E			$\mathbf{A}^{-1}$			

b) Ist **A** symmetrisch, so gilt $\mathbf{A}^\top = \mathbf{A}$. Damit folgt aus der gegebenen Gleichung $(\mathbf{A} + \mathbf{A})\mathbf{X} = \mathbf{A} + \mathbf{AB}$, also $2\mathbf{AX} = \mathbf{A}(\mathbf{E} + \mathbf{B})$
Da $\mathbf{A}^{-1}$ existiert, wird von links mit $\mathbf{A}^{-1}$ multipliziert.

$$\begin{aligned} \mathbf{A}^{-1}(2\mathbf{AX}) &= \mathbf{A}^{-1}[\mathbf{A}(\mathbf{E} + \mathbf{B})] \\ 2\mathbf{X} &= \mathbf{E} + \mathbf{B} \\ \mathbf{X} &= \frac{1}{2}(\mathbf{E} + \mathbf{B}) = \begin{pmatrix} 3 & 1 & 2 \\ -1 & 0 & 1 \\ 2 & 1 & 4 \end{pmatrix} \end{aligned}$$

3.3.13

Gegeben sind die Matrizen

$$\mathbf{A} = \begin{pmatrix} 1 & 1 & 0 & 0 \\ 1 & 1 & 0 & 0 \\ 0 & 0 & 1 & 1 \\ 0 & 0 & 1 & 1 \end{pmatrix} \quad \text{und} \quad \mathbf{B} = \begin{pmatrix} 2 & 0 & 0 & 0 \\ -2 & 2 & 0 & 0 \\ 0 & -1 & 1 & 0 \\ 0 & 0 & -2 & 2 \end{pmatrix}.$$

Bestimmen Sie die Matrix $\mathbf{X} \in \mathbb{R}^{4\times 4}$ mit $2\mathbf{AX} + \mathbf{BX} = \mathbf{A}$.

Aus $2\mathbf{AX} + \mathbf{BX} = \mathbf{A}$ folgt

$$(2\mathbf{A} + \mathbf{B})\mathbf{X} = \mathbf{A} = \begin{pmatrix} 4 & 2 & 0 & 0 \\ 0 & 4 & 0 & 0 \\ 0 & -1 & 3 & 2 \\ 0 & 0 & 0 & 4 \end{pmatrix} \cdot \mathbf{X}\,.$$

Es wird zunächst die Existenz von $(2\mathbf{A} + \mathbf{B})^{-1} =: \mathbf{C}^{-1}$ unterstellt. Dann folgt $\mathbf{X} = (2\mathbf{A} + \mathbf{B})^{-1} \cdot \mathbf{A}$ durch Multiplikation von links mit dieser Matrix.
Berechnung von $\mathbf{C}^{-1}$:

C				**E**				
4	2	0	0	1	0	0	0	: 4
0	4	0	0	0	1	0	0	: 4
0	−1	3	3	0	0	1	0	
0	0	0	4	0	0	0	1	: 4
	⋮				⋮			
1	0	0	0	$\frac{1}{4}$	$-\frac{1}{8}$	0	0	
0	1	0	0	0	$\frac{1}{4}$	0	0	
0	0	1	0	0	$\frac{1}{12}$	$\frac{1}{3}$	$-\frac{1}{6}$	
0	0	0	1	0	0	0	$\frac{1}{4}$	
E				$\mathbf{C}^{-1}$				

Damit berechnet man

$$\mathbf{X} = \begin{pmatrix} \frac{1}{4} & -\frac{1}{8} & 0 & 0 \\ 0 & \frac{1}{4} & 0 & 0 \\ 0 & \frac{1}{12} & \frac{1}{3} & -\frac{1}{6} \\ 0 & 0 & 0 & \frac{1}{4} \end{pmatrix} \begin{pmatrix} 1 & 1 & 0 & 0 \\ 1 & 1 & 0 & 0 \\ 0 & 0 & 1 & 1 \\ 0 & 0 & 1 & 1 \end{pmatrix} = \begin{pmatrix} \frac{1}{8} & \frac{1}{8} & 0 & 0 \\ \frac{1}{4} & \frac{1}{4} & 0 & 0 \\ \frac{1}{12} & \frac{1}{12} & \frac{1}{6} & \frac{1}{6} \\ 0 & 0 & \frac{1}{4} & \frac{1}{4} \end{pmatrix}.$$

3.3.14

Man bestimme (in Abhängigkeit von $a \in \mathbb{R}$) die Lösungsmenge des folgenden linearen Gleichungssystems:

$$\begin{array}{rcrcrcl} ax_1 & + & 4x_2 & + & ax_3 & = & 1 \\ & - & 2x_2 & + & 4x_3 & = & 3 \\ 2x_1 & + & ax_2 & + & 6x_3 & = & 4 \end{array}$$

Wir bringen die zugehörige Matrix auf Zeilenstufenform. Im ersten Schema beginnen wir mit der dritten Gleichung, da im Kästchen etwas von Null verschiedenes stehen muß . Nähme man dafür a, so wäre schon eine Fallunterscheidung nötig.

$\boxed{2}$	a	6	4	$\cdot(-a)$ ⏋ +
0	-2	4	3	
a	4	a	1	$\cdot 2$ ←
$\boxed{2}$	a	6	4	
0	$\boxed{-2}$	4	3	$\cdot a$ ⏋ +
0	$8-a^2$	$-4a$	$2-4a$	←
$\boxed{2}$	a	6	4	
0	$\boxed{-2}$	4	3	
0	$(4+a)(2-a)$	0	$2-a$	

An dieser Stelle wird eine Fallunterscheidung gemacht.
1. Fall: $a = -4$
Das LGS besitzt keine Lösung, da der Rang der Koeffizientenmatrix kleiner als der Rang der erweiterten Matrix ist.
2. Fall: $a = 2$
Dann hat die letzte Matrix Zeilenstufenform, und die letzte Zeile besteht aus lauter Nullen. Es wird also x_3 als freier Parameter λ gesetzt und dann nach x_2 und x_1 aufgelöst.
$x_2 = -\frac{3}{2} + 2\lambda, \quad x_1 = 2 - x_2 - 3x_3 = \frac{7}{2} - 5\lambda$
Allgemeine Lösung:

$$\mathbf{x} = \begin{pmatrix} \frac{7}{2} \\ -\frac{3}{2} \\ 0 \end{pmatrix} + \lambda \begin{pmatrix} -5 \\ 2 \\ 1 \end{pmatrix} \qquad (\lambda \in \mathbb{R} \text{ beliebig})$$

3.Fall: $a \neq -4$ und $a \neq 2$
Hier kann man, ausgehend von der letzten Gleichung, eine eindeutige Lösung berechnen. Man erhält $x_2 = \frac{1}{a+4}$ und schließlich die Lösung

$$(x_1, x_2, x_3)^\top = \left(\tfrac{-3a-10}{4\,(a+4)}, \tfrac{1}{a+4}, \tfrac{3a+14}{4\,(a+4)}\right)^\top .$$

3.3.15

Gegeben ist die Matrix $\mathbf{A} = \begin{pmatrix} 1 & 2 & -b \\ -1 & 2 & b \\ b & 0 & b \end{pmatrix}$ mit $b \in \mathbb{R}$.

a) Man berechne $\mathbf{A}^{-1}$ für $b = 1$.

b) Wie lautet für $b = 1$ die Inverse zu $\mathbf{A}^2$?

c) Man zeige unter Verwendung des Gauss-Algorithmus, daß es genau zwei Zahlen b_1 und b_2 gibt, so daß $\mathbf{A}$ keine Inverse besitzt. Wie lauten b_1 und b_2?

d) Man löse für $b = 1$ die Matrizengleichung $\mathbf{A}^2(\mathbf{A}+\mathbf{X}) + \mathbf{A}^2\mathbf{X} = \mathbf{E}$; $\mathbf{X} \in \mathbb{R}^{3\times 3}$.

a) Wir berechnen $\mathbf{A}^{-1}$ für $b = 1$ nach dem üblichen Verfahren:

$$\left(\begin{array}{ccc|ccc} 1 & 2 & -1 & 1 & 0 & 0 \\ -1 & 2 & 1 & 0 & 1 & 0 \\ 1 & 0 & 1 & 0 & 0 & 1 \end{array}\right) \rightsquigarrow \cdots \rightsquigarrow \left(\begin{array}{ccc|ccc} 1 & 0 & 0 & \frac{1}{4} & -\frac{1}{4} & \frac{1}{2} \\ 0 & 1 & 0 & \frac{1}{4} & \frac{1}{4} & 0 \\ 0 & 0 & 1 & -\frac{1}{4} & \frac{1}{4} & \frac{1}{2} \end{array}\right)$$

Also ist $\mathbf{A}^{-1} = \frac{1}{4}\begin{pmatrix} 1 & -1 & 2 \\ 1 & 1 & 0 \\ -1 & 1 & 2 \end{pmatrix}$.

b) Für die Inverse $\mathbf{B}$ von $\mathbf{A}^2$ muß gelten: $\mathbf{A}^2\mathbf{B} = \mathbf{B}\mathbf{A}^2 = \mathbf{E}$. Aus $\mathbf{A}^2\mathbf{B} = \mathbf{E}$ folgt

$$\mathbf{A}\mathbf{B} = \mathbf{A}^{-1}\mathbf{E} \quad \text{bzw.} \quad \mathbf{B} = (\mathbf{A}^{-1})^2\,.$$

Für $\mathbf{B} = (\mathbf{A}^{-1})^2$ gilt auch $\mathbf{B}\mathbf{A}^2 = (\mathbf{A}^{-1})^2\mathbf{A} = \mathbf{E}$, also ist $\mathbf{B}$ die Inverse zu $\mathbf{A}^2$.

$$(\mathbf{A}^2)^{-1} = (\mathbf{A}^{-1})^2 = \frac{1}{4}\begin{pmatrix} 1 & -1 & 2 \\ 1 & 1 & 0 \\ -1 & 1 & 2 \end{pmatrix} \frac{1}{4}\begin{pmatrix} 1 & -1 & 2 \\ 1 & 1 & 0 \\ -1 & 1 & 2 \end{pmatrix} = \frac{1}{8}\begin{pmatrix} -1 & 0 & 3 \\ 1 & 0 & 1 \\ -1 & 2 & 1 \end{pmatrix}$$

c)

1	2	$-b$	1	0	0	$\cdot(-b)$ zu Zeile 3; zu Zeile 2
-1	2	b	0	1	0	$+$
b	0	b	0	0	1	$+$
1	2	$-b$	1	0	0	
0	4	0	1	1	0	$\cdot\frac{1}{2}b$
0	$-2b$	$b+b^2$	$-b$	0	1	$+$
1	2	$-b$	1	0	0	
0	4	0	1	1	0	
0	0	$\boxed{b+b^2}$	$-\frac{b}{2}$	$\frac{b}{2}$	1	

Für $b + b^2 = 0$ existiert keine Inverse, da dann der Rang von $\mathbf{A}$ nur 2 ist. Dies ist für $b = 0$ oder $b = -1$ der Fall.

d)

$$\begin{aligned} \mathbf{A}^2(\mathbf{A}+\mathbf{X}) + \mathbf{A}^2\mathbf{X} &= \mathbf{E} \qquad \text{von links multiplizieren mit } (\mathbf{A}^2)^{-1} \\ \mathbf{A}+\mathbf{X}+\mathbf{X} &= (\mathbf{A}^2)^{-1}\mathbf{E} \\ 2\mathbf{X} &= (\mathbf{A}^2)^{-1} - \mathbf{A} = \frac{1}{16}\begin{pmatrix} -9 & -16 & 11 \\ 9 & -16 & -7 \\ -9 & 2 & -7 \end{pmatrix} \end{aligned}$$

3.3.16

Ein Produktionsprozess wird durch eine Matrix

$$\mathbf{A} = (a_{ij}) = \begin{pmatrix} 0.1 & 0.3 & 0.6 \\ 0.1 & 0.2 & 0.1 \\ 0.5 & 0 & 0.2 \end{pmatrix}$$

der spezifischen Produktionskoeffizienten beschrieben. Dabei gibt a_{ij} die Menge Input des i-ten Gutes an, um eine Einheit des j-ten Gutes zu produzieren.

a) Die Nachfrage $\mathbf{c} = (6, 61, 22)^\top$ kann durch eine Gesamtproduktion $\mathbf{x} = (x_1, x_2, x_3)^\top$ befriedigt werden. Wie lautet diese?

b) Der Produktionskoeffizient $a_{23} = 0.2$ soll geringfügig erhöht werden auf $a_{23}^\star$ (mit $0.2 < a_{23}^\star < 0.25$). Man beschreibe, in welcher Weise sich die Gesamtproduktion verändert.

a) Das Leontief-Modell lautet $\mathbf{x} = \mathbf{A}\mathbf{x} + \mathbf{c}$ – hier

$$\begin{pmatrix} x_1 \\ x_2 \\ x_3 \end{pmatrix} = \begin{pmatrix} 0,1 & 0,3 & 0,6 \\ 0,1 & 0,2 & 0,1 \\ 0,5 & 0 & 0,2 \end{pmatrix} \begin{pmatrix} x_1 \\ x_2 \\ x_3 \end{pmatrix} + \begin{pmatrix} 6 \\ 61 \\ 22 \end{pmatrix} .$$

Umformung zu $\mathbf{x} - \mathbf{A}\mathbf{x} = \mathbf{c}$ bzw. $(\mathbf{E} - \mathbf{A})\mathbf{x} = \mathbf{c}$ liefert

$$\begin{pmatrix} 0,9 & -0,3 & -0,6 \\ -0,1 & 0,8 & -0,1 \\ -0,5 & 0 & 0,8 \end{pmatrix} \begin{pmatrix} x_1 \\ x_2 \\ x_3 \end{pmatrix} = \begin{pmatrix} 6 \\ 61 \\ 22 \end{pmatrix} .$$

Wir vertauschen die ersten beiden Gleichungen, multiplizieren beide mit (-10) und die dritte Gleichung mit 10. Das ergibt das folgende Startschema für den GAUSS-Algorithmus:

x_1	x_2	x_3	r	
1	−8	1	−610	$\cdot 9$ (+ zu Zeile 2), $\cdot 5$ (+ zu Zeile 3)
−9	3	6	−60	←
−5	0	8	220	←
1	−8	1	−610	
0	−69	15	−5550	$\cdot(-\frac{40}{69})$ +
0	−40	13	−2830	←
1	−8	1	−610	
0	−69	15	−5550	
0	0	4,304	387,39	

Es folgt

$$\begin{aligned} 4,304x_3 &= 387,39 && \text{also} \quad x_3 = 90 \\ -69x_2 &= -15x_3 - 5550 && \text{also} \quad x_2 = 100 \\ x_1 &= 8x_2 - x_3 - 610 && \text{also} \quad x_1 = 100 \end{aligned}$$

Damit lautet die Gesamtproduktion: $\mathbf{x} = (100, 100, 90)^{\mathsf{T}}$.

b) Bei Veränderung von $a_{33} = 0,2$ auf $a_{33} = 0,2 + \epsilon$ $(0 < \epsilon < 0,05)$ ist das folgende Gleichungssystem zu lösen:

$x_1^\star$	$x_2^\star$	$x_3^\star$	r
1	−8	1	−610
−9	3	6	−60
−5	0	$8 - 10\epsilon$	220
1	−8	1	−610
0	−69	15	−5550
0	−40	$13 - 10\epsilon$	−2830
1	−8	1	−610
0	−69	15	−6660
0	0	$4,304 - 10\epsilon$	387,39

Dabei wurden die gleichen Rechenoperationen vorgenommen wie unter a). Die Berechnung von $x_i^\star$ und der Vergleich mit x_i ergibt:

$$\begin{aligned} x_3^\star(4,304 - 10\epsilon) &= 387,39 \\ x_3^\star &= \frac{387,39}{4,304 - 10\epsilon} > \frac{387,39}{4,304} = x_3 \\ \text{also} \quad x_3^\star &> x_3 \\ -69x_2^\star &= -13x_x^\star - 5550 \\ x_2^\star &= \frac{1}{69}(15x_3^\star + 5550) \underbrace{>}_{\text{da } x_3^\star > x_3} (15x_3 + 5550) \cdot \frac{1}{69} \\ \text{also} \quad x_2^\star &> x_2 \end{aligned}$$

An $x_1^\star = 8x_2^\star - x_3^\star - 610$ läßt sich direkt nichts erkennen. Deswegen müssen wir rechnen:

$$\begin{aligned} x_1^\star &= \frac{8}{69}(15\frac{387,39}{4,304 - 10\epsilon} + 5550) - \frac{387,39}{4,304 - 10\epsilon} - 610 \\ &= \frac{673,72}{4,304 - 10\epsilon} + 643,48 - \frac{387,39}{4,304 - 10\epsilon} - 610 \\ &= 33,48 + \frac{286,33}{4,304 - 10\epsilon} > \underbrace{33,48 + \frac{286,33}{4,304}}_{= x_1 = 100} \end{aligned}$$

Also gilt $x_1^\star > x_1$. **Erkenntnis:** Alle Produktionskosten erhöhen sich.

3.4 Lineare Optimierung

Typische Lineare Optimierungsprobleme werden in den Aufgaben vorgestellt. In vielen Fällen ist eine graphische Lösung möglich - in den ersten Aufgaben wird diese erläutert. Rechnerische Lösungsmöglichkeiten benutzen i.a. das Simplexverfahren, das in entsprechender Literatur nachgelesen werden sollte.

3.4.1

(Mischungsproblem) Von einer Metallsorte M_1 stehen 60 kg und von einer Sorte M_2 40 kg zur Verfügung. Hieraus sollen Vergasergehäuse in 2 verschiedenen Legierungen L_1 und L_2 hergestellt werden.
Verbrauch für ein Gehäuse der Legierung L_1:
$0,15$ kg von M_1; $0,2$ kg von M_2.
Verbrauch für ein Gehäuse der Legierung L_2:
$0,3$ kg von M_1; $0,1$ kg von M_2.

Gewinne pro Gehäuse:	10 € bei Legierung L_1
	20 € bei Legierung L_2
Mindestproduktionszahlen:	100 pro Gehäuse der Legierung L_1
	50 pro Gehäuse der Legierung L_2

Welche Herstellungszahlen ergeben einen optimalen Gewinn und wie hoch ist dieser?
Man formuliere ein mathematisches Modell, und löse das Problem graphisch.

Bezeichnet man mit x_i die Anzahl der hergestellten Gehäuse der Legierung L_i, so ist das folgende Problem zu lösen:

Unter den **Nebenbedingungen** $0,15x_1 + 0,3x_2 \leq 60$ $\boxed{1}$

$0,2x_1 + 0,1x_2 \leq 40$ $\boxed{2}$

und $x_1 \geq 100 \quad , \quad x_2 \geq 50$ $\boxed{3}$

ist die **Zielfunktion** $C = 10x_1 + 20x_2$

zu maximieren.

Es wird eine Skizze im 1. Quadranten der x_1, x_2–Ebene (Mindestproduktionszahlen!) angefertigt. Häufig enthalten lineare Optimierungsprobleme die **Vorzeichenbedingungen** $x_i \geq 0$, so dass sich dadurch die Beschränkung auf den 1. Quadranten ergibt.
Nebenbedingung $\boxed{1}$ beschreibt die Halbebene unterhalb der durch $x_2 = -0,5x_1 + 200$ gegebenen Geraden, Nebenbedingung $\boxed{2}$ entsprechend die Halbebene unterhalb von $x_2 = -2x_1 + 400$.

Die Gleichung $C = 10x_1 + 20x_2$ beschreibt eine Schar paralleler Geraden mit der Steigung $-\frac{1}{2}$. Bewegen sich diese Parallelen nach rechts oben durch den 1. Quadranten, so wächst C. Diejenigen Punkte des durch die Nebenbedingungen gegebenen Bereichs der x_1, x_2-Ebene, in dem C maximal wird, liegen hier also auf der durch $\boxed{1}$ gegebenen Geraden, deren Schnittpunkt mit der Geraden $\boxed{2}$ bei $P = (\frac{400}{3}, \frac{400}{3})$ liegt.

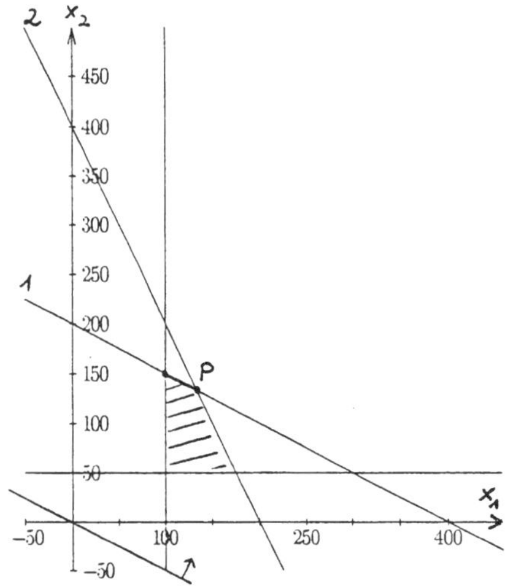

Lösung:
Optimale Anzahlen sind gegeben durch

$$\{(x_1, x_2) \mid x_1, x_2 \in \mathbb{N} \wedge 100 \leq x_1 \leq \frac{400}{3} \wedge x_2 = 200 - 0,5x_1\}\ .$$

Der Gewinn beträgt bei diesen Produktionszahlen 4000 € .

3.4.2

(Kapazitätsbelastung einer Produktionsanlage) In einer Produktionsanlage mit 3 Werkzeugmaschinen W_1, W_2, W_3 bestehen noch freie Kapazitäten und zwar

bei W_1	48 ZE (Zeiteinheiten)
bei W_2	60 ZE
bei W_3	36 ZE.

Die Firma möchte diese freien Kapazitäten zur Herstellung zweier neuer Produkte A und B nutzen. Die Herstellung einer Einheit von A benötigt 2 ZE von W_1, 4 ZE von W_2 und 3 ZE von W_3, die Herstellung einer Einheit von B 4 ZE von W_1 und 2 ZE von W_2.

Wie kann die Anlage optimal ausgenutzt werden, wenn eine Einheit von Produkt A einen Gewinn von 60 € bringt und eine Einheit von B einen Gewinn von 40 € ?

Man formuliere das mathematische Modell und gebe eine graphische sowie eine rechnerische Lösung an.

Das mathematische Modell:

Bezeichnungen:

x_1:	Stückanzahl von Produkt A
x_2:	Stückanzahl von Produkt B
G:	Gesamtgewinn in €

Forderung: $G = 60x_1 + 40x_2 \longrightarrow$ Max!
Beschränkungen von x_1 und x_2
durch die freien Kapazitäten:

Kapazität von M_1: $2x_1 + 4x_2 \leq 48$
Kapazität von M_2: $4x_1 + 2x_2 \leq 60$
Kapazität von M_3: $3x_1 \leq 36$

Vorzeichenbedingung:
$x_1 \geq 0$; $x_2 \geq 0$

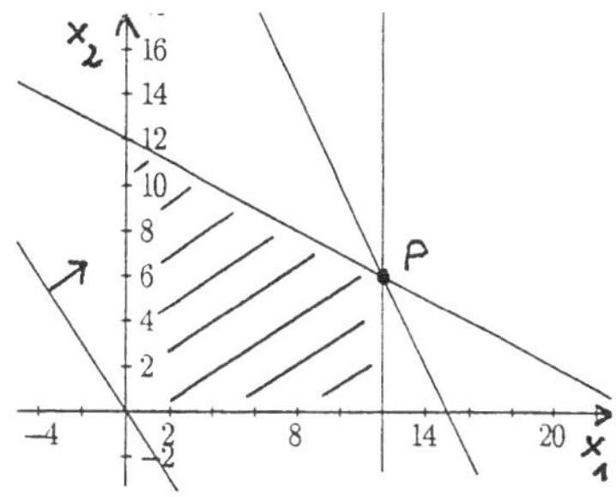

In obiger Skizze ist der Optimalpunkt $P = (12, 6)$ mit $G = 960$ zu erkennen. Bei der rechnerischen Lösung wird mittels **Schlupfvariablen** s_1, s_2, s_3 von den Nebenbedingungs-Ungleichungen zu Gleichungen übergegangen und dann das entstehende Gleichungssystem mittels GAUSS-Algorithmus auf verschiedene Weise gelöst.
Im ersten Schema ist das LGS nach den **Basisvariablen** s_1, s_2, s_3 aufgelöst, aber die zugehörige Lösung mit $x_1 = x_2 = 0$, nämlich $\mathbf{x}_0 = (0, 0, 48, 60, 36)^\top$ ist keine Maximalecke.

x_1	x_2	s_1	s_2	s_3	r		
2	4	1	0	0	48	$\mid :2$	$\cdot(-4)$, $\cdot(-3)$
4	2	0	1	0	60		$+$
3	0	0	0	1	36		$+$
1	2	$\frac{1}{2}$	0	0	24		
0	-6	-2	1	0	-36	$\mid :(-6)$	
0	-6	$-\frac{3}{2}$	0	1	-36		$\Longrightarrow \quad \mathbf{x}_1 = (24, 0, 0, -36, -36)^\top \notin M$
1	2	$\frac{1}{2}$	0	0	24		
0	1	$\frac{1}{3}$	$-\frac{1}{6}$	0	6		$\cdot 6$
0	-6	$-\frac{3}{2}$	0	1	-36		$+$
1	0	$-\frac{1}{6}$	$\frac{1}{3}$	0	12		
0	1	$\frac{1}{3}$	$-\frac{1}{6}$	0	6		
0	0	$\frac{1}{2}$	-1	1	0		

Im letzten Schema ist nach x_1, x_2, s_3 aufgelöst worden, das sind die Basisvariablen; s_1 und s_2 sind **Nichtbasisvariablen.** x_2 und x_1 berechnen sich mit den Nichtbasisvariablen zu

$$x_2 = 6 - \frac{1}{3}s_1 + \frac{1}{6}s_2 \quad \text{und} \quad x_1 = 12 + \frac{1}{6}s_1 - \frac{1}{3}s_2, \qquad \text{also} \quad \mathbf{x}_2 = (12, 6, 0, 0, 0)^\top .$$

Die Gewinnfunktion $G = 60x_1 + 40x_2 = 60x_1 + 40x_2 + 0s_1 + 0s_2 + 0s_3$ schreibt sich damit:

$$G = 60(12 + \frac{1}{6}s_1 - \frac{1}{3}s_2) + 40(6 - \frac{1}{3}s_1 + \frac{1}{6}s_2)$$

$$= \quad 960 - \frac{10}{3} \underbrace{s_1}_{\geq 0} - \frac{40}{3} \underbrace{s_2}_{\geq 0} \leq 960$$

Also ist der maximale Gewinn mit 960 € in der optimalen Ecke $\mathbf{x}_2$ erreicht.

3.4.3
Man gebe mittels graphischer Veranschaulichung je ein Beispiel an, in dem ein lineares Optimierungsproblem
(a) keine Lösung
(b) unendlich viele Lösungen besitzt.

a)

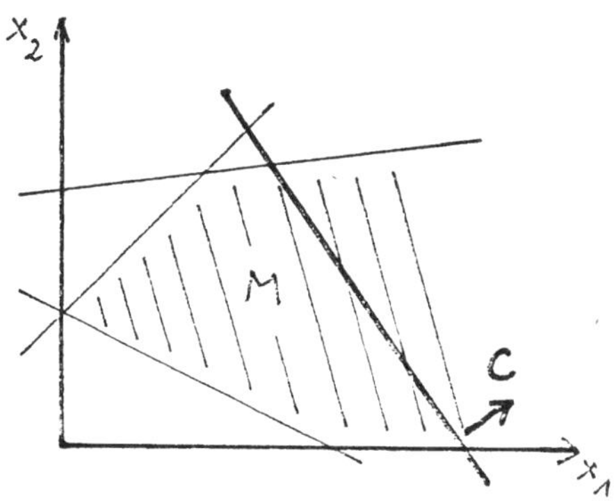

Der Bereich M der zulässigen Lösungen ist unbeschränkt, C ist zu maximieren und bei wachsendem C bewegt sich die Geradenschar in Pfeilrichtung durch M.

b)

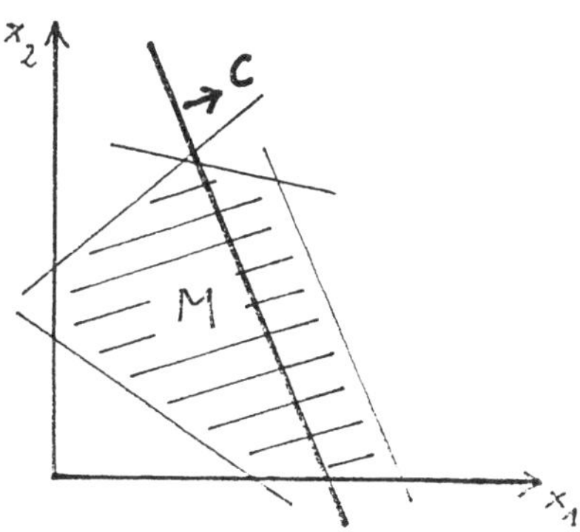

M ist der Zulässigkeitsbereich, C ist zu maximieren, die Geradenschar bewegt sich bei wachsendem C in Pfeilrichtung und trifft auf eine parallele Begrenzungslinie von M.

3.4.4
Gegeben ist das lineare Optimierungsproblem:

$$\begin{array}{rcrcl} \pi(x_1, x_2) = 8x_1 & + & 5x_2 & \longrightarrow & \max! \\ 2x_1 & + & x_2 & \leq & 40 \\ x_1 & + & x_2 & \leq & 30 \\ x_1 & & & \leq & 15 \\ & & x_2 & \leq & 25 \end{array} \quad , \; x_1, x_2 \in \mathbb{R}_0^+$$

Man löse das LOP mit dem Simplexverfahren, und veranschauliche die Eckenfolge an der zeichnerischen Darstellung.

Durch Einführung von Schlupfvariablen $s_1, \ldots, s_4$ geht das LOP über in:
$\pi(x_1, x_2, s_1, s_2, s_3, s_4) = 8x_1 + 5x_2 \longrightarrow \max!$

$$\begin{array}{lllllllll} 2x_1 & + & x_2 & + & s_1 & & & & = 40 \\ x_1 & + & x_2 & & & + & s_2 & & = 30 \\ x_1 & & & & & & & + s_3 & = 15 \\ & & x_2 & & & & & + s_4 & = 25 \end{array} \qquad x_i, s_j \geq 0$$

s_j sind die Basisvariablen (BV), x_i sind die Nichtbasisvariablen (NBV). Man erhält die folgende schematische Darstellung.

	NV				NBV			
	s_1	s_2	s_3	s_4	x_1	x_2	r_0	
	1				2	1	40	$\longrightarrow \quad s_1 = 40 - 2x_1 - x_2$
		1			1	1	30	$\longrightarrow \quad s_2 = 30 - x_1 - x_2$
			1		**[1]**	0	15	$\longrightarrow \quad s_3 = 15 - x_1$
				1	0	1	25	$\longrightarrow \quad s_4 = 25 - x_2$
π	0	0	0	0	8	5	0	

Aus der Auflösung nach den s_j ist eine Startecke $\mathbf{x}_0 = (0, 0, 40, 30, 15, 25)^\top$ ersichtlich mit $\pi(\mathbf{x}_0) = 0$. Offensichtlich kann aber π gesteigert werden, wenn x_1 bzw. x_2 wachsen. Wir versuchen es mit x_1.

Wie weit kann x_1 nun von 0 erhöht werden, so daß die Punkte in M verbleiben? Man erkennt an der nebenstehenden Rechnung, daß x_1 auf 15 steigen kann.

$$\begin{array}{lll} s_1 = 40 - 2x_1 - x_2 & \Longrightarrow & x_1 \leq 20 \\ s_2 = 30 - x_1 - x_2 & \Longrightarrow & x_1 \leq 30 \\ s_3 = 15 - x_1 & \Longrightarrow & x_1 \leq 15 \\ s_4 = 25 - x_2 & \Longrightarrow & x_1 \text{ kein Einfluß} \end{array}$$

Das führt auf das folgende Rechenschema, in dem der kleinste Quotient ($-r_0$: Vorzeichenfaktor von x_1) – geschrieben als $(-\frac{r_0}{x_1})$ – Auskunft darüber gibt, gegen welche Basisvariable die Nichtbasisvariable x_1 ausgetauscht wird.

	NBV			Quotienten
	x_1	x_2	r_0	$(-\frac{r_0}{x_1})$
s_1	-2	-1	40	$\frac{40}{2} = 20$
s_2	-1	-1	30	$\frac{30}{1} = 30$
s_3	**[-1]**	0	15	$\frac{15}{1} = \underline{15}$
s_4	0	-1	25	–
π	8	5	0	

Das umrahmte Element ist der Pivot, x_1 bezeichnet die Pivotspalte, der (unterstrichene) minimale Quotient 15 die Pivotzeile. Nun wird die Basisvariable s_3 gegen die Nichtbasisvariable x_1 ausgetauscht. Die Elemente des neuen Schemas berechnen sich nach folgenden Regeln:

1. An der Stelle des Pivots erscheint der Kehrwert des Pivots.
2. Ansonsten wird in der Pivotspalte durch den Pivot geteilt und

3. in der Pivotzeile durch den negativen Pivot geteilt.
4. Alle anderen Elemente werden nach der 4-Felder-Regel berechnet.
Bemerkung: Diese Regeln ergeben sich, wenn man das Schema als Gleichungen $s_1 = -2x_1 - x_2 + 40$ usw. liest. In der Literatur wird teilweise anders vorgegangen und die Koeffizienten der Gleichung $s_1 + 2x_1 + x_2 = 40$ werden in das Schema geschrieben. Dann ergeben sich zum Teil andere Übergangsrechenregeln.
Wir erhalten hier beim 1. Eckentausch das Schema:

	NBV			
	s_3	x_2	r_1	$(-\frac{r_1}{x_2})$
s_1	2	[−1]	10	<u>10</u>
s_2	1	−1	15	15
x_1	−1	0	15	–
s_4	0	−1	25	25
π	−8	5	120	

Dies ergibt die neue Ecke
$\mathbf{x}_1 = (15, 0, 10, 15, 0, 25)^\top$.
Es ist $\pi(\mathbf{x}_2) = -8s_3 + 5x_2 + 120$, also ist π vergrößerbar mit $x_2 > 0$. Der neu ermittelte Pivot steht in Zeile 1 und Spalte 2, also werden im nächsten Schritt s_1 und x_2 ausgetauscht.

2. Eckentausch

	NBV			
	s_3	s_1	r_2	$(-\frac{r_2}{s_3})$
x_2	2	−1	10	–
s_2	[−1]	1	5	<u>5</u>
x_1	−1	0	15	15
s_4	−2	1	15	7,5
π	2	−5	170	

3. Eckentausch

	NBV		
	s_2	s_1	r_3
x_2	−2	1	20
s_3	−1	1	5
x_1	1	1	10
s_4	2	−1	5
π	−2	−3	180

Die zweite Ecke $\mathbf{x}_2$ ist
$\mathbf{x}_2 = (15, 10, 0, 5, 0, 15)$ mit
$\pi(\mathbf{x}_2) = 2s_3 - 5s_1 + 170$.
π ist über $2s_3$ vergrößerbar, die ermittelte Pivotzeile ist durch s_2 gegeben, also wird beim 3. Eckentausch s_2 gegen s_3 ausgetauscht. Im letzten Schema lautet $pi = -2s_2 - 3s_1 + 180 \leq 180 = \pi(\mathbf{x}_3)$. Daher ist mit $\mathbf{x}_3 = (10, 20, 0, 0, 5, 5)$ eine optimale Ecke erreicht. Das Abbruchkriterium besteht also darin, daß in der letzten Zeile (für π) die Koeffizienten der Nichtbasisvariablen alle negativ sind.

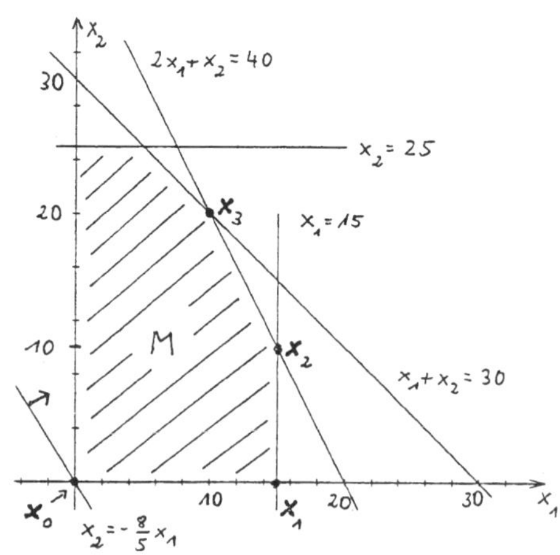

Die nebenstehende Skizze verdeutlicht, in welcher Reihenfolge Ecken berechnet wurden.

3.4.5

Das Mischungsproblem aus Aufgabe 1

$$\begin{array}{rcrcr} C = 10x_1 & + & 20x_2 & \longrightarrow & \text{max!} \\ 0,15x_1 & + & 0,3x_2 & \leq & 60 \\ 0,2x_1 & + & 0,1x_2 & \leq & 40 \\ x_1 & & & \geq & 100 \\ & & x_2 & \geq & 50 \end{array}$$

ist mit dem Simplexverfahren zu lösen.

Durch Einführung von Schlupfvariablen s_i geht das LOP über in:

$$C = 10x_1 + 20x_2 + 0s_1 + 0s_2 + 0s_3 + 0s_4 \longrightarrow \text{max!}$$

$$\begin{array}{rcrcccccccr} 0,15x_1 & + & 0,3x_2 & + & s_1 & & & & & = & 60 \\ 0,2x_1 & + & 0,1x_2 & & & + & s_2 & & & = & 40 \\ x_1 & & & & & & - & s_3 & & = & 100 \\ & & x_2 & & & & & - & s_4 & = & 50 \end{array} \quad , x_i, s_j \geq 0$$

Hier ist zunächst keine Anfangsecke ersichtlich. Daher lösen wir das Ausgangstableau mit dem GAUSS-Algorithmus nach anderen Variablen auf, um eine Ecke zu errechnen.

umgeordnetes Ausgangstableau

x_1	x_2	s_1	s_2	s_3	s_4	r	
1	0	0	0	−1	0	100	·(−0,15) ·(−0,2)
0	**1**	0	0	0	−1	50	
0,15	0,3	**1**	0	0	0	60	+ (Zeile 1 ·(−0,15))
0,2	0,1	0	**1**	0	0	40	+ (Zeile 1 ·(−0,2))

x_1	x_2	s_1	s_2	s_3	s_4	r	
1	0	0	0	−1	0	100	
0	**1**	0	0	0	−1	50	·(−0,3) ·(−0,1)
0	0,3	**1**	0	0,15	0	45	+ (Zeile 2 ·(−0,3))
0	0,1	0	**1**	0,2	0	20	+ (Zeile 2 ·(−0,1))

x_1	x_2	s_1	s_2	s_3	s_4	r
1	0	0	0	−1	0	100
0	**1**	0	0	0	−1	50
0	0	**1**	0	0,15	0,3	30
0	0	0	**1**	0,2	0,1	15

In dem letzten Schema ist eine Startecke, nämlich $\mathbf{x}_0 = (100, 50, 30, 15, 0, 0)$ zu erkennen. Mit dieser Ecke wird das erste Simplextableau aufgestellt, das zum großen Teil aus dem letzten Schema abgelesen werden kann. Basisvariablen sind x_1, x_2, s_1, s_2, Nichtbasisvariablen sind s_3, s_4. Da wir die Zeilen des

Simplextableaus in Gleichungsform $x_1 = \ldots$ lesen, müssen wir die Vorzeichen in den Spalten für s_3, s_4 ändern. Wir erhalten:

	NBV			
	s_3	s_4	r_0	$-\frac{r_0}{s_4}$
x_1	1	0	100	–
x_2	0	1	50	–
s_1	$-0,15$	$\boxed{-0,3}$	30	$\underline{100}$
s_2	$-0,2$	$-0,1$	15	150
C	10	20	2000	

$-0,3$ ist der Pivot; die Basisvariable s_1 wird gegen die Nichtbasisvariable s_4 ausgetauscht.
Es ist $C(\mathbf{x}_0) = 10s_3 + 20s_4 + 2000$. Eine Motivation für die Wahl der Pivotspalte s_4 ist der größere Zuwachs von C als bei s_3.

Der entsprechende Eckentausch liefert das Schema:

	NBV		
	s_3	s_1	r_1
x_1	1	0	100
x_2	$-\frac{1}{2}$	$-\frac{1}{0,3}$	150
s_4	$-\frac{1}{2}$	$-\frac{1}{0,3}$	100
s_2	$-0,15$	$\frac{1}{3}$	5
C	0	$-\frac{20}{0,3}$	4000

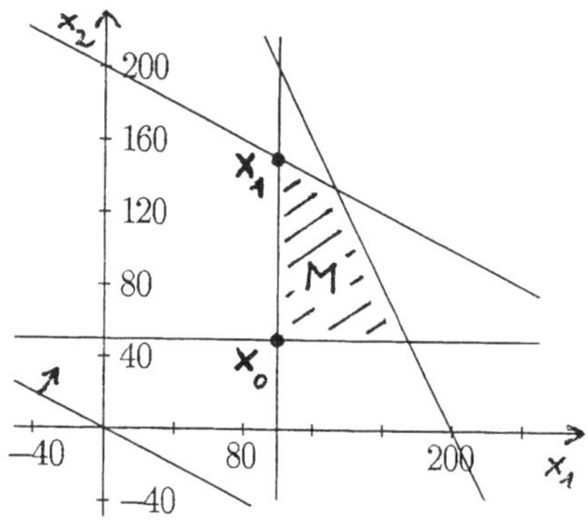

Es ist $C = -\frac{20}{0,3}s_1 + 4000 \leq 4000$.
Damit ist in der zugehörigen Ecke $\mathbf{x}_1 = (100, 150, 0, 5, 0, 100)$ das Maximum erreicht.
In der nebenstehenden Skizze von M sind $\mathbf{x}_0$ und $\mathbf{x}_1$ dargestellt.

3.4.6

Gegeben ist das lineare Optimierungsproblem

$$\begin{array}{rcrcrcl} C(x_1, x_2, x_3) = 4x_1 & + & 3x_2 & + & 12x_3 & \longrightarrow & \text{max!} \\ x_1 & + & x_2 & + & 8x_3 & \leq & 5 \qquad ; \; x_1, x_2, x_3 \geq 0\,. \\ 2x_1 & + & x_2 & + & 3x_3 & \leq & 7 \end{array}$$

a) Man formuliere das zugehörige duale LOP und löse dieses graphisch.
b) Man bestimme aus der unter a) gewonnenen Lösung mittels des Zweiten Dualitätssatzes die Maximallösung des Primals – also des ursprünglichen Problems.

a) Das gegebene Problem lautet in Matrixschreibweise:
$C(\mathbf{z}) = (4, 3, 12) \cdot \mathbf{z} \longrightarrow \text{max!}$

$$\mathbf{Az} = \begin{pmatrix} 1 & 1 & 2 \\ 2 & 1 & 3 \end{pmatrix} \begin{pmatrix} z_1 \\ z_2 \\ z_3 \end{pmatrix} \leq \begin{pmatrix} 5 \\ 7 \end{pmatrix} \quad ; \; \mathbf{z} \geq \mathbf{0}.$$

Dazu lautet das duale LOP:
$\pi(\mathbf{x}) = \pi(x_1, x_2) = (5,7)\begin{pmatrix} x_1 \\ x_2 \end{pmatrix} \longrightarrow \min!$

$$\mathbf{A}^\top \mathbf{x} = \begin{pmatrix} 1 & 2 \\ 1 & 1 \\ 8 & 3 \end{pmatrix} \begin{pmatrix} x_1 \\ x_2 \end{pmatrix} \geq \begin{pmatrix} 4 \\ 3 \\ 12 \end{pmatrix} \quad ; \mathbf{x} \geq \mathbf{0}$$

ausgeschrieben:

$$\begin{array}{rcrcr} \pi(x_1, x_2) = 5x_1 & + & 7x_2 & \longrightarrow & \min! \\ x_1 & + & 2x_2 & \geq & 4 \\ x_1 & + & x_2 & \geq & 3 \\ 8x_1 & + & 3x_2 & \geq & 12 \end{array} \quad ; x_1, x_2 \geq 0$$

Für die graphische Lösung werden die drei Nebenbedingungen zunächst umgeformt:

$$\begin{array}{rcl} x_1 + 2x_2 \geq 4 & \Longleftrightarrow & x_2 \geq 2 - \frac{1}{2}x_1 \\ x_1 + x_2 \geq 3 & \Longleftrightarrow & x_2 \geq 3 - x_1 \\ 8x_1 + 3x_2 \geq 12 & \Longleftrightarrow & x_2 \geq 4 - \frac{8}{3}x_1 \end{array}$$

$\pi(x_1, x_2) = C = 5x_1 + 7x_2 \Longleftrightarrow$
$x_2 = \frac{C}{7} - \frac{5}{7}x_1$
Das Minimum von π auf M wird offensichtlich im Schnittpunkt der Geraden g_1 und g_2 angenommen.

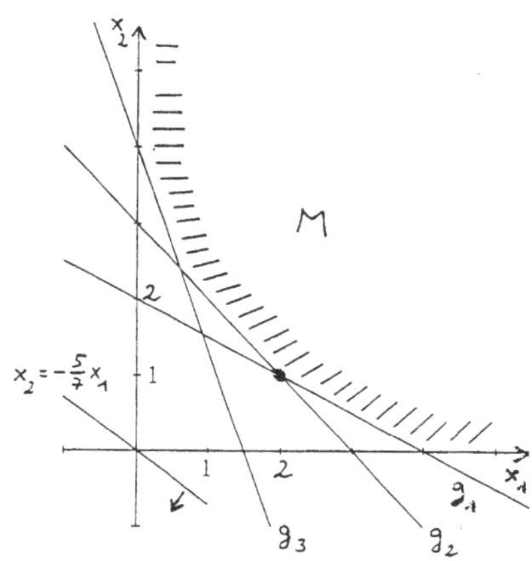

Dieser berechnet sich zu $(2, 1)$. Also folgt:
Der Minimalpunkt für das duale LOP ist $(2, 1)$ mit $\pi(2, 1) = 17$.
b) Vor der Anwendung des 2. Dualitätssatzes werden zunächst noch die zur Minimallösung des Duals gehörenden Schlupfvariablen des dualen Problems in Normalform bestimmt. Mit den Schlupfvariablen s_1, s_2, s_3 schreibt sich das duale Problem in Gleichungsform

$$\begin{array}{rcrcccccr} x_1 & + & 2x_2 & - & s_1 & & & = & 4 \\ x_1 & + & x_2 & & & - s_2 & & = & 3 \\ 8x_1 & + & 3x_2 & & & & - s_3 & = & 12 \end{array} \quad ; s_i \geq 0$$

Einsetzen der Lösung $(x_1, x_2) = (2, 1)$ liefert $s_1 = s_2 = 0$ und $s_3 = 7$.
Der 2. Dualitätssatz macht Aussagen über die Werte der zugeordneten Variablen im primalen und dualen System. Bezeichnen wir die Schlupfvariablen im Ausgangssystem noch mit t_1, t_2, so gibt die folgende Tabelle die Zuordnungen

wider:

$$\begin{array}{ccccc} >0 & >0 & =0 & =0 & >0 \\ x_1 & x_2 & s_1 & s_2 & s_3 \\ \hline t_1 & t_2 & z_1 & z_2 & z_3 \\ \downarrow & \downarrow & \downarrow & \downarrow & \downarrow \\ =0 & =0 & >0 & >0 & =0 \end{array}$$

Aus der Normalform des Primals

$$\begin{array}{ccccccccccc} z_1 & + & z_2 & + & 8z_3 & + & t_1 & & & = & 5 \\ 2z_1 & + & z_2 & + & 3z_3 & & & + & t_2 & = & 7 \end{array}$$

erhält man durch Einsetzen von $t_1 = t_2 = z_3 = 0$ das Gleichungssystem

$$z_1 + z_2 = 5 \quad 2z_1 + z_2 = 7$$

für z_1 und z_2 mit der Lösung $z_1 = 2$, $z_2 = 3$. Also ergibt sich als Maximallösung des gegebenen Problems $\mathbf{z} = (2, 3, 0)$ mit $C(\mathbf{z}) = C(2, 3, 0) = 17$, was durch die Lösung des dualen Problems bekannt war.

3.4.7

Ein LOP lautet

$$\begin{array}{rcccl} Z = x_1 & + & 2x_2 & \longrightarrow & \text{max!} \\ -2x_1 & + & 2x_2 & \leq & 4 \qquad ; \ x_1, x_2 \geq 0\ . \\ x_1 & - & 2x_2 & \leq & 4 \end{array}$$

a) Man zeige (graphisch), daß das Problem keine Lösung besitzt.

b) Man formuliere das duale Problem. Besitzt es eine Lösung? Man veranschauliche auch hier das Lösungsverhalten.

a) Die Lösungsmenge M des betrachteten Problems ist unbeschränkt. Die Funktion Z nimmt auf M beliebig große Werte an.

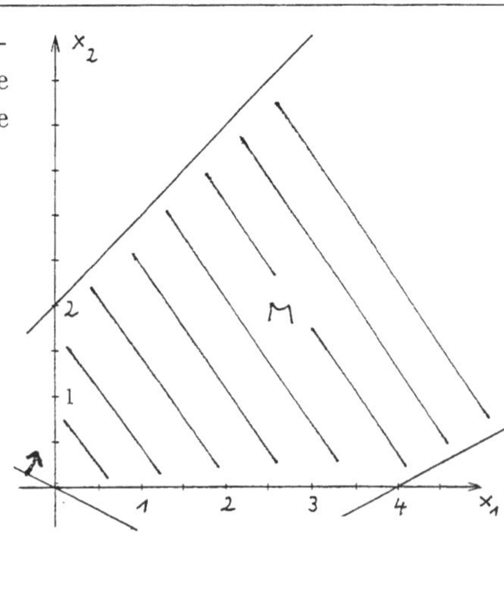

b) Das Problem lautet in Matrixform mit

$$\mathbf{c} = \begin{pmatrix} 1 \\ 2 \end{pmatrix}, \ \mathbf{b} = \begin{pmatrix} 4 \\ 4 \end{pmatrix}, \ \mathbf{x} = \begin{pmatrix} x_1 \\ x_2 \end{pmatrix} \quad \text{und}$$

$$\mathbf{A} = \begin{pmatrix} -2 & 2 \\ 1 & -2 \end{pmatrix} :$$

$$Z(\mathbf{x}) = \mathbf{c}^\top \mathbf{x} \longrightarrow \max!$$

$$\mathbf{A}\mathbf{x} \leq \mathbf{b}, \ \mathbf{x} \geq \mathbf{0}$$

Das dazu duale Problem ist

$$K(\mathbf{y}) = \mathbf{b}^\top \mathbf{y} \longrightarrow \min!$$

$$\mathbf{A}^\top \mathbf{y} \geq \mathbf{c}, \ \mathbf{y} \geq \mathbf{0}$$

ausgeschrieben:

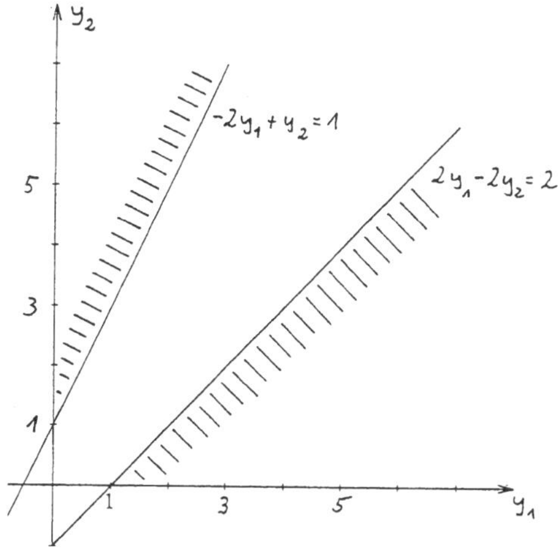

$$\begin{array}{rcrcl} K = 4y_1 & + & 4y_2 & \longrightarrow & \min! \\ -2y_1 & + & y_2 & \geq & 1 \\ 2y_1 & - & 2y_2 & \geq & 2 \end{array} \quad , \ y_1, y_2 \geq 0$$

Die graphische Veranschaulichung des Dualproblems zeigt, daß die Nebenbedingungen keine konvexe Menge ergeben.

3.4.8

a) Das LOP

$$\begin{array}{rcrcl} G(y_1, y_2) = 12y_1 & + & 42y_2 & \longrightarrow & \min! \\ y_1 & + & 2y_2 & \geq & 3 \\ y_1 & + & 4y_2 & \geq & 4 \\ 3y_1 & + & y_2 & \geq & 3 \end{array} \quad , \ y_1, y_2 \geq 0$$

besitzt den Minimalpunkt $y_{\min} = (y_1, y_2) = (2\,;\, 0,5)$. Man bestimme mittels des 2. Dualitätssatzes die Lösung des dualen Problems.

b) Man zeige, daß das LOP

$$\begin{array}{rcl} \pi(x_1, x_2, x_3, x_4) = 2x_1 - x_2 + 3x_3 + x_4 & \longrightarrow & \max! \\ x_1 + x_2 - x_3 + 2x_4 & \leq & 30 \quad ; \ x_i \geq 0 \end{array}$$

keine Lösung besitzt.

a) Der Minimalpunkt $(2\,;\, 0,5)$ führt auf ein lineares Gleichungssystem für die

Schlupfvariablen t_1, t_2, t_3:

$$\begin{pmatrix} 1 & 2 & -1 & 0 & 0 \\ 1 & 4 & 0 & -1 & 0 \\ 3 & 1 & 0 & 0 & -1 \end{pmatrix} \begin{pmatrix} 2 \\ 0,5 \\ t_1 \\ t_2 \\ t_3 \end{pmatrix} = \begin{pmatrix} 3 \\ 4 \\ 3 \end{pmatrix} \iff \begin{array}{lllll} 2+1 & -t_1 & & & =3 \\ 2+2 & & -t_2 & & =4 \\ 6+1 & & & -t_3 & =3 \end{array}$$

Dieses LGS hat die Lösung $t_1 = t_2 = 0$, $t_3 = 3,5$. Nennt man die Variablen des dualen Systems x_1, x_2, x_3, die Schlupfvariablen des dualen Systems s_1, s_2 so liefert der 2. Dualitätssatz eine Wertezuordnung mittels der folgende Tabelle:

0	0	>0	>0	>0
t_1	t_2	t_3	y_1	y_2
x_1	x_2	x_3	s_1	s_2
$\downarrow$	$\downarrow$	$\downarrow$	$\downarrow$	$\downarrow$
≥ 0	≥ 0	$=0$	$=0$	$=0$

also:

$$\begin{pmatrix} 1 & 1 & 3 & 1 & 0 \\ 2 & 4 & 1 & 0 & 1 \end{pmatrix} \begin{pmatrix} x_1 \\ x_2 \\ 0 \\ 0 \\ 0 \end{pmatrix} = \begin{pmatrix} 12 \\ 42 \end{pmatrix} \iff \begin{array}{rcrcr} x_1 & + & x_2 & = & 12 \\ 2x_1 & + & 4x_2 & = & 42 \end{array}$$

mit der Lösung $x_1 = 3$ und $x_2 = 9$. Damit hat das duale Problem die Lösung $\mathbf{x}_{\max} = (3, 9, 0)$ mit $\pi(3, 9, 0) = 45$.

b) Das duale Problem lautet hier:

$$Z(y) = 30y \longrightarrow \text{min!} \quad \text{unter} \quad \begin{pmatrix} 1 \\ 1 \\ -1 \\ 2 \end{pmatrix} y \geq \begin{pmatrix} 2 \\ -1 \\ 3 \\ 1 \end{pmatrix} \quad \text{und } y \geq 0\,.$$

Die dritte Ungleichung lautet $-y \geq 3$, also $y \leq -3$ und das ist ein Widerspruch zur Vorzeichenbedingung $y \geq 0$. Also ist der Zulässigkeitsbereich dieses Problems leer; das Dual hat keine Lösung und damit auch das Primal nicht.

Kapitel 4

Integralrechnung

4.1 Stammfunktion und unbestimmtes Integral

Die Integration wird zunächst als Umkehrung der Differentiation eingeführt.

Stammfunktion
F heißt Stammfunktion zu f auf $D \subseteq \mathbb{R}$, falls $F'(x) = f(x)$ auf D gilt.

Hinweis: Wenn F eine Stammfunktion von f ist, so ist auch jede Funktion der Form $x \mapsto F(x) + C$, $(C \in \mathbb{R})$ Stammfunktion von f, d. h. es gibt dann noch unendlich viele andere Stammfunktionen.

Schreibweise: $\int f(x)\,dx := F(x) + C$

(**unbestimmtes Integral** der Funktion f)

4.1.1
Geben Sie zu $f(x) = 2x + 2$ drei verschiedene Stammfunktionen an. Zeichnen Sie deren Graphen, und beschreiben Sie die Lage der Graphen dieser Stammfunktionen.

$$
\begin{aligned}
F_1(x) &= x^2 + 2x \\
F_2(x) &= x^2 + 2x + 2 \\
F_3(x) &= x^2 + 2x - 2
\end{aligned}
$$

Die Graphen entstehen aus einem Graphen dieser Schar durch Verschiebung in Richtung der y–Achse.

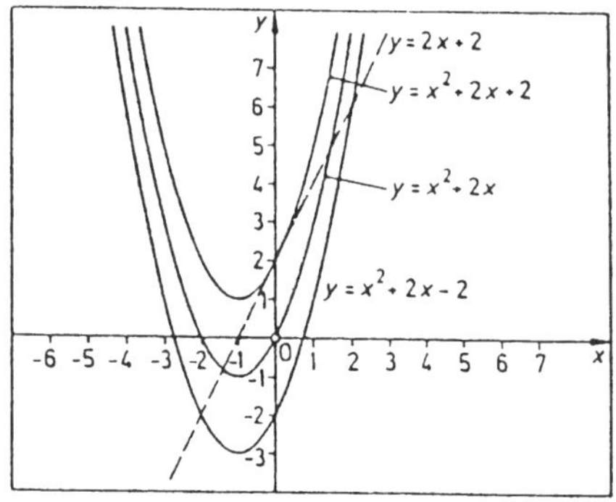

4.1.2
Bestimmen Sie für die nachstehenden Funktionen eine Stammfunktion, deren Graph durch den angegebenen Punkt P_0 verläuft.

a) $f(x) = \frac{3}{2}x^2 \quad ; \quad P_0 = (1\,;\,1)$

b) $f(x) = \frac{2}{3}x^3 + \frac{2}{5}x \quad ; \quad P_0 = (-1\,;\,-1)$

c) $f(x) = 2e^x \quad ; \quad P_0 = (1\,;\,3)$

a) $f(x) = \frac{3}{2}x^2 \quad \Longrightarrow \quad F(x) = \frac{1}{2}x^3 + C$

$F(1) = 1 \quad \Longrightarrow \quad 1 = \frac{1}{2} + C$, d. h. $C = \frac{1}{2}$

$F(x) = \frac{1}{2}x^3 + \frac{1}{2}$

b) $f(x) = \frac{2}{3}x^3 + \frac{2}{5}x \quad \Longrightarrow \quad F(x) = \frac{1}{6}x^4 + \frac{1}{5}x^2 + C$

$F(-1) = -1 \quad \Longrightarrow \quad C = -\frac{41}{30}$

$F(x) = \frac{1}{6}x^4 + \frac{1}{5}x^2 - \frac{41}{30}$

c) $f(x) = 2e^x \quad \Longrightarrow \quad F(x) = 2e^x + C$

$F(1) = 3 \quad \Longrightarrow \quad 3 = 2e + C$, d. h. $C = 3 - 2e \approx -2{,}437$

$F(x) = 2e^x - 2{,}437$

4.1.3
Geben Sie eine Stammfunktion an zur Betragsfunktion $x \mapsto |x|$. (Skizze!)

$$F(x) = \begin{cases} \frac{1}{2}x^2 & \text{für } x \geq 0 \\ -\frac{1}{2}x^2 & \text{für } x < 0 \end{cases}$$

ist Stammfunktion für die Betragsfunktion. F ist nämlich auch in $x = 0$ differenzierbar, und dort gilt $F'(0) = 0 = |0|$.

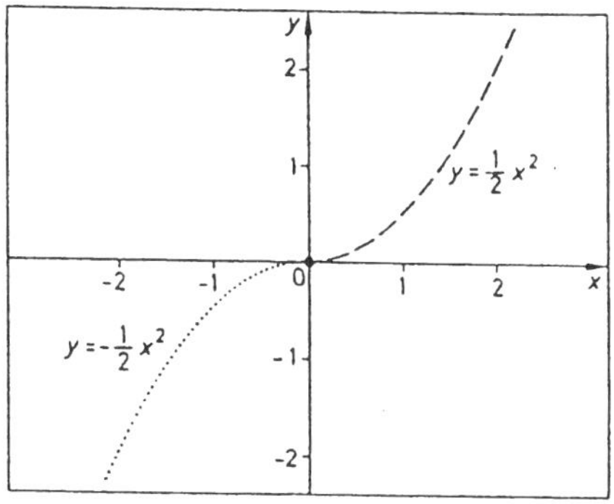

4.1.4
Bestimmen Sie jeweils eine Stammfunktion von:

a) $\sin x$ b) $\sqrt{x}$ c) $\dfrac{1}{x^n}$ d) e^{2x} e) x^{2n}

a) $F(x) = -\cos x$

b) $F(x) = \dfrac{2}{3}x^{\frac{3}{2}}$

c) $F(x) = -\dfrac{1}{(n-1)} \cdot x^{-(n-1)}$ für $n \neq 1$ und

$F(x) = \ln|x|$ für $n = 1$

d) $F(x) = \dfrac{1}{2}e^{2x}$

e) $F(x) = \dfrac{1}{2n+1}x^{2n+1}$

4.1.5
Man ermittle eine Stammfunktion F von:

a) $f(x) = 2x^5 - 10x^4 - 12x + 8$

b) $f(x) = \dfrac{1}{2}(x^3 - \dfrac{1}{\sqrt{x}})$ $(x > 0)$

c) $f(x) = -2 \cdot \sin x$

d) $f(x) = \dfrac{10}{x \cdot \ln 2}$

e) $f(x) = \dfrac{1}{\cos^2 x}$

f) $f(x) = 2^x \cdot \ln 2$

Man erhält:

bei **a)** z. B. : $F(x) = \frac{1}{3}x^6 - 2x^5 - 6x^2 + 8x$

bei **b)** z. B. : $F(x) = \frac{1}{8}x^4 - \sqrt{x}$

bei **c)** z. B. : $F(x) = 2\cos x$

bei **d)** z. B. : $F(x) = 10\log_2|x|$

oder auch in der Form $F(x) = \dfrac{10}{\ln 2}\ln|x|$ geschrieben

bei **e)** z. B. : $F(x) = \tan x$

bei **f)** z. B. : $F(x) = 2^x + 37$

4.1.6

Eine Funktion f besitzt eine Ableitung mit $f'(x) = \dfrac{1}{6}x^2 + \dfrac{7}{9}x + 1$. Der Graph von f verläuft durch den Punkt $P = (0\,;\,1)$. Wie lautet der Funktionswert $f(2)$?

Ergebnis: $f(2) = 5$

4.1.7

Eine Grenzerlösfunktion sei gegeben durch $E' = 30 - 4,6x + 1,5x^2$. Wie lautet die Erlösfunktion E, wenn für die Ausbringungsmenge $x = 10$ der Erlös 800 beträgt?

Ergebnis: $E = 230 + 30x - 2,3x^2 + 0,5x^3$

4.1.8

Bestimmen Sie die Menge aller Funktionen mit

a) $f''(x) = 0$ **b)** $f'''(x) = 0$

a) $\{f \mid f(x) = ax + b \;,\; a, b \in \mathbb{R}\}$

b) $\{f \mid f(x) = ax^2 + bx + c \;,\; a, b, c \in \mathbb{R}\}$

4.1.9

Geben Sie die unbestimmten Integrale an:

a) $\int 2\,dx$ **b)** $\int x^2\,dx$ **c)** $\int 4x^3\,dx$

d) $\int (2x^2 + 1)\,dx$ **e)** $\int (x^7 - x)\,dx$ **f)** $\dfrac{1}{2}\displaystyle\int \frac{1}{x}\,dx$

g) $\int (1 + x - x^2 + x^3)\,dx$ **h)** $\int 2^x\,dx$ **i)** $\int (\mathrm{e}^x + 0,4x)\,dx$

k) $\displaystyle\int \frac{4}{x}\,dx$ **l)** $\displaystyle\int (1 + \frac{1}{x} + \frac{1}{x^2})\,dx$ **m)** $\int \sin x\,dx$

n) $\int (2\sin x - 3\cos x)\,dx$

a) $\int 2\,dx = 2x + C$

b) $\int x^2\,dx = \frac{1}{3}\,x^3 + C$

c) $\int 4x^3\,dx = x^4 + C$

d) $\int (2x^2+1)\,dx = \frac{2}{3}\,x^3 + x + C$

e) $\int (x^7 - x)\,dx = \frac{1}{8}\,x^8 - \frac{1}{2}\,x^2 + C$

f) $\frac{1}{2}\int \frac{1}{x}\,dx = \frac{1}{2}\ln|x| + C$

g) $\int (1 + x - x^2 + x^3)\,dx = x + \frac{1}{2}\,x^2 - \frac{1}{3}\,x^3 + \frac{1}{4}\,x^4 + C$

h) $\int 2^x\,dx = \frac{1}{\ln 2}\cdot 2^x + C$

i) $\int (\mathrm{e}^x + 0,4x)\,dx = \mathrm{e}^x + 0,2x^2 + C$

k) $\int \frac{4}{x}\,dx = 4\ln|x| + C$

l) $\int (1 + \frac{1}{x} + \frac{1}{x^2})\,dx = x + \ln|x| - \frac{1}{x} + C$

m) $\int \sin x\,dx = -\cos x + C$

n) $\int (2\sin x - 3\cos x)\,dx = -2\cos x - 3\sin x + C$

4.1.10

Man berechne die folgenden unbestimmten Integrale:

a) $\int (12x^5 + 5\sqrt{x^3})\,dx$ **b)** $\int (\sqrt[5]{x^3} + \frac{3}{x^4} + \frac{2}{\sqrt[3]{x}})\,dx$

a)

$$\begin{aligned}\int (12x^5 + 5\sqrt{x^3})\,dx &= \int 12x^5\,dx + \int 5x^{\frac{3}{2}}\,dx \\ &= 2x^6 + 5\cdot\frac{2}{5}\,x^{\frac{5}{2}} + C \\ &= 2x^6 + 2\sqrt{x^5} + C\end{aligned}$$

b)

$$\begin{aligned}\int (\sqrt[5]{x^3} + \frac{3}{x^4} + \frac{2}{\sqrt[3]{x}})\,dx &= \frac{5}{8}x^{\frac{8}{5}} - x^{-3} + 3x^{\frac{2}{3}} + C \\ &= \frac{5}{8}\sqrt[5]{x^8} - \frac{1}{x^3} + 3\sqrt[3]{x^2} + C\end{aligned}$$

4.1.11

Aus einer Integraltafel sind bekannt: $(a \neq 0)$

a) $\displaystyle\int \frac{x}{(ax+b)^2}\,dx = \frac{b}{a^2\,(ax+b)} + \frac{1}{a^2}\cdot \ln(ax+b) + C$

b) $\displaystyle\int \frac{x}{(a^2-x^2)^3}\,dx = \frac{1}{4\,(a^2-x^2)^2} + C$

c) $\displaystyle\int x\cdot \mathrm{e}^{ax}\,dx = \frac{\mathrm{e}^{ax}}{a^2}\,(ax-1) + C$

Beweisen Sie diese Formeln!

Die Formeln werden durch Anwendung von Ableitungsregeln bewiesen.

a)

$$\begin{aligned}
\left(\frac{b}{a^2\,(ax+b)} + \frac{1}{a^2}\ln(ax+b) + C\right)' &= \frac{-ba^3}{a^4\,(ax+b)^2} + \frac{1}{a^2}\cdot\frac{1}{ax+b}\cdot a \\
&= \frac{-b}{a\,(ax+b)^2} + \frac{1}{a\,(ax+b)}\cdot\frac{ax+b}{ax+b} \\
&\qquad \text{(Brucherweiterung!)} \\
&= \frac{-b+ax+b}{a\,(ax+b)^2} \\
&= \frac{x}{(ax+b)^2}
\end{aligned}$$

Damit gilt die angegebene Formel.

b) $\displaystyle\left(\frac{1}{4\,(a^2-x^2)^2} + C\right)' = \frac{-1\cdot 4\cdot 2\,(a^2-x^2)\,(-2x)}{16\,(a^2-x^2)^4} = \frac{x}{(a^2-x^2)^3}$

c)

$$\begin{aligned}
\left(\frac{1}{a^2}\,\mathrm{e}^{ax}\,(ax-1) + C\right)' &= \frac{1}{a^2}\,\mathrm{e}^{ax}\cdot a\,(ax-1) + \frac{1}{a^2}\,\mathrm{e}^{ax}\cdot a \\
&= \frac{1}{a}\,\mathrm{e}^{ax}\,(ax-1) + \frac{1}{a}\,\mathrm{e}^{ax} \\
&= \frac{1}{a}\,\mathrm{e}^{ax}\,(ax-1+1) \\
&= \frac{1}{a}\,\mathrm{e}^{ax}\cdot ax \\
&= x\cdot \mathrm{e}^{ax}
\end{aligned}$$

4.2 Hauptsatz der Differential– und Integralrechnung; einfache Anwendungen

Ihre Bedeutung gewinnt die Integralrechnung durch das **bestimmte Integral**, durch das es möglich wird, u. a. Flächeninhalte zu berechnen.

Bestimmtes Integral

Es sei $[a, b] \subseteq \mathbb{R}$ ein beschränktes, abgeschlossenes Intervall und $f : [a, b] \longrightarrow \mathbb{R}$ eine stetige Funktion.
Die Funktion

$$x \mapsto F_a(x) ,$$

wobei $F_a(x)$ den Flächeninhalt zwischen dem Graphen von f und der x–Achse in den Grenzen von a bis x angibt, der positiv zu rechnen ist, wenn f in $[a, x]$ oberhalb der x–Achse verläuft und negativ, wenn f in $[a, x]$ unterhalb der x–Achse verläuft, heißt **bestimmtes Integral** von f in den Grenzen von a bis x.

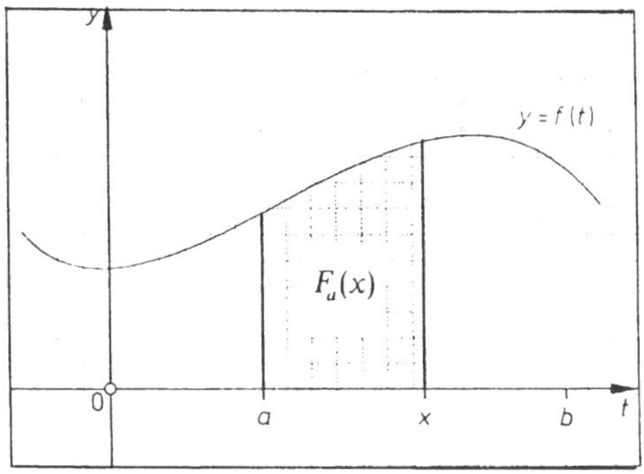

Schreibweise: $$F_a(x) = \int_a^x f(t)\, dt$$

Eine einfache Berechnungsmöglichkeit für das bestimmte Integral und eine Verbindung zum Begriff des unbestimmten Integrals aus dem vorigen Abschnitt liefert der Hauptsatz der Differential– und Integralrechnung:

Hauptsatz

Die Funktion f sei stetig auf $[a, b] \subseteq D(f)$, und F sei dort eine Stammfunktion von f. Dann gilt:

$$\int_a^b f(x)\, dx = F(b) - F(a) =: [F(x)]_a^b$$

Sätze zur Integration (Merkform)

1) $\int_a^b f(x)\,dx + \int_b^c f(x)\,dx = \int_a^c f(x)\,dx$

2) $\int_a^b f(x)\,dx \pm \int_a^b g(x)\,dx = \int_a^b (f(x) \pm g(x))\,dx$

Fläche zwischen zwei Graphen:
(Merkform)

$$A = \int_a^b (f(x) - g(x))\,dx$$

$(f(x) \geq g(x)$ für $x \in [a, b])$

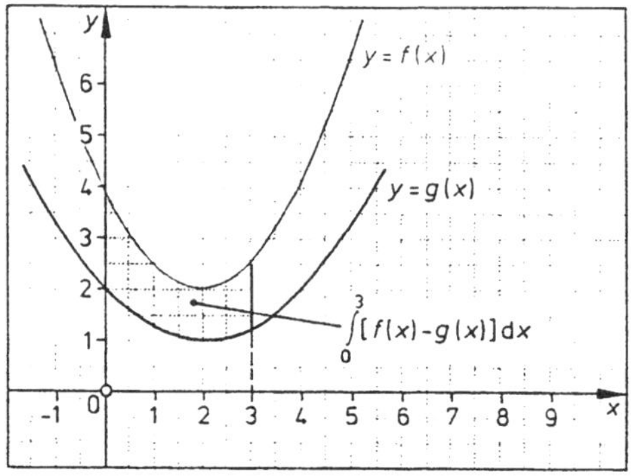

4.2.1

Berechnen Sie die bestimmten Integrale:

a) $\int_0^1 2x^2\,dx$ b) $\int_0^1 (2 + 4x^2)\,dx$ c) $\int_2^3 (4x^5 - 2x^3)\,dx$

d) $\int_2^3 (t^4 - 4t^2)\,dt$ e) $\int_0^2 \sqrt{3}\,x\,dx$ f) $\int_{-1}^1 (\frac{x^2}{3} + \frac{x^4}{6})\,dx$

a) $$\int_0^1 2x^2\,dx = \left[\frac{2}{3}x^3\right]_0^1 = \frac{2}{3} \cdot 1^3 - 0 = \frac{2}{3}$$

b) $$\int_0^1 (2 + 4x^2)\,dx = \left[2x + \frac{4}{3}x^3\right]_0^1 = 2 + \frac{4}{3} - 0 = \frac{10}{3}$$

c) $$\int_2^3 (4x^5 - 2x^3)\,dx = \left[\frac{2}{3}x^6 - \frac{1}{2}x^4\right]_2^3$$

$$= \frac{2}{3} \cdot 3^6 - \frac{1}{2} \cdot 3^4 - (\frac{2}{3} \cdot 2^6 - \frac{1}{2} \cdot 2^4)$$

$$= 2 \cdot 3^5 - \frac{1}{2} \cdot 3^4 - \frac{2}{3} \cdot 2^6 + 2^3$$
$$\approx 410{,}8$$

d) $\displaystyle\int_2^3 (t^4 - 4t^2)\,dt = \left[\frac{1}{5} \cdot t^5 - \frac{4}{3} \cdot t^3\right]_2^3 \approx 16,87$

e) $\displaystyle\int_0^2 \sqrt{3}\,x\,dx = \left[\sqrt{3} \cdot \frac{x^2}{2}\right]_0^2 = 2\sqrt{3} \approx 3,464$

f) $\displaystyle\int_{-1}^1 \underbrace{(\frac{x^2}{3} + \frac{x^4}{6})}_{f(x)}\,dx \overset{(1)}{=} 2 \cdot \int_0^1 (\frac{x^2}{3} + \frac{x^4}{6})\,dx = 2 \cdot \left[\frac{x^3}{9} + \frac{x^5}{30}\right]_0^1$

$$= 2\,(\frac{1}{9} + \frac{1}{30}) \approx 0,289$$

Dabei gilt (1), da f eine gerade Funktion ist, also $f(x) = f(-x)$ gilt.

4.2.2

Berechnen Sie die bestimmten Integrale:

a) $\displaystyle\int_2^4 \frac{2}{\sqrt{x}}\,dx$ **b)** $\displaystyle\int_1^3 (x^2 + \frac{1}{x^2})\,dx$ **c)** $\displaystyle\int_{-2}^2 3e^t\,dt$

d) $\displaystyle\int_2^4 \frac{x^2 + x}{2x}\,dx$ **e)** $\displaystyle\int_0^\pi \sin x\,dx$ **f)** $\displaystyle\int_1^2 (\sqrt{x} + 3 \cdot 2^x)\,dx$

a) $\displaystyle\int_2^4 \frac{2}{\sqrt{x}}\,dx = 4 \cdot \int_2^4 \frac{1}{2\sqrt{x}}\,dx = 4 \cdot \left[\sqrt{x}\right]_2^4 \approx 2,343$

b) $\displaystyle\int_1^3 (x^2 + \frac{1}{x^2})\,dx = \left[\frac{1}{3}\,x^3 - \frac{1}{x}\right]_1^3 = \frac{28}{3}$

c) $\displaystyle\int_{-2}^2 3e^t\,dt = \left[3e^t\right]_{-2}^3 = 3e^3 - 3e^{-2} \approx 59,85$

d) $\displaystyle\int_2^4 \frac{x^2 + x}{2x}\,dx = \int_2^4 (\frac{x^2}{2x} + \frac{x}{2x})\,dx = \int_2^4 (\frac{x}{2} + \frac{1}{2})\,dx$

$$= \left[\frac{x^2}{4} + \frac{x}{2}\right]_2^4 = 4 + 2 - 1 - 1 = 4$$

e) $$\int_0^\pi \sin x\, dx = [\cos x]_0^\pi = -\cos\pi - (-\cos 0)$$
$$= -\cos\pi + \cos 0 = -(-1) + 1 = 2$$

f) $$\int_1^2 (\sqrt{x} + 3\cdot 2^x)\, dx = \int_1^2 (x^{\frac{1}{2}} + 3\cdot 2^x)\, dx = \left[\frac{2}{3}\, x^{\frac{3}{2}} + \frac{3}{\ln 2}\cdot 2^x\right]_1^2$$
$$= \frac{2}{3}\cdot 2\sqrt{2} + \frac{3}{\ln 2}\cdot 2^2 - \frac{2}{3} - \frac{6}{\ln 2}$$
$$\approx 9{,}875$$

4.2.3

Gegeben sei die Funktion $F(x) = x^3 + x^2 + xe^x$. Wie groß ist $\int_0^1 F'(x)\, dx$?

Wenn $f = F'$ stetig ist, gilt der Hauptsatz der Differential- und Integralrechnung. Für die gegebene Funktion F ist natürlich die Ableitung F' stetig. Damit gilt:

$$\int_a^b F'(t)\, dt = F(b) - F(a)$$

Also reicht es hier, $F(1) - F(0)$ zu berechnen:

$$\int_0^1 F'(x)\, dx = F(1) - F(0) = 2 + e \approx 4,718$$

4.2.4

Bestimmen Sie die reelle Zahl α, und veranschaulichen Sie das Integral:

a) $\int_0^2 (\alpha - x^2)\, dx = \frac{16}{3}$ **b)** $\int_1^\alpha x^2\, dx = 4$

c) $\int_0^\alpha x^2\, dx = \int_\alpha^3 x^2\, dx$ **d)** $\int_0^\alpha (x^2 - 3x)\, dx = 0 \;,\; \alpha > 0$

a) $\int_0^2 (\alpha - x^2)\,dx = \left[\alpha x - \frac{x^3}{3}\right]_0^2$

$= 2\alpha - \frac{8}{3}$

$2\alpha - \frac{8}{3} = \frac{16}{3} \quad \Longrightarrow \quad \alpha = 4$

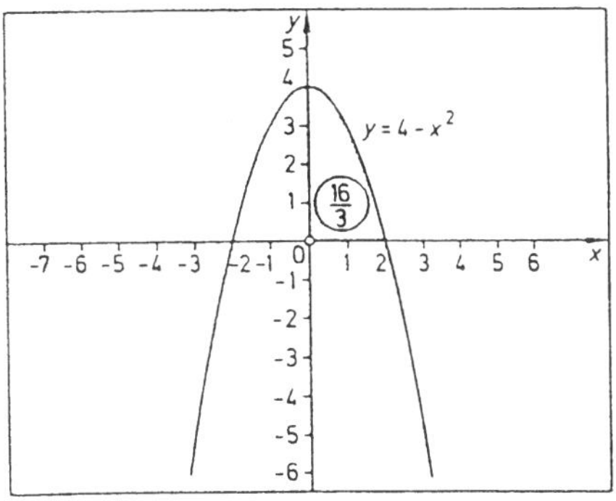

c) $\int_0^\alpha x^2\,dx = \int_\alpha^3 x^2\,dx$

$\left[\frac{x^3}{3}\right]_0^\alpha = \left[\frac{x^3}{3}\right]_\alpha^3$

$\frac{\alpha^3}{3} = \frac{27}{3} - \frac{\alpha^3}{3} \quad \Longrightarrow \quad \alpha = \sqrt[3]{\frac{27}{2}}$

$\approx 2,381$

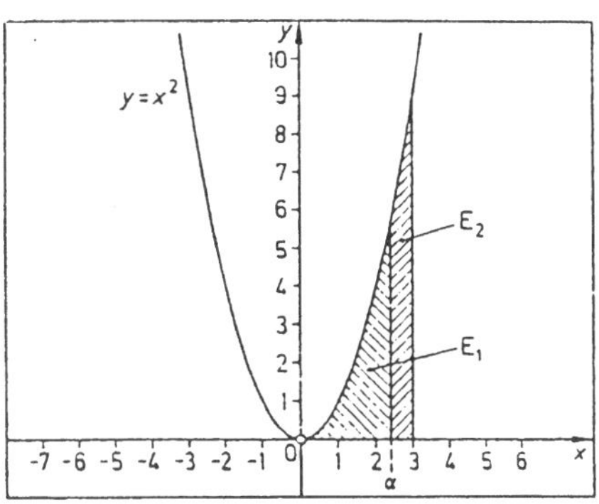

b) $\int_1^\alpha x^2\,dx = \left[\frac{x^3}{3}\right]_1^\alpha = \frac{\alpha^3}{3} - \frac{1}{3}$

$\frac{\alpha^3}{3} - \frac{1}{3} = 4 \quad \Longrightarrow \quad \alpha = \sqrt[3]{13}$

$\approx 2,351$

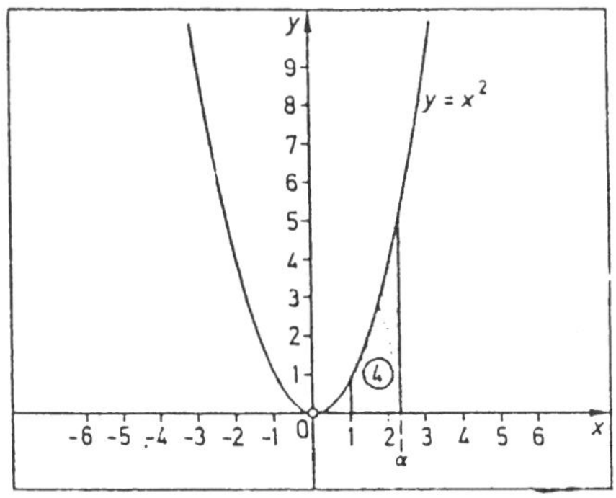

d) $\int_0^\alpha (x^2 - 3x)\,dx = 0 \quad \Longrightarrow$

$\frac{1}{3}\alpha^3 - \frac{3}{2}\alpha^2 = 0$

$\alpha_1 = 0 \notin \mathbb{R}^+ \;;\; \alpha_2 = \frac{9}{2}$

Die gesuchte Zahl $\alpha \in \mathbb{R}^+$ lautet $\alpha = \frac{9}{2}$; beide Flächen sind gleich groß .

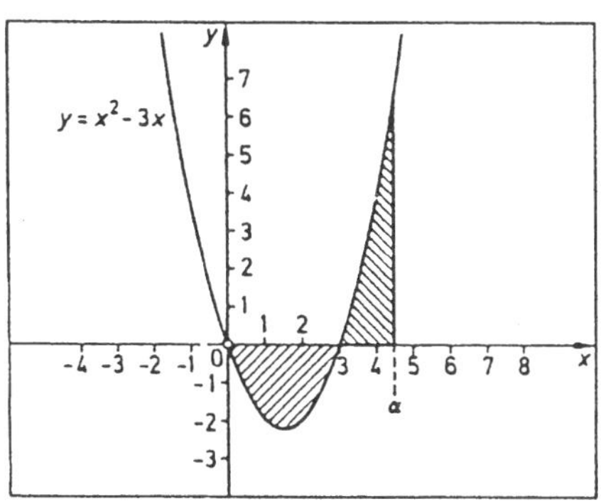

4.2.5

Berechnen Sie:

a) $\int_{-3}^{-1}(\frac{x^5}{3}-x^3)\,dx+\int_{-1}^{2}(\frac{x^5}{3}-x^3)\,dx+\int_{2}^{3}(\frac{x^5}{3}-x^3)\,dx$

b) $\int_{-1}^{2}(\frac{3}{x^2}+3^x)\,dx-\int_{-1}^{2}(2+\frac{3}{x^2}+3^x)\,dx$

a) $$\int_{-3}^{-1}(\frac{x^5}{3}-x^3)\,dx+\int_{-1}^{2}(\frac{x^5}{3}-x^3)\,dx+\int_{2}^{3}(\frac{x^5}{3}-x^3)\,dx=$$

$$=\int_{-3}^{3}(\frac{x^5}{3}-x^3)\,dx=0\,,$$

denn der Integrand ist eine ungerade Funktion (der Graph ist symmetrisch zum Nullpunkt), und das Integrationsintervall ist symmetrisch zu 0.

b) $$\int_{-1}^{2}(\frac{3}{x^2}+3^x)\,dx-\int_{-1}^{2}(2+\frac{3}{x^2}+3^x)\,dx=\int_{-1}^{2}(-2)\,dx=-6$$

4.2.6

Wie groß ist die Fläche, die im Intervall $[-2\,,\,1]$ zwischen dem Graphen von $f(x)=\frac{1}{4}x^3+\frac{1}{4}$ und der x-Achse liegt?
Fertigen Sie eine Skizze an!

Im Intervall $[-2\,,\,1]$ besitzt f die Nullstelle -1, und die interessierende Fläche besteht aus zwei Teilflächen: Die Teilfläche im Intervall $[-2\,,\,-1]$ liegt unterhalb der x-Achse, die im Intervall $[-1\,,\,1]$ oberhalb der x-Achse. Die gesuchte Fläche ergibt sich also als Summe der beiden Teilflächen.

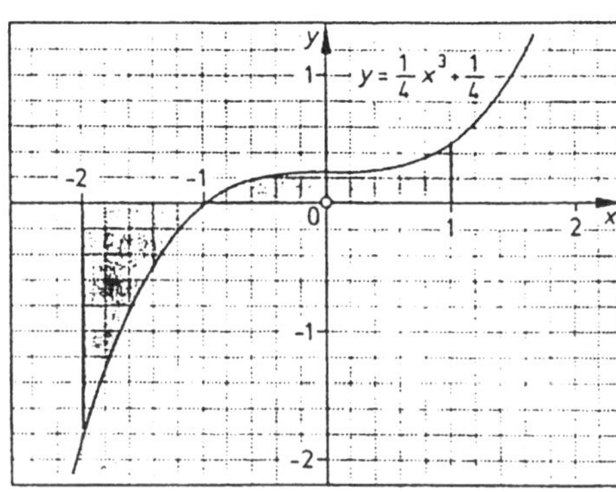

$$A\;=\;|\int_{-2}^{-1}f(x)\,dx|+\int_{-1}^{1}f(x)\,dx$$

$$= \left|\left[\frac{1}{16}x^4 + \frac{1}{4}x\right]_{-2}^{-1}\right| + \left[\frac{1}{16}x^4 + \frac{1}{4}x\right]_{-1}^{1}$$
$$= |(\frac{1}{16} - \frac{1}{4}) - (1 - \frac{1}{2})| + (\frac{1}{16} + \frac{1}{4}) - (\frac{1}{16} - \frac{1}{4})$$
$$= \frac{11}{16} + \frac{8}{16} = \frac{19}{16} \approx 1,19$$

Beachten Sie, daß sich dieser Wert *nicht* ergibt, wenn man das Integral $\int_{-2}^{1} f(x)\,dx$ berechnet!

4.2.7
Berechnen Sie die Größe der Fläche, die der Graph von $f(x) = x^4 - 6x^2 + 5$ mit der x–Achse einschließt.

Durch Lösen einer biquadratischen Gleichung ($x^2 =: z$) erhält man die Nullstellen: $-1\,,1\,,-\sqrt{5}\,,\sqrt{5}$
Für die gesuchte Fläche folgt:

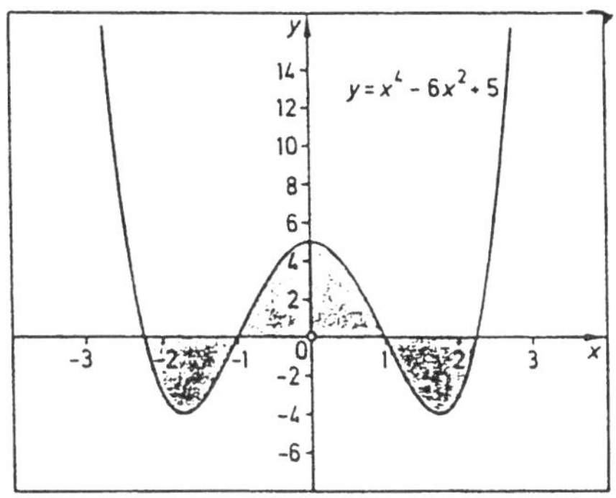

$$A = 2 \cdot \int_0^1 (x^4 - 6x^2 + 5)\,dx$$
$$+2 \cdot \left|\int_1^{\sqrt{5}} (x^4 - 6x^2 + 5)\,dx\right|$$
$$= \frac{32}{5} + \frac{32}{5} = 12,8$$

4.2.8
a) Wie lautet der Zahlenwert der Fläche, die die Parabeln mit den Gleichungen $y = x^2 + 2x + 1$ und $y = \frac{1}{4}x^2 + 1$ einschließen?
b) Wie lautet der Zahlenwert der Fläche, die von den Graphen mit $y = x^3 + 2x^2 - 4$ und $y = x^3 + 2x$ eingeschlossen wird?

a) $f(x) = g(x) \quad \Longrightarrow \quad x_1 = -\frac{8}{3}\,,\ x_2 = 0$
Es gilt $f(x) \le g(x)$ für $x \in [-\frac{8}{3}\,,\ 0]$.

$$A = \int_{-\frac{8}{3}}^{0} ((\frac{1}{4}x^2 + 1) - (x^2 + 2x + 1))\,dx = \frac{64}{27} \approx 2,370$$

b) $f(x) = g(x) \quad \Longrightarrow \quad x_1 = -1\,,\; x_2 = 2$
Es gilt $f(x) \le g(x)$ für $x \in [-1\,, 2]$.

$$A = \int_{-1}^{2} \left((x^3 + 2x) - (x^3 + 2x^2 - 4)\right) dx = 9$$

Skizze zu a):

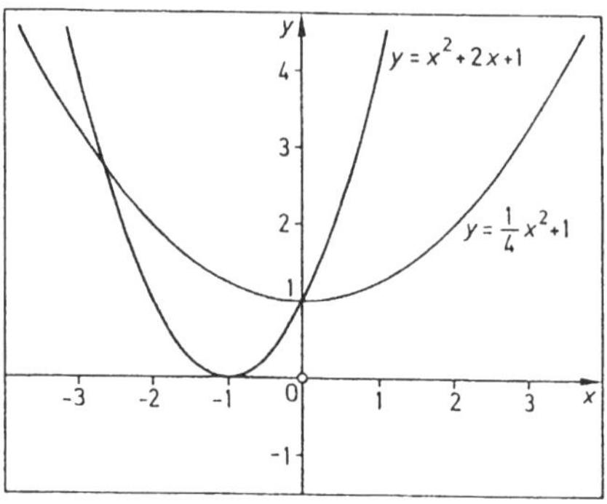

Skizze zu b):

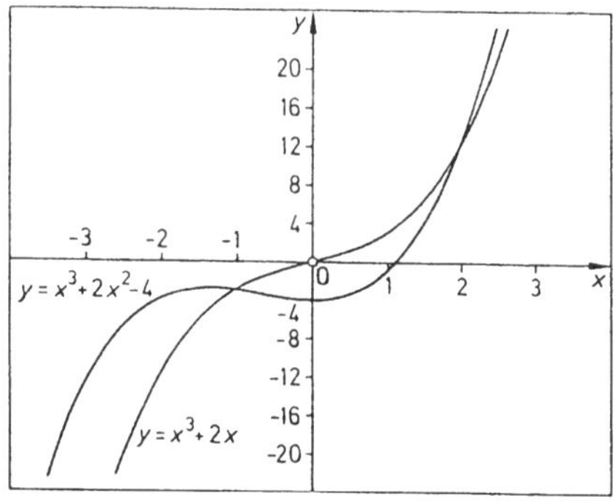

> **4.2.9**
> Für ein Lager sei eine mit der Zeit t anwachsende Bedarfsrate $r(t) = 20 + 4t$ wirksam. Dadurch ist die gesamte Lagerentnahme E von der Zeit $t = 0$ bis zur Zeit $t = z$ gegeben durch $E = \int_0^z (20 + 4t)\,dt$.
>
> **a)** Wie lautet die Lagerbestandsfunktion $L(z)$, wenn für $z = 0$ der Bestand 400 beträgt?
>
> **b)** Wann ist das Lager geleert?

a)

$$\begin{aligned} L(z) &= 400 - \int_0^z (20 + 4t)\,dt \\ &= 400 - \left[20t + 2t^2\right]_0^z = 400 - 20z - 2z^2 \end{aligned}$$

b) $L(z) = 0 \quad \Longrightarrow \quad 2z^2 + 20z - 400 = 0 \quad | : 2$

$$z_{1,2} = -5 \pm \sqrt{25 + 200} = -5 \pm 15$$

$$z_1 = 10 \qquad (z_2 \text{ sinnlos hier})$$

Das Lager ist zum Zeitpunkt $t = z = 10$ geleert.

4.3 Anwendungen von Integrationsregeln

Zur Integration verwendet man häufig die partielle Integration:

Partielle Integration

$$\int g(x) \cdot f'(x)\, dx = g(x) \cdot f(x) - \int g'(x) \cdot f(x)\, dx$$

Die **Integration durch Substitution** wird in den anschließenden Aufgaben erläutert. Wir verzichten auf die Angabe einer Formel.

4.3.1

Man berechne die folgenden unbestimmten Integrale:

a) $\int x \cdot \sin x\, dx$ b) $\int (3xe^x + 2\sin x)\, dx$ c) $\int x^2 \cos x\, dx$

Alle drei Integrale lassen sich mit partieller Integration lösen: Wir schreiben jeweils an den rechten Rand, welcher Faktor des Integranden als g und welcher als f' angesetzt wird.

a) $\int x \sin x\, dx$ $\qquad x = g,\ \sin x = f'$; $\quad 1 = g',\ -\cos x = f$

$$= x(-\cos x) + \int \cos dx$$

$$= -x \cdot \cos x + \sin x + C$$

b) $\int (3xe^x + 2\sin x)\, dx$ $\qquad x = g,\ e^x = f'$; $\quad 1 = g',\ e^x = f$

$$= 3\int xe^x\, dx + 2\int \sin x\, dx$$

$$= 3\left(xe^x - \int e^x\, dx\right) - 2\cos x + C$$

$$= 3xe^x - 3e^x - 2\cos x + C$$

c) $\int x^2 \cos x \, dx$ $\qquad x^2 = g,\ \cos x = f'$

$\qquad 2x = g',\ \sin x = f$

$= x^2 \sin x - 2 \int x \sin x \, dx$

$= x^2 \sin x - 2(x(-\cos x)) + 2 \int (-\cos x) \, dx$ $\qquad x = g,\ \sin x = f'$

$\qquad 1 = g',\ -\cos x = f$

$= x^2 \sin x + 2x \cos x - 2 \sin x + C$

4.3.2

Man berechne die folgenden unbestimmten Integrale:

a) $\int (2x^2+3)^5 \cdot 4x \, dx$ **b)** $\int \sin(2x+1) \, dx$

c) $\int \frac{2x+4}{x^2+4x} \, dx$ **d)** $\int \frac{\sin 2x}{\cos 2x} \, dx$

Bei a) und b) wird jeweils die Substitutionsregel angewendet. Die benutzte Substitution wird unter die Rechnung geschrieben.

a) $\int (2x^2+3)^5 \cdot 4x \, dx = \int t^5 \, dt = \frac{t^6}{6} + C = \frac{(2x+3)^6}{6} + C$

mit Substitution: $2x^2 + 3 = t \quad \Longrightarrow \quad \frac{dt}{dx} = 4x \quad$ also $\quad 4x \, dx = dt$

b) $\int \sin(2x+1) \, dx = \int \sin t \cdot \frac{1}{2} dt = -\frac{1}{2} \cos t + C = -\frac{1}{2} \cos(2x+1) + C$

mit Substitution: $2x + 1 = t \quad \Longrightarrow \quad 2\,dx = dt\ ,\ dx = \frac{1}{2} dt$

c) Hier ist der Zähler Ableitung des Nenners, also ist das Integral von der Form

$$\int \frac{f'(x)}{f(x)} \, dx \, .$$

Durch Anwendung der Kettenregel des Differenzierens erkennt man, daß für ein solches Integral gilt:

$$\int \frac{f'(x)}{f(x)} = \ln |f(x)| + C$$

Hier ergibt sich also:

$$\int \frac{2x+4}{x^2+4x} \, dx = \ln \left| x^2 + 4x \right| + C$$

d) Wieder ist der Zähler Ableitung des Nenners bis auf den Faktor -2 ; also:

$$\int \frac{\sin 2x}{\cos 2x}\,dx = -\frac{1}{2}\int \frac{-2\sin 2x}{\cos 2x}\,dx = -\frac{1}{2}\ln|\cos 2x| + C$$

4.3.3

Berechnen Sie den Wert der folgenden Integrale:

a) $\displaystyle\int_{-\pi/2}^{\pi/2} \cos(2x+1)\cdot 2\,dx$

b) $\displaystyle\int_{-1}^{3} (7x+15)^{-1}\,dx$

c) $\displaystyle\int_{-1}^{1} \sin(3x^3+2x^2+x+1)\cdot(9x^2+4x+1)\,dx$

a) Substitution: $2x+1=t$, $2\,dx = dt$

Grenzen: $x = \pi/2 \Rightarrow t = \pi+1$; $x = -\pi/2 \Rightarrow t = -\pi+1$

$$\begin{aligned}\int_{-\pi/2}^{\pi/2} \cos(2x+1)\cdot 2\,dx &= \int_{-\pi+1}^{\pi+1} \cos t\,dt \\ &= [\sin t]_{-\pi+1}^{\pi+1} = \sin(\pi+1) - \sin(-\pi+1) \\ &= 0\text{ , da die Sinusfunktion } 2\pi-\text{periodisch ist.}\end{aligned}$$

Andere Möglichkeit der Berechnung (ohne Transformation der Grenzen, aber dafür mit Rücksubstitution):

$$\begin{aligned}\int \cos(2x+1)2\,dx &= \int \cos t\,dt \quad \text{mit } t = 2x+1 \\ &= \sin t = \sin(2x+1)\end{aligned}$$

$$\begin{aligned}\Longrightarrow \int_{-\pi/2}^{\pi/2} \cos(2x+1)\cdot 2\,dx &= [\sin(2x+1)]_{-\pi/2}^{\pi/2} \\ &= \sin(\pi+1) - \sin(-\pi+1) = 0\end{aligned}$$

b) $\displaystyle\int_{-1}^{3} (7x+15)^{-1}\,dx$

$\displaystyle = \int_{8}^{36} \frac{1}{t}\cdot\frac{1}{7}\,dt = \frac{1}{7}\,[\ln t]_8^{36}$

$\displaystyle = \frac{1}{7}(\ln 36 - \ln 8)$

$\displaystyle = \frac{1}{7}\ln\frac{36}{8} = \frac{1}{7}\ln\frac{9}{2} \approx 0,215$

Substitution:
$7x + 15 = t$
$7\,dx = dt,\ dx = \frac{1}{7}\,dt$
Grenzen:
$x = 3 \Rightarrow t = 36$
$x = -1 \Rightarrow t = 8$

c) $\displaystyle\int_{-1}^{1} \sin(3x^3+2x^2+x+1)\cdot(9x^2+4x+1)\,dx$

$\displaystyle = \int_{-1}^{7} \sin t\,dt = [-\cos t]_{-1}^{7}$

$= -\cos 7 + \cos(-1)$

$= \cos 1 - \cos 7 \approx -0,214$

Substitution:
$3x^3 + 2x^2 + x + 1 = t$
$(9x^2+4x+1)\,dx = dt$
Grenzen:
$x = -1 \Rightarrow t = -1$
$x = 1 \Rightarrow t = 7$

4.3.4

Man berechne die folgenden bestimmten Integrale:

a) $\displaystyle\int_{1}^{2} 10^x\,dx$ **b)** $\displaystyle\int_{0,5}^{2} (2x+1)e^x\,dx$

c) $\displaystyle\int_{-1}^{1} e^{2t+1}\,dt$ **d)** $\displaystyle\int_{3}^{5} \ln\frac{t-1}{2}\,dt$

a) $\displaystyle\int_{1}^{2} 10^x\,dx = \frac{1}{\ln 10}[10^x]_1^2 = \frac{1}{\ln 10}(100-10) = \frac{90}{\ln 10} \approx 39,09$

b) Es wird partiell integriert:

$$f = 2x+1\,,\quad g' = e^x \quad\Longrightarrow\quad f' = 2\,,\quad g = e^x$$

$$\int (2x+1)\,e^x\,dx = (2x+1)\,e^x - \int 2e^x\,dx = (2x-1)\,e^x + C$$

Also gilt:

$$\int_{0,5}^{2} (2x+1)e^x \, dx = [e^x(2x-1)]_{0,5}^2 = 3e^2 \approx 22,17$$

c) Hier wird folgende Substitution durchgeführt:

$$x = 2t+1\,, \quad dx = 2\,dt\,, \quad -1 \le t \le 1 \quad \Longrightarrow \quad -1 \le x \le 3$$

$$\int_{-1}^{1} e^{2t+1}\, dt = \frac{1}{2}\int_{-1}^{3} e^x \, dx = \frac{1}{2}[e^x]_{-1}^3 = \frac{1}{2}(e^3 - e^{-1}) \approx 9,86$$

d) Zunächst wird die Substitution

$$x = \frac{t-1}{2}\,, \quad dt = 2\,dx\,, \quad 3 \le t \le 5 \quad \Longrightarrow \quad 1 \le x \le 2$$

durchgeführt. Das entstehende Integral wird dann mittels partieller Integration gelöst, wobei $\ln x$ als $1 \cdot \ln x$ aufgefaßt wird und $f = \ln x$ sowie $g' = 1$ gesetzt wird.

$$\begin{aligned} \int_3^5 \ln\frac{t-1}{2}\, dt &= 2\int_1^2 \ln x \, dx = 2[x\,\ln x]_1^2 - 2\int_1^2 \frac{x}{x}\, dx \\ &= 2(2\,\ln 2 - [x]_1^2) = 4\,\ln 2 - 2 \\ &\approx 0,773 \end{aligned}$$

4.3.5

Es seien $x = f(p) = \frac{1}{6}(p-10)^2$ für $0 \le p \le 10$

bzw.

$$x = \Psi(p) = \begin{cases} 0 & \text{für } 0 \le p \le 2 \\ \frac{3}{2}(p-2)^2 & \text{für } 2 \le p \end{cases}$$

Nachfrage– bzw. Angebotsfunktion eines bestimmten Gutes auf einem bestimmten Markt.
Man berechne den Marktpreis p_M, die Konsumentenrente und die Produzentenrente.

Berechnung des Marktpreises p_M:

$$\begin{aligned} \tfrac{3}{2}(p-2)^2 &= \tfrac{1}{6}(p-10)^2 \\ 9(p-2)^2 &= (p-10)^2 \\ 9(p^2-4p+4) &= p^2 - 20p + 100 \\ p^2 - 2p - 8 &= 0 \\ p_{1,2} &= 1 \pm\sqrt{1+8} \end{aligned}$$

$p_M = p_1 = 4 \qquad (p_2 = -2$ ist sinnlos hier.)
Berechnung der Konsumentenrente K (Substitution: $t = p - 10$):

$$K = \int_4^{10} f(p)\,dp = \frac{1}{6}\left[\frac{(p-10)^3}{3}\right]_4^{10} = \frac{1}{18}(0-(-6)^3) = \frac{6^3}{3\cdot 6} = 12$$

Berechnung der Produzentenrente P (Substitution: $t = p - 2$):

$$P = \int_2^4 \Psi(p)\,dp = \frac{3}{2}\left[\frac{(p-2)^3}{3}\right]_2^4 = \frac{1}{2}(8-0) = 4$$

Skizze:

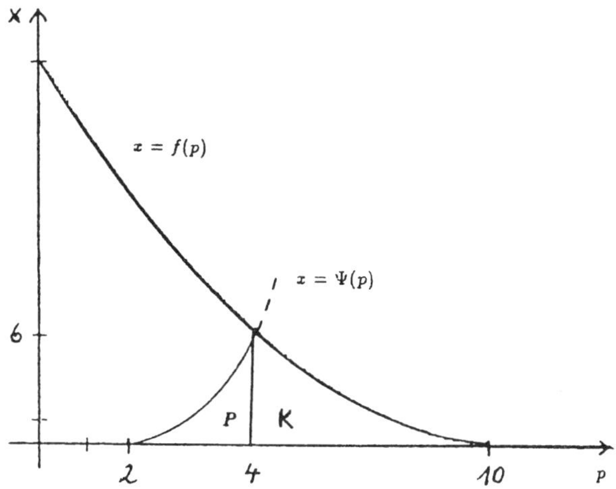

4.3.6

Ein Projekt einer Firma erfordert zum Anfangszeitpunkt $t_0 = 0$ eine Investition von 500 € . In einem Zeitraum von 20 Jahren macht die Firma einen von der Zeit abhängigen Gewinn $g(t) = t^2$? Dieser Gewinn wird auf ein Konto eingezahlt und mit $r = 10\%$ p.a. stetig verzinst.

a) Man bestimme den Barwert und den Endwert.

b) Der Barwert soll nach 5 Jahren durch stetige Abschreibung mit der konstanten Rate δ auf den Restwert von 100 € vermindert werden. Wie groß ist δ zu wählen?

Wert zum Zeitpunkt t^* :

$$K(t^*) = \int_0^{20} g(t)\, e^{-r(t-t^*)}\, dt - 500 = \int_0^{20} t^2 e^{-(t-t^*)/10}\, dt - 500$$

Partielle Integration:
$$\begin{array}{lll} g = t^2 & \Rightarrow & g' = 2t \\ f' = e^{-(t-t^*)/10} & \Rightarrow & f = -10e^{-(t-t^*)/10} \end{array}$$

$$\begin{aligned} K(t^*) &= \left[t^2\left(-10e^{-(t-t^*)/10}\right)\right]_0^{20} + \int_0^{20} 2t \cdot 10e^{-(t-t^*)/10}\, dt - 500 \\ &= -4000e^{\frac{t^*}{10}-2} + 20\int_0^{20} te^{-(t-t^*)/10}\, dt - 500 \end{aligned}$$

Partielle Integration:
$$\begin{array}{lll} g = t & \Rightarrow & g' = 1 \\ f' = e^{-(t-t^*)/10} & \Rightarrow & f = -10e^{-(t-t^*)/10} \end{array}$$

$$\begin{aligned} K(t^*) &= -400e^{\frac{t^*}{10}-2} + 20\left(\left[t\left(-10e^{-(t-t^*)/10}\right)\right]_0^{20} - \int_0^{20}\left(-10e^{-(t-t^*)/10}\right) dt\right) \\ &\quad -500 \\ &= -8000e^{\frac{t^*}{10}-2} + 200\left[-10e^{-(t-t^*)/10}\right]_0^{20} - 500 \\ &= -10000e^{\frac{t^*}{10}-2} + 2000e^{t^*/10} - 500 \end{aligned}$$

a) Barwert: $t^* = 0$: $K(0) = -10000e^{-2} + 2000 - 500 \approx 146,65$
Endwert: $t^* = 20$: $K(20) = -10000 + 2000e^2 - 500 \approx 4278,11$

b) $100 = K(0) \cdot e^{-\delta \cdot 5} \quad \Longrightarrow \quad \ln 100 = \ln K(0) - \delta \cdot 5$

$$\delta = \frac{1}{5} \ln \frac{K(0)}{100} \approx 0,07658$$

4.4 Uneigentliche Integrale

Uneigentliche Integrale sind bestimmte Integrale. Man unterscheidet zwei Typen von uneigentlichen Integralen:

Uneigentliche Integrale

1. Typ	$\int\limits_a^{\infty} f(t)\,dt$ bzw. $\int\limits_{-\infty}^{a} f(t)\,dt$	(Das Integrationsintervall ist nicht endlich.)
2. Typ	$\int\limits_a^{b} f(t)\,dt$	(f unbeschränkt auf $[a,b]$.)

4.4.1

Es sei $F(b) = \int\limits_0^b \frac{3t^2}{(1+t^3)^4}\,dt$. Wie groß ist $\lim\limits_{b\to\infty} F(b)$?

Substitution: $1 + t^3 = x \implies 3t^2\,dt = dx$

$$\int \frac{3t^2}{(1+t^3)^4}\,dt = \int \frac{1}{x^4}\,dx = -\frac{1}{3x^3} + c = -\frac{1}{3(1+t^3)^3} + c,$$

$$F(b) = \int\limits_0^b \frac{3t^2}{(1+t^3)^4}\,dt = -\left[\frac{1}{3(1+t^3)^3}\right]_0^b = \frac{1}{3} - \frac{1}{3(1+b^3)^3}$$

$$\lim_{b\to\infty} F(b) = \lim_{b\to\infty}\left(\frac{1}{3} - \frac{1}{3\,(1+b^3)^3}\right) = \frac{1}{3} - 0 = \frac{1}{3}$$

4.4.2

Welchen Wert besitzt das Integral $\int\limits_1^{\infty} \frac{3}{x^3}\,dx$?

$$\int\limits_1^{\infty} \frac{3}{x^3}\,dx = \lim_{b\to\infty}\left(\left[-\frac{3}{2}x^{-2}\right]_1^b\right) = \lim_{b\to\infty}\left(-\frac{3}{2}b^{-2} + \frac{3}{2}\right) = \frac{3}{2}\lim_{b\to\infty}\left(1 - \frac{1}{b^2}\right)$$

$$= \frac{3}{2}$$

4.4.3

Welchen Wert besitzt das Integral $\int\limits_0^\infty t^2 \mathrm{e}^{-2t}\, dt$?

$\int t^2 \mathrm{e}^{-2t}\, dt = -\frac{1}{2}t^2\mathrm{e}^{-2t} - \frac{1}{2}t\mathrm{e}^{-2t} - \frac{1}{4}\mathrm{e}^{-2t} + c$ (zweimal partielle Integration)

Also:
$$\begin{aligned}\int\limits_0^\infty t^2\mathrm{e}^{-2t}\, dt &= \lim_{b\to\infty}\left(\left[-\frac{1}{2}t^2\mathrm{e}^{-2t} - \frac{1}{2}t\mathrm{e}^{-2t} - \frac{1}{4}\mathrm{e}^{-2t}\right]_0^b\right)\\ &= -\frac{1}{2}\lim_{b\to\infty}\left(\underbrace{\mathrm{e}^{-2b}\left(\frac{b^2}{2}+b+\frac{1}{2}\right)}_{\to 0} - \frac{1}{2}\right) = \frac{1}{4}\end{aligned}$$

4.4.4

Gegeben ist die Funktion f mit $f(x) = \frac{2x}{(1+x^2)^2}$; $x \geq 0$.

a) Bestimmen Sie $\int f(x)\, dx$.

b) Berechnen Sie $\int\limits_0^\infty f(x)\, dx$ und veranschaulichen Sie das Integral graphisch anhand einer groben Skizze.

c) Wie lautet die Zahl $z > 0$, so daß die im Intervall $[0\,;\,z]$ zwischen dem Graphen von f und der x–Achse liegende Fläche den Zahlenwert $0,5$ besitzt?

a) Substitution: $\quad 1 + x^2 = t \quad \Longrightarrow \quad \frac{dt}{dx} = 2x \quad \Longrightarrow \quad 2x\, dx = dt$

$$\begin{aligned}\int \frac{2x}{(1+x^2)^2}\, dx &= \int \frac{dt}{t^2} = \int t^{-2}\, dt = t^{-1} + C\\ &= -\frac{1}{t} + C\\ &= -\frac{1}{1+x^2} + C\end{aligned}$$

Skizze:

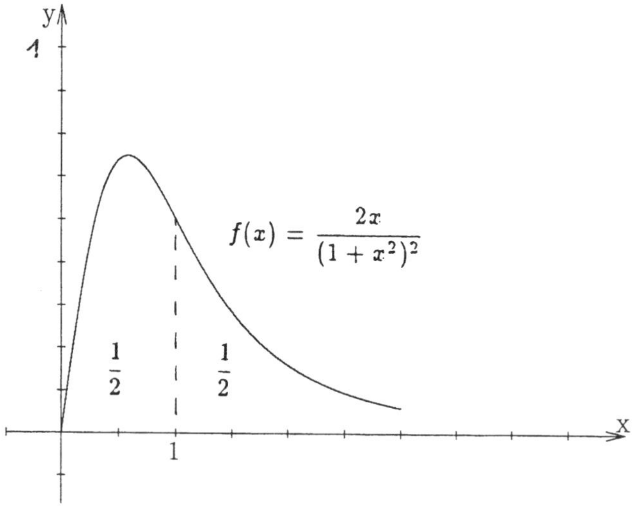

b) $\int_0^\infty f(x)\,dx = \lim_{a\to\infty}\left[-\frac{1}{1+x^2}\right]_0^a = \lim_{a\to\infty}\left[-\frac{1}{1+a^2}+\frac{1}{1}\right] = 1$

c) $\int_0^z f(x)\,dx = \frac{1}{2} \quad\Longrightarrow\quad \left[-\frac{1}{1+x^2}\right]_0^z = \frac{1}{2}$

Hieraus folgt $-\frac{1}{1+z^2}+1 = \frac{1}{2}$, also $z^2 = 1$.

Die gesuchte Zahl lautet $z = 1$.

4.4.5

Es sei $F(b) = \int_b^2 \frac{1}{\sqrt[3]{x}}\,dx$. Wie groß ist $\lim_{b\to 0} F(b)$?

$$F(b) = \int_b^2 \frac{1}{\sqrt[3]{x}}\,dx = \int_b^2 x^{-\frac{1}{3}}\,dx = \left[\frac{3}{2}x^{\frac{2}{3}}\right]_b^2 = \frac{3}{2}\left(\sqrt[3]{4} - \sqrt[3]{b^2}\right) \quad\Longrightarrow$$

$$\lim_{b\to 0+} F(b) = \lim_{b\to 0+} \frac{3}{2}\left(\sqrt[3]{4} - \sqrt[3]{b^2}\right) = \frac{3}{2}\cdot\sqrt[3]{4}$$

4.4.6

Man berechne die folgenden Integrale. Welches sind uneigentliche Integrale?

a) $\int\limits_2^3 \frac{x^2}{x^3+2}\,dx$ **b)** $\int\limits_2^4 \frac{x^2}{\sqrt{x^3-8}}\,dx$

c) $\int\limits_1^\infty \frac{1}{(x+1)^2}\,dx$ **d)** $\int\limits_{-1}^\infty \frac{1}{(x+1)^2}\,dx$

e) $\int\limits_{-1}^0 \frac{2x}{\sqrt{1-x^2}}\,dx$ **f)** $\int\limits_{-1}^1 \frac{2x}{\sqrt{1-x^2}}\,dx$

a) Dies ist kein uneigentliches Integral. Wir berechnen wie üblich seinen Wert.
Substitution: $y = x^3 + 2 \implies dy = 3x^2\,dx$

$$\frac{1}{3}\int \frac{3x^2}{x^3+2}\,dx = \frac{1}{3}\int \frac{1}{y}\,dy = \frac{1}{3}\ln|y| + c = \frac{1}{3}\ln|x^3+2| + C$$

$$\int\limits_2^3 \frac{x^2}{x^3+2}\,dx = \left[\frac{1}{3}\ln|x^3+2|\right]_2^3 = \frac{1}{3}(\ln 29 - \ln 10) = \frac{1}{3}\ln\frac{29}{10} \approx 0,355$$

b) Hier liegt ein uneigentliches Integral vor, da der Integrand an der unteren Grenze unbeschränkt ist.
Substitution: $y = x^3 - 8 \implies dy = 3x^2\,dx$

$$\int \frac{x^2}{\sqrt{x^3-8}}\,dx = \frac{1}{3}\int \frac{1}{\sqrt{y}}\,dy = \frac{1}{3}\int y^{-\frac{1}{2}}\,dy = \frac{1}{3}\cdot\frac{y^{\frac{1}{2}}}{\frac{1}{2}} + C = \frac{2}{3}\sqrt{x^3-8} + C$$

$$\int\limits_2^4 \frac{x^2}{\sqrt{x^3-8}}\,dx = \lim_{u\to 2+}\int\limits_u^4 \frac{x^2}{\sqrt{x^3-8}}\,dx = \lim_{u\to 2+}\left[\frac{2}{3}\sqrt{x^3-8}\right]_u^4$$
$$= \lim_{u\to 2+}\frac{2}{3}\left(\sqrt{56} - \sqrt{u^3-8}\right) = \frac{2}{3}\sqrt{56} \approx 4,99$$

c) Dies ist ein uneigentliches Integral, da über ein unbeschränktes Intervall integriert wird.

Substitution: $\quad y = x + 1 \quad \Longrightarrow \quad dy = dx$

$$\int \frac{1}{(x+1)^2}\,dx = \int \frac{1}{y^2}\,dy = \int y^{-2}\,dy = \frac{y^{-1}}{-1} + C = \frac{-1}{x+1} + C$$

$$\int_1^{\infty} \frac{1}{(x+1)^2}\,dx = \lim_{b\to\infty}\left[\frac{-1}{x+1}\right]_1^b = \lim_{b\to\infty}\left(\frac{-1}{b+1} + \frac{1}{2}\right) = \frac{1}{2}$$

d) Hier ist einerseits das Integrationsintervall unbeschränkt, außerdem ist der Integrand an der unteren Grenze unbeschränkt. Daher spalten wir zunächst in zwei uneigentliche Integrale auf.

$$\int_{-1}^{\infty} \frac{1}{(x+1)^2}\,dx = \int_{-1}^{1} \frac{1}{(x+1)^2}\,dx + \int_{1}^{\infty} \frac{1}{(x+1)^2}\,dx$$

Für das erste dieser Integrale erhalten wir:

$$\int_{-1}^{1} \frac{1}{(x+1)^2}\,dx = \lim_{u\to -1+}\left[\frac{-1}{x+1}\right]_u^1 = \lim_{u\to -1+}\left(-\frac{1}{2} + \frac{1}{u+1}\right) = \infty$$

Das erste uneigentliche Integral existiert also nicht.

$$\int_{1}^{\infty} \frac{1}{(x+1)^2}\,dx = \lim_{u\to\infty}\left[\frac{-1}{x+1}\right]_1^u = \lim_{u\to\infty}\left(-\frac{1}{u+1} + \frac{1}{2}\right) = \frac{1}{2}$$

Das zweite uneigentliche Integral existiert.
Das gegebene Integral existiert als Summe der beiden dann aber nicht.

e) Dies ist ein uneigentliches Integral ähnlich wie b).
Mit der Substitution $\quad y = 1 - x^2 \quad$ folgt für das unbestimmte Integral:

$$\int \frac{2x}{\sqrt{1-x^2}}\,dx = -\int \frac{1}{\sqrt{y}}\,dy$$

$$= -\int y^{-\frac{1}{2}}\,dy = -\frac{y^{\frac{1}{2}}}{\frac{1}{2}} + C = -2\sqrt{1-x^2} + C$$

Also erhält man für das uneigentliche Integral:

$$\int_{-1}^{0} \frac{2x}{\sqrt{1-x^2}}\,dx = \lim_{u\to -1+}\left[-2\sqrt{1-x^2}\right]_u^0 = \lim_{u\to -1+}\left(-2 + 2\sqrt{1-u^2}\right) = -2$$

f) Der Integrand ist an der oberen und unteren Grenze unbeschränkt. Also liegt wieder ein uneigentliches Integral vor. Es ergibt sich hier leicht:

$$\int_{-1}^{1} \frac{2x}{\sqrt{1-x^2}}\, dx = 0,$$

da der Integrand eine ungerade Funktion ist und das Integral unter e) existiert.

4.4.7

Untersuchen Sie das uneigentliche Integral $\int\limits_0^{\frac{\pi}{2}} \frac{1}{\cos^2 x}\, dx$ auf Konvergenz.

Es ist

$$\int_0^{\frac{\pi}{2}} \frac{1}{\cos^2 x}\, dx = \tan x + C\ .$$

Weiter gilt:

$$\lim_{b \to \frac{\pi}{2}-0} \int_0^{b} \frac{1}{\cos^2 x}\, dx = \lim_{b \to \frac{\pi}{2}-0} \tan b = \infty$$

Das uneigentliche Integral divergiert also.

4.4.8

a) Man berechne die dargestellte Fläche.

b) Wie lautet die Parallele $y = h$ zur x-Achse, wenn diese die dargestellte Fläche halbieren soll?

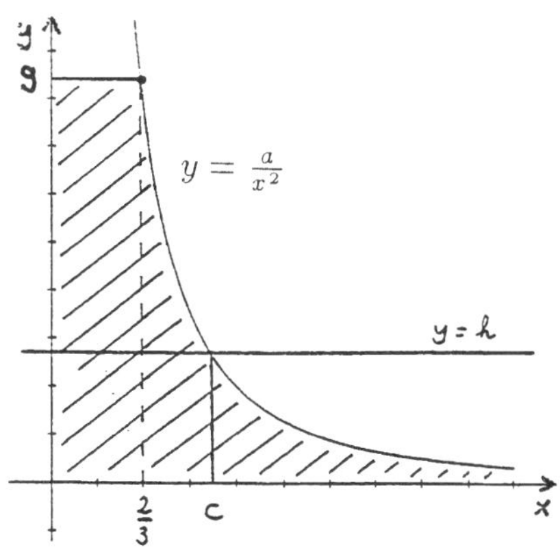

a) Aus $P = (\frac{2}{3}, 9)$ erhält man mittels $y = \frac{a}{x^2}$ die Bedingung $9 = \frac{a}{\frac{4}{9}}$ für a, also $a = 4$. Damit lautet die Funktion $y = \frac{4}{x^2}$ und die Fläche berechnet sich zu

$$A = A_1 + A_2 = \underbrace{9 \cdot \frac{2}{3}}_{\text{Rechteck}} + \underbrace{\int_{\frac{2}{3}}^{\infty} \frac{4}{x^2}\,dx}_{\text{I}} .$$

Das uneigentliche Integral I ergibt

$$I = \lim_{r \to \infty} \int_{\frac{2}{3}}^{r} \frac{4}{x^2}\,dx = \lim_{r \to \infty} [\frac{-4}{x}]_{\frac{2}{3}}^{r} = \lim_{r \to \infty} (\frac{-4}{r}) - \frac{-4}{\frac{2}{3}} = 6 .$$

Also beträgt der Zahlenwert der dargestellten Fläche $A = 6 + 6 = 12$.

b) Wenn die Parallele $y = h$ die Fläche halbieren soll, so muß für die Stelle $c > \frac{2}{3}$ gelten:

$$h \cdot c + \int_{c}^{\infty} \frac{4}{x^2}\,dx = 6 \quad \text{und} \quad \frac{4}{c^2} = h$$

Es folgt $h \cdot c = \frac{4}{c^2} \cdot c = \frac{4}{c}$, und die Berechnung des Integrals liefert wie unter a):

$$\int_{c}^{\infty} \frac{4}{x^2}\,dx = \frac{4}{c} .$$

Damit ergibt sich für c die Bedingung $\frac{4}{c} + \frac{4}{c} = 6$, also ist $c = \frac{4}{3}$. Damit folgt $h = \frac{4}{c^2} = \frac{9}{4}$.
Die gesuchte Parallele lautet $y = \frac{9}{4}$.

Kapitel 5

Determinanten und CRAMERsche Regel

Determinanten von $n \times n$–Matrizen über $\mathbb{R}$ werden **rekursiv** definiert. Die Determinante einer Matrix $\mathbf{A} \in \mathbb{R}^{n \times n}$ wird mit $\det \mathbf{A}$ oder $|\mathbf{A}|$ bezeichnet.

Definition der Determinante

1. Die Determinante der Matrix $\mathbf{A} = (a)$ ist die Zahl a: $\det(a) = a$

2. $\mathbf{A} = \begin{pmatrix} a & b \\ c & d \end{pmatrix} \implies \det \mathbf{A} = \begin{vmatrix} a & b \\ c & d \end{vmatrix} := ad - bc$

3. Ist $\mathbf{A} = (a_{ij})$ eine $n \times n$–Matrix mit $n \geq 3$, so ist

$$\det \mathbf{A} := \sum_{j=1}^{n} (-1)^{1+j} \cdot a_{1j} \cdot \det(\mathbf{A}_{1j}),$$

wobei $\mathbf{A}_{1j}$ diejenige Matrix ist, die aus $\mathbf{A}$ durch Streichung der ersten Zeile und j-ten Spalte entsteht.

Die Berechnung einer Determinante kann häufig durch Ausnutzung der folgenden Eigenschaften vereinfacht werden:

Eigenschaften der Determinante

1. Das Vorzeichen der Determinante ändert sich, wenn man zwei Zeilen (Spalten) vertauscht.

2. Der Wert der Determinante ändert sich nicht, wenn man ein Vielfaches einer Zeile (Spalte) zu einer anderen Zeile (Spalte) addiert.

3. Aus einer Zeile (Spalte) kann ein gemeinsamer Faktor vor die Determinante gezogen werden.

4. Nennt man die Regel 2. in der rekursiven Definition die *Entwicklung nach der ersten Zeile*, so kann man diese Regel ersetzen durch Entwicklung nach einer beliebigen Zeile oder Spalte. Dies ist die Aussage des **LAPLACEschen Entwicklungssatzes.**
Als Formel z. B. :

$$\det \mathbf{A} = \sum_{k=1}^{n} a_{ik}(-1)^{i+k} \det \mathbf{A}_{ik} \ ,$$

wobei $\mathbf{A}_{ik}$ aus $\mathbf{A}$ durch Streichung der i–ten Zeile und der k–ten Spalte entsteht.
(Entwicklung nach der i–ten Zeile)

5. $\det \mathbf{A} = 0$ gilt genau dann, wenn die Zeilen (Spalten) von $\mathbf{A}$ linear abhängig sind.

6. $\det \mathbf{A} = \det \mathbf{A}^{\top}$ $\det \mathbf{AB} = \det \mathbf{A} \cdot \det \mathbf{B}$

Umformungen von Determinanten mittels der Eigenschaften 1., 2. und 3. nennt man **elementare Umformungen.**

Als Anwendungen von Determinanten seien hier die folgenden Sätze erwähnt:

Wichtige Sätze

1. (CRAMERsche Regel)
Ist $\mathbf{Ax} = \mathbf{b}$ ein quadratisches LGS mit n Unbekannten und $\det \mathbf{A} \neq 0$, so besitzt es genau eine Lösung, und diese berechnet sich durch:

$$x_i = \frac{\det (\mathbf{a}_1|\ldots|\mathbf{a}_{i-1}|\mathbf{b}|\mathbf{a}_{i+1}|\ldots|\mathbf{a}_n)}{\det \mathbf{A}} \qquad i = 1, \ldots, n$$

(Dabei ist $(\mathbf{a}_1|\ldots|\mathbf{a}_{i-1}|\mathbf{b}|\mathbf{a}_{i+1}|\ldots|\mathbf{a}_n)$ diejenige Matrix, die aus $\mathbf{A}$ entsteht, indem man die Spalte i durch den Vektor $\mathbf{b}$ (die rechte Seite des Gleichungssystems) ersetzt.)

2. $\mathbf{A}$ ist invertierbar genau dann, wenn $\det \mathbf{A} \neq 0$. Dann gilt:

$$\mathbf{A}^{-1} = \frac{1}{\det \mathbf{A}} \mathbf{A}_{adj}$$

Dabei ist $\mathbf{A}_{adj} = \left((-1)^{i+k} \det \mathbf{A}_{ik}\right)^{\top}$ die zu $\mathbf{A}$ **adjungierte Matrix.**
($\mathbf{A}_{ik}$ ist wieder die Matrix, die aus $\mathbf{A}$ durch Streichung der i-ten Zeile und k-ten Spalte entsteht.)

5.1.1

Man berechne die folgenden Determinanten:

a) $\begin{vmatrix} 1 & 3 \\ 2 & 5 \end{vmatrix}$ b) $\begin{vmatrix} 2 & -2 \\ -2 & 2 \end{vmatrix}$ c) $\begin{vmatrix} 4 & 7 \\ -8 & 12 \end{vmatrix}$

a) Die Determinante ergibt sich zu:

$$\begin{vmatrix} 1 & 3 \\ 2 & 5 \end{vmatrix} = 1 \cdot 5 - 3 \cdot 2 = -1$$

b) $$\begin{vmatrix} 2 & -2 \\ -2 & 2 \end{vmatrix} = 2 \cdot 2 - (-2) \cdot (-2) = 0$$

c) $$\begin{vmatrix} 4 & 7 \\ -8 & 12 \end{vmatrix} = 4 \cdot 12 - 7 \cdot (-8) = 104$$

5.1.2

Wie muß in den nachfolgenden Matrizen jeweils x gewählt werden, damit die Determinante 0 wird ?

a) $\begin{pmatrix} 1 & 2 \\ 2 & x \end{pmatrix}$ b) $\begin{pmatrix} 2 & x \\ x & 18 \end{pmatrix}$ c) $\begin{pmatrix} 3 & x \\ -x & 12 \end{pmatrix}$

a) $\begin{vmatrix} 1 & 2 \\ 2 & x \end{vmatrix} = x - 4$

Die Determinante wird nur für $x = 4$ Null.

b) $\begin{vmatrix} 2 & x \\ x & 18 \end{vmatrix} = 36 - x^2$

Die Determinante wird Null genau für $x = \pm 6$.

c) $\begin{vmatrix} 3 & x \\ -x & 12 \end{vmatrix} = 36 + x^2$

Die Determinante wird für kein $x \in \mathbb{R}$ Null.

5.1.3

Lösen Sie die folgenden Gleichungssysteme mit der CRAMERschen Regel:

a) $\begin{array}{rcrcr} x_1 & + & 4x_2 & = & 0 \\ 3x_1 & + & 2x_2 & = & 2 \end{array}$ b) $\begin{array}{rcrcr} 3x_1 & + & x_2 & = & 1 \\ 4x_1 & + & 2x_2 & = & 3 \end{array}$

a) $\mathbf{A} = \begin{pmatrix} 1 & 4 \\ 3 & 2 \end{pmatrix}, \quad \mathbf{b} = \begin{pmatrix} 0 \\ 2 \end{pmatrix}, \quad \det \mathbf{A} = \begin{vmatrix} 1 & 4 \\ 3 & 2 \end{vmatrix} = 2 - 12 = -10 \neq 0$

Also erhält man mit der CRAMERschen Regel:

$$x_1 = \frac{\det \mathbf{A}_1}{\det \mathbf{A}} = \frac{\begin{vmatrix} 0 & 4 \\ 2 & 2 \end{vmatrix}}{-10} = \frac{-8}{-10} = \frac{4}{5}, \quad x_2 = \frac{\det \mathbf{A}_2}{\det \mathbf{A}} = \frac{\begin{vmatrix} 1 & 0 \\ 3 & 2 \end{vmatrix}}{-10} = -\frac{1}{5}$$

b) $\mathbf{A} = \begin{pmatrix} 3 & 1 \\ 4 & 2 \end{pmatrix}, \quad \mathbf{b} = \begin{pmatrix} 1 \\ 3 \end{pmatrix}, \quad \det \mathbf{A} = \begin{vmatrix} 3 & 1 \\ 4 & 2 \end{vmatrix} = 6 - 4 = 2 \neq 0$

$$x_1 = \frac{\det \mathbf{A}_1}{\det \mathbf{A}} = \frac{\begin{vmatrix} 1 & 1 \\ 3 & 2 \end{vmatrix}}{2} = -\frac{1}{2}, \quad x_2 = \frac{\det \mathbf{A}_2}{\det \mathbf{A}} = \frac{\begin{vmatrix} 3 & 1 \\ 4 & 3 \end{vmatrix}}{2} = \frac{5}{2}$$

5.1.4
Man berechne die Inverse folgender Matrizen und mache die Probe:

a) $\begin{pmatrix} 2 & 3 \\ 4 & 5 \end{pmatrix}$ **b)** $\begin{pmatrix} 7 & 4 \\ 9 & 3 \end{pmatrix}$

a) $\mathbf{A} = \begin{pmatrix} 2 & 3 \\ 4 & 5 \end{pmatrix}$, $\begin{vmatrix} 2 & 3 \\ 4 & 5 \end{vmatrix} = 10 - 12 = -2 \neq 0$, also existiert $\mathbf{A}^{-1}$.

$$\mathbf{A}^{-1} = \frac{1}{\det \mathbf{A}} \begin{pmatrix} a_{22} & -a_{12} \\ -a_{21} & a_{11} \end{pmatrix} = -\frac{1}{2} \begin{pmatrix} 5 & -3 \\ -4 & 2 \end{pmatrix}$$

Probe:
$$\mathbf{A} \cdot \mathbf{A}^{-1} = \left(-\frac{1}{2}\right) \begin{pmatrix} 2 & 3 \\ 4 & 5 \end{pmatrix} \begin{pmatrix} 5 & -3 \\ -4 & 2 \end{pmatrix} = \left(-\frac{1}{2}\right) \begin{pmatrix} -2 & 0 \\ 0 & -2 \end{pmatrix} = \begin{pmatrix} 1 & 0 \\ 0 & 1 \end{pmatrix}$$

b) $\mathbf{A} = \begin{pmatrix} 7 & 4 \\ 9 & 3 \end{pmatrix}$, $\det \mathbf{A} = -15 \neq 0$, also existiert $\mathbf{A}^{-1}$.

$$\mathbf{A}^{-1} = -\frac{1}{15} \begin{pmatrix} 3 & -4 \\ -9 & 7 \end{pmatrix}$$

Probe:

$$\begin{aligned} \mathbf{A} \cdot \mathbf{A}^{-1} &= \begin{pmatrix} 7 & 4 \\ 9 & 3 \end{pmatrix} \cdot \left(-\frac{1}{15}\right) \begin{pmatrix} 3 & -4 \\ -9 & 7 \end{pmatrix} \\ &= -\frac{1}{15} \begin{pmatrix} -15 & 0 \\ 0 & -15 \end{pmatrix} = \begin{pmatrix} 1 & 0 \\ 0 & 1 \end{pmatrix} \end{aligned}$$

5.1.5
Man berechne die folgenden Determinanten:

a) $\begin{vmatrix} 3 & 1 & 2 \\ 4 & 1 & 3 \\ -1 & 1 & 5 \end{vmatrix}$ **b)** $\begin{vmatrix} 5 & -2 & 8 \\ -7 & 11 & 3 \\ 2 & -9 & -11 \end{vmatrix}$ **c)** $\begin{vmatrix} 1 & 2 & 1 \\ 1 & 1 & 0 \\ 3 & 1 & -2 \end{vmatrix}$

a) Durch Entwicklung nach der ersten Zeile erhalten wir:

$$\begin{vmatrix} 3 & 1 & 2 \\ 4 & 1 & 3 \\ -1 & 1 & 5 \end{vmatrix} = 3 \cdot \begin{vmatrix} 1 & 3 \\ 1 & 5 \end{vmatrix} - 1 \cdot \begin{vmatrix} 4 & 3 \\ -1 & 5 \end{vmatrix} + 2 \cdot \begin{vmatrix} 4 & 1 \\ -1 & 1 \end{vmatrix}$$

$$= 3 \cdot (1 \cdot 5 - 3 \cdot 1) - (4 \cdot 5 - 3 \cdot (-1)) + 2 \cdot (4 \cdot 1 - 1 \cdot (-1)) = 15 - 9 - 20 - 3 + 8 + 2 = -7$$

b) Die Berechnung unter a) zeigt, daß eine 3-reihige Determinante (und nur solche!) nach der folgenden Regel von SARRUS berechnet werden kann. Man addiert die Produkte der sog. Hauptdiagonalglieder, angedeutet im folgenden Schema,

$$\begin{array}{ccc|cc} & & & - & - \quad - \\ 5 & -2 & 8 & 5 & -2 \\ -7 & 11 & 3 & -7 & 11 \\ 2 & -9 & -11 & 2 & -11 \\ & & & + & + \quad + \end{array} \qquad 5\cdot 11\cdot(-11)+(-2)\cdot 3\cdot 2+8\cdot(-7)\cdot(-9)$$

und subtrahiert die Produkte der sog. Nebendiagonalglieder, das sind die Produkte:

$$8 \cdot 11 \cdot 2 \quad ; \quad 5 \cdot 3 \cdot (-9) \quad ; \quad (-2) \cdot (-7) \cdot (-11)$$

Damit erhält man:

$$\begin{vmatrix} 5 & -2 & 8 \\ -7 & 11 & 3 \\ 2 & -9 & -11 \end{vmatrix} = -605 - 12 + 504 - 176 - (-135) - (-154) = 0$$

c) Entsprechend b) folgt hier:

$$\begin{array}{ccc|cc} & & & 3 & 0 \quad -4 \\ 1 & 2 & 1 & 1 & 2 \\ 1 & 1 & 0 & 1 & 1 \\ 3 & 1 & -2 & 3 & 1 \\ & & & -2 & 0 \quad 1 \end{array}$$

also: $\det \mathbf{A} = -2 + 0 + 1 - (3 + 0 - 4) = 0$

5.1.6

Man berechne die folgenden Determinaten mit dem LAPLACEschen Entwicklungssatz:

a) $\begin{vmatrix} 1 & 7 & 0 & 4 \\ 2 & 8 & 1 & 5 \\ 3 & 0 & 0 & 2 \\ 4 & 1 & 1 & 3 \end{vmatrix}$ b) $\begin{vmatrix} 2 & 1 & 2 & 2 \\ 3 & 0 & 0 & 3 \\ 0 & 2 & 1 & 4 \\ 1 & 3 & 3 & 0 \end{vmatrix}$

a) Es wird zunächst nach der 3. Spalte entwickelt.

$$\det(\mathbf{A}) = \begin{vmatrix} 1 & 7 & 0 & 4 \\ 2 & 8 & 1 & 5 \\ 3 & 0 & 0 & 2 \\ 4 & 1 & 1 & 3 \end{vmatrix} = -1 \cdot \begin{vmatrix} 1 & 7 & 4 \\ 3 & 0 & 2 \\ 4 & 1 & 3 \end{vmatrix} - 1 \cdot \begin{vmatrix} 1 & 7 & 4 \\ 2 & 8 & 5 \\ 3 & 0 & 2 \end{vmatrix}$$

$$= -1\left(-7\begin{vmatrix} 3 & 2 \\ 4 & 3 \end{vmatrix} - 1\begin{vmatrix} 1 & 4 \\ 3 & 2 \end{vmatrix}\right) - 1\left(3\begin{vmatrix} 7 & 4 \\ 8 & 5 \end{vmatrix} + 2\begin{vmatrix} 1 & 7 \\ 2 & 8 \end{vmatrix}\right)$$

Entwicklung nach 2. Spalte bzw. 3. Zeile

$$= 7(9-8) + 1(2-12) - 3(35-32) - 2(8-14) = 0$$

(Erklärung: Die Zeilen sind linear abhängig, also $\text{rg}(\mathbf{A}) < 4$ und damit $\det(\mathbf{A}) = 0$.)

b)

$$\det(\mathbf{A}) = \begin{vmatrix} 2 & 1 & 2 & 2 \\ 3 & 0 & 0 & 3 \\ 0 & 2 & 1 & 4 \\ 1 & 3 & 3 & 0 \end{vmatrix} = -3 \cdot \begin{vmatrix} 1 & 2 & 2 \\ 2 & 1 & 4 \\ 3 & 3 & 0 \end{vmatrix} + 3 \cdot \begin{vmatrix} 2 & 1 & 2 \\ 0 & 2 & 1 \\ 1 & 3 & 3 \end{vmatrix}$$

Entwicklung nach der 2. Zeile

$$= -3\left(2\begin{vmatrix} 2 & 1 \\ 3 & 3 \end{vmatrix} - 4\begin{vmatrix} 1 & 2 \\ 3 & 3 \end{vmatrix}\right) + 3\left(2\begin{vmatrix} 2 & 1 \\ 3 & 3 \end{vmatrix} + 1\begin{vmatrix} 1 & 2 \\ 2 & 1 \end{vmatrix}\right)$$

Entwicklung nach 3. und 1. Spalte

$$= +12\begin{vmatrix} 1 & 2 \\ 3 & 3 \end{vmatrix} + 3\begin{vmatrix} 1 & 2 \\ 2 & 1 \end{vmatrix} = 12 \cdot (-3) + 3 \cdot (-3) = -45$$

5.1.7

Man berechne die folgenden Determinanten:

a) $\begin{vmatrix} 2 & 1 & 0 & -2 \\ 1 & 3 & 3 & -1 \\ 3 & 2 & 4 & -3 \\ 2 & -2 & 2 & 3 \end{vmatrix}$ b) $\begin{vmatrix} 1 & 0 & -3 & 0 & 9 \\ 3 & 7 & 10 & 3 & 17 \\ 4 & 0 & 11 & 0 & 1 \\ 6 & 0 & 8 & 0 & -3 \\ 5 & 1 & 6 & -1 & 8 \end{vmatrix}$

a) Es wird das (-2)-fache der zweiten Spalte zur ersten Spalte addiert und dann das 2-fache der zweiten Spalte zur letzten Spalte. Damit folgt:

$$\begin{vmatrix} 2 & 1 & 0 & -2 \\ 1 & 3 & 3 & -1 \\ 3 & 2 & 4 & -3 \\ 2 & -2 & 2 & 3 \end{vmatrix} = \begin{vmatrix} 0 & 1 & 0 & 0 \\ -5 & 3 & 3 & 5 \\ -1 & 2 & 4 & 1 \\ 6 & -2 & 2 & -1 \end{vmatrix}$$

Nun entwickeln wir die Determinante nach der ersten Zeile und erhalten damit weiter:

$$= (-1) \cdot \begin{vmatrix} -5 & 3 & 5 \\ -1 & 4 & 1 \\ 6 & 2 & -1 \end{vmatrix}$$

Die verbleibende Determinante wird hier mit der Regel von SARRUS berechnet:

$$\begin{aligned} &= (-1) \cdot [(-5) \cdot 4 \cdot (-1) + 3 \cdot 1 \cdot 6 + 5 \cdot (-1) \cdot 2 \\ &\qquad -5 \cdot 4 \cdot 6 - (-5) \cdot 1 \cdot 2 - 3 \cdot (-1) \cdot (-1)] \\ &= 85 \end{aligned}$$

b) Wir verfahren wie eben, addieren das 3-fache der letzten Zeile zur 2. Zeile und erhalten dadurch in der vierten Spalte vier Nullen.

$$\begin{vmatrix} 1 & 0 & -3 & 0 & 9 \\ 3 & 7 & 10 & 3 & 17 \\ 4 & 0 & 11 & 0 & 1 \\ 6 & 0 & 8 & 0 & -3 \\ 5 & 1 & 6 & -1 & 8 \end{vmatrix} = \begin{vmatrix} 1 & 0 & -3 & 0 & 9 \\ 18 & 10 & 28 & 0 & 41 \\ 4 & 0 & 11 & 0 & 1 \\ 6 & 0 & 8 & 0 & -3 \\ 5 & 1 & 6 & -1 & 8 \end{vmatrix} =$$

Nun wird erst nach der vierten Spalte und anschließend nach der zweiten Spalte entwickelt:

$$= -(-1) \cdot \begin{vmatrix} 1 & 0 & -3 & 9 \\ 18 & 10 & 28 & 41 \\ 4 & 0 & 11 & 1 \\ 6 & 0 & 8 & -3 \end{vmatrix} = 10 \cdot \begin{vmatrix} 1 & -3 & 9 \\ 4 & 11 & 1 \\ 6 & 8 & -3 \end{vmatrix} =$$

Die Regel von SARRUS liefert weiter:

$$= 10 \cdot (-33 - 18 + 288 - 594 - 8 - 36) = -4010$$

5.1.8

Man berechne die folgende Determinante:

$$\begin{vmatrix} 2 & 0 & 0 & 4 \\ 0 & 6 & 0 & -2 \\ 4 & 0 & 2 & 0 \\ -2 & 6 & 0 & 2 \end{vmatrix}$$

Es läßt sich aus jeder Zeile der Determinante der Faktor 2 herausziehen, insgesamt also der Faktor 2^4. Man erhält:

$$\begin{vmatrix} 2 & 0 & 0 & 4 \\ 0 & 6 & 0 & -2 \\ 4 & 0 & 2 & 0 \\ -2 & 6 & 0 & 2 \end{vmatrix} = 2^4 \cdot \begin{vmatrix} 1 & 0 & 0 & 2 \\ 0 & 3 & 0 & -1 \\ 2 & 0 & 1 & 0 \\ -1 & 3 & 0 & 1 \end{vmatrix} = 2^4 \cdot 3 \cdot \begin{vmatrix} 1 & 0 & 0 & 2 \\ 0 & 1 & 0 & -1 \\ 2 & 0 & 1 & 0 \\ -1 & 1 & 0 & 1 \end{vmatrix}$$

$$= 2^4 \cdot 3 \cdot \begin{vmatrix} 1 & 0 & 2 \\ 0 & 1 & -1 \\ -1 & 1 & 1 \end{vmatrix} \quad \text{(Entwicklung nach der 3. Spalte)}$$

$$= 2^4 \cdot 3 \cdot \begin{vmatrix} 1 & 0 & 2 \\ 0 & 1 & -1 \\ 0 & 1 & 3 \end{vmatrix} \quad \text{(1. Zeile + 3. Zeile)}$$

$$= 2^4 \cdot 3 \cdot \begin{vmatrix} 1 & -1 \\ 1 & 3 \end{vmatrix}$$

$$= 2^4 \cdot 3 \cdot 4 = 192$$

5.1.9

Man bestimme diejenigen reellen Zahlen a, für die die Determinante 0 wird.

$$\begin{vmatrix} a+1 & a & 3 & 2-a \\ a+2 & 2 & 8 & a \\ 2 & 1 & 3 & 1 \\ -a & -1 & a-5 & 1-a \end{vmatrix}$$

Wir erzeugen durch elementare Umformungen in der dritten Zeile 3 Nullen und entwickeln dann nach der dritten Zeile:

$$\begin{vmatrix} a+1 & a & 3 & 2-a \\ a+2 & 2 & 8 & a \\ 2 & 1 & 3 & 1 \\ -a & -1 & a-5 & 1-a \end{vmatrix} = \begin{vmatrix} -a+1 & a & 3-3a & 2-2a \\ a-2 & 2 & 2 & a-2 \\ 0 & 1 & 0 & 0 \\ -a+2 & -1 & a-2 & 2-a \end{vmatrix} =$$

$$= - \begin{vmatrix} 1-a & 3(1-a) & 2(1-a) \\ a-2 & 2 & a-2 \\ 2-a & -(2-a) & 2-a \end{vmatrix} =$$

Aus der ersten und dritten Zeile werden nun die gemeinsamen Faktoren vor die Determinante gezogen, und die verbleibende dreizeilige Determinante wird dann mit der Regel von SARRUS berechnet.

$$= -(1-a)(2-a) \begin{vmatrix} 1 & 3 & 2 \\ a-2 & 2 & a-2 \\ 1 & -1 & 1 \end{vmatrix} =$$

$$= -(1-a)(2-a)(2+3(a-2)-2(a-2)-4+(a-2)-3(a-2))$$
$$= (1-a)(2-a)a$$

Die Determinante ist also genau dann 0 wenn $a = 0$ oder $a = 1$ oder $a = 2$ ist.

5.1.10

Man berechne Determinante und Spur der Produktmatrix $\mathbf{A} \cdot \mathbf{B}$ aus

$$\mathbf{A} = \begin{pmatrix} 4 & 5 & 6 \\ 0 & 2 & 3 \\ 0 & 0 & 1 \end{pmatrix}, \qquad \mathbf{B} = \begin{pmatrix} 2 & 7 & 8 \\ 0 & 2 & 9 \\ 0 & 0 & 3 \end{pmatrix}$$

$$\det(\mathbf{A} \cdot \mathbf{B}) = (\det \mathbf{A}) \cdot (\det \mathbf{B}) = (4 \cdot 2 \cdot 1) \cdot (2 \cdot 2 \cdot 3) = 8 \cdot 12 = 96$$

$$\operatorname{Spur}(\mathbf{A} \cdot \mathbf{B}) = \operatorname{Spur} \begin{pmatrix} 8 & * & * \\ 0 & 4 & * \\ 0 & 0 & 3 \end{pmatrix} = 8 + 4 + 3 = 15$$

5.1.11

Es wird die von $x \in \mathbb{R}$ abhängige Matrix $\mathbf{A}(x)$ betrachtet:

$$\mathbf{A}(x) = \begin{pmatrix} x & 0 & 0 & x \\ x & 1 & 0 & 0 \\ x & x & 1 & 0 \\ x & x & x & x \end{pmatrix}$$

a) Für welche Werte von x ist $\mathbf{A}(x)$ singulär?

b) Berechnen Sie $\det(\mathbf{A}(3))$.

c) Berechnen Sie $\det(\mathbf{A}(1))^{-1}$.

Es wird zunächst $\det \mathbf{A}(x)$ berechnet:

$$\begin{aligned}
\det \mathbf{A}(x) &= \begin{vmatrix} x & 0 & 0 & x \\ x & 1 & 0 & 0 \\ x & x & 1 & 0 \\ x & x & x & x \end{vmatrix} \\
&= x \cdot \underbrace{\begin{vmatrix} 1 & 0 & 0 \\ x & 1 & 0 \\ x & x & x \end{vmatrix}}_{1 \cdot 1 \cdot x} - x \cdot \begin{vmatrix} x & 1 & 0 \\ x & x & 1 \\ x & x & x \end{vmatrix} \\
&= x^2 - x \cdot [x \cdot \begin{vmatrix} x & 1 \\ x & x \end{vmatrix} - 1 \cdot \begin{vmatrix} x & 1 \\ x & x \end{vmatrix}] \\
&= x^2 - x \cdot [(x-1) \underbrace{\begin{vmatrix} x & 1 \\ x & x \end{vmatrix}}_{x^2 - x}] \\
&= x^2 - x\,(x-1)\,(x^2 - x) = x^2 - x\,(x^3 - x^2 - x^2 + x) \\
&= x^2 - x^4 + 2x^3 - x^2
\end{aligned}$$

$$= \quad -x^4 + 2x^3 = x^3\,(2-x)$$

a) Aus obiger Rechnung folgt $\det \mathbf{A}(x) = 0$ für $x = 0$ und $x = 2$; d. h. für diese Werte von x ist die Matrix singulär.

b) $\det \mathbf{A}(3) = -27$

c)
$$\begin{aligned} \det(\mathbf{A}^{-1}) &= (\det \mathbf{A})^{-1} \\ \Longrightarrow \quad \det(\mathbf{A}(1)^{-1}) &= (\underbrace{\det \mathbf{A}(1)}_{1})^{-1} \\ &= 1^{-1} = 1 \end{aligned}$$

5.1.12
Gegeben sind die Matrizen

$$\mathbf{A} = \begin{pmatrix} 1 & 1 & 0 \\ 1 & 2 & 0 \\ 0 & 0 & 2 \end{pmatrix} \quad \text{und} \quad \mathbf{B} = \begin{pmatrix} 1 & 1 & 1 \\ 0 & 1 & 1 \\ 0 & 0 & 1 \end{pmatrix}.$$

Berechnen Sie die folgenden Determinanten auf zwei Arten (falls möglich) :

$|\mathbf{A}|$, $|\mathbf{B}|$, $|\mathbf{A}+\mathbf{B}|$, $|\mathbf{A}^{-1}|$, $|\mathbf{B}^{-1}|$, $|\mathbf{AB}|$, $|\mathbf{BA}|$, $|\mathbf{A}^2|$, $|-\mathbf{A}|$, $|3\mathbf{A}|$

Erste Möglichkeit: Berechnen der zugehörigen Matrix und explizites Ausrechnen der Determinante.

Zweite Möglichkeit (nicht immer praktikabel): Berechnen Sie die gesuchten Determinanten nur mit Hilfe von $|\mathbf{A}|$ und $|\mathbf{B}|$ mittels geeigneter Sätze:

Zunächst kann man alle Determinanten auf die übliche Art berechnen. Dazu muß man allerdings zuvor noch die Matrizen

$$\mathbf{A}+\mathbf{B}\,,\ \mathbf{A}^{-1}\,,\ \mathbf{B}^{-1}\,,\ \mathbf{AB}\,,\ \mathbf{BA}\,,\mathbf{A}^2\,,\ -\mathbf{A}$$

berechnen. Man erhält:

$$|\mathbf{A}| = 2\,, \quad |\mathbf{B}| = 1\,, \quad |\mathbf{A}+\mathbf{B}| = 12$$

Die anderen Determinanten lassen sich auf eine 2. Art berechnen:

$$|\mathbf{A}^{-1}| = |\mathbf{A}|^{-1} = \frac{1}{2}$$
$$|\mathbf{B}^{-1}| = |\mathbf{B}|^{-1} = 1$$
$$|\mathbf{AB}| = |\mathbf{A}| \cdot |\mathbf{B}| = 2 \cdot 1 = 2$$
$$|\mathbf{BA}| = |\mathbf{B}| \cdot |\mathbf{A}| = 1 \cdot 2 = 2$$

$|\mathbf{A}^2| = |\mathbf{A}|^2 = 4$

$|-\mathbf{A}| = (-1)^{\text{Zeilenzahl von } \mathbf{A}} \cdot |\mathbf{A}| = -2$

$|3\mathbf{A}| = 3^3 \cdot |\mathbf{A}| = 27 \cdot 2 = 54$

5.1.13

Berechnen Sie für die Matrix

$$\mathbf{A} = \begin{pmatrix} 1 & 2 & 3 & 4 \\ 0 & 1 & 2 & 2 \\ 0 & 0 & 1 & 2 \\ 0 & 0 & 2 & 3 \end{pmatrix}$$

die folgenden Größen:

$\det(\mathbf{A})$, $\det(\mathbf{A} - \frac{1}{2}\mathbf{A})$, $\det(\mathbf{A}^2)$, $\det(\mathbf{A}^{-1})$, $\lim\limits_{n\to\infty} \det(\mathbf{A} - \frac{1}{2}\mathbf{A})^n$.

a) $\det(\mathbf{A}) = 1 \cdot \begin{vmatrix} 1 & 2 & 3 \\ 0 & 1 & 2 \\ 0 & 2 & 3 \end{vmatrix} = 1 \cdot 1 \cdot \begin{vmatrix} 1 & 2 \\ 2 & 3 \end{vmatrix} = 3 - 4 = -1$

b) $\det(\mathbf{A} - \frac{1}{2}\mathbf{A}) = \det(\frac{1}{2}\mathbf{A}) = (\frac{1}{2})^4 \cdot \det \mathbf{A} = -\frac{1}{16}$

c) $\det(\mathbf{A}^2) = \det(\mathbf{A} \cdot \mathbf{A}) = \det \mathbf{A} \cdot \det \mathbf{A} = 1$

d) $\det(\mathbf{A}^{-1}) = (\det \mathbf{A})^{-1} = \frac{1}{-1} = -1$

e) $\lim\limits_{n\to\infty} \det(\mathbf{A} - \frac{1}{2}\mathbf{A})^n = \lim\limits_{n\to\infty} (-\frac{1}{16})^n = 0$

5.1.14

Man löse das folgende lineare Gleichungssystem mit der CRAMERschen Regel.

$$\begin{array}{rcrcrcl} 3x_1 & - & x_2 & + & 5x_3 & = & 1 \\ -x_1 & + & 2x_2 & + & x_3 & = & 1 \\ -2x_1 & + & 4x_2 & + & 3x_3 & = & 1 \end{array}$$

Wir berechnen zunächst die Determinante der Koeffizientenmatrix des Gleichungssystems, da diese auch darüber Auskunft gibt, ob das LGS überhaupt eine eindeutige Lösung besitzt.

$$\begin{vmatrix} 3 & -1 & 5 \\ -1 & 2 & 1 \\ -2 & 4 & 3 \end{vmatrix} = 18 + 2 - 20 + 20 - 12 - 3 = 5$$

Wir können das LGS also mit der CRAMERschen Regel lösen und erhalten:

$$x_1 = \frac{1}{5}\begin{vmatrix} 1 & -1 & 5 \\ 1 & 2 & 1 \\ 1 & 4 & 3 \end{vmatrix} = \frac{14}{5} \qquad x_2 = \frac{1}{5}\begin{vmatrix} 3 & 1 & 5 \\ -1 & 1 & 1 \\ -2 & 1 & 3 \end{vmatrix} = \frac{12}{5}$$

$$x_3 = \frac{1}{5}\begin{vmatrix} 3 & -1 & 1 \\ -1 & 2 & 1 \\ -2 & 4 & 1 \end{vmatrix} = -1$$

5.1.15

Für ein lineares Gleichungssystem $\mathbf{A} \cdot \mathbf{x} = \mathbf{b}$ gilt:

$$\mathbf{A} = \begin{pmatrix} 1 & 1 & 0 & 1 \\ 1 & 2 & 0 & 1 \\ 0 & 0 & 1 & 1 \\ 1 & 1 & 1 & 1 \end{pmatrix} \; ; \; \mathbf{x} = \begin{pmatrix} x_1 \\ x_2 \\ x_3 \\ x_4 \end{pmatrix} \; ; \; \mathbf{b} = \begin{pmatrix} 0 \\ 0 \\ 0 \\ 1 \end{pmatrix}$$

a) Berechnen Sie $\det \mathbf{A}$ unter Umwandlung in eine obere Dreiecksdeterminante.

b) Bestimmen Sie x_1 mittels der CRAMERschen Regel (und Anwendung des Entwicklungssatzes).

a) Berechnung von $|\mathbf{A}|$ durch Umformung von $\mathbf{A}$ auf obere Dreiecksmatrix:

$$\begin{array}{rrrr|l}
1 & 1 & 0 & 1 & \cdot(-1) \text{ zur 2. Zeile } (+);\ \cdot(-1) \text{ zur 4. Zeile } (+) \\
1 & 2 & 0 & 1 & \\
0 & 0 & 1 & 1 & \\
1 & 1 & 1 & 1 & \\
\hline
1 & 1 & 0 & 1 & \\
0 & 1 & 0 & 0 & \\
0 & 0 & 1 & 1 & \cdot(-1) \text{ zur 4. Zeile } (+) \\
0 & 0 & 1 & 0 & \\
\hline
1 & 1 & 0 & 1 & \\
0 & 1 & 0 & 0 & \\
0 & 0 & 1 & 1 & \\
0 & 0 & 0 & -1 & \longrightarrow \; |\mathbf{A}| = 1 \cdot 1 \cdot 1 \cdot (-1) = -1 \\
\hline
\end{array}$$

b) Berechnung von x_1 mittels CRAMERscher Regel und Anwendung des Entwicklungssatzes:

$$x_1 = \frac{|\mathbf{A}_1|}{|\mathbf{A}|} \qquad \text{mit}$$

$$\begin{aligned} |\mathbf{A}_1| &= \begin{vmatrix} 0 & 1 & 0 & 1 \\ 0 & 2 & 0 & 1 \\ 0 & 0 & 1 & 1 \\ 1 & 1 & 1 & 1 \end{vmatrix} = (-1)\cdot\begin{vmatrix} 1 & 0 & 1 \\ 2 & 0 & 1 \\ 0 & 1 & 1 \end{vmatrix} \\ &= (-1)\cdot(-1)\cdot\begin{vmatrix} 1 & 1 \\ 2 & 1 \end{vmatrix} = 1\cdot(1-2) = -1 \\ \Longrightarrow \quad x_1 &= \frac{-1}{-1} = 1 \end{aligned}$$

5.1.16

Wenn möglich, invertiere man die folgenden Matrizen. Man benutze dann die explizite Formel zur Berechnung von $\mathbf{A}^{-1}$.

$$\mathbf{A} = \begin{pmatrix} 3 & -1 & 5 \\ -1 & 2 & 1 \\ -2 & 4 & 3 \end{pmatrix} \quad \mathbf{B} = \begin{pmatrix} 1 & 0 & 1 \\ 1 & 1 & 0 \\ -1 & 1 & 0 \end{pmatrix} \quad \mathbf{C} = \begin{pmatrix} 2 & 3 & 1 \\ -1 & 0 & -2 \\ 0 & -3 & 3 \end{pmatrix}$$

Mittels der Regel von SARRUS folgt $\det \mathbf{A} = 5$, also ist $\mathbf{A}$ invertierbar.
Wir benutzen die explizite Formel für $\mathbf{A}^{-1}$ aus Satz 2 des Vorspanns und schreiben hier die sich ergebende Matrix einmal vollständig aus:

$$\mathbf{A}^{-1} = \tfrac{1}{5}\begin{pmatrix} \begin{vmatrix} 2 & 1 \\ 4 & 3 \end{vmatrix} & -\begin{vmatrix} -1 & 5 \\ 4 & 3 \end{vmatrix} & \begin{vmatrix} -1 & 5 \\ 2 & 1 \end{vmatrix} \\ -\begin{vmatrix} -1 & 1 \\ -2 & 3 \end{vmatrix} & \begin{vmatrix} 3 & 5 \\ -2 & 3 \end{vmatrix} & -\begin{vmatrix} 3 & 5 \\ -1 & 1 \end{vmatrix} \\ \begin{vmatrix} -1 & 2 \\ -2 & 4 \end{vmatrix} & -\begin{vmatrix} 3 & -1 \\ -2 & 4 \end{vmatrix} & \begin{vmatrix} 3 & -1 \\ -1 & 2 \end{vmatrix} \end{pmatrix} =$$

$$= \tfrac{1}{5}\begin{pmatrix} 2 & 23 & -11 \\ 1 & 19 & -8 \\ 0 & -10 & 5 \end{pmatrix}$$

Bei der Matrix $\mathbf{B}$ erhält man in entsprechender Weise $\det \mathbf{B} = 2$ und

$$\mathbf{B}^{-1} = \frac{1}{2}\begin{pmatrix} 0 & 1 & -1 \\ 0 & 1 & 1 \\ 2 & -1 & 1 \end{pmatrix}$$

Bei $\mathbf{C}$ gilt $\det \mathbf{C} = 0$, also ist $\mathbf{C}$ nicht invertierbar.

5.1.17

Gegeben ist ein lineares Gleichungssystem $\mathbf{A} \cdot \mathbf{x} = \mathbf{b}$ durch

$$\begin{pmatrix} 1 & 0 & 2 & 2 & 0 & 1 \\ 2 & 1 & 6 & 1 & 0 & 1 \\ -1 & -1 & -3 & 0 & 0 & 1 \end{pmatrix} \begin{pmatrix} x_1 \\ \vdots \\ x_6 \end{pmatrix} = \begin{pmatrix} 2 \\ 1 \\ 0 \end{pmatrix} .$$

Bestimmen Sie eine Matrix $\mathbf{M} \in \mathbb{R}^{3\times 3}$ derart, daß $\mathbf{M} \cdot \mathbf{A} \cdot \mathbf{x} = \mathbf{M} \cdot \mathbf{b}$ das obige Gleichungssystem überführt in

$$\left(\begin{array}{ccc|c} 1 & 0 & 0 & \\ 0 & 1 & 0 & \mathbf{N} \\ 0 & 0 & 1 & \end{array}\right) \cdot \mathbf{x} = \mathbf{b}^\star \quad , \quad \mathbf{N} \in \mathbb{R}^{3\times 3} .$$

Wie lautet die zugehörige Basislösung?

Durch Multiplikation von $\mathbf{Ax} = \mathbf{b}$ mit $\mathbf{M}$ von links geht das Gleichungssystem über in $\mathbf{MAx} = \mathbf{Mb}$. Damit dieses Gleichungssystem die geforderte Form hat wählen wir

$$\mathbf{M} = \begin{pmatrix} 1 & 0 & 2 \\ 2 & 1 & 6 \\ -1 & -1 & -3 \end{pmatrix}^{-1} = \begin{pmatrix} 3 & -2 & -2 \\ 0 & -1 & -2 \\ -1 & 1 & 1 \end{pmatrix} .$$

Dann ist

$$\mathbf{MA} = \begin{pmatrix} 1 & 0 & 0 & 4 & 0 & -1 \\ 0 & 1 & 0 & -1 & 0 & -3 \\ 0 & 0 & 1 & -1 & 0 & 1 \end{pmatrix} \quad \text{und} \quad \mathbf{Mb} = \begin{pmatrix} 4 \\ -1 \\ -1 \end{pmatrix} .$$

Dieses Gleichungssystem liefert die folgende Auflösung nach x_1, x_2, x_3:

$$\begin{array}{rcrcrcr} x_1 & = & 4 & - & 4x_4 & + & x_6 \\ x_2 & = & -1 & + & x_4 & + & 3x_6 \\ x_3 & = & -1 & + & x_4 & - & x_6 \end{array}$$

Setzt man $\mathbf{x}_B = \begin{pmatrix} x_1 \\ x_2 \\ x_3 \end{pmatrix}$ und $\mathbf{x}_N = \begin{pmatrix} x_4 \\ x_5 \\ x_6 \end{pmatrix}$, so erhält man durch $\mathbf{x}_N = \mathbf{0}$ die Basislösung $\mathbf{x}_B = \begin{pmatrix} 4 \\ -1 \\ -1 \end{pmatrix}$.

5.1.18

Berechnen Sie alle (führenden) Hauptminoren der Matrix

$$\mathbf{A} = \begin{pmatrix} -1 & 1 & 2 & 0 \\ 0 & 2 & 0 & 1 \\ 1 & -1 & 0 & 1 \\ 1 & 1 & 1 & 0 \end{pmatrix} .$$

Als (führende) Hauptminoren H_k bezeichnet man die Determinanten der $k \times k$ Teilmatrizen ($k = 1, \ldots, 4$), die sich von der linken oberen Ecke von $\mathbf{A}$ aus ergeben.
Hier erhält man also

$$H_1 = |-1| = -1 \quad , \quad H_2 = \begin{vmatrix} -1 & 1 \\ 0 & 2 \end{vmatrix} = -2 \quad , \quad H_3 = \begin{vmatrix} -1 & 1 & 2 \\ 0 & 2 & 0 \\ 1 & -1 & 0 \end{vmatrix} = -4$$

$$H_4 = \det \mathbf{A} = \begin{vmatrix} -1 & 1 & 2 & 0 \\ 0 & 2 & 0 & 1 \\ 1 & -1 & 0 & 1 \\ 1 & 1 & 1 & 0 \end{vmatrix} = 10 .$$

Bemerkung: Die Bezeichnung ist bei Hauptminoren in der Literatur nicht einheitlich. Häufig werden führende Hauptminoren auch einfach als Hauptminoren bezeichnet. Wird aber der Begriff "führende Hauptminoren" benutzt, so versteht man unter Hauptminoren von $\mathbf{A}$ alle Teildeterminanten von $\mathbf{A}$.

Kapitel 6

Funktionen mehrerer Veränderlicher

6.1 Grundlagen

Eine Funktion $f : \mathbb{R} \times \mathbb{R} \longrightarrow \mathbb{R}$ heißt (reelle) Funktion von 2 Veränderlichen.
Schreibweisen für den Funktionsterm: $f(x_1, x_2)$, bzw. $f(x, y)$, bzw. $f(\mathbf{x})$.
Eine Funktion $f : \mathbb{R}^n \longrightarrow \mathbb{R}$ heißt Funktion von n Veränderlichen.
Schreibweise für den Funktionsterm: $f(x_1, \ldots, x_n)$, bzw. $f(\mathbf{x})$.

Eine Funktion von 2 Veränderlichen stellt eine **Fläche im Raum** dar. Eine Darstellungsmöglichkeit für eine solche Fläche ist (wie bei geographischen Karten) die Herstellung einer Höhenkarte. Höhenlinien heißen in der Mathematik auch **Niveaukurven**. Ferner kann ein **Blockbild** gezeichnet werden.

Eine Funktion $f : \mathbb{R} \longrightarrow \mathbb{R}^n$ stellt eine Kurve im $\mathbb{R}^n$ dar. Für $n = 2$ spricht man von einer Parameterdarstellung einer Kurve in der Ebene, für $n = 3$ von der Parameterdarstellung einer Raumkurve.

Eine Funktion $f : \mathbb{R}^n \longrightarrow \mathbb{R}^m$ ist eine vektorwertige Funktion von n Veränderlichen, also $f(x_1, \ldots, x_n) = \begin{pmatrix} f_1(x_1, \ldots, x_n) \\ \vdots \\ f_m(x_1, \ldots, x_n) \end{pmatrix}$, d.h. der Funktionswert ist ein Vektor im $\mathbb{R}^m$, der von den Veränderlichen $x_1, \ldots, x_n$ abhängt und durch die **Komponentenfunktionen** $f_1, \ldots, f_m : \mathbb{R}^n \longrightarrow \mathbb{R}$ gegeben ist.
Die ersten beiden betrachteten Fälle sind also Spezialfälle der allgemeinen Situation und zwar für $m = 1$ bzw. für $n = 1$. Üblicherweise ist der Definitionsbereich solch einer Funktion nur eine gewisse Teilmenge $A \subseteq \mathbb{R}^n$. Daher sind Betrachtungen über Teilmengen $A \subseteq \mathbb{R}^n$ wichtig.

Eine Teilmenge $A \subseteq \mathbb{R}^n$ heißt **konvex**, falls für alle $x, y \in A$ gilt:
Die gesamte Verbindungsstrecke von x und y gehört zu A; als Formel:

$$\{z \mid z = \lambda x + (1-\lambda)y \ , \ 0 \leq \lambda \leq 1\} \subseteq A$$

6.1.1

Veranschaulichen Sie die folgenden Punktmengen M in einem kartesischen Koordinatensystem:

a) Menge aller Punkte $\mathbf{a} = (x, y) \in \mathbb{R}^2$, so daß $y \leq 4 - x^2$.

b) Menge aller Punkte $\mathbf{x} = (x_1, x_2) \in \mathbb{R}^2$, so daß $|\mathbf{x} - \mathbf{a}| < 1$ für $\mathbf{a} = (2, 2)$.

a)

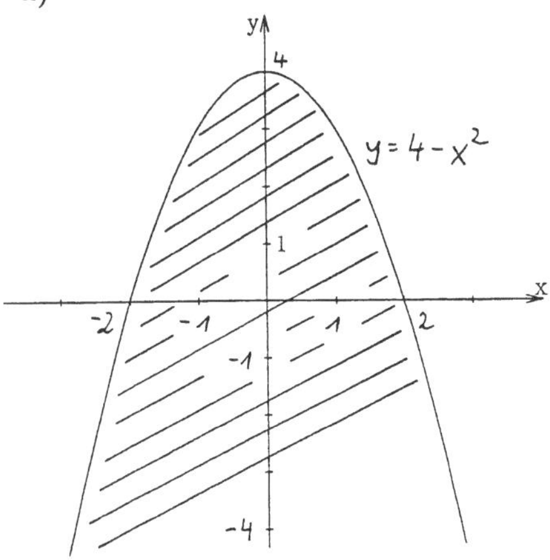

M ist die Menge unterhalb der Parabel einschließlich der Parabel selbst.

b)

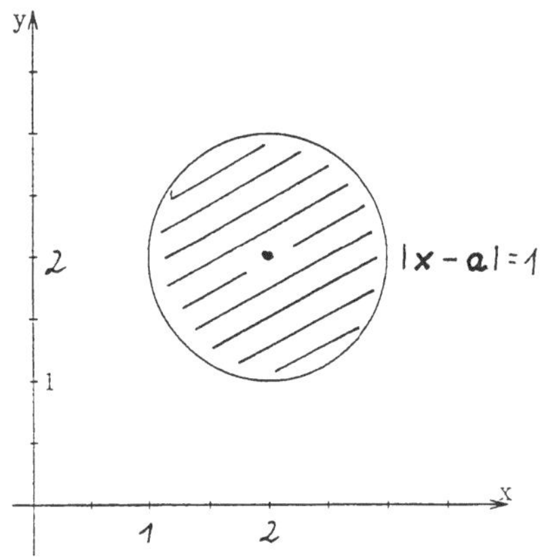

M ist das Innere des Kreises (ohne den Kreis selbst) mit dem Radius 1 um den Mittelpunkt $(2, 2)$.

6.1.2

Skizzieren Sie die folgenden Punktmengen:

(a) $M_1 = J_1 \times J_2 \subseteq \mathbb{R}^2$ mit $J_1 = [2, 4]$ und $J_2 = [1, 3]$

(b) $M_2 = J_1 \times J_2 \subseteq \mathbb{R}^2$ mit $J_1 = (1, 3]$ und $J_2 = [1, 2)$

Äußern Sie sich zu den Randpunkten von M_1 und M_2, insbesondere, ob diese zu M_1 bzw. M_2 gehören.

Geben Sie für beide Punktmengen möglichst kleine Schranken an.

a)

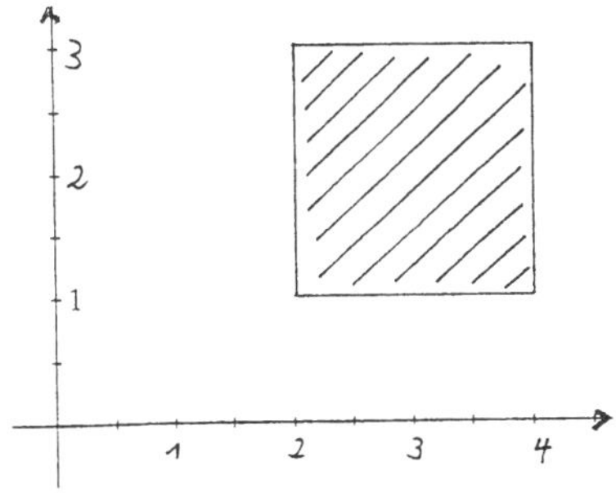

M_1 ist das skizzierte Quadrat einschließlich der Ränder.

b)

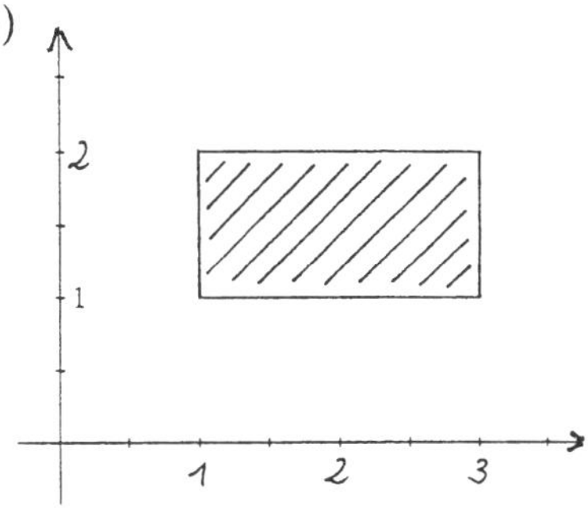

M_2 ist das skizzierte Rechteck. Der Eckpunkt $(3, 1)$ gehört zu M_2, die anderen Eckpunkte des Rechtecks nicht.

Ist $M \subseteq \mathbb{R}^n$ eine Punktmenge, so ist $k \in \mathbb{R}$ eine Schranke für M, wenn für alle $\mathbf{x} = \begin{pmatrix} x_1 \\ \vdots \\ x_n \end{pmatrix} \in M$ gilt: $\sqrt{x_1^2 + \ldots + x_n^2} \leq k$ (der Abstand aller Punkte aus M vom Nullpunkt ist kleiner oder gleich k.) Damit ist $k = \sqrt{4^2 + 3^2} = 5$ die kleinste Schranke für M_1, denn $(4, 3)$ hat von allen Punkten aus M_1 den größten Abstand vom Ursprung.

Für M_2 ist die kleinste Schranke $k = \sqrt{3^2 + 2^2} = \sqrt{13}$; aber für alle $\mathbf{x} \in M_2$ gilt $\sqrt{x_1^2 + x_2^2} < k$, d.h. es gibt keinen Punkt in M_2, für den diese Schranke angenommen wird, da der Eckpunkt $(3, 2)$, der den größten Abstand zum Ursprung besitzt, nicht zu M_2 gehört.

6.1.3

Das lineare Gleichungssystem $\mathbf{A} \cdot \mathbf{x} = \mathbf{b}$ mit $\mathbf{A} \in \mathbb{R}^{m \times n}$, $\mathbf{x} \in \mathbb{R}^n$, $\mathbf{b} \in \mathbb{R}^m$, besitze eine Lösungsmenge $M \neq \emptyset$. Man zeige: M ist konvex.

Besteht M nur aus einem Element $\mathbf{x}_1$ (d.h. ist das LGS eindeutig lösbar), so ist M konvex, da die Verbindungsstrecke von $\mathbf{x}_1$ und $\mathbf{x}_1$ nur aus $\mathbf{x}_1$ besteht.
M besitze also mehr als ein Element. Sind dann $\mathbf{x}_1, \mathbf{x}_2 \in M$, so ist zu zeigen, daß $\mathbf{x} = \alpha\mathbf{x}_1 + (1-\alpha)\mathbf{x}_2$ für alle $0 \leq \alpha \leq 1$ zu M gehört. Dies zeigt man durch Einsetzen:

$$\mathbf{A} \cdot \mathbf{x} = \mathbf{A} \cdot (\alpha\mathbf{x}_1 + (1-\alpha)\mathbf{x}_2) = \alpha\mathbf{A}\mathbf{x}_1 + (1-\alpha)\mathbf{A}\mathbf{x}_2$$

Da $\mathbf{x}_1$ und $\mathbf{x}_2$ das LGS lösen, gilt $\mathbf{A}\mathbf{x}_1 = \mathbf{b}$ und $\mathbf{A}\mathbf{x}_2 = \mathbf{b}$. Also folgt

$$\mathbf{A}\mathbf{x} = \alpha\mathbf{b} + (1-\alpha)\mathbf{b} = \mathbf{b}.$$

Damit ist M als konvex nachgewiesen.

6.1.4
Skizzieren Sie in einem cartesischen x, y–Koordinatensystem
- eine unbeschränkte konvexe Menge
- ein konvexes 5–Eck
- ein nicht konvexes 4–Eck.

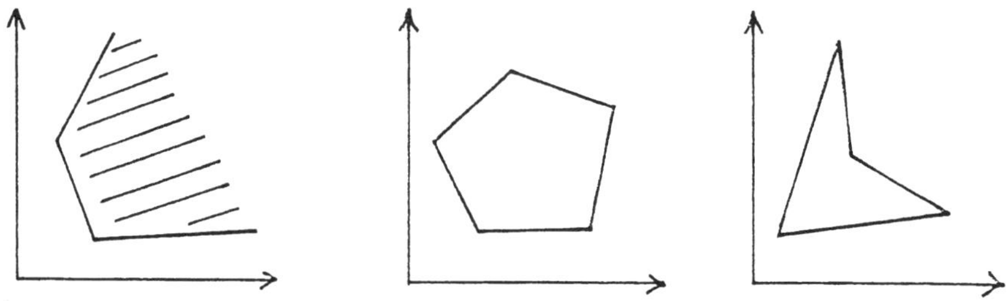

unbeschränkte konvexe Menge — konvexes 5–Eck — nicht konvexes 4–Eck

6.1.5
Untersuchen Sie die Folge $\mathbf{x}(k) = (1 + \frac{1}{k}, 2 - \frac{1}{k}, -1 + \frac{2}{k})$ auf Konvergenz.

Die Konvergenz einer Folge im $\mathbb{R}^n$ ist definiert über die Konvergenz der Folgen in den einzelnen Komponenten. Hier sind alle drei Komponenten konvergente Folgen, die gegen 1, 2 bzw. -1 konvergieren. Also ist die Punktfolge $\mathbf{x}(k)$ konvergent, und es gilt

$$\lim_{k \to \infty} \mathbf{x}(k) = (1, 2, -1) .$$

6.1.6
Eine reelle Funktion f mit 2 Variablen ist gegeben durch

$$f(x_1, x_2) = 4x_1^2 - 16x_1 + x_2^2 + 6x_2 + 18.$$

a) Berechnen Sie $f(2\,;\,3)$.

b) Beschreiben Sie die Niveaukurven zum Niveau $c = 9$, $c = 2$ und $c = -3$.

c) Geben Sie eine untere Schranke an für $f(x_1, x_2)$. (Hinweis: Beachten Sie Teil b.)

d) Welchen Graphen besitzt die Funktion F mit $F(x_2) := f(2, x_2)$? Welcher Zusammenhang besteht zwischen F und f?

a) $$f(2\,;\,3) = 4 \cdot 2^2 - 16 \cdot 2 + 3^2 + 6 \cdot 3 + 18 = 29$$

b) Niveaukurven sind gegeben durch $f(x_1, x_2) = c \in \mathbb{R}$.
Hier ergibt sich:

$$4x_1^2 - 16x_1 + x_2^2 + 6x_2 + 18 = c$$

Es wird zweimal eine quadratische Ergänzung gebildet.

$$4\,(x_1 - 2)^2 - 16 + (x_2 + 3)^2 - 9 + 18 = c$$

$$4\,(x_1 - 2)^2 + (x_2 + 3)^2 = c + 7$$

Niveaukurven existieren zu $c \geq -7$ und sind für $c > -7$ Ellipsen mit dem Mittelpunkt $(2\,;\,-3)$.

$c = 9:$ $\quad \dfrac{(x_1 - 2)^2}{4} + \dfrac{(x_2 + 3)^2}{16} = 1 \quad$ Halbachsen 2 und 4

$c = 2:$ $\quad \dfrac{(x_1 - 2)^2}{\frac{9}{4}} + \dfrac{(x_2 + 3)^2}{9} = 1 \quad$ Halbachsen $\frac{3}{2}$ und 3

$c = -3:$ $\quad (x_1 - 2)^2 + \dfrac{(x_2 + 3)^2}{4} = 1 \quad$ Halbachsen 1 und 2

Hinweis: Die Gleichung einer Ellipse in einer x, y–Ebene mit dem Mittelpunkt $M = (x_m\,;\,y_m)$ sowie den Halbachsen a und b lautet:

$$\frac{(x - x_m)^2}{a^2} + \frac{(y - y_m)^2}{b^2} = 1$$

<u>Skizze:</u>

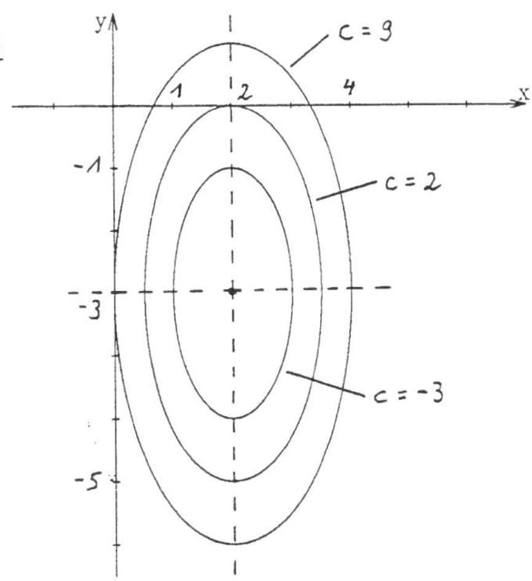

zu M: $\quad f(2\,;\,-3) = -7$

c) Aus $f(\mathbf{x}) = \underbrace{4\,(x_1 - 2)^2 + (x_2 + 3)^2}_{\geq 0} - 7$ ergibt sich sofort: $f(\mathbf{x}) \geq -7$

Damit ist -7 größte untere Schranke von f.
Es gilt: $(2\,;-3)$ ist Minimalstelle (absolute) von f und $P=(2\,;-3\,;-7)$ ist Minimalpunkt (absoluter) des Graphen von f.

d) $$F(x_2)=f(2,x_2)=(x_2+3)^2-7$$
Der Graph von F ist eine "verschobene" Normalparabel mit den Scheitelpunktskoordinaten $x_2=-3$ und $F(x_2)=-7$.
Bei einer Veranschaulichung des Graphen von $f(\mathbf{x})=f(x_1,x_2)$ in einem dreidimensionalen $x_1,x_2,y-$Koordinatenkreuz stellt der Graph von F die Schnittkurve dar, die eine Schnittebene durch $M=(2\,;0\,;0)$ und parallel zur $x_2,y-$Ebene erzeugen würde.

6.1.7

Eine reelle Funktion f mit 2 Variablen sei gegeben durch

$$f(x,y)=\frac{y}{1+x^2}.$$

a) Skizzieren Sie Niveaukurven für f.
b) Berechnen Sie $f(x,y)$ für $x,y\in\{-2,2\}$.
c) Stellen Sie die durch die Funktion bestimmte Fläche über dem durch die Geraden $x=\pm2$ und $y=\pm2$ begrenzten Quadrat perspektivisch dar. (Blockbild)

a)
Niveaukurven sind die Kurven

$$y=c\,(1+x^2).$$

Einige Kurven sind nebenstehend skizziert.

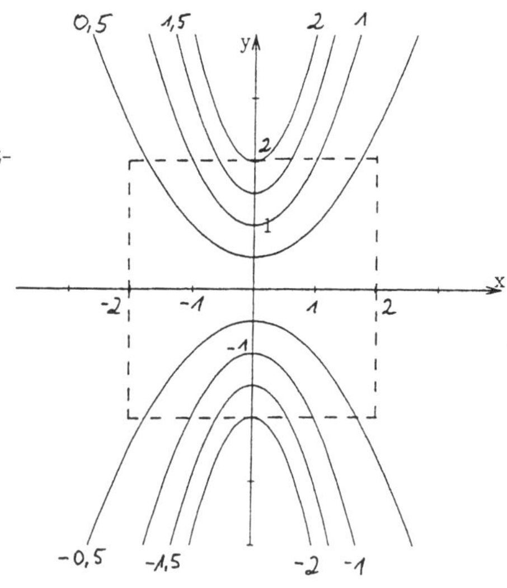

b)

$$f(-2\,;\,-2) = -\frac{2}{5}\ ,\ f(-2\,;\,2) = \frac{2}{5}$$

$$f(2\,;\,-2) = -\frac{2}{5}\ ,\ f(2\,;\,2) = \frac{2}{5}$$

c)
Es ergibt sich das nebenstehende Blockbild.

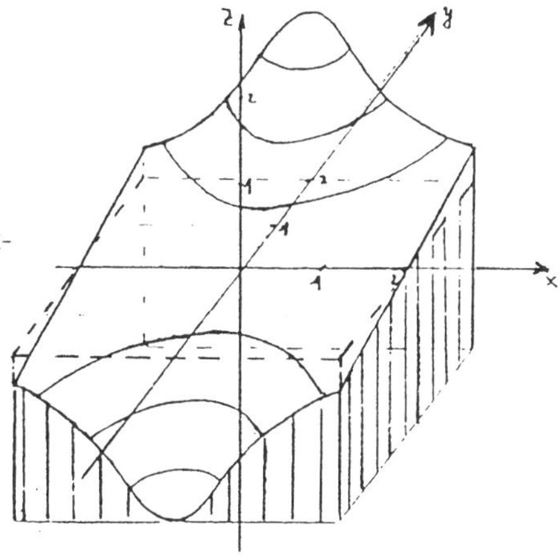

6.1.8

Gegeben ist die Funktion f mit $f(x, y) = 2x^2 + xy + 1$.

a) Geben Sie für f die Gleichung der Niveaukurve zum Niveau $c = 2$ an, skizzieren Sie deren Graphen und äußern Sie sich über mögliche Asymptoten und Pole der Niveaukurve.

b) Welche Niveaukurve ergibt sich für $c = 1$? Skizzieren Sie diese!

a) Gleichung der Niveaukurve zum Niveau $c = 2$:

$$2 = 2x^2 + xy + 1$$

$$\Longrightarrow \quad 2x^2 + xy = 1$$

$$y = \frac{1}{x} - 2x$$

Bei $x = 0$ liegt ein Pol mit Vorzeichenwechsel vor.
Asymptote ist die Gerade mit der Gleichung $y_A = -2x$.

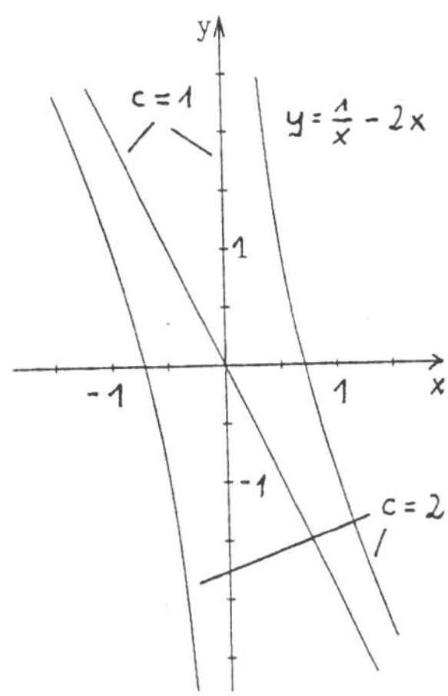

b) $c = 1 \implies 0 = 2x^2 + xy = x\,(2x + y)$
Für $x = 0$ erfüllt jedes $y \in \mathbb{R}$ diese Gleichung, d. h. die y–Achse gehört zur Niveaukurve.
Für $x \neq 0$ folgt $y = -2x$ als Gleichung für einen weiteren Teil der Niveaukurve.
Also: Für $c = 1$ besteht die Niveaukurve aus 2 Geraden.

6.1.9

Gegeben ist die Funktion $f : \mathbb{R}^2 \longrightarrow \mathbb{R}$ mit $f(x, y) = \dfrac{y}{1+x} + x + y$. Geben Sie die Gleichung der Niveaukurven zum Niveau $c > 0$ an, und skizzieren Sie die Kurven für $c = 1$, $c = 2$, $c = 4$.

Die Niveaukurven zum Niveau c sind gegeben durch $\frac{y}{1+x} + x + y = c$. Wir lösen nach y auf:

$$y\left(\frac{1}{1+x} + 1\right) + x = c \qquad (> 0)$$

$$y = \frac{c - x}{\frac{1}{1+x} + 1} = \frac{(c-x)(1+x)}{1+1+x}$$

$$y = \frac{(c-x)(1+x)}{x+2}$$

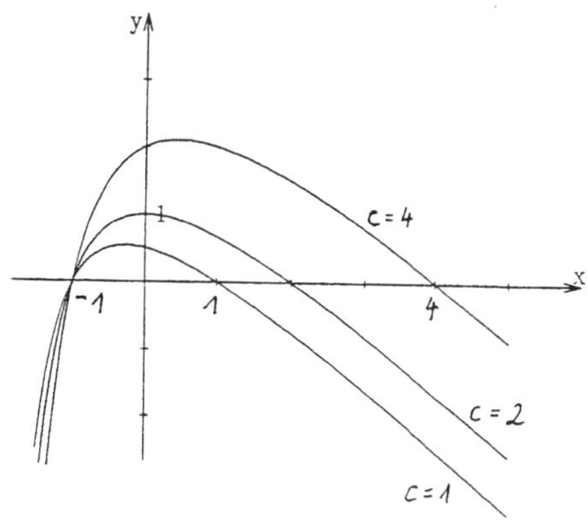

6.1.10

Man stelle den Kreis um den Nullpunkt mit dem Radius 2 auf verschiedene Arten dar und gebe einen Vektor in Richtung der Tangenten im Punkt $(\sqrt{2}, \sqrt{2})$ des Kreises an.

Aus der allgemeinen Kreisgleichung ergibt sich

$$x^2 + y^2 = 4$$

als Gleichung des Kreises um den Nullpunkt mit Radius 2. Auflösung nach y liefert mit $y = \sqrt{4-x^2}$ den oberen Halbkreis und mit $y = -\sqrt{4-x^2}$ den unteren Halbkreis. Der Vektor $(1, y'(\sqrt{2}))$ ist ein Vektor in Richtung der Tangenten.

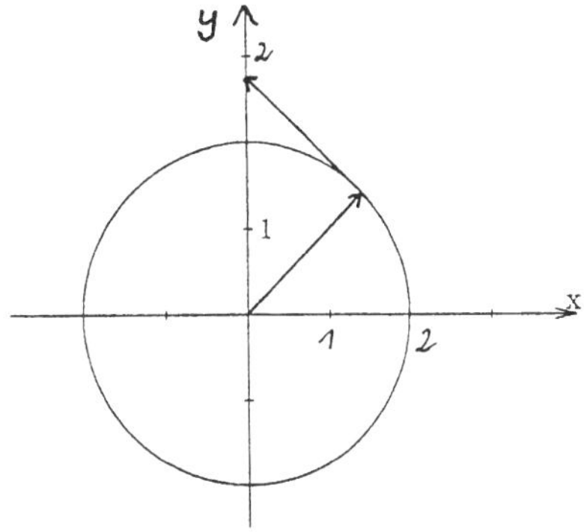

Beschreibt man den Kreis durch eine Funktion $F : \mathbb{R} \longrightarrow \mathbb{R}^2$, also durch eine Parameterdarstellung, so wählt man den Parameter t als Drehwinkel mit $0 \leq t \leq 2\pi$ und erhält den Kreis als Graph der Funktion

$$F(t) = \begin{pmatrix} x(t) \\ y(t) \end{pmatrix} = \begin{pmatrix} 2\cos(t) \\ 2\sin(t) \end{pmatrix} \; ; \; t \in [0, 2\pi] \, .$$

Ein Vektor in Richtung der Tangenten in einem Punkt des Kreises ist ein Vektor, der auf dem Ortsvektor des Kreispunktes senkrecht steht. Das ist stets der Vektor $\begin{pmatrix} -2\sin(t) \\ 2\cos(t) \end{pmatrix} = \begin{pmatrix} x'(t) \\ y'(t) \end{pmatrix} = F'(t)$. Den Punkt $(\sqrt{2}, \sqrt{2})$ erhält man mit $t = \frac{\pi}{4}$, also ergibt sich auf diese Art $\begin{pmatrix} -\sqrt{2} \\ \sqrt{2} \end{pmatrix}$ als Tangentenvektor.

(Ein Tangentenvektor läßt sich für den Punkt $(\sqrt{2}, \sqrt{2})$ natürlich auch direkt an der Skizze ablesen!)

6.1.11

Man beschreibe die durch $F : \mathbb{R} \longrightarrow \mathbb{R}^3$ mit $F(t) = (\cos(t), \sin(t), t)^\top \; t \geq 0$ dargestellte Raumkurve.

Die Projektion der Raumkurve in die x, y–Ebene ergibt den Einheitskreis (siehe vorige Aufgabe). Die Raumkurve beginnt $(t = 0)$ im Punkt $(1, 0, 0)$ der x, y–Ebene und erreicht bei $t = 2\pi$ den Punkt $(1, 0, 2\pi)$, der auf dem Niveau 2π über dem Punkt $(1, 0, 0)$ liegt. Das zeigt, daß der Graph von F eine Schraubenlinie ist.

6.2 Partielle Ableitungen, vollständiges Differential

Eine reelle Funktion f von n Veränderlichen $x_1, ..., x_n$ heißt an einer Stelle $(a_1, ..., a_n)$ ihres Definitionsbereichs **partiell differenzierbar** nach der Variablen x_i, wenn die **partielle Funktion** (von einer Veränderlichen)

$$x_i \mapsto g(x_i) := f(a_1, ..., a_{i-1}, x_i, a_{i+1}, ..., a_n)$$

an der Stelle $x_i = a_i$ differenzierbar (im Sinne von Abschnitt 2.4) ist.

Schreibweisen für diese **partielle Ableitung 1. Ordnung** nach x_i: f_{x_i}, bzw. $\frac{\partial f}{\partial x_i}$

Gradient von f	Der Zeilenvektor $(f_{x_1}, f_{x_2}, ..., f_{x_n})$ der partiellen Ableitungen von f.
Gradient von f **an der Stelle x***:	$(f_{x_1}(\mathbf{x}^*), ..., f_{x_n}(\mathbf{x}^*)) =: \text{grad}\, f(\mathbf{x}^*)$
Vollständiges Differential von f an der Stelle $\mathbf{x}^*$:	$\text{grad}\, f(\mathbf{x}^*) \cdot (d\mathbf{x})^\top =: dy$

Der Gradient von f an der Stelle $\mathbf{x}^*$ zeigt stets in die Richtung des steilsten Anstiegs, und er steht senkrecht auf der Niveaulinie durch den Punkt $\mathbf{x}^*$.

Tangentialebene

Eine Ebene, die die durch eine Funktion $f(x, y)$ von 2 Veränderlichen gegebene Fläche im Punkt $(x_0, y_0, f(x_0, y_0))$ berührt, heißt **Tangentialebene** von f im Punkt $(x_0, y_0, f(x_0, y_0))$. Ihre Gleichung lautet:

$$z = f(x_0, y_0) + f_x(x_0, y_0)\,(x - x_0) + f_y(x_0, y_0)\,(y - y_0)$$

Eine Funktion $f : \mathbb{R}^n \longrightarrow \mathbb{R}$ heißt an der Stelle **a differenzierbar** oder auch **total differenzierbar**, falls die Funktion $g(\mathbf{x}) := f(\mathbf{a}) + \text{grad}\, f(\mathbf{a}) \cdot (\mathbf{x} - \mathbf{a})^\top$ die Funktion f für Punkte $\mathbf{x}$ in der Nähe von $\mathbf{a}$ so gut approximiert, daß für den Unterschied $e(\mathbf{x}) = f(\mathbf{x}) - g(\mathbf{x})$ gilt:

$$\lim_{\mathbf{x} \to \mathbf{a}} \frac{e(\mathbf{x})}{|\mathbf{x} - \mathbf{a}|} = 0\,.$$

In diesem Falle heißt $z = g(\mathbf{x})$ die **Tangentialhyperebene** an die Funktion f im Punkt $(\mathbf{a}, f(\mathbf{a})) \in \mathbb{R}^{n+1}$.
Für $n = 2$ ist das gerade die Tangentialebene.

6.2.1

Man berechne die partiellen Ableitungen (1. Ordnung) der Funktion f mit:

a) $f(x_1, x_2) = x_1^2 + 2x_1x_2 + x_2^3 + 3$ **b)** $f(x, y) = 2xy - x^2y^2$

c) $f(x_1, x_2) = x_1^2\sqrt{4-(x_1x_2)^2}$ **d)** $f(x_1, x_2) = x_1 \sin(x_2^2)$

e) $f(x_1, x_2) = x_1 \cos x_1 \ln x_2$ **f)** $f(x, y) = x^3y^2(1 - x - y)$

g) $f(x_1, x_2, x_3, x_4) = 2x_1^2 + 3x_1x_2^2 + x_2x_3 - 0,5x_3^2x_4^2 + 3x_4 - 100$

Bei a), b), c) und g) gebe man grad f an.

Wir verwenden hier für partielle Ableitungen meistens die Schreibweise f_x.

a) $f_{x_1} = 2x_1 + 2x_2 \quad ; \quad f_{x_2} = 2x_1 + 3x_2^2$

b) $f_x = 2y - 2xy^2 \quad ; \quad f_y = 2x - 2x^2y$

c)
$$f_{x_1} = 2x_1\sqrt{4-(x_1x_2)^2} + \frac{x_1^2}{2\sqrt{4-(x_1x_2)^2}} \cdot (-2x_1x_2^2) = \frac{8x_1 - 3x_1^3x_2^2}{\sqrt{4-(x_1x_2)^2}}$$
$$f_{x_2} = \frac{x_1^2}{2\sqrt{4-(x_1x_2)^2}} \cdot (-2x_1^2x_2) = -\frac{x_1^4x_2}{\sqrt{4-(x_1x_2)^2}}$$

d) $f_{x_1} = \sin(x_2^2) \quad ; \quad f_{x_2} = x_1\, 2x_2 \cos(x_2^2)$

e) $f_{x_1} = \cos x_1 \cdot \ln x_2 - x_1 \cdot \sin x_1 \cdot \ln x_2 \quad ; \quad f_{x_2} = \dfrac{x_1 \cdot \cos x_1}{x_2}$

f)
$$f_x = 3x^2y^2(1 - x - y) - x^3y^2 = x^2y^2(3 - 3x - 3y - x) = x^2y^2(3 - 4x - 3y)$$
$$f_y = 2yx^3(1 - x - y) - x^3y^2 = x^3y(2 - 2x - 2y - y) = x^3y(2 - 2x - 3y)$$

g) $f_{x_1} = 4x_1 + 3x_2^2 \quad ; \quad f_{x_2} = 6x_1x_2 + x_3$

$f_{x_3} = x_2 - x_3x_4^2 \quad ; \quad f_{x_4} = -x_3^2x_4 + 3$

Bei a) ist grad $f = (\frac{\partial f}{\partial x_1}, \frac{\partial f}{\partial x_2}) = (2x_1 + 2x_2, 2x_1 + 3x_2^2)$.

b) grad $f = (2y - 2xy^2, 2x - 2x^2y)$

c) grad $f = \left(\dfrac{8x_1 - 3x_1^3x_2^2}{\sqrt{4-(x_1x_2)^2}}, -\dfrac{x_1^4x_2}{\sqrt{4-(x_1x_2)^2}}\right)$

g) grad $f = (f_{x_1}, f_{x_2}, f_{x_3}, f_{x_4}) = (4x_1 + 3x_2^2, 6x_1x_2 + x_3, x_2 - x_3x_4^2, -x_3^2x_4 + 3)$

6.2.2

Es sei $f(x_1, x_2) = x_1 x_2 (5 - x_1 - x_2)$.

a) Man berechne die partielle Ableitung von f nach x_2 an der Stelle $\mathbf{x}_0 = (2\,;\,2)$.
Welche anschauliche Bedeutung hat dieser Wert der partiellen Ableitung?

b) Man berechne den Zuwachs von f beim Übergang von $\mathbf{x}_0$ zur Stelle $\mathbf{x} = (2\,;\,2,1)$
α) näherungsweise und
β) exakt.

a) $f_{x_2} = x_1 (5 - x_1 - x_2) - x_1 x_2$

$\mathbf{x}_0 = (2\,;\,2) \quad \Longrightarrow \quad f_{x_2}(\mathbf{x}_0) = f_{x_2}(2\,;\,2) = 2 \cdot (5 - 2 - 2) - 2 \cdot 2 = -2$

$f_{x_2}(2\,;\,2)$ gibt die Steigung der Tangente in x_2–Richtung an den Graphen von f im Punkt $(2\,;\,2\,;\,f\,(2, 2))$ an.

b)

$$\Delta y \approx d\,y = f_{x_1}(\mathbf{x}_0) \cdot d\,x_1 + f_{x_2}(\mathbf{x}_0) \cdot d\,x_2$$

$$d\,\mathbf{x} = \mathbf{x} - \mathbf{x}_0 = (2\,;\,2,1) - (2\,;\,2) = (0\,;\,0,1)$$

Daraus ergibt sich $d\,x_1 = 0$ und $d\,x_2 = 0,1$, also:

$$d\,y = 0 + (-2) \cdot 0,1 = -0,2$$

Dies ist der angenäherte Zuwachs.
Für den exakten Zuwachs gilt:

$$\begin{aligned} \Delta y &= f\,(\mathbf{x}) - f\,(\mathbf{x}_0) \\ &= 2 \cdot 2,1\,(5 - 2 - 2,1) - 2 \cdot 2\,(5 - 2 - 2) \\ &= -0,22 \end{aligned}$$

Der relative Fehler bei der Näherung ergibt sich zu

$$\left|\frac{-0,22 + 0,2}{-0,22}\right| \approx 0,091 = 9,1\%.$$

6.2.3

Untersuchen Sie, ob die Funktion $f(x_1, x_2) = 2\sqrt{x_1^2 + x_2^2}$ überall differenzierbar ist. Man skizziere die durch f beschriebene Fläche und bestimme im Punkt $(1, 1)$ der (x_1, x_2)–Ebene die Richtung des steilsten Anstiegs.

Die Niveaulinien $2\sqrt{x_1^2+x_2^2} = c$ der Funktion sind konzentrische Kreise um den Nullpunkt. Daher ist die durch f beschriebene Fläche der nebenstehend abgebildete Kegelmantel. Die Vermutung liegt nahe, daß f im Punkt (0,0) (der Spitze des Kegels) nicht differenzierbar ist.

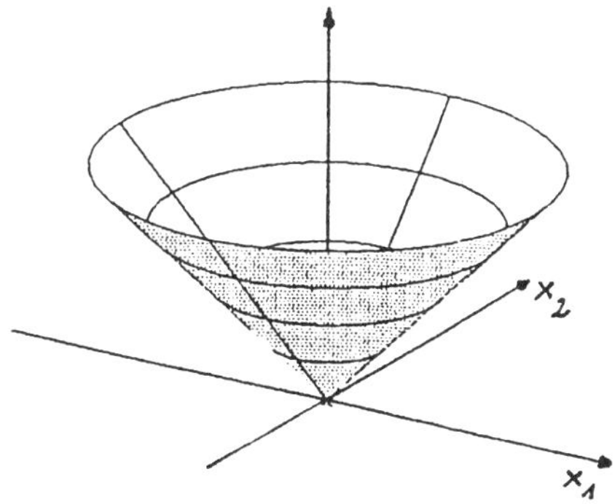

Es ist

$$f_{x_1} = \frac{2x_1}{\sqrt{x_1^2+x_2^2}} \quad , \quad f_{x_2} = \frac{2x_2}{\sqrt{x_1^2+x_2^2}} \,.$$

Also ist $\operatorname{grad} f(0,0) = (0,0)$ und die im Vorspann bei der Definition der Differenzierbarkeit eingeführte Funktion g lautet hier $g(\mathbf{x}) = f(0,0) = 0$. Mit $e(\mathbf{x}) = f(\mathbf{x}) - g(\mathbf{x}) = f(\mathbf{x})$ ist $\lim\limits_{\mathbf{x}\to(0,0)} \frac{f(\mathbf{x})}{|\mathbf{x}|}$ zu untersuchen. Es ist

$$\lim_{\mathbf{x}\to(0,0)} \frac{f(\mathbf{x})}{|\mathbf{x}|} = \lim_{\mathbf{x}\to(0,0)} \frac{2\sqrt{x_1^2+x_2^2}}{\sqrt{x_1^2+x_2^2}} = 2\,.$$

Also ist $\lim\limits_{\mathbf{x}\to(0,0)} \frac{f(\mathbf{x})}{|\mathbf{x}|} \neq 0$, und daher ist f im Punkt $(0,0)$ nicht differenzierbar.
Die Richtung des steilsten Anstiegs in $(1,1)$ ist gegeben durch den Gradienten von f in diesem Punkt $(1,1)$, also

$$\operatorname{grad} f(1,1) = \frac{2}{\sqrt{x_1^2+x_2^2}}(x_1,x_2)\Bigg|_{(1,1)} = \frac{2}{\sqrt{2}}(1,1) = \sqrt{2}(1,1)\,.$$

6.2.4

Es sei $f(x_1,x_2) = 4x_1^2 - 16x_1 + x_2^2 + 6x_2 + 18$.

a) Man berechne die partiellen Ableitungen 1. Ordnung von f.

b) Man berechne $\frac{\partial f}{\partial x_1}(2\,;\,1)$ und $\frac{\partial f}{\partial x_2}(2\,;\,1)$.

c) Man ermittle die Gleichung der Tangentialebene an den Graphen der Funktion f im Punkte $(2\,;\,1\,;\,f(2\,;\,1))$.

d) Man ermittle das vollständige Differential von f an der Stelle $(2\,;\,1)$.

e) Man vergleiche dy mit Δy zur Stelle $(2\,;\,1)$ für $d\mathbf{x} = (1\,;\,1)$ und $d\mathbf{x} = (0,1\,;\,0,1)$.

a) $\quad f_{x_1} = 8x_1 - 16 \quad ; \quad f_{x_2} = 2x_2 + 6$

b) $\frac{\partial f}{\partial x_1}(2\,;\,1) = 16 - 16 = 0 \quad ; \quad \frac{\partial f}{\partial x_2}(2\,;\,1) = 2 \cdot 1 + 6 = 8$

c) Die Tangentialebene an den Graphen von f im Punkte $(x_0, y_0, f(x_0, y_0))$ lautet:

$$z = \frac{\partial f}{\partial x}(x_0, y_0)\,(x - x_0) + \frac{\partial f}{\partial y}(x_0, y_0)\,(y - y_0) + f(x_0, y_0)$$

Hier gilt $(x_0, y_0) = (2\,;\,1)$ und für die Tangentialebene erhält man damit:

$$z = 0 \cdot (x - 2) + 8\,(y - 1) + 9 \quad \text{oder} \quad 8y - z = -1$$

d) Das vollständige Differential der Funktion f an der Stelle $\mathbf{x}^\star$ lautet:

$$dy = \frac{\partial f}{\partial x_1}(\mathbf{x}^\star) \cdot d\,x_1 + \ldots + \frac{\partial f}{\partial x_n}(\mathbf{x}^\star) \cdot d\,x_n$$

Hier gilt also: $dy = 0 \cdot d\,x_1 + 8\,d\,x_2 = 8\,d\,x_2$

e) $d\,\mathbf{x} = (1\,;\,1) \quad \Longrightarrow \quad d\,y = 8 \cdot 1 = 8$

$\triangle y = f\,(3\,;\,2) - f\,(2\,;\,1) = 22 - 9 = 13$

$d\,\mathbf{x} = (0,1\,;\,0,1) \quad \Longrightarrow \quad d\,y = 8 \cdot 0,1 = 0,8$

$\triangle y = f\,(2,1\,;\,1,1) - f\,(2\,;\,1) = 9,85 - 9 = 0,85$

6.2.5

Man zeichne für die Funktion f aus der vorigen Aufgabe die Niveaulinie zum Niveau $c = 2$. Ferner bestimme man $\operatorname{grad} f(\mathbf{a})$ für die Punkte $\mathbf{a} = (2, 0)$, $\mathbf{a} = (2, -6)$, $\mathbf{a} = (x_1, -3)$ und $\mathbf{a} = (3, x_2)$, und trage in $\mathbf{a}$ Vektoren in Richtung $\operatorname{grad} f(\mathbf{a})$ an der Niveaulinie ab. Was ist zu erkennen?

Die Niveaulinie zum Niveau 2 hat die Gleichung $4x_1^2 - 16x_1 + x_2^2 + 6x_2 + 18 = 2$. Umformung liefert

$$4(x_1 - 2)^2 + (x_2 + 3)^2 = 9 \iff$$

$$\frac{(x_1 - 2)^2}{\frac{9}{4}} + \frac{(x_2 + 3)^2}{9} = 1.$$

Das ist eine Ellipse mit dem Mittelpunkt $(2, -3)$ und den Halbachsen $\frac{3}{2}$ und 3. Es ist

$$f_{x_1} = 8x_1 - 16\,;\; f_{x_2} = 2x_2 + 6\,,$$

also

$$\operatorname{grad} f = (8x_1 - 16, 2x_2 + 6)\,.$$

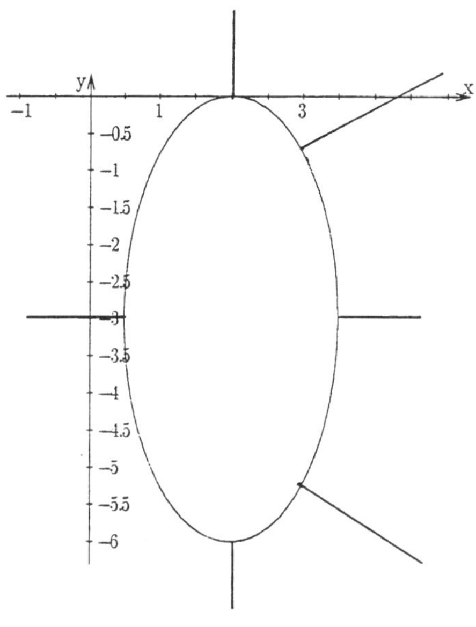

Für $\mathbf{a} = (2, 0)$ ist $\operatorname{grad} f(\mathbf{a}) = (0, 6)$.
Für $\mathbf{a} = (2, -6)$ ist $\operatorname{grad} f(\mathbf{a}) = (0, -6)$.
Für $\mathbf{a} = (x_1, -3)$ erhält man zwei mögliche Punkte aus $4(x_1 - 2)^2 = 9$, nämlich

$$x_1^{(1,2)} = \pm\frac{3}{2} + 2 \quad \text{d.h.} \quad x_1^{(1)} = 3,5 \text{ und } x_1^{(2)} = 0,5\ .$$

Dafür gilt $\operatorname{grad} f(3,5\,;\,-3) = (12, 0)$ und $\operatorname{grad} f(0,5\,;\,-3) = (-12, 0)$.
Für $\mathbf{a} = (3, x_2)$ erhält man ebenfalls zwei mögliche Punkte aus $4(3-2)^2 + (x_2 + 3)^2 = 9$, nämlich $x_2^{(1,2)} = \pm\sqrt{5} - 3$. $x_2^{(1)} \approx -0,76$ und $x_2^{(2)} \approx -5,24$. Dafür gilt $\operatorname{grad} f(3\,;\,-0,76) = (8\,;\,4,48)$ und $\operatorname{grad} f(3\,;\,-5,24) = (8\,;\,-4,48)$.
Die Skizze zeigt, daß die Gradienten $\operatorname{grad} f(\mathbf{a})$ im Punkt $\mathbf{a}$ jeweils senkrecht auf der Niveaulinie stehen. Dies gilt nach dem Vorspann generell.

6.2.6

a) Man berechne näherungsweise (mit Hilfe des vollständigen Differentials), um wieviel sich

$$f(\mathbf{x}) = f(x_1, x_2, x_3) = \ln\frac{x_1^2 x_3}{x_2 - 1}$$

ändert beim Übergang von der Stelle $\mathbf{x}^\star = (16; 5; 8)$ zu der Stelle $\mathbf{x} = (16,08\,;\,5; 8)$.

b) Man bestimme näherungsweise (mit Hilfe des vollständigen Differentials) einen Wert von a so, daß

$$\triangle f := f(16 + a, 5 - a, 8 + a) - f(16; 5; 8) = 0,1$$

ist.

a) Das vollständige Differential $d\,y$ ist gegeben durch

$$d\,y = f_{x_1}(\mathbf{x}^\star)\cdot d\,x_1 + f_{x_2}(\mathbf{x}^\star)\cdot d\,x_2 + f_{x_3}(\mathbf{x}^\star)\cdot d\,x_3$$

$$d\,\mathbf{x} = \mathbf{x} - \mathbf{x}^\star = (16,08\,;\,5\,;\,8) - (16\,;\,5\,;\,8) = (0,08\,;\,0\,;\,0) = (d\,x_1; d\,x_2; d\,x_3)$$

$$\begin{aligned}
\Longrightarrow \quad d\,y &= f_{x_1}(\mathbf{x}^\star)\cdot 0,08 + 0 + 0 \\
&= f_{x_1}(16\,;\,5\,;\,8)\cdot 0,08 \\
f_{x_1} &= \frac{1}{\frac{x_1^2 x_3}{x_2 - 1}}\cdot\frac{2x_1x_3}{x_2 - 1} = \frac{2}{x_1} \\
d\,y &= \frac{2}{16}\cdot 0,08 = 0,01
\end{aligned}$$

b) Es gilt $\triangle f \approx d\,y$. Mit

$$f_{x_2} = \frac{1}{\frac{x_1^2 x_3}{x_2-1}} \cdot \frac{-x_1^2 x_3}{(x_2-1)^2} = \frac{-1}{x_2-1} \quad \text{und}$$

$$f_{x_3} = \frac{1}{\frac{x_1^2 x_3}{x_2-1}} \cdot \frac{x_1^2}{x_2-1} = \frac{1}{x_3}$$

sowie $d\,\mathbf{x} = (a, -a, a)$ und $\mathbf{x}^\star = (16, 5, 8)$ folgt dann:

$$\begin{aligned} d\,y = \frac{2}{16}\,a + \frac{-1}{5-1}\,(-a) + \frac{1}{8}\,a &= 0,1 \\ \frac{1}{8}\,a + \frac{1}{4}\,a + \frac{1}{8}\,a &= 0,1 \\ \frac{1}{2}\,a &= 0,1 \\ a &= 0,2 \end{aligned}$$

6.2.7

Man berechne näherungsweise, um wieviel sich der Wert der Funktion f mit

$$f(\mathbf{x}) = f(x, y, z) = z \cdot \sqrt{y^2 + \frac{x}{2}}$$

ändert, wenn man von $\mathbf{x}^\star = (10\,;\,2\,;\,4)$ zur Stelle $\mathbf{x} = (10\,;\,1,99\,;\,4,02)$ übergeht.

$$f_x = \frac{z}{4\sqrt{y^2 + \frac{x}{2}}}; \quad f_y = \frac{yz}{\sqrt{y^2 + \frac{x}{2}}}; \quad f_z = \sqrt{y^2 + \frac{x}{2}}$$

$$d\,\mathbf{x} = \mathbf{x} - \mathbf{x}^\star = (0; -0,01; 0,02)$$

$$\begin{aligned} \triangle f &\approx f_x(\mathbf{x}^\star) \cdot 0 - f_y(\mathbf{x}^\star) \cdot 0,01 + f_z(\mathbf{x}^\star) \cdot 0,02 \\ &= -\frac{8}{3} \cdot 0,01 + 3 \cdot 0,02 \approx 0,033 \end{aligned}$$

Dem entspricht die prozentuale Änderung:

$$\frac{\triangle f}{f(\mathbf{x}^\star)} \approx \frac{0,033}{12} \approx 0,0028 = 0,28\%$$

6.2.8

Gegeben ist die Funktion f mit

$$f(x_1, x_2) = x_1^2 x_2 + x_2^2 + 2x_2$$

und die Stelle $\mathbf{x}^\star = (x_1^\star, x_2^\star) = (3\,;\,4)$.
Um wieviel Prozent ändert sich näherungsweise der Wert von f gegenüber $f(\mathbf{x}^\star)$, wenn $x_1^\star$ und $x_2^\star$ jeweils um 3% erhöht werden?
Verwenden Sie das vollständige Differential.

Die partiellen Ableitungen lauten:

$$f_{x_1} = 2x_1x_2, \qquad f_{x_2} = x_1^2 + 2x_2 + 2$$

Berechnung der partiellen Ableitungen an der Stelle $\mathbf{x}^\star = (3\,;\,4)$:

$$f_{x_1}(\mathbf{x}^\star) = 2 \cdot 3 \cdot 4 = 24; \qquad f_{x_2}(\mathbf{x}^\star) = 19$$

Erhöhung von $x_1 = 3$ und $x_2 = 4$ jeweils um 3% ergibt die Differentiale:

$$d\,x_1 = 3 \cdot 3\% = 3 \cdot 0,03 = 0,09; \qquad d\,x_2 = 0,12$$

Damit lautet das vollständige Differential:

$$\begin{aligned} d\,y &= f_{x_1}(\mathbf{x}^\star) \cdot d\,x_1 + f_{x_2}(\mathbf{x}^\star) \cdot d\,x_2 \\ &= 24 \cdot 0,09 + 19 \cdot 0,12 \\ &= 4,44 \end{aligned}$$

Wegen $f(\mathbf{x}^\star) = f(3\,;\,4) = 60$ ergibt sich der gesuchte Prozentsatz zu :

$$\frac{4,44}{60} = 0,074 = 7,4\%$$

6.2.9

Der Gewinn an einem Produkt hängt von 8 Einflußgrößen $x_1, ..., x_8$ ab und läßt sich idealisiert beschreiben durch:

$$f(\mathbf{x}) = x_1^2 + 3x_2 - x_3^2 + 4x_4 + x_5 + 0,3x_6^2 - 0,2x_7^3 - x_8^2$$

Im Stadium $\mathbf{x} = (1, 1, 1, 1, 1, 1, 1, 1)$ könnte das Unternehmen jede der Einflußgrößen um 10% erhöhen. Welche Einflußgröße wird die größte Gewinnsteigerung verursachen?

Eine Veränderung von f im Stadium $\mathbf{x}$ läßt sich annähern durch das vollständige Differential

$$d\,y = f_{x_1}(\mathbf{x}) \cdot d\,x_1 + \; ... \; + f_{x_8}(\mathbf{x}) \cdot d\,x_8.$$

Eine Erhöhung um 10% bedeutet hier wegen $\mathbf{x} = (1, 1, 1, 1, 1, 1, 1, 1)$:

$$d\,x_1 = d\,x_2 = \ldots = d\,x_8 = 0,1$$

Aufgrund der trivialen partiellen Ableitungen folgt damit:

$$\begin{aligned} d\,y &= 0,1 \cdot (2x_1 + 3 - 2x_3 + 4 + 1 + 0,6x_6 - 0,6x_7^2 - 2x_8)\,(\mathbf{x}) \\ &= 0,1 \cdot (2 + 3 - 2 + \boxed{4} + 1 + 0,6 - 0,6 - 2) \end{aligned}$$

Ergebnis: Die größte Gewinnsteigerung wird die Einflußgröße x_4 bewirken.

6.2.10

Es wird die Funktion $f\,:\,\mathbb{R}^3 \longrightarrow \mathbb{R}$ mit $u = f(x, y, z) = (x-2)^2+(y+1)^2+xz$ betrachtet, und es sei $\mathbf{a} = (2\,;\,1\,;\,1)$.

a) Bestimmen Sie grad $f(\mathbf{a})$.

b) Geben Sie die Tangentialhyperebene von f im Punkte $(\mathbf{a}, f(\mathbf{a}))$ an.

c) Gehen Sie von $\mathbf{a}$ aus um einen Zuwachs der Länge 0,1 in Richtung des steilsten Anstiegs von f. Berechnen Sie näherungsweise den Zuwachs $\Delta\,u$ des Funktionswertes.

a) grad $f = (f_x, f_y, f_z)$. Man berechnet

$$f_x = 2(x-2) + z \quad , \quad f_y = 2(y+1) \quad , \quad f_z = x \;.$$

Also gilt

$$\text{grad}\, f(\mathbf{a}) = \text{grad}\, f(2\,;\,1\,;\,1) = (1\,;\,4\,;\,2)\;.$$

b) Die Gleichung der Tangentialhyperebene im Punkt $(\mathbf{a}, f(\mathbf{a}))$ lautet:

$$v = f(\mathbf{a}) + \text{grad}\, f(\mathbf{a}) \cdot (\mathbf{x} - \mathbf{a})^\top \;.$$

Mit $f(\mathbf{a}) = 0 + 4 + 2 = 6$ folgt als Gleichung für die Tangentialhyperebene:

$$\begin{aligned} v &= 6 + (1\,;\,4\,;\,2) \begin{pmatrix} x-2 \\ y-1 \\ z-1 \end{pmatrix} = 6 + 1(x-2) + 4(y-1) + 2(z-1) \\ v &= x + 4y + 2z - 2 \end{aligned}$$

c) Die Richtung des steilsten Anstiegs ist nach dem Vorspann gegeben durch grad $f(\mathbf{a})$.
Damit folgt:

$$\begin{aligned} \Delta\,u \approx d\,u &= |\,\text{grad}\, f(\mathbf{a})| \cdot |d\,\mathbf{x}| \\ &= \sqrt{1 + 16 + 4} \cdot 0,1 = \sqrt{21} \cdot 0,1 \\ &\approx 0,458 \end{aligned}$$

6.3 Homogenität

6.3.1
Untersuchen Sie die Funktion f mit

$$f(\mathbf{x}) = f(x_1, x_2) = 4x_1^2 - 16x_1 + x_2^2 + 6x_2 + 18$$

auf Homogenität.

Es gilt:

f ist homogen vom Grade $\alpha \in \mathbb{R} \iff f(\lambda \mathbf{x}) = \lambda^\alpha \cdot f(\mathbf{x})$ für alle $\lambda > 0$ und alle $\mathbf{x} \in D(f)$.

Man erhält hier:

$$f(\lambda \mathbf{x}) = f(\lambda x_1, \lambda x_2) = 4\lambda^2 x_1^2 - 16\lambda x_1 + \lambda^2 x_2^2 + 6\lambda x_2 + 18 \neq \lambda^\alpha \cdot f(\mathbf{x}),$$

da z. B. in der Konstanten 18 kein Faktor λ auftritt.
f ist also nicht homogen.

6.3.2
Untersuchen Sie, ob die Funktion $f : \mathbb{R}^3 \longrightarrow \mathbb{R}$ mit

$$f(\mathbf{x}) = \frac{2x_1^3 - x_2^3 + x_3^3}{x_1 x_2 - 2x_1 x_3 + 4x_2 x_3}$$

homogen ist. Wenn ja, interpretieren Sie diesen Sachverhalt.

Es gilt:

$$f(\lambda \mathbf{x}) = f(\lambda x_1, \lambda x_2, \lambda x_3) = \frac{2\lambda^3 x_1^3 - \lambda^3 x_2^3 + \lambda^3 x_3^3}{\lambda^2 x_1 x_2 - 2\lambda^2 x_1 x_3 + 4\lambda^2 x_2 x_3} = \lambda^1 f(\mathbf{x})$$

f ist also homogen vom Grade 1.

Interpretation: Der Funktionswert $f(\mathbf{x})$ hängt **linear** vom Eingabevektor $\mathbf{x}$ ab. Das bedeutet, daß z. B. eine Verdoppelung *aller* Eingabewerte eine Verdoppelung des Outputs bewirkt.

6.3.3

Man untersuche auf Homogenität:

(1) $f(x_1, x_2) = K \cdot x_1^{\alpha} \cdot x_2^{1-\alpha}$, $K \in \mathbb{R}$, $0 < \alpha < 1$

(2) $f(x, y) = 2x \cdot e^{2y}$

(3) $f(\mathbf{x}) = p \cdot x_1^{\alpha_1} \cdot x_2^{\alpha_2} \cdot \ldots \cdot x_n^{\alpha_n}$, $p, \alpha_i \in \mathbb{R}$

(1)
$$\begin{aligned} f(\lambda x_1, \lambda x_2) &= K \cdot (\lambda x_1)^{\alpha} \cdot (\lambda x_2)^{1-\alpha} = K \cdot \lambda^{\alpha} x_1^{\alpha} \cdot \lambda^{1-\alpha} x_2^{1-\alpha} \\ &= K \cdot \lambda^{\alpha+1-\alpha} \cdot x_1^{\alpha} \cdot x_2^{1-\alpha} = \lambda \cdot K \cdot x_1^{\alpha} \cdot x_2^{1-\alpha} \\ &= \lambda f(x_1, x_2) \end{aligned}$$

f ist also homogen vom Grad 1.

(2) $f(\lambda x, \lambda y) = 2\lambda x e^{2\lambda y} \neq \lambda^{\alpha} \cdot 2xe^{2y}$

f ist nicht homogen.

(3) $f(\lambda \mathbf{x}) = p \cdot (\lambda x_1)^{\alpha 1} \cdot \ldots \cdot (\lambda x_n)^{\alpha_n} = \lambda^{\sum \alpha_i} \cdot \underbrace{p \cdot x_1^{\alpha_1} \cdot \ldots \cdot (x_n)^{\alpha_n}}_{f(\mathbf{x})}$

f ist homogen vom Grade $\alpha = \sum_{i=1}^{n} \alpha_i$.

6.3.4

Eine Input–Output–Funktion $f : \mathbb{R}^3 \longrightarrow \mathbb{R}$ ist gegeben durch

$$f(x_1, x_2, x_3) = \frac{1}{2} x_1^2 x_2 - x_1 x_2^2 + 2x_1 x_2 x_3 - \frac{1}{4} x_2 x_3^2 .$$

a) Zeigen Sie, daß f homogen ist, und berechnen Sie damit, um wieviel Prozent sich der Output ändert, wenn der Input um 10% erhöht wird.

b) Der Input $\mathbf{x} = (1 \; ; \; 2 \; ; \; 1)$ wird um $\Delta \mathbf{x} = (0,1 \; ; \; 0,1 \; ; \; 0,1)$ erhöht. Um wieviel Prozent ändert sich der Output?
Berechnen Sie das Ergebnis näherungsweise unter Verwendung des vollständigen Differentials.

c) Können Sie begründen, warum unter b) die Homogenität von f nicht ausgenutzt werden kann?

a)
$$\begin{aligned} f(\lambda \cdot \mathbf{x}) &= \frac{1}{2}(\lambda x_1)^2 \lambda x_2 - \lambda x_1 (\lambda x_2)^2 + 2\lambda x_1 \lambda x_2 \lambda x_3 - \frac{1}{4} \lambda x_2 (\lambda x_3)^2 \\ &= \lambda^3 \cdot f(\mathbf{x}) \end{aligned}$$

Also ist f homogen vom Grade 3.

Eine Inputerhöhung um 10% bewirkt einen Output

$$f(1,1\mathbf{x}) = 1,1^3 \cdot f(\mathbf{x}) = 1,331 f(\mathbf{x}) .$$

Eine Inputerhöhung um 10% bewirkt also eine Outputerhöhung um 33,1%.

b) Das vollständige Differential ist $d\,y = \operatorname{grad} f(\mathbf{x}_0) \cdot \Delta\,\mathbf{x} \approx \Delta\,y$.

$$\begin{aligned} f_{x_1} &= x_1x_2 - x_2^2 + 2x_2x_3 \\ f_{x_2} &= \frac{1}{2}x_1^2 - 2x_1x_2 + 2x_1x_3 - \frac{1}{4}x_3^2 \\ f_{x_3} &= 2x_1x_2 - \frac{1}{2}x_2x_3 \end{aligned}$$

$$\operatorname{grad} f(1\,;\,2\,;\,1) = (2-4+4\,;\,\frac{1}{2} - 4 + 2 - \frac{1}{4}\,;\,4-1) = (2\,;\,-\frac{7}{4}\,;\,3)$$

$$\Delta\,y \approx d\,y = 2 \cdot 0,1 - \frac{7}{4} \cdot 0,1 + 3 \cdot 0,1 = 0,325$$

c) Die Homogenität von f kann unter b) nicht ausgenutzt werden, da $\Delta\,\mathbf{x}$ kein Bruchteil von $\mathbf{x}$ ist. Anders ausgedrückt: Es gibt kein $\lambda \in \mathbb{R}$ mit $\Delta\,\mathbf{x} = \lambda \cdot \mathbf{x}$.

6.4 JACOBI-Matrix, Kettenregel, implizite Funktionen

JACOBI-Matrix

Ist $f : \mathbb{R}^n \longrightarrow \mathbb{R}^m$ gegeben durch $f(x_1, \ldots, x_n) = \begin{pmatrix} f_1(x_1, \ldots, x_n) \\ f_2(x_1, \ldots, x_n) \\ \vdots \\ f_m(x_1, \ldots, x_n) \end{pmatrix}$ so ist die JACOBI-Matrix $Jac(f(\mathbf{x}))$ (im Falle der Existenz aller vorkommenden partiellen Ableitungen) definiert durch

$$Jac\,(f(\mathbf{x})) = \begin{pmatrix} \frac{\partial f_1}{\partial x_1} & \frac{\partial f_1}{\partial x_2} & \cdots & \frac{\partial f_1}{\partial x_n} \\ \frac{\partial f_2}{\partial x_1} & \frac{\partial f_2}{\partial x_2} & \cdots & \frac{\partial f_2}{\partial x_n} \\ \vdots & & & \vdots \\ \frac{\partial f_m}{\partial x_1} & \frac{\partial f_m}{\partial x_2} & \cdots & \frac{\partial f_m}{\partial x_n} \end{pmatrix}.$$

Einfache Kettenregel

Unter gewissen Differenzierbarkeitsvoraussetzungen (nachzulesen in einschlägiger Literatur) gilt:

$$\left.\begin{array}{l} f = f(x_1, \ldots, x_n) \\ x_1 = x_1(u_1, \ldots, u_m) \\ \quad\vdots \\ x_n = x_n(u_1, \ldots u_m) \end{array}\right\} \Longrightarrow f_{u_j} = \frac{\partial f}{\partial u_j} = \frac{\partial f}{\partial x_1}\frac{\partial x_1}{\partial u_j} + \frac{\partial f}{\partial x_2}\frac{\partial x_2}{\partial u_j} + \ldots + \frac{\partial f}{\partial x_n}\frac{\partial x_n}{\partial u_j}$$

Mit $\mathbf{x} = (x_1, \ldots, x_n)$, $\mathbf{u} = (u_1, \ldots, u_m)$, $f = f(\mathbf{x})$ und $g(\mathbf{u}) = f(\mathbf{x}(\mathbf{u}))$ schreibt sich dies:

$$\operatorname{grad} g = \operatorname{grad} f \cdot Jac(\mathbf{x})$$

Speziell für $g(t) := f(x_1(t), x_2(t), \ldots, x_n(t))$:

$$\frac{dg}{dt} = \frac{\partial f}{\partial x_1}\frac{dx_1}{dt} + \frac{\partial f}{\partial x_2}\frac{dx_2}{dt} + \ldots + \frac{\partial f}{\partial x_n}\frac{dx_n}{dt} = \operatorname{grad} f \cdot \begin{pmatrix} \frac{dx_1}{dt} \\ \vdots \\ \frac{dx_n}{dt} \end{pmatrix}$$

Richtungsableitung

Für $f : \mathbb{R}^n \longrightarrow \mathbb{R}$ ist die Richtungsableitung im Punkt $\mathbf{x}_0$ in Richtung $\mathbf{a}$ gegeben durch das Skalarprodukt: $\operatorname{grad} f(\mathbf{x}_0) \cdot \dfrac{\mathbf{a}}{|\mathbf{a}|}$.

Allgemeine Kettenregel

Ist $f : \mathbb{R}^n \longrightarrow \mathbb{R}^m$ gegeben durch $f(\mathbf{x}) = \begin{pmatrix} f_1(x_1, \ldots, x_n) \\ \vdots \\ f_m(x_1, \ldots, x_n) \end{pmatrix}$, und sind die Variablen x_i selbst wieder Funktionen, die von Variablen $t_1, \ldots, t_s$ abhängen – geschrieben $\mathbf{x} = \mathbf{x}(\mathbf{t})$ –, so entsteht durch $(f \circ \mathbf{x})(\mathbf{t}) = f(\mathbf{x}(\mathbf{t}))$ eine Funktion $g(\mathbf{t})$, die den $\mathbb{R}^s$ (Variablenanzahl in $\mathbf{t}$) in den $\mathbb{R}^m$ abbildet (dorthin bildet f ab). Unter hinreichenden Differenzierbarkeitsbedingungen gilt:

$$\underbrace{\begin{pmatrix} \frac{\partial g_1}{\partial t_1} & \cdots & \frac{\partial g_1}{\partial t_s} \\ \frac{\partial g_2}{\partial t_1} & \cdots & \frac{\partial g_2}{\partial t_s} \\ \vdots & & \vdots \\ \frac{\partial g_m}{\partial t_1} & \cdots & \frac{\partial g_m}{\partial t_s} \end{pmatrix}}_{Jac(g(\mathbf{t}))} = \underbrace{\begin{pmatrix} \frac{\partial f_1}{\partial x_1} & \cdots & \frac{\partial f_1}{\partial x_n} \\ \frac{\partial f_2}{\partial x_1} & \cdots & \frac{\partial f_2}{\partial x_n} \\ \vdots & & \vdots \\ \frac{\partial f_m}{\partial x_1} & \cdots & \frac{\partial f_m}{\partial x_n} \end{pmatrix}}_{Jac(f(\mathbf{x}))} \cdot \underbrace{\begin{pmatrix} \frac{\partial x_1}{\partial t_1} & \cdots & \frac{\partial x_1}{\partial t_s} \\ \frac{\partial x_2}{\partial t_1} & \cdots & \frac{\partial x_2}{\partial t_s} \\ \vdots & & \vdots \\ \frac{\partial x_m}{\partial t_1} & \cdots & \frac{\partial x_m}{\partial t_s} \end{pmatrix}}_{Jac(\mathbf{x}(\mathbf{t}))}$$

6.4.1

Bestimmen Sie die Ableitung von $f(x) = 4x_1^2 - 16x_1 + x_2^2 + 6x_2 + 18$ an der Stelle $\mathbf{a} = (2, 0)$ in Richtung von

(a) $\mathbf{v}_1 = \begin{pmatrix} 1 \\ 0 \end{pmatrix}$, (b) $\mathbf{v}_2 = \begin{pmatrix} -1 \\ 0 \end{pmatrix}$, (c) $\mathbf{v}_3 = \begin{pmatrix} 0 \\ 2 \end{pmatrix}$, (d) $\mathbf{v}_4 = \begin{pmatrix} 1 \\ 1 \end{pmatrix}$.

Es ist $\operatorname{grad} f = (8x_1 - 16, 2x_2 + 6)$, also $\operatorname{grad} f(2\,;\,0) = (0\,;\,6)$. Damit folgt:

a) $|\mathbf{v}_1| = 1 \implies \operatorname{grad} f(\mathbf{a}) \cdot \begin{pmatrix} 1 \\ 0 \end{pmatrix} = 0$

b) $|\mathbf{v}_2| = 1 \implies \operatorname{grad} f(\mathbf{a}) \cdot \begin{pmatrix} -1 \\ 0 \end{pmatrix} = 0$

c) $|\mathbf{v}_3| = 2 \implies \operatorname{grad} f(\mathbf{a}) \cdot \dfrac{\mathbf{v}_3}{|\mathbf{v}_3|} = (0\,;\,6) \cdot \dfrac{1}{2} \begin{pmatrix} 0 \\ 2 \end{pmatrix} = 6$

d) $|\mathbf{v}_4| = \sqrt{2} \implies \operatorname{grad} f(\mathbf{a}) \cdot \dfrac{\mathbf{v}_4}{\sqrt{2}} = (0\,;\,6) \cdot \dfrac{1}{\sqrt{2}} \begin{pmatrix} 1 \\ 1 \end{pmatrix} = 4,243$

In nebenstehender Skizze ist die Niveaulinie von f für $f(\mathbf{a}) = 2$ dargestellt, nämlich die durch $4x_1^2 - 16x_1 + x_2^2 + 6x_2 + 18 = 2$ gegebene Kurve. Dies ist eine Ellipse mit Mittelpunkt $M = (2, -3)$, wie die Umformung in

$$\frac{(x_1-2)^2}{\frac{9}{4}} + \frac{(x_2+3)^2}{9} = 1$$

zeigt. $\mathbf{v}_1$ und $\mathbf{v}_2$ sind Tangenten an die Niveaulinie, daher ist die Richtungsableitung 0. $\mathbf{v}_3$ zeigt in Richtung des Gradienten, daher gibt $\mathbf{v}_3$ in der x_1, x_2–Ebene die Richtung des steilsten Anstiegs an, 6 ist also der größte Wert der Richtungsableitung in $\mathbf{a}$.

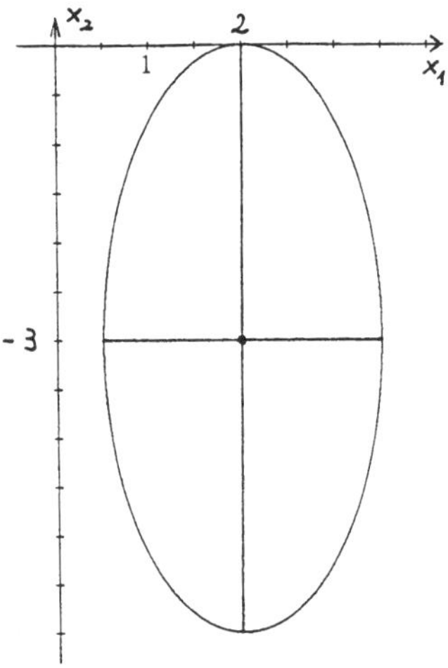

6.4.2

Man bestimme von den nachstehenden Funktionen die JACOBI-Matrix, die JACOBI-Matrix an der Stelle $\mathbf{a}$ sowie deren Rang, und näherungsweise den Zuwachs der Funktionen beim Übergang von $\mathbf{a}$ zu $\mathbf{b} = \mathbf{a} + d\mathbf{x}$.

(1) $f : \mathbb{R}^4 \longrightarrow \mathbb{R}^2$, $f(\mathbf{x}) = \begin{pmatrix} f_1(\mathbf{x}) \\ f_2(\mathbf{x}) \end{pmatrix} = \begin{pmatrix} x_1x_2x_3 + x_3x_4 \\ x_1^2 + x_2^2 + x_3^2 + x_4^2 \end{pmatrix}$,

$\mathbf{a} = (1,1,1,1)$, $d\mathbf{x} = (0,1; 0,1; 0,1; 0,1)$

(2) $f : \mathbb{R}^2 \longrightarrow \mathbb{R}^3$, $f(\mathbf{x}) = \begin{pmatrix} f_1(x,y) \\ f_2(x,y) \\ f_3(x,y) \end{pmatrix} = \begin{pmatrix} x \cdot y \\ 2x + 2y \\ x^2 + y^2 \end{pmatrix}$,

$\mathbf{a} = (1,1)$, $d\mathbf{x} = (0,2; -0,1)$

(1) Für die JACOBI-Matrix $Jac(f(\mathbf{x}))$ gilt:

$$\begin{aligned} Jac(f(\mathbf{x})) &= \begin{pmatrix} \frac{\partial f_1(\mathbf{x})}{\partial x_1} & \frac{\partial f_1(\mathbf{x})}{\partial x_2} & \frac{\partial f_1(\mathbf{x})}{\partial x_3} & \frac{\partial f_1(\mathbf{x})}{\partial x_4} \\ \frac{\partial f_2(\mathbf{x})}{\partial x_1} & \frac{\partial f_2(\mathbf{x})}{\partial x_2} & \frac{\partial f_2(\mathbf{x})}{\partial x_3} & \frac{\partial f_2(\mathbf{x})}{\partial x_4} \end{pmatrix} = \begin{pmatrix} grad\, f_1(\mathbf{x}) \\ grad\, f_2(\mathbf{x}) \end{pmatrix} \\ &= \begin{pmatrix} x_2x_3 & x_1x_3 & x_1x_2 + x_4 & x_3 \\ 2x_1 & 2x_2 & 2x_3 & 2x_4 \end{pmatrix} \\ Jac(f(1,1,1,1)) &= \begin{pmatrix} 1 & 1 & 2 & 1 \\ 2 & 2 & 2 & 2 \end{pmatrix} \end{aligned}$$

Der Rang einer Matrix ist die maximale Anzahl linear unabhängiger Zeilen bzw. Spalten der Matrix. Also gilt Rang $Jac(f(1,1,1,1)) = 2$, denn die beiden

Zeilen der Matrix sind linear unabhängig.

$$\Delta f \approx d f = \begin{pmatrix} 1 & 1 & 2 & 1 \\ 2 & 2 & 2 & 2 \end{pmatrix} (0,1; 0,1; 0,1; 0,1)^{\top} = \begin{pmatrix} 0,5 \\ 0,8 \end{pmatrix}$$

(2) Entsprechend ergibt sich hier:

$$\begin{aligned} Jac(f(\mathbf{x})) &= \begin{pmatrix} f_{1x} & f_{1y} \\ f_{2x} & f_{2y} \\ f_{3x} & f_{3y} \end{pmatrix} = \begin{pmatrix} y & x \\ 2 & 2 \\ 2x & 2y \end{pmatrix} \\ Jac(f(1,1)) &= \begin{pmatrix} 1 & 1 \\ 2 & 2 \\ 2 & 2 \end{pmatrix} \end{aligned}$$

Da hier die Spaltenvektoren gleich sind, ist Rang $Jac(f(1,1)) = 1$.

$$\Delta f \approx d f = \begin{pmatrix} 1 & 1 \\ 2 & 2 \\ 2 & 2 \end{pmatrix} \begin{pmatrix} 0,2 \\ -0,1 \end{pmatrix} = \begin{pmatrix} 0,1 \\ 0,2 \\ 0,2 \end{pmatrix}$$

6.4.3

Die Nachfrage nach 2 Gütern lasse sich beschreiben durch zwei Funktionen:
Nachfrage nach Gut 1: $q_1 = 6 \cdot p_1^{-2} \cdot p_2^{\frac{3}{2}} \cdot y$
Nachfrage nach Gut 2: $q_2 = 4 \cdot p_1 \cdot p_2^{-1} \cdot y$,
wobei p_1 der Preis für Gut 1 und p_2 der Preis für Gut 2 sei und y das Einkommen.
Wie ändert sich die Nachfrage an der Stelle $(p_1^\star, p_2^\star, y^\star) = (6, 9, 2)$, wenn sich die Preise um 0,1 erhöhen und das Einkommen um 0,1 fällt?

Wir betrachten die Funktion $Q : \mathbb{R}^3 \longrightarrow \mathbb{R}^2$ mit $Q(p_1, p_2, y) = \begin{pmatrix} q_1(p_1, p_2, y) \\ q_2(p_1, p_2, y) \end{pmatrix}$.

Es ist $\Delta Q \approx d Q = Jac(Q(6,9,2)) \cdot \underbrace{\begin{pmatrix} 0,1 \\ 0,1 \\ -0,1 \end{pmatrix}}_{d\mathbf{x}}$.

$$\begin{aligned} Jac(Q) &= \begin{pmatrix} \frac{\partial q_1}{\partial p_1} & \frac{\partial q_1}{\partial p_2} & \frac{\partial q_1}{\partial y} \\ \frac{\partial q_2}{\partial p_1} & \frac{\partial q_2}{\partial p_2} & \frac{\partial q_2}{\partial y} \end{pmatrix} = \begin{pmatrix} \frac{-12 p_2^{\frac{3}{2}} y}{p_1^3} & \frac{9}{p_1^2}\sqrt{p_2}\, y & \frac{6}{p_1^2} p_2^{\frac{3}{2}} \\ \frac{4y}{p_2} & -\frac{4p_1}{p_2^2} y & \frac{4p_1}{p_2} \end{pmatrix} \\ Jac(Q(6,9,2)) &= \begin{pmatrix} -3 & 1,5 & 4,5 \\ \frac{8}{9} & -\frac{16}{27} & \frac{8}{3} \end{pmatrix} \end{aligned}$$

Also folgt $\Delta Q \approx dQ = Jac(Q(6,9,2)) \begin{pmatrix} 0,1 \\ 0,1 \\ -0,1 \end{pmatrix} = \begin{pmatrix} -0,6 \\ -0,237 \end{pmatrix}$.

6.4.4

Man bestimme die Ableitung der Funktion

$$g(t) = f(x,y) = 4xy^2 + \sqrt{x^2+y} \quad \text{mit} \quad x(t) = \sqrt{t^2+4}\,,\; y(t) = \mathrm{e}^t + t$$

einerseits mittels der Kettenregel und andererseits durch Ersetzen und anschließendes Differenzieren nach t. Was ist $g'(0)$?

Für $g(t) = f(x(t), y(t)) = f(\mathbf{x}(t))$ liefert die Kettenregel:

$$g'(t) = grad\, f \cdot \frac{d\mathbf{x}}{dt} = \frac{\partial f}{\partial x} \cdot \frac{dx}{dt} + \frac{\partial f}{\partial y} \cdot \frac{dy}{dt}\,, \text{ wobei}$$

$$\frac{\partial f}{\partial x} = 4y^2 + \frac{x}{\sqrt{x^2+y}} \quad , \quad \frac{dx}{dt} = \frac{t}{\sqrt{t^2+4}}$$

$$\frac{\partial f}{\partial y} = 8xy + \frac{1}{2\sqrt{x^2+y}} \quad , \quad \frac{dy}{dt} = \mathrm{e}^t + 1\,.$$

Für $t_0 = 0$ folgt $(x_0, y_0) = (2,1)$ und damit

$$\begin{aligned} g'(0) &= \underbrace{(4 \cdot 1 + \frac{2}{\sqrt{4+1}})}_{\frac{\partial f}{\partial x}(x_0,y_0)} \cdot \underbrace{0}_{\frac{dx}{dt}(t_0)} + \underbrace{(8 \cdot 2 \cdot 1 + \frac{1}{2\sqrt{4+1}})}_{\frac{\partial f}{\partial y}(x_0,y_0)} \cdot \underbrace{(1+1)}_{\frac{dy}{dt}(t_0)} \\ &= (16 + \frac{1}{2\sqrt{5}}) \cdot 2 \approx 32,448 \end{aligned}$$

Beim Einsetzen entsteht $f(x,y) =: g(t) = 4\sqrt{t^2+4}\,(\mathrm{e}^t+t)^2 + \sqrt{t^2+4+\mathrm{e}^t+t}$, und hier dürfte die Differentiation nach t ziemlich aufwendig sein - führt aber zum gleichen Ergebnis wie oben.

6.4.5

Eine Cobb-Douglas-Produktionsfunktion ist gegeben durch

$$Q(K,L) = 4K^{\frac{3}{4}} \cdot L^{\frac{1}{4}} \quad \text{mit} \quad K(t,r) = \frac{10t^2}{r}\,,\; L(t,r) = 6t^2 + 250r\,.$$

(Der Input K, L hängt von der Zeit t und dem Zuwachs r ab.)
Man berechne die Änderungsraten (=Ableitungen) von Q in Abhängigkeit von t bzw. von r an der Stelle $\mathbf{a} = (t_0, r_0) = (10\,;\,0,1)$ unter Benutzung der Kettenregel.

Für t erhält man:

$$\begin{aligned}\frac{\partial Q}{\partial t} &= \frac{\partial Q}{\partial K}\cdot\frac{\partial K}{\partial t}+\frac{\partial Q}{\partial L}\cdot\frac{\partial L}{\partial t}\\ &= \underbrace{4\cdot\frac{3}{4}K^{-\frac{1}{4}}\cdot L^{\frac{1}{4}}}_{\frac{\partial Q}{\partial K}}\cdot\underbrace{20\frac{t}{r}}_{\frac{\partial K}{\partial t}}+\underbrace{4\cdot K^{\frac{3}{4}}\cdot\frac{1}{4}\cdot L^{-\frac{3}{4}}}_{\frac{\partial Q}{\partial L}}\cdot\underbrace{12t}_{\frac{\partial L}{\partial t}}\end{aligned}$$

Dies muß an der Stelle $\mathbf{a}=(t_0,r_0)=(10;0,1)$ ausgewertet werden. Zunächst erhält man

$$K(t_0,r_0)=\frac{10\cdot 100}{0,1}=10000 \quad \text{und} \quad L(t_0,r_0)=6\cdot 100+250\cdot 0,1=625\,.$$

Also

$$\begin{aligned}\frac{\partial Q}{\partial t}(t_0,r_0) &= (3\cdot 10000^{-\frac{1}{4}}\cdot 625^{\frac{1}{4}})\cdot\frac{20\cdot 10}{0,1}+(10000^{\frac{3}{4}}\cdot 625^{-\frac{3}{4}})\cdot 12\cdot 10\\ &= 1,5\cdot 2000+8\cdot 120=3960\end{aligned}$$

Entsprechend folgt für r:

$$\begin{aligned}\frac{\partial Q}{\partial r} &= \frac{\partial Q}{\partial K}\cdot\frac{\partial K}{\partial r}+\frac{\partial Q}{\partial L}\cdot\frac{\partial L}{\partial r}=\frac{\partial Q}{\partial K}\cdot\frac{-10t^2}{r^2}+\frac{\partial Q}{\partial L}\cdot 250\\ \frac{\partial Q}{\partial r}(t_0,r_0) &= 1,5\cdot\frac{-1000}{0,01}+8\cdot 250=-148.000\end{aligned}$$

6.4.6

Eine Funktion $g:\mathbb{R}^2\longrightarrow\mathbb{R}^3$ ist gegeben durch die Verkettung $g(\mathbf{t})=(f\circ v)(\mathbf{t})$ mit

$$f:\mathbb{R}^2\longrightarrow\mathbb{R}^3\,,\qquad f(\mathbf{v})=\begin{pmatrix} f_1(x,y)\\ f_2(x,y)\\ f_3(x,y)\end{pmatrix}=\begin{pmatrix} xy\\ 2x+2y\\ x^2+y^2\end{pmatrix}$$

$$v:\mathbb{R}^2\longrightarrow\mathbb{R}^2\,,\qquad v(\mathbf{t})=\begin{pmatrix} x(t_1,t_2)\\ y(t_1,t_2)\end{pmatrix}=\begin{pmatrix} t_1t_2\\ t_1-t_2\end{pmatrix}.$$

Man bestimme die JACOBI-Matrix $Jac(g(\mathbf{t}))$ sowohl mit als auch ohne Verwendung der allgemeinen Kettenregel.
Ferner berechne man näherungsweise (mittels der JACOBI-Matrix), um welchen Wert sich g ändert beim Übergang von $\mathbf{a}=(1\,;\,1)$ zu $\mathbf{b}=(1,2\,;\,0,9)$.

Durch Einsetzen erhält man

$$g(\mathbf{t}))=\begin{pmatrix} g_1(\mathbf{t})\\ g_2(\mathbf{t})\\ g_3(\mathbf{t})\end{pmatrix}=(f\circ v)(\mathbf{t})=\begin{pmatrix} t_1t_2(t_1-t_2)\\ 2t_1t_2+2(t_1-t_2)\\ (t_1t_2)^2+(t_1-t_2)^2\end{pmatrix}$$

$$
\begin{aligned}
&= \begin{pmatrix} t_1^2 t_2 - t_1 t_2^2 \\ 2t_1 t_2 + 2t_1 - 2t_2 \\ t_1^2 t_2^2 + t_1^2 - 2t_1 t_2 + t_2^2 \end{pmatrix} \\
Jac(g(\mathbf{t})) &= \begin{pmatrix} \frac{\partial g_1}{\partial t_1} & \frac{\partial g_1}{\partial t_2} \\ \frac{\partial g_2}{\partial t_1} & \frac{\partial g_2}{\partial t_2} \\ \frac{\partial g_3}{\partial t_1} & \frac{\partial g_3}{\partial t_2} \end{pmatrix} = \begin{pmatrix} 2t_1 t_2 - t_2^2 & t_1^2 - 2t_1 t_2 \\ 2t_2 + 2 & 2t_1 - 2 \\ 2t_1 t_2^2 + 2t_1 - 2t_2 & 2t_1^2 t_2 - 2t_1 + 2t_2 \end{pmatrix} \\
Jac(g(1;1)) &= \begin{pmatrix} 1 & -1 \\ 4 & 0 \\ 2 & 2 \end{pmatrix}
\end{aligned}
$$

Mittels Kettenregel rechnet man:

$$
\begin{aligned}
Jac(g(\mathbf{t})) &= Jac(f(\mathbf{x})) \cdot Jac(v(\mathbf{t})) = \begin{pmatrix} \frac{\partial f_1}{\partial x} & \frac{\partial f_1}{\partial y} \\ \frac{\partial f_2}{\partial x} & \frac{\partial f_2}{\partial y} \\ \frac{\partial f_3}{\partial x} & \frac{\partial f_3}{\partial y} \end{pmatrix} \cdot \begin{pmatrix} \frac{\partial x}{\partial t_1} & \frac{\partial x}{\partial t_2} \\ \frac{\partial y}{\partial t_1} & \frac{\partial y}{\partial t_2} \end{pmatrix} \\
&= \begin{pmatrix} y & x \\ 2 & 2 \\ 2x & 2y \end{pmatrix} \cdot \begin{pmatrix} t_2 & t_1 \\ 1 & -1 \end{pmatrix} \\
&= \begin{pmatrix} t_1 - t_2 & t_1 t_2 \\ 2 & 2 \\ 2t_1 t_2 & 2(t_1 - t_2) \end{pmatrix} \cdot \begin{pmatrix} t_2 & t_1 \\ 1 & -1 \end{pmatrix} \\
&= \begin{pmatrix} 2t_1 t_2 - t_2^2 & t_1^2 - 2t_1 t_2 \\ 2t_2 + 2 & 2t_1 - 2 \\ 2t_1 t_2^2 + 2t_1 - 2t_2 & 2t_1^2 t_2 - 2t_1 + 2t_2 \end{pmatrix}
\end{aligned}
$$

Beim Übergang von $\mathbf{a} = (1\,;\,1)$ zu $\mathbf{b} = (1,2\,;\,0,9) = \mathbf{a} + (0,2\,;\,-0,1)$ ändert sich g um

$$
\Delta g \approx d\,g = Jac(g(\mathbf{a})) \cdot d\,\mathbf{x} = \begin{pmatrix} 1 & -1 \\ 4 & 0 \\ 2 & 2 \end{pmatrix} \cdot \begin{pmatrix} 0,2 \\ -0,1 \end{pmatrix} = \begin{pmatrix} 0,3 \\ 0,8 \\ 0,2 \end{pmatrix} .
$$

6.4.7

Ist die Gleichung $f(x_1, x_2) = 0$ mit

$$
f(x_1, x_2) = 4x_1^2 - 16x_1 + x_2^2 + 6x_2 + 18
$$

auflösbar nach x_2 mit $g(x_1) = x_2$ und $g(2) = \sqrt{7} - 3$?

Die Auflösung gelingt hier direkt:

(Hinweis: Teilgleichung der Niveaukurve zu $c = 0$!!)

$$\begin{aligned} f(x_1, x_2) = 0 \quad \Longrightarrow \quad x_2^2 + 6x_2 &= 16x_1 - 4x_1^2 - 18 \\ (x_2+3)^2 - 9 &= 16x_1 - 4x_1^2 - 18 \\ x_2^{(1,2)} &= -3 \pm \sqrt{9 + 16x_1 - 4x_1^2 - 18} \end{aligned}$$

Hier ist wegen $g(x_1) = x_2$ mit $g(2) = \sqrt{7} - 3$ nur das "+"-Zeichen zulässig.
Also: $x_2 = -3 + \sqrt{16x_1 - 4x_1^2 - 9}$

6.4.8

Gegeben ist eine Funktion $f : \mathbb{R}^2 \longrightarrow \mathbb{R}$ mit

$$f(x_1, x_2) = x_1^2 + 2x_1x_2 + x_1^2x_2^2 + x_1^3 + x_2^3.$$

Gibt es $a_1, a_2 \in \mathbb{R}$ und eine Auflösung von $f(x_1, x_2) = 0$ nach x_2 ($x_2 = g(x_1)$) mit $g(a_1) = a_2$?

Offensichtlich gilt $f(1\,;-1) = 1 - 2 + 1 + 1 - 1 = 0$, d. h. mit $a_1 = 1$ und $a_2 = -1$ ist $f(a_1, a_2) = 0$ gefunden. (Es gibt mehrere solcher Werte; z. B. auch $f(-1\,;1) = 0$!)
Gilt $\frac{\partial f}{\partial x_2}(a_1, a_2) \neq 0$?

$$\begin{aligned} \frac{\partial f}{\partial x_2} &= 2x_1 + 2x_1^2x_2 + 3x_2^2 \\ \frac{\partial f}{\partial x_2}(1\,;-1) &= 2 - 2 + 3 = 3 \neq 0 \end{aligned}$$

Damit gibt es genau eine Auflösung von $f(x_1, x_2) = 0$ nach $x_2 = g(x_1)$ mit $-1 = g(1)$.
Die praktische Ausrechnung ist in diesem Fall nicht möglich.

Zusatz: Man kann jedoch $g'(1)$ berechnen! Denn:

$$\underbrace{\frac{dg}{dx_1}}_{g'(x_1)} = -\frac{\frac{\partial f}{\partial x_1}}{\frac{\partial f}{\partial x_2}} = -\frac{2x_1 + 2x_2 + 2x_1x_2^2 + 3x_1^2}{2x_1 + 2x_1^2x_2 + 3x_2^2}$$

Mit $x_2 = g(x_1)$ und $-1 = g(1)$ folgt daraus:

$$g'(1) = -\frac{2 + 2\cdot(-1) + 2 + 3}{2 + 2\cdot(-1) + 3} = -\frac{5}{3}$$

Bemerkung: Das Berechnen der Ableitung gelingt für g natürlich nur an der einzigen Stelle $x_1 = 1$ auf diese Weise!

6.4.9
Eine Funktion $f : \mathbb{R}^2 \longrightarrow \mathbb{R}$ ist gegeben durch $f(x,y) = x^2 + 3xy + y^3 + \frac{5}{4}$ und es sei $\mathbf{a}^\star = (x^\star, y^\star) = (-\frac{3}{2}, 1)$.

a) Man zeige $f(x^\star, y^\star) = 0$.

b) Man untersuche, ob $f(x,y) = 0$ in einer Umgebung von $\mathbf{a}^\star$ nach x bzw. nach y auflösbar ist, und gebe gegebenenfalls $y'(x^\star)$ bzw. $x'(y^\star)$ an.

a) Es ist $f(x^\star, y^\star) = \frac{9}{4} + 3(-\frac{3}{2}) + 1 + \frac{5}{4} = 0$.
b) Die Auflösbarkeit in einer Umgebung von $\mathbf{a}^\star$ hängt von den partiellen Ableitungen an der Stelle $\mathbf{a}^\star$ ab:

$$\frac{\partial f}{\partial x} = 2x + 3y \quad , \quad \frac{\partial f}{\partial y} = 3x + 3y^2$$

Es ist $\frac{\partial f}{\partial x}(x^\star, y^\star) = 0$ und $\frac{\partial f}{\partial y}(x^\star, y^\star) = -\frac{9}{2} + 3 \neq 0$.
Also ist $f(x,y) = 0$ in einer Umgebung von $\mathbf{a}^\star$ nach y auflösbar. Über die Auflösbarkeit von $f(x,y) = 0$ nach x in einer Umgebung von $\mathbf{a}^\star$ läßt sich nichts aussagen, da die partielle Ableitung von f nach x dort 0 ist.
Die Berechnung von $y'(x^\star)$ kann wie folgt geschehen: $x^2 + 3xy + y^3 + \frac{5}{4} = 0$ wird mit der Kettenregel (implizit) nach x abgeleitet. Dies ergibt:

$$2x + 3 \cdot 1 \cdot y(x) + 3 \cdot x \cdot y'(x) + 3(y(x))^2 \cdot y'(x) = 0$$

Einsetzen liefert

$$\begin{aligned} 2(-\frac{3}{2}) + 3 \cdot 1 + 3(-\frac{3}{2})y'(-\frac{3}{2}) + 3 \cdot 1^2 \cdot y'(-\frac{3}{2}) &= 0 \\ -3 + 3 - \frac{9}{2} \cdot y'(-\frac{3}{2}) + 3y'(-\frac{3}{2}) &= 0 \, , \end{aligned}$$

also $y'(-\frac{3}{2}) = 0$.
Einfacher wird die Rechnung bei Anwendung des Satzes

$$y'(x^\star) = -\frac{f_x}{f_y}(x^\star) \, .$$

Damit folgt

$$y'(x^\star) = -\left.\frac{2x + 3y}{3x + 3y^2}\right|_{(-\frac{3}{2},1)} = \frac{0}{-\frac{3}{2}} = 0 \, .$$

6.4.10

Gegeben seien die reellwertige Funktion von drei Variablen $f(x,y,z) = xe^y - ye^z + 2x + z$ und der Punkt $\mathbf{a} = (a_1, a_2, a_3) = (1, 0, -3)$.
Man zeige:

a) $f(a_1, a_2, a_3) = 0$

b) Es gibt eine Auflösung der Gleichung $f(x,y,z) = 0$ nach x, d.h. eine Funktion $x = g(y,z)$ mit $1 = g(0\,;-3)$ und $f(g(y,z),y,z) = 0$ für alle (y,z) in einer Umgebung von $(0\,;-3)$. Läßt sich die Auflösung explizit angeben?

c) Es gibt eine Auflösung der Gleichung $f(x,y,z) = 0$ nach y, d.h. eine Funktion $y = h(x,z)$ mit $0 = h(1\,;-3)$ und $f(x,h(x,z),z) = 0$ für alle (x,z) in einer Umgebung von $(1\,;-3)$.
Man berechne den Gradienten der Funktion h an der Stelle $(1\,;-3)$.

a) Es ist $f(a_1, a_2, a_3) = f(1, 0, -3) = 1 \cdot e^0 - 0 + 2 \cdot 1 + (-3) = 0$.
b) Eine Auflösung in einer Umgebung von $\mathbf{a}$ existiert, falls $f_x(\mathbf{a}) \neq 0$ ist.

$$f_x = e^y + 2 \quad \Longrightarrow \quad f_x(\mathbf{a}) = e^0 + 2 = 3 \neq 0$$

Damit existiert nach dem Satz über implizite Funktionen in einer Umgebung $U(\mathbf{a})$ eine Auflösung von f nach x. Diese Auflösung gelingt hier:

$$\begin{aligned} xe^y - ye^z + 2x + z &= 0 \\ x\underbrace{(e^y + 2)}_{>0} &= ye^z - z \\ x &= \frac{ye^z - z}{e^y + 2} =: g(y,z) \end{aligned}$$

c) Es gibt eine Auflösung nach y, wenn $f_y(\mathbf{a}) \neq 0$ gilt.

$$f_y(\mathbf{a}) = 1 - e^{-3} = 0,95 \neq 0$$

Also gibt es eine Auflösung von $f(x,y,z) = 0$ nach $y =: h(x,z)$ in einer Umgebung $U(\mathbf{a})$. Diese Auflösung gelingt hier aber nicht!
Trotzdem läßt sich $\operatorname{grad} h = (\frac{\partial h}{\partial x}, \frac{\partial h}{\partial z})$ mit dem erweiterten Satz über implizite Funktionen berechnen.

$$\frac{\partial h}{\partial x} = -\frac{\frac{\partial f}{\partial x}}{\frac{\partial f}{\partial y}} = -\frac{e^y + 2}{xe^y - e^z} \qquad \frac{\partial h}{\partial z} = -\frac{\frac{\partial f}{\partial z}}{\frac{\partial f}{\partial y}} = -\frac{-ye^z + 1}{xe^y - e^z}$$

$$\frac{\partial h}{\partial x}(1,-3) = -\frac{e^0 + 2}{1 \cdot e^0 - e^{-3}} = -3,157 \qquad \frac{\partial h}{\partial z}(1,-3) = -\frac{0 + 1}{1 - e^{-3}} = -1,052$$

Also gilt: $\quad \operatorname{grad} h(1,-3) = (-3,157\,; -1,052)$.

6.5 Ableitungen höherer Ordnung

Partielle Ableitungen von partiellen Ableitungen heißen partielle Ableitungen 2. Ordnung.

Schreibweisen für partielle Ableitungen 2. Ordnung der Funktion f: $f_{x_i x_j}$, $\frac{\partial^2 f}{\partial x_i \partial x_j}$

HESSE–Matrix

Ist f eine reelle Funktion von n Veränderlichen $x_1, ..., x_n$ und existieren die partiellen Ableitungen 2. Ordnung von f, so heißt die Matrix

$$\mathbf{H} = \left(\frac{\partial^2 f}{\partial x_i \partial x_j}\right) = \begin{pmatrix} f_{x_1x_1} & f_{x_1x_2} & \cdots & f_{x_1x_n} \\ f_{x_2x_1} & f_{x_2x_2} & \cdots & f_{x_2x_n} \\ \vdots & & & \vdots \\ f_{x_nx_1} & f_{x_nx_2} & \cdots & f_{x_nx_n} \end{pmatrix}$$

HESSE–Matrix von f.

6.5.1

Berechnen Sie die partiellen Ableitungen 2. Ordnung für die Funktionen der Aufgabe 6.2.1 a), b), e) und g).

Es werden die Funktionen und partiellen Ableitungen 1. Ordnung noch einmal aufgeschrieben, da sonst die partiellen Ableitungen 2. Ordnung schlecht zu kontrollieren sind.

$$f(x_1, x_2) = x_1^2 + 2x_1x_2 + x_2^3 + 3$$

$$f_{x_1} = 2x_1 + 2x_2 \qquad f_{x_2} = 2x_1 + 3x_2^2$$

$$f_{x_1x_1} = 2 \qquad f_{x_1x_2} = 2 = f_{x_2x_1} \qquad f_{x_2x_2} = 6x_2$$

Für die hier betrachteten Funktionen gilt stets $f_{x_1x_2} = f_{x_2x_1}$!

$$f(x, y) = 2xy - x^2y^2$$

$$f_x = 2y - 2xy^2 \qquad f_y = 2x - 2x^2y$$

$$f_{xx} = -2y^2 \qquad f_{xy} = 2 - 4xy = f_{yx} \qquad f_{yy} = -2x^2$$

$$f(x_1, x_2) = x_1 \cdot \cos x_1 \cdot \ln x_2$$

$$f_{x_1} = \cos x_1 \cdot \ln x_2 - x_1 \cdot \sin x_1 \cdot \ln x_2 \qquad f_{x_2} = \frac{x_1 \cdot \cos x_1}{x_2}$$

$$f_{x_1 x_1} = -\sin x_1 \cdot \ln x_2 - \sin x_1 \cdot \ln x_2 - x_1 \cdot \cos x_1 \ln x_2$$

$$f_{x_1 x_2} = \frac{\cos x_1}{x_2} - \frac{x_1 \cdot \sin x_1}{x_2} = f_{x_2 x_1}$$

$$f_{x_2 x_2} = -\frac{x_1 \cdot \cos x_1}{x_2^2}$$

$$f(x_1, x_2, x_3, x_4) = 2x_1^2 + 3x_1x_2^2 + x_2x_3 - 0,5x_3^2x_4^2 + 3x_4 - 100$$

$$f_{x_1} = 4x_1 + 3x_2^2 \qquad f_{x_2} = 6x_1x_2 + x_3$$

$$f_{x_3} = x_2 - x_3x_4^2 \qquad f_{x_4} = -x_3^2x_4 + 3$$

$$f_{x_1x_1} = 4 \qquad f_{x_1x_2} = 6x_2 \qquad f_{x_1x_3} = f_{x_1x_4} = 0$$

$$f_{x_2x_1} = 6x_2 \qquad f_{x_2x_2} = 6x_1 \qquad f_{x_2x_3} = 1 \qquad f_{x_2x_4} = 0$$

$$f_{x_3x_1} = 0 \qquad f_{x_3x_2} = 1 \qquad f_{x_3x_3} = -x_4^2 \qquad f_{x_3x_4} = -2x_3x_4$$

$$f_{x_4x_1} = f_{x_4x_2} = 0 \qquad f_{x_4x_3} = -2x_3x_4 \qquad f_{x_4x_4} = -x_3^2$$

6.5.2

Berechnen Sie die partiellen Ableitungen 1. und 2. Ordnung der Funktion f mit

a) $f(\mathbf{x}) = \sum_{i=1}^{10} a_i x_i$, $(a_i \in \mathbb{R})$

b) $f(\mathbf{x}) = \sum_{i=1}^{n} a_i x_i^2$, $(n \in \mathbb{N}; a_i \in \mathbb{R})$

a) Wir schreiben $f(\mathbf{x})$ aus:

$$f(\mathbf{x}) = \sum_{i=1}^{10} a_i x_i = a_1x_1 + a_2x_2 + ... + a_{10}x_{10}$$

Es folgt:

$$f_{x_i} = a_i \quad \text{für } i = 1, ..., 10$$

$$f_{x_ix_j} = 0 \quad \text{für } i, j \in \{1, 2, ..., 10\}$$

b)

$$f(\mathbf{x}) = \sum_{i=1}^{n} a_i x_i^2 = a_1 x_1^2 + a_2 x_2^2 + \ldots + a_n x_n^2$$

Es folgt:

$$f_{x_i} = 2a_i x_i \quad \text{für } i = 1, \ldots, n$$

$$f_{x_i x_i} = 2a_i \quad \text{für } i = 1, \ldots, n$$

$$f_{x_i x_j} = 0 \quad \text{für } i \neq j$$

6.5.3

Für die folgenden Funktionen bestimme man die HESSE-Matrix.

a) $f(x_1, x_2) = x_1^3 + x_1^2 x_2 + x_1 x_2^2 + x_2^3$

b) $f(x, y, z) = \ln(1 + x^2 + y^2 + z^2)$

Die HESSE-Matrix **H** ist die Matrix gebildet aus den partiellen Ableitungen 2. Ordnung einer Funktion f.

a)

$$f_{x_1} = 3x_1^2 + 2x_1 x_2 + x_2^2; \qquad f_{x_2} = x_1^2 + 2x_1 x_2 + 3x_2^2$$

$$f_{x_1 x_1} = 6x_1 + 2x_2; \qquad f_{x_1 x_2} = 2x_1 + 2x_2 = f_{x_2 x_1}; \qquad f_{x_2 x_2} = 2x_1 + 6x_2$$

$$\mathbf{H} = \begin{pmatrix} f_{x_1 x_1} & f_{x_1 x_2} \\ f_{x_2 x_1} & f_{x_2 x_2} \end{pmatrix} = 2 \begin{pmatrix} 3x_1 + x_2 & x_1 + x_2 \\ x_1 + x_2 & x_1 + 3x_2 \end{pmatrix}$$

b)

$$\mathbf{H} = \begin{pmatrix} f_{xx} & f_{xy} & f_{xz} \\ f_{yx} & f_{yy} & f_{yz} \\ f_{zx} & f_{zy} & f_{zz} \end{pmatrix} = \frac{1}{(1 + x^2 + y^2 + z^2)^2} \cdot \mathbf{A} \quad \text{mit}$$

$$\mathbf{A} = \begin{pmatrix} 2(1 - x^2 + y^2 + z^2) & -4xy & -4xz \\ -4xy & 2(1 + x^2 - y^2 + z^2) & -4yz \\ -4xz & -4yz & 2(1 + x^2 + y^2 - z^2) \end{pmatrix}$$

6.6 Extremalpunktbestimmung

Es sei f eine reelle Funktion der n Veränderlichen $x_1, \ldots, x_n$ und differenzierbar an der Stelle $\mathbf{a}$.

Notwendige und hinreichende Bedingungen für relative Extrema

Notwendige Bedingung: Hat f an der Stelle $\mathbf{a}$ ein relatives Extremum, so sind alle partiellen Ableitungen 1. Ordnung von f an der Stelle $\mathbf{a}$ gleich 0.

Hinreichende Bedingungen: f besitze in einer Umgebung von $\mathbf{a}$ stetige partielle Ableitungen 2. Ordnung nach allen Variablen.

$\mathbf{H}(\mathbf{a}) := \left(\frac{\partial^2 f}{\partial x_i \partial x_j}(\mathbf{a})\right)$ bezeichne die HESSE–Matrix an der Stelle $\mathbf{a}$.

1. Gilt für die HESSE–Matrix $\mathbf{H}(\mathbf{a})$ für alle $\mathbf{x} \in \mathbb{R}^n$, $\mathbf{x} \neq \mathbf{0}$

$$\mathbf{x}^\top \cdot \mathbf{H}(\mathbf{a}) \cdot \mathbf{x} > 0 ,$$

so besitzt f an der Stelle $\mathbf{a}$ ein relatives Minimum.
($\mathbf{H}(\mathbf{a})$ heißt in diesem Fall **positiv definit**.)

2. Gilt für die HESSE–Matrix $\mathbf{H}(\mathbf{a})$ für alle $\mathbf{x} \in \mathbb{R}^n$, $\mathbf{x} \neq \mathbf{0}$

$$\mathbf{x}^\top \cdot \mathbf{H}(\mathbf{a}) \cdot \mathbf{x} < 0 ,$$

so besitzt f an der Stelle $\mathbf{a}$ ein relatives Maximum.
($\mathbf{H}(\mathbf{a})$ heißt in diesem Fall **negativ definit**.)

3. Gibt es Punkte $\mathbf{x}, \mathbf{y} \in \mathbb{R}^n$ mit $\mathbf{x}^\top \cdot \mathbf{H}(\mathbf{a}) \cdot \mathbf{x} < 0$ und $\mathbf{y}^\top \cdot \mathbf{H}(\mathbf{a}) \cdot \mathbf{y} > 0$, so besitzt f an der Stelle $\mathbf{a}$ einen **Sattelpunkt**.
($\mathbf{H}(\mathbf{a})$ heißt in diesem Fall **indefinit**.)

Speziell für Funktionen von 2 Veränderlichen wird die hinreichende Bedingung in der nachstehenden Aufgabe noch einfacher formuliert.

6.6.1

Man bestimme die Extrema der Funktion f mit

a) $f(x, y) = 4x^2 - 16x + 17 + y\,(y-3)^2$ für $x, y \in \mathbb{R}$.

b) $f(x, y) = x^2 - 4x + y^2 - 8y + 20$ für $x, y \in \mathbb{R}$.

a) Eine notwendige Bedingung für das Vorliegen einer Extremstelle $\mathbf{x}$ lautet:

$$f_x(\mathbf{x}) = 0 \quad \text{und} \quad f_y(\mathbf{x}) = 0$$

Hier gilt: $f_x = 8x - 16; \qquad f_y = 3y^2 - 12y + 9$

Die notwendige Bedingung liefert:

$$\underbrace{8x - 16 = 0}_{x=2} \quad \text{und} \quad \underbrace{3y^2 - 12y + 9 = 0}_{y_{1,2}=2\pm\sqrt{4-3}}$$

Mit $y_1 = 1$ und $y_2 = 3$ können also $\mathbf{x}_1^\star = (2\,;\,1)$ und $\mathbf{x}_2^\star = (2\,;\,3)$ Extremstellen sein.

Erfüllt $\mathbf{x}^\star$ die notwendige Bedingung für das Vorliegen einer Extremstelle, so heißt $\mathbf{x}^\star$ ein **stationärer Punkt**.

Bei Funktionen von zwei Veränderlichen gilt folgendes hinreichende Kriterium für Extremstellen:

Hinreichendes Kriterium bei 2 Veränderlichen

Es sei $D := f_{xx}f_{yy} - f_{xy}f_{yx}$ die Determinante der HESSE–Matrix $\mathbf{H}$ und $\mathbf{x}^\star$ ein stationärer Punkt.

Gilt $D(\mathbf{x}^\star) > 0$ und $f_{xx}(\mathbf{x}^\star) > 0$, so ist $\mathbf{x}^\star$ eine Minimalstelle.

Gilt $D(\mathbf{x}^\star) > 0$ und $f_{xx}(\mathbf{x}^\star) < 0$, so ist $\mathbf{x}^\star$ eine Maximalstelle.

Gilt $D(\mathbf{x}^\star) < 0$, so ist $\mathbf{x}^\star$ keine Extremstelle. $\mathbf{x}^\star$ ist dann ein **Sattelpunkt**.

Gilt $D(\mathbf{x}^\star) = 0$, so ist mit diesem Kriterium keine Entscheidung zu treffen.

Dieses Kriterium wenden wir hier für die gefundenen stationären Punkte an. Mit $f_{xx} = 8$, $f_{xy} = f_{yx} = 0$ und $f_{yy} = 6y - 12$ folgt $D = 8\,(6y - 12)$. Für $\mathbf{x}_1^\star$ und $\mathbf{x}_2^\star$ erhält man:

$D(\mathbf{x}_1^\star) = 8 \cdot (-6) = -48 < 0 \quad \Longrightarrow \quad$ $\mathbf{x}_1^\star$ ist keine Extremstelle von f;
$\mathbf{x}_1^\star$ ist Sattelpunkt.

$D(\mathbf{x}_2^\star) = 8 \cdot 6 = 48 > 0$ und $f_{xx}(\mathbf{x}_2^\star) = 8 > 0 \quad \Longrightarrow$
$\mathbf{x}_2^\star$ ist Minimalstelle von f. Das zugehörige Minimum lautet $f(\mathbf{x}_2^\star) = 1$.

b) Wir gehen entsprechend a) vor.

$$f_x = 2x - 4, \qquad f_y = 2y - 8$$

$$\Longrightarrow \quad \underbrace{2x - 4 = 0}_{x=2} \quad \text{und} \quad \underbrace{2y - 8 = 0}_{y=4}$$

$\mathbf{x}^\star = (2;4)$ ist einziger stationärer Punkt.

$$f_{xx} = 2, \quad f_{xy} = f_{yx} = 0, \quad f_{yy} = 2 \quad \Longrightarrow \quad D = 4$$

Wegen $D > 0$ und $f_{xx} > 0$ für jedes $\mathbf{x} \in \mathbb{R}^2$ ist $(2\,;\,4)$ Minimalstelle von f. Das zugehörige Minimum lautet $f(2\,;\,4) = 0$.

6.6.2

Wie lauten die Extremalpunkte des Graphen von f und die zugehörigen Extrema?

a) $f(x,y) = \frac{1}{3}x^3 + 4xy - 2y^2$

b) $f(x,y) = 2\,(x-y)^2 + y^2 e^y$

a) Aus $f_y = 4x - 4y = 0$ folgt $x = y$ und damit aus $f_x = x^2 + 4y = 0$:

$$0 = y^2 + 4y = y\,(y+4) \iff y_1 = -4 \quad \text{und} \quad y_2 = 0.$$

Mögliche Extremstellen von f: $\mathbf{x}_1^\star = (-4\,;\,-4)$, $\mathbf{x}_2^\star = (0\,;\,0)$

$$f_{xx} = 2x, \quad f_{xy} = f_{yx} = 4, \quad f_{yy} = -4 \quad \Longrightarrow \quad D = -8x - 16$$

$D\,(\mathbf{x}_2\star) = -16 < 0 \quad \Longrightarrow \quad \mathbf{x}_2^\star$ ist keine Extremstelle von f. (Sattelpunkt)
$D\,(\mathbf{x}_1^\star) = 16 > 0$ und $f_{xx}\,(\mathbf{x}_1^\star) = -8 < 0 \quad \Longrightarrow$
$\mathbf{x}_1^\star$ ist Maximalstelle von f. Wegen $f\,(\mathbf{x}_1^\star) \approx 10{,}67$ lautet der Maximalpunkt $P \approx (-4\,;\,-4\,;\,10{,}67)$.

b)

$$f_x = 4\,(x-y), \quad f_y = -4\,(x-y) + 2ye^y + y^2e^y$$

$$\Longrightarrow \quad \underbrace{0 = 4\,(x-y)}_{x=y} \quad \text{und} \quad 0 = -4\,(x-y) + 2ye^y + y^2e^y$$

Mit $x = y$ folgt aus der zweiten Gleichung:

$$0 = 2ye^y + y^2e^y = e^y\,(2+y)\,y \quad \Longrightarrow \quad y_1 = 0 \text{ und } y_2 = -2$$

Mögliche Extremstellen von f: $\mathbf{x}_1^\star = (0\,;\,0)$, $\mathbf{x}_2^\star = (-2\,;\,-2)$

$$f_{xx} = 4, \quad f_{xy} = f_{yx} = -4$$

$$f_{yy} = 4 + e^y\,(2y + y^2) + e^y\,(2 + 2y) = 4 + e^y\,(2 + 4y + y^2)$$

$$D = 16 + 4e^y\,(2 + 4y + y^2) - 16 = 4e^y\,(2 + 4y + y^2)$$

$D\,(\mathbf{x}_1^\star) = 8 > 0$ und $f_{xx}\,(\mathbf{x}_1^\star) = 4 > 0 \quad \Longrightarrow \quad \mathbf{x}_1^\star$ ist Minimalstelle von f.
Der zugehörige Minimalpunkt lautet $P_1 = (0\,;\,0\,;\,0)$.
$D\,(\mathbf{x}_2^\star) = -8e^{-2} < 0 \quad \Longrightarrow \quad \mathbf{x}_2^\star$ ist keine Extremstelle von f. (Sattelpunkt)

6.6.3

Ein Monopolist stellt zwei Güter her mit den Ausbringungsmengen x_1 und x_2. Die Nachfragefunktionen der beiden Güter seien gegeben durch:

$$x_1 = 40 - 8p_1 + 4p_2 \quad \text{und} \quad x_2 = 20 + 2p_1 - 2p_2$$

(p_1, p_2 sind die Preise für je 1 Stück der Güter.)
Die Gesamtkostenfunktion für die Produktion beiden Güter sei gegeben durch $K(x_1, x_2) = x_1^2 + x_2^2 - x_1x_2 + 10$.
Berechnen Sie das Gewinnmaximum und die optimalen Ausbringungsmengen.

Es gilt: $\quad \text{Gewinn} = \underbrace{\text{Umsatz}}_{x_1p_1+x_2p_2} - \underbrace{\text{Kosten}}_{K(x_1,x_2)}.$

Der Gewinn wird als Funktion von x_1 und x_2 dargestellt. Dazu müssen p_1 und p_2 in Abhängigkeit von x_1 und x_2 dargestellt werden.

$$\begin{array}{rcrcrcrl} x_1 & = & 40 & - & 8p_1 & + & 4p_2 & \\ x_2 & = & 20 & + & 2p_1 & - & 2p_2 & |\cdot 2 \\ \hline x_1 + 2x_2 & = & 80 & - & 4p_1 & & & \end{array}$$

Es folgt $p_1 = 20 - \frac{1}{4}x_1 - \frac{1}{2}x_2$, und Einsetzen in die zweite Gleichung ergibt $p_2 = 30 - \frac{1}{4}x_1 - x_2$. Damit wird der Gewinn beschrieben durch:

$$\begin{aligned} G(x_1, x_2) &= 20x_1 - \frac{1}{4}x_1^2 - \frac{1}{2}x_1x_2 + 30x_2 - \frac{1}{4}x_1x_2 - x_2^2 \\ &\quad -(x_1^2 + x_2^2 - x_1x_2 + 10) \\ &= -\frac{5}{4}x_1^2 + 20x_1 + \frac{1}{4}x_1x_2 - 2x_2^2 + 30x_2 - 10 \end{aligned}$$

$$G_{x_1} = -\frac{5}{2}x_1 + 20 + \frac{1}{4}x_2, \quad G_{x_2} = \frac{1}{4}x_1 - 4x_2 + 30$$

$$\Longrightarrow \quad 0 = -\frac{5}{2}x_1 + \frac{1}{4}x_2 + 20 \quad \text{und} \quad \underbrace{\frac{1}{4}x_1 - 4x_2 + 30 = 0}_{x_2 = \frac{30}{4} + \frac{1}{16}x_1}$$

Einsetzen von x_2 in die erste Gleichung liefert

$$0 = -\frac{5}{2}x_1 + \frac{1}{4}\left(\frac{30}{4} + \frac{1}{16}x_1\right) + 20 = -\frac{5}{2}x_1 + \frac{30}{16} + \frac{1}{64}x_1 + 20$$

Daraus folgt $x_1 \approx 8,81$ und $x_2 \approx 8,05$.
Eine mögliche Extremstelle ist also $\mathbf{x}^\star = (8,81\,;\,8,05)$.

$$G_{x_1x_1} = -\frac{5}{2}, \quad G_{x_1x_2} = G_{x_2x_1} = \frac{1}{4}, \quad G_{x_2x_2} = -4$$

Wegen $D > 0$ für alle $\mathbf{x}$ und $G_{x_1x_1} < 0$ für alle $\mathbf{x}$, ist $\mathbf{x}^\star$ Maximalstelle von G. Da die Aufgabenstellung für die Ausbringungsmengen natürliche Zahlen erwartet, wird hier gerundet auf $\overline{\mathbf{x}}^\star := (9\,;\,8)$.
Das Gewinnmaximum beträgt dann $G(\overline{\mathbf{x}}^\star) = 198,75$.

6.6.4

In welchen Punkten der x, y–Ebene nimmt die Funktion $f(x, y) = (x^2 - y^2)\,\mathrm{e}^{-x^2}$ Extrema an?

$$f_x = (2x - 2x^3 + 2xy^2)\,\mathrm{e}^{-x^2}, \qquad f_y = -2y\mathrm{e}^{-x^2}$$

Da $\mathrm{e}^{-x^2} \neq 0$ für alle x gilt, folgt aus der notwendigen Bedingung:

$$2x\,(1 - x^2 + y^2) = 0 \quad \text{und} \quad y = 0$$

Die erste Gleichung liefert $x = 0$ oder $1 - x^2 + y^2 = 0$. Mit $y = 0$ ergibt sich hieraus: $x = 0$ oder $x = 1$ oder $x = -1$.
Mögliche relative Extremstellen: $(0\,;\,0)$, $(1\,;\,0)$, $(-1\,;\,0)$

$$f_{xx} = (2 - 10x^2 + 2y^2 + 4x^4 - 4x^2y^2)\,\mathrm{e}^{-x^2}, \qquad f_{yy} = -2\mathrm{e}^{-x^2}$$

$$f_{xy} = f_{yx} = 4xy\mathrm{e}^{-x^2}$$

$D\,(0\,;\,0) = -4 < 0 \quad \Longrightarrow \quad (0\,;\,0)$ ist keine Extremstelle.

$$\left.\begin{array}{l} D\,(1\,;\,0) = D\,(-1\,;\,0) = 8\mathrm{e}^{-2} > 0 \\ f_{xx}\,(1\,;\,0) = f_{xx}\,(-1, 0) = -4\mathrm{e}^{-1} < 0 \end{array}\right\} \Longrightarrow$$

In den Punkten $(1\,;\,0)$ und $(-1\,;\,0)$ der $x, y-$Ebene nimmt die Funktion f Maxima an.

6.6.5

Es wird die Funktion $f(x,y) = \dfrac{y}{1+x^2}$ betrachtet. Bestimmen Sie die Extrema von f auf dem Definitionsbereich

a) $D(f) = \mathbb{R}^2$.

b) $D(f) = \{(x,y) \mid |x| \leq 2\,;\, |y| \leq 2\}$.

a) Man berechnet

$$\frac{\partial f}{\partial x} = \frac{-2xy}{(1+x^2)^2} \quad , \quad \frac{\partial f}{\partial y} = \frac{1}{1+x^2} \neq 0 \quad \text{für alle } x, y \in \mathbb{R}\,.$$

Daraus folgt, daß f auf $\mathbb{R}^2$ keine Extrema besitzt.

b) Nach Teil a) können nur Randextrema existieren. Also werden die Ränder $R_1, \ldots, R_4$ von $D(f)$ näher untersucht. (siehe auch Blockbild in Aufgabe 6.1.7)

$R_1: \quad x = 2 \Longrightarrow f(x,y) = f_1(y) = \frac{1}{5}y$
Dies wird maximal für $y = 2$ mit dem Wert $f(2\,;\,2) = \frac{2}{5}$ und minimal für $y = -2$ mit dem Wert $f(2\,;\,-2) = -\frac{2}{5}$.

$R_2: \quad y = -2 \Longrightarrow f(x,y) = f_2(x) = \frac{-2}{1+x^2}$
Dies wird minimal für $x = 0$ mit dem Wert $f(0\,;\,-2) = -2$ und maximal für $x = 2$ und $x = -2$ jeweils mit dem Wert $-\frac{2}{5}$.

Skizze von R_2:

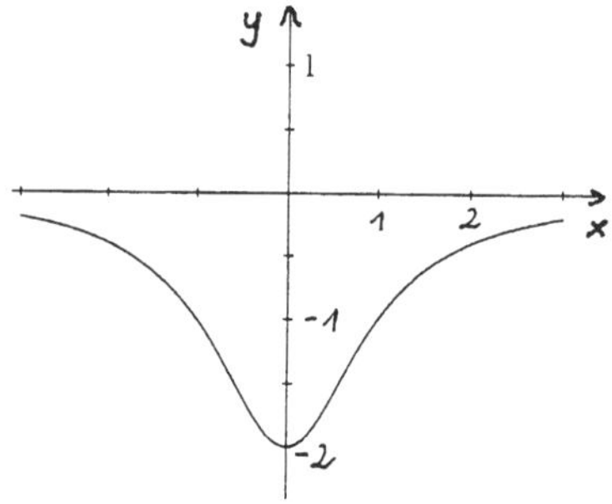

$R_3: \quad y = 2 \Longrightarrow f(x,y) = f_3(x) = \frac{2}{1+x^2}$

Dies wird maximal für $x = 0$ mit dem Wert $f(0\,;\,2) = 2$ und minimal für $x = 2$ und $x = -2$ jeweils mit dem Wert $\frac{2}{5}$.

$R_4: \quad x = -2 \Longrightarrow f(x,y) = f_4(y) = \frac{1}{5}y$
Dies entspricht der Untersuchung bei R_1.
Ein Vergleich aller berechneten Werte zeigt:
An der Stelle $(0\,;\,-2)$ existiert ein (absolutes) Minimum mit $f(0\,;\,-2) = -2$.
An der Stelle $(0\,;\,2)$ existiert ein (absolutes) Maximum mit $f(0\,;\,2) = 2$.

6.6.6

Bestimmen Sie alle relativen und absoluten Extrema der Funktion $f : \mathbb{R}^3 \longrightarrow \mathbb{R}$ mit

$$f(x_1, x_2, x_3) = (x_1 - 2)(x_2 - 3) + (x_2 + 1)(x_3^2 - 1)\ .$$

Die notwendige Bedingung für das Vorliegen relativer Extrema liefert

$$\begin{aligned} f_{x_1} &= x_2 - 3 &\overset{!}{=}\ 0 \qquad &\boxed{\text{I}} \\ f_{x_2} &= x_1 - 2 + x_3^2 - 1 &\overset{!}{=}\ 0 \qquad &\boxed{\text{II}} \\ f_{x_3} &= 2x_3(x_2 + 1) &\overset{!}{=}\ 0 \qquad &\boxed{\text{III}} \end{aligned}$$

Aus $\boxed{\text{I}}$ folgt $x_2 = 3$. Damit erhält man aus $\boxed{\text{III}}$ sofort $x_3 = 0$ und schließlich aus $\boxed{\text{II}}$ noch $x_1 = 3$.
Einziger stationärer Punkt ist also $\mathbf{a} = (3\,;\,3\,;\,0)$.
Zur weiteren Untersuchung wird die HESSE–Matrix verwendet.

$$\mathbf{H} = \begin{pmatrix} f_{x_1x_1} & f_{x_1x_2} & f_{x_1x_3} \\ f_{x_2x_1} & f_{x_2x_2} & f_{x_2x_3} \\ f_{x_3x_1} & f_{x_3x_2} & f_{x_3x_3} \end{pmatrix} = \begin{pmatrix} 0 & 1 & 0 \\ 1 & 0 & 2x_3 \\ 0 & 2x_3 & 2x_2 + 2 \end{pmatrix}$$

$$\mathbf{H}(\mathbf{a}) = \mathbf{H}(3\ ;\ 3\ ;\ 0) = \begin{pmatrix} 0 & 1 & 0 \\ 1 & 0 & 0 \\ 0 & 0 & 8 \end{pmatrix}$$

Überprüfung der Definitheit:

$$\begin{aligned}(x_1, x_2, x_3)\begin{pmatrix} 0 & 1 & 0 \\ 1 & 0 & 0 \\ 0 & 0 & 8 \end{pmatrix}\begin{pmatrix} x_1 \\ x_2 \\ x_3 \end{pmatrix} &= (x_1, x_2, x_3)\begin{pmatrix} x_2 \\ x_1 \\ 8x_3 \end{pmatrix} \\ &= x_1x_2 + x_2x_1 + 8x_3^2 = 2x_1x_2 + 8x_3^2\end{aligned}$$

Wählt man z. B. den Punkt $\mathbf{x}_1 = (0\ ;\ 0\ ;\ 1)$, so folgt $\mathbf{x}_1^\top \mathbf{H}(\mathbf{a})\mathbf{x}_1 = 8 > 0$. Dagegen liefert der Punkt $\mathbf{x}_2 = (-1\ ;\ 1\ ;\ 0)$ den Wert $\mathbf{x}_2^\top \mathbf{H}(\mathbf{a})\mathbf{x}_2 = -2 < 0$. Damit hat f an der Stelle $\mathbf{a}$ einen Sattelpunkt, d. h. f besitzt keine Extrema.

6.6.7

Bestimmen Sie die Extrema der Funktion $f : \mathbb{R}^3 \longrightarrow \mathbb{R}$ mit

$$f(x, y, z) = 2x^2 + 2y^2 + 3z^2 - 2z(x + y)\ .$$

Die notwendige Bedingung

$$\begin{aligned} f_x &= 4x \qquad\qquad -2z = 0 \\ f_y &= \qquad\qquad 4y \ -2z = 0 \\ f_z &= -2x \ -2y \ +6z = 0 \end{aligned}$$

führt auf das Lösen eines homogenen linearen Gleichungssystems. Der GAUSS–Algorithmus zeigt, daß dieses LGS nur die triviale Lösung besitzt, d. h. $(0, 0, 0)$ ist (einziger) stationärer Punkt.

Für die HESSE–Matrix erhält man

$$\mathbf{H} = \begin{pmatrix} f_{x_1x_1} & f_{x_1x_2} & f_{x_1x_3} \\ f_{x_2x_1} & f_{x_2x_2} & f_{x_2x_3} \\ f_{x_3x_1} & f_{x_3x_2} & f_{x_3x_3} \end{pmatrix} = \begin{pmatrix} 4 & 0 & -2 \\ 0 & 4 & -2 \\ -2 & -2 & 6 \end{pmatrix},$$

und das ist gerade die Koeffizientenmatrix des oben gelösten homogenen linearen Gleichungssystems. Diese Matrix $\mathbf{A}$ wurde bereits mit dem reduzierten GAUSS–Algorithmus auf eine obere Dreiecksmatrix transformiert, in der sämtliche Hauptdiagonalelemente positiv sind. Also ist $\mathbf{A}$ positiv definit, d. h. an der Stelle $(0, 0, 0)$ besitzt f ein relatives Minimum mit dem Wert $f(0, 0, 0) = 0$.

6.6.8

Bestimmen Sie mögliche Extrema der Funktion $f : \mathbb{R}^n \longrightarrow \mathbb{R}$ mit

$$f(\mathbf{x}) = \sum_{i=1}^{n} a_i x_i^2 \quad , \ a_i \neq 0 \ \text{ für } i = 1, \ldots, n\ .$$

Die partiellen Ableitungen 1. Ordnung lauten $f_{x_i} = 2a_i x_i$.

Damit folgt: $f_{x_i} = 0 \iff x_i = 0 \quad$ für $i = 1, \ldots, n$.

Also ist $\mathbf{x}_0 = (0\,;\,0\,;\,\ldots\,;\,0)$ stationärer Punkt von f.

Die Hesse–Matrix lautet hier:

$$\mathbf{H}(\mathbf{x}_0) = \begin{pmatrix} f_{x_1x_1}(\mathbf{x}_0) & \ldots & f_{x_1x_n}(\mathbf{x}_0) \\ \vdots & \ddots & \vdots \\ f_{x_nx_1}(\mathbf{x}_0) & \ldots & f_{x_nx_n}(\mathbf{x}_0) \end{pmatrix} = \begin{pmatrix} 2a_1 & & & \\ & 2a_2 & & \mathbf{0} \\ & & \ddots & \\ & \mathbf{0} & & 2a_n \end{pmatrix}$$

Aufgrund der einfachen Diagonalgestalt von $\mathbf{H}(\mathbf{x}_0)$ erkennt man:

1. $\mathbf{H}(\mathbf{x}_0)$ ist positiv definit $\iff a_i > 0$ für $i = 1, \ldots, n$

   Dann ist $\mathbf{x}_0$ strenge Minimalstelle von f (sogar absolute) mit dem Minimum $f(\mathbf{x}_0) = 0$.

2. $\mathbf{H}(\mathbf{x}_0)$ ist negativ definit $\iff a_i < 0$ für $i = 1, \ldots, n$

   Dann besitzt f in $\mathbf{x}_0$ ein strenges (hier sogar absolutes) Maximum.

3. Gibt es $i, k \in \{1, \ldots, n\}$ mit $a_i > 0$ und $a_k < 0$, so ist $\mathbf{H}(\mathbf{x}_0)$ indefinit, d. h. $\mathbf{x}_0$ ist Sattelpunkt.

6.6.9

Gegeben ist die Funktion $f : \mathbb{R}^2 \longrightarrow \mathbb{R}$ mit $\quad f(x, y) = \dfrac{x+1}{x^2 + y^2 + 1}$.

a) Zeigen Sie: Es gibt genau ein $c \in \mathbb{R}$, so daß die Niveaukurve $f(x, y) = c$ eine Gerade ist. Wie lauten c und die Gerade?

b) Bestimmen Sie die Extremstellen von f, deren Typ und die zugehörigen Werte der Funktion.

a) $f(x, y) = c$ führt auf $x+1 = (x^2+y^2+1)c$. Hier ist eine Fallunterscheidung nötig. Für $c = 0$ folgt $x+1 = 0$, und dies ist die Gerade $x = -1$ ($y \in \mathbb{R}$ beliebig) in der x, y–Ebene.

Für $c \neq 0$ folgt dagegen $\dfrac{1}{c}x + \dfrac{1}{c} = x^2 + y^2 + 1$ und dies läßt sich zu

$$(x - \frac{1}{2c})^2 + y^2 = \underbrace{\frac{1}{c} - 1 + \frac{1}{4c^2}}_{:=a}$$

umformen. Diese Gleichung stellt für $a > 0$ einen Kreis mit dem Mittelpunkt $(\frac{1}{2c}, 0)$, für $a = 0$ den Punkt $(\frac{1}{2c}, 0)$ und für $a < 0$ die leere Menge dar – also niemals eine Gerade.

Ergebnis: Nur für $c = 0$ wird eine Gerade dargestellt und zwar die durch $x = -1$ gegebene Parallele zur y–Achse.

b)

$$\begin{aligned}
f_x &= \frac{(x^2+y^2+1)-(x+1)2x}{(x^2+y^2+1)^2} = \frac{-x^2+y^2-2x+1}{(x^2+y^2+1)^2} \\
f_y &= \frac{-(x+1)2y}{(x^2+y^2+1)^2} = -\frac{2xy+2y}{(x^2+y^2+1)^2} \\
f_x &= 0 \iff -x^2+y^2-2x+1=0 \\
f_y &= 0 \iff (x+1)2y=0 \iff \underbrace{x=-1}_{\text{1. Fall}} \text{ oder } \underbrace{y=0}_{\text{2. Fall}}
\end{aligned}$$

Im 1. Fall folgt aus $f_x = 0$ die Gleichung $y^2 = -2$, die in $\mathbb{R}$ nicht lösbar ist.
Im 2. Fall ergibt sich aus $f_x = 0$: $x^2 + 1 - 2x^2 - 2x = 0$ bzw. $x^2 + 2x - 1 = 0$ mit den Lösungen $x_{1,2} = -1 \pm \sqrt{2}$.
Damit gibt es zwei stationäre Punkte und zwar

$$\mathbf{x}_1 = (0,41\,;\,0) \quad \text{und} \quad \mathbf{x}_2 = (-2,41\,;\,0)\,.$$

Berechnung der HESSE-Matrix:

$$\begin{aligned}
f_{xx} &= \frac{(-2x-2)N^2-(-x^2+y^2-2x+1)2N\cdot 2x}{N^4} \qquad \text{mit } N = x^2+y^2+1 \\
f_{xy} &= \frac{2yN^2-(-x^2+y^2-2x+1)2N\cdot 2y}{N^4} = f_{yx} \\
f_{yy} &= \frac{-2(x+1)N^2+(x+1)2y\cdot 2N\cdot 2y}{N^4}
\end{aligned}$$

In den stationären Punkten sind die zweiten Terme im Zähler der Brüche stets 0, da dort $y = 0$ und auch $x^2 + 2x - 1 = 0$ gilt.
Also lautet die HESSE-Matrix $\mathbf{H}(\mathbf{x})$:

$$\mathbf{H}(\mathbf{x}) = \frac{1}{N^2}\begin{pmatrix} -2x-2 & 2y \\ 2y & -2(x+1) \end{pmatrix}.$$

Für $\mathbf{x}_1$ folgt $D(\mathbf{x}_1) = \frac{1}{N^4}(-2,82)^2 > 0$ (in N^4 natürlich $\mathbf{x}_1$ eingesetzt – aber $N^4 > 0$ erkennt man auch ohne explizite Einsetzung). Wegen $f_{xx}(\mathbf{x}_1) < 0$ ist $\mathbf{x}_1$ eine Maximalstelle von f.
Entsprechend folgt $D(\mathbf{x}_2) = \frac{1}{N^4}(2,82)^2 > 0$ und wegen $f_{xx}(\mathbf{x}_2) > 0$ ist $\mathbf{x}_2$ eine Minimalstelle von f.
Als Funktionswerte ergeben sich $f(\mathbf{x}_1) \approx 1,207$ und $f(\mathbf{x}_2) \approx -0,207$.

6.7 Extrema unter Nebenbedingungen in Form von Gleichungen

Die folgenden Aufgaben sollen mit der **LAGRANGEschen Multiplikatorenmethode** zur Extremalpunktbestimmung bei Funktionen mehrerer Variablen mit Nebenbedingungen behandelt werden. Dabei geht es um folgendes Problem:

Extrema unter Nebenbedingungen

Gesucht sind die Extremstellen von f, die gleichzeitig m Gleichungen $g_k(x_1, \ldots, x_n) = 0$ (Nebenbedingungen) erfüllen ($k = 1, \ldots, m$).
Das Verfahren besteht darin, die LAGRANGEsche Funktion L zu verwenden. Diese ist definiert als:

$$\begin{aligned} L(\lambda_1, \ldots, \lambda_m, x_1, \ldots, x_n) \quad := \quad & f(x_1, \ldots, x_n) + \\ & +\lambda_1 g_1(x_1, \ldots, x_n) + \ldots + \lambda_m g_m(x_1, \ldots, x_n) \end{aligned}$$

Die Extremstellen von f sind unter den Lösungen der Gleichungen

$$L_{x_1} = 0, \; \ldots, \; L_{x_n} = 0, \; \underbrace{L_{\lambda_1}}_{=g_1} = 0, \; \ldots, \; \underbrace{L_{\lambda_m}}_{=g_m} = 0$$

zu suchen.

Häufig ist es bei solchen Aufgabenstellungen auch möglich, durch Auflösung der Nebenbedingungen nach Variablen und Ersetzung in $f(\mathbf{x})$ einfachere Funktionen zu erzeugen. Dieser zweite Lösungsweg für solche Extremwertaufgaben unter Nebenbedingungen sollte – wenn möglich – in der Praxis immer bevorzugt werden!
Zunächst werden Aufgaben behandelt, bei denen nur nach möglichen Extremstellen, die die **stationären Punkte** liefern, gefragt ist. Die Untersuchung, ob und wenn ja welche Extrema in den stationären Punkten vorliegen, ist aufwendiger und benötigt die JACOBI-Matrix und die HESSE-Matrix gewisser Funktionen. In späteren Aufgaben wird darauf eingegangen.

6.7.1

Bestimmen Sie die möglichen Extremstellen von $f(x, y) = \frac{y}{1+x^2}$ unter der Nebenbedingung $2x - y = 0$

a) durch Elimination einer Variablen.

b) mittels der LAGRANGEschen Multiplikatorenmethode.

a) Aus $2x - y = 0$ folgt $y = 2x$. Durch Einsetzen geht $f(x, y)$ in die Funktion $h(x) = \frac{2x}{1+x^2}$ über.

$$h'(x) = \frac{2(1+x^2) - 2x \cdot 2x}{(1+x^2)^2} = 2\frac{1-x^2}{(1+x^2)^2} \stackrel{!}{=} 0$$

Aus $1 - x^2 = 0$ folgt $x_1 = -1$ oder $x_2 = 1$ mit den zugehörigen $y-$Werten $y_1 = -2$ bzw. $y_2 = 2$. Stationäre Punkte sind also $(1, 2)$ und $(-1, -2)$.
Die Untersuchung auf die Art der Extremstellen kann hier leicht über einen Vorzeichenwechsel von h' oder über h'' erfolgen, wobei man auch die Punktsymmetrie des Graphen von h ausnutzen sollte. Man erkennt sofort, daß h' bei $x = 1$ das Vorzeichen von $+$ auf $-$ wechselt; also liefert der stationäre Punkt $(1, 2)$ ein Maximum und aus Symmetriegründen liegt dann bei $(-1, -2)$ ein Minimum.
b) Die LAGRANGE-Funktion lautet hier

$$L(\lambda, x, y) = \frac{y}{1+x^2} + \lambda(2x - y) .$$

Die notwendigen Bedingungen

$$\frac{\partial L}{\partial \lambda} = 0 \quad , \quad \frac{\partial L}{\partial x} = 0 \quad , \quad \frac{\partial L}{\partial y} = 0$$

für die stationären Punkte liefern hier die Gleichungen

$$2x - y = 0 \quad , \quad \frac{-2xy}{(1+x^2)^2} + 2\lambda = 0 \quad , \quad \frac{1}{1+x^2} - \lambda = 0 .$$

Auflösen der 1. Gleichung nach y, der letzten nach λ und einsetzen in die zweite Gleichung ergibt

$$\frac{2(1-x^2)}{(1+x^2)^2} = 0 ,$$

also wieder $x^2 = 1$ und damit die unter a) angegebenen stationären Punkte (die zugehörigen Werte $\lambda = \frac{1}{1+1} = 0,5$ sind für die Angabe der stationären Punkte uninteressant).

6.7.2
Wo können die folgenden Funktionen f unter der angegebenen Nebenbedingung Extremalpunkte besitzen?
a) $f(x, y) = 2x^2 + 3y^2 + \sqrt{2}$; Nebenbedingung: $5x + 6y = 10$
b) $f(x, y, z) = x + y + z$; Nebenbedingung: $\frac{1}{x} + \frac{1}{y} + \frac{1}{z} = 1$

a) Mit der LAGRANGEschen Multiplikatorenmethode erhält man:

$$L(\lambda, x, y) = 2x^2 + 3y^2 + \sqrt{2} + \lambda(5x + 6y - 10)$$

$$\begin{array}{llll} L_x = 4x + 5\lambda; & L_x = 0 & \Longrightarrow & \lambda = -\frac{4}{5}\,x \\ L_y = 6y + 6\lambda; & L_y = 0 & \Longrightarrow & y = -\lambda = \frac{4}{5}\,x \\ L_\lambda = 5x + 6y - 10; & L_\lambda = 0 & \Longrightarrow & 5x + 6 \cdot \frac{4}{5}\,x - 10 = 0 \end{array}$$

Aus der letzten Gleichung folgt $x = \frac{50}{49}$ und dann weiter $y = \frac{40}{49}$.
Damit ist $\mathbf{x}^\star = (\frac{50}{49}\,;\,\frac{40}{49})$ eine mögliche Extremstelle von f unter der angegebenen Nebenbedingung.
Ob $\mathbf{x}^\star$ tatsächlich Extremstelle von f ist, kann hier unter Verwendung der LAGRANGE–Funktion nicht nachgewiesen werden. Durch Auflösung der Nebenbedingung nach einer Variablen und Ersetzung ist aber eine Funktion von **einer** Variablen herleitbar, die mit den in Abschnitt 2 bereitgestellten Mitteln auf Extremstellen untersucht werden kann. Dabei zeigt sich, daß $\mathbf{x}^\star$ eine Minimalstelle ist:
Die Nebenbedingung wird z. B. nach x aufgelöst:

$$5x + 6y = 10 \quad \Longrightarrow \quad x = 2 - \frac{6}{5}\,y$$

Einsetzen in f ergibt eine Funktion h einer Variablen:

$$f(x, y) = h(y) = 2\,(2 - \frac{6}{5}\,y)^2 + 3y^2 + \sqrt{2}$$

Man erhält nun auf die übliche Weise:

$$\begin{array}{lcl} h'(y) & = & 4\,(2 - \frac{6}{5}\,y)\,(-\frac{6}{5}) + 6y = -\frac{48}{5} + \frac{144}{25}\,y + 6y \\ h'(y) & = & 0 \quad \Longrightarrow \quad y_1 = \frac{40}{49} \\ h''(y) & = & \frac{144}{25} + 6 > 0 \quad \Longrightarrow \quad y_1 \text{ ist einzige Minimalstelle (absolute) von } h. \end{array}$$

Damit ist $x_1 = \dfrac{50}{49}$ und in $(\dfrac{50}{49}\,;\,\dfrac{40}{49})$ nimmt f sein absolutes Minimum an.

b)

$$L(\lambda, x, y, z) = x + y + z + \lambda\,(\frac{1}{x} + \frac{1}{y} + \frac{1}{z} - 1)$$

$$L_x = 1 - \frac{\lambda}{x^2}, \qquad L_y = 1 - \frac{\lambda}{y^2}, \qquad L_z = 1 - \frac{\lambda}{z^2}$$

$$L_\lambda = \frac{1}{x} + \frac{1}{y} + \frac{1}{z} - 1$$

$$\left.\begin{array}{lll} L_x = 0 & \Longrightarrow & \lambda = x^2 \\ L_y = 0 & \Longrightarrow & \lambda = y^2 \\ L_z = 0 & \Longrightarrow & \lambda = z^2 \end{array}\right\} \Longrightarrow x^2 = y^2 = z^2$$

1. Fall: $x = y = z$
Damit ergibt sich aus $L_\lambda = 0$: $3 \cdot \frac{1}{x} = 1$, d. h. $x = 3 = y = z$,
also $\mathbf{x}_1^\star = (3\,;\,3\,;\,3)$.
2. Fall: $x = -y = z$
Aus $L_\lambda = 0$ folgt hier: $\frac{1}{x} + \frac{1}{-x} + \frac{1}{x} = 1$, d. h. $\frac{1}{x} = 1$ oder $x = z = 1$, $y = -1$,
also $\mathbf{x}_2^\star = (1\,;\,-1\,;\,1)$.
3. Fall: $x = y = -z$
Entsprechend dem 2. Fall ergibt sich hier $\mathbf{x}_3^\star = (1\,;\,1\,;\,-1)$.
4. Fall: $x = -y = -z$
Hier erhält man $\mathbf{x}_4^\star = (-1\,;\,1\,;\,1)$.

Eine Untersuchung, ob in diesen stationären Punkten Extrema vorhanden sind oder nicht, kann hier nicht erfolgen.

6.7.3
Berechnen Sie die stationären Punkte von f für:
a) $f(x, y, z) = 2x^2 + 3y^2 + 4z^2$; Nebenbedingung: $x + y + z = 2$
b) $f(x, y, z) = 3xyz$; Nebenbedingungen: $x^2 + y^2 = 1$ und $x + z = 2$

a) In dieser Aufgabe wird mit der Variablenersetzung gearbeitet.
Aus der Nebenbedingung $x + y + z = 2$ erhält man $x = 2 - y - z$. Dieses wird in $f(x, y, z)$ eingesetzt, wodurch eine Funktion $g(y, z)$ entsteht, nämlich

$$f(x, y, z) = g(y, z) = 2(2 - y - z)^2 + 3y^2 + 4z^2.$$

$$g_y = 4(2 - y - z)(-1) + 6y = -8 + 4y + 4z + 6y = 10y + 4z - 8$$
$$g_z = 4(2 - y - z)(-1) + 8z = -8 + 4y + 4z + 8z = 4y + 12z - 8$$

$$g_y = 0,\ g_z = 0 \quad \Longrightarrow \quad \left\{ \begin{array}{rcrcrl} 10y & + & 4z & = & 8 & |\cdot(-3) \\ 4y & + & 12z & = & 8 & \\ \hline -26y & & & = & -16 & \end{array} \right.$$

Daraus folgt $y = \frac{8}{13}$ und $z = \frac{6}{13}$.
Aus der Nebenbedingung folgt damit für x:

$$x = 2 - y - z = 2 - \frac{8}{13} - \frac{6}{13} = \frac{12}{13}$$

Also ist $\mathbf{x}^\star = (\frac{12}{13}\,;\,\frac{8}{13}\,;\,\frac{6}{13})$ stationärer Punkt von f.
Mittels der HESSE-Matrix $\mathbf{H}$ von g und dem Kriterium aus 6.6 ergibt sich mit

$$g_{yy} = 10, \quad g_{zz} = 12, \quad g_{yz} = g_{zy} = 4$$
$$|\mathbf{H}| = 10 \cdot 12 - 4^2 > 0 \quad \text{und} \quad g_{yy} = 10 > 0$$

daß $(\frac{8}{13}\,;\,\frac{6}{13})$ Minimalstelle von g, also $\mathbf{x}^\star$ Minimalstelle von f unter der gegebenen Nebenbedingung ist.

b) Hier wenden wir wieder die LAGRANGEsche Multiplikatorenmethode an.

$$\begin{array}{lcll} L & = & 3xyz + \lambda_1 (x^2 + y^2 - 1) + \lambda_2 (x + z - 2) & \\ L_x & = & 3yz + 2\lambda_1 x + \lambda_2 & \\ L_y & = & 3xz + 2\lambda_1 y & \\ L_z & = & 3xy + \lambda_2 & L_z = 0 \implies \lambda_2 = -3xy \\ L_{\lambda_1} & = & x^2 + y^2 - 1 & \\ L_{\lambda_2} & = & x + z - 2 & L_{\lambda_2} = 0 \implies z = 2 - x \end{array}$$

Damit verbleiben drei Gleichungen in x, y und λ_1:

$$\begin{array}{lcllll} L_x & = & 0 = 3yz + 2\lambda_1 x + \lambda_2 & = & 3y(2-x) + 2\lambda_1 x - 3xy & | \cdot y \\ L_y & = & 0 = 3xz + 2\lambda_1 y & = & 3x(2-x) + 2\lambda_1 y & | \cdot (-x) \\ L_{\lambda_1} & = & 0 = x^2 + y^2 - 1 & & & \end{array}$$

Durch Multiplikation mit y bzw. $-x$ und anschließender Addition ergibt sich:

$$\begin{array}{lcl} 0 & = & 6y^2 - 6xy^2 + 3x^3 - 6x^2 \\ 0 & = & y^2(6 - 6x) + 3x^3 - 6x^2 \end{array}$$

Aus $L_{\lambda_1} = 0$ folgt $y^2 = 1 - x^2$. Damit erhält man:

$$0 = (1 - x^2)(6 - 6x) + 3x^3 - 6x^2 = 9x^3 - 12x^2 - 6x + 6$$

Es müssen also die Lösungen der Gleichung $3x^3 - 4x^2 - 2x + 2 = 0$ bestimmt werden. Dieses ist nur näherungsweise möglich. Man setzt

$$3x^3 - 4x^2 - 2x + 2 =: h(x), \qquad h'(x) = 9x^2 - 8x - 2$$

und benutzt die Formel $x_n = x_{n-1} - \dfrac{h(x_{n-1})}{h'(x_{n-1})}$ des NEWTON-Verfahrens zur näherungsweisen Nullstellenbestimmung von h, wobei man eine Anfangsnäherung x_0 raten muß.

$$\left.\begin{array}{lll} (1) & x_0 = -1 & \implies x_3 = -0{,}748 \\ (2) & x_0 = 1{,}5 & \implies x_2 = 1{,}479 \\ (3) & x_0 = 0{,}5 & \implies x_2 = 0{,}602 \end{array}\right\} \text{ 3 Nullstellen von } h(x)$$

Unter Beachtung von $y^2 = 1 - x^2$ (d. h. $y = \pm\sqrt{1 - x^2}$) und $z = 2 - x$ ergeben sich vier stationäre Punkte von f:

$$\begin{array}{ll} \mathbf{x}_1^\star \approx (-0{,}748\,;\, 0{,}664\,;\, 2{,}748); & \mathbf{x}_2^\star \approx (-0{,}748\,;\, -0{,}664\,;\, 2{,}748) \\ \mathbf{x}_3^\star \approx (0{,}602\,;\, 0{,}798\,;\, 1{,}398); & \mathbf{x}_4^\star \approx (0{,}602\,;\, -0{,}798\,;\, 1{,}398) \end{array}$$

($x = 1{,}479$ ergibt wegen $\sqrt{1 - 1{,}479^2} \notin \mathbb{R}$ keinen stationären Punkt!)

6.7.4

Berechnen Sie für die Funktion f mit $f(x, y) = 2x^2 + xy$ das Minimum unter der Nebenbedingung $x + y = 1$. Wie lautet es?

Bei diesem einfachen Problem erübrigt sich die Anwendung der LAGRANGEschen Multiplikatorenmethode. Man löst vielmehr die Nebenbedingung nach einer Variablen auf (hier y), ersetzt diese in $f(x, y)$ und erhält somit eine Funktion g, die nur noch von x abhängt. Zur Bestimmung der Extrema von g kann dann der übliche Kalkül verwandt werden.

$$x + y = 1 \iff y = 1 - x$$

$$\begin{aligned} f(x, y) &= 2x^2 + xy \\ &= 2x^2 + x(1 - x) \\ &= x^2 + x =: g(x) \\ g(x) &= x^2 + x + \frac{1}{4} - \frac{1}{4} = (x + \frac{1}{2})^2 - \frac{1}{4} \end{aligned}$$

Da hier g eine quadratische Funktion ist, wurde sogar auf den üblichen Differentialkalkül verzichtet: Durch einfache quadratische Ergänzung wird der Scheitelpunkt des Graphen – einer Parabel – zu $S = (-\frac{1}{2}\ ;\ -\frac{1}{4})$ bestimmt, der hier das gesuchte Minimum liefert. Es lautet $-\frac{1}{4}$.

6.7.5

Bestimmen Sie mögliche Extrema der Funktion $f : \mathbb{R}^3 \longrightarrow \mathbb{R}$ mit $f(x, y, z) = xy + z$ unter den Nebenbedingungen

$$\begin{aligned} xy + \ln(xy + 1) &= a \quad , \qquad a \in \mathbb{R} \\ y + z &= 1\,. \end{aligned}$$

Aus $y + z = 1$ folgt $z = 1 - y$. Ersetzt man also z im Funktionsterm $f(x, y, z)$ gemäß dieser Gleichung, so erhält man eine neue Funktion f^*, die nur noch von zwei Variablen abhängt, von der Extrema unter **einer** Nebenbedingung gesucht sind.

$$f^*(x, y) = xy + 1 - y \quad , \qquad \text{Nebenbedingung:} \quad xy + \ln(xy + 1) = a$$

Zur Lösung dieser Aufgabe wird die LAGRANGEsche Multiplikatorenmethode verwendet.

$$L(\lambda, x, y) = xy + 1 - y + \lambda(xy + \ln(xy + 1) - a)$$

$$\begin{aligned} L_x &= y + \lambda y + \tfrac{1}{xy+1}\lambda y &\stackrel{!}{=} 0 \quad &\Big| \cdot x \\ L_y &= x - 1 + \lambda x + \tfrac{1}{xy+1}\lambda x &\stackrel{!}{=} 0 \quad &\Big| \cdot(-y) \end{aligned}$$

Man erhält hier $y = 0$ und aus $z = 1 - y$ dann $z = 1$. $L_\lambda = 0$ ergibt die Nebenbedingung, und Einsetzen von $y = 0$ in die Nebenbedingung liefert

$$x \cdot 0 + \ln(x \cdot 0 + 1) = \ln 1 = 0 \qquad \text{für jedes } x \in \mathbb{R}\,.$$

Folgerung: Nur für $a = 0$ erfüllen $y = 0$ und $z = 1$ die Nebenbedingung. Mögliche Extremalpunkte sind dann $(x\,;\,0\,;\,1)$ für beliebiges $x \in \mathbb{R}$.
Für $a \neq 0$ ist $\ln 1 = a$ eine falsche Aussage, d. h. für $a \neq 0$ gibt es keine Extremalpunkte.

6.7.6
Zeigen Sie, daß $(\lambda, x, y, z) = (-\frac{1}{2}, 1, 1, 1)$ eine Lösung der Optimierungsaufgabe $u = f(x, y, z) = xyz \longrightarrow max$
unter der Nebenbedingung $x^2 + y^2 + z^2 = 3$ ist.

In dieser Aufgabe wird ein hinreichendes Kriterium für das Vorliegen eines Maximums einer Funktion $f(x_1, \ldots, x_n)$ unter den Nebenbedingungen
$g_1 = 0, \ldots, g_m = 0$ angegeben.
Hier ist $n = 3$ und $m = 1$. Mit $g(x, y, z) := x^2 + y^2 + z^2 - 3$ ist die Nebenbedingung durch $g(x, y, z) = 0$ gegeben.
Eine hinreichende Bedingung dafür daß $\mathbf{x}^\star$ eine Extremstelle von f unter den Nebenbedingungen ist, ist durch folgende drei Bedingungen gegeben:
1. Eigenschaften der Nebenbedingungen:
$\mathbf{x}^\star$ erfüllt die Nebenbedingung, und die JACOBI-Matrix $Jac(g)$ an der Stelle $\mathbf{x}^\star$ hat vollen Rang.
Hier ist $\mathbf{x}^\star = (1, 1, 1)$ und $g(1, 1, 1) = 0$ – die Nebenbedingung ist erfüllt. Ferner ist $Jac(g) = (g_x, g_y, g_z) = (2x, 2y, 2z)$ - an der Stelle $(1, 1, 1)$ also $(2, 2, 2)$ - und diese Matrix hat vollen Rang 1, die Eigenschaften der Nebenbedingungen sind also erfüllt.
2. Bedingungen 1. Ordnung:
Die partiellen Ableitungen 1. Ordnung der LAGRANGE-Funktion $L(\lambda, x, y, z) = xyz + \lambda(x^2 + y^2 + z^2 - 3)$ müssen an der gegebenen Stelle alle verschwinden.

$$\begin{array}{ll} \frac{\partial L}{\partial x} = yz + 2\lambda x & \frac{\partial L}{\partial y} = xz + 2\lambda y \\ \frac{\partial L}{\partial z} = xy + 2\lambda z & \frac{\partial L}{\partial \lambda} = x^2 + y^2 + z^2 - 3 \end{array}$$

Einsetzen von $(-\frac{1}{2}, 1, 1, 1)$ für (λ, x, y, z) liefert jeweils 0. Also sind die Bedingungen 1. Ordnung erfüllt.
3. Bedingungen 2. Ordnung:
Es ist die geränderte HESSE-Matrix $\mathbf{H}$ der partiellen Ableitungen 2. Ordnung

der LAGRANGE-Funktion L zu untersuchen. Dieses ist hier die Matrix

$$\mathbf{H}_L(\lambda, x, y, z) := \begin{pmatrix} 0 & \frac{\partial g}{\partial x} & \frac{\partial g}{\partial y} & \frac{\partial g}{\partial z} \\ \frac{\partial g}{\partial x} & \frac{\partial^2 L}{\partial x \partial x} & \frac{\partial^2 L}{\partial x \partial y} & \frac{\partial^2 L}{\partial x \partial z} \\ \frac{\partial g}{\partial y} & \frac{\partial^2 L}{\partial y \partial x} & \frac{\partial^2 L}{\partial y \partial y} & \frac{\partial^2 L}{\partial y \partial z} \\ \frac{\partial g}{\partial z} & \frac{\partial^2 L}{\partial z \partial x} & \frac{\partial^2 L}{\partial z \partial y} & \frac{\partial^2 L}{\partial z \partial z} \end{pmatrix} = \begin{pmatrix} 0 & 2x & 2y & 2z \\ 2x & 2\lambda & z & y \\ 2y & z & 2\lambda & x \\ 2z & y & x & 2\lambda \end{pmatrix} .$$

(Man beachte dabei $L_{x\lambda} = L_{\lambda x} = g_x = \frac{\partial g}{\partial x}$ usw., und die Reihenfolge bei $\frac{\partial^2 L}{\partial x \, \partial y} = L_{y\,x}$ usw.!)
Nun sind die $n - m$ größten führenden Hauptminoren dieser Matrix an der Stelle $\mathbf{x}^\star$ auf Vorzeichen zu untersuchen:

a) Haben sie alternierendes Vorzeichen und gilt für den letzten: $\operatorname{sign}\det(\mathbf{H}_L(\lambda^\star, \mathbf{x}^\star)) = (-1)^n$ ($n =$ Anzahl der Variablen), dann ist $\mathbf{x}^\star$ Stelle eines (relativen) **Maximums.**

b) Haben sie alle das gleiche Vorzeichen und zwar $(-1)^m$ ($m =$ Anzahl der Nebenbedingungen), dann ist $\mathbf{x}^\star$ Stelle eines (relativen) **Minimums.**

Es ist hier $n - m = 3 - 1 = 2$, also berechnen wir

$$\begin{aligned} \det \mathbf{H}(-\frac{1}{2}, 1, 1, 1) &= \begin{vmatrix} 0 & 2 & 2 & 2 \\ 2 & -1 & 1 & 1 \\ 2 & 1 & -1 & 1 \\ 2 & 1 & 1 & -1 \end{vmatrix} = \begin{vmatrix} 0 & 2 & 2 & 2 \\ 2 & -1 & 1 & 1 \\ 0 & 2 & -2 & 0 \\ 0 & 2 & 0 & -2 \end{vmatrix} \\ &= -2 \begin{vmatrix} 2 & 2 & 2 \\ 2 & -2 & 0 \\ 2 & 0 & -2 \end{vmatrix} = -48 < 0 \end{aligned}$$

und

$$\det \mathbf{H}_3(-\frac{1}{2}, 1, 1, 1) = \begin{vmatrix} 0 & 2 & 2 \\ 2 & -1 & 1 \\ 2 & 1 & -1 \end{vmatrix} = 16 .$$

Diese Hauptminoren haben alternierendes Vorzeichen und für den letzten gilt

$$\operatorname{sign}\det(\mathbf{H}_L(-\frac{1}{2}, 1, 1, 1)) = -1 = (-1)^3 = (-1)^n ,$$

($n =$ Anzahl der Variablen).
Damit ist nach Obigem $\mathbf{x}^\star$ Stelle eines (relativen) Maximums.
Mit den Bedingungen 1. - 3. ist die Behauptung in der Aufgabenstellung bewiesen.

6.7.7

Gegeben ist die Funktion $f(x_1, x_2, x_3) = x_1^2 - x_2^2 + x_3^2$.

a) Untersuchen Sie f auf Extrema.

b) Besitzt f relative Extrema unter der Nebenbedingung $g_1(x_1, x_2, x_3) = 1 - x_1 + x_2 = 0$?

c) Untersuchen Sie f auf relative Extrema unter den beiden Nebenbedingungen $g_1(x_1, x_2, x_3) = 1 - x_1 + x_2 = 0$ und $g_2(x_1, x_2, x_3) = 1 - x_1 + x_3 = 0$. Hinweis: Verwenden Sie bei b) und bei c) die Eliminationsmethode.

a) Notwendige Bedingung für Extremstellen: $\operatorname{grad} f = \mathbf{0}$.

$f_{x_1} = 2x_1 \stackrel{!}{=} 0$ und $f_{x_2} = -2x_2 \stackrel{!}{=} 0$ und $f_{x_3} = 2x_3 \stackrel{!}{=} 0$

Damit ist $\mathbf{a} = (0,0,0)$ einziger stationärer Punkt von f, und da f auf ganz $\mathbb{R}^3$ differenzierbar ist auch einzig mögliche Extremstelle von f.

Hinreichende Bedingung: Untersuchung mit HESSE-Matrix

$$\mathbf{H}_f(x_1, x_2, x_3) = \begin{pmatrix} f_{x_1x_1} & f_{x_1x_2} & f_{x_1x_3} \\ f_{x_2x_1} & f_{x_2x_2} & f_{x_2x_3} \\ f_{x_3x_1} & f_{x_3x_2} & f_{x_3x_3} \end{pmatrix} = \begin{pmatrix} 2 & 0 & 0 \\ 0 & -2 & 0 \\ 0 & 0 & 2 \end{pmatrix}$$

$\mathbf{H}_f$ ist konstant, also ist die rechte Matrix auch $H_f(0,0,0)$. Diese Matrix ist indefinit, da z.B. für $\mathbf{x} = (1,0,0)$ gilt: $\mathbf{xHx}^\top = 2 > 0$; für $\mathbf{x} = (0,1,0)$ aber $\mathbf{xHx}^\top = -2 < 0$.

Also hat f keine Extremstellen; $\mathbf{a}$ ist Sattelpunkt von f.

b) Aus $1 - x_1 + x_2 = 0$ folgt $x_1 = 1 + x_2$. Damit ist

$$\begin{aligned} f(x_1, x_2, x_3) &= f(1 + x_2, x_2, x_3) =: h(x_2, x_3) \quad \text{mit} \\ h(x_2, x_3) &= (1 + x_2)^2 - x_2^2 + x_3^2 = 1 + 2x_2 + x_3^2 \end{aligned}$$

Es ist $h_{x_2} = 2$, die notwendige Bedingung $\operatorname{grad} h = \mathbf{0}$ für das Vorliegen von Extremstellen für h ist also nicht erfüllbar.

f besitzt also keine Extrema unter der Nebenbedingung $g_1 = 0$.

c) Wie unter b) folgt $x_1 = 1 + x_2$ aus $g_1 = 0$. $g_2 = 0$ liefert $x_3 = x_1 - 1$ und daher $x_3 = x_2$. Damit geht f über in

$$\begin{aligned} f(x_1, x_2, x_3) &= f(1 + x_2, x_2, x_2) \\ &= (1 + x_2)^2 - x_2^2 + x_2^2 = 1 + 2x_2 + x_2^2 =: p(x_2) \end{aligned}$$

Die notwendige Bedingung $p'(x_2) = 0$ liefert $x_2 = -1$ und da der Graph von p eine nach oben geöffnete Parabel ist, besitzt p an der Stelle $x_2 = -1$ ein Minimum.

Damit besitzt f an der Stelle $\mathbf{a} = (0, -1, -1)$ ein relatives Minimum unter den Nebenbedingungen $g_1 = g_2 = 0$ mit dem Wert $f(\mathbf{a}) = 0$.

6.7.8

Man bestimme die Extrema der Funktion $f(x,y) = \mathrm{e}^{x+y}$ unter der Nebenbedingung $x^2 - xy + y^2 = 1$ mittels der LAGRANGE-Funktion.

Mit $f(x,y) = \mathrm{e}^{x+y}$ und der Nebenbedingung $g(x,y) = x^2 - xy + y^2 - 1 = 0$ lautet die LAGRANGE-Funktion

$$L(\lambda, x, y) = f(x,y) + \lambda g(x,y) = \mathrm{e}^{x+y} + \lambda(x^2 - xy + y^2 - 1) .$$

Die notwendigen Bedingungen für das Vorliegen relativer Extrema lauten

$$\begin{array}{ll} \text{(i)} & L_x = \mathrm{e}^{x+y} + \lambda(2x - y) \stackrel{!}{=} 0 \\ \text{(ii)} & L_y = \mathrm{e}^{x+y} + \lambda(2y - x) \stackrel{!}{=} 0 \\ \text{(iii)} & L_\lambda = x^2 - xy + y^2 - 1 \stackrel{!}{=} 0 \end{array}$$

Wir multiplizieren (i) mit $(2y - x)$, (ii) mit $(2x - y)$ und subtrahieren. Es folgt $\mathrm{e}^{x+y}(2y - x) - \mathrm{e}^{x+y}(2x - y) = 0$ und weiter $2y - x - 2x + y = 0$, also $x = y$. Setzt man dies in (iii) ein, so folgt $x^2 = 1$, also $x_1 = 1 = y_1$ und $x_2 = -1 = y_2$. Es gibt daher zwei kritische Punkte, nämlich $E_1 = (1,1)$ und $E_2 = (-1,-1)$. Zur Überprüfung dieser Punkte wird die erweiterte HESSE-Matrix

$$\mathbf{H}_L(\lambda, x, y) = \left(\begin{array}{c|cc} 0 & g_x & g_y \\ \hline g_x & L_{xx} & L_{xy} \\ g_y & L_{yx} & L_{yy} \end{array}\right) = \left(\begin{array}{c|cc} 0 & 2x - y & 2y - x \\ \hline 2x - y & \mathrm{e}^{x+y} + 2\lambda & \mathrm{e}^{x+y} - \lambda \\ 2y - x & \mathrm{e}^{x+y} - \lambda & \mathrm{e}^{x+y} + 2\lambda \end{array}\right)$$

benutzt. Dazu werden für die kritischen Punkte E_i die zugehörigen λ_i benötigt. Aus (i) folgt mit $x_1 = y_1 = 1$ dann $\lambda_1 = -\mathrm{e}^2$ und entsprechend $\lambda_2 = \mathrm{e}^{-2}$.
Untersuchung von E_1:

Es ist $\mathbf{H}_L(-\mathrm{e}^2, 1, 1) = \left(\begin{array}{c|cc} 0 & 1 & 1 \\ \hline 1 & \mathrm{e}^2 - 2\mathrm{e}^2 & \mathrm{e}^2 + \mathrm{e}^2 \\ 1 & \mathrm{e}^2 + \mathrm{e}^2 & \mathrm{e}^2 - 2\mathrm{e}^2 \end{array}\right)$. $Jac(g) = (1\ 1)$ hat den Rang $m = 1$, also ist die Zusatzbedingung erfüllt. Es sind die größten $n - m = 2 - 1 = 1$ Hauptminoren zu untersuchen, also genau $\det \mathbf{H}_L$. Es ist $\det \mathbf{H}_L = 6\mathrm{e}^2 > 0$ und damit $\operatorname{sign}|\mathbf{H}_L| = 1 = (-1)^2 = (-1)^n$. Damit hat f an der Stelle $E_1 = (1,1)$ unter der Nebenbedingung $g = 0$ ein relatives Maximum (siehe Kriterium in Aufgabe 7).
Untersuchung von E_2:

Es ist $\mathbf{H}_L(\mathrm{e}^{-2}, -1, -1) = \left(\begin{array}{c|cc} 0 & -1 & -1 \\ \hline -1 & \mathrm{e}^{-2} + 2\mathrm{e}^{-2} & 0 \\ -1 & 0 & \mathrm{e}^{-2} + 2\mathrm{e}^{-2} \end{array}\right)$.

$Jac(g) = (-1\ \ -1)$ hat den Rang $m = 1$, also ist die Zusatzbedingung erfüllt. Es ist $\det \mathbf{H}_L = -6\mathrm{e}^{-2} < 0$ und damit $\operatorname{sign}|\mathbf{H}_L| = -1 = (-1)^m$. Damit hat f an der Stelle $E_2 = (-1,-1)$ unter der Nebenbedingung $g = 0$ ein relatives Minimum (siehe Kriterium in Aufgabe 7).

6.7.9

Bezeichnen x_1 und x_2 die Mengen zweier Güter, betragen ihre Konsumsumme m und die Güterpreise p_1 und p_2, dann lautet die Budgetgleichung eines Haushalts: $p_1x_1 + p_2x_2 = m$.
Ziel des Haushalts ist die Maximierung seines Nutzens $u = f(x_1, x_2) = x_1x_2$ unter Beachtung seiner Budgetbeschränkungen. $(x_1, x_2 \geq 0)$

a) Wie hängt das Optimum von den Parametern p_1, p_2, m ab?

b) Wie ändert sich das für die Güterpreise $p_1 = 2, p_2 = 1$ und die Konsumsumme $m = 12$ bekannte Optimum $f(3,6) = 18$, wenn m auf 13 erhöht wird?
Können Sie eine Näherungslösung ohne Aufgabenteil a) angeben?
Welche Bedeutung hat hier der LAGRANGE-Multiplikator λ?

a) Die Budgetgleichung $p_1x_1+p_2x_2 = m$ wird umgeformt zu $p_1x_1+p_2x_2-m = 0$ und es wird die Funktion $g(x_1, x_2; p_1, p_2, m) = p_1x_1+p_2x_2-m$ betrachtet, bei der x_1, x_2 als Variable und p_1, p_2, m als Parameter betrachtet werden. Dann ist f unter der Nebenbedingung $g = 0$ zu maximieren. Die LAGRANGE-Funktion lautet

$$L = L(\lambda, x_1, x_2; p_1, p_2, m) = x_1x_2 + \lambda(p_1x_1 + p_2x_2 - m)\ .$$

$L_{x_1} = x_2 + \lambda p_1 \stackrel{!}{=} 0$, $L_{x_2} = x_1 + \lambda p_2 \stackrel{!}{=} 0$, $L_\lambda = p_1x_1 + p_2x_2 - m \stackrel{!}{=} 0$ liefert ein lineares Gleichungssystem in den Variablen x_1, x_2, λ mit der eindeutigen Lösung $\lambda^\star = -\frac{m}{2p_1p_2}$, $x_1^\star = \frac{m}{2p_1}$, $x_2^\star = \frac{m}{2p_2}$.
(Eine Probe mit $m = 12, p_1 = 2, p_2 = 1$ liefert übrigens $\lambda = -3, x_1 = 3, x_2 = 6$, also das in b) angegebene Optimum.)
Die Zusatzbedingung $\text{Rang}\, Jac(g) = \text{Rang}\,(g_{x_1}, g_{x_2}) = \text{Rang}\,(p_1, p_2) = m = 1$ ist wegen $(p_1, p_2) \neq (0,0)$ erfüllt.
Es ist

$$\mathbf{H}_L(\lambda^\star, x_1^\star, x_2^\star) = \begin{pmatrix} 0 & p_1 & p_2 \\ p_1 & 0 & 1 \\ p_2 & 1 & 0 \end{pmatrix}.$$

Wegen $n - m = 1$ ist $|\mathbf{H}_L|$ zu betrachten. $|\mathbf{H}_L| = 2p_1p_2 > 0$ - diese Determinante ist unabhängig von x_1, x_2, m. Wegen $\text{sign}\,|\mathbf{H}_L| = 1 = (-1)^2 = (-1)^n$ ist $\mathbf{x}^\star = (x_1^\star, x_2^\star)$ eine (relative) Maximalstelle.

Es ist $f(x_1^\star, x_2^\star) = x_1^\star \cdot x_2^\star = \dfrac{m^2}{4p_1p_2} =: M(p_1, p_2, m)$. Das Optimum M wächst also mit steigendem m und fällt bei steigenden Preisen p_1, p_2.

b) Bekannt ist $M(2,1,12) = 18$. Bei Erhöhung von m auf 13 ergibt sich $M(2,1,13) = 21,125$.
Näherungslösung bei bekanntem Optimum an der Stelle $\mathbf{x}^\star = (x_1^\star, x_2^\star)$:
Man setzt

$$M(m) \ := \ f(x_1^\star(m), x_2^\star(m), m) = f(\mathbf{x}^\star, m)$$

$$\psi(m) \quad := \quad f(\mathbf{x}^\star(m), m) + \lambda^\star(m)\underbrace{g(\mathbf{x}^\star(m), m)}_{=0} = L(\lambda, \mathbf{x}, m)|_{(\lambda^\star, \mathbf{x}^\star(m))}$$

und erhält mittels der Kettenregel

$$\begin{aligned}
\frac{dM}{dm} &= \frac{\partial}{\partial m} f(\mathbf{x}^\star(m), m) = \frac{\partial \psi}{\partial m} = \frac{\partial L(\lambda(m), \mathbf{x}(m), m)}{\partial m}|_{(\lambda^\star, \mathbf{x}^\star(m))} \\
&= \underbrace{\frac{\partial L}{\partial \lambda}}_{=0} \cdot \frac{\partial \lambda}{\partial m} + \underbrace{\frac{\partial L}{\partial x_1}}_{=0} \cdot \frac{\partial x_1}{\partial m} + \underbrace{\frac{\partial L}{\partial x_2}}_{=0} \cdot \frac{\partial x_2}{\partial m} + \frac{\partial L}{\partial m} \cdot \underbrace{\frac{dm}{dm}}_{=1}|_{(\lambda^\star, \mathbf{x}^\star(m))} \\
& \quad \text{da } g(\mathbf{x}^\star) = L_{x_1}(\mathbf{x}^\star) = L(\mathbf{x}^\star) = 0. \\
&= \frac{dL}{dm}|_{(\lambda^\star, \mathbf{x}^\star(m))} = \frac{\partial}{\partial m}[x_1 x_2 + \lambda(2x_1 + x_2 - m)]|_{(\lambda^\star, \mathbf{x}^\star(m))} \\
&= -\lambda|_{(\lambda^\star, \mathbf{x}^\star(m))} = -\lambda^\star = 3
\end{aligned}$$

Aus $\frac{dM}{dm} = 3$ folgt $\Delta M \approx dM = 3 \cdot dm$. Mit $dm = 13 - 12 = 1$ ergibt sich daraus $\Delta M \approx 3 \cdot 1 = 3$ und $M(13) = M(12+1) = M(12) + \Delta M \approx 18 + 3 = 21$. Das ist ein sehr bequemer Weg, um bei bekanntem Extremum eine Veränderung des Optimums bei einer Veränderung von Parametern abzuschätzen.
Der LAGRANGE-Multiplikator λ gibt im Optimum wegen $dM = -\lambda^\star \cdot dm \approx \Delta M$ näherungsweise an, um wieviel Einheiten sich M erhöht (vermindert), wenn m um eine Einheit erhöht (vermindert) wird, denn

$$dm = 1 \quad \Longrightarrow \quad \Delta M \approx -\lambda^\star .$$

6.7.10

Zeigen Sie, daß die Optimierungsaufgabe

$$f(x, y) = x \cdot y \longrightarrow \max \qquad \text{unter} \quad g(x, y) = x^2 + y^2 - 1 = 0 \quad \text{und } x, y \geq 0$$

genau ein Extremum besitzt, und zwar an der Stelle $(x^\star, y^\star) = (\frac{1}{\sqrt{2}}, \frac{1}{\sqrt{2}})$ mit $\lambda^\star = -\frac{1}{2}$.
Wie ändert sich näherungsweise der Wert des Maximums, wenn statt der Nebenbedingung $g(x, y) = 0$ die Nebenbedingung $h(x, y) = 0.9x^2 + y^2 - 1 = 0$ bzw. $p(x, y) = 0.9x^2 + 1.1y^2 - 1.1 = 0$ verwendet wird?

Die LAGRANGE-Funktion $L(\lambda, x, y) = f(x, y) + \lambda g(x, y) = xy + \lambda(x^2 + y^2 - 1)$ liefert die notwendigen Bedingungen $L_x = y + 2\lambda x \stackrel{!}{=} 0$, $L_y = x + 2\lambda y \stackrel{!}{=} 0$, $L_\lambda = x^2 + y^2 - 1 \stackrel{!}{=} 0$. Multipliziert man die erste dieser Gleichungen mit y, die zweite mit $(-x)$ und addiert, so folgt $x^2 = y^2$. Die dritte Gleichung ergibt dann $2x^2 = 1$, also $x_{1,2} = \pm\frac{1}{\sqrt{2}}$. Wegen $x \geq 0$ verbleibt $x^\star = \frac{1}{\sqrt{2}}$ und weiter $y^\star = \frac{1}{\sqrt{2}}$ und aus $L_x = 0$ ergibt sich das zugehörige $\lambda^\star = -\frac{1}{2}$. Damit ist $(x^\star, y^\star)$ einzig

mögliche Extremstelle und es verbleibt der Nachweis, daß f dort ein Maximum besitzt.
Die geänderte HESSE-Matrix lautet

$$\mathbf{H}_L(\lambda^\star, x^\star, y^\star) = \left.\begin{pmatrix} 0 & 2x & 2y \\ 2x & 2\lambda & 1 \\ 2y & 1 & 2\lambda \end{pmatrix}\right|_{(\lambda^\star, x^\star, y^\star)} = \begin{pmatrix} 0 & \frac{2}{\sqrt{2}} & \frac{2}{\sqrt{2}} \\ \frac{2}{\sqrt{2}} & -1 & 1 \\ \frac{2}{\sqrt{2}} & 1 & -1 \end{pmatrix} .$$

Es ist $n - m = 1$ also ist das Vorzeichen von $|\mathbf{H}_L|$ zu untersuchen: $|\mathbf{H}_L| = 4 > 0$ und damit $\operatorname{sign}|\mathbf{H}_L| = 1 = (-1)^2$ – d.h. $(x^\star, y^\star)$ ist eine Maximalstelle mit $f(x^\star, y^\star) = \frac{1}{\sqrt{2}} \cdot \frac{1}{\sqrt{2}} = \frac{1}{2}$.
Verändert man die Nebenbedingung auf $h(x,y) = 0.9x^2 + y^2 - 1 = 0$, so führt man $g(x,y,\alpha) = \alpha x^2 + y^2 - 1 = 0$ und $L(\lambda, x, y, \alpha) = xy + \lambda(\alpha x^2 + y^2 - 1)$ ein und erhält wie in der vorigen Aufgabe

$$\frac{dM}{d\alpha} = \left.\frac{\partial L}{\partial \alpha}\right|_{(\lambda^\star, x^\star, y^\star)} = \lambda x^2|_{(\lambda^\star, x^\star, y^\star)} = -\frac{1}{4} .$$

Also folgt

$$dM = -\frac{1}{4} \underbrace{d\alpha}_{=0.9-1} = -0.25 \cdot (-0.1) = 0.025 \approx \Delta M .$$

Unter dem Parameter $\alpha = 0.9$ wird das neue Maximum um etwa 0.025 größer.
Bei der Nebenbedingung $p(x,y) = 0.9x^2 + 1.1y^2 - 1.1$ gehen wir entsprechend vor. Mit $g(x, y, \alpha_1, \alpha_2, \alpha_3) = \alpha_1 x^2 + \alpha_2 y^2 - \alpha_3$ und $L(\lambda, x, y, \alpha_1, \alpha_2, \alpha_3) = xy + \lambda(\alpha_1 x^2 + \alpha_2 y^2 - \alpha_3)$ erhält man hier:

$$\begin{aligned}
\frac{\partial M(\alpha_1, \alpha_2, \alpha_3)}{\partial \alpha_1} &= \left.\frac{\partial L}{\partial \alpha_1}\right|_{(\lambda^\star, x^\star, y^\star)} = \lambda x^2|_{(\lambda^\star, x^\star, y^\star)} = (-\frac{1}{2}) \cdot (\frac{1}{\sqrt{2}})^2 = -\frac{1}{4} \\
\frac{\partial M(\alpha_1, \alpha_2, \alpha_3)}{\partial \alpha_2} &= \left.\frac{\partial L}{\partial \alpha_2}\right|_{(\lambda^\star, x^\star, y^\star)} = \lambda y^2|_{(\lambda^\star, x^\star, y^\star)} = (-\frac{1}{2}) \cdot (\frac{1}{\sqrt{2}})^2 = -\frac{1}{4} \\
\frac{\partial M(\alpha_1, \alpha_2, \alpha_3)}{\partial \alpha_3} &= \left.\frac{\partial L}{\partial \alpha_3}\right|_{(\lambda^\star, x^\star, y^\star)} = -\lambda|_{(\lambda^\star, x^\star, y^\star)} = -(-\frac{1}{2}) = \frac{1}{2}
\end{aligned}$$

Hier gilt nun

$$\begin{aligned}
\Delta M \approx dM &= \operatorname{grad} M \cdot \mathbf{d}\alpha \\
&= (-0.25\,;\,-0.25\,;\,0.5) \cdot (-0.1\,;\,0.1\,;\,0.1) \\
&= 0.025 - 0.025 + 0.05 = 0.05
\end{aligned}$$

Unter den Parametern $(\alpha_1, \alpha_2, \alpha_3) = (0.9\,;\,1.1\,;\,1.1)$ wird das neue Maximum etwa 0.05 größer sein.

6.8 Extrema unter Nebenbedingungen in Form von Ungleichungen

6.8.1
Eine Funktion $f : \mathbb{R}^3 \longrightarrow \mathbb{R}$ lautet $f(x,y) = x^2 - 6x + y^2 - 4y + 7$.
a) Untersuchen Sie f auf Extrema.
b) Bestimmen Sie das Minimum von f unter den Nebenbedingungen $3x + 4y \geq 12$, $x \geq 0$, $y \geq 0$.
c) Bestimmen Sie das Minimum von f unter den Nebenbedingungen $3x + 4y \leq 2$, $x \geq 0$, $y \geq 0$.

a) 1. Notwendige Bedingung (Bedingungen 1. Ordnung): $\operatorname{grad} f(x,y) = \mathbf{0}$

$$f_x = 2x - 6 \stackrel{!}{=} 0 \implies x = 3$$
$$f_y = 2y - 4 \stackrel{!}{=} 0 \implies y = 2$$

f besitzt somit nur einen stationären Punkt $\mathbf{a} = (3,2)$.
2. Hinreichende Bedingung (Bedingung 2. Ordnung):

$$\mathbf{H}_f = \begin{pmatrix} f_{xx} & f_{xy} \\ f_{yx} & f_{yy} \end{pmatrix} = \begin{pmatrix} 2 & 0 \\ 0 & 2 \end{pmatrix} \quad \text{für alle } \mathbf{x} \in \mathbb{R}^2$$

Man erkennt, daß $\mathbf{H}_f$ positiv definit ist , d.h. f ist streng konvex und $\mathbf{a} = (3,2)$ ist Stelle eines (absoluten) Minimums von f mit $f_{\text{min}} = f(3,2) = -6$.

b) Da $\mathbf{a} = (3,2) \in D(f)$ und f streng konvex (siehe Teil a)), ist $\mathbf{a}$ einzige Minimalstelle von f mit $f_{\text{min}} = -6$. Nebenstehend ist $D(f)$ mit der Grenzkurve $3x + 4y = 12$, also $y = 3 - \frac{3}{4}x$ skizziert.

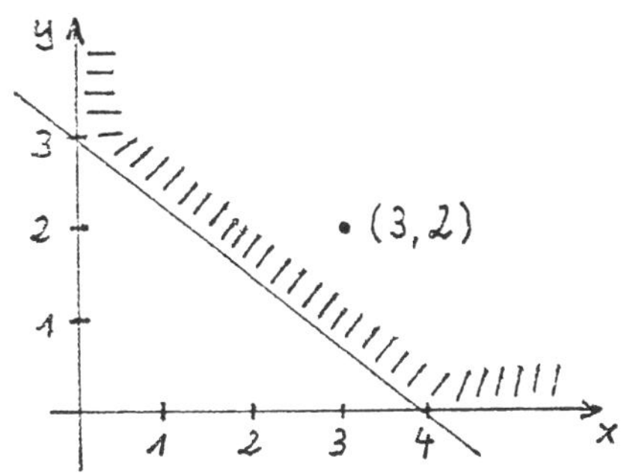

c) Da $\mathbf{a} = (3,2) \notin D(f)$, kann $\mathbf{a}$ hier nicht Minimalstelle des Problems sein. Die Menge $M = \{(x,y) | x \geq 0\,,\, y \geq 0\,,\, 3x + 4y \leq 12\}$ ist kompakt. Damit gibt es nach dem Satz von BOLZANO-WEIERSTRASS wegen der Stetigkeit von f ein absolutes Minimum. Wegen Teil a) und der Konvexität von f muß dieses auf dem Rand von M liegen. Ohne nähere Kenntnisse würde man über den drei Randkurven von M die jeweils minimalen Funktionswerte bestimmen. Das Minimum dieser Werte ist das gesuchte Minimum.
Hier braucht man nur die Randkurve $y = 3 - \frac{3}{4}x$ zu betrachten, denn die Niveaukurven von f, das sind Kreise um den Punkt $P = (3,2)$, berühren als

erstes diese Randkurve.

$$\begin{aligned} f(x,y) &= f(x, 3-\frac{3}{4}x) = x^2 - 6x + (3-\frac{3}{4}x)^2 - 4(3-\frac{3}{4}x) + 7 \\ &= \frac{25}{16}x^2 - \frac{15}{2}x + 16 =: h(x) \end{aligned}$$

Extrema von h: $h'(x) = \frac{50}{16}x - \frac{15}{2} \stackrel{!}{=} 0 \implies x_1 = 2.4$.
$h''(x_1) = \frac{50}{16} > 0$. Also ist $x_1 = 2.4$ Minimalstelle von h.
Aus $y = 3 - \frac{3}{4}x$ folgt $y_1 = 1.2$, d.h. $\mathbf{a}_1 = (x_1, y_1) = (2.4\,;\,1.2)$ ist Minimalstelle von f unter der angegebenen Nebenbedingung. Das zugehörige Minimum lautet: $f_{\min} = f(2.4\,,\,1.2) = -5$.

Im folgenden werden spezielle Optimierungsprobleme betrachtet mit
$f : \mathbb{R}^n \longrightarrow \mathbb{R}$; $g_i : \mathbb{R}^n \longrightarrow \mathbb{R}$; $x_i \in \mathbb{R}$:

(*)	$f(x_1, \ldots, x_n) \longrightarrow$ min!	(Zielfunktion)
	$g_i(x_1, \ldots, x_n) \leq 0$; $i = 1, \ldots, m$	(Nebenbedingungen)
	$x_i \geq 0$	(Vorzeichenbedingung)

Die Funktionen f und g_i seien konvex und besitzen stetige partielle Ableitungen nach allen Variablen.
Die Nebenbedingungen g_i erfüllen die sog. SLATER-Bedingung, wenn es ein $\mathbf{a} \in \mathbb{R}^n$ gibt, so daß $g_i(\mathbf{a}) < 0$ für alle i.
Dann gilt der folgende Satz von KUHN-TUCKER (lokale KUHN-TUCKER-Bedingungen):
Es sind äquivalent:

(a) $\mathbf{x}^0 \in \mathbb{R}^n$ ist Minimallösung des obigen Optimierungsproblems.

(b) $\mathbf{x}^0 \geq \mathbf{0}$ und es gibt $\mathbf{u}^0 \geq \mathbf{0}$ ($\mathbf{u}^0 \in \mathbb{R}^m$) mit

$$\left.\begin{aligned} g_j(\mathbf{x}^0) &\leq 0 \\ u_j^0 \cdot g_j(\mathbf{x}^0) &= 0 \\ u_j^0 &\geq 0 \end{aligned}\right\} j = 1, \ldots, m \text{ und } \left.\begin{aligned} \frac{\partial \Phi}{\partial x_i}(\mathbf{x}^0, \mathbf{u}^0) &\geq 0 \\ x_i^0 \cdot \frac{\partial \Phi}{\partial x_i}(\mathbf{x}^0, \mathbf{u}^0) &= 0 \\ x_i^0 &\geq 0 \end{aligned}\right\} i = 1, \ldots, n$$

für die LAGRANGE-Funktion $\Phi(\mathbf{x}, \mathbf{u}) = f(\mathbf{x}) + \mathbf{u}^\top \cdot g(\mathbf{x})$.

(c) Der Punkt $\begin{pmatrix} \mathbf{x}^0 \\ \mathbf{u}^0 \end{pmatrix}$ mit $\mathbf{x}^0 \geq \mathbf{0}$, $\mathbf{u}^0 \geq \mathbf{0}$ ist Sattelpunkt der LAGRANGE-Funktion $\Phi(\mathbf{x}, \mathbf{u})$ bzgl. der durch $\mathbf{x} \geq \mathbf{0}$ und $\mathbf{u} \geq \mathbf{0}$ gegebenen Teilmenge des $\mathbb{R}^{n+m}$.

Bemerkungen:

1. Neben der Aussage (c) gibt es auch noch weitere äquivalente Aussagen, wie die sog. geometrischen KUHN-TUCKER-Bedingungen, die hier nicht diskutiert werden.

2. Unter einem Sattelpunkt der LAGRANGE-Funktion versteht man einen Punkt $\begin{pmatrix} \mathbf{x}^0 \\ \mathbf{u}^0 \end{pmatrix} \in (\mathbb{R}_0^+)^{m+n}$, für den gilt

$$\Phi(\mathbf{x}^0, \mathbf{u}) \leq \Phi(\mathbf{x}^0, \mathbf{u}^0) \leq \Phi(\mathbf{x}, \mathbf{u}^0)$$

für alle $\mathbf{x} \geq \mathbf{0}$, $\mathbf{u} \geq \mathbf{0}$.

6.8.2
Lösen Sie das Optimierungsproblem $f(x, y) = x^2 - y \longrightarrow \min!$
unter den Nebenbedingungen $x^2 + y^2 \leq 1$, $x \geq 0$, $y \geq 0$.

1. Zunächst werden die möglichen Extremstellen ohne Beachtung der Nebenbedingungen ermittelt.

$$\operatorname{grad} f \stackrel{!}{=} 0 \qquad \Longleftrightarrow \qquad \begin{aligned} f_x = 2x &\stackrel{!}{=} 0 \\ f_y = -1 &\stackrel{!}{=} 0 \end{aligned}$$

Die 2. Bedingung ist nicht erfüllbar. d.h. auf $D(f) = \mathbb{R}^2$ besitzt f keine Extrema.

2. Aufgrund des vorgegebenen kompakten $D(f)$ muß f nach BOLZANO-WEIERSTRASS dort ein abolutes Minimum besitzen, und zwar wegen 1. auf dem Rand.

Zur Bestimmung bieten sich 2 Wege an:
a) Alle drei Ränder mit der Eliminationsmethode untersuchen.
b) Lokale KUHN-TUCKER-Bedingungen anwenden.
Es wird zunächst Weg b) dargestellt.
Die lokalen KUHN-TUCKER-Bedingungen fordern Nebenbedingungen der Form $g(\mathbf{x}) \leq \mathbf{0}$, also wird umgeformt zu $g(\mathbf{x}) := x^2 + y^2 - 1 \leq 0$. Damit erhält man die LAGRANGE-Funktion

$$\Phi(x, y, \lambda) = f(x, x) + \lambda g(x, y) = x^2 - y + \lambda(x^2 + y^2 - 1) \,,$$

mit $x, y, \lambda \geq 0$.
Nun muß geprüft werden, ob f und g konvex sind, und ob die SLATER-Bedingung erfüllt ist.

1. Konvexität von f:

Aus der HESSE-Matrix $\mathbf{H}_f = \begin{pmatrix} 2 & 0 \\ 0 & 0 \end{pmatrix}$ folgt, daß $\mathbf{H}_f$ positiv semidefinit ist, also ist f konvex.

2. Konvexität von g:

   Die HESSE-Matrix $\mathbf{H}_g = \begin{pmatrix} 2 & 0 \\ 0 & 2 \end{pmatrix}$ von g ist positiv definit, d.h. g ist konvex.

3. SLATER-Bedingung:

   Der Vektor $\mathbf{b} = (\frac{1}{2}, \frac{1}{2})^\top$ erfüllt die Bedingung, denn $g(\mathbf{b}) = \frac{1}{4} + \frac{1}{4} - 1 < 0$.

Damit lassen sich die lokalen KUHN-TUCKER-Bedingungen anwenden.

$$\begin{array}{lcllll}
\Phi_x & \geq & 0 & \Longrightarrow & 2x + 2\lambda x \geq 0 & d.h. \quad 2x(1+\lambda) \geq 0 \\
\Phi_y & \geq & 0 & \Longrightarrow & -1 + 2\lambda y \geq 0 & \\
\lambda \cdot g & = & 0 & \Longrightarrow & \lambda(x^2 + y^2 - 1) = 0 & \\
x \cdot \Phi_x & = & 0 & & \text{vgl. oben} & \\
y \cdot \Phi_y & = & 0 & & \text{vgl. oben} &
\end{array}$$

Es werden nun die Fälle für $x, y, \lambda \geq 0$ durchprobiert.
Ist $y = 0$ oder $\lambda = 0$, so folgt aus $\Phi_y = -1 + 2\lambda y \geq 0$ ein Widerspruch. Also muß $y > 0$ und $\lambda > 0$ gelten. Dann folgt aus $\lambda(x^2 + y^2 - 1) = 0$, daß $x^2 + y^2 - 1 = 0$ sein muß und aus $y \cdot \Phi_y = 0$ ergibt sich $\Phi_y = 0$, also $-1 + 2\lambda y = 0$.
Nehmen wir noch $x = 0$ an, so ist $\Phi_x \geq 0$ und $x \cdot \Phi_x = 0$ erfüllt.
Die obigen Bedingungen werden zu $y^2 - 1 = 0$ und $-1 + 2\lambda y = 0$. Aus $y^2 = 1$ folgt $y = 1$ wegen $y > 0$ und aus $-1 + 2\lambda y = 0$ ergibt sich dann $\lambda = \frac{1}{2} > 0$.
Also ist $\mathbf{a} = (x_0, y_0) = (0, 1)$ Minimalstelle von f unter den angegebenen Nebenbedingungen mit dem Minimum $f(0, 1) = -1$.

Wir geben jetzt noch den Lösungsweg nach a) an, d.h. wir untersuchen die Ränder des Definitionsbereiches mit der Eliminationsmethode.
Die Konvexität muß vorher geklärt sein; das haben wir schon bei b) getan.

(a1) $x = 0 \quad \Longrightarrow \quad f(0, y) = -y \ , \ 0 \geq y \geq 1$

f ist minimal für $y = 1$ mit $f(0, 1) = -1$.

(a2) $y = 0 \quad \Longrightarrow \quad f(x, 0) = x^2 \ , \ 0 \leq x \leq 1$

f ist minimal für $x = 0$ mit $f(0, 0) = 0$.

(a3) $x^2 + y^2 = 1 \quad \Longrightarrow \quad x^2 = 1 - y^2$ Einsetzen in f ergibt

$$f(x, y) = x^2 - y = 1 - y - y = 1 - 2y \ , \ 0 \leq y \leq 1 \ .$$

f ist minmal für $y = 1$ (und $x = 0$) mit $f(0, 1) = -1$.

Damit hat sich das gleiche Ergebnis ergeben wie beim Lösungsweg b).

6.8.3

Zeigen Sie: Die Optimierungsaufgabe

$$f(x,y) = x + y \longrightarrow \text{Max!} \quad , g(x,y) = x + y - 2 \leq 0 \quad , x, y \geq 0$$

besitzt unendlich viele Lösungen.

Es wird die äquivalente Zielfunktion $f^*(x,y) = -x - y \longrightarrow$ Min! betrachtet. Es gibt keine freien Extrema, da f^* auf $\mathbb{R}^2$ nach unten unbeschränkt ist. Da f^* und g affin linear sind, sind sie konvex. Die SLATER-Bedingung ist erfüllt, da z.B. $g(0.5\,,\,0.5) = -1 < 0$.
(Bei affin-linearen Funktionen braucht diese Bedingung nicht nachgewiesen zu werden.)
Mit der LAGRANGE-Funktion $\Phi = -x - y + \lambda(x + y - 2)$ lauten die lokalen KUHN-TUCKER-Bedingungen hier:

$$\begin{array}{lllllll} \Phi_x = -1+\lambda \geq 0 & \quad & x \cdot \Phi_x & = & x(-1+\lambda) & = & 0 \\ \Phi_y = -1+\lambda \geq 0 & & y \cdot \Phi_y & = & y(-1+\lambda) & = & 0 \\ \Phi_\lambda = x+y-2 \leq 0 & & \lambda \cdot \Phi_\lambda & = & \lambda(x+y-2) & = & 0 \end{array}$$

Aus $\Phi_x \geq 0$ folgt $\lambda \geq 1$. Ist $\lambda = 1$, so erfüllen alle $\mathbf{x} = (x, y)$ mit $x + y = 2$ diese Bedingungen. Ist $\lambda > 1$, so sind die Bedingungen für $x = y = 0$ erfüllt. Also besitzt die Optimierungsaufgabe unendlich viele Lösungen.

6.8.4

Man minimiere

$$f(x,y,z) = 1 - 2\ln(x+1) - \ln(y+1) - \ln(z+1)$$

unter den Nebenbedingung

$$h(x,y,z) = x + y + z - 5 \leq 0$$

und unter den Vorzeichenbedingungen $x \geq 0, y \geq 0, z \geq 0$, Wie lautet das Minimum?

Zunächst wird die **Konvexität** von f und h überprüft.
Mit

$$f_x = -\frac{2}{x+1} \quad , \quad f_y = -\frac{1}{y+1} \quad , \quad f_z = -\frac{1}{z+1}$$

$$f_{xx} = \frac{2}{(x+1)^2} \quad , \quad f_{yy} = \frac{2}{(y+1)^2} \quad , \quad f_{zz} = \frac{2}{(x+1)^2}$$

$$f_{xy} = f_{yx} = f_{xz} = f_{zx} = f_{yz} = f_{zy} = 0$$

folgt für die HESSE-Matrix $\mathbf{H}_f$

$$\mathbf{H}_f = \begin{pmatrix} \frac{2}{(x+1)^2} & 0 & 0 \\ 0 & \frac{1}{(y+1)^2} & 0 \\ 0 & 0 & \frac{1}{(z+1)^2} \end{pmatrix},$$

bei der die Elemente der Hauptdiagonale für alle $(x, y, z) \in \mathbb{R}^3$ positiv sind. Also ist $\mathbf{H}_f$ positiv definit, und f damit (streng) konvex.
h ist als lineare Funktion konvex.
Die SLATER-Bedingung ist erfüllt, z.B. ist $h(1,1,1) = 1+1+1-5 < 0$.
Nun werden die lokalen KUHN-TUCKER-Bedingungen angewendet. Mit

$$\Phi(x, y, z, \lambda) = 1 - 2\ln(x+1) - \ln(y+1) - \ln(z+1) + \lambda(x+y+z-5)$$

folgt:

$\Phi_x \geq 0$	$-\frac{2}{x+1} + \lambda \geq 0$
$\Phi_y \geq 0$	$-\frac{1}{y+1} + \lambda \geq 0$
$\Phi_z \geq 0$	$-\frac{1}{z+1} + \lambda \geq 0$
$\lambda \cdot h = 0$	$\lambda(x+y+z-5) = 0$
$x \cdot \Phi_x = 0$ $y \cdot \Phi_y = 0$ $z \cdot \Phi_z = 0$	von oben ersichtlich
$x, y, z, \lambda \geq 0$	

Da f_x, f_y, f_z überall ungleich 0 sind, muß ein Extremum auf dem Rand von $D(f)$ liegen. Wir testen den Fall
$\lambda > 0$; $x, y, z > 0$:
Dann muß gelten:

$$\begin{array}{rcl} \Phi_x = 0 & = & -\frac{2}{x+1} + \lambda \\ \Phi_y = 0 & = & -\frac{1}{y+1} + \lambda \\ \Phi_z = 0 & = & -\frac{1}{z+1} + \lambda \\ h = 0 & = & x+y+z-5 \end{array}$$

Aus $\lambda = \frac{2}{x+1}$ folgt weiter

$$\begin{array}{rcll} 0 & = & -\frac{1}{y+1} + \frac{2}{x+1} & | \cdot (y+1)(x+1 \\ 0 & = & -\frac{1}{z+1} + \frac{2}{x+1} & | \cdot (z+1)(x+1 \\ 0 & = & x+y+z-5 & \\ \hline 0 & = & -x-1+2y+2 & \\ 0 & = & -x-1+2z+2 & \\ 0 & = & x+y+z-5 & \end{array}$$

Dieses LGS hat die Lösung $z = 1$, $y = 1$, $x = 3$, die noch $\lambda = \frac{1}{2}$ liefert. Diese Lösung erfüllt die Bedingungen $x, y, z > 0$, $\lambda > 0$.
Damit ist $\mathbf{a}^\star = (3, 1, 1)$ eine Minimalstelle von f unter der angegebenen Nebenbedingung. Für das Minimum gilt:

$$\begin{array}{rcl} f_{min} & = & f(3,1,1) = 1 - 2 \cdot \ln(4) - \ln(2) - \ln(2) \\ & = & 1 - 4 \cdot \ln 2 - 2 \cdot \ln 2 = 6 \cdot \ln 2 \approx -3,16 \end{array}$$

Kapitel 7

Eigenwerte von Matrizen

7.1 Komplexe Zahlen

Komplexe Zahlen sind darstellbar in der Form

$$z = (x, y) = x + \mathrm{i}y \quad \text{mit} \quad x, y \in \mathbb{R}\,.$$

Beim Rechnen mit komplexen Zahlen beachte man $\boxed{\mathrm{i}^2 = -1}$.

Die Menge der komplexen Zahlen wird mit $\mathbb{C}$ bezeichnet.

Bezeichnungen

$z = x + \mathrm{i}y$ sei eine komplexe Zahl.

$\mathrm{Re}(z) := x$	heißt **Realteil** von z.
$\mathrm{Im}(z) := y$	heißt **Imaginärteil** von z. (Beachte: Der Imaginärteil von z ist reell.)
$\lvert z\rvert := \sqrt{x^2 + y^2}$	heißt **Betrag** von z.
$\overline{z} := x - \mathrm{i}y$	heißt die zu z **konjugiert komplexe Zahl**.

7.1.1

Man bestimme Realteil, Imaginärteil und Betrag der folgenden komplexen Zahlen z und gebe die zugehörigen konjugiert komplexen Zahlen $\overline{z}$ an:

a) $z_1 = \frac{3}{4}(2+\mathrm{i})$ **b)** $z_2 = 7 - \frac{\mathrm{i}}{2}$ **c)** $z_3 = z_1 \cdot z_2$ **d)** $z_4 = \frac{2+3\mathrm{i}}{1-2\mathrm{i}}$

a) $\mathrm{Re}(z_1) = \frac{3}{2}\,, \quad \mathrm{Im}(z_1) = \frac{3}{4}\,, \quad |z_1| = \sqrt{\frac{9}{4} + \frac{9}{16}} = \frac{\sqrt{45}}{4}\,, \quad \overline{z_1} = \frac{3}{2} - \frac{3}{4}\mathrm{i}$

b) $\mathrm{Re}(z_2) = 7\,, \quad \mathrm{Im}(z_2) = -\frac{1}{2}\,, \quad |z_2| = \sqrt{49 + \frac{1}{4}} = \frac{\sqrt{197}}{2}\,, \quad \overline{z_2} = 7 + \frac{\mathrm{i}}{2}$

c) $z_3 = z_1 \cdot z_2 = \left(\frac{3}{2} + \frac{3}{4}\mathrm{i}\right)\left(7 - \frac{\mathrm{i}}{2}\right) = \frac{21}{2} - \frac{3}{8}\mathrm{i}^2 + \frac{21}{4}\mathrm{i} - \frac{3}{4}\mathrm{i} = \frac{87}{8} + \frac{9}{2}\mathrm{i}$

$\overline{z_3} = \frac{87}{8} - \frac{9}{2}\mathrm{i}$

$\mathrm{Re}(z_3) = \frac{87}{8}\,, \quad \mathrm{Im}(z_3) = \frac{9}{2}\,, \quad |z_3| = \sqrt{\frac{7569}{64} + \frac{81}{4}} = \frac{\sqrt{8865}}{8}$

d) z_4 muß in der Form $x + \mathrm{i}y$ dargestellt werden. Dabei hilft der "Trick", den Bruch mit der zum Nenner konjugiert komplexen Zahl zu erweitern. Dadurch wird der Nenner reell, denn es gilt:

$$z \cdot \overline{z} = |z|^2 \in \mathbb{R} \qquad \text{(Nachrechnen!)}$$

$$z_4 = \frac{2+3\mathrm{i}}{1-\mathrm{i}} = \frac{(2+3\mathrm{i})(1+2\mathrm{i})}{(1-2\mathrm{i})(1+2\mathrm{i})} = \frac{2+3\mathrm{i}+4\mathrm{i}-6}{5} = -\frac{4}{5} + \frac{7}{5}\mathrm{i}$$

$$\overline{z_4} = -\frac{4}{5} - \frac{7}{5}\mathrm{i}$$

$$\mathrm{Re}(z_4) = -\frac{4}{5}\,, \quad \mathrm{Im}(z_4) = \frac{7}{5}\,, \quad |z_4| = \sqrt{\frac{16}{25} + \frac{49}{25}} = \sqrt{\frac{13}{5}}$$

7.1.2
Man bestimme die Linearfaktorzerlegung von $p(z) = z^3 - 4z^2 + 6z - 4$
Hinweis: Eine Nullstelle ist ganzzahlig mit Betrag ≤ 3.

Probieren liefert: $z_1 = 2$ ist eine Nullstelle. Also ist eine Polynomdivision sinnvoll:

$$\begin{array}{cccccccl}
(z^3 & - & 4z^2 & + & 6z & - & 4 &) : (z-2) = z^2 - 2z + 2 \\
z^3 & - & 2z^2 & & & & & \\
\hline
 & - & 2z^2 & + & 6z & & & \\
 & - & 2z^2 & + & 4z & & & \\
\hline
 & & & & 2z & - & 4 & \\
 & & & & 2z & - & 4 & \\
\hline
 & & & & & & 0 &
\end{array}$$

Berechnen der Nullstellen von $z^2 - 2z + 2$:

$$z_{2,3} = 1 \pm \sqrt{1-2} = 1 \pm \sqrt{-1} = 1 \pm \mathrm{i}$$

Ergebnis: $p(z) = (z-2)(z-1-\mathrm{i})(z-1+\mathrm{i})$

7.1.3
Bestimmen Sie die Linearfaktorzerlegung von

$$p(z) = z^4 - 4z^3 + 14z^2 - 4z + 13.$$

Hinweis: i ist Nullstelle von p.

Hat ein reelles Polynom eine komplexe Nullstelle z, so ist auch $\overline{z}$ eine Nullstelle des Polynoms. Also ist mit i auch $-\mathrm{i}$ eine Nullstelle von p, und damit ist p teilbar durch $(z-\mathrm{i})(z+\mathrm{i}) = z^2 + 1$.
Die Polynomdivision liefert $p(z) = (z^2+1)(z^2 - 4z + 13)$.
Nullstellen von $z^2 - 4z + 13$ sind $2 \pm 3\mathrm{i}$.

Lösung: $p(z) = (z-\mathrm{i})(z+\mathrm{i})(z-(2+3\mathrm{i}))(z-(2-3\mathrm{i}))$

7.2 Grundlegende Begriffe zum Eigenwertproblem

Eigenwert und Eigenvektor

$\mathbf{A}$ sei eine reelle $n \times n-$Matrix. λ heißt **Eigenwert** zu $\mathbf{A}$, falls es ein $\mathbf{x} \neq \mathbf{0}$ gibt mit $\mathbf{Ax} = \lambda\mathbf{x}$. $\mathbf{x}$ heißt dann **Eigenvektor** von $\mathbf{A}$ zum Eigenwert λ.

Es gilt:

1. Die Eigenwerte von $\mathbf{A}$ sind genau die Nullstellen des **charakteristischen Polynoms** $\det(\mathbf{A} - \lambda\mathbf{E})$. (Bezeichnung: $\varphi_{\mathbf{A}}(\lambda)$)
2. Die Eigenvektoren zu λ erhält man als Lösungen des homogenen linearen Gleichungssystems $(\mathbf{A} - \lambda\mathbf{E})\mathbf{x} = \mathbf{0}$.

Ähnlichkeit und Diagonalisierbarkeit

Zwei Matrizen $\mathbf{A}, \mathbf{B} \in \mathbb{R}^{n \times n}$ heißen **ähnlich**, falls eine invertierbare Matrix $\mathbf{T} \in \mathbb{C}^{n \times n}$ existiert mit $\mathbf{B} = \mathbf{T}^{-1}\mathbf{AT}$.

Eine Matrix $\mathbf{A} \in \mathbb{R}^{n \times n}$, die zu einer Diagonalmatrix ähnlich ist, heißt **diagonalisierbar**.

Es gelten folgende Sätze:

1. Ähnliche Matrizen haben dasselbe charakteristische Polynom.
2. Ist $\mathbf{A}$ diagonalisierbar, also $\mathbf{A}$ ähnlich zu einer Diagonalmatrix $\mathbf{D}$, so stehen in der Hauptdiagonalen von $\mathbf{D}$ genau die Eigenwerte von $\mathbf{A}$.
3. Jede symmetrische Matrix $\mathbf{A} \in \mathbb{R}^{n \times n}$ ist diagonalisierbar.
4. Bei einer symmetrischen Matrix sind Eigenvektoren zu verschiedenen Eigenwerten orthogonal zueinander.

7.2.1
Man berechne die Eigenwerte und die zugehörigen Eigenvektoren der Matrizen

a) $\begin{pmatrix} 4 & -1 \\ 2 & 1 \end{pmatrix}$ **b)** $\begin{pmatrix} 4 & -5 \\ 1 & 6 \end{pmatrix}$ **c)** $\begin{pmatrix} 2 & -2 & 0 \\ 1 & 5 & 1 \\ 1 & 2 & 3 \end{pmatrix}$

a) Es werden das charakteristische Polynom von $\mathbf{A}$ und dessen Nullstellen berechnet.

$$\det(\mathbf{A} - \lambda\mathbf{E}) = \begin{vmatrix} 4-\lambda & -1 \\ 2 & 1-\lambda \end{vmatrix} = (4-\lambda)(1-\lambda)+2 = \lambda^2 - 5\lambda + 4 + 2$$
$$= \lambda^2 - 5\lambda + 6 = (\lambda-2)(\lambda-3)$$

Also: $\lambda_1 = 2$, $\lambda_2 = 3$
Berechnung der Eigenvektoren aus $(\mathbf{A} - \lambda\mathbf{E}) \cdot \mathbf{x} = \mathbf{0}$:

$$\lambda_1 = 2: \quad \begin{pmatrix} 2 & -1 \\ 2 & -1 \end{pmatrix}\begin{pmatrix} x_1^1 \\ x_2^1 \end{pmatrix} = \begin{pmatrix} 0 \\ 0 \end{pmatrix} \Rightarrow \begin{pmatrix} 1 \\ 2 \end{pmatrix} = \mathbf{x}^{(1)}$$

$$\lambda_2 = 3: \quad \begin{pmatrix} 1 & -1 \\ 2 & -2 \end{pmatrix}\begin{pmatrix} x_1^2 \\ x_2^2 \end{pmatrix} = \begin{pmatrix} 0 \\ 0 \end{pmatrix} \Rightarrow \begin{pmatrix} 1 \\ 1 \end{pmatrix} = \mathbf{x}^{(2)}$$

Eigenvektoren sind diejenigen Vektoren $t\mathbf{x}^{(1)}$ und $t\mathbf{x}^{(2)}$ mit $t \in \mathbb{R} \setminus \{0\}$.

b) $\begin{vmatrix} 4-\lambda & -5 \\ 1 & 6-\lambda \end{vmatrix} = (4-\lambda)(6-\lambda) + 5 = \lambda^2 - 10\lambda + 29$

$\Longrightarrow \quad \lambda_{1,2} = 5 \pm \sqrt{25-29} \quad \Longrightarrow \quad \lambda_1 = 5 + 2\mathrm{i}\,,\ \lambda_2 = 5 - 2\mathrm{i}$

Berechnung der Eigenvektoren:

$$\lambda_1 = 5 + 2\mathrm{i}: \quad \begin{pmatrix} -1-2\mathrm{i} & -5 \\ 1 & 1-2\mathrm{i} \end{pmatrix}\begin{pmatrix} x_1^1 \\ x_2^1 \end{pmatrix} = \begin{pmatrix} 0 \\ 0 \end{pmatrix}$$

Wähle $x_2^1 = 1 \quad \Longrightarrow \quad x_1^1 = -1 + 2\mathrm{i}$, also $\begin{pmatrix} -1+2\mathrm{i} \\ 1 \end{pmatrix} = \mathbf{x}^{(1)}$

$$\lambda_2 = 5 - 2\mathrm{i}: \quad \begin{pmatrix} -1+2\mathrm{i} & -5 \\ 1 & 1+2\mathrm{i} \end{pmatrix}\begin{pmatrix} x_2^2 \\ x_2^2 \end{pmatrix} = \begin{pmatrix} 0 \\ 0 \end{pmatrix}$$

Wähle $x_2^2 = 1 \quad \Longrightarrow \quad x_1^2 = -1 - 2\mathrm{i}$, also $\begin{pmatrix} -1-2\mathrm{i} \\ 1 \end{pmatrix} = \mathbf{x}^{(2)}$

Jeder Vektor $t\mathbf{x}^{(k)}$ mit $t \neq 0$ ist Eigenvektor zu λ_k $(k = 1, 2)$.

(Beachte: $\lambda_1 = \overline{\lambda_2} \quad \Longrightarrow \quad \mathbf{x}^{(1)} = \overline{\mathbf{x}^{(2)}}$)

c) $$\begin{vmatrix} 2-\lambda & -2 & 0 \\ 1 & 5-\lambda & 1 \\ 1 & 2 & 3-\lambda \end{vmatrix} = (2-\lambda)\begin{vmatrix} 5-\lambda & 1 \\ 2 & 3-\lambda \end{vmatrix} + 2\begin{vmatrix} 1 & 1 \\ 1 & 3-\lambda \end{vmatrix}$$
$$= (2-\lambda)\left[(5-\lambda)(3-\lambda)-2\right] + 2\underbrace{(3-\lambda-1)}_{=(2-\lambda)}$$
$$= (2-\lambda)(3-\lambda)(5-\lambda)$$

Also: $\lambda_1 = 2\ ,\ \lambda_2 = 3\ ,\ \lambda_3 = 5$
Berechnung der Eigenvektoren:

$$\lambda_1 = 2: \quad \begin{pmatrix} 0 & -2 & 0 \\ 1 & 3 & 1 \\ 1 & 2 & 1 \end{pmatrix}\begin{pmatrix} x_1^1 \\ x_2^1 \\ x_3^1 \end{pmatrix} = \begin{pmatrix} 0 \\ 0 \\ 0 \end{pmatrix} \Rightarrow \begin{pmatrix} 1 \\ 0 \\ -1 \end{pmatrix} = \mathbf{x}^{(1)}$$

$$\lambda_2 = 3: \quad \begin{pmatrix} -1 & -2 & 0 \\ 1 & 2 & 1 \\ 1 & 2 & 0 \end{pmatrix}\begin{pmatrix} x_1^2 \\ x_2^2 \\ x_3^2 \end{pmatrix} = \begin{pmatrix} 0 \\ 0 \\ 0 \end{pmatrix} \Rightarrow \begin{pmatrix} 2 \\ -1 \\ 0 \end{pmatrix} = \mathbf{x}^{(2)}$$

$$\lambda_3 = 5: \quad \begin{pmatrix} -3 & -2 & 0 \\ 1 & 0 & 1 \\ 1 & 2 & -2 \end{pmatrix}\begin{pmatrix} x_1^3 \\ x_2^3 \\ x_3^3 \end{pmatrix} = \begin{pmatrix} 0 \\ 0 \\ 0 \end{pmatrix} \Rightarrow \begin{pmatrix} 1 \\ -\frac{3}{2} \\ -1 \end{pmatrix} = \mathbf{x}^{(3)}$$

Eigenvektoren sind wieder diejenigen Vektoren $t\mathbf{x}^{(k)}$ mit $t \in \mathbb{R} \setminus \{0\}$.

7.2.2

Für welche $x \in \mathbb{R}$ sind alle Eigenwerte von $\begin{pmatrix} 1 & x \\ -2 & 3 \end{pmatrix}$ reell?

Das charakteristische Polynom lautet:

$$\varphi(\lambda) = \lambda^2 - 4\lambda + 3 + 2x$$

Dieses Polynom besitzt nur reelle Nullstellen genau dann, wenn $x \leq \frac{1}{2}$.

7.2.3

Berechnen Sie Eigenwerte und Eigenvektoren der Matrix $\mathbf{A} = \mathbf{C}^{-1}\mathbf{B}\mathbf{C}$ mit

$$\mathbf{B} = \begin{pmatrix} 1 & 0 & 0 \\ 0 & 2 & 0 \\ 0 & 0 & 3 \end{pmatrix} \text{ und } \mathbf{C} = \frac{1}{12}\begin{pmatrix} -6 & 2 & 8 \\ 9 & -3 & -6 \\ -3 & 5 & 2 \end{pmatrix}.$$

Hinweis: $\mathbf{C}^{-1} = \begin{pmatrix} 2 & 3 & 1 \\ 0 & 1 & 3 \\ 3 & 2 & 0 \end{pmatrix}$

$\mathbf{A}$ ist ähnlich zu $\mathbf{B}$, hat also die gleichen EW: $\lambda_1 = 1, \lambda_2 = 2, \lambda_3 = 3$
EV zu $\mathbf{B}$ sind z. B. die Einheitsvektoren $\mathbf{e}_1$, $\mathbf{e}_2$ und $\mathbf{e}_3$. Also sind wegen

$$\mathbf{CAC}^{-1} = \mathbf{B} \quad \Longrightarrow \quad \begin{aligned} \mathbf{CAC}^{-1} \cdot \mathbf{e}_i &= \mathbf{B} \cdot \mathbf{e}_i = \lambda \mathbf{e}_i \\ \mathbf{A} \cdot \underbrace{\mathbf{C}^{-1} \cdot \mathbf{e}_i}_{\mathbf{y}^{(i)}} &= \mathbf{C}^{-1} \cdot \lambda \mathbf{e}_i = \lambda \cdot \underbrace{\mathbf{C}^{-1} \cdot \mathbf{e}_i}_{\mathbf{y}^{(i)}} \end{aligned}$$

Eigenvektoren von $\mathbf{A}$ gegeben durch:

$$\mathbf{y}^{(1)} = \mathbf{C}^{-1}\mathbf{e}_1 = \begin{pmatrix} 2 \\ 0 \\ 3 \end{pmatrix}, \mathbf{y}^{(2)} = \mathbf{C}^{-1}\mathbf{e}_2 = \begin{pmatrix} 3 \\ 1 \\ 2 \end{pmatrix}, \mathbf{y}^{(3)} = \mathbf{C}^{-1}\mathbf{e}_3 = \begin{pmatrix} 1 \\ 3 \\ 0 \end{pmatrix}$$

7.2.4

Ist die Matrix $\mathbf{A} = \begin{pmatrix} 2 & -2 & 0 \\ 1 & 5 & 1 \\ 1 & 2 & 3 \end{pmatrix}$ diagonalisierbar?

Die Matrix $\mathbf{A}$ ist diagonalisierbar, denn wie in Aufgabe 1 ausgerechnet wurde, hat $\mathbf{A}$ die drei linear unabhängigen Eigenvektoren (bzw. Vielfache davon)

$$\begin{pmatrix} 1 \\ 0 \\ -1 \end{pmatrix}, \quad \begin{pmatrix} 2 \\ -1 \\ 0 \end{pmatrix} \quad \text{und} \quad \begin{pmatrix} 1 \\ -\frac{3}{2} \\ -1 \end{pmatrix}.$$

7.2.5

Transformieren Sie die Matrix $\mathbf{A} = \begin{pmatrix} 1 & 0 & 0 \\ 0 & 1 & -1 \\ 0 & -1 & 1 \end{pmatrix}$ auf Diagonalgestalt.

Zuerst Berechnung der Eigenwerte:

$$\begin{aligned} \begin{vmatrix} 1-\lambda & 0 & 0 \\ 0 & 1-\lambda & -1 \\ 0 & -1 & 1-\lambda \end{vmatrix} &= (1-\lambda) \begin{vmatrix} 1-\lambda & -1 \\ -1 & 1-\lambda \end{vmatrix} \\ &= (1-\lambda)\left[(1-\lambda)^2 - 1\right] = (1-\lambda)\left[\lambda^2 - 2\lambda\right] \end{aligned}$$

$$\Longrightarrow \quad \lambda_1 = 0\,, \ \lambda_2 = 1\,, \ \lambda_3 = 2$$

Beachtet man, daß $\mathbf{A} \in \mathbb{R}^{3\times 3}$ symmetrisch ist, so läßt sich $\mathbf{A}$ nach dem Vorspann mittels einer Transformationsmatrix $\mathbf{C}$ diagonalisieren auf

$$\mathbf{C}^{-1}\mathbf{AC} = \begin{pmatrix} \lambda_1 & & \mathbf{0} \\ & \lambda_2 & \\ \mathbf{0} & & \lambda_3 \end{pmatrix} = \begin{pmatrix} 0 & 0 & 0 \\ 0 & 1 & 0 \\ 0 & 0 & 2 \end{pmatrix}.$$

Hier soll noch die Transformationsmatrix **C** ermittelt werden.

Bestimmung zugehöriger Eigenvektoren:

$$\lambda_1 = 0: \quad \begin{pmatrix} 1 & 0 & 0 \\ 0 & 1 & -1 \\ 0 & -1 & 1 \end{pmatrix} \begin{pmatrix} x_1^1 \\ x_2^1 \\ x_3^1 \end{pmatrix} = \begin{pmatrix} 0 \\ 0 \\ 0 \end{pmatrix} \Rightarrow \begin{pmatrix} 0 \\ 1 \\ 1 \end{pmatrix} = \mathbf{x}^{(1)}$$

$$\lambda_2 = 1: \quad \begin{pmatrix} 0 & 0 & 0 \\ 0 & 0 & -1 \\ 0 & -1 & 0 \end{pmatrix} \begin{pmatrix} x_1^2 \\ x_2^2 \\ x_3^2 \end{pmatrix} = \begin{pmatrix} 0 \\ 0 \\ 0 \end{pmatrix} \Rightarrow \begin{pmatrix} 1 \\ 0 \\ 0 \end{pmatrix} = \mathbf{x}^{(2)}$$

$$\lambda_3 = 2: \quad \begin{pmatrix} -1 & 0 & 0 \\ 0 & -1 & -1 \\ 0 & -1 & -1 \end{pmatrix} \begin{pmatrix} x_1^3 \\ x_2^3 \\ x_3^3 \end{pmatrix} = \begin{pmatrix} 0 \\ 0 \\ 0 \end{pmatrix} \Rightarrow \begin{pmatrix} 0 \\ 1 \\ -1 \end{pmatrix} = \mathbf{x}^{(3)}$$

Die normierten Eigenvektoren lauten:

$$\mathbf{x}_n^{(1)} = \frac{1}{\sqrt{2}} \begin{pmatrix} 0 \\ 1 \\ 1 \end{pmatrix}, \quad \mathbf{x}_n^{(2)} = \begin{pmatrix} 1 \\ 0 \\ 0 \end{pmatrix}, \quad \mathbf{x}_n^{(3)} = \frac{1}{\sqrt{2}} \begin{pmatrix} 0 \\ 1 \\ -1 \end{pmatrix}$$

$$\mathbf{C} = \left(\mathbf{x}_n^{(1)}, \mathbf{x}_n^{(2)}, \mathbf{x}_n^{(3)}\right) = \frac{1}{\sqrt{2}} \begin{pmatrix} 0 & \sqrt{2} & 0 \\ 1 & 0 & 1 \\ 1 & 0 & -1 \end{pmatrix}$$

Bei einer symmetrischen Matrix sind Eigenvektoren zu verschiedenen Eigenwerten orthogonal zueinander. Da hier also die Eigenvektoren paarweise orthogonal und außerdem normiert sind, gilt $\mathbf{C}^{-1} = \mathbf{C}^\top$. Also:

$$\mathbf{C}^{-1} = \mathbf{C}^\top = \frac{1}{\sqrt{2}} \begin{pmatrix} 0 & 1 & 1 \\ \sqrt{2} & 0 & 0 \\ 0 & 1 & -1 \end{pmatrix}$$

Transformation von **A** auf Diagonalgestalt:

$$\mathbf{C}^{-1}\mathbf{A}\mathbf{C} = \frac{1}{\sqrt{2}} \begin{pmatrix} 0 & 1 & 1 \\ \sqrt{2} & 0 & 0 \\ 0 & 1 & -1 \end{pmatrix} \begin{pmatrix} 1 & 0 & 0 \\ 0 & 1 & -1 \\ 0 & -1 & 1 \end{pmatrix} \cdot \frac{1}{\sqrt{2}} \begin{pmatrix} 0 & \sqrt{2} & 0 \\ 1 & 0 & 1 \\ 1 & 0 & -1 \end{pmatrix}$$

$$= \frac{1}{2} \begin{pmatrix} 0 & 0 & 0 \\ \sqrt{2} & 0 & 0 \\ 0 & 2 & 2 \end{pmatrix} \begin{pmatrix} 0 & \sqrt{2} & 0 \\ 1 & 0 & 1 \\ 1 & 0 & -1 \end{pmatrix} = \begin{pmatrix} 0 & 0 & 0 \\ 0 & 1 & 0 \\ 0 & 0 & 2 \end{pmatrix}$$

7.2.6

Die symmetrische Matrix $\mathbf{A} \in \mathbb{R}^{2\times 2}$ habe den Eigenvektor $\mathbf{x}^{(1)} = \begin{pmatrix} 1 \\ -1 \end{pmatrix}$.

Geben Sie einen weiteren Eigenvektor von $\mathbf{A}$ an, der kein Vielfaches von $\mathbf{x}^{(1)}$ ist.

Da $\mathbf{A}$ symmetrisch ist, muß ein gesuchter Eigenvektor orthogonal zu $\mathbf{x}^{(1)}$ sein. Ein solcher Vektor ist z. B. :

$$\mathbf{x}^{(2)} = \begin{pmatrix} 1 \\ 1 \end{pmatrix} \qquad (\text{Probe: } \mathbf{x}^{(1)} \cdot \mathbf{x}^{(2)} = 0)$$

7.2.7

Betrachten Sie die Matrix $\mathbf{A} = \begin{pmatrix} 1 & 2 \\ 2 & 1 \end{pmatrix}$ und berechnen Sie die Eigenwerte von $\mathbf{A}$, $\mathbf{A}^2$, $\mathbf{A}^4$, $\mathbf{A}^{-1}$ auf zwei Weisen:

1. durch explizites Berechnen der obigen Matrizen und Nullsetzen des jeweiligen charakteristischen Polynoms.
2. unmittelbar aus den Eigenwerten von $\mathbf{A}$.

Zunächst folgt:

$$\mathbf{A}^2 = \begin{pmatrix} 5 & 4 \\ 4 & 5 \end{pmatrix}, \quad \mathbf{A}^4 = \begin{pmatrix} 41 & 40 \\ 40 & 41 \end{pmatrix}, \quad \mathbf{A}^{-1} = -\frac{1}{3}\begin{pmatrix} 1 & -2 \\ -2 & 1 \end{pmatrix}$$

Direkte Berechnung der Eigenwerte liefert:

für $\mathbf{A}$:

$$\begin{vmatrix} 1-\lambda & 2 \\ 2 & 1-\lambda \end{vmatrix} = \lambda^2 - 2\lambda - 3 = 0 \implies \lambda_1 = 3\,, \lambda_2 = -1$$

für $\mathbf{A}^2$:

$$\begin{vmatrix} 5-\lambda & 4 \\ 4 & 5-\lambda \end{vmatrix} = \lambda^2 - 10\lambda + 9 = 0 \implies \lambda_1 = 9\,, \lambda_2 = 1$$

für $\mathbf{A}^4$:

$$\begin{vmatrix} 41-\lambda & 40 \\ 40 & 41-\lambda \end{vmatrix} = \lambda^2 - 82\lambda + 81 = 0 \implies \lambda_1 = 81\,, \lambda_2 = 1$$

für $\mathbf{A}^{-1}$:

$$\begin{vmatrix} -\frac{1}{3}-\lambda & \frac{2}{3} \\ \frac{2}{3} & -\frac{1}{3}-\lambda \end{vmatrix} = \lambda^2 + \frac{2}{3}\lambda - \frac{1}{3} = 0 \implies \lambda_1 = \frac{1}{3}\,, \lambda_2 = -1$$

2. Berechnungsmöglichkeit:
Die Eigenwerte von $\mathbf{A}^2$ sind die Quadrate der Eigenwerte von $\mathbf{A}$.
Die Eigenwerte von $\mathbf{A}^4$ sind die 4. Potenzen der Eigenwerte von $\mathbf{A}$.
Die Eigenwerte von $\mathbf{A}^{-1}$ sind die inversen Eigenwerte von $\mathbf{A}$.

7.2.8

$\mathbf{A}$ sei eine reellwertige dreireihige quadratische Matrix.
Ferner sei $\det(\mathbf{A}) = 10$, $\text{Spur}\,\mathbf{A} = 8$, und ein Eigenwert laute $\lambda_1 = 1$.

a) Berechnen Sie die beiden anderen von λ_1 verschiedenen Eigenwerte.

b) Berechnen Sie die Eigenwerte von $\mathbf{A}^{-1}$.

c) Es sei $\mathbf{x}^\top = (1,\ 1,\ 1)$ ein Eigenvektor von $\mathbf{A}$ zu λ_1, und es sei $\mathbf{B} = \mathbf{C}\mathbf{A}\mathbf{C}^{-1}$ mit

$$\mathbf{C} = \begin{pmatrix} -1 & 2 & 2 \\ 2 & 2 & -1 \\ 2 & -1 & 2 \end{pmatrix}.$$

Berechnen Sie einen zu λ_1 gehörenden Eigenvektor von $\mathbf{B}$.

Aus

$$\begin{aligned} \varphi_{\mathbf{A}}(\lambda) = \det(\mathbf{A} - \lambda\mathbf{E}) &= \prod_{i=1}^{n}(\lambda_i - \lambda) \\ &= (-\lambda)^n + b_{n-1}\cdot(-\lambda)^{n-1} + \ldots + b_0 \end{aligned}$$

folgt:

$$\begin{aligned} b_0 &= \lambda_1\cdot\lambda_2\cdot\ \ldots\ \cdot\lambda_n &&= \det\mathbf{A} \\ b_{n-1} &= \lambda_1 + \lambda_2 + \ \ldots\ + \lambda_n &&= \text{Spur}\,\mathbf{A} = \sum a_{ii} \end{aligned}$$

a)

$$\begin{aligned} 1 &= \lambda_1 \\ \det\mathbf{A} &= 10 = \lambda_1\cdot\lambda_2\cdot\lambda_3 &\Longrightarrow\quad& \lambda_2\cdot\lambda_3 = 10 \\ \text{Spur}\,\mathbf{A} &= \ \ 8 = \lambda_1+\lambda_2+\lambda_3 &\Longrightarrow\quad& \lambda_2+\lambda_3 = 7 \end{aligned}$$

Zur Lösung dieses Gleichungssystems für λ_2, λ_3 erhält man z. B. aus der zweiten Gleichung $\lambda_2 = 7 - \lambda_3$, und damit aus der ersten Gleichung:

$$\begin{aligned} (7-\lambda_3)\cdot\lambda_3 &= 10 \\ 0 &= \lambda_3^2 - 7\lambda_3 + 10 \\ \lambda_3^{(1,2)} &= 3,5 \pm \underbrace{\sqrt{3,5^2 - 10}}_{1,5} \\ \lambda_3^{(1)} &= 5 \implies \lambda_2^{(1)} = 2 \\ \lambda_3^{(2)} &= 2 \implies \lambda_2^{(2)} = 5 \end{aligned}$$

Damit lauten die drei Eigenwerte von **A**: $\lambda_1 = 1$; $\lambda_2 = 2$; $\lambda_3 = 5$

b) Es gilt:

$$\lambda_i \text{ ist Eigenwert von } \mathbf{A} \quad \Longrightarrow \quad \frac{1}{\lambda_i} \text{ ist Eigenwert von } \mathbf{A}^{-1}$$

Daher ergibt sich sofort:
Die Eigenwerte von $\mathbf{A}^{-1}$ lauten: 1 ; $\frac{1}{2}$; $\frac{1}{5}$

c) Zunächst gilt $\mathbf{Ax} = \lambda_1 \mathbf{x}$.
Nun geht man wie in Aufgabe 7.5 vor:

$$\begin{aligned} \mathbf{B} &= \mathbf{CAC}^{-1} \\ \mathbf{BC} &= \mathbf{CA} \qquad | \cdot \mathbf{x} \\ \mathbf{B} \cdot \underbrace{\mathbf{Cx}}_{\mathbf{y}} &= \mathbf{C} \cdot \mathbf{Ax} = \mathbf{C} \cdot \lambda_1 \mathbf{x} = \lambda_1 \cdot \underbrace{\mathbf{Cx}}_{\mathbf{y}} \\ \mathbf{By} &= \lambda_1 \mathbf{y} \end{aligned}$$

Also ist

$$\mathbf{y} = \mathbf{Cx} = \begin{pmatrix} -1 & 2 & 2 \\ 2 & 2 & -1 \\ 2 & -1 & 2 \end{pmatrix} \begin{pmatrix} 1 \\ 1 \\ 1 \end{pmatrix} = \begin{pmatrix} 3 \\ 3 \\ 3 \end{pmatrix}$$

ein Eigenvektor von **B** zu λ_1.

7.2.9

Berechnen Sie alle Eigenwerte der Matrix

$$\mathbf{A} = \begin{pmatrix} 3 & 1 & 0 & 0 \\ 1 & 3 & 0 & 0 \\ 0 & 0 & 2 & 2 \\ 0 & 0 & 2 & 2 \end{pmatrix} .$$

Hinweis: $\lambda = 4$ ist zweifacher Eigenwert von **A**.

Es ist $\lambda_1 = \lambda_2 = 4$ nach dem Hinweis bekannt. Wegen $\det \mathbf{A} = 0$ (beachte, daß die letzten beiden Zeilen der Matrix übereinstimmen) ist auch $\lambda_3 = 0$ ein Eigenwert der Matrix. Damit folgt aus $\text{Spur}\,\mathbf{A} = \lambda_1 + \ldots + \lambda_4$:

$$\lambda_4 = \text{Spur}\,(\mathbf{A}) - \lambda_1 - \lambda_2 - \lambda_3 = 10 - 8 = 2$$

Das gleiche Ergebnis erhält man – allerdings umständlicher – durch die Berechnung der Nullstellen des charakteristischen Polynoms.

7.2.10

Von der Matrix

$$\mathbf{A} = \begin{pmatrix} 2 & 2 & 0 \\ -1 & 0 & 0 \\ -1 & -2 & 2 \end{pmatrix}$$

sind ein Eigenwert, nämlich $\lambda_1 = 2$, und ein Eigenvektor, der aber nicht zu λ_1 gehört, nämlich $\mathbf{x}^{(2)} = (-1 - \mathrm{i}\,;\, 1\,;\, 1)^\top$ bekannt.

a) Wie lauten die Eigenwerte von **A**?

b) Berechnen Sie die fehlenden Eigenvektoren.

a)

$$\begin{aligned} |\mathbf{A} - \lambda\mathbf{E}| &= \begin{vmatrix} 2-\lambda & 2 & 0 \\ -1 & -\lambda & 0 \\ -1 & -2 & 2-\lambda \end{vmatrix} \\ &= (2-\lambda) \cdot \begin{vmatrix} 2-\lambda & 2 \\ -1 & -\lambda \end{vmatrix} \\ &= \underbrace{(2-\lambda)}_{\lambda_1 = 2 \quad \text{(bereits bekannt)}} (\lambda^2 - 2\lambda + 2) \stackrel{!}{=} 0 \end{aligned}$$

$\lambda^2 - 2\lambda + 2 = 0 \quad \Longrightarrow \quad \lambda_{2,3} = \pm\sqrt{1-2} = 1 \pm \sqrt{-1} = 1 \pm \mathrm{i}$

Ergebnis: Die weiteren Eigenwerte lauten $1 + \mathrm{i}$ und $1 - \mathrm{i}$.

b) $\lambda_1 = 2$

$$\mathbf{A} - 2\mathbf{E} = \begin{pmatrix} 0 & 2 & 0 \\ -1 & -2 & 0 \\ -1 & -2 & 0 \end{pmatrix}$$

$(\mathbf{A} - 2\mathbf{E}) \cdot \mathbf{x}^{(1)} = \mathbf{0} \quad \Longrightarrow$

x_1	x_2	x_3	r	
0	2	0	0	$\Longrightarrow \quad x_2 = 0$
−1	−2	0	0	$\Longrightarrow \quad x_1 = 0$
−1	−2	0	0	
			$x_3 = t$	

Also: $\mathbf{x}^{(1)} = \begin{pmatrix} 0 \\ 0 \\ t \end{pmatrix}$, $t \in \mathbb{R} \setminus \{0\}$ sind die Eigenvektoren zu $\lambda_1 = 2$.

Wenn $\mathbf{x}^{(2)} = \begin{pmatrix} -1-\mathrm{i} \\ 1 \\ 1 \end{pmatrix}$ Eigenvektor einer reellen Matrix zu einem Eigenwert $\lambda \in \mathbb{C}$ ist, so muß auch $\mathbf{x}^{(3)} = \overline{\mathbf{x}^{(2)}} = \begin{pmatrix} -1+\mathrm{i} \\ 1 \\ 1 \end{pmatrix}$ Eigenvektor, und zwar zu $\overline{\lambda}$ sein.

Damit sind die fehlenden Eigenvektoren gefunden.

Bemerkung: Ob $\mathbf{x}^{(3)}$ zu $1+\mathrm{i}$ oder zu $1-\mathrm{i}$ gehört, ist damit nicht entschieden, aber auch nicht gefragt!

Wir wollen diese Frage noch zusätzlich beantworten.

Dazu ist es am einfachsten, das Produkt $\mathbf{A}\,\mathbf{x}^{(3)}$ zu bilden. Es folgt:

$$\begin{aligned} \mathbf{A}\,\mathbf{x}^{(3)} = \begin{pmatrix} 2 & 2 & 0 \\ -1 & 0 & 0 \\ -1 & -2 & 2 \end{pmatrix} \begin{pmatrix} -1+\mathrm{i} \\ 1 \\ 1 \end{pmatrix} = \lambda\,\mathbf{x}^{(3)} &= \begin{pmatrix} a \\ 1-\mathrm{i} \\ b \end{pmatrix} \\ &= (1-\mathrm{i}) \cdot \mathbf{x}^{(3)} \end{aligned}$$

Es reicht hier die Betrachtung der 2. Komponente des Produkts, denn schon daran erkennt man, daß $\mathbf{x}^{(3)}$ Eigenvektor zu $1-\mathrm{i}$ sein muß .

7.2.11

Berechnen Sie

$$\lim_{n\to\infty} \begin{pmatrix} 0,52 & 0,36 \\ 0,36 & 0,73 \end{pmatrix}^n .$$

Hinweis: Berechnen Sie zunächst eine diagonalähnliche Matrix.

Es gilt:

$$\begin{aligned} \varphi(\mathbf{A}) = \begin{vmatrix} 0,52 & 0,36 \\ 0,36 & 0,73 \end{vmatrix} &= (0,52-\lambda)\,(0,73-\lambda) - 0,36^2 \\ &= \lambda^2 - 1,25\lambda + 0,25 = (\lambda-1)\,(\lambda-0,25) \end{aligned}$$

Die Eigenwerte der Matrix sind also $\lambda_1 = 1$ und $\lambda_2 = \dfrac{1}{4}$. Da $\mathbf{A}$ symmetrisch ist, gibt es zu diesen Eigenwerten 2 orthogonale Eigenvektoren der Länge 1:

$$\mathbf{x}^{(1)} = \begin{pmatrix} 0,6 \\ 0,8 \end{pmatrix}, \quad \text{und } \mathbf{x}^{(2)} = \begin{pmatrix} -0,8 \\ 0,6 \end{pmatrix}.$$

Damit erhält man durch $\mathbf{C} = (\mathbf{x}^{(1)}\,,\,\mathbf{x}^{(2)})$ eine Transformationsmatrix $\mathbf{C}$ mit

$$\begin{pmatrix} 1 & 0 \\ 0 & \frac{1}{4} \end{pmatrix} = \mathbf{C}^{-1}\mathbf{A}\mathbf{C}\,,$$

also

$$\mathbf{A} = \begin{pmatrix} 0,52 & 0,36 \\ 0,36 & 0,73 \end{pmatrix} = \mathbf{C}\begin{pmatrix} 1 & 0 \\ 0 & \frac{1}{4} \end{pmatrix}\mathbf{C}^{-1}.$$

Dabei gilt $\mathbf{C}^{-1} = \mathbf{C}^{\top}$, da $|\mathbf{x}^{(i)}| = 1$. Es folgt:

$$\begin{pmatrix} 0,52 & 0,36 \\ 0,36 & 0,73 \end{pmatrix} = \begin{pmatrix} 0,6 & -0,8 \\ 0,8 & 0,6 \end{pmatrix}\begin{pmatrix} 1 & 0 \\ 0 & \frac{1}{4} \end{pmatrix}\begin{pmatrix} 0,6 & 0,8 \\ -0,8 & 0,6 \end{pmatrix}$$

Deshalb gilt:

$$\begin{aligned}
\mathbf{A}^n &= \left[\mathbf{C}\cdot\begin{pmatrix} 1 & 0 \\ 0 & \frac{1}{4} \end{pmatrix}\cdot\mathbf{C}^{-1}\right]^n \\
&= \left[\mathbf{C}\cdot\begin{pmatrix} 1 & 0 \\ 0 & \frac{1}{4} \end{pmatrix}\cdot\mathbf{C}^{-1}\right]\cdot\ \ldots\ \cdot\left[\mathbf{C}\cdot\begin{pmatrix} 1 & 0 \\ 0 & \frac{1}{4} \end{pmatrix}\cdot\mathbf{C}^{-1}\right] \\
&\qquad \text{(Produkt von } n \text{ Termen } [\ldots]) \\
&= \mathbf{C}\cdot\begin{pmatrix} 1 & 0 \\ 0 & \frac{1}{4} \end{pmatrix}^n\cdot\mathbf{C}^{-1} \\
&= \mathbf{C}\cdot\begin{pmatrix} 1 & 0 \\ 0 & (\frac{1}{4})^n \end{pmatrix}\cdot\mathbf{C}^{-1}
\end{aligned}$$

Wegen $\lim\limits_{n\to\infty}\left(\frac{1}{4}\right)^n = 0$ folgt:

$$\begin{aligned}
\lim_{n\to\infty}\begin{pmatrix} 0,52 & 0,36 \\ 0,36 & 0,73 \end{pmatrix}^n &= \begin{pmatrix} 0,6 & -0,8 \\ 0,8 & 0,6 \end{pmatrix}\begin{pmatrix} 1 & 0 \\ 0 & 0 \end{pmatrix}\begin{pmatrix} 0,6 & 0,8 \\ -0,8 & 0,6 \end{pmatrix} \\
&= \begin{pmatrix} 0,6 & 0 \\ 0,8 & 0 \end{pmatrix}\begin{pmatrix} 0,6 & 0,8 \\ -0,8 & 0,6 \end{pmatrix} = \begin{pmatrix} 0,36 & 0,48 \\ 0,48 & 0,64 \end{pmatrix}
\end{aligned}$$

7.3 Einfache Eigenwert-Abschätzungen

Da die Berechnung von Eigenwerten häufig sehr aufwendig ist, interessieren Abschätzungen für die Eigenwerte einer Matrix.

Spektralradius, Kreisesatz

Zu einer Matrix $\mathbf{A} \in \mathbb{R}^{n \times n}$ heißt die Zahl

$$\varrho(\mathbf{A}) = \max\{|\lambda| \mid \lambda \text{ ist Eigenwert von } \mathbf{A}\}$$

der **Spektralradius** von **A**.

Es gilt:
$\varrho(\mathbf{A}) \leq$ Summe der Beträge der Elemente einer Zeile (Spalte) von **A**.

GERSCHGORINscher Kreisesatz

Alle Eigenwerte von **A** liegen in der Vereinigungsmenge von abgeschlossenen Kreisen K_i $(i = 1, ..., n)$ der komplexen Zahlenebene. Dabei ist K_i der Kreis mit dem Mittelpunkt a_{ii} und dem Radius $r_i = |a_{i1}| + ... + |a_{in}| - |a_{ii}|$.
Ist ein Kreis K_i disjunkt zur Vereinigung der übrigen Kreise, so existiert in K_i genau ein Eigenwert von **A**.

7.3.1

Man bestimme eine obere Schranke für die Beträge der Eigenwerte der folgenden Matrizen mit Hilfe der Abschätzungen für den Spektralradius:

$$\text{a)} \begin{pmatrix} 1 & 0 & -1 \\ 1 & 2 & 1 \\ 2 & 2 & 3 \end{pmatrix} \qquad \text{b)} \begin{pmatrix} 2 & -2 & 0 \\ 1 & 5 & 1 \\ 1 & 2 & 3 \end{pmatrix}$$

a) $\varrho(\mathbf{A}) \leq \max\{2, 4, 7\} = 7 \qquad (\sum_j |a_{ij}|$ verwendet (Zeilen))

$\varrho(\mathbf{A}) \leq \max\{4, 4, 5\} = 5 \qquad (\sum_i |a_{ij}|$ verwendet (Spalten))

exakt gilt: $\varrho(\mathbf{A}) = 3$

b) $\varrho(\mathbf{A}) \leq \max\{4, 7, 6\} = 7$

$\varrho(\mathbf{A}) \leq \max\{4, 9, 4\} = 9$

exakt gilt: $\varrho(\mathbf{A}) = 5$ (siehe Aufgabe 7.2.1)

7.3.2
Bestimmen Sie Näherungen der Eigenwerte der folgenden Matrix mit dem GERSCHGORINschen Kreisesatz:

$$\mathbf{A} = \begin{pmatrix} 6 & 1 & -1 \\ \frac{1}{2} & 9 & 1 \\ \frac{1}{2} & \frac{1}{2} & -1 \end{pmatrix}$$

Zeilen:
$K_1 : |z-6| \leq 1 + |-1| = 2$
$K_2 : |z-9| \leq \frac{3}{2}$
$K_3 : |z+1| \leq 1$

Spalten:
$K_1 : |z-6| \leq \frac{1}{2} + \frac{1}{2} = 1$
$K_2 : |z-9| \leq \frac{3}{2}$
$K_3 : |z+1| \leq 2$

Unter Beachtung der strengsten Abschätzungen erhält man 3 disjunkte Kreise für die Lage der λ_i, und es muß in jedem Kreis genau ein λ_i liegen.

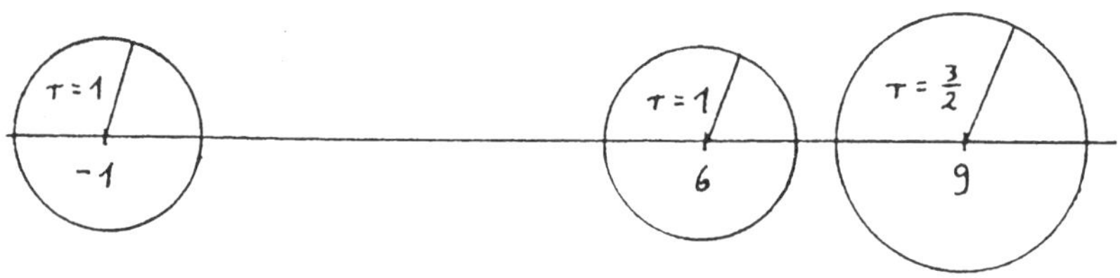

Insgesamt:	λ_1	$\approx$	$-1,$	denn $\lvert\lambda_1 + 1\rvert$	$\leq$	1
(sehr grob)	λ_2	$\approx$	$6,$	denn $\lvert\lambda_2 - 6\rvert$	$\leq$	1
	λ_3	$\approx$	$9,$	denn $\lvert\lambda_3 - 9\rvert$	$\leq$	$\frac{3}{2}$

7.3.3
Die Zustände $Z^{(n)}$ eines Systems zum Zeitpunkt t_n ($n \in \mathbb{N}$) lassen sich durch 5 Variable $z_1^{(n)}, ..., z_5^{(n)}$ beschreiben in folgender Form:

$$Z^{(n)} = \begin{pmatrix} z_1^{(n)} \\ \vdots \\ z_5^{(n)} \end{pmatrix} = \begin{pmatrix} -0,2 & 0,2 & & & \mathbf{0} \\ 0,2 & -0,4 & 0,2 & & \\ & 0,2 & -0,4 & 0,2 & \\ & & 0,2 & -0,4 & 0,2 \\ \mathbf{0} & & & 0,2 & -0,2 \end{pmatrix} \begin{pmatrix} z_1^{(n-1)} \\ \vdots \\ z_5^{(n-1)} \end{pmatrix}$$

mit $Z^{(0)} = (1,0,0,0,0)^\top$. (z. B. MARKOV–Prozeß)
Geben Sie – falls existent – den stationären Zustand des Systems an.

Die Zustandsübergangsmatrix $\mathbf{A} \in \mathbb{R}^{5\times 5}$ ist symmetrisch und damit diagonalisierbar mittels einer Transformationsmatrix $\mathbf{C} \in \mathbb{R}^{5\times 5}$ auf die Form

$$\mathbf{A} = \mathbf{C} \cdot \begin{pmatrix} \lambda_1 & & \mathbf{0} \\ & \ddots & \\ \mathbf{0} & & \lambda_5 \end{pmatrix} \cdot \mathbf{C}^{-1},$$

wobei die $\lambda_i \in \mathbb{R}$ die Eigenwerte von $\mathbf{A}$ sind.
Wegen

$$\begin{aligned} Z^{(n)} &= \mathbf{A} \cdot Z^{(n-1)} = \mathbf{A} \cdot (\mathbf{A} \cdot Z^{(n-2)}) = \ldots = \mathbf{A}^n \cdot Z^{(0)} \\ &= \left[\mathbf{C} \cdot \begin{pmatrix} \lambda_1 & & \mathbf{0} \\ & \ddots & \\ \mathbf{0} & & \lambda_5 \end{pmatrix}^n \cdot \mathbf{C}^{-1} \right] \cdot Z^{(0)} \\ &= \left[\mathbf{C} \cdot \begin{pmatrix} \lambda_1^n & & \mathbf{0} \\ & \ddots & \\ \mathbf{0} & & \lambda_5^n \end{pmatrix} \cdot \mathbf{C}^{-1} \right] \cdot Z^{(0)} \end{aligned}$$

hängt die Existenz eines stationären Zustands von den Grenzwerten $\lim\limits_{n\to\infty} \lambda_i^n$ ab.
Mit Hilfe des GERSCHGORINschen Kreisesatzes (hier für Intervalle, da $\lambda_i \in \mathbb{R}$) wollen wir zunächst die 5 EW abschätzen, um eventuell dadurch den Weg über das charakteristische Polynom zu ersparen.

K_1 (1. Spalte) : $\quad |x - (-0,2)| = |x + 0,2| < 0,2$

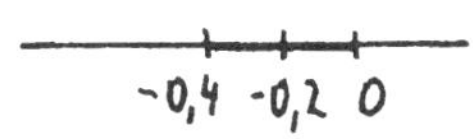

K_2, K_3, K_4 : $\quad |x + 0,4| \leq 0,2 + 0,2 = 0,4$

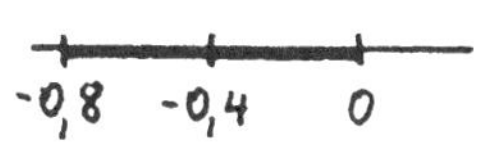

K_5 : $\quad |x + 0,2| \leq 0,2$

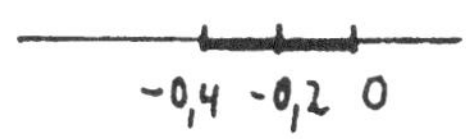

Also gilt $|\lambda_i| \leq 0,8 < 1$ und damit $\lim\limits_{n\to\infty} \lambda_i^n = 0$ $(i = 1, \ldots, 5)$.
Damit existiert ein stationärer Zustand, und er lautet: $Z^{(\infty)} = (0,0,0,0,0)^\top$.

7.4 Quadratische Formen

Quadratische Form

Ist $\mathbf{A} \in \mathbb{R}^{n \times n}$ eine symmetrische Matrix, so heißt die Funktion $Q : \mathbb{R}^n \longrightarrow \mathbb{R}$ mit $Q(\mathbf{x}) = \mathbf{x}^\top \mathbf{A}\mathbf{x}$ eine **quadratische Form**.

7.4.1

Man ermittle eine explizite Darstellung der quadratischen Form Q mit der Matrix:

$$\mathbf{A} = \begin{pmatrix} 1 & 0 & 0 \\ 0 & 1 & -1 \\ 0 & -1 & 1 \end{pmatrix}$$

$$\begin{aligned} Q(\mathbf{x}) &= \mathbf{x}^\top \mathbf{A}\mathbf{x} = (x_1, x_2, x_3)\mathbf{A} \begin{pmatrix} x_1 \\ x_2 \\ x_3 \end{pmatrix} \\ &= (x_1, x_2, x_3) \begin{pmatrix} 1 & 0 & 0 \\ 0 & 1 & -1 \\ 0 & -1 & 1 \end{pmatrix} \begin{pmatrix} x_1 \\ x_2 \\ x_3 \end{pmatrix} \\ &= x_1^2 + x_2^2 + x_3^2 - 2x_2x_3 = x_1^2 + (x_2 - x_3)^2 \end{aligned}$$

7.4.2

Wie lautet die Matrixdarstellung $Q(\mathbf{x}) = \mathbf{x}^\top \mathbf{A}\mathbf{x}$ der folgenden quadratischen Formen $Q(\mathbf{x})$?

a) $Q(\mathbf{x}) = 4x_1^2 + 4x_1x_2 - x_2^2$

b) $Q(\mathbf{x}) = x_1^2 - 2x_2^2 - 3x_3^2 + 4x_1x_2 + 6x_1x_3 - 8x_2x_3$

c) $Q(\mathbf{x}) = 2x_1^2 + 2x_3^2 - 2x_1x_2 - 2x_1x_3 - 2x_2x_3$

d) $Q(\mathbf{x}) = a_{11}x_1^2 + a_{12}x_1x_2 + a_{22}x_2^2$

e) $Q(\mathbf{x}) = a_{11}x_1^2 + a_{22}x_2^2 + a_{33}x_3^2 + a_{12}x_1x_2 + a_{13}x_1x_3 + a_{23}x_2x_3$?

a) Es ist $Q(\mathbf{x}) = \mathbf{x}^\top \mathbf{A}\mathbf{x}$ mit $\mathbf{A} = \begin{pmatrix} a & b \\ b & c \end{pmatrix} \in \mathbb{R}^{2\times 2}$.

Mittels dieses Ansatzes berechnet man:

$$\mathbf{x}^\top \mathbf{A}\mathbf{x} = (x_1, x_2) \begin{pmatrix} a & b \\ b & c \end{pmatrix} \begin{pmatrix} x_1 \\ x_2 \end{pmatrix} = ax_1^2 + 2bx_1x_2 + cx_2^2$$

Koeffizientenvergleich mit $Q(\mathbf{x})$ ergibt dann:

$$\mathbf{A} = \begin{pmatrix} 4 & 2 \\ 2 & -1 \end{pmatrix}.$$

b) Hier erhält man $Q(\mathbf{x}) = \mathbf{x}^\top \mathbf{A}\mathbf{x}$ mit

$$\mathbf{A} = \begin{pmatrix} 1 & 2 & 3 \\ 2 & -2 & -4 \\ 3 & -4 & -3 \end{pmatrix}.$$

c) Wieder unter Berücksichtigung der Definition von Q folgt $Q(\mathbf{x}) = \mathbf{x}^\top \mathbf{A}\mathbf{x}$ mit

$$\mathbf{A} = \begin{pmatrix} 2 & -1 & -1 \\ -1 & 0 & -1 \\ -1 & -1 & 2 \end{pmatrix}.$$

Bei **d)** ist $\mathbf{A} = \begin{pmatrix} a_{11} & \frac{a_{12}}{2} \\ \frac{a_{12}}{2} & a_{22} \end{pmatrix}$ und bei **e)** $\mathbf{A} = \begin{pmatrix} a_{11} & \frac{a_{12}}{2} & \frac{a_{13}}{2} \\ \frac{a_{12}}{2} & a_{22} & \frac{a_{23}}{2} \\ \frac{a_{13}}{2} & \frac{a_{23}}{2} & a_{33} \end{pmatrix}$.

7.4.3

Geben Sie für die nachstehenden quadratischen Formen $Q(\mathbf{x}) = \mathbf{x}^\top \mathbf{A}\mathbf{x}$, deren symmetrische Matrizen $\mathbf{A}$ jeweils angegeben sind, eine Schreibweise in der Form $Q(\mathbf{x}) = \sum\limits_{i \le k} a_{ik} x_i x_k$ an, und untersuchen Sie die Definitheitseigenschaften der Matrizen:

a) $\mathbf{A} = \begin{pmatrix} 2 & 1 \\ 1 & 3 \end{pmatrix}$ **b)** $\mathbf{A} = \begin{pmatrix} 2 & -1 \\ -1 & 2 \end{pmatrix}$

c) $\mathbf{A} = \begin{pmatrix} 2 & 4 & 1 \\ 4 & -2 & 2 \\ 1 & 2 & 2 \end{pmatrix}$ **d)** $\mathbf{A} = \begin{pmatrix} -2 & 0 & 0 & 0 \\ 0 & 0 & 0 & 0 \\ 0 & 0 & -1 & 0 \\ 0 & 0 & 0 & -2 \end{pmatrix}$

a) $Q(\mathbf{x}) = \mathbf{x}^\top \mathbf{A}\mathbf{x} = 2x_1^2 + 2x_1x_2 + 3x_2^2 = x_1^2 + (x_1 + x_2)^2 + 2x_2^2 > 0$ für alle $\mathbf{x} \neq \mathbf{0}$. Also ist $\mathbf{A}$ positiv definit.
b) $Q(\mathbf{x}) = 2x_1^2 - 2x_1x_2 + 2x_2^2 = x_1^2 + (x_1 - x_2)^2 + x_2^2 > 0$ für alle $\mathbf{x} \neq \mathbf{0}$. $\mathbf{A}$ ist positiv definit.
c) Es ist $Q(\mathbf{x}) = \mathbf{x}^\top \mathbf{A}\mathbf{x} = 2x_1^2 + 8x_1x_2 - 2x_2^2 + 2x_1x_3 + 4x_2x_3 + 2x_3^2$. Wählt man $\mathbf{x}_1 = (1, 0, 0)$, so folgt $Q(\mathbf{x}_1) = 2 > 0$. Für $\mathbf{x}_2 = (0, 1, 0)$ ist aber $Q(\mathbf{x}_2) = -2 < 0$. Damit ist $\mathbf{A}$ indefinit.
d) Es ist $Q(\mathbf{x}) = -2x_1^2 - x_3^2 - 2x_4^2 \le 0$ für alle $\mathbf{x}$. Aber z.B. ist $Q(\mathbf{x}) = 0$ für $\mathbf{x} = (0, 5, 0, 0) \neq \mathbf{0}$. Daher ist Q nicht negativ definit, sondern nur negativ semidefinit.

7.4.4

Für welche Werte von a ist die Matrix $\begin{pmatrix} 5 & 0 & 1 \\ 0 & a & 0 \\ 1 & 0 & 5 \end{pmatrix}$

a) positiv definit **b)** positiv semidefinit
c) negativ definit **d)** negativ semidefinit
e) indefinit?

Die Definition der Definitheitsbegriffe findet man in Abschnitt 6.6. Für symmetrische Matrizen läßt sich die Definitheit auch anhand der Vorzeichen der Eigenwerte ablesen (siehe die Tabelle am Ende der Aufgabe).
Berechnung der Eigenwerte:

$$\begin{aligned} \begin{vmatrix} 5-\lambda & 0 & 1 \\ 0 & a-\lambda & 0 \\ 1 & 0 & 5-\lambda \end{vmatrix} &= (a-\lambda)\cdot \begin{vmatrix} 5-\lambda & 1 \\ 1 & 5-\lambda \end{vmatrix} \\ &= (a-\lambda)\left((5-\lambda)^2-1\right) \\ &= (a-\lambda)(\lambda-4)(\lambda-6) \end{aligned}$$

Also hat die Matrix die Eigenwerte 4, 6 und a.
Damit ist die Matrix

a)	positiv definit	falls $a > 0$.	(alle Eigenwerte positiv)
b)	positiv semidefinit	falls $a = 0$.	(alle Eigenwerte nichtnegativ, ein Eigenwert 0)
c)	negativ definit	nie.	(alle Eigenwerte negativ)
d)	negativ semidefinit	nie.	(alle Eigenwerte nichtpositiv, ein Eigenwert 0)
e)	indefinit	falls $a < 0$.	(es gibt positive und negative Eigenwerte)

7.4.5

Für welche $x \in \mathbb{R}$ ist die Matrix $\begin{pmatrix} 1 & x \\ x & 2 \end{pmatrix}$ positiv definit?

Es werden die (führenden) Hauptminoren betrachtet.
Diese sind für eine Matrix $\mathbf{A} = (a_{ij}) \in \mathbb{R}^{n\times n}$ definiert durch die Determinanten

$$\det \begin{pmatrix} a_{11} & \dots & a_{1k} \\ \vdots & & \vdots \\ a_{k1} & \dots & a_{kk} \end{pmatrix} \qquad k = 1, ..., n\ .$$

Es gilt:
A ist genau dann positiv definit, wenn alle (führenden) Hauptminoren von **A** positiv sind.

Zunächst ist $\det a_{11} = 1 > 0$ für alle $x \in \mathbb{R}$. Ferner gilt:

$$\begin{vmatrix} a_{11} & a_{12} \\ a_{21} & a_{22} \end{vmatrix} = 2 - x^2 > 0 \iff -\sqrt{2} < x < \sqrt{2}$$

Also ist **A** genau für diese x positiv definit.

7.4.6

Gegeben ist die Matrix

$$\mathbf{A} = \begin{pmatrix} 1 & a & 0 \\ a & 1 & a \\ 0 & a & 1 \end{pmatrix} \qquad \text{mit } a \in \mathbb{R}\,.$$

a) Zeigen Sie daß $\lambda = 1$ für jedes $a \in \mathbb{R}$ ein Eigenwert von **A** ist.

b) Für welche Werte von a ist **A** positiv semidefinit?

a) In Hinblick auf Teil b) wird hier $\varphi(\lambda)$ berechnet:

$$\begin{aligned} \varphi(\lambda) &= \begin{vmatrix} 1-\lambda & a & 0 \\ a & 1-\lambda & a \\ 0 & a & 1-\lambda \end{vmatrix} \\ &= (1-\lambda)\begin{vmatrix} 1-\lambda & a \\ a & 1-\lambda \end{vmatrix} - a\begin{vmatrix} a & a \\ 0 & 1-\lambda \end{vmatrix} \\ &= (1-\lambda)\left[(1-\lambda)^2 - a^2\right] - a^2(1-\lambda) \\ &= (1-\lambda)\left[(1-\lambda)^2 - 2a^2\right] \end{aligned}$$

Damit folgt: Unabhängig von $a \in \mathbb{R}$ ist $\varphi(\lambda) = 0$, falls $(1-\lambda) = 0$ ist, also für $\lambda = 1$.

b) **A** ist positiv semidefinit $\iff$ $\lambda_i \geq 0$ und mindestens ein Eigenwert ist 0. Aus Teil a) folgt für die restlichen Eigenwerte von **A**:

$$\begin{aligned} (1-\lambda)^2 - 2a^2 &= 0 \\ \lambda^2 - 2\lambda + 1 - 2a^2 &= 0 \qquad \Longrightarrow \qquad \lambda_{2,3} = 1 \pm \sqrt{1 - 1 + 2a^2} \\ &\qquad\qquad\qquad\qquad\quad\;\; = 1 \pm \sqrt{2a^2} \end{aligned}$$

$\lambda_2 = 1 + \sqrt{2a^2} > 0$ für alle $a \in \mathbb{R}$. Also müßte $\lambda_3 = 0$ sein.

$$\begin{aligned} \lambda_3 = 1 - \sqrt{2a^2} = 1 - |a| \cdot \sqrt{2} = 0 \quad &\iff \quad 1 = |a| \cdot \sqrt{2} \\ &\iff \quad \frac{1}{\sqrt{2}} = \frac{1}{2}\sqrt{2} = |a| \end{aligned}$$

Ergebnis: **A** ist positiv semidefinit für $a_1 = \frac{1}{2}\sqrt{2} \approx 0,71$ oder $a_2 = -\frac{1}{2}\sqrt{2}$.

7.4.7

Untersuchen Sie, ob die Matrix

$$\mathbf{A} = \begin{pmatrix} 1 & 1 & 0 \\ 1 & 2 & 1 \\ 0 & 1 & 1 \end{pmatrix}$$

positiv definit ist.

Die Matrix **A** wird dazu mittels des GAUSSschen Algorithmus in eine obere Dreiecksmatrix transformiert:

1	1	1	$\cdot(-1)$ ┐ +
1	2	1	← ┘
0	1	1	
1	1	0	
0	1	1	$\cdot(-1)$ ┐ +
0	1	1	← ┘
$\boxed{1}$	1	0	
0	$\boxed{1}$	1	
0	0	$\boxed{0}$	

Die markierten Diagonalelemente sind nicht sämtlich positiv, d. h. **A** ist nicht positiv definit.

7.4.8

Untersuchen Sie die Definitheitseigenschaften der nachstehenden Matrizen mittels des GAUSS-Algorithmus bei natürlicher Pivotwahl und ohne Zeilen- und Spaltenvertauschungen.

a) $\mathbf{A} = \begin{pmatrix} 2 & 6 \\ 6 & 8 \end{pmatrix}$ **b)** $\mathbf{A} = \begin{pmatrix} 1 & 2 & 1 \\ 2 & 9 & 3 \\ 1 & 3 & 6 \end{pmatrix}$

c) $\mathbf{A} = \begin{pmatrix} 1 & 2 & 0 \\ 2 & 9 & 5 \\ 0 & 5 & 5 \end{pmatrix}$ **d)** $\mathbf{A} = \begin{pmatrix} 1 & 2 & 0 \\ 2 & 4 & 5 \\ 0 & 5 & 6 \end{pmatrix}$

Natürliche Pivotwahl und ohne Zeilen- und Spaltenvertauschungen bedeutet, daß die Matrix von links oben nach rechts unten mittels GAUSS-Algorithmus auf obere Dreiecksgestalt umgeformt werden soll. Dann ist an der Hauptdiagonalen die Definitheitseigenschaft ablesbar.

a) $\mathbf{A} = \begin{pmatrix} 2 & 6 \\ 6 & 8 \end{pmatrix} \Longrightarrow$

2	6	$\cdot(-3)$]+
6	8	←
2	6	
0	−10	

Da positive und negative Eintragungen auf der Hauptdiagonalen der oberen Dreiecksmatrix erscheinen, ist **A** indefinit.

b)

1	2	1	$\cdot(-2)$]+ , $\cdot(-1)$]+
2	9	3	←
1	3	6	←
1	2	1	
0	5	1	$\cdot(-\frac{1}{5})$]+
0	1	5	←
1	2	1	
0	5	1	
0	0	$\frac{24}{5}$	

An der Hauptdiagonalen liest man ab, daß **A** positiv definit ist.

c)

1	2	0	$\cdot(-2)$]+
2	9	5	←
0	5	5	
1	2	0	
0	5	5	$\cdot(-1)$]+
0	5	5	←
1	2	0	
0	5	5	
0	0	0	

d)

1	2	0	$\cdot(-2)$]+
2	4	5	←
0	5	6	
1	2	0	
0	0	5	
0	5	6	

Da bei c) positive Eintragungen und eine Null auf der Hauptdiagonalen stehen, ist **A** positiv semidefinit.
Bei d) ist **A** mit natürlicher Pivotwahl nicht in eine obere Dreiecksmatrix transformierbar. Daher kann keine Definitheitsaussage gemacht werden. Dieses Kriterium ist hier also ungeeignet.

7.4.9

Untersuchen Sie die Definitheitseigenschaften der in der vorigen Aufgabe genannten Matrizen mittels der Determinanten-Kriterien.

Es werden zunächst jeweils die (führenden) Hauptminoren berechnet.

a) $H_1 = |2| = 2 > 0, \quad H_2 = \begin{vmatrix} 2 & 6 \\ 6 & 8 \end{vmatrix} = -20 < 0$. Es gibt Hauptminoren unterschiedlicher Vorzeichen, aber es ist nicht $\operatorname{sign} H_k = (-1)^k$. Daher ist **A** indefinit.
(Gilt bei alternierenden Vorzeichen $\operatorname{sign} H_k = (-1)^k$, so ist **A** negativ definit.)

b) $H_1 = 1 > 0, \quad H_2 = \begin{vmatrix} 1 & 2 \\ 2 & 9 \end{vmatrix} = 5 > 0, \quad H_3 = \begin{vmatrix} 1 & 2 & 1 \\ 2 & 9 & 3 \\ 1 & 3 & 6 \end{vmatrix} = 24 > 0.$

Alle Hauptminoren sind positiv; damit ist **A** positiv definit.
(Der Rechenaufwand zur Berechnung von H_3 ist aber schon genau so groß wie der Aufwand beim GAUSS-Kriterium!)

Wir ziehen **d)** vor: $H_1 = 1 > 0, \quad H_2 = \begin{vmatrix} 1 & 2 \\ 2 & 4 \end{vmatrix} = 0$. Damit kann **A** höchstens noch positiv semidefinit sein. Es ist aber $H_3 = |\mathbf{A}| = -25 < 0$. Damit ist **A** indefinit. Dies war mit dem GAUSS-Kriterium nicht nachweisbar!

c) $H_1 = 1 > 0, H_2 = \begin{vmatrix} 1 & 2 \\ 2 & 9 \end{vmatrix} = 5 > 0, H_3 = \begin{vmatrix} 1 & 2 & 0 \\ 2 & 9 & 5 \\ 0 & 5 & 5 \end{vmatrix} = 0.$

Die Hauptminoren sind ≥ 0 – aber es gibt einen, der 0 ist. Damit kann noch keine Entscheidung getroffen werden. **A** kann aber höchstens noch positiv definit sein. Dies ist dann der Fall, wenn alle Hauptminoren ≥ 0 sind. Dazu gehören die Hauptminoren 1. Stufe

$$|A_1^{(1)}| = |1| = 1 > 0 \quad , \quad |A_1^{(2)}| = |9| = 9 > 0 \quad , \quad |A_1^{(3)}| = |5| = 5 > 0 \, ,$$

die Hauptminoren 2. Stufe

$$|A_2^{(1)}| = \begin{vmatrix} 1 & 2 \\ 2 & 9 \end{vmatrix} = 5 > 0 \quad , \quad |A_2^{(2)}| = \begin{vmatrix} 1 & 0 \\ 0 & 5 \end{vmatrix} = 5 > 0$$

$$|A_2^{(3)}| = \begin{vmatrix} 9 & 5 \\ 5 & 5 \end{vmatrix} = 20 > 0$$

und der Hauptminor 3. Stufe $H_3 = |\mathbf{A}| = 0$.
Durch diese Rechnung ist **A** also tatsächlich als positiv semidefinit nachgewiesen, was mit dem GAUSS-Kriterium wesentlich schneller ging.

Kapitel 8

Differentialgleichungen und Differenzengleichungen

8.1 Allgemeines über Differentialgleichungen

Terminologie zu Differentialgleichungen

Eine (**gewöhnliche**) **Differentialgleichung** (abgekürzt Dgl.) ist eine Gleichung der Form

$$F(t, y(t), y'(t), \ldots, y^{(n)}(t)) = 0\ .$$

(verbal: eine Gleichung, in der eine Funktion $y(t)$, Ableitungen dieser Funktion und die unabhängige Variable t vorkommen.)

Ist $y^{(n)}(t)$ die höchste in der Dgl. auftretende Ableitung, so spricht man von einer Dgl. $n-$ter **Ordnung**.

Ist die Gleichung nach $y^{(n)}(t)$ aufgelöst, so heißt die Dgl. **explizit**.

Eine **partielle Differentialgleichung** ist eine Gleichung, in der eine Funktion mehrerer Veränderlicher und deren partielle Ableitungen auftreten.

Eine Dgl. $F(t, y(t), y'(t), \ldots, y^{(n)}(t)) = 0$,
zusammen mit n Bedingungen der Form

$$y(x_0) = a_0\ , \quad y'(x_0) = a_1\ , \quad \ldots \quad , y^{(n-1)}(x_0) = a_{n-1}$$

heißt **Anfangswertaufgabe** (abgekürzt AWA).

Differentialgleichungssysteme

m Gleichungen der Form

$$\begin{array}{c} F_1(t, y_1(t), \ldots, y_1^{(n)}(t), y_2(t), \ldots, y_2^{(n)}(t), \ldots, y_m, \ldots, y_m^{(n)}(t)) = 0 \\ F_2(t, y_1(t), \ldots, y_1^{(n)}(t), y_2(t), \ldots, y_2^{(n)}(t), \ldots, y_m, \ldots, y_m^{(n)}(t)) = 0 \\ \vdots \\ F_m(t, y_1(t), \ldots, y_1^{(n)}(t), y_2(t), \ldots, y_2^{(n)}(t), \ldots, y_m, \ldots, y_m^{(n)}(t)) = 0 \end{array}$$

zur Ermittlung von m Funktionen $y_1(t), \ldots, y_m(t)$ heißt **Differentialgleichungssystem.**

8.1.1

Welche der folgenden Gleichungen sind Differentialgleichungen, welche sind explizite Differentialgleichungen, wie lautet ihre Ordnung?

a) $y''(t) = 2y(t) - 3$ **b)** $y(t-1) = y(t) - 3y(2t)$ **c)** $\sin y'(t) = y(t)$

d) $y''' = 7$ **e)** $y^2 - y = 1$ **f)** $\dfrac{d^2x(t)}{dt^2} = 18x(t)$

Die Fragen werden in folgender Tabelle beantwortet:

	Dgl.	explizit	Ordnung
a)	+	+	2
b)	–		
c)	+	–	1
d)	+	+	3
e)	–		
f)	+	+	2

8.1.2

Welche der folgenden Funktionen sind Lösungen der Dgl. $3y = y' + 2$, welche Lösungen der Anfangswertaufgabe (AWA) $y' - 3y + 2 = 0$, $y(0) = 1$?

a) $y = \dfrac{2}{3}$ **b)** $y = \dfrac{2}{3}x$ **c)** $y = e^{2x}$

d) $y = e^{3x} + \dfrac{2}{3}$ **e)** $y = ce^{3x} + \dfrac{2c}{3}$ **f)** $y = \dfrac{1}{3}e^{3x} + \dfrac{2}{3}$

a) y löst die Dgl., aber nicht die AWA: $3 \cdot \dfrac{2}{3} = 0 + 2$, $y(0) = \dfrac{2}{3} \neq 1$

b) y löst die Dgl. nicht.

c) y löst die Dgl. nicht.

d) y löst die Dgl.: $3(\mathrm{e}^{3x} + \frac{2}{3}) = 3\mathrm{e}^{3x} + 2$
y löst nicht die AWA: $y(0) = 1 + \frac{2}{3} \neq 1$

e) $3c\mathrm{e}^{3x} + 2c = 3c\mathrm{e}^{3x} + 2$, also löst y die Dgl. nur für $c = 1$.
Für $c = 1$ löst y die AWA nicht, siehe Teil d).

f) y löst Dgl. und AWA:

$$3\left(\frac{1}{3}\mathrm{e}^{3x} + \frac{2}{3}\right) = 3 \cdot \frac{1}{3}\mathrm{e}^{3x} + 2\ ,\ y(0) = \frac{1}{3} \cdot 1 + \frac{2}{3} = 1$$

8.1.3
Man berechne die Ableitung von:

a) $\mathbf{y}(t) = \begin{pmatrix} \sin t \\ \cos t \\ 1 \end{pmatrix}$, **b)** $\mathbf{y}(t) = \begin{pmatrix} \mathrm{e}^{-t} \\ \sqrt{t} \\ t \end{pmatrix}$

Man leitet komponentenweise ab:

a) $\mathbf{y}'(t) = \begin{pmatrix} \cos t \\ -\sin t \\ 0 \end{pmatrix}$, **b)** $\mathbf{y}'(t) = \begin{pmatrix} -\mathrm{e}^{-t} \\ \frac{1}{2\sqrt{t}} \\ 1 \end{pmatrix}$

8.1.4
Es sei $\mathbf{y}(t) = \begin{pmatrix} y_1(t) \\ y_2(t) \end{pmatrix}$.
Man untersuche jeweils, welche Funktionen $y_1(t), y_2(t)$ Lösungen des folgenden Systems von Dgln. sind:

$$y_1' = -y_2\ , \qquad y_2' = y_1\ .$$

Welche Funktionen sind Lösungen der AWA

$$\begin{aligned} y_1' &= -y_2\ , & y_1(0) &= 1 \\ y_2' &= y_1\ , & y_2(0) &= 0? \end{aligned}$$

a) $\mathbf{y}(t) = \begin{pmatrix} \mathrm{e}^{t} \\ \mathrm{e}^{-t} \end{pmatrix}$ **b)** $\mathbf{y}(t) = \begin{pmatrix} \cos t \\ \sin t \end{pmatrix}$ **c)** $\mathbf{y}(t) = \begin{pmatrix} -\sin t \\ \cos t \end{pmatrix}$

a) $\mathbf{y}(t) = \begin{pmatrix} y_1(t) \\ y_2(t) \end{pmatrix} = \begin{pmatrix} \mathrm{e}^{t} \\ \mathrm{e}^{-t} \end{pmatrix}$

Wegen $y_1' = \mathrm{e}^t \neq -\mathrm{e}^{-t}$ löst $\mathbf{y}$ das Differentialgleichungssystem nicht und damit auch die AWA nicht.

b) $$\begin{array}{lllllll} y_1' & = & -\sin t & = & -y_2 & , & \cos 0 = 1 \\ y_2' & = & \cos t & = & y_1 & , & \sin 0 = 0 \end{array}$$

y löst das System und die AWA.

c) **y** löst das System (nachrechnen!), aber nicht die AWA, denn

$$y_1(0) = \sin 0 = 0 \neq 1\,!$$

8.1.5

Führen Sie die Differentialgleichung 4. Ordnung

$$y^{(4)} + y''' - \frac{1}{2}y'' - y' - y = 5$$

auf ein System von expliziten Differentialgleichungen erster Ordnung zurück.

Man setzt zunächst $y = y_1$ und dann weiter:

$$\begin{array}{lll} y' = y_1' = y_2 & \Longrightarrow & y_1' = y_2 \\ y'' = y_2' = y_3 & \Longrightarrow & y_2' = y_3 \\ y''' = y_3' = y_4 & \Longrightarrow & y_3' = y_4 \\ y^{(4)} = y_4' & \Longrightarrow & y_4' = 5 + y_1 + y_2 + \frac{1}{2}y_3 - y_4 \end{array}$$

Also hat man ein System von vier Differentialgleichungen erster Ordnung erhalten.

Mit $\mathbf{y}(t) = \begin{pmatrix} y_1(t) \\ \vdots \\ y_4(t) \end{pmatrix}$ erhält man in Matrizenschreibweise:

$$\mathbf{y}'(t) = \begin{pmatrix} 0 & 1 & 0 & 0 \\ 0 & 0 & 1 & 0 \\ 0 & 0 & 0 & 1 \\ 1 & 1 & \frac{1}{2} & -1 \end{pmatrix} \cdot \mathbf{y}(t) + \begin{pmatrix} 0 \\ 0 \\ 0 \\ 5 \end{pmatrix}.$$

8.2 Lösungsmethoden für spezielle Differentialgleichungen 1. Ordnung

Für spezielle **Typen** von Differentialgleichungen existieren spezielle Lösungsverfahren.

Typ:	$y' = f(x) \cdot g(y)$
Lösungs–methode:	**Trennung der Veränderlichen** $\int \frac{dy}{g(y)} = \int f(x)\,dx \qquad \text{für } g(y) \neq 0$ Ferner sind konstante Funktionen $y = c$ mit $g(c) = 0$ Lösungen der Dgl.

Lineare Dgl. 1. Ordnung

Typ:	$y' + f(x) \cdot y = g(x)$
Formel zur Lösung:	$y = \mathrm{e}^{-F(x)} \cdot \left(c + \int g(x)\mathrm{e}^{F(x)}\,dx\right), \ (c \in \mathbb{R}),$ wobei F eine beliebige Stammfunktion von f ist.

Ist $g(x) = 0$, so heißt die lineare Dgl. **homogen**, sonst **inhomogen**.

Eine homogene lineare Dgl. 1. Ordnung kann stets auch durch Trennung der Veränderlichen gelöst werden. Dies führt auch auf die angegebene Formel.

8.2.1

Bestimmen Sie die allgemeine Lösung der Dgl.

$$y' = x^2 y^2 .$$

$y = 0$ ist eine Lösung der Dgl.
Für $y \neq 0$ ergibt Trennung der Veränderlichen:

$$\int \frac{1}{y^2}\,dy = \int x^2\,dx \iff \begin{aligned} -\frac{1}{y} &= \frac{1}{3}x^3 + C_1 \qquad (3C_1 = C) \\ y &= \frac{-3}{x^3 + C}, \qquad (C \in \mathbb{R}) \end{aligned}$$

Allgemeine Lösung: $\quad y = \dfrac{-3}{x^3 + C}, (C \in \mathbb{R}) \quad$ und $y = 0$

8.2.2

a) Man ermittle die allgemeine Lösung der Differentialgleichung

$$y' = y^2 .$$

b) Man löse die AWA $\quad y' = y^2 , \quad y(0) = 3.$

a) Als triviale Lösung erkennt man sofort $y = 0$. Für andere Lösungen wird die Trennung der Veränderlichen durchgeführt. Es folgt:

$$\int \frac{1}{y^2}\,dy = \int dx \iff -\frac{1}{y} = x + C\,, \quad (C \in \mathbb{R})$$

Allgemeine Lösung: $\quad y = -\dfrac{1}{x+C}\,,\ (C \in \mathbb{R}) \quad$ sowie $y = 0$.

b) Die Anfangsbedingung $y(0) = 3$ liefert:

$$3 = -\frac{1}{0+C} = -\frac{1}{C} \quad\Longrightarrow\quad C = -\frac{1}{3}$$

Die Lösung der AWA ist also gegeben durch

$$y = -\frac{1}{x-\frac{1}{3}} = \frac{1}{\frac{1}{3}-x} = \frac{3}{1-3x} \quad (x \neq \frac{1}{3}).$$

8.2.3

Man löse die AWA $\quad y' = \dfrac{-y^2}{x}\,, \quad y(2) = \dfrac{1}{\ln 2}.$

Lösung mit Trennung der Veränderlichen: $\quad y' = \dfrac{dy}{dx} = -\dfrac{y^2}{x}$

$$\iff -\int \frac{1}{y^2}\,dy = \int \frac{1}{x}\,dx \iff \frac{1}{y} = \ln|x| + C \iff y = \frac{1}{\ln|x| + C}$$

Anpassung an Anfangswerte: $y(2) = \dfrac{1}{\ln 2 + C}$; $\quad$ also $C = 0$.

Gesuchte Lösung: $\quad y = \dfrac{1}{\ln|x|}$

8.2.4

Angenommen, im einfachen BAUMOLschen Wachstumsmodell haben Sparquote und Akzelerator die Werte $k = 0,2$ und $g = 2$.

a) Wie groß ist das Volkseinkommen nach 10 Perioden bei einem Ausgangsniveau von 10 für $t = 0$?

b) Nach wieviel Zeiteinheiten hat sich das Volkseinkommen verdoppelt?

a) Nach dem BAUMOLschen Wachstumsmodell erfüllt das Volkseinkommen y die Differentialgleichung

$$y' = \frac{k}{g} \cdot y.$$

Die allgemeine Lösung dieser Differentialgleichung lautet (Trennung der Veränderlichen!):

$$y(t) = C \cdot e^{\frac{k}{g}t}.$$

Mit der Anfangsbedingung $y(0) = 10$ erhält man $C = 10$, also $y(t) = 10e^{0,1t}$. Das Volkseinkommen nach 10 Perioden ergibt sich damit zu

$$y(10) = 10e \approx 27,18.$$

b) Aus der Bedingung $y(t) = 2y(0)$ ergibt sich $e^{0,1t} = 2$. Auflösung nach t mittels Logarithmieren ergibt:

$$t = 10 \ln 2 \approx 6,93$$

Ergebnis: Das Volkseinkommen hat sich nach ca. 7 Zeiteinheiten verdoppelt.

8.2.5

Das einfache BAUMOLsche Wachstumsmodell werde einer Situation angepaßt, in der die Sparquote k nicht konstant ist, sondern zeitabhängig:

$$k(t) \cdot Y(t) = g \cdot \frac{dY(t)}{dt}$$

($Y(t)$ = Volkseinkommen zur Zeit $t \geq 0$; $k(t)$ = Sparquote; g = Proportionalitätsfaktor (Akzelerator)))

Es werde hier eine Sparquote betrachtet, die monoton fällt:

$$k(t) = \frac{1}{(1+t)^2}$$

a) Bestimmen Sie die allgemeine Lösung der Dgl. für die gegebene Sparquote.

b) Bestimmen Sie für $g = 1$ diejenige Lösung, bei der für $t = 0$ das Volkseinkommen (in DM) 10^{15} beträgt. Fertigen Sie eine grobe Skizze an, und äußern Sie sich zur Entwicklung des Volkseinkommens für $t \to \infty$.

a) $Y = 0$ ist spezielle Lösung. Für $Y \neq 0$ Trennung der Veränderlichen:

$$\frac{1}{g} \int \frac{dt}{(1+t)^2} = \int \frac{1}{Y} \, dY$$

$$\begin{aligned} \frac{-1}{g(1+t)} &= \ln|Y| + C_1 \\ -C_1 + \frac{-1}{g\,(1+t)} &= \ln|Y| \\ \text{Allgemeine Lösung:} \quad Y(t) &= C \cdot \mathrm{e}^{\frac{-1}{g\,(1+t)}} \,, \; C \in \mathbb{R} \end{aligned}$$

b)

$$Y(0) = 10^{15} = C \cdot \mathrm{e}^{-1} \quad \Longrightarrow \quad C = \mathrm{e} \cdot 10^{15}$$

$$Y(t) = \mathrm{e} \cdot 10^{15} \cdot \mathrm{e}^{-\frac{1}{1+t}}$$

Das Volkseinkommen steigt monoton – verlangsamend – an und besitzt die obere Schranke

$$\mathrm{e} \cdot 10^{15} \approx 2,7 \cdot Y(0)\,.$$

grobe Skizze:

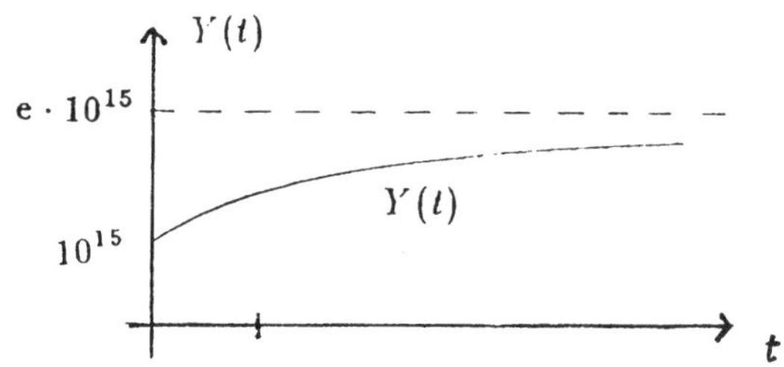

8.2.6

Lösen Sie die AWA

$$(1+x^3)y' - x^2 y = 0 \qquad \text{mit} \quad y(1) = 2\,.$$

Lösung durch Trennung der Veränderlichen (für $y \neq 0$):

$$(1+x^3)\frac{dy}{dx} = x^2 y \iff \int \frac{dy}{y} = \int \frac{x^2}{1+x^3}\,dx$$

Substitution: $z = 1 + x^3\,,\quad dz = 3x^2\,dx$

$$\begin{aligned} \ln|y| = \int \frac{\frac{1}{3}\,dz}{z} &= \frac{1}{3}\ln|z| + \bar{c}\,, \qquad (\bar{c} \in \mathbb{R}) \\ &= \frac{1}{3}\ln|1+x^3| + \bar{c} \\ \Longrightarrow \quad 3\,\ln|y| &= \ln|1+x^3| + c\,, \qquad (c = 3\bar{c}) \\ |y|^3 &= e^{\ln|1+x^3|} \cdot \mathrm{e}^c \\ &= |1+x^3| \cdot \hat{c}\,, \qquad (\hat{c} = \mathrm{e}^c > 0) \\ \Longrightarrow \quad y^3 &= (1+x^3) \cdot k\,, \qquad (k \in \mathbb{R},\; k \neq 0) \end{aligned}$$

Da $y = 0$ ebenfalls Lösung ist, lassen sich alle Lösungen darstellen in der Form

$$y^3 = c \cdot (1 + x^3)\,, \quad c \in \mathbb{R}$$

spezielle Lösung: $y(1) = 2 \implies 8 = c \cdot (1+1) \implies c = 4$

$$y = \sqrt[3]{4 \cdot (1 + x^3)}$$

8.2.7

Man ermittle die allgemeine Lösung $y(t)$ der Differentialgleichung

$$y' + ay = b \qquad (a, b \in \mathbb{R})$$

und mache eine Probe!

Die gegebene Differentialgleichung (eine inhomogene lineare Differentialgleichung 1. Ordnung mit konstanten Koeffizienten) kann durch Trennung der Veränderlichen gelöst werden:

1. Fall $a \neq 0$: Aus $y' = b - ay$ folgt mit $b - ay = 0$ die spezielle Lösung $y = \frac{b}{a}$. Für $y \neq \frac{b}{a}$ wird Trennung der Veränderlichen durchgeführt:

$$\int \frac{1}{b - ay}\, dy = \int dt \quad \iff \quad -\frac{1}{a} \int \frac{-a}{b - ay}\, dy = \int dt \quad ,$$

$$\begin{aligned} -\tfrac{1}{a} \ln|b - ay| &= t + c_1 \ , && c_1 \in \mathbb{R} \\ \ln|b - ay| &= -at + c_2 \ , && c_2 = -ac_1 \in \mathbb{R} \\ b - ay &= c_3 e^{-at} \ , && 0 \neq c_3 = \pm e^{c_2} \in \mathbb{R} \end{aligned}$$

$$\text{Allgemeine Lösung:} \quad y = \frac{b}{a} + ce^{-at} \quad , \qquad c = -\frac{c_3}{a} \in \mathbb{R} \quad ,$$

da die Lösung $y = \frac{b}{a}$ für $c = 0$ in dieser Lösungsschar enthalten ist.

2. Fall $a = 0$:

$$\frac{dy}{dt} = b \quad , \qquad y = bt + c \quad , \qquad c \in \mathbb{R}.$$

Zusammenfassung:

$$y = \begin{cases} \frac{b}{a} + ce^{-at} & \mathit{für} \quad a \neq 0 \\ bt + c & \mathit{für} \quad a = 0 \end{cases} \qquad (c \in \mathbb{R})$$

Probe:

2. Fall $a = 0$: $y = bt + c\,, \quad y' = b$

1. Fall $a \neq 0$:

$$y = \tfrac{b}{a} + c\mathrm{e}^{-at}$$
$$y' = (-a) \cdot c \cdot \mathrm{e}^{-at} = -a(y - \tfrac{b}{a}) = b - ay$$

8.2.8

a) Welche reellen Funktionen $y = y(x)$ besitzen eine konstante Wachstumsrate $r \in \mathbb{R}$?

b) Welche reellen Funktionen $y = y(x)$ besitzen eine konstante Elastizität $k \in \mathbb{R}$?

a) Forderung: Wachstumsrate von y an der Stelle x soll konstant sein. Für diese Wachstumsrate $w(y,x)$ gilt: $w(y,x) = \dfrac{y'}{y}$. Also erhält man die folgende Dgl.:

$$w(y,x) = \frac{y'}{y} = r$$

Lösung durch Trennung der Veränderlichen :

$$\int \frac{1}{y}\,dy = \int r\,dx \iff \ln|y| = rx + c_1$$

Lösung: Die Funktionen mit konstanter Wachstumsrate sind die Exponentialfunktionen:

$$y = c\mathrm{e}^{rx} \quad , \qquad 0 \neq \pm\mathrm{e}^{c_1} = c \in \mathbb{R}.$$

b) Forderung: Elastizität von y an der Stelle x soll konstant sein. Für die Elastizität $e(y,x)$ gilt $e(y,x) = \dfrac{y'}{y}\,x$. Das liefert die folgende Dgl.:

$$e(y,x) = \frac{y'}{y}x = k$$

Lösung der Dgl. durch Trennung der Veränderlichen:

$$\int \frac{1}{y}\,dy = k\int \frac{1}{x}\,dx \iff \ln|y| = k\,\ln|x| + c_1 = \ln|x|^k + c_1$$

Lösung: Die Funktionen mit konstanter Elastizität sind die Potenzfunktionen:

$$y = c \cdot x^k \qquad \text{mit} \qquad 0 \neq \pm\mathrm{e}^{c_1} = c \in \mathbb{R}.$$

8.2.9

a) Man bestimme die allgemeine Lösung der Dgl.:

$$y \cdot y' = \frac{y^2 - 1}{x^2 - 1}\, x$$

b) Man bestimme die spezielle Lösung dieser Differentialgleichung, die der Anfangsbedingung $y(2) = 7$ genügt.

a) Für $y^2 = 1$ erhält man die speziellen Lösungen $y = 1$ und $y = -1$ (für $|x| \neq 1$).
Für $y^2 \neq 1$ führen wir eine Trennung der Veränderlichen durch:

$$y' = \frac{y^2 - 1}{y} \frac{x}{x^2 - 1} \iff \int \frac{y}{y^2 - 1}\, dy = \int \frac{x}{x^2 - 1}\, dx \quad ,$$

$$\ln |y^2 - 1| = \ln |x^2 - 1| + c_1$$

$$|y^2 - 1| = \mathrm{e}^{c_1} |x^2 - 1|$$

$$y^2 - 1 = c(x^2 - 1)\,, \quad 0 \neq c = \pm \mathrm{e}^{c_1} \in \mathbb{R}$$

Allgemeine Lösung:

$$y^2 = 1 + c(x^2 - 1)\,, \quad y = \pm\sqrt{1 + c(x^2 - 1)}\,, \; (|x| \neq 1)\,, \quad (c \in \mathbb{R})$$

(Beachte: Für $c = 0$ sind die speziellen Lösungen $y = 1$ und $y = -1$ in dieser Schar enthalten.)

b) Anpassen der allgemeinen Lösung an die Anfangsbedingung:

$$y(2) = 7 = +\sqrt{1 + c(2^2 - 1)} = \sqrt{1 + 3c} \implies c = 16$$

Ergebnis: $$y = \sqrt{1 + 16(x^2 - 1)} = \sqrt{16x^2 - 15}$$

8.2.10

Wie lautet die allgemeine Lösung der Dgl. $y' - y = \mathrm{e}^t$.

Eine inhomogene lineare Dgl. 1. Ordnung

$$y' + f(t) \cdot y = g(t) \qquad (f, g \text{ stetig auf } I \subseteq \mathbb{R})$$

besitzt die allgemeine Lösung

$$y = \mathrm{e}^{-F(t)} \cdot (c + \int g(t) \cdot \mathrm{e}^{F(t)}\, dt) \qquad (c \in \mathbb{R}\,,\; t \in I)\,,$$

wobei F eine beliebige Stammfunktion von f ist.

Hier gilt wegen $y' - y = e^t$:

$$\begin{aligned} f(t) &= -1 \quad \Longrightarrow \quad F(t) = -t \\ g(t) &= e^t \\ \text{Also:} \qquad y &= e^t \cdot (c + \textstyle\int e^t \cdot e^{-t}\, dt) = e^t\,(c + \textstyle\int 1\, dt) \\ &= e^t\,(c+t)\,, \quad (c \in \mathbb{R}) \end{aligned}$$

8.2.11

Man löse die AWA $\quad y' = xe^{-x^2} - 2xy\,, \quad y(1) = 0.$

Durch Umstellung erhält man die gegebene Dgl. in der Normalform einer inhomogenen Dgl. 1. Ordnung:

$$y' + \underbrace{2x}_{f(x)} \cdot y = \underbrace{x \cdot e^{-x^2}}_{g(x}$$

Lösung der inhomogenen Dgl. durch Lösungsformel:

$$y(x) = e^{x^2}\left(c + \int \left(xe^{-x^2}e^{x^2}\right) dx\right) = e^{x^2}\left(c + \int x\, dx\right) = e^{x^2}\left(c + \frac{x^2}{2}\right)$$

Anfangswert: $\quad y(1) = e\left(c + \frac{1}{2}\right) = 0 \quad \Longrightarrow \quad c = -\frac{1}{2}$

Lösung der AWA: $\quad y(x) = e^{x^2}\left(\frac{x^2}{2} - \frac{1}{2}\right)$

8.3 Lineare Differentialgleichungen höherer Ordnung mit konstanten Koeffizienten

Typ:	$y^{(n)} + a_{n-1}y^{(n-1)} + \ldots + a_1 y' + a_0 y = r(x)$ $a_0, a_1, \ldots, a_n \in \mathbb{R}$
Lösungs–methode:	1. Bestimme die allgemeine Lösung y_h der zugehörigen homogenen Dgl. (Die allgemeine Lösung y_h erhält man direkt nach Lösung der **charakteristischen Gleichung** $\lambda^n + a_{n-1}\lambda^{n-1} + \ldots + a_1\lambda + a_0 = 0$ der Dgl. (siehe Literatur).) 2. Suche eine spezielle Lösung y_s der gegebenen inhomogenen Dgl. (siehe Aufgaben). 3. Allgemeine Lösung: $y = y_h + y_s$

8.3.1

Bestimmen Sie die allgemeine Lösung der Dgl. $y'' - 6y' - 7y = 0$.
Bestimmen Sie außerdem die spezielle Lösung dieser Dgl., die den Anfangsbedingungen $y(0) = 1, y'(0) = 1$ genügt.

Man bestimmt das charakteristische Polynom (aus dem Ansatz $y = \mathrm{e}^{\lambda t}$) und erhält aus den Nullstellen des charakteristischen Polynoms die allgemeine Lösung der homogenen linearen Differentialgleichung mit konstanten Koeffizienten.

$$\begin{array}{lrcl} \text{Dgl.:} & y'' - 6y' - 7y & = & 0 \\ \text{charakteristisches Polynom} = 0: & \lambda^2 - 6\lambda - 7 & = & 0 \end{array}$$

Man erhält als Lösungen:

$$\lambda_{1,2} = 3 \pm \sqrt{9+7} \quad \Longrightarrow \quad \lambda_1 = -1\,,\ \lambda_2 = 7$$

Also lautet die allgemeine Lösung der Dgl.: $y(t) = c_1\mathrm{e}^{-t} + c_2\mathrm{e}^{7t}$, $(c_1, c_2 \in \mathbb{R})$

Bestimmen der speziellen Lösung:

$$\begin{array}{rcrcrcl} y(0) & = & c_1 & + & c_2 & = & 1 \qquad (1) \\ y'(0) & = & -c_1 & + & 7c_2 & = & 1 \qquad (2) \end{array}$$

(1)+(2) liefert: $8c_2 = 2 \quad \Longrightarrow \quad c_2 = \dfrac{1}{4} \quad \Longrightarrow \quad c_1 = \dfrac{3}{4}$

Also lautet die gesuchte spezielle Lösung: $y(t) = \frac{3}{4}\mathrm{e}^{-t} + \frac{1}{4}\mathrm{e}^{7t}$

8.3.2

Welche Lösung besitzt die Anfangswertaufgabe

$$y'' = 10y' + 11y \quad \text{mit} \quad y(0) = 1\,, \quad y'(0) = -1\,?$$

Die Lösung erfordert zunächst die allgemeine Lösung von

$$y'' - 10y' - 11y = 0\,.$$

charakteristische Gleichung:

$$\begin{aligned} \lambda^2 - 10\lambda - 11 &= 0 \\ \lambda_{1,2} &= 5 \pm \sqrt{25+11} \\ \lambda_1 &= 11 \\ \lambda_2 &= -1 \end{aligned}$$

Allgemeine Lösung der Dgl.: $y = a\,\mathrm{e}^{11x} + b\,\mathrm{e}^{-x}\,, \quad (a, b \in \mathbb{R})$

Anpassen der Anfangsbedingungen:
Dazu zunächst: $y' = 11a\,\mathrm{e}^{11x} - b\,\mathrm{e}^{-x}$

$$\begin{array}{rcrcrcl} y(0) &=& 1 & \Longrightarrow & 1 &=& a+b \\ y'(0) &=& -1 & \Longrightarrow & -1 &=& 11a-b \\ \hline &&&& 0 &=& 12a \quad \Longrightarrow \quad a = 0 \qquad b = 1 \end{array}$$

Lösung der AWA: $y = \mathrm{e}^{-x}$

$y(3) = \mathrm{e}^{-3} \approx 0,05$

Skizze:

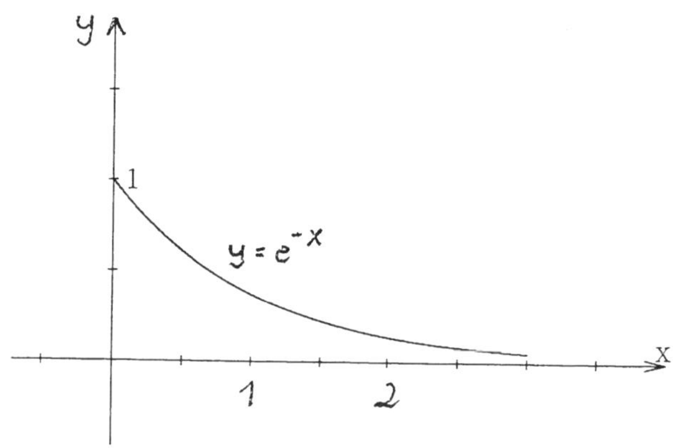

8.3.3
Man bestimme die allgemeine Lösung der Dgl. $y''' - 2y'' - y' + 2y = 0$ und eine spezielle Lösung, die den Anfangsbedingungen

$$y''(0) = 0 \;,\; y'(0) = 2 \quad \text{und} \quad y(0) = 1$$

genügt.

charakteristische Gleichung: $\lambda^3 - 2\lambda^2 - \lambda + 2 = 0$
Raten einer Nullstelle: $\lambda_1 = 2$, anschließend Polynomdivision:

$$\begin{array}{rrrrl} (\lambda^3 & -\;2\lambda^2 & -\;\lambda & +\;2\;) & : (\lambda - 2) = \lambda^2 - 1 \\ \lambda^3 & -\;2\lambda^2 & & & \\ \hline & & -\;\lambda & +\;2 & \\ & & -\;\lambda & +\;2 & \\ \hline & & & 0 & \end{array}$$

Aus $\lambda^2 - 1 = 0$ erhält man dann: $\lambda_2 = 1\,,\ \lambda_3 = -1$
Damit lautet die allgemeine Lösung:

$$y(t) = c_1 e^{2t} + c_2 e^{t} + c_3 e^{-t} \;, \quad (c_1, c_2, c_3 \in \mathbb{R})$$

Bestimmen der speziellen Lösung:

$$\begin{array}{rcrcrcrcrl} y(0) & = & c_1 & + & c_2 & + & c_3 & = & 1 & \quad (1) \\ y'(0) & = & 2c_1 & + & c_2 & - & c_3 & = & 2 & \quad (2) \\ y''(0) & = & 4c_1 & + & c_2 & + & c_3 & = & 0 & \quad (3) \end{array}$$

(1)+(2) und (2)+(3) liefern: $\begin{array}{rcrcr} 3c_1 & + & 2c_2 & = & 3 \\ 6c_1 & + & 2c_2 & = & 2 \end{array}$

$$\Longrightarrow \quad -3c_1 = 1 \quad \Longrightarrow \quad c_1 = -\frac{1}{3}$$

Durch Einsetzen folgt weiter $c_2 = 2$ und $c_3 = -\frac{2}{3}$.
Also lautet die gesuchte spezielle Lösung:

$$y(t) = -\frac{1}{3}e^{2t} + 2e^{t} - \frac{2}{3}e^{-t}$$

8.3.4
Lösen Sie die Anfangswertaufgabe

$$y'' + 2y' + \frac{5}{4}y = 0 \quad ; \quad y(0) = 0 \quad ; \quad y'(0) = 1.$$

Es liegt eine homogene lineare Differentialgleichung mit konstanten Koeffizienten vor. Die charakteristische Gleichung:

$$\lambda^2 + 2\lambda + \frac{5}{4} = 0$$

hat wegen

$$\lambda_{1,2} = -1 \pm \sqrt{1 - \frac{5}{4}} = -1 \pm \sqrt{-\frac{1}{4}} = -1 \pm \frac{1}{2}\sqrt{-1}$$

die Lösungen:

$$\lambda_1 = -1 + \frac{1}{2}\mathrm{i}; \quad \lambda_2 = -1 - \frac{1}{2}\mathrm{i}$$

reelle Basislösungen:

$$y = \mathrm{e}^{-t} \cos\frac{t}{2}; \quad y = \mathrm{e}^{-t} \sin\frac{t}{2}$$

Allgemeine Lösung:

$$y = \mathrm{e}^{-t}(c_1 \cos\frac{t}{2} + c_2 \sin\frac{t}{2}), \quad (c_1, c_2 \in \mathbb{R})$$

Anpassen an Anfangsbedingungen:

$$\begin{aligned} y' &= \mathrm{e}^{-t}(-c_1 \cos\frac{t}{2} - c_2 \sin\frac{t}{2} - \frac{c_1}{2}\sin\frac{t}{2} + \frac{c_2}{2}\cos\frac{t}{2}) \\ y(0) &= 0 = \mathrm{e}^0 (c_1 \cdot \cos 0 + c_2 \cdot \sin 0) = 1 \cdot (c_1 \cdot 1 + c_2 \cdot 0) = c_1 \\ y'(0) &= 1 = -c_1 + \frac{c_2}{2} \quad \Longrightarrow \quad c_2 = 2 \end{aligned}$$

Lösung der AWA: $\quad y = 2\mathrm{e}^{-t} \sin\frac{t}{2}$

8.3.5

Man bestimme die allgemeine Lösung der Dgl. $y'' - 6y' - 7y = \frac{7}{2}$ und die spezielle Lösung der AWA

$$y'' - 6y' - 7y = \frac{7}{2}, \ y(0) = 1, \ y'(0) = -1.$$

Nach Aufgabe 8.21 löst $y(t) = c_1\mathrm{e}^{-t} + c_2\mathrm{e}^{7t}$ die zugehörige homogene Dgl.
Eine Lösung der inhomogenen Dgl. ist $y = -\frac{1}{2}$. (Das sollte man direkt erkennen!)
Damit erhält man als allgemeine Lösung der Dgl:

$$\begin{aligned} y(t) &= \text{spez. Lösung + allg. Lösung der hom. Dgl} \\ &= -\frac{1}{2} + c_1\mathrm{e}^{-t} + c_2\mathrm{e}^{7t}, \quad (c_1, c_2 \in \mathbb{R}) \end{aligned}$$

Lösung der Anfangswertaufgabe:

$$\begin{array}{rcrcrcrcrl} y(0) & = & -\frac{1}{2} & + & c_1 & + & c_2 & = & 1 & (1) \\ y'(0) & = & & - & c_1 & + & 7c_2 & = & -1 & (2) \end{array}$$

(1)+(2) liefert: $-\dfrac{1}{2}+8c_2=0 \implies c_2=\dfrac{1}{16} \implies c_1=\dfrac{23}{16}$

Also: $y(t)=-\dfrac{1}{2}+\dfrac{23}{16}e^{-t}+\dfrac{1}{16}e^{7t}$ löst die AWA.

8.3.6

Man bestimme die Lösung der AWA $y''-2y'+2y=4$, $y(0)=0$, $y'(0)=1$.

Zuerst Lösung der zugehörigen homogenen Dgl:

$$\lambda^2-2\lambda+2=0 \implies \lambda_{1,2}=1\pm\sqrt{1-2}=1\pm i$$

Also: $y(t)=c_1e^t\sin t+c_2e^t\cos t$, $(c_1,c_2\in \mathbb{R})$
Eine spezielle Lösung des inhomogenen Systems ist $y=2$. (Raten!)
Damit lautet die allgemeine Lösung der Dgl:

$$y(t)=2+c_1e^t\sin t+c_2e^t\cos t\,,\quad c_1,c_2\in\mathbb{R}\,.$$

Lösung der AWA:
$y(0)=2+c_2=0 \implies c_2=-2$

$$\begin{array}{rcl} y'(t) & = & c_1(e^t\sin t+e^t\cos t)+c_2(e^t\cos t-e^t\sin t) \\ y'(0) & = & c_1(0+1)+c_2(1-0) \\ \implies 1 & = & c_1+c_2 \implies c_1=3 \end{array}$$

Also löst $y(t)=2+3e^t\sin t-2e^t\cos t$ die AWA.

8.3.7

Lösen Sie die Anfangswertaufgabe

$$y''-6y'+9y=6 \quad \text{mit} \quad y(0)=\frac{5}{3}\,,\quad y'(0)=2.$$

1. Schritt: Allgemeine Lösung der zugehörigen homogenen Dgl.
Nullstellen des charakteristisches Polynoms:

$$p(\lambda)=\lambda^2-6\lambda+9=0 \implies \lambda_1=\lambda_2=3$$

d.h. $\lambda=3$ ist zweifache Nullstelle, und man erhält die Basislösungen e^{3t} , te^{3t}.

Die allgemeine Lösung der zugehörigen homogenen Dgl. lautet deshalb:

$$y = c_1 e^{3t} + c_2 t e^{3t}, \quad (c_1, c_2 \in \mathbb{R})$$

2. Schritt: Spezielle Lösung der inhomogenen Gleichung.
Da die rechte Seite konstant ist und in der homogenen Dgl. y vorkommt, setzt man als eine spezielle Lösung der inhomogenen Dgl. eine konstante Funktion y an, also $y = c$.
Dann muß gelten: $9c = 6$,
d.h. $y = c = \frac{6}{9} = \frac{2}{3}$ ist eine spezielle Lösung der inhomogenen Dgl.

3. Schritt: Allgemeine Lösung der inhomogenen Dgl.:

$$y = c_1 e^{3t} + c_2 t e^{3t} + \frac{2}{3}, \quad c_1, c_2 \in \mathbb{R}$$

4. Schritt: Anpassung der allgemeinen Lösung an die Anfangswerte:

$$\begin{array}{lclcl} y(0) & = & \frac{5}{3} & = & c_1 + \frac{2}{3} & \Longrightarrow & c_1 = 1 \\ y'(0) & = & 2 & = & 3c_1 + c_2 & \Longrightarrow & c_2 = -1 \end{array}$$

Die gesuchte spezielle Lösung lautet also: $y = e^{3t}(1 - t) + \frac{2}{3}$

8.4 Systeme linearer Dgln. mit konstanten Koeffizienten

Es werden hier Differentialgleichungssysteme der Form

$$\begin{aligned} y_1' &= a_{11}y_1 + \ldots + a_{1n}y_n + g_1(t) \\ y_2' &= a_{21}y_1 + \ldots + a_{2n}y_n + g_2(t) \\ &\vdots \\ y_n' &= a_{na}y_1 + \ldots + a_{nn}y_n + g_n(t) \end{aligned}$$

mit $a_{ij} \in \mathbb{R}$ betrachtet. Sind alle $g_i(t) = 0$, so heißt ein solches System **homogen**, sonst **inhomogen**.
Das Lösungsverfahren hierfür läuft in den gleichen drei Schritten ab, wie die Lösung einer linearen Dgl. höherer Ordnung mit konstanten Koeffizienten (siehe Abschnitt 8.3) und wird in den Aufgaben 1 (homogenes System) und 3 (inhomogenes System) erläutert.

8.4.1
Betrachten Sie das folgende System von Differentialgleichungen:

$$\begin{aligned} y_1' &= y_1 + 2y_2 \\ y_2' &= 2y_1 + y_2 \end{aligned}$$

a) Bestimmen Sie die allgemeine Lösung.

b) Welche Lösung erfüllt die Anfangswerte

$$y_1(0) = 2 \quad ; \quad y_2(0) = 0\ ?$$

a) Es handelt sich um ein homogenes lineares System 1. Ordnung mit konstanten Koeffizienten. Führt man den Vektor $\mathbf{y} = \begin{pmatrix} y_1 \\ y_2 \end{pmatrix}$ ein und faßt die Koeffizienten des Systems zu einer Matrix $\mathbf{A}$ zusammen, so schreibt sich das System von Dgln. wie folgt:

$$\mathbf{y}' = \mathbf{A}\mathbf{y} \quad \text{mit} \quad \mathbf{A} = \begin{pmatrix} 1 & 2 \\ 2 & 1 \end{pmatrix}$$

Das Lösungsverfahren läuft in drei Schritten ab:

1. Schritt: Bestimme die Eigenwerte von $\mathbf{A}$:

$$\varphi_{\mathbf{A}}(\lambda) = \det(\mathbf{A} - \lambda\mathbf{E}) = \begin{vmatrix} 1-\lambda & 2 \\ 2 & 1-\lambda \end{vmatrix} = \lambda^2 - 2\lambda - 3 = 0$$

Diese Gleichung hat die Lösungen: $\lambda_1 = 3$ und $\lambda_2 = -1$.

2. Schritt: Bestimme zugehörige Eigenvektoren:

$$\lambda_1 = 3 \quad : \quad \begin{pmatrix} -2 & 2 \\ 2 & -2 \end{pmatrix} \begin{pmatrix} x_1^1 \\ x_2^1 \end{pmatrix} = \begin{pmatrix} 0 \\ 0 \end{pmatrix} \implies \mathbf{x}^{(1)} = \begin{pmatrix} 1 \\ 1 \end{pmatrix}$$

$$\lambda_2 = -1 \quad : \quad \begin{pmatrix} 2 & 2 \\ 2 & 2 \end{pmatrix} \begin{pmatrix} x_1^2 \\ x_2^2 \end{pmatrix} = \begin{pmatrix} 0 \\ 0 \end{pmatrix} \implies \mathbf{x}^{(2)} = \begin{pmatrix} 1 \\ -1 \end{pmatrix}$$

3. Schritt: Die allgemeine Lösung ist gegeben durch

$$\mathbf{y} = k_1 \mathbf{x}^{(1)} \, \mathrm{e}^{\lambda_1 t} + k_2 \mathbf{x}^{(2)} \, \mathrm{e}^{\lambda_2 t}, \quad (k_1, k_2 \in \mathbb{R}),$$

hier also:

$$\mathbf{y} = \begin{pmatrix} y_1 \\ y_2 \end{pmatrix} = k_1 \begin{pmatrix} 1 \\ 1 \end{pmatrix} \mathrm{e}^{3t} + k_2 \begin{pmatrix} 1 \\ -1 \end{pmatrix} \mathrm{e}^{-t}, \quad (k_1, k_2 \in \mathbb{R})$$

b) Die Anfangswerte ergeben:

$$\left. \begin{array}{rcrrcl} y_1(0) & = & k_1 & +k_2 & = & 2 \\ y_2(0) & = & k_1 & -k_2 & = & 0 \end{array} \right\} \implies k_1 = 1, \quad k_2 = 1$$

d.h. die gesuchte spezielle Lösung lautet:

$$\mathbf{y}(t) = \begin{pmatrix} 1 \\ 1 \end{pmatrix} \mathrm{e}^{3t} + \begin{pmatrix} 1 \\ -1 \end{pmatrix} \mathrm{e}^{-t}$$

8.4.2

Man bestimme die allgemeine Lösung des Systems

$$\begin{array}{rcrcr} y_1' & = & 7y_1 & + & 3y_2 \\ y_2' & = & -y_1 & + & 3y_2 \end{array}$$

und die Lösung der AWA mit $y_1(0) = 0$, $y_2(0) = 3$.

Bestimmung der Eigenwerte von $\mathbf{A} = \begin{pmatrix} 7 & 3 \\ -1 & 3 \end{pmatrix}$:

$$\begin{aligned} \begin{vmatrix} 7-\lambda & 3 \\ -1 & 3-\lambda \end{vmatrix} &= (7-\lambda)(3-\lambda) + 3 = \lambda^2 - 10\lambda + 24 \\ &= (\lambda - 4)(\lambda - 6) \implies \lambda_1 = 4, \ \lambda_2 = 6 \end{aligned}$$

Bestimmung zugehöriger Eigenvektoren:

$$\lambda_1 = 4: \quad \begin{pmatrix} 3 & 3 \\ -1 & -1 \end{pmatrix} \begin{pmatrix} x_1 \\ x_2 \end{pmatrix} = \begin{pmatrix} 0 \\ 0 \end{pmatrix} \quad \Longrightarrow \quad \mathbf{x}^{(1)} = \begin{pmatrix} 1 \\ -1 \end{pmatrix}$$

$$\lambda_2 = 6: \quad \begin{pmatrix} 1 & 3 \\ -1 & -3 \end{pmatrix} \begin{pmatrix} x_1 \\ x_2 \end{pmatrix} = \begin{pmatrix} 0 \\ 0 \end{pmatrix} \quad \Longrightarrow \quad \mathbf{x}^{(2)} = \begin{pmatrix} -3 \\ 1 \end{pmatrix}$$

Die allgemeine Lösung des Systems lautet damit:

$$\mathbf{y}(t) = c_1 \begin{pmatrix} 1 \\ -1 \end{pmatrix} \mathrm{e}^{4t} + c_2 \begin{pmatrix} -3 \\ 1 \end{pmatrix} \mathrm{e}^{6t}, \quad (c_1, c_2 \in \mathbb{R})$$

Lösung des AWA:

$$\begin{array}{rcrcrcl} y_1(0) & = & c_1 & - & 3c_2 & = & 0 \qquad (1) \\ y_2(0) & = & -c_1 & + & c_2 & = & 3 \qquad (2) \end{array}$$

(1)+(2) liefert: $-2c_2 = 3 \quad \Longrightarrow \quad c_2 = -\frac{3}{2} \quad \Longrightarrow \quad c_1 = -\frac{9}{2}$
Also lautet die Lösung der AWA:

$$\mathbf{y}(t) = -\frac{9}{2} \begin{pmatrix} 1 \\ -1 \end{pmatrix} \mathrm{e}^{4t} - \frac{3}{2} \begin{pmatrix} -3 \\ 1 \end{pmatrix} \mathrm{e}^{6t}$$

8.4.3

Man bestimme die allgemeine Lösung von:

$$\begin{array}{rcrcrcrcr} y_1' & = & y_1 & & & - & y_3 & + & 2 \\ y_2' & = & y_1 & + & 2y_2 & + & y_3 & - & 8 \\ y_3' & = & 2y_1 & + & 2y_2 & + & 3y_3 & - & 15 \end{array}$$

Hinweis:
Es gibt eine konstante Lösung des inhomogenen Systems mit $y_1 = 1$.

Eigenwerte von $\mathbf{A} = \begin{pmatrix} 1 & 0 & -1 \\ 1 & 2 & 1 \\ 2 & 2 & 3 \end{pmatrix}$:

$$\begin{aligned} \begin{vmatrix} 1-\lambda & 0 & -1 \\ 1 & 2-\lambda & 1 \\ 2 & 2 & 3-\lambda \end{vmatrix} &= (1-\lambda) \begin{vmatrix} 2-\lambda & 1 \\ 2 & 3-\lambda \end{vmatrix} - \begin{vmatrix} 1 & 2-\lambda \\ 2 & 2 \end{vmatrix} \\ &= (1-\lambda)[(2-\lambda)(3-\lambda) - 2] - [2 - 2(2-\lambda)] \\ &= (1-\lambda)[(2-\lambda)(3-\lambda) - 2] + 2(1-\lambda) \\ &= (1-\lambda)(2-\lambda)(3-\lambda) = 0 \\ &\Longrightarrow \lambda_1 = 1, \ \lambda_2 = 2, \ \lambda_3 = 3 \end{aligned}$$

Eigenvektoren von $\mathbf{A}$: (mit etwas Rechnen)

$$\lambda_1 = 1: \quad \mathbf{x}^{(1)} = \begin{pmatrix} -1 \\ 1 \\ 0 \end{pmatrix}, \qquad \lambda_2 = 2: \quad \mathbf{x}^{(2)} = \begin{pmatrix} 1 \\ -\frac{1}{2} \\ -1 \end{pmatrix}$$

$$\lambda_3 = 3: \quad \mathbf{x}^{(3)} = \begin{pmatrix} -1 \\ 1 \\ 2 \end{pmatrix}$$

Also lautet die allgemeine Lösung des homogenen Systems:

$$\mathbf{y}_h(t) = c_1 \begin{pmatrix} -1 \\ 1 \\ 0 \end{pmatrix} e^t + c_2 \begin{pmatrix} 1 \\ -\frac{1}{2} \\ -1 \end{pmatrix} e^{2t} + c_3 \begin{pmatrix} -1 \\ 1 \\ 2 \end{pmatrix} e^{3t}, \quad (c_1, c_2, c_3 \in \mathbb{R})$$

Mit dem Hinweis läßt sich leicht errechnen, daß $\mathbf{y}_s = \begin{pmatrix} 1 \\ 2 \\ 3 \end{pmatrix}$ eine Lösung des inhomogenen Systems ist. Damit ergibt sich die allgemeine Lösung $\mathbf{y}(t)$ zu $\mathbf{y}(t) = \mathbf{y}_s + \mathbf{y}_h(t)$, also:

$$\mathbf{y}(t) = \begin{pmatrix} 1 \\ 2 \\ 3 \end{pmatrix} + c_1 \begin{pmatrix} -1 \\ 1 \\ 0 \end{pmatrix} e^t + c_2 \begin{pmatrix} 1 \\ -\frac{1}{2} \\ -1 \end{pmatrix} e^{2t} + c_3 \begin{pmatrix} -1 \\ 1 \\ 2 \end{pmatrix} e^{3t}, \quad (c_i \in \mathbb{R})$$

8.4.4

Bestimmen Sie die allgemeine Lösung des Differentialgleichungssystems

$$\begin{aligned} y_1' &= y_1 - 5y_2 \\ y_2' &= 2y_1 - y_2 \end{aligned} .$$

Eigenwerte von $\mathbf{A} = \begin{pmatrix} 1 & -5 \\ 2 & -1 \end{pmatrix}$ sind $\lambda_{1,2} = \pm 3i$. Als einen Eigenvektor zu $\lambda_1 = 3i$ berechnet man $\mathbf{x}^{(1)} = \begin{pmatrix} 1+3i \\ 2 \end{pmatrix} = \begin{pmatrix} 1 \\ 2 \end{pmatrix} + i \begin{pmatrix} 3 \\ 0 \end{pmatrix}$. Das liefert die reellen Fundamentallösungen

$$\mathbf{z}^{(1)} = \begin{pmatrix} 1 \\ 2 \end{pmatrix} \cos 3t - \begin{pmatrix} 3 \\ 0 \end{pmatrix} \sin 3t \quad \text{und} \quad \mathbf{z}^{(2)} = \begin{pmatrix} 1 \\ 2 \end{pmatrix} \sin 3t + \begin{pmatrix} 3 \\ 0 \end{pmatrix} \cos 3t .$$

Die Lösungsgesamtheit des Differentialgleichungssystems lautet:

$$\mathbf{y}(t) = c_1 \left(\begin{pmatrix} 1 \\ 2 \end{pmatrix} \cos t - \begin{pmatrix} 3 \\ 0 \end{pmatrix} \sin 3t \right) + c_2 \left(\begin{pmatrix} 1 \\ 2 \end{pmatrix} \sin 3t + \begin{pmatrix} 3 \\ 0 \end{pmatrix} \cos 3t \right), c_1, c_2 \in \mathbb{R}.$$

8.5 Differenzengleichungen: Grundlagen

Die exakten Definitionen von Differenzengleichungen für eine Folge $(y_t)_{t\in\mathbb{N}_0}$ und zugehöriger Terminologie lesen Sie bitte in der Literatur nach. Hier wird lediglich versucht, Ihnen verbal diese Begriffe zu erläutern.

Differenzengleichung:	Eine Gleichung, in der jeweils endlich viele aufeinanderfolgende Glieder der unbekannten Folge vorkommen, ferner eine bekannte Folge.
Ordnung einer Differenzengleichung:	Größte vorkommende Differenz von Indizes der unbekannten Folge.
explizite Differenzengleichung:	Eine nach dem Folgenglied mit höchstem Index aufgelöste Differenzengleichung.
Anfangswertaufgabe: (AWA)	Eine Differenzengleichung $n-$ter Ordnung für eine Folge $(y_t)_{t\in\mathbb{N}_0}$, zusammen mit n **Anfangsbedingungen** $y_0 = a_0, y_1 = a_1, \ldots, y_{n-1} = a_{n-1}$ $(a_i \in \mathbb{R})$.

8.5.1

$(y_t)_{t\in\mathbb{N}_0}$ sei eine Folge. Bestimmen Sie bei den folgenden Differenzengleichungen deren Ordnung, und formen Sie sie gegebenenfalls zu einer expliziten Differenzengleichung um.

a) $y_t = y_{t-1} + 2(t-1)$ b) $y_{t+2} - y_{t+1} - y_t = 0$

c) $y_{n+2} - y_{n-1} = 1$ d) $y_{t+3} \cdot y_t + y_{t-2} = t^2$

e) $ny_n + 3y_{n-3} + y_{n-3}^2 + y_{n-2}^2 + (-1)^n y_{n-1}^2 = 0$

a) Dies ist eine explizite Differenzengleichung 1. Ordnung.

b) Es liegt eine Differenzengleichung 2. Ordnung vor. Die zugehörige explizite Differenzengleichung lautet: $y_{t+2} = y_{t+1} + y_t$

c) Ordnung: 3
Zugehörige explizite Differenzengleichung: $y_{n+2} = 1 + y_{n-1}$

d) Ordnung: 5

Zugehörige explizite Differenzengleichung: $y_{t+3} = \frac{1}{y_t}\left(t^2 - y_{t-2}\right)$

e) Ordnung: 3
Zugehörige explizite Differenzengleichung:

$$y_n = \frac{1}{n}\left(-3y_{n-3} - y_{n-3}^2 - y_{n-2}^2 - (-1)^n y_{n-1}^2\right)$$

8.5.2

Gegeben sei die Folge $y = (y_t)_{t\in\mathbb{N}_0}$ mit $y_t = 3t^2 - 2t$.

Differenzenoperatoren Δ^k werden definiert durch:

$$\begin{array}{rrcl} & \Delta^0 y_t & = & y_t \\ & \Delta^1 y_t & = & \Delta^0 y_{t+1} - \Delta^0 y_t \quad (=: \Delta y_t) \\ \text{allgemein:} & \Delta^k y_t & = & \Delta^{k-1} y_{t+1} - \Delta^{k-1} y_t \quad \text{für } k \geq 1 \end{array}$$

Man berechne die Differenzenfolgen (Δy_t) , $(\Delta^2 y_t)$, $(\Delta^k y_t)$, $k \geq 3$ für die obige Folge y und stelle diese Differenzenfolgen geeignet dar.

Es gilt:

$$\begin{aligned} \Delta^0 y_t &= y_t = 3t^2 - 2t \\ \Delta^1 y_t &= \Delta^0 y_{t+1} - \Delta^0 y_t = y_{t+1} - y_t = 3(t+1)^2 - 2(t+1) - (3t^2 - 2t) \\ &= 6t + 1 \\ \Delta^2 y_t &= \Delta^1 y_{t+1} - \Delta^1 y_t = 6(t+1) + 1 - (6t+1) = 6 \\ \Delta^3 y_t &= \Delta^2 y_{t+1} - \Delta^2 y_t = 6 - 6 = 0 \\ \Delta^k y_t &= \Delta^{k-1} y_{t+1} - \Delta^{k-1} y_t = 0 - 0 = 0 \text{ für } k \geq 3 \end{aligned}$$

Darstellung der Folgen:

$$\begin{array}{lccccccccccc} \Delta^0 y_t = y_t & 0 & & 1 & & 8 & & 21 & & 40 & & 65 \\ & & \longrightarrow & & \longrightarrow & & \longrightarrow & & \longrightarrow & & \longrightarrow & \\ \Delta^1 y_t = 6t + 1 & & 1 & & 7 & & 13 & & 19 & & 25 & \\ & & & \longrightarrow & & \longrightarrow & & \longrightarrow & & \longrightarrow & & \longrightarrow \\ \Delta^2 y_t = 6 & & & 6 & & 6 & & 6 & & 6 & & 6 \\ & & & & \longrightarrow & & \longrightarrow & & \longrightarrow & & \longrightarrow & \\ \Delta^3 y_t = 0 & & & & 0 & & 0 & & 0 & & 0 & \end{array}$$

8.5.3

a) Man berechne die ersten 4 Glieder der Lösung $(y_t)_{t\in\mathbb{N}_0}$ der AWA

$$\begin{aligned} &y_0 = 1000 \\ &y_{t+1} = \alpha y_t + \beta \quad \text{mit } \alpha = \frac{3}{2} \, , \ \beta = -100 \, . \end{aligned}$$

b) Man gebe eine explizite Darstellung von y_t als Funktion von t und y_0 an.

a)

t	y_t
0	$y_0 = 1000$
1	$y_1 = 1400$
2	$y_2 = 2000$
3	$y_3 = 2900$
4	$y_4 = 4250$

b)

t	y_t
0	y_0
1	$y_1 = \alpha y_0 + \beta$
2	$y_2 = \alpha(\alpha y_0 + \beta) + \beta = \alpha^2 y_0 + \alpha\beta + \beta$
3	$y_3 = \alpha(\alpha^2 y_0 + \alpha\beta + \beta) + \beta = \alpha^3 y_0 + (\alpha^2 + \alpha + 1)\beta$
$\vdots$	
k	$y_k = \alpha^k y_0 + (\underbrace{\alpha^{k-1} + \alpha^{k-2} + \cdots + \alpha^2 + \alpha + 1}_{\text{geom. Reihe}})\beta$

Unter Verwendung der Summenformel für eine endliche geometrische Reihe mit Anfangsglied 1, dem Quotienten $q = 1$ und $n = k$ Summanden erhält man:

$$y_k = \alpha^k y_0 + \frac{\alpha^k - 1}{\alpha - 1} \cdot \beta$$

Also: $\quad y_t = \alpha^t y_0 + \dfrac{\alpha^t - 1}{\alpha - 1} \cdot \beta$

und hier:
$$\begin{aligned} y_t &= 1,5^t \cdot 1000 + \frac{1,5^t - 1}{1,5 - 1} \cdot (-100) \\ &= 800 \cdot 1,5^t + 200 \end{aligned}$$

8.5.4

Man berechne die ersten 5 Glieder der Lösung $(y_t)_{t \in \mathbb{N}_0}$ der AWA

$$\begin{aligned} &y_0 = 500 \\ &y_1 = 700 \\ &y_{t+2} = \alpha y_{t+1} + \beta y_t + \gamma \quad \text{mit } \alpha = \tfrac{7}{6}\,,\ \beta = \tfrac{3}{2}\,,\ \gamma = -200\,. \end{aligned}$$

(Rundung auf 2 Stellen nach dem Komma.)

t	y_t
0	$y_0 = 500$
1	$y_1 = 700$
2	$y_2 = \frac{7}{6}y_1 + \frac{3}{2}y_0 - 200 = 1366,67$
3	$y_3 = \frac{7}{6}y_2 + \frac{3}{2}y_1 - 200 = 2444,44$
4	$y_4 = \frac{7}{6}y_3 + \frac{3}{2}y_2 - 200 = 4701,85$
5	$y_5 = \frac{7}{6}y_4 + \frac{3}{2}y_3 - 200 = 8952,16$

8.5.5

Gegeben ist die Differenzengleichung

$$\begin{array}{rrcl} & y_t & - & y_{t-1} = \alpha\,(5 - y_{t-1})\ ; \quad 0 \le \alpha \le 1\ ; \quad t \in \mathbb{N}_0 \\ \text{mit} & y_0 & = & 1\,. \end{array}$$

a) Bestimmen Sie die Lösung im Falle $\alpha = 1$.

b) Bestimmen Sie die Lösung im Falle $\alpha = 0$.

c) Bestimmen Sie die Lösung im Falle $\alpha = 0,5$.

d) Für welchen Wert α gilt $y_5 = 4$?

a) $\alpha = 1 \quad \Longrightarrow \quad y_t - y_{t-1} = 5 - y_{t-1}$

Lösung:
$$\begin{array}{rcll} y_t & = & 5 & \text{für } t \in \mathbb{N} \\ y_0 & = & 1 & \end{array}$$

b) $\alpha = 0 \quad \Longrightarrow \quad y_t - y_{t-1} = 0$

Damit gilt $y_t = y_{t-1}$ und wegen $y_0 = 1$ lautet die Lösung:

$$y_t = 1 \qquad \text{für } t \in \mathbb{N}_0$$

c)

$$\begin{array}{rcl} \alpha = \dfrac{1}{2} \quad \Longrightarrow \quad y_t - y_{t-1} & = & \dfrac{1}{2}\,(5 - y_{t-1}) \\ y_t & = & \dfrac{1}{2}y_{t-1} + 2,5 \end{array}$$

Mit der Herleitung wie in Aufgabe 3 (für $y_{t+1} = \alpha y_t + \beta$) erhält man

$$
\begin{aligned}
y_t &= \left(\frac{1}{2}\right)^t \cdot y_0 + \frac{\left(\frac{1}{2}\right)^t - 1}{\frac{1}{2} - 1} \cdot 2,5 \\
&= 5 - 4 \cdot \left(\frac{1}{2}\right)^t \quad , \qquad t \in \mathbb{N}_0
\end{aligned}
$$

d) Die gegebene Differenzengleichung wird umgeformt:

$$y_t - y_{t-1} = \alpha\,(5 - y_{t-1}) \iff y_t = 5\alpha + (1-\alpha)y_{t-1}$$

Die allgemeine Lösung (vgl. Teil c)) ergibt sich zu

$$y_t = (1-\alpha)^t \cdot y_0 + \frac{(1-\alpha)^t - 1}{(1-\alpha) - 1} \cdot 5\alpha \quad \text{mit } \alpha \neq 1\,,$$

da dies wegen Teil a) ausgeschlossen ist.

$$
\begin{aligned}
y_5 = 4 \quad \Longrightarrow \quad (1-\alpha)^5 - (1-\alpha)^5 \cdot 5 + 5 &= 4 \\
-4\,(1-\alpha)^5 &= -1 \\
(1-\alpha)^5 &= \frac{1}{4} \\
1 - \alpha &= \sqrt[5]{\frac{1}{4}} \quad \Longrightarrow \quad \alpha \approx 0,242
\end{aligned}
$$

Lösung: Für $\alpha \approx 0,242$ gilt: $y_5 = 4$

8.5.6

Man bestimme die Lösung der Differenzengleichung

$$y_{t+1} = \frac{1}{2} y_t + 2 \quad ; \quad y_0 = 1$$

in Abhängigkeit von $t \in \mathbb{N}_0$. Was ergibt sich für $t \to \infty$?

Die Differenzengleichung besitzt (wie zuvor schon dargelegt) die Lösung

$$
\begin{aligned}
y_t &= \left(\frac{1}{2}\right)^t \cdot y_0 + \frac{\left(\frac{1}{2}\right)^t - 1}{\frac{1}{2} - 1} \cdot 2 \\
&= 4 - 3 \cdot \left(\frac{1}{2}\right)^t \quad , \ t \in \mathbb{N}_0\,.
\end{aligned}
$$

Für $t \to \infty$ gilt: $\lim\limits_{t\to\infty} y_t = \lim\limits_{t\to\infty} \left[4 - 3 \cdot (\frac{1}{2})^t\right] = 4.$

Die Folge (y_t) ist also monoton wachsend und besitzt den Grenzwert 4.

8.6 Lineare Differenzengleichungen höherer Ordnung mit konstanten Koeffizienten

Sind $c_0, c_1, \ldots, c_n \in \mathbb{R}$, und ist eine Folge $(g_t)_{t\in\mathbb{N}_0}$ gegeben, so heißt

$$c_n y_{t+n} + c_{n-1} y_{t+n-1} + \ldots + c_1 y_{t+1} + c_0 y_t = g_t \quad , \; t \in \mathbb{N}_0$$

eine **lineare Differenzengleichung n–ter Ordnung mit konstanten Koeffizienten.**

Die Folge $(g_t)_{t\in\mathbb{N}_0}$ heißt **Störfolge.**

Gilt $g_t = 0$ für alle t, so heißt die Differenzengleichung **homogen**, sonst **inhomogen.**

Die Lösung einer linearen Differenzengleichung mit konstanten Koeffizienten verläuft analog zum Lösungsverfahren für eine lineare Dgl. höherer Ordnung mit konstanten Koeffizienten (siehe Abschnitt 8.3). Man orientiere sich an den folgenden Aufgaben.

8.6.1

Bestimmen Sie die allgemeinen Lösungen der folgenden Differenzengleichungen :

a) $y_{t+1} - 5y_t = 2$ b) $2y_{t+2} + y_{t+1} - y_t = 0$

c) $2y_{t+2} + y_{t+1} - y_t = 100$

Alle Differenzengleichungen sind linear mit konstanten Koeffizienten.
Es wird stets zunächst die zugehörige homogene Differenzengleichung gelöst. Dazu werden wie bei linearen Dgln. höherer Ordnung mit konstanten Koeffizienten die Nullstellen λ_i des charakteristischen Polynoms bestimmt, aus denen sich die **Basislösungen** $(\lambda_i)^t$ und durch Linearkombination der Basislösungen die allgemeine Lösung der homogenen Differenzengleichung ergeben.

a) Charakteristisches Polynom: $\varphi(\lambda) = \lambda - 5$; Nullstelle: $\lambda = 5$
Allgemeine Lösung der homogenen Differenzengleichung:

$$y_t = k \cdot 5^t \, , \; t \in \mathbb{N}_0 \quad (k \in \mathbb{R})$$

Spezielle Lösung der inhomogenen Differenzengleichung:
Bei konstanter rechter Seite kann eine spezielle Lösung häufig als Konstante angesetzt werden. Der Ansatz $v_t = c$ liefert hier:

$$c - 5c = 2 \quad \text{also} \quad c = v(t) = -\frac{1}{2}$$

Die allgemeine Lösung der inhomogenen Differenzengleichung ergibt sich wieder durch Addition der allgemeinen Lösung der zugehörigen homogenen Differenzengleichung und einer speziellen Lösung; hier also:

$$y_t = k5^t - \frac{1}{2}, \quad (k \in \mathbb{R})$$

b) $\lambda_1 = -1$ und $\lambda_2 = \frac{1}{2}$ sind Nullstellen des charakteristischen Polynoms

$$p(\lambda) = 2\lambda^2 + \lambda - 1.$$

Basislösungen sind daher

$$(y_t^1)_{t\in\mathbb{N}_0} \quad \text{mit} \quad y_t^1 = (-1)^t \quad \text{und}$$
$$(y_t^2)_{t\in\mathbb{N}_0} \quad \text{mit} \quad y_t^2 = (\tfrac{1}{2})^t ,$$

d. h. die allgemeine Lösung lautet:

$$y_t = k_1(-1)^t + k_2(\frac{1}{2})^t , \; t \in \mathbb{N}_0 \quad (k_1 , k_2 \in \mathbb{R})$$

c) Der Ansatz $v_t = c$ liefert hier $2c + c - c = 100$, also $c = 50$.
$v_t = 50$ ist daher eine spezielle Lösung der inhomogenen Differenzengleichung, d. h. die allgemeine Lösung der inhomogenen Differenzengleichung lautet:

$$y_t = k_1(-1)^t + k_2(\frac{1}{2})^t + 50 , \; t \in \mathbb{N}_0 \quad (k_1, k_2 \in \mathbb{R})$$

8.6.2

Es sei $a \in \mathbb{R}$ mit $a \neq 0$ und $a \neq -1$ gegeben. Ferner sei $t \in \mathbb{N}_0$.

a) Bestimmen Sie die allgemeine Lösung der Differenzengleichung:

$$y_{t+1} = \frac{1}{1+a}\, y_t$$

b) Bestimmen Sie eine spezielle Lösung der Differenzengleichung:

$$y_{t+1} = \frac{1}{1+a}\, y_t + \frac{a}{1+a}$$

c) Bestimmen Sie die spezielle Lösung $(y_t)_{t\in\mathbb{N}_0}$, die der Anfangsbedingung $y_0 = 2$ genügt.

d) Für welche Werte von a konvergiert die in Teil c) bestimmte Folge (y_t) für $t \to \infty$?

a) Das charakteristische Polynom der homogenen Differenzengleichung

$$y_{t+1} - \frac{1}{1+a}\, y_t = 0$$

lautet $\varphi(\lambda) = \lambda - \dfrac{1}{1+a}$ und damit die allgemeine Lösung der Differenzengleichung:

$$y_t = k \cdot \left(\frac{1}{1+a}\right)^t , \quad t \in \mathbb{N}_0 \quad (k \in \mathbb{R})$$

b) Ansatz für konstante Störfolge: $v_t = \sigma$
Es folgt:

$$\begin{aligned} \sigma &= \frac{1}{1+a}\sigma + \frac{a}{1+a} \\ \sigma\,(1 - \frac{1}{1+a}) &= \frac{a}{1+a} \\ \sigma\,\frac{a}{1+a} &= \frac{a}{1+a} \quad \Longrightarrow \quad \sigma = 1 = v_t \end{aligned}$$

c) Die allgemeine Lösung der inhomogenen Differenzengleichung unter b) lautet:

$$y_t = k \cdot \left(\frac{1}{1+a}\right)^t + 1\,, \quad t \in \mathbb{N}_0 \quad (k \in \mathbb{R})$$

Anpassung an die Anfangsbedingung $y_0 = 2$:

$$y_0 = k + 1 = 2 \quad \Longrightarrow \quad k = 1$$

Ergebnis: $\quad y_t = \left(\dfrac{1}{1+a}\right)^t + 1\,, \quad t \in \mathbb{N}_0$

d)

y_t konvergiert für $|\dfrac{1}{1+a}| \leq 1.$
Also:
y_t konvergiert für
$a > 0$ oder $a \leq -2.$

Skizze:

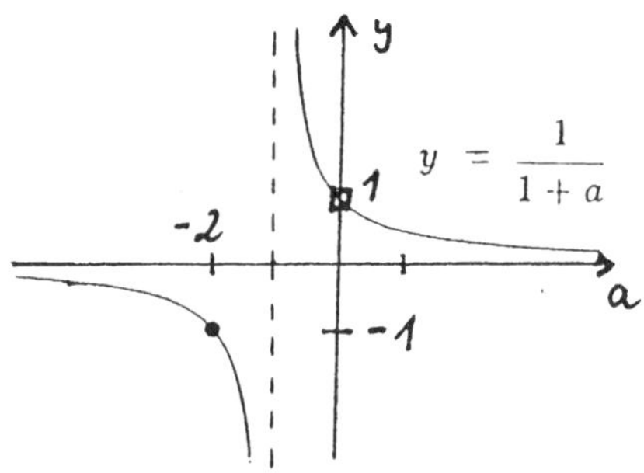

8.6.3

a) Man bestimme die allgemeine Lösung der Differenzengleichung $y_{t+2} - 2y_{t+1} - 3y_t = 0$.

b) Man bestimme die spezielle Lösung $(y_t)_{t\in\mathbb{N}_0}$, die den Anfangsbedingungen $y_0 = 0$, $y_1 = 1$ genügt.

a) Es liegt eine homogene lineare Differenzengleichung 2. Ordnung in Normalform mit konstanten Koeffizienten vor.

$$p(\lambda) = \lambda^2 - 2\lambda - 3 = (\lambda + 1)(\lambda - 3) \quad \Longrightarrow \quad \lambda_1 = -1\,,\ \lambda_2 = 3$$

Die zugehörigen Basislösungen lauten:

$$\begin{aligned} (y_t^1)_{t\in\mathbb{N}_0} \quad \text{mit} \quad y_t^1 &= (-1)^t \\ (y_t^2)_{t\in\mathbb{N}_0} \quad \text{mit} \quad y_t^2 &= 3^t \end{aligned}$$

Also lautet die allgemeine Lösung:

$$y_t = k_1 \cdot (-1)^t + k_2 \cdot 3^t\ ,\ t \in \mathbb{N}_0 \quad (k_1, k_2 \in \mathbb{R})$$

b) Anpassung an die Anfangsbedingungen:

$$\begin{array}{rcrcrcll} y_0 & = & k_1 & + & k_2 & = & 0 & \qquad (1) \\ y_1 & = & -k_1 & + & 3k_2 & = & 1 & \qquad (2) \end{array}$$

(1)+(2) liefert: $4k_2 = 1 \quad \Longrightarrow \quad k_2 = \frac{1}{4} \quad \Longrightarrow \quad k_1 = -\frac{1}{4}$

Also lautet die gesuchte spezielle Lösung:

$$y_t = (-1)^t \cdot (-\frac{1}{4}) + \frac{1}{4} \cdot 3^t = \frac{1}{4}\left((-1)^{t+1} + 3^t\right)\ ,\ \ t \in \mathbb{N}_0$$

8.6.4

a) Man bestimme die allgemeine Lösung der Differenzengleichung $y_{t+2} - 4y_{t+1} + 4y_t = 0$.

b) Man bestimme die spezielle Lösung $(y_t)_{t\in\mathbb{N}_0}$, die den Anfangsbedingungen $y_0 = 2$, $y_1 = 3$ genügt.

a) $p(\lambda) = \lambda^2 - 4\lambda + 4 = (\lambda - 2)^2 \quad \Longrightarrow \quad \lambda_1 = \lambda_2 = 2$

Die zugehörigen Basislösungen lauten:

$$\begin{aligned} (y_t^1)_{t\in\mathbb{N}_0} \quad \text{mit} \quad y_t^1 &= 2^t \\ (y_t^2)_{t\in\mathbb{N}_0} \quad \text{mit} \quad y_t^2 &= t \cdot 2^t \end{aligned}$$

allgemeine Lösung:

$$y_t = k_1 \cdot 2^t + k_2 \cdot t \cdot 2^t \ , \ t \in \mathbb{N}_0 \quad (k_1, k_2 \in \mathbb{R})$$

b) spezielle Lösung der AWA:

$$\begin{array}{lcrcrcl} y_0 & = & k_1 & & & = 2 & \Longrightarrow \quad k_1 = 2 \\ y_1 & = & 2k_1 & + & 2k_2 & = 3 & \Longrightarrow \quad k_2 = -\frac{1}{2} \end{array}$$

Also: $y_t = 2 \cdot 2^t + (-\frac{1}{2})t \cdot 2^t = 2^{t+1} - t \cdot 2^{t-1} \ , \ t \in \mathbb{N}_0$

8.6.5

Man bestimme die allgemeine Lösung der Differenzengleichung

$$y_{t+3} - y_{t+2} - 8y_{t+1} + 12y_t = 0.$$

Hinweis: -3 ist Nullstelle des charakteristischen Polynoms.

Man erhält sofort: $p(\lambda) = \lambda^3 - \lambda^2 - 8\lambda + 12$

Nach dem Hinweis ist -3 Nullstelle des charakteristischen Polynoms, also wird gleich eine Polynomdivision durchgeführt:

$$\begin{array}{l} (\lambda^3 - \lambda^2 - 8\lambda + 12) : (\lambda + 3) = \lambda^2 - 4\lambda + 4 = (\lambda - 2)^2 \\ \underline{\lambda^3 + 3\lambda^2} \\ \quad -4\lambda^2 - 8\lambda \\ \quad \underline{-4\lambda^2 - 12\lambda} \\ \qquad\quad 4\lambda + 12 \\ \qquad\quad \underline{4\lambda + 12} \\ \qquad\qquad\quad 0 \end{array}$$

Damit erhält man als Nullstellen des charakteristischen Polynoms:

$$\lambda_1 = -3 \ , \ \lambda_2 = \lambda_3 = 2$$

Die zugehörigen Basislösungen lauten:

$$\begin{array}{lll} (y_t^1)_{t \in \mathbb{N}_0} & \text{mit} \quad y_t^1 & = (-3)^t \\ (y_t^2)_{t \in \mathbb{N}_0} & \text{mit} \quad y_t^2 & = 2^t \\ (y_t^3)_{t \in \mathbb{N}_0} & \text{mit} \quad y_t^3 & = t \cdot 2^t \end{array}$$

Also lautet die allgemeine Lösung:

$$y_t = k_1(-3)^t + k_2 \cdot 2^t + k_3 \cdot t \cdot 2^t \ , \ t \in \mathbb{N}_0 \quad (k_1, k_2, k_3 \in \mathbb{R})$$

8.6.6

Betrachten Sie die Differenzengleichung

$$3y_{t+2} + 48y_t = 0 \quad (t \in \mathbb{N}_0)$$

a) Bestimmen Sie die allgemeine Lösung.

b) Bestimmen Sie die spezielle Lösung, die den Anfangsbedingungen

$$y_0 = 0 \quad ; \qquad y_1 = 1$$

genügt.

Es liegt eine homogene Differenzengleichung 2. Ordnung mit konstanten Koeffizienten vor.

a) Allgemeine Lösung:

$$3\lambda^2 + 48 = 0 \quad \Longrightarrow \quad \lambda_1 = 4\mathrm{i}; \quad \lambda_2 = -4\mathrm{i}$$

$$\begin{aligned} |\lambda_{1,2}| &= 4 \\ \varphi &= \tfrac{\pi}{2} \end{aligned}$$

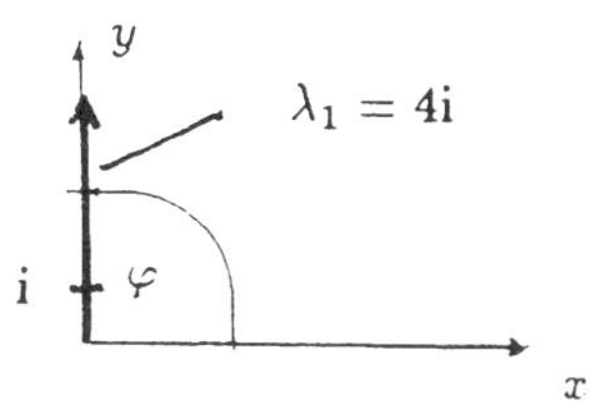

Damit folgt (in reeller Schreibweise):

$$y_t = k_1 4^t \cos(\frac{\pi}{2}t) + k_2 4^t \sin(\frac{\pi}{2}t)\ , \quad t \in \mathbb{N}_0 \quad (k_1, k_2 \in \mathbb{R})$$

b) Spezielle Lösung:

$y_0 = k_2 = 0\ , \quad y_1 = 4k_1 = 1 \quad \Longrightarrow \quad k_1 = \frac{1}{4}$

d. h. die spezielle Lösung lautet:

$$y_t = 4^{t-1} \sin(\frac{\pi}{2}t)\ , \quad t \in \mathbb{N}_0$$

8.6.7

a) Man bestimme die allgemeine Lösung der Differenzengleichung $y_{t+2} - 5y_{t+1} + 6y_t = 50$.

b) Man bestimme die spezielle Lösung $(y_t)_{t\in\mathbb{N}_0}$, die den Anfangsbedingungen $y_0 = 0$, $y_1 = 50$ genügt.

a) Wieder wird zuerst die allgemeine Lösung der homogenen Differenzengleichung bestimmt:

$$p(\lambda) = \lambda^2 - 5\lambda + 6 = (\lambda - 2)(\lambda - 3) \quad \Longrightarrow \quad \lambda_1 = 2\,,\ \lambda_2 = 3$$

Also sind

$$\begin{aligned} (y_t^1)_{t\in\mathbb{N}_0} \quad \text{mit} \quad y_t^1 &= 2^t \\ (y_t^2)_{t\in\mathbb{N}_0} \quad \text{mit} \quad y_t^2 &= 3^t \end{aligned}$$

die zugehörigen Basislösungen und die allgemeine Lösung der homogenen Differenzengleichung lautet:

$$y_t = k_1 \cdot 2^t + k_2 \cdot 3^t\ ,\ t \in \mathbb{N}_0 \quad (k_1, k_2 \in \mathbb{R})$$

Nun setzt man wieder eine konstante Störfolge $\nu = (\nu_t)_{t\in\mathbb{N}_0}$, $\nu_t = c \quad (t \in \mathbb{N}_0)$ als Lösung der inhomogenen Differenzengleichung an:

$$\text{Einsetzen:} \quad c - 5c + 6c = 50 \quad \Longrightarrow \quad c = 25$$

Also erhält man als allgemeine Lösung der inhomogenen Differenzengleichung:

$$y_t = k_1 \cdot 2^t + k_2 \cdot 3^t + 25\ ,\ \ t \in \mathbb{N}_0 \quad (k_1, k_2 \in \mathbb{R})$$

b) Anpassung an die Anfangswerte:

$$\begin{array}{ccccccccccc} y_0 & = & k_1 & + & k_2 & + & 25 & = & 0 & & (1) \\ y_1 & = & 2k_1 & + & 3k_2 & + & 25 & = & 50 & & (2) \end{array}$$

$(2) - 2\cdot(1)$ liefert $k_2 - 25 = 50 \quad \Longrightarrow \quad k_2 = 75 \quad \Longrightarrow \quad k_1 = -100$
Also lautet die spezielle Lösung der AWA:

$$y_t = (-100)\cdot 2^t + 75 \cdot 3^t + 25\ ,\ \ t \in \mathbb{N}_0$$

8.6.8

a) Man bestimme die allgemeine Lösung der Differenzengleichung

$$y_{t+3} - y_{t+2} + \frac{1}{4}y_{t+1} - \frac{1}{4}y_t = 20.$$

Hinweis: 1 ist Nullstelle des charakteristischen Polynoms. Wähle zur Lösung der inhomogenen Gleichung den Ansatz $v_t = \alpha t$.

b) Man bestimme die spezielle Lösung $(y_t)_{t\in\mathbb{N}_0}$, die den Anfangsbedingungen $y_0 = 0$, $y_1 = 10$, $y_2 = 20$ genügt.

a) Zuerst erfolgt die Lösung der homogenen Differenzengleichung:

$$p(\lambda) = \lambda^3 - \lambda^2 + \frac{1}{4}\lambda - \frac{1}{4}$$

Nach Hinweis ist 1 eine Nullstelle des charakteristischen Polynoms, also wird eine Polynomdivison durchgeführt:

$$\begin{array}{lllllllll}
(& \lambda^3 & - & \lambda^2 & + & \frac{1}{4}\lambda & - & \frac{1}{4} &) : (\lambda - 1) = \lambda^2 + \frac{1}{4} \\
 & \lambda^3 & - & \lambda^2 & & & & & \\
\hline
 & & & & & \frac{1}{4}\lambda & - & \frac{1}{4} & \\
 & & & & & \frac{1}{4}\lambda & - & \frac{1}{4} & \\
\hline
 & & & & & & & 0 &
\end{array}$$

Also: $\quad p(\lambda) = (\lambda - 1)(\lambda^2 + \frac{1}{4}) = (\lambda - 1)(\lambda + \frac{i}{2})(\lambda - \frac{i}{2})$

$$\begin{aligned}
\lambda_1 &= 1 \\
\lambda_2 &= \tfrac{i}{2} \\
\lambda_3 &= -\tfrac{i}{2}
\end{aligned}$$

Bestimmung des Winkels φ von λ_2:

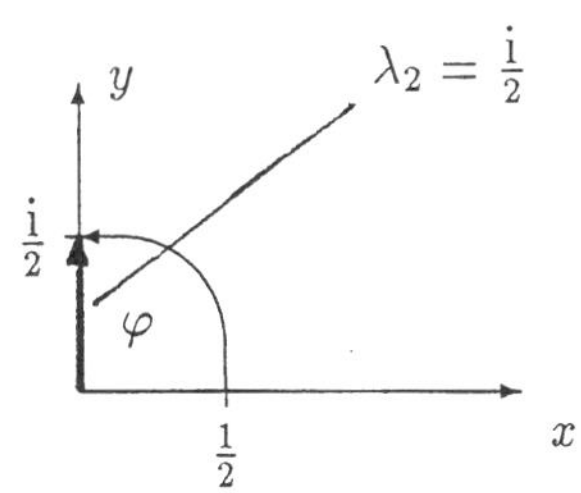

Man sieht: $\varphi = 90° = \frac{\pi}{2}$

Damit erhält man die zugehörigen Basislösungen ($t \in \mathbb{N}_0$) in reeller Schreibweise:

$$\begin{array}{llcll}
(y_t^1)_{t\in\mathbb{N}_0} & \text{mit } y_t^1 & = & 1^t & = 1 \\
(y_t^2)_{t\in\mathbb{N}_0} & \text{mit } y_t^2 & = & (\frac{1}{2})^t \cos(\frac{\pi}{2}t) & \\
(y_t^3)_{t\in\mathbb{N}_0} & \text{mit } y_t^3 & = & (\frac{1}{2})^t \sin(\frac{\pi}{2}t) &
\end{array}$$

Also lautet die allgemeine Lösung der homogenen Differenzengleichung:

$$y_t = k_1 + k_2(\frac{1}{2})^t \cos(\frac{\pi}{2}t) + k_3(\frac{1}{2})^t \sin(\frac{\pi}{2}t)\ , \quad t \in \mathbb{N}_0 \quad (k_1, k_2, k_3 \in \mathbb{R})$$

Zur Lösung der inhomogenen Differenzengleichung:
Laut Hinweis wählt man den Ansatz $\nu_t = \alpha t$ für eine spezielle Lösung.
Einsetzen in die Differenzengleichung:

$$\alpha(t+3) - \alpha(t+2) + \frac{1}{4}\alpha(t+1) - \frac{1}{4}\alpha t = 20 \quad \Longrightarrow \quad \alpha = 16$$

Also lautet eine spezielle Lösung der inhomogenen Differenzengleichung:

$$\nu = (\nu_t)_{t \in \mathbb{N}_0} \text{ mit } \nu_t = 16t$$

Damit erhält man als allgemeine Lösung der inhomogenen Differenzengleichung:

$$y_t = k_1 + k_2(\frac{1}{2})^t \cos(\frac{\pi}{2}t) + k_3(\frac{1}{2})^t \sin(\frac{\pi}{2}t) + 16t\ , \quad t \in \mathbb{N}_0 \quad (k_1, k_2, k_3 \in \mathbb{R})$$

b) Anpassung an die Anfangswerte:

$$\begin{array}{llllllllll} y_0 & = & k_1 & + & k_2 & + & & & = & 0 & (1) \\ y_1 & = & k_1 & & & + & \frac{1}{2}k_3 & + \ 16 & = & 10 & (2) \\ y_2 & = & k_1 & - & \frac{1}{4}k_2 & & & + \ 32 & = & 20 & (3) \end{array}$$

$(3)-(1)$ liefert $-\frac{5}{4}k_2 = -12$. Daraus folgt $k_2 = \frac{48}{5}$ und durch Einsetzen weiter $k_1 = -\frac{48}{5}$ und $k_3 = \frac{36}{5}$.
Damit lautet die spezielle Lösung der AWA:

$$y_t = -\frac{48}{5} + \frac{48}{5}\left(\frac{1}{2}\right)^t \cos(\frac{\pi}{2}t) + \frac{36}{5}\left(\frac{1}{2}\right)^t \sin(\frac{\pi}{2}t) + 16t\ , \quad t \in \mathbb{N}_0$$

8.7 Homogene Systeme linearer Differenzengleichungen mit konstanten Koeffizienten

Homogene Systeme linearer Differenzengleichungen 1. Ordnung mit konstanten Koeffizienten zur Bestimmung unbekannter Folgen $(y_t^1)_{t\in\mathbb{N}}, \dots, (y_t^n)_{t\in\mathbb{N}}$ können auch in Matrizenschreibweise geschrieben werden. Das Lösungsverfahren ähnelt dem in Abschnitt 8.4 beschriebenen Verfahren zur Lösung von Systemen linearer Dgln mit konstanten Koeffizienten und erklärt sich in den Aufgaben von selbst.

Differenzengleichungssystem

$$\begin{array}{rcccccccc} y_{t+1}^1 & = & a_{11}y_t^1 & + & a_{12}y_t^2 & + & \dots & + & a_{1n}y_t^n \\ y_{t+1}^2 & = & a_{21}y_t^1 & + & a_{22}y_t^2 & + & \dots & + & a_{2n}y_t^n \\ \vdots & & & & & & \vdots & & \\ y_{t+1}^n & = & a_{n1}y_t^1 & + & a_{n2}y_t^2 & + & \dots & + & a_{nn}y_t^n \end{array}$$

in Matrizenschreibweise:

$$\mathbf{y}_{t+1} = \mathbf{A}\,\mathbf{y}_t \quad \text{mit} \quad \mathbf{y}_t = \begin{pmatrix} y_t^1 \\ \vdots \\ y_t^n \end{pmatrix} \quad \text{und} \quad \mathbf{A} = (a_{ik})$$

8.7.1

Schreiben Sie das folgende System von Differenzengleichungen 1. Ordnung um in Matrixform:

$$\begin{array}{rcccccc} y_{t+1}^1 & = & y_t^1 & - & 2y_t^2 & + & 3y_t^3 \\ y_{t+1}^2 & = & & & 3y_t^2 & - & 7y_t^3 \\ y_{t+1}^3 & = & 2y_t^1 & - & y_t^2 & + & 3y_t^3 \end{array}$$

Es wird der Vektor $\mathbf{y}_t = \begin{pmatrix} y_t^1 \\ y_t^2 \\ y_t^3 \end{pmatrix}$ eingeführt. Damit läßt sich das gegebene System als Produkt angeben in der Form:

$$\mathbf{y}_{t+1} = \begin{pmatrix} 1 & -2 & 3 \\ 0 & 3 & -7 \\ 2 & -1 & 3 \end{pmatrix} \mathbf{y}_t$$

8.7.2
Man bestimme die allgemeine Lösung des Systems von Differenzengleichungen:

$$\begin{aligned} y_{t+1}^1 &= -6y_t^1 + 6y_t^2 \\ y_{t+1}^2 &= -2y_t^1 + y_t^2 \end{aligned}$$

Zuerst werden die Eigenwerte und Eigenvektoren von $\mathbf{A} = \begin{pmatrix} -6 & 6 \\ -2 & 1 \end{pmatrix}$ berechnet.

$$\begin{aligned} \begin{vmatrix} -6-\lambda & 6 \\ -2 & 1-\lambda \end{vmatrix} &= (-6-\lambda)(1-\lambda)+12 = \lambda^2+5\lambda+6 \\ &= (\lambda+2)(\lambda+3) \\ \Longrightarrow & \quad \lambda_1 = -2 \, , \; \lambda_2 = -3 \end{aligned}$$

Berechnung von Eigenvektoren:

$$\lambda_1 = -2: \quad \begin{pmatrix} -4 & 6 \\ -2 & 3 \end{pmatrix} \begin{pmatrix} x_1^1 \\ x_2^1 \end{pmatrix} = \begin{pmatrix} 0 \\ 0 \end{pmatrix} \quad \Longrightarrow \quad \mathbf{x}^{(1)} = \begin{pmatrix} \frac{3}{2} \\ 1 \end{pmatrix}$$

$$\lambda_2 = -3: \quad \begin{pmatrix} -3 & 6 \\ -2 & 4 \end{pmatrix} \begin{pmatrix} x_1^2 \\ x_2^2 \end{pmatrix} = \begin{pmatrix} 0 \\ 0 \end{pmatrix} \quad \Longrightarrow \quad \mathbf{x}^{(2)} = \begin{pmatrix} 2 \\ 1 \end{pmatrix}$$

Also lauten die zugehörigen Basislösungen:

$$(\lambda_1^t \mathbf{x}^{(1)})_{t\in\mathbb{N}_0} = \left((-2)^t \begin{pmatrix} \frac{3}{2} \\ 1 \end{pmatrix} \right)_{t\in\mathbb{N}_0}$$

$$(\lambda_2^t \mathbf{x}^{(2)})_{t\in\mathbb{N}_0} = \left((-3)^t \begin{pmatrix} 2 \\ 1 \end{pmatrix} \right)_{t\in\mathbb{N}_0} ,$$

und damit ergibt sich die allgemeine Lösung:

$$\mathbf{y}_t = k_1(-2)^t \begin{pmatrix} \frac{3}{2} \\ 1 \end{pmatrix} + k_2(-3)^t \begin{pmatrix} 2 \\ 1 \end{pmatrix} , \quad t \in \mathbb{N}_0 \quad (k_1, k_2 \in \mathbb{R})$$

oder:

$$\begin{aligned} y_t^1 &= k_1 \cdot \frac{(-2)^t \cdot 3}{2} + k_2 \cdot (-3)^t \cdot 2 \\ y_t^2 &= k_1 \cdot (-2)^t + k_2 \cdot (-3)^t \end{aligned}$$

8.7.3

a) Bestimmen Sie die allgemeine Lösung des Systems von Differenzengleichungen:

$$\begin{array}{rclclcl} y^1_{t+1} &=& 2y^1_t &-& 2y^2_t && \\ y^2_{t+1} &=& y^1_t &+& 5y^2_t &+& y^3_t \\ y^3_{t+1} &=& y^1_t &+& 2y^2_t &+& 3y^3_t \end{array}$$

b) Bestimmen Sie die spezielle Lösung $(\mathbf{y}_t)_{t\in\mathbb{N}_0}$, die der Anfangsbedingung $\mathbf{y}_0 = \begin{pmatrix} 5 \\ -\frac{1}{2} \\ -1 \end{pmatrix}$ genügt.

a) Nach Aufgabe 7.2.1 c) hat $\mathbf{A} = \begin{pmatrix} 2 & -2 & 0 \\ 1 & 5 & 1 \\ 1 & 2 & 3 \end{pmatrix}$ die Eigenwerte $\lambda_1 = 2$, $\lambda_2 = 3$, $\lambda_3 = 5$ und z. B. die Eigenvektoren

$$\mathbf{x}^{(1)} = \begin{pmatrix} 1 \\ 0 \\ -1 \end{pmatrix}, \quad \mathbf{x}^{(2)} = \begin{pmatrix} 2 \\ -1 \\ 0 \end{pmatrix}, \quad \mathbf{x}^{(3)} = \begin{pmatrix} 1 \\ -\frac{3}{2} \\ -1 \end{pmatrix}.$$

Also erhält man als Basislösungen:

$$(\mathbf{y}^{(1)}_t)_{t\in\mathbb{N}_0}, \qquad (\mathbf{y}^{(2)}_t)_{t\in\mathbb{N}_0}, \qquad (\mathbf{y}^{(3)}_t)_{t\in\mathbb{N}_0}$$

$$\text{mit} \quad \mathbf{y}^{(1)}_t = 2^t \begin{pmatrix} 1 \\ 0 \\ -1 \end{pmatrix}, \quad \mathbf{y}^{(2)}_t = 3^t \begin{pmatrix} 2 \\ -1 \\ 0 \end{pmatrix}, \quad \mathbf{y}^{(3)}_t = 5^t \begin{pmatrix} 1 \\ -\frac{3}{2} \\ -1 \end{pmatrix}$$

und damit als allgemeine Lösung:

$$\mathbf{y}_t = k_1\mathbf{y}^{(1)}_t + k_2\mathbf{y}^{(2)}_t + k_3\mathbf{y}^{(3)}_t \ , \ t \in \mathbb{N}_0 \quad (k_1, k_2, k_3 \in \mathbb{R})$$

also:

$$\mathbf{y}_t = k_1 \cdot 2^t \begin{pmatrix} 1 \\ 0 \\ -1 \end{pmatrix} + k_2 \cdot 3^t \begin{pmatrix} 2 \\ -1 \\ 0 \end{pmatrix} + k_3 \cdot 5^t \begin{pmatrix} 1 \\ -\frac{3}{2} \\ -1 \end{pmatrix}, \ t \in \mathbb{N}_0 \quad (k_1, k_2, k_3 \in \mathbb{R})$$

b) Anpassung an die Anfangswerte:

$$\begin{array}{rclclclcll} y^1_0 &=& k_1 &+& 2k_2 &+& k_3 &=& 5 & (1) \\ y^2_0 &=& &-& k_2 &-& \frac{3}{2}k_3 &=& -\frac{1}{2} & (2) \\ y^3_0 &=& -k_1 && &-& k_3 &=& -1 & (3) \end{array}$$

(1)+(3) liefert $2k_2 = 4 \implies k_2 = 2 \implies k_3 = -1 \implies k_1 = 2$
Damit lautet die spezielle Lösung der AWA:

$$\mathbf{y}_t = 2 \cdot 2^t \begin{pmatrix} 1 \\ 0 \\ -1 \end{pmatrix} + 2 \cdot 3^t \begin{pmatrix} 2 \\ -1 \\ 0 \end{pmatrix} + (-1) \cdot 5^t \begin{pmatrix} 1 \\ -\frac{3}{2} \\ -1 \end{pmatrix}, \quad t \in \mathbb{N}_0$$

8.7.4

Man reduziere das System von Differenzengleichungen

$$\begin{array}{rcl} y^1_{t+1} &=& y^1_t + 2y^2_t - 2y^3_t \\ y^2_{t+1} &=& \frac{1}{2}y^1_t \\ y^3_{t+1} &=& y^1_t + 2y^2_t \end{array}$$

durch Elimination von y^2_t und y^3_t auf eine Differenzengleichung für y^1_{t+1}.

$$\begin{array}{rclr} y^1_{t+1} &=& y^1_t + 2y^2_t - 2y^3_t & (1) \\ y^2_{t+1} &=& \frac{1}{2}y^1_t & (2) \\ y^3_{t+1} &=& y^1_t + 2y^2_t & (3) \end{array}$$

(2) $\implies y^2_t = \frac{1}{2}y^1_{t-1}$

(3) $\implies y^3_t = y^1_{t-1} + 2y^2_{t-1} \overset{(2)}{=} y^1_{t-1} + 2(\frac{1}{2}y^1_{t-2}) = y^1_{t-1} + y^1_{t-2}$

Nun ersetzt man y^2_t und y^3_t in (1) und erhält:

$$y^1_{t+1} = y^1_t + 2(\frac{1}{2}y^1_{t-1}) - 2(y^1_{t-1} + y^1_{t-2}) = y^1_t - y^1_{t-1} - 2y^1_{t-2}$$

Dies ist die gesuchte Differenzengleichung für y^1_{t+1}.

Kapitel 9

Sammlung von Klausuraufgaben

Aufgabe 1

a) Man zeichne den Graphen der Funktion
$$y = f(x) = 427 \cdot 10^{0.25x^2 - x - 2.63} \text{ für } x \geq 0$$
mit geeigneter logarithmischer Achseneinteilung.
Man berechne $f(6)$.

b) Bei der Darstellung des Graphen einer Funktion $y = a \cdot b^x$ bei einfach-logarithmischer Achseneinteilung (Transformation $u = \lg y$) ergibt sich eine Gerade g, welche die u-Achse bei 2.5 und die x-Achse bei 4 schneidet. Wie lauten die reellen Zahlen a und b?

c) Wie lauten in Teil b) die Zahlen a und b für eine zu g parallele Gerade, welche die x-Achse bei 3 schneidet?

Aufgabe 2

In $\mathbb{R}_+ \times \mathbb{R}_+$ ($\mathbb{R}_+ := \{x \in \mathbb{R} \mid x > 0\}$) ist eine "Präferenzrelation" $\succeq$ definiert durch
$$(y_1, y_2) \succeq (x_1, x_2) \quad :\Longleftrightarrow \quad \sqrt{y_1 y_2} \geq \sqrt{x_1 x_2}\,.$$

a) Man zeige, daß $\succeq$ eine Präferenzordnung ist.

b) Man skizziere die Bessermenge zu einem beliebigen $(x_1, x_2) \in \mathbb{R}_+ \times \mathbb{R}_+$.

Aufgabe 3

Eine "Präferenzrelation" $\succeq$ sei in $\mathbb{R}^2_+$ definiert durch

$$(x_1, x_2) \succeq (y_1, y_2) \quad :\Longleftrightarrow \quad \max\{x_1, x_2\} \geq \max\{y_1, y_2\}\,.$$

a) Man skizziere die Bessermenge zu einem beliebigen $(y_1, y_2) \in \mathbb{R}^2_+$.

b) Man untersuche, ob $\succeq$ transitiv, antisymmetrisch und vollständig ist. Ist $\succeq$ eine Präferenzordnung?

Aufgabe 4

a) Man berechne: $\displaystyle\sum_{n=0}^{\infty}\left(\frac{1}{(-2)^{n-2}} + \frac{1}{2^{n+2}}\right)$

b) Man untersuche auf Konvergenz bzw. Divergenz (mittels einer geeigneten Vergleichsreihe): $\frac{1}{2} + \frac{2}{3^2} + \frac{3}{4^3} + \frac{4}{5^4} + \frac{5}{6^5} + \dots$

Aufgabe 5

Gegeben sind zwei Folgen mit $\alpha \in \mathbb{R}$ und $a_0 = 1$ durch:

a) $a_{n+1} = a_n + \alpha^n$ b) $a_{n+1} = a_n + \frac{\alpha}{n+1}$

(1) Man gebe jeweils die ersten 5 Folgenglieder an im Falle $\alpha = 0,5$.
(2) Für welche Werte von α konvergieren bzw. divergieren die Folgen?
(3) Im Falle der Konvergenz einer der Folgen für $\alpha = 0,5$ ist der Grenzwert zu bestimmen.

Aufgabe 6

a) Man bestimme den Grenzwert der Folge: $a_n = \frac{\sqrt{n^2+1}-n}{\sqrt{n^2-1}-n}$

b) Für welche Werte $x \in \mathbb{R}$ konvergiert $\sum_{n=0}^{\infty}\left(\frac{x^2-9}{x-3}\right)^n$?
Man bestimme den Grenzwert für $x = -2,5$.

Aufgabe 7

Eine Folge ist gegeben durch $a_{n+1} = \left(\frac{a_0}{3}\right)^n + a_n; \quad a_0 \in \mathbb{R}$.

a) Für welche $a_0 \in \mathbb{R}$ ist die Folge streng monoton?

b) Man zeige: Die Folge ist konvergent für $|a_0| < 3$.

c) Man gebe für $a_0 = 1$ die ersten 5 Glieder der Folge an und bestimme deren Grenzwert.

Aufgabe 8

a) Man berechne $\sum_{i=1}^{\infty} \left(\left(\frac{1}{2}\right)^{i} + \left(\frac{1}{3}\right)^{i+1} \right) \left(\frac{1}{4}\right)^{i-1}$.

b) Eine Folge mit dem Anfangsglied $a_1 = 1$ ist gegeben durch
$a_{n+1} - a_n = b^n$; $b \in \mathbb{R}$.
(1) Man untersuche die Folge auf Monotonie.
(2) Für welche $b \in \mathbb{R}$ ist die Folge konvergent? Im Fall der Konvergenz ist der Grenzwert zu bestimmen.

Aufgabe 9

Horst Schrapp betrachtet am Neujahrsmorgen stolz seinen Ordner mit den Verträgen über Kapitalbeteiligungen. Er besitzt 3 Beteiligungen, die ihm zum Jahresende in diesem und den nächsten 4 folgenden Jahren jeweils 150.000 € nach folgenden Plan versprechen:

Jahr n	1	2	3	4	5
Einnahmen aus Beteiligung 1	15.000	38.000	25.000	53.000	19.000
Einnahmen aus Beteiligung 2	17.000	66.000	45.000	12.000	10.000
Einnahmen aus Beteiligung 3	10.000	30.000	50.000	40.000	20.000

Er kalkuliert mit einem Zinssatz von 6% p.a.

a) Welche Beteiligung bringt den höchsten bzw. den geringsten Profit?

b) Welchen Wert besitzen heute alle Beteiligungen zusammen?

c) Welche konstante Rentenzahlung könnte er zum Jahresende in diesem und den nächsten 4 folgenden Jahren jeweils zum Jahresende erwarten, wenn er heute alle Beteiligungen an einen Rentenpool verkauft?

Aufgabe 10

Karl Glück hat 600.000 € im Lotto gewonnen. Er zahlt das Geld sofort auf ein dauerhaft mit konstantem Zinssatz i verzinstes Konto ein.

a) Nach genau 1 Jahr, 2 Jahren, ..., 10 Jahren will er sich einen gleich großen Betrag b abheben. Wie groß ist b, wenn nach genau 10 Jahren das Konto leer sein soll bei einem Zinssatz von $i = 6\%$?

b) K. Glück überlegt, das Modell unter a) auf einen Zeitraum von 20 Jahren auszudehnen. Welchen Zinssatz muss er fordern, wenn mit $b = 60.000$ € das Konto nach genau 20 Jahren leer sein soll? Man entwickele hierfür mit dem NEWTONschen Verfahren eine Näherungsformel, und berechne eine Näherung mit dem Startwert $q^0 = 1,08$ (also $i = 8\%$).

Aufgabe 11

Eine Funktion f ist gegeben durch:

$$f(x) = \begin{cases} a \cdot e^{bx} - 1 & \text{für } 0 \leq x \leq 2 \\ 2 - e^{-0,5x} & \text{für } x > 2 \end{cases} \quad ; a, b \in \mathbb{R}$$

a) Die Parameter a, b sind so zu bestimmen, daß f an der Stelle 2 stetig und differenzierbar ist.

b) Man bestimme den Grenzwert von f für $x \to \infty$.

c) Man skizziere den Graphen von f (nach Bestimmung von a und b).

Aufgabe 12

a) Man berechne zum Entwicklungspunkt $x_0 = 0$ die Taylorreihe der Funktion $y = f(x) = \frac{1}{1-x}$.

b) Wo konvergiert die Taylorreihe?

c) Man berechne die ersten 3 Koeffizienten der Potenzreihe von $g(x) := f(x) \cdot (x+1)^2$ zum Entwicklungspunkt $x_0 = 0$.

Aufgabe 13

Eine Kostenfunktion ist gegeben durch: $K(x) = 2 \cdot e^{-x} \cdot (x^2 + 2x); x > 0$.

a) Man bestimme die Extrema von K, und äußere sich gegebenenfalls über die Art der Extrema.

b) Man skizziere den Graphen von K.

c) Man bestimme mittels der Elastizität ungefähr die Stelle(n), wo eine 3%-ige Erhöhung von x eine 6%-ige Senkung von K bewirkt.

Aufgabe 14

Gegeben ist die Funktion $f(x) = \mathrm{e}^{-x^2+6x-9}; x \geq 0$.

a) Man bestimme die Extrema von f.

b) In welchen Bereichen ist f konvex bzw. konkav?

c) Man skizziere den Graphen von f.

d) Wo gilt für die Elastizität der Funktion f: $\quad E\,f(x) \geq 1$?

Aufgabe 15

a) Für welche $p \in \mathbb{R}$ sind die folgenden Vektoren linear abhängig?

$$\mathbf{a} = \begin{pmatrix} p \\ 0 \\ -p \\ 0 \end{pmatrix} \quad \mathbf{b} = \begin{pmatrix} 1 \\ 0 \\ 0 \\ p \end{pmatrix} \quad \mathbf{c} = \begin{pmatrix} 1 \\ p \\ 0 \\ 0 \end{pmatrix} \quad \mathbf{d} = \begin{pmatrix} 1 \\ 0 \\ 0 \\ 1 \end{pmatrix}$$

b) Für welches $X \in \mathbb{R}^{3\times 2}$ gilt: $\begin{pmatrix} 2 & 1 & 1 \\ 0 & 0 & 2 \\ -2 & 0 & 0 \end{pmatrix} \cdot X = \begin{pmatrix} 4 & 2 \\ 4 & 6 \\ -2 & 0 \end{pmatrix}$?

Aufgabe 16

Gegeben sind:

$$\mathbf{A} = \begin{pmatrix} 1 & 0 & 0 & 1 \\ 0 & x & 2x & -1 \\ 0 & 1 & x & 2 \\ -1 & 0 & 0 & 2 \end{pmatrix} \; ; \quad \mathbf{B} = \begin{pmatrix} 0 & 0 & x & 0 \\ x & 0 & 3x & x \\ 1 & 3x & 4x & 0 \\ x & 3 & 5x & 0 \end{pmatrix} , \qquad x \in \mathbb{R}$$

a) Für welche Zahlen $x \in \mathbb{R}$ ist $\mathbf{A}$ invertierbar?

b) Für welche Zahlen $x \in \mathbb{R}$ ist $\mathbf{A} \cdot \mathbf{B}$ invertierbar?

c) Für welche Zahlen $x \in \mathbb{R}$ gilt $|\mathbf{A}| = |\mathbf{B}| \neq 0$?

Aufgabe 17

Gegeben sei die folgende Matrix $\mathbf{A}(a)$, die von einem reellen Parameter a

abhängt:

$$\mathbf{A}(a) = \begin{pmatrix} 1 & 2 & a \\ 5 & a & 1 \\ -1 & 1 & 1 \end{pmatrix}$$

a) Man zeige: Es gibt genau zwei Zahlen $a \in \mathbb{R}$, so daß $\mathbf{A}(a)$ nicht invertierbar ist. Wie lauten diese beiden Zahlen?

b) Man berechne die Inverse der Matrix $\mathbf{A}^* := \mathbf{A}(2)$.

$$\text{Hinweis: } (\mathbf{A}^*)^{-1} = \begin{pmatrix} \frac{1}{3} & 0 & -\frac{2}{3} \\ -2 & 1 & 3 \\ \frac{7}{3} & -1 & -\frac{8}{3} \end{pmatrix}$$

c) Man löse die Matrizengleichung $\mathbf{A}^* \cdot (\mathbf{X} - \mathbf{A}^*) + \mathbf{A}^* \cdot \mathbf{X} = \mathbf{E}, \;\; \mathbf{X} \in \mathbb{R}^{3\times 3}$.

Aufgabe 18

Eine Matrix $\mathbf{A}$ lautet: $\begin{pmatrix} 1 & 2 & -b \\ -1 & 2 & b \\ b & 0 & b \end{pmatrix}, \quad b \in \mathbb{R}$.

a) Man berechne $\mathbf{A}^{-1}$ für $b = 1$.

b) Wie lautet für $b = 1$ die Inverse zu $\mathbf{A}^2$?

c) Man zeige unter Verwendung des GAUSS-Algorithmus, daß es genau zwei Zahlen b_1 und b_2 gibt, so daß $\mathbf{A}$ keine Inverse besitzt.
Wie lauten b_1 und b_2?

d) Man löse für $b = 1$ die Matrizengleichung $\mathbf{A}^2(\mathbf{A} + \mathbf{X}) + \mathbf{A}^2\mathbf{X} = \mathbf{E}$; $\mathbf{X} \in \mathbb{R}^{3\times 3}$.

Aufgabe 19

Für welche $a \in \mathbb{R}$ besitzt das folgende Gleichungssystem Lösungen bzw. keine Lösungen? Man ermittle die Lösungen und gebe diese in vektorieller Darstellung an.

$$\begin{array}{rrrcr} (1-a^2)x_1 & & & = & 1-a \\ -2x_1 & +5x_2 & -2x_3 & = & -1 \\ -2x_1 & +2x_2 & -x_3 & = & 0 \end{array}$$

Aufgabe 20

Die Tabellenform eines Gleichungssystems lautet:

x_1	x_2	x_3	x_4	r
0	−1	2	2	−2
2	−2	0	−2	2
1	−1	2	−1	−1
1	0	b	b^2	0

a) Man berechne die Lösung im Fall $b = 1$.

b) Man untersuche, ob es Zahlen $b \in \mathbb{R}$ gibt, für die das lineare Gleichungssystem keine bzw. genau eine bzw. unendlich viele Lösungen besitzt.

Aufgabe 21

Gegeben ist das lineare Optimierungsproblem (LOP)

$$\begin{array}{rrcrcrcc}
C(z_1, z_2, z_3) = & 4z_1 & + & 3z_2 & + & 12z_3 & \rightarrow & \text{max!} \\
& z_1 & + & z_2 & + & 8z_3 & \leq & 5 \\
& 2z_1 & + & z_2 & + & 3z_3 & \leq & 7 \quad ; \quad z_1, z_2, z_3 \geq 0
\end{array}$$

a) Man formuliere das zugehörige duale LOP und löse dieses graphisch.

b) Man bestimme aus der unter Teil a) gewonnenen Lösung mittels des Zweiten Dualitätssatzes die Maximallösung des Primals (also des ursprünglichen LOPs).

Aufgabe 22

Gegeben sei das Problem der linearen Optimierung

$$\begin{array}{l}
\text{maximiere } \pi(x) = 2x_1 + x_2 + 3x_3 + x_4 \\
\begin{array}{rcrcrcrcr}
2x_1 & + & 4x_2 & & & + & x_4 & \leq & 20 \\
x_1 & + & x_2 & + & 5x_3 & + & x_4 & \leq & 30 \\
& & x_2 & + & x_3 & + & x_4 & \leq & 10
\end{array}
\end{array}$$

mit den Vorzeichenbedingungen $0 \leq x_1, 0 \leq x_2, 0 \leq x_3, 0 \leq x_4$.

a) Man führe Schlupfvariablen x_5, x_6, x_7 ein und formuliere das Problem in Matrizenschreibweise.

b) Man wähle als aktuelle Nichtbasisvariablen x_1, x_2, x_3, x_4 und begründe, daß $(x_1, x_2, x_3, x_4, x_5, x_6, x_7) = (0, 0, 0, 0, 20, 30, 10)$ eine Startecke für die Menge der zulässigen Punkte im Lösungsraum der Aufgabe ist. Welcher Wert von π gehört dazu?

c) Wie lautet die Darstellung der aktuellen Basisvariablen durch die aktuellen Nichtbasisvariablen?

d) Man führe zwei Austauschschritte nach dem Simplex-Verfahren aus. Man gebe jeweils die erreichte Ecke und den zugehörigen Wert von π an.

e) Wie lautet die Lösung des Problems?

Aufgabe 23

Ein Produktionsprozeß läßt sich durch folgendes Modell beschreiben:

		Output				
		Sektor 1	Sektor 2	Sektor 3	Autonome Nachfrage (Markt)	Gesamtproduktion
Input	Sektor 1	720	1800	1000	80	x_1
	Sektor 2	1800	2400	1500	300	x_2
	Sektor 3	360	1200	2000	1440	x_3

a) Man gebe die Matrix der Produktionskoeffizienten und das zugehörige LEONTIEF-Modell an.

b) Ein Produktionsprozeß wird durch die 3×3-Matrix

$$\mathbf{A} = (a_{ij}) = \begin{pmatrix} \frac{1}{5} & \frac{3}{10} & \frac{1}{5} \\ \frac{1}{2} & \frac{2}{5} & \frac{3}{10} \\ \frac{1}{10} & \frac{1}{5} & \frac{2}{5} \end{pmatrix}$$

der spezifischen Produktionskoeffizienten beschrieben: a_{ij} ist die Menge an Input des i-ten Gutes, um eine Einheit des j-ten Gutes zu produzieren. Kann der Produktionsprozeß die Nachfrage $\mathbf{c} = (400, 100, 1400)^\top$ befriedigen, und welche Gesamtproduktion $\mathbf{x} = (x_1, x_2, x_3)^\top$ ist dafür erforderlich?

Aufgabe 24

Ein Produktionsprozeß wird durch eine Matrix $\mathbf{A} \in \mathbb{R}^{3\times 3}$

$$\mathbf{A} = (a_{ij}) = \begin{pmatrix} 0.1 & 0.3 & 0.6 \\ 0.1 & 0.2 & 0.1 \\ 0.5 & 0 & 0.2 \end{pmatrix}$$

der spezifischen Produktionskoeffizienten beschrieben. Dabei gibt a_{ij} die Menge des Input des i-ten Gutes an, um eine Einheit des j-ten Gutes zu produzieren.

a) Die Nachfrage $\mathbf{c} = (6, 61, 22)^\top$ kann durch eine Gesamtproduktion $\mathbf{x} = (x_1, x_2, x_3)^\top$ befriedigt werden. Wie lautet diese?

b) Der Produktionskoeffizient $a_{33} = 0.2$ soll geringfügig erhöht werden auf a_{33}^* (mit $0.2 < a_{33}^* < 0.25$). Man beschreibe, in welcher Weise sich die Gesamtproduktion verändert.

Aufgabe 25

Die nebenstehend skizzierte Fläche A soll durch geeignete Wahl von p mit $1 \leq p < 5$ (d.h. Verschiebung von S auf der Gerade $y = 3$) maximiert werden. Wie ist p zu wählen, und wie lautet dann der Wert für A ?

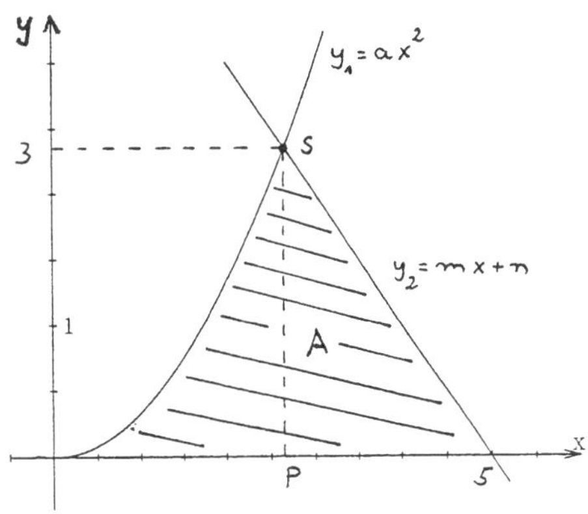

Aufgabe 26

In der nebenstehenden Skizze beschreiben $y_1 = f(x)$ und $y_2 = g(x)$ zwei Parabeln, und es gilt $0 \leq m \leq 4$, $(a, b, c \in \mathbb{R})$.

a) Man bestimme die Funktionsgleichungen für y_1 und y_2.

b) Man bestimme die Fläche A_2 jeweils für $m = 2$ und $m = 4$.

c) Zu bestimmen ist $m \in [0, 4]$ so, daß $A_1 + A_2$ maximal wird. Man zeige, daß dann gilt: $A_1 + A_2 = 2(A_3 + A_4)$.

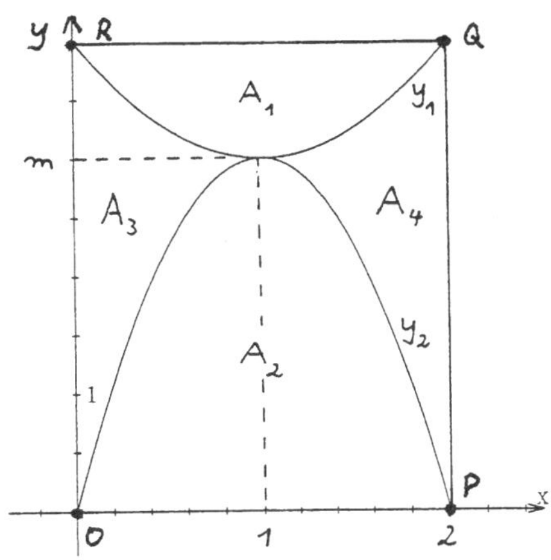

Aufgabe 27

Gegeben ist die Funktion: $f(x) = \dfrac{x^2 + 1}{x^3 + 3x}, x > 0$

a) Man skizziere den Graphen von f.

b) Man ermittle: $\int f(x)\,dx$ und $\int_1^2 f(x)\,dx$.

c) Existiert $\int_0^1 f(x)\,dx$? Wenn ja, dann bestimme man den Wert.

Aufgabe 28

Gegeben ist die Funktion $h(x) := \begin{cases} x+b & \text{für } 0 \leq x \leq 1 \\ 4-(x-a)^2 & \text{für } 1 < x \end{cases}$

mit $a, b \in \mathbb{R}$ und $x \geq 0$.

a) Man bestimme a und b so, daß h an der Stelle 1 stetig und differenzierbar ist.

b) Man zeige, daß die unter Teil a) ermittelte Funktion h genau eine Nullstelle $x_0 > 0$ besitzt und berechne

$$\int_0^{x_0} h(x)\,dx.$$

Aufgabe 29

Eine Funktion ist gegeben durch $f(x) = x \cdot (\frac{1}{\sqrt{x}} + \mathrm{e}^{-x})$, $x > 0$

a) Man veranschauliche anhand einer Skizze: $\displaystyle\int_0^4 f(x)\,dx$.

b) Man berechne das zuvorgenannte Integral, falls dieses existiert.

Aufgabe 30

Es sei

$$f(x) := \begin{cases} \dfrac{2}{\sqrt{2-x}} & \text{für } 0 \leq x < 2 \\ \dfrac{2}{(x-1)^2} & \text{für } 2 \leq x \end{cases}$$

a) Man veranschauliche anhand einer Skizze: $\displaystyle\int_0^\infty f(x)\,dx$

b) Man berechne das zuvor genannte Integral, falls dieses existiert.

c) Man bestimme $b \in \mathbb{R}$ so, daß $\displaystyle\int_b^\infty f(x)\,dx = 3$.

Aufgabe 31

Gegeben ist die Funktion:

$$f(x) := \begin{cases} 1+x & \text{für } x \leq 0 \\ (1+x)^{-2} & \text{für } x > 0 \end{cases}$$

a) Man skizziere den Graphen von f und gebe eine Stammfunktion an.

b) Man berechne die zu f gehörende Flächenfunktion $F_{-1}(x)$.

c) Man veranschauliche und berechne: $\int_{-1}^{\infty} f(x)\,dx$.

Aufgabe 32

Gegeben ist die Funktion f mit $f(x) = \frac{1}{x^2} \cdot \ln x^3$

a) Man skizziere den Graphen von f,

und veranschauliche das bestimmte Integral $I = \int_1^5 f(x)\,dx$

b) Man berechne das bestimmte Integral I.

c) Man untersuche: $\int_1^{\infty} f(x)\,dx$

Aufgabe 33

Gegeben ist ein lineares Gleichungssystem $\mathbf{A} \cdot \mathbf{x} = \mathbf{b}$ mit

$$\mathbf{A} = \begin{pmatrix} -2 & a & 0 & 0 & 0 \\ 1 & 4 & 0 & 0 & 0 \\ 0 & 0 & -3 & 2 & 0 \\ 0 & 0 & 3 & a & 0 \\ 0 & 0 & 0 & 0 & 2 \end{pmatrix} \qquad \mathbf{b} = \begin{pmatrix} 0 \\ 0 \\ 1 \\ 0 \\ 0 \end{pmatrix} \qquad \text{und } a \in \mathbb{R}\,.$$

a) Man zeige: Für jedes $a \in \mathbb{R}$ ist 2 Eigenwert von $\mathbf{A}$.

b) Für welche Werte von a ist $\mathbf{A}$ invertierbar?

c) Man berechne x_3 mit der CRAMERschen Regel für $a = 2$.

Aufgabe 34

Gegegeben ist die Matrix:

$$\mathbf{A} = \begin{pmatrix} 3 & 1 & 6 \\ 2 & 2 & 4 \\ 9 & 3 & 20 \end{pmatrix}$$

a) Man berechne $\det(\mathbf{A})$.

b) Wie lauten $\text{Spur}\,(\mathbf{A}), \text{rg}\,(\mathbf{A}), \det\,(2\mathbf{A})$?

c) Man berechne mit Hilfe der CRAMERschen Regel $\mathbf{A}^{-1}$ und davon die Determinante.

Aufgabe 35

Gegeben sind die Matrizen

$$\mathbf{A} = \begin{pmatrix} 2-2x & 1+4x & 4-3x \\ 2 & 0 & -1 \\ 3 & 0 & 2 \end{pmatrix} \text{ und } \mathbf{B} = \begin{pmatrix} 2 & 1 & 1 \\ 0 & 2 & 1 \\ 0 & 0 & 2 \end{pmatrix} \text{ mit } x \in \mathbb{R}.$$

a) Man setze $x = -1$, und bestimme $\det\,(\mathbf{A})$.

b) Für welches x wird $\mathbf{A}$ singulär?

c) Für welches x gilt $\det\,(\mathbf{A} \cdot \mathbf{B}^{-1}) = -0,875$?

d) Für welches x gilt $\det\,(\mathbf{A} \cdot \mathbf{B}) = -140$?

Aufgabe 36

a) Gegeben ist die Matrix $\mathbf{A} = \begin{pmatrix} 1 & -0,7 & a \\ -0,2 & 1 & -0,3 \\ -0,4 & -0,5 & 1 \end{pmatrix}$.

Für welche Werte von a $\in \mathbb{R}$ ist $\det(\mathbf{A})$ positiv?

b) Gegeben ist eine symmetrische Matrix $\mathbf{B} = \begin{pmatrix} 1 & 2 & b \\ 2 & 1 & -2 \\ b & -2 & 1 \end{pmatrix}$.

Für welche Werte von b $\in \mathbb{R}$ ist $\mathbf{B}$ positiv definit?

c) Sei **C** eine quadratische reellwertige Matrix der Ordnung $k > 1$. Welche der nachfolgenden Aussagen sind richtig, welche sind falsch? (Die Antworten sind zu begründen! Man beachte, daß die Eigenwerte von **C** auch komplex sein können.)

(1) Wenn $\det(\mathbf{C}) > 0$ ist, sind alle Eigenwerte von **C** positiv.
(2) Wenn $\det(\mathbf{C}) < 0$ ist, ist mindestens ein Eigenwert von **C** negativ.
(3) Wenn $\text{Spur}(\mathbf{C}) > 0$ ist, sind alle Eigenwerte von **C** positiv.

Aufgabe 37

Gegeben sei die Funktion von zwei reellen Veränderlichen

$$z = f(x, y) = x^2 + y^2 - 4x + 5.$$

a) Man skizziere (falls möglich) die Niveaulinien von f zu den Niveaus $z = 0, 1, 2, 5, 10$.

b) Wo ist f vollständig differenzierbar?

c) Man bestimme die Extremwerte von f.

d) Wo ist f konvex?
Es sei $z = g(x, y) = e^{f(x,y)} - f(x, y)$.

e) Wo ist g als reelle Funktion definiert?

f) Man bestimme die Extremstellen von g.

Aufgabe 38

Gegeben seien die reellwertige Funktion f von zwei reellen Veränderlichen mit $f(x_1, x_2) = x_1 + \sqrt{\dfrac{x_2}{x_1 + 1}}$ und $x_1 > 0$, $x_2 > 0$ und die Stelle $\mathbf{a} = (1, 2)$.

a) Welche Werte kann die Funktion f annehmen und welchen Wert nimmt sie an der Stelle **a** an?

b) Man stelle eine Wertetabelle für die nach x_2 aufgelöste Niveaukurve $f(x_1, x_2) = 2$ auf zu den Stellen $x_1 = 0$, 0.5 , 1 , 1.5 , 2 und skizziere das zugehörige Stück der Kurve in einem cartesischen Koordinatensystem.

c) Wie lautet die Funktionsgleichung der Tangentialebene von f im Punkt $(\mathbf{a}, f(\mathbf{a}))$?

d) Man bestimme im Punkt **a** die Richtung des steilsten Abstiegs von f und zeichne diese in der obigen Skizze ein.

e) Man berechne die Veränderung von $f(x_1, x_2)$ beim Übergang vom Punkt **a** zum Punkt $\mathbf{x} = (1.2\,,\, 1.8)$ näherungsweise (mit Hilfe des vollständigen Differentials) und exakt.

Aufgabe 39

Der Umsatz f eines Produktes hängt (idealisiert) von 5 Einflußgrößen ab:

$$f(x) = 2x_1^2 \cdot x_2^2 - x_3^2 \cdot x_4^2 + \frac{1}{4} \cdot \mathrm{e}^{(x_1 - x_2 + x_3 - x_4 + x_5)}$$

und es wird die Stelle $\mathbf{a} = (1, 1, 0, 1, 2)$ betrachtet.

a) Man bestimme das vollständige Differential von f zur Stelle **a**.

b) An der Stelle **a** sollen die Einflußgrößen jeweils um 8% erhöht werden.
(1) Welche der 5 Einflußgrößen wird die größte Umsatzsteigerung bewirken, und wie lautet näherungsweise diese (partielle) Steigerung?
(2) Um wieviel Prozent erhöht sich näherungsweise der Umsatz?

Aufgabe 40

Gegeben ist die Funktion $f:\ \mathbb{R}^3 \longrightarrow \mathbb{R}$ mit $f(x_1, x_2, x_3) = \dfrac{x_1^2 + 2x_2x_3 + x_3^2}{x_1^2 + x_2^2 + x_3^2}$ und die Stelle $\mathbf{a} = (-1, 0, 2)$.

a) Man bestimme die Richtung des steilsten Anstiegs von f an der Stelle a.

b) Man stelle eine Gleichung der Tangentialhyperebene E von f im Punkt $(\mathbf{a}, f(\mathbf{a}))$ auf.

c) Man prüfe ob der Punkt $P = (12, \frac{5}{4}, -8, 2)$ in der Ebene E liegt?

d) Liegt die Gerade g mit $\mathbf{x} = (0, 0, 0, 1)^\top + t \cdot (3, 0, -1, 0)^\top,\ t \in \mathbb{R}$ in der Ebene E?

e) Man untersuche f auf Homogenität.

Aufgabe 41

Gegeben sei die Funktion $f(x_1, x_2, x_3) = \sqrt{3x_1^2 + 2x_2^2 + x_3^2}$ und

die Stelle $\mathbf{a} = (1, -1, 2)$.

a) Man bestimme die Richtung des steilsten Anstiegs von f an der Stelle **a**.

b) Man bestimme die Tangentialhyperebene E von f im Punkt $(\mathbf{a}, f(\mathbf{a}))$.

c) Man bestimme den Homogenitätsgrad von

$$g(x_1, x_2, x_3) = \sqrt{cx_1^2 + 2x_2^2 + x_3^2}$$

mit $c \geq 0$. Hängt dieser Grad vom Parameter c ab?

Aufgabe 42

Man zeige:

a) Die Funktion $K(x, y, z) = x^3y + \frac{1}{y} - xz + z$ mit $x, y, z > 0$ besitzt genau einen stationären Punkt $\mathbf{x}^0$.

b) $\mathbf{x}^0$ ist keine Extremstelle von K.

Aufgabe 43

Man betrachte: $\quad f(x, y) = \dfrac{x^2 + y^2}{x + y}$

a) Man zeige: Für die HESSE-Matrix $\mathbf{H}(x, y)$ der Funktion f gilt für alle $(x, y) \in D(f):\quad \det(\mathbf{H}(x, y)) = 0$.
(Hinweis: Zu beachten ist die Symmetrie von f in x und y !)

b) Man bestimme die Tangentialebene von f im Punkt $(1, 1, f(1, 1))$.

Aufgabe 44

Man bestimme die Extremstellen der Funktion

$$y = f(x_1, x_2) = 2(x_1 - x_2)^2 - x_1^4 - x_2^4 .$$

Aufgabe 45

Gegeben ist die Funktion $f : (\mathbb{R}^+)^3 \longrightarrow \mathbb{R}$ durch

$$f(x_1, x_2, x_3) = 2(x_1 + x_2)^2 + 3(x_2 - x_3)^2 + x_1x_3.$$

a) Man zeige, daß f homogen ist.

b) Um wieviel % ändert sich der Output y, wenn der Input x um 6% gesenkt wird?

c) An der Stelle $\mathbf{x} = (2, 1, 3)$ soll der Output durch eine Inputerhöhung von $\Delta\,\mathbf{x} = (\Delta\,x_1, \Delta\,x_2, \Delta\,x_3) \geq \mathbf{0}$ auf 41 gesteigert werden. Wie ist dafür $\Delta\,\mathbf{x}$ zu wählen, damit $\sum \Delta\,x_i$ minimal wird?
Man rechne näherungsweise mit dem vollständigen Differential.

Aufgabe 46

Gegeben ist die Funktion $f : \mathbb{R}^3 \longrightarrow \mathbb{R}$ mit $f(x, y, z) = x^2 e^{x-y} - 3x + y + z e^{z-y}$ und die Stelle $\mathbf{a} = (1, 1, 1)$.

a) Man berechne $f(\mathbf{a})$.

b) Man zeige, daß die Gleichung $f(x, y, z) = 0$ zum Punkt $\mathbf{a}$ sowohl eine Auflösung nach y, also $y = g(x, z)$, als auch eine nach z, also $z = h(x, y)$, besitzt.

c) Man bestimme für die Auflösung $z = h(x, y)$ von $f(x, y, z) = 0$ zum Punkt $\mathbf{a}$ die partiellen Ableitungen an der Stelle $(a_1, a_2) = (1, 1)$.

d) Wie ändert sich $z = h(x, y)$ (näherungsweise) beim Übergang von der Stelle $(x, y) = (1, 1)$ zur Stelle $(x, y) = (0.9\,,\,1.1)$?

Aufgabe 47

Gegeben sind die zwei reellwertigen Funktionen von drei Veränderlichen

$$f_1(x, y, z) = x e^z - yz - x + 2z\ , \qquad f_2(x, y, z) = x - y + z$$

und der Punkt $\mathbf{a} = (1, 1, 0)$.

a) Man zeige $\mathbf{f}(\mathbf{a}) = \mathbf{0}$, wobei $\mathbf{f}$ die folgende vektorwertige Funktion ist:

$$\mathbf{f} : (x, y, z) \mapsto \begin{pmatrix} f_1(x, y, z) \\ f_2(x, y, z) \end{pmatrix}$$

b) Man zeige: Es gibt eine Auflösung von $\mathbf{f}(x, y, z) = \mathbf{0}$ nach (y, z) zum Punkt $\mathbf{a}$, d.h. es gibt eine vektorwertige Funktion

$$\mathbf{g} : x \mapsto \begin{pmatrix} g_1(x) \\ g_2(x) \end{pmatrix}\ , \quad y = g_1(x)\ ,\ z = g_2(x)$$

so, daß $1 = g_1(1)$, $0 = g_2(1)$ und für alle x in einer Umgebung von $a_1 = 1$

$$f_1(x, g_1(x), g_2(x)) = 0\ , \quad f_2(x, g_1(x), g_2(x)) = 0$$

gilt.

c) Man berechne die JACOBI-Matrix von $\mathbf{g}$ an der Stelle $x = 1$.

Aufgabe 48

Gegeben ist die Optimierungsaufgabe:

Maximiere $f(x,y) = x \cdot y$ unter der Nebenbedingung $x^2 + 2y^2 = 4$.

a) Man zeige, daß die Optimierungsaufgabe im 1. Quadranten die Maximallösung $(x^*, y^*, \lambda^*) = (\sqrt{2}, 1, \lambda^*)$ mit einem geeigneten LAGRANGE-Multiplikator λ^* besitzt. Man berechne λ^* und den Wert $f(x^*, y^*)$ des Maximums.

b) Wie ändert sich näherungsweise der Wert dieses Maximums, wenn die Zielfunktion und die Nebenbedingung geringfügig modifiziert werden zu: $p(x,y) = x \cdot y^{1,1} \longrightarrow \max!$; $x^2 + 2,2y^2 = 4$; $x \geq 0$, $y \geq 0$.
Man verwende den Umhüllenden-Satz. Dabei dürfen dessen Voraussetzungen als erfüllt angenommen werden.

Aufgabe 49

Gegeben ist die Funktion $y = f(x_1, x_2, x_3) = x_1^2 - x_2^2 + x_3^2$.

a) Man untersuche f auf relative Extrema.

b) Besitzt f relative Extrema unter der Nebenbedingung
$g_1(x_1, x_2, x_3) = 1 - x_1 + x_2 = 0$?

c) Man untersuche f auf relative Extrema unter den Nebenbedingungen:
$$g_1(x_1, x_2, x_3) = 1 - x_1 + x_2 = 0, \quad g_2(x_1, x_2, x_3) = 1 - x_1 + x_3 = 0.$$
Hinweis: Man verwende unter b) und c) die Eliminationsmethode.

Aufgabe 50

Man zeige, daß die Funktion $f(x,y,z) = x^2 \cdot y^3 \cdot z$

unter der Nebenbedingung $x + y + z = 12$ an der Stelle $\mathbf{x} = (4, 6, 2)$ ein relatives Minimum besitzt.

Aufgabe 51

Man minimiere (unter Anwendung des Satzes von KUHN-TUCKER)

$$f(x,y) = x^2 + x + 4y^2$$

unter der Nebenbedingung $h(x,y) = 1 - 2x - 2y \leq 0$ und den Vorzeichenbedingungen $x \geq 0$, $y \geq 0$.

Aufgabe 52

Man maximiere $\quad f(x, y) = 4 - (x-1)^2 - 4(y-2)^2$

unter der Nebenbedingung $h(x, y) = x + y - 2 \leq 0$ und den Vorzeichenbedingungen $x \geq 0, y \geq 0$.

Aufgabe 53

Es sei $\mathbf{E} \in \mathbb{R}^{2\times 2}$ die Einheitsmatrix und $\mathbf{B} \in \mathbb{R}^{2\times 2}$ eine beliebige Matrix.

a) Man zeige:

$$\mathbf{C} := \begin{pmatrix} \mathbf{B} & \mathbf{0} \\ \mathbf{0} & \mathbf{E} \end{pmatrix} \cdot \begin{pmatrix} \mathbf{0} & \mathbf{B} \\ \mathbf{E} & \mathbf{0} \end{pmatrix} \cdot \begin{pmatrix} \mathbf{E} & \mathbf{0} \\ \mathbf{0} & \mathbf{B} \end{pmatrix} \cdot \begin{pmatrix} \mathbf{0} & \mathbf{E} \\ \mathbf{B} & \mathbf{0} \end{pmatrix} = \begin{pmatrix} \mathbf{B} & \mathbf{0} \\ \mathbf{0} & \mathbf{E} \end{pmatrix}^4 .$$

b) Man berechne die Eigenwerte der Matrix $\mathbf{C}$ für $\mathbf{B} = \begin{pmatrix} 1 & 1 \\ 1 & 2 \end{pmatrix}$ auf 2 Stellen nach dem Komma genau.

Aufgabe 54

Eine Matrix $\mathbf{A} \in \mathbb{R}^{10\times 10}$ lautet:

$$\mathbf{A} = \begin{pmatrix} 1 & 0 & 0 & & & & \\ -1 & 2 & 0 & & & & \\ & -2 & 3 & & & \mathbf{0} & \\ & & -3 & \ddots & & & \\ & & & \ddots & & & \\ & \mathbf{0} & & & -8 & 9 & -10 \\ & & & & & -9 & 10 \end{pmatrix}$$

Man zeige:

a) $0 \leq \mathrm{Re}(\lambda_i) \leq 20$ für jeden Eigenwert λ_i von $\mathbf{A}$.

b) Es gibt einen Eigenwert $\lambda_j = 0$.

c) 1 ist Eigenwert von $\mathbf{A}$.

d) 10 ist nicht Eigenwert von $\mathbf{A}$.

Aufgabe 55

Gegeben ist die Matrix $\mathbf{A} = \begin{pmatrix} 2 & -1 & 1 \\ 0 & 3 & -1 \\ 2 & 1 & 3 \end{pmatrix}$.

a) Man berechne alle Eigenwerte von **A**.
Hinweis: Alle Eigenwerte sind ganzzahlig.

b) Man berechne alle Eigenvektoren von **A**.

c) Ist **A** diagonalisierbar? Wenn ja, berechne man eine entsprechende Transformationsmatrix **C** und ihre Inverse.

Aufgabe 56

Gegeben ist die Matrix $\mathbf{A} = \begin{pmatrix} 1 & 1 & 2 \\ 1 & 2 & 0 \\ 2 & 0 & b \end{pmatrix}$, $b \in \mathbb{R}$.

a) Man bestimme zunächst b so, dass $\det(\mathbf{A}) = 0$ gilt.

b) Wie lauten dann die Eigenwerte von **A**? (Also bei $\det(\mathbf{A}) = 0$.

c) Ist **A** diagonalisierbar? Wenn ja, wie lautet dann (mit Teil a)) eine zu **A** ähnliche Diagonalmatrix **D**?

Aufgabe 57

Eine quadratische Form $Q(\mathbf{x}) = \mathbf{x}^\top \cdot \mathbf{A} \cdot \mathbf{x}$ ist gegeben durch die Matrix

$$\mathbf{A} = \begin{pmatrix} 4 & 2 & 1 \\ 2 & 3 & -1 \\ 1 & -1 & 2 \end{pmatrix} .$$

a) Welche Definitheitseigenschaften besitzt **A**?

b) Man gebe eine explizite Darstellung der quadratischen Form an.

c) Man berechne $Q(\mathbf{x})$ und $Q(1,6 \cdot \mathbf{x})$ für $\mathbf{x} = (3, -1, 2)^\top$ und untersuche, ob $Q(\mathbf{x})$ homogen ist.

Aufgabe 58

Gegeben ist die quadratische Form

$$Q = 3x_1^2 + x_2^2 + 2x_3^2 + x_4^2 + 2x_1x_2 + 2x_1x_3 + 2x_1x_4 + x_3x_4 .$$

a) Man bestimme die Matrix $\mathbf{A}$ für die $Q = \mathbf{x}^\top \cdot \mathbf{A} \cdot \mathbf{x}$ gilt.

b) Gibt es ein $\mathbf{x} \neq \mathbf{0}$ mit $Q = \mathbf{x}^\top \cdot \mathbf{A} \cdot \mathbf{x} = 0$?

c) Man gebe Schranken für die Eigenwerte der Matrix $\mathbf{A}$ aus Teil a) an.

Aufgabe 59

Gegeben ist $\mathbf{A} = \begin{pmatrix} 10 & 1 & 1 \\ 1 & 10 & 1 \\ 1 & 1 & a \end{pmatrix}$, $a \in \mathbb{R}$.

a) Für welche Werte von a ist $\mathbf{A}$ positiv bzw. negativ definit?

b) Für $a = 12$ ist $\mathbf{x} = (1, 1, 2)^\top$ als Eigenvektor zu $\mathbf{A}$ bekannt.
(1) Wie lautet der Eigenwert zu $\mathbf{x}$?
(2) Man bestimme alle Eigenwerte zu $\mathbf{A}$.
(3) Man bestimme zum kleinsten Eigenwert von $\mathbf{A}$ denjenigen Eigenvektor, dessen 1. Komponente 1 lautet.

Aufgabe 60

Gegeben ist die Dgl.: $x \cdot f'(x) = (1 - x) \cdot f(x), \quad x \geq 0.$

a) Wie lautet die allgemeine Lösung der Differentialgleichung?

b) Für welche spezielle Lösung gilt: $f'(0) = 1$?

c) Für welche spezielle Lösung der Dgl. gilt: $\int_0^\infty f(x)\,dx = 1$?

Aufgabe 61

a) Man bestimme die allgemeine Lösung der Differentialgleichung
$$x(y - 1) = y' \cdot (x^2 + 1) - 1.$$
Hinweis: Eine spezielle Lösung der inhomogenen Differentialgleichung ist mit einem einfachen Polynomansatz zu finden.

b) Welche spezielle Lösung der Differentialgleichung erfüllt die Anfangsbedingung $y(2) = 1$?

c) Man zeige, daß es Anfangsbedingungen $y(a) = b$ derart gibt, daß die Lösung der Differentialgleichung eine Gerade darstellt.

Aufgabe 62

a) Man bestimme die allgemeine Lösung der Differentialgleichung:

$$y'' + \frac{1}{x}y' = 1 \qquad ; \quad x > 0.$$

b) Welche spezielle Lösung der Dgl. in Teil a) erfüllt die Randbedingungen $y(1) = 1 = y(3)$?

Aufgabe 63

Man bestimme die Lösung der AWA:

$$x^2y' - 8y' - \frac{2x}{y} = 0 \quad , \quad x > 0, \quad y(3) = 2$$

Wie lautet der Definitionsbereich der Lösung?

Aufgabe 64

Man löse die Anfangswertaufgabe $y''' - 4y'' + 4y' = t + 1$
mit $y(0) = y'(0) = y''(0) = 0$.

Aufgabe 65

Ein Differentialgleichungssystem lautet:

$$\begin{aligned} y_1 + 2y_2 - y_1' &= p \quad ; \quad p \in \mathbb{R} \\ 3y_1 + 2y_2 - y_2' &= 0 \end{aligned}$$

a) Man bestimme die allgemeine Lösung im Fall $p = 0$.

b) Man bestimme die allgemeine Lösung im Fall $p = 1$.

c) Wie lautet für $p = 0$ die Lösung der AWA $y_1(0) = 7; \quad y_2(0) = 3$?

Aufgabe 66

Man bestimme die allgemeine Lösung des Differentialgleichungssystems:

$$\begin{aligned} y_1'(t) &= 10 \cdot y_1(t) - y_2(t) \\ y_2'(t) &= 9 \cdot y_1(t) \qquad\quad + t \end{aligned}$$

Hinweis: Man verwende zur Ermittlung einer speziellen Lösung des Differentialgleichungssystems den Ansatz:

$$\mathbf{y}_s(t) = \begin{pmatrix} a \\ b \end{pmatrix} t + \begin{pmatrix} c \\ d \end{pmatrix} \qquad ; \; a, b, c, d \in \mathbb{R}$$

Aufgabe 67

Man bestimme die allgemeine Lösung des linearen Differentialgleichungssystems:

$$\begin{pmatrix} y_1' \\ y_2' \\ y_3' \end{pmatrix} = \begin{pmatrix} 1 & 0 & 2 \\ 0 & 5 & 0 \\ 3 & 0 & 2 \end{pmatrix} \begin{pmatrix} y_1 \\ y_2 \\ y_3 \end{pmatrix} - \begin{pmatrix} 2 \\ 0 \\ 0 \end{pmatrix}.$$

Aufgabe 68

Gegeben ist die Differenzengleichung:

$$y_{t+2} - y_{t+1} + \frac{3}{16} y_t = 2 \quad ; \; t \in \mathbb{N}_0$$

a) Wie lautet die allgemeine Lösung der Differenzengleichung ?

b) Man bestimme die spezielle Lösung der Differenzengleichung, welche die Anfangsbedingungen $y_0 = 0$ und $y_1 = 1$ erfüllt.

c) Man zeige, daß die spezielle Lösung aus Teil b) beschränkt ist mit $|y_t| \leq 14$ für alle $t \in \mathbb{N}_0$.

Aufgabe 69

Man bestimme die allgemeine (reelle) Lösung der Differenzengleichung

$$y_{t+3} = \frac{1}{3}(y_{t+2} + y_{t+1} + y_t) \quad ,$$

und erläutere das Konvergenzverhalten der Lösung.

(*Hinweis*: Das charakteristische Polynom $p(\lambda)$ hat eine ganzzahlige Nullstelle.)

Aufgabe 70

a) Man bestimme die allgemeine Lösung des Systems von Differenzengleichungen:

$$\begin{aligned} y_{t+1}^1 &= y_t^1 \\ y_{t+1}^2 &= y_t^1 - 2y_t^2 \\ y_{t+1}^3 &= y_t^1 - 2y_t^2 + 3y_t^3 \end{aligned}$$

b) Welche spezielle Lösung des Systems in Teil a) genügt den Anfangsbedingungen:

$$y_0^1 = 1 \, ; \quad y_0^2 = 2 \, ; \quad y_0^3 = 3 \, ?$$

Aufgabe 71

Gegeben ist das folgende System von Differentialgleichungen

$$\begin{aligned} y_1'(t) &= 3y_1(t) - y_2(t) + 2 \\ y_2'(t) &= 2y_1(t) + y_2(t) - 1\,. \end{aligned}$$

a) Man bestimme die allgemeine Lösung des zugehörigen homogenen Systems in Vektor- und Komponentenschreibweise.

b) Man finde eine spezielle Lösung des inhomogenen Systems.

c) Wie lautet die allgemeine Lösung des inhomogenen Systems?

d) Welcher Vektor $\mathbf{y}$ erfüllt das obige Gleichungssystem bei den Anfangsbedingungen $y_1(0) = 2$, $y_2(0) = 1$?

Lösung von Aufgabe 1

a)

Logarithmieren von

$$y = 427 \cdot 10^{0.25x^2 - x - 2.63}$$

liefert

$$\begin{aligned} \underbrace{\lg y}_{u} &= \lg 427 + \lg 10^{0.25x^2 - x - 2.63} \\ &= 2.63 + (0.25x^2 - x - 2.63)\underbrace{\lg 10}_{1} \\ &= 0.25x^2 - x \end{aligned}$$

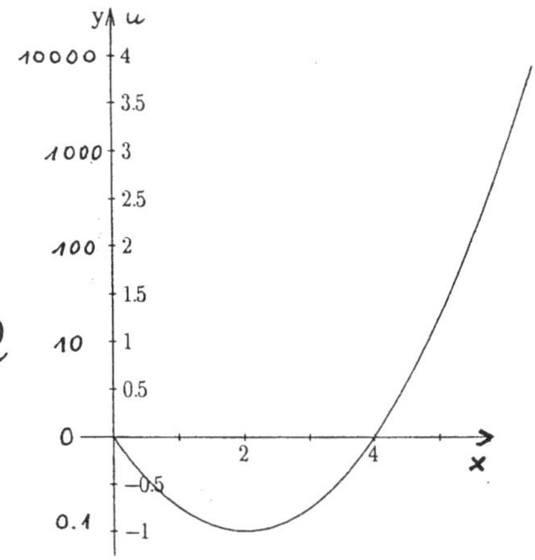

Dies ergibt die nebenstehende Parabel mit den Nullstellen 0 und 4, sowie dem Scheitelpunkt bei $x_s = 2$ mit $u(x_s) = u(2) = -1$.

Es ist $\quad f(6) = 427 \cdot 10^{0.25 \cdot 36 - 6 - 2.63} \approx 1000$.

b) Die Gerade g hat im x, u-Koordinatensystem die Gleichung $u = -\frac{1}{2}x + 2.5$, denn diese Gleichung beschreibt eine Gerade, die die u-Achse bei 2.5 und die x-Achse bei 5 schneidet. Es folgt

$$10^u = \underbrace{10^{\lg y}}_{y} = 10^{-\frac{x}{2} + 2.5} ,$$

und damit weiter

$$y = 10^{2.5 - \frac{x}{2}} = 10^{2.5} \cdot 10^{-\frac{x}{2}} = 316.2 \cdot (10^{-\frac{1}{2}})^x = 316.2 \cdot 0.3162^x .$$

Es gilt also $a = 316.2$ und $b = 0.3162$.

c) Für eine zu g parallele Gerade, die die x-Achse bei 3 schneidet, machen wir den Ansatz $u = -\frac{1}{2}x + b$. Aus $u(3) = 0$ folgt dann $b = \frac{3}{2}$. Also ist die Gerade durch $u = -\frac{1}{2}x + \frac{3}{2}$ gegeben, und die gleiche Rechnung wie unter b) ergibt

$$y = 10^{-\frac{1}{2}x + \frac{3}{2}} = 10^{\frac{3}{2}} \cdot 10^{-\frac{1}{2}x} = 31.62 \cdot 0.3162^x .$$

Lösung von Aufgabe 2

(1) $\succeq$ ist transitiv:

Es seien $(x_1, x_2), (y_1, y_2), (z_1, z_2) \in \mathbb{R}_+ \times \mathbb{R}_+$ beliebig gegeben mit

$(x_1, x_2) \succeq (y_1, y_2)$ und $(y_1, y_2) \succeq (z_1, z_2)$.

Dann folgt $\sqrt{x_1 x_2} \geq \sqrt{y_1 y_2}$ und $\sqrt{y_1 y_2} \geq \sqrt{z_1 z_2}$. Da $\geq$ transitiv ist folgt daraus $\sqrt{x_1 x_2} \geq \sqrt{z_1 z_2}$, also $(x_1, x_2) \succeq (z_1, z_2)$, was zu zeigen war.

(2) $\succeq$ ist vollständig:

Es seien $(x_1, x_2), (y_1, y_2) \in \mathbb{R}_+ \times \mathbb{R}_+$. Wir setzen $x := \sqrt{x_1 x_2}$ und $y := \sqrt{y_1 y_2}$. Für $x, y \in \mathbb{R}$ gilt $x \geq y$ oder $y \geq x$, da $\geq$ vollständig ist.

Also folgt $(x_1, x_2) \succeq (y_1, y_2)$ oder $(y_1, y_2) \succeq (x_1, x_2)$, d.h. $\succeq$ ist vollständig.

(3) Auf $\mathbb{R}_+ \times \mathbb{R}_+$ sei die Relation $\sim$ erklärt durch

$$(x_1, x_2) \sim (y_1, y_2) \quad :\Longleftrightarrow \quad \sqrt{x_1 x_2} = \sqrt{y_1 y_2}\,.$$

Natürlich ist $\sim$ eine Äquivalenzrelation auf $\mathbb{R}_+ \times \mathbb{R}_+$, da $=$ reflexiv, symmetrisch und transitiv ist.

Wir zeigen, daß für die Äquivalenzrelation $\sim$ gilt:

$$\text{Aus } (x_1, x_2) \succeq (y_1, y_2) \text{ und } (y_1, y_2) \succeq (x_1, x_2) \text{ folgt } (x_1, x_2) \sim (y_1, y_2)\,.$$

(Das ist gerade die 3. Bedingung dafür, daß $\succeq$ eine Präferenzordnung ist.)

$$\left.\begin{array}{lcl} (x_1, x_2) \succeq (y_1, y_2) & \Longleftrightarrow & \sqrt{x_1 x_2} \geq \sqrt{y_1 y_2} \\ (y_1, y_2) \succeq (x_1, x_2) & \Longleftrightarrow & \sqrt{y_1 y_2} \geq \sqrt{x_1 x_2} \end{array}\right\} \Longrightarrow$$

$$\sqrt{x_1 x_2} = \sqrt{y_1 y_2} \quad \text{also} \quad (x_1, x_2) \sim (y_1, y_2)\,.$$

b)

Sei $(x_1, x_2) \in \mathbb{R}_+ \times \mathbb{R}_+$ vorgegeben und $x_1 x_2 =: k > 0$. Dann ist die Bessermenge

$$\begin{aligned} B &= \{(y_1, y_2) \,|\, (y_1, y_2) \succeq (x_1, x_2)\} \\ &= \{(y_1, y_2) \,|\, \sqrt{y_1 y_2} \geq \sqrt{x_1 x_2} = \sqrt{k}\} \\ &= \{(y_1, y_2) \,|\, y_2 \geq \frac{k}{y_1}\} \end{aligned}$$

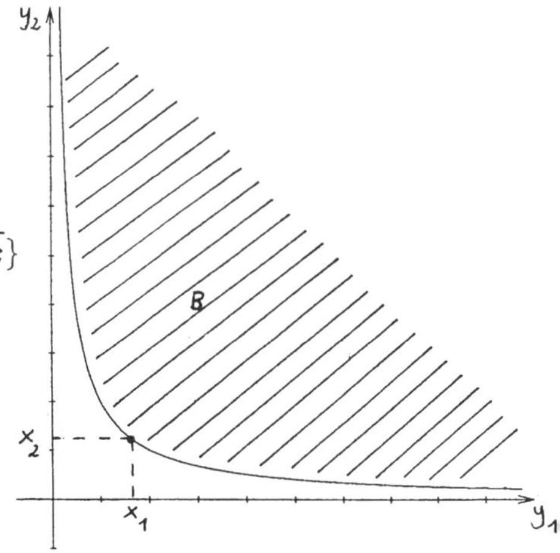

Die Grenzkurve $y_2 = \frac{k}{y_1}$ ist ein Hyperbelast durch (x_1, x_2). Die Bessermenge zu (x_1, x_2) besteht also aus allen Punkten oberhalb dieses und auf diesem Hyperbelast.

Lösung von Aufgabe 3

a)

Ist $(y_1, y_2) \in \mathbb{R}_+^2$ gegeben, so besteht die Bessermenge

$$\begin{aligned} B &= \{(x_1, x_2) \,|\, (x_1, x_2) \succeq (y_1, y_2)\} \\ &= \{(x_1, x_2) \,|\, \max\{x_1, x_2\} \geq \max\{y_1, y_2\}\} \end{aligned}$$

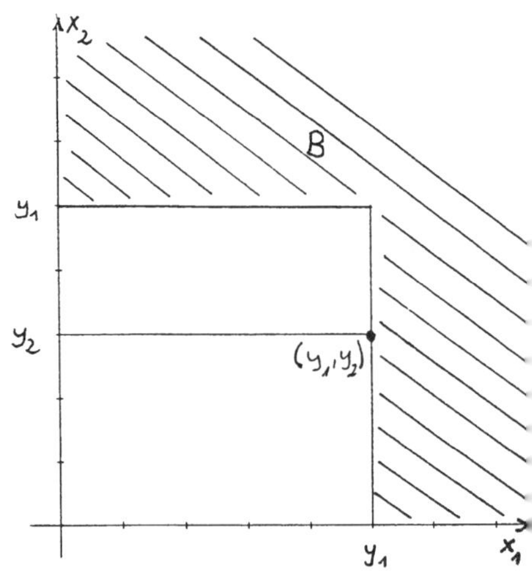

aus denjenigen Punkten (x_1, x_2) des 1. Quadranten, für die das Maximum von $\{x_1, x_2\} \geq$ dem Maximum von $\{y_1, y_2\}$ ist. Das sind die skizzierten Punkte außerhalb und auf dem Rand des Quadrats, dessen Kantenlänge durch die größere der beiden Zahlen y_1 und y_2 gegeben ist.

b) (1) $\succeq$ ist transitiv:

Seien $(x_1, x_2), (y_1, y_2), (z_1, z_2) \in \mathbb{R}_+^2$ mit $(x_1, x_2) \succeq (y_1, y_2)$ und $(y_1, y_2) \succeq (z_1, z_2)$ gegeben. Es folgt dann

$$\underbrace{\max\{x_1, x_2\}}_{:= a \in \mathbb{R}} \geq \underbrace{\max\{y_1, y_2\}}_{:= b \in \mathbb{R}} \quad \text{und} \quad \max\{y_1, y_2\} \geq \underbrace{\max\{z_1, z_2\}}_{:= c \in \mathbb{R}} .$$

In $\mathbb{R}$ folgt aus $a \geq b$ und $b \geq c$ wegen der Transitivität von $\geq$ aber $a \geq c$. Also gilt $(x_1, x_2) \succeq (z_1, z_2)$, was zu zeigen war.

(2) Zur Antisymmetrie von $\succeq$:

Wir definieren auf $\mathbb{R}^2_+$ die Relation $\sim$ durch

$$(x_1, x_2) \sim (y_1, y_2) \quad :\Longleftrightarrow \quad \max\{x_1, x_2\} = \max\{y_1, y_2\}\,.$$

Dann ist $\sim$ eine Äquivalenzrelation auf $\mathbb{R}^2_+$, da $\sim$ reflexiv, symmetrisch und transitiv ist.

Gilt nun $(x_1, x_2) \succeq (y_1, y_2)$ und $(y_1, y_2) \succeq (x_1, x_2)$, so folgt

$$\underbrace{\max\{x_1, x_2\}}_{:= a \in \mathbb{R}} \geq \underbrace{\max\{y_1, y_2\}}_{:= b \in \mathbb{R}} \quad \text{und} \quad \underbrace{\max\{y_1, y_2\}}_{b} \geq \underbrace{\max\{x_1, x_2\}}_{a}\,.$$

In $\mathbb{R}$ folgt aus $a \geq b$ und $b \geq a$ aber $a = b$. Also gilt hier:

$\max\{x_1, x_2\} = \max\{y_1, y_2\}$, d.h. $(x_1, x_2) \sim (y_1, y_2)$.

(3) $\succeq$ ist vollständig:

Zu zeigen ist: Für beliebige $(x_1, x_2), (y_1, y_2) \in \mathbb{R}^2_+$ gilt $(x_1, x_2) \succeq (y_1, y_2)$ oder $(y_1, y_2) \succeq (x_1, x_2)$.

Seien also $(x_1, x_2), (y_1, y_2) \in \mathbb{R}^2_+$ vorgegeben. Wir setzen $a := \max\{x_1, x_2\}$ und $b := \max\{y_1, y_2\}$. Für $a, b \in \mathbb{R}$ gilt $a \geq b$ oder $b \geq a$, d.h.

$$\max\{x_1, x_2\} \geq \max\{y_1, y_2\} \quad \text{oder} \quad \max\{y_1, y_2\} \geq \max\{x_1, x_2\}$$

und somit $(x_1, x_2) \succeq (y_1, y_2)$ oder $(y_1, y_2) \succeq (x_1, x_2)$.

Ergebnis: $\succeq$ ist eine Präferenzordnung.

Lösung von Aufgabe 4

a) $$\sum_{n=0}^{\infty}\underbrace{\left(\frac{1}{(-2)^{n-2}}+\frac{1}{2^{n+2}}\right)}_{a_n} = \sum_{n=0}^{\infty}\frac{1}{(-2)^{n-2}}+\sum_{n=0}^{\infty}\frac{1}{2^{n+2}}$$

(Umordnung erlaubt)

$$= \sum_{n=0}^{\infty}\frac{(-2)^2}{(-2)^n}+\sum_{n=0}^{\infty}\frac{1}{4\cdot 2^n}$$

$$= 4\cdot\sum_{n=0}^{\infty}\left(-\frac{1}{2}\right)^n+\frac{1}{4}\cdot\sum_{n=0}^{\infty}\left(\frac{1}{2}\right)^n$$

(2 konvergente geometrische Reihen)

$$= 4\cdot\frac{1}{1-(-\frac{1}{2})}+\frac{1}{4}\cdot\frac{1}{1-\frac{1}{2}}$$

$$= 4\cdot\frac{2}{3}+\frac{1}{4}\cdot 2=\frac{19}{6}\approx 3,166$$

b) $$\frac{1}{2}+\frac{2}{3^2}+\frac{3}{4^3}+\frac{4}{5^4}+\frac{5}{6^5}+\ldots =: \sum_{n=1}^{\infty}a_n$$

$$< \frac{1}{2}+\frac{3}{3^2}+\frac{4}{4^3}+\frac{5}{5^4}+\frac{6}{6^5}+\ldots = \frac{1}{2}+\frac{1}{3}+\frac{1}{4^2}+\frac{1}{5^3}+\frac{1}{6^4}+\ldots$$

$$< \frac{1}{2}+\underbrace{\frac{1}{3}+\frac{1}{3^2}+\frac{1}{3^3}+\frac{1}{3^4}+\ldots}_{\text{(konvergente geom. Reihe)}}$$

Also ist $\sum\limits_{n=1}^{\infty}a_n < \frac{1}{2}+\frac{1}{3}\cdot\frac{1}{1-\frac{1}{3}} = \frac{1}{2}+\frac{1}{2}=1.$

Lösung von Aufgabe 5

a) Für $\alpha=\frac{1}{2}$ gilt:

$$\begin{aligned}
a_0 &= 1 \\
a_1 &= a_0+(\tfrac{1}{2})^0 &&= 2 \\
a_2 &= a_1+\tfrac{1}{2} &&= 2,5 &&= \tfrac{5}{2} \\
a_3 &= a_2+\tfrac{1}{4} &&= 2,75 &&= \tfrac{11}{4} \\
a_4 &= a_3+\tfrac{1}{8} &&= 2,875 &&= \tfrac{23}{8} \\
a_5 &= a_4+\tfrac{1}{16} &&= 2,9375 &&= \tfrac{47}{16}
\end{aligned}$$

Die allgemeine Folgengliedentwicklung lautet:

$$\begin{aligned}
a_0 &= 1\\
a_1 &= a_0 + \alpha^0\\
a_2 &= a_1 + \alpha^1 = a_0 + \alpha^0 + \alpha^1\\
a_3 &= a_2 + \alpha^2 = a_0 + \alpha^0 + \alpha^1 + \alpha^2\\
&\vdots \text{ (ohne Beweis)}\\
a_{n+1} &= a_0 + \underbrace{\alpha^0 + \alpha^1 + \alpha^2 + \ldots + \alpha^n}\\
&\text{(geom. Reihe mit } n+1 \text{ Summanden und } q = \alpha)\\
&= a_0 + 1 \cdot \frac{1-\alpha^{n+1}}{1-\alpha} = 1 + \frac{1-\alpha^{n+1}}{1-\alpha}
\end{aligned}$$

$\Longrightarrow (a_n)_{n\in\mathbb{N}}$ ist konvergent für $|\alpha| < 1$, d.h. für $-1 < \alpha < 1$.

Damit existiert für $\alpha = \frac{1}{2}$ ein Grenzwert mit $\lim\limits_{n\to\infty} a_{n+1} = 1 + \frac{1}{1-\frac{1}{2}} = 3$.

b) Hier erhält man für $\alpha = \frac{1}{2}$:

$$\begin{aligned}
a_0 &= 1\\
a_1 &= a_0 + (\tfrac{1}{2\cdot 1}) &&= 1 + \tfrac{1}{2} &&= \tfrac{3}{2} &&= 1,5\\
a_2 &= a_1 + \tfrac{1}{2\cdot 2} &&= \tfrac{3}{2} + \tfrac{1}{4} &&= \tfrac{7}{4} &&= 1,75\\
a_3 &= a_2 + \tfrac{1}{2\cdot 3} &&= \tfrac{7}{4} + \tfrac{1}{6} &&= \tfrac{23}{12} &&\approx 1,92\\
a_4 &= a_3 + \tfrac{1}{2\cdot 4} &&= \tfrac{23}{12} + \tfrac{1}{8} &&= \tfrac{49}{24} &&\approx 2,04\\
a_5 &= a_4 + \tfrac{1}{2\cdot 5} &&= \tfrac{49}{24} + \tfrac{1}{10} &&= \tfrac{257}{120} &&\approx 2,14
\end{aligned}$$

Die allgemeine Folgengliedentwicklung lautet:

$$\begin{aligned}
a_0 &= 1\\
a_1 &= a_0 + \tfrac{\alpha}{1}\\
a_2 &= a_1 + \tfrac{\alpha}{2} = a_0 + \tfrac{\alpha}{1} + \tfrac{\alpha}{2}\\
a_3 &= a_2 + \tfrac{\alpha}{3} = a_0 + \tfrac{\alpha}{1} + \tfrac{\alpha}{2} + \tfrac{\alpha}{3}\\
&\vdots \text{ (ohne Beweis)}\\
a_n &= a_0 + \alpha\underbrace{(1 + \frac{1}{2} + \frac{1}{3} + \ldots + \frac{1}{n})}\\
&\text{(n-te Partialsumme der \underline{divergenten} harm. Reihe)}
\end{aligned}$$

Es folgt: (a_n) ist konvergent für $\alpha = 0$ und divergent für $\alpha \neq 0$.

Für α=0,5 existiert daher kein Grenzwert.

Lösung von Aufgabe 6

a)

$$a_n = \frac{\sqrt{n^2+1}-n}{\sqrt{n^2-1}-n} \cdot \frac{\frac{\sqrt{n^2+1}+n}{\sqrt{n^2+1}+n}}{\frac{\sqrt{n^2-1}+n}{\sqrt{n^2-1}+n}} \quad \text{Erweiterung von Zähler und Nenner}$$

$$= \frac{\frac{(n^2+1)-n^2}{\sqrt{n^2+1}+n}}{\frac{(n^2-1)-n}{\sqrt{n^2-1}+n}} = \frac{\frac{1}{\sqrt{n^2-1}+n}}{\frac{-1}{\sqrt{n^2-1}+n}} = -\frac{\sqrt{n^2-1}+n}{\sqrt{n^2+1}+n} = -\frac{n\cdot(\sqrt{1-\frac{1}{n^2}}+1)}{n\cdot(\sqrt{1+\frac{1}{n^2}}+1)}$$

$$\Longrightarrow \lim_{n\to\infty} a_n = -\frac{2}{2} = -1$$

b)

$$f(x) = \sum_{n=0}^{\infty}\left(\frac{x^2-9}{x-3}\right)^n = \sum_{n=0}^{\infty}\left(\frac{(x+3)(x-3)}{x-3}\right)^n$$
$$= \sum_{n=0}^{\infty}(x+3)^n$$
$$= \underbrace{1+(x+3)+(x+3)^2+\ldots}_{\text{unendliche geom. Reihe, } q=x+3}$$

Die Reihe divergiert für $|q| = |x+3| > 1$, d.h. für $x > -2$ oder $x < -4$.
Sie konvergiert für $|q| = |x+3| < 1$, d.h. für $-4 < x < -2$.

Dann gilt:

$$f(x) = \frac{1}{1-q} = \frac{1}{1-(x+3)} = \frac{1}{-x-2}, \text{ also } f(-2,5) = \tfrac{1}{2,5-2} = \tfrac{1}{0,5} = 2$$

Betrachtung der Ränder -4 und -2:

$x = -4: \Longrightarrow f(-4) = 1-1+1-1\pm\ldots$ existiert nicht;
$x = -2: \Longrightarrow f(-2) = 1+1+1+1+\ldots$ existiert nicht; es gilt $\lim_{x\to -2} f(x) = \infty$.

Lösung von Aufgabe 7

a) Es wird eine Fallunterscheidung durchgeführt:

1. $a_0 > 0$
   Für $a_0 > 0$ gilt $\frac{a_0}{3} > 0$ und damit $\left(\frac{a_0}{3}\right)^n > 0$. Wegen $a_{n+1} = \underbrace{\left(\frac{a_0}{3}\right)^n}_{>0} + a_n$
   gilt dann $a_{n+1} > a_n$ für $n \in \mathbb{N}$; d.h. die Folge ist streng monoton wachsend.
2. $a_0 = 0$
   Dann gilt $a_{n+1} = a_n (= a_0 = 0)$, d.h. die Folge ist konstant.

3. $a_0 < 0$

Dann gilt $\left(\frac{a_0}{3}\right)^n \begin{cases} > 0 \text{ für n gerade} \\ < 0 \text{ für n ungerade} \end{cases}$

Wegen $a_{n+1} = \left(\frac{a_0}{3}\right)^n + a_n$ oszilliert somit die Folge.

Ergebnis: Nur für $a_0 > 0$ ist die Folge streng monoton und zwar wachsend.

b) Durch ausführliches Hinschreiben erhält man aus $a_{n+1} = \left(\frac{a_0}{3}\right)^n + a_n$:

$$\begin{aligned}
a_1 &= \left(\tfrac{a_0}{3}\right)^0 + a_0 && = a_0 + 1 \\
a_2 &= \left(\tfrac{a_0}{3}\right)^1 + a_1 && = a_0 + 1 + \left(\tfrac{a_0}{3}\right)^1 \\
a_3 &= \left(\tfrac{a_0}{3}\right)^2 + a_2 && = a_0 + 1 + \left(\tfrac{a_0}{3}\right)^1 + \left(\tfrac{a_0}{3}\right)^2 \\
a_4 &= \left(\tfrac{a_0}{3}\right)^3 + a_3 && = a_0 + 1 + \left(\tfrac{a_0}{3}\right)^1 + \left(\tfrac{a_0}{3}\right)^2 + \left(\tfrac{a_0}{3}\right)^3 \\
&\vdots && \text{und man erkennt leicht:} \\
a_n &= \left(\tfrac{a_0}{3}\right)^{n-1} + a_{n-1} && = a_0 + \underbrace{1 + \left(\frac{a_0}{3}\right)^1 + \left(\frac{a_0}{3}\right)^2 + \ldots + \left(\frac{a_0}{3}\right)^{n-1}}_{\text{geom. Reihe mit n Summanden und } q=\frac{a_0}{3}}
\end{aligned}$$

Es ist also: $a_n = a_0 + \dfrac{\left(\frac{a_0}{3}\right)^n - 1}{\left(\frac{a_0}{3}\right) - 1}$.

Für $|q| = |\frac{a_0}{3}| < 1$ ist diese geom. Reihe konvergent, d.h. a_n konvergiert für $|a_0| < 3$.

c) Die ersten 5 Folgenglieder für $a_0 = 1$ lauten:

$$\begin{aligned}
a_0 &= 1 \\
a_1 &= 1 + 1 = 2 \\
a_2 &= 1 + 1 + \tfrac{1}{3} \approx 2,333 \\
a_3 &= 1 + 1 + \tfrac{1}{3} + \tfrac{1}{9} \approx 2,444 \\
a_4 &= 1 + \underbrace{1 + \frac{1}{3} + \frac{1}{9} + \frac{1}{27}}_{\text{geom. Reihe mit } |q| = \frac{1}{3} < 1;} \approx 2,481
\end{aligned}$$

Damit folgt $\lim\limits_{n\to\infty} a_n = 1 + \dfrac{1}{1-q} = 1 + \dfrac{1}{1-\frac{1}{3}} = 2,5.$

Lösung von Aufgabe 8

a)

$$\sum_{i=1}^{\infty}\left[\left(\frac{1}{2}\right)^i+\left(\frac{1}{3}\right)^{i+1}\right]\cdot\left(\frac{1}{4}\right)^{i-1} = \sum_{i=1}^{\infty}\left[\left(\frac{1}{2}\right)^i+\frac{1}{3}\left(\frac{1}{3}\right)^{i}\right]\cdot\frac{\left(\frac{1}{4}\right)^i}{\frac{1}{4}}$$

$$= 4\cdot\sum_{i=1}^{\infty}\left[\left(\frac{1}{2}\right)^i\cdot\left(\frac{1}{4}\right)^i+\frac{1}{3}\left(\frac{1}{3}\right)^{i}\cdot\left(\frac{1}{4}\right)^i\right]$$

$$= 4\cdot\sum_{i=1}^{\infty}\left[\left(\frac{1}{2}\cdot\frac{1}{4}\right)^i+\frac{1}{3}\left(\frac{1}{3}\cdot\frac{1}{4}\right)^{i}\right]$$

$$= 4\cdot\sum_{i=1}^{\infty}\left[\left(\frac{1}{8}\right)^i+\frac{1}{3}\left(\frac{1}{12}\right)^{i}\right] = 4\cdot\sum_{i=1}^{\infty}\left(\frac{1}{8}\right)^i+\frac{4}{3}\cdot\sum_{i=1}^{\infty}\left(\frac{1}{12}\right)^{i}$$

$$= 4\cdot\frac{1}{8}\cdot\frac{1}{1-\frac{1}{8}}+\frac{4}{3}\cdot\frac{1}{12}\cdot\frac{1}{1-\frac{1}{12}} = \frac{1}{2}\cdot\frac{8}{7} \quad + \frac{1}{9}\cdot\frac{12}{11} = \frac{4}{7}+\frac{4}{33} = \frac{160}{231} \approx 0,6926$$

b) (1) $\quad a_{n+1}-a_n=(b)^n \iff a_{n+1}=a_n+(b)^n$

Fallunterscheidung:

1. $b=0$ Dann ist die Folge konstant.
2. $b>0$ Dann ist $b^n>0$ und die Folge ist streng monoton steigend.
3. $b<0$ Dann ist die Folge nicht monoton (sie oszilliert).

(2) Wir schreiben ausführlich:

$$\begin{aligned}
a_1 &= 1\\
a_2 &= a_1+b^1 = 1+b\\
a_3 &= a_2+b^2 = 1+b+b^2\\
a_4 &= a_3+b^3 = 1+b+b^2+b^3\\
&\vdots\\
a_n &= a_{n-1}+b^{n-1} = 1+b+b^2+\ldots+b^{n-1}
\end{aligned}$$

$\Longrightarrow \quad \lim_{n\to\infty} a_n = 1+b+b^2+\ldots$ (unendliche) geometrische Reihe.

Diese ist genau dann konvergent, wenn $|b|<1$ gilt.

Im Falle der Konvergenz lautet die Summenformel der unendlichen geometrischen Reihe $\quad S_n = a_1\cdot\frac{1}{1-q}$,

d.h. der Grenzwert lautet: $\lim\limits_{n\to\infty} a_n = \dfrac{1}{1-b}$.

Lösung von Aufgabe 9

a) Es sind die Barwerte der Kapitalströme zu berechnen (mit q=1,06):

$$B_i = \sum_{k=1}^{5} \frac{z_k^{(i)}}{q^k} = \frac{z_1(i)}{q} + \frac{z_2(i)}{q^2} + \ldots + \frac{z_5(i)}{q^5}$$

$$\begin{aligned}
\text{Strom 1:} \quad B_1 &= \tfrac{15000}{1,06} + \tfrac{38000}{1,06^2} + \tfrac{25000}{1,06^3} + \tfrac{53000}{1,06^4} + \tfrac{19000}{1,06^5} \\
&= 14.151 + 33.820 + 20.990 + 41.981 + 14.198 \\
&= 125.140 \\
\text{Strom 2:} \quad B_2 &= \tfrac{17000}{1,06} + \tfrac{66000}{1,06^2} + \tfrac{45000}{1,06^3} + \tfrac{12000}{1,06^4} + \tfrac{10000}{1,06^5} \\
&= 16.038 + 58.740 + 37.783 + 9.505 + 7.473 \\
&= 129.538 \\
\text{Strom 3:} \quad B_3 &= \tfrac{10000}{1,06} + \tfrac{30000}{1,06^2} + \tfrac{50000}{1,06^3} + \tfrac{40000}{1,06^4} + \tfrac{20000}{1,06^5} \\
&= 9.434 + 26.700 + 41.981 + 31.684 + 14.945 \\
&= 124.744
\end{aligned}$$

Ergebnis: Beteiligung 2 ist am profitabelsten, Beteiligung 3 ist die unrentabelste.

b) Verkaufspreis $= \sum$ Barwerte $= 125.140 + 129.538 + 124.744 = 379.422$

c) Rentenendwert: $R_5 = r \cdot \frac{q^5-1}{q-1}$ Rentenbarwert: $R_0 = \frac{R^5}{q^5}$
Mit dem Rentenbarwert $R_0 = 379.422$ folgt:

$$379.422 = \frac{r}{q^5} \cdot \frac{q^5-1}{q-1} \implies r = 379.422 \cdot \frac{q^5(q-1)}{q^5-1} = 379.422 \cdot 0,237396 = 90.073$$

Lösung von Aufgabe 10

a) L=600.000 €

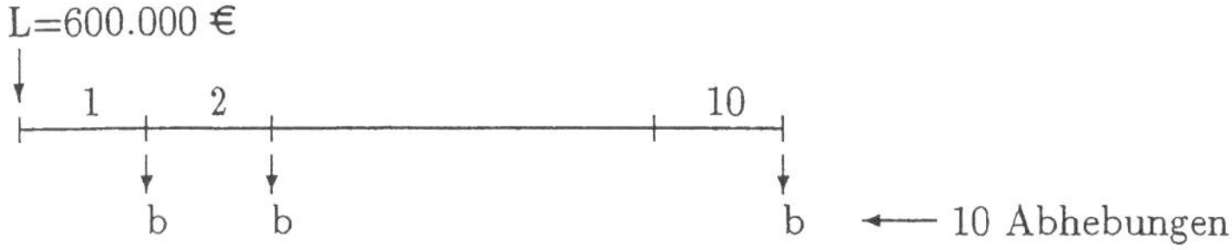

Das Konto ist leer am Ende des 10. Jahres, wenn mit der Abhebung b und $q = 1 + i$ gilt:

$$L \cdot q^{10} \stackrel{!}{=} b + b \cdot q + \ldots + b \cdot q^9 \quad \left(= b \cdot \frac{q^{10}-1}{q-1}\right).$$

Also folgt:

$$b = L \cdot q^{10} \frac{q-1}{q^{10}-1} = 600.000€ \cdot 1,06^{10} \cdot \frac{0,06}{1,06^{10}-1} = 81.521€$$

b)

$$\begin{aligned} L \cdot q^{20} &\stackrel{!}{=} b \cdot \tfrac{q^{20}-1}{q-1} \\ \Longrightarrow \quad L \cdot q^{20} \cdot (q-1) &= b \cdot (q^{20}-1) \\ L \cdot q^{21} - L \cdot q^{20} &= b \cdot q^{20} - b \\ 0 &= \underbrace{L \cdot q^{21} - q^{20} \cdot (b+L) + b}_{=:f(q)} \end{aligned}$$

Mit dem Newton-Verfahren wird $f(q) = 0$ gelöst:

$$q_1 = q_0 - \frac{f(q_0)}{f'(q_0)} = q_0 - \frac{L \cdot q^{21} - q^{20} \cdot (b+L) + b}{21 \cdot L \cdot q_0^{20} - 20 \cdot q_0^{19} \cdot (b+L)}$$

Mit $L = 600.000$ und $b = 60.000$ folgt

$$q_1 = q_0 - \frac{600.000 \cdot q^{21} - 660.000 \cdot q^{20} + 60.000}{21 \cdot 600.000 \cdot q_0^{20} - 20 \cdot 660.000 \cdot q_0^{19}} = q_0 - \frac{10 \cdot q^{21} - 11 \cdot q^{20} + 1}{210 \cdot q_0^{20} - 220 \cdot q_0^{19}}$$

Wählen wir als Anfangsnäherung $q_0 := 1,08$, so ergibt sich

$q_1 = 1,08 - \dfrac{0,0678}{29,34} \approx 1,0777$, also $i \approx 7,77\%$, womit wir uns begnügen.

Lösung von Aufgabe 11

a) Sei $g(x) := a \cdot e^{bx} - 1$ und $h(x) := 2 - e^{-0,5x}$.
f ist stetig an der Stelle 2 $\Longleftrightarrow$ $g(2) \stackrel{!}{=} h(2)$.

Das liefert die Gleichung $a \cdot e^{2b} - 1 = 2 - e^{-1}$.

f ist differenzierbar an der Stelle 2 $\Longleftrightarrow$ $g'(2) \stackrel{!}{=} h'(2)$.

Mit $g'(x) = a \cdot b \cdot e^{bx}$ und $h'(x) = \frac{1}{2} \cdot e^{-0,5x}$ folgt $a \cdot b \cdot e^{2b} = \frac{1}{2} \cdot e^{-1}$.

Dies formen wir zu $a \cdot e^{2b} = \frac{e^{-1}}{2b}$ um und setzen in die 1. Gleichung ein:

$$\begin{aligned} \tfrac{e^{-1}}{2b} - 1 &= 2 - e^{-1} \\ \tfrac{e^{-1}}{2b} &= 3 - e^{-1} \\ b &= \tfrac{\frac{1}{2} \cdot e^{-1}}{3-e^{-1}} \approx 0,0699 \end{aligned}$$

Dies zurückeingesetzt, folgt für a:

$$a = \frac{e^{-1}}{2b \cdot e^{2b}} \approx 2,284$$

b)
$\lim\limits_{x \to \infty} f(x) = \lim\limits_{x \to \infty} (2 - e^{-0,5x}) = 2 - 0 = 2$

c)
Die Skizze des Graphen steht rechts.

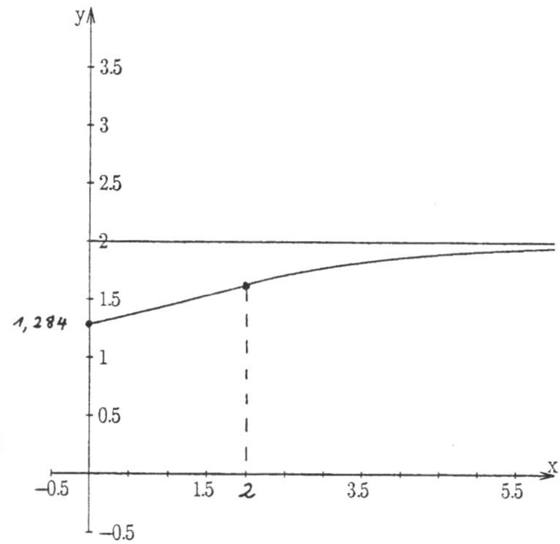

Lösung von Aufgabe 12

a) Zunächst berechnet man einige Ableitungen:

$$\begin{array}{lll} f(x) = \frac{1}{1-x} & = (1-x)^{-1} & \Longrightarrow \quad f(0) = 1 \\ f'(x) = (-1) \cdot (-1)(1-x)^{-2} & = (1-x)^{-2} & \Longrightarrow \quad f'(0) = 1 \\ f''(x) = (-2) \cdot (-1)(1-x)-3 & = 2(1-x)^{-3} & \Longrightarrow \quad f''(0) = 2 \\ f'''(x) = 2 \cdot (-3) \cdot (-1)(1-x)^{-4} & = 6(1-x)^{-4} & \Longrightarrow \quad f'''(0) = 6 = 3! \\ f^{(4)}(x) = 6 \cdot (-4) \cdot (-1)(1-x)^{-5} & = 24(1-x)^{-5} & \Longrightarrow \quad f^{(4)}(0) = 24 = 4! \\ \vdots & & \qquad \vdots \\ f^{(n)}(x) = n!(1-x)^{-(n+1)} & & \Longrightarrow \quad f^{(n)}(0) = n! \end{array}$$

Damit lautet die Taylorreihe um $x = 0$:

$$p(x) = 1 + x + x^2 + x^3 + x^4 + \ldots + x^n + \ldots$$

b) Man erkennt in $p(x)$ leicht eine geometrische Reihe mit $q = x$. Diese konvergiert für $|q| = |x| < 1$.

c) Man berechnet $p^*(x) = g(0) + \frac{g'(0)}{1!}x + \frac{g''(0)}{2!}$.

$$\begin{aligned}
g(x) &= \tfrac{(x+1)^2}{1-x} = \tfrac{x^2+2x+1}{1-x} \implies & g(0) = 1 \\
g'(x) &= \tfrac{(2x+2)(1-x)-(x^2+2x+1)(-1)}{(1-x)^2} = \tfrac{-x^2+2x+3}{(1-x)^2} \implies & g'(0) = 3 \\
g''(x) &= \tfrac{(-2x+2)(1-x)^2-(-x^2+2x+3)\cdot 2(1-x)(-1)}{(1-x)^4} & \\
g''(0) &= \tfrac{2\cdot 1-3\cdot 2\cdot 1(-1)}{1} = 8 \implies & g''(0) = 8
\end{aligned}$$

Damit folgt $p^*(x) = 1+\frac{3}{1!}x+\frac{8}{2!} = 1+3x+4x^2$, und die ersten drei gesuchten Koeffizienten lauten

$$b_0 = 1; \quad b_1 = 3; \quad b_2 = 4\,.$$

Lösung von Aufgabe 13

a) Man berechnet die möglichen Extremstellen über die Nullstellen der ersten Ableitung:

$$K(x) = 2\cdot \mathrm{e}^{-x}(x^2+2x) \implies$$

$$K'(x) = -2\cdot\mathrm{e}^{-x}(x^2+2x)+2\cdot\mathrm{e}^{-x}(2x+2) = 2\mathrm{e}^{-x}(-x^2-2x+2x+2) = 2\cdot\underbrace{\mathrm{e}^{-x}}_{>0}(-x^2+2$$

$$K'(x) = 0 \implies -x^2+2 = 0 \iff x_{1,2} = \pm\sqrt{2}.$$

Es ist $x_2 = -\sqrt{2} \notin D(K)$, also verbleibt $x_1 = \sqrt{2}$ zu untersuchen. Das geschieht entweder mit dem Vorzeichenwechsel von K' von + auf − (den man sofort sieht!) oder mit viel Rechnung mit Hilfe der 2. Ableitung:

$$\begin{aligned}
K''(x) &= -2\mathrm{e}^{-x}(-x^2+2) + 2\mathrm{e}^{-x}(-2x) = 2\mathrm{e}^{-x}(x^2-2x-2) \\
K''(\sqrt{2}) &= \underbrace{2\cdot\mathrm{e}^{-x}}_{>0}\cdot\underbrace{(2-2\sqrt{(2)}-2)}_{=-2\sqrt{2}<0}
\end{aligned}$$

also ist $K''(\sqrt{2}) < 0$ und $x_1 = \sqrt{2}$ damit eine Maximalstelle.

b)
Nebenstehend: Skizze des Graphen von $K(x) = 2 \cdot e^{-x} \cdot (x^2 + 2x); x > 0$.

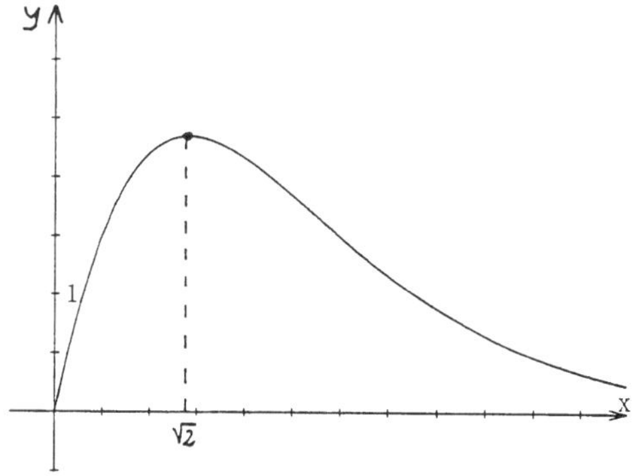

c) Berechnung der Elastizität:

$$E(K) = \frac{K'(x)}{K(x)} \cdot x$$

$$= \frac{2 \cdot e^{-x}(-x^2+2)}{2 \cdot e^{-x}(x^2+2x)} \cdot x = \frac{-x^2+2}{x^2+2x} \cdot x$$

Es gilt $E(K) \approx \frac{\frac{\Delta K}{K}}{\frac{\Delta x}{x}}$, 3%-ige Erhöhung von x und 6%-ige Senkung von K liefert für diesen Bruch $\frac{-0,06}{0,03}$ und mit der berechneten Elastizität ergibt sich die Gleichung

$$\frac{-0,06}{0,03} = \frac{(-x^2+2)}{x^2+2x} \cdot x.$$

Es folgt $\quad -2(x^2+2x) = (-x^2+2) \cdot x \iff x \cdot (x^2 - 2x - 6) = 0$.

Diese Gleichung hat die Lösungen $x_1 = 0 \notin D(K)$ sowie $x_{2,3} = 1 \pm \sqrt{1+6}$, also $x_2 = 1 + \sqrt{7} \approx 3,646$ und $x_3 = 1 - \sqrt{7} \approx -1,646 \notin D(K)$. Damit erfüllt lediglich die Stelle $x_2 \approx 3,646$ die Forderung.

Lösung von Aufgabe 14

a) Bestimmung der Extrema mittels Differentiation:

$$f'(x) = e^{-x^2+6x-9} \cdot (-2x+6) f'(x) \overset{!}{=} 0 = \underbrace{e^{-x^2+6x-9}}_{>0} \cdot (-2x+6)$$

$f'(x) = 0 \iff -2x + 6 = 0$; also ist $x = 3$ mögliche Extremstelle.
Überprüfung mittels der 2. Ableitung (da diese in b) sowieso benötigt wird!):

$$\begin{aligned} f''(x) &= e^{-x^2+6x-9} \cdot (-2x+6)(-2x+6) + e^{-x^2+6x-9} \cdot (-2) \\ f''(3) &= \underbrace{e^{-x^2+6x-9} \cdot 0 \cdot 0}_{=0} + \underbrace{e^{-x^2+6x-9}}_{>0} \cdot (-2) \ < 0 \end{aligned}$$

Damit ist $x = 3$ Maximalstelle von f. Mit $f(3) = e^{-9+18-9} = e^0 = 1$ lautet das Maximum 1.
Da f nur für $x \geq 0$ definiert ist, liegt bei $x = 0$ ein Randextremum vor mit $f(0) = e^{-9}$.

Da $f'(0) = e^{-9} \cdot 6 > 0$ ist, besitzt der Graph von f an der Stelle 0 eine positive Steigung, d.h. $x = 0$ ist Randminimalstelle.

b) Es gilt: f konvex $\iff$ $f''(x) \geq 0$
f konkav $\iff$ $f''(x) \leq 0$

Berechne $f''(x) = 0$:
Aus Teil a) ist $f''(x) = e^{-x^2+6x-9} \cdot \left[(-2x+6)^2 - 2\right]$ bekannt.

$$f''(x) = 0 \iff (-2x+6)^2 - 2 = 0 \iff x^2 - 6x + \frac{17}{2} = 0$$

Diese Gleichung hat die Lösungen $x_{1,2} = 3 \pm \sqrt{9 - \frac{17}{2}} = 3 \pm \frac{1}{2}\sqrt{2}$.

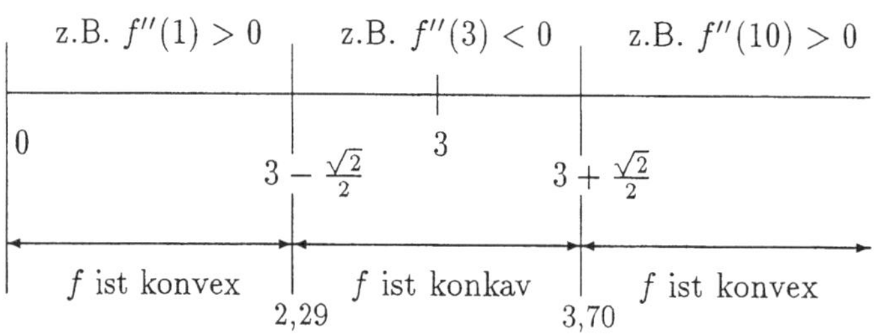

c)

Skizze des Graphen von

$f(x) = e^{-x^2+6x-9}; x \geq 0$.

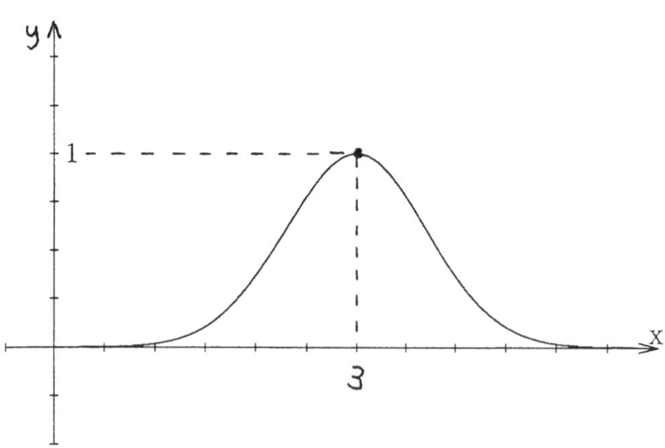

d) Es ist

$$
\begin{aligned}
E\,f(x) &= \frac{x \cdot f'(x)}{f(x)} \\
&= \frac{x \cdot \mathrm{e}^{-x^2+6x-9} \cdot (-2x+6)}{\mathrm{e}^{-x^2+6x-9}} \\
&= x(-2x+6) = -2x^2 + 6x\,.
\end{aligned}
$$

Gesucht ist $\{x \mid E\,f(x) \geq 1\}$. Wir lösen

$$-2x^2 + 6x = 1 \iff x^2 - 3x + \frac{1}{2} = 0\,.$$

Es folgt $\quad x_{1,2} = \dfrac{3}{2} \pm \sqrt{\dfrac{9}{4} - \dfrac{1}{2}} = \dfrac{3}{2} \pm \dfrac{1}{2}\sqrt{7} \approx 1,5 \pm 1,32.$

Da der Graph von $E = -2x^2 + 6x$ eine nach unten geöffnete Parabel ist, folgt, daß $E\,f(x) \geq 1$ zwischen $1,5 - 1,32 = 0,18$ und $1,5 + 1,32 = 2,82$ gilt.

Lösung von Aufgabe 15

a) Für den Fall $p = 0$ ist $\mathbf{a} = \mathbf{0}$ und damit sind die vier Vektoren zwangsläufig linear abhängig. Im Fall $p \neq 0$ erhält man nach Zeilen- und Spaltentausch:

$$
\begin{array}{cccc|cl}
1 & p & 1 & 1 & 0 & \cdot(-p)\ \urcorner + \\
p & 0 & 0 & 0 & 0 & \leftarrow \\
0 & -p & 0 & 0 & 0 & \\
0 & 0 & p & 1 & 0 & \\
\hline
1 & p & 1 & 1 & 0 & \\
0 & -p^2 & -p & -p & 0 & : p \neq 0 \\
0 & -p & 0 & 0 & 0 & \\
0 & 0 & p & 1 & 0 & \\
\hline
1 & p & 1 & 1 & 0 & \\
0 & -p & -1 & -1 & 0 & \cdot(-1)\ \urcorner + \\
0 & -p & 0 & 0 & 0 & \leftarrow \\
0 & 0 & p & 1 & 0 & \\
\hline
1 & p & 1 & 1 & 0 & \\
0 & -p & -1 & -1 & 0 & \\
0 & 0 & 1 & 1 & 0 & \cdot(-p)\ \urcorner + \\
0 & 0 & p & 1 & 0 & \leftarrow \\
\hline
1 & p & 1 & 1 & 0 & \\
0 & -p & -1 & -1 & 0 & \\
0 & 0 & 1 & 1 & 0 & \\
0 & 0 & 0 & 1-p & 0 &
\end{array}
$$

Damit sind die Vektoren für $p = 1$ ebenfalls linear abhängig.

b) Die Matrix $\mathbf{A} = \begin{pmatrix} 2 & 1 & 1 \\ 0 & 0 & 2 \\ -2 & 0 & 0 \end{pmatrix}$ hat vollen Rang 3, da z.B. die Zeilen offensichtlich linear unabhängig sind. Somit ist die Matrix invertierbar. Die Inverse wird wie üblich berechnet und man erhält $\mathbf{A}^{-1} = \begin{pmatrix} 0 & 0 & -\frac{1}{2} \\ 1 & -\frac{1}{2} & 1 \\ 0 & \frac{1}{2} & 0 \end{pmatrix}$.

Damit folgt:

$$\begin{aligned} \mathbf{A}^{-1} \cdot \mathbf{A} \cdot \mathbf{X} &= \mathbf{A}^{-1} \cdot \begin{pmatrix} 4 & 2 \\ 4 & 6 \\ -2 & 0 \end{pmatrix} \\ \mathbf{X} &= \begin{pmatrix} 0 & 0 & -\frac{1}{2} \\ 1 & -\frac{1}{2} & 1 \\ 0 & \frac{1}{2} & 0 \end{pmatrix} \cdot \begin{pmatrix} 4 & 2 \\ 4 & 6 \\ -2 & 0 \end{pmatrix} = \begin{pmatrix} 1 & 0 \\ 0 & -1 \\ 2 & 3 \end{pmatrix} \end{aligned}$$

Lösung von Aufgabe 16

a) $\mathbf{A}$ invertierbar $\iff$ $\det \mathbf{A} \neq 0$. Daher wird $|\mathbf{A}|$ berechnet:

$$\begin{aligned} |\mathbf{A}| &= \begin{vmatrix} 1 & 0 & 0 & 1 \\ 0 & x & 2x & -1 \\ 0 & 1 & x & 2 \\ -1 & 0 & 0 & 2 \end{vmatrix} \quad (\text{1. Zeile} \; + \; \text{zur 4. Zeile}) \\ &= \begin{vmatrix} 1 & 0 & 0 & 1 \\ 0 & x & 2x & -1 \\ 0 & 1 & x & 2 \\ 0 & 0 & 0 & 3 \end{vmatrix} \quad \text{Entwickeln: 4. Zeile, 4. Eintrag} \\ &= (+3) \cdot \begin{vmatrix} 1 & 0 & 0 \\ 0 & x & 2x \\ 0 & 1 & x \end{vmatrix} \quad \text{Entwickeln: 1. Spalte, 1. Eintrag} \\ &= (+3) \cdot (+1) \cdot \begin{vmatrix} x & 2x \\ 1 & x \end{vmatrix} \\ &= 3(x^2 - 2x) = 3x(x-2) \end{aligned}$$

D.h. $|\mathbf{A}| \neq 0$ genau dann, wenn $x \in \mathbb{R} \setminus \{0; 2\}$. Also ist $\mathbf{A}$ für jedes $x \in \mathbb{R} \setminus \{0; 2\}$ invertierbar.

b) $\mathbf{A}\cdot\mathbf{B}$ invertierbar $\iff$ $\det(\mathbf{A}\cdot\mathbf{B}) \neq 0$. Es gilt: $|\mathbf{A}\cdot\mathbf{B}| = |\mathbf{A}|\cdot|\mathbf{B}|$. D.h.:

$$|\mathbf{A}\cdot\mathbf{B}| \neq 0 \iff \underbrace{|\mathbf{A}| \neq 0}_{\text{siehe Teil a)}} \quad \text{und } |\mathbf{B}| \neq 0$$

Damit bleibt zu bestimmen, für welche x gilt: $|\mathbf{B}| \neq 0$.

$$\begin{aligned}
|\mathbf{B}| &= \begin{vmatrix} 0 & 0 & x & 0 \\ x & 0 & 3x & x \\ 1 & 3x & 4x & 0 \\ x & 3 & 5x & 0 \end{vmatrix} \quad \text{Entwickeln: 1. Zeile, 3. Eintrag} \\
&= (+x)\cdot\begin{vmatrix} x & 0 & x \\ 1 & 3x & 0 \\ x & 3 & 0 \end{vmatrix} \quad \text{Entwickeln: 3. Spalte, 1. Eintrag} \\
&= (+x)\cdot(+x)\cdot\begin{vmatrix} 1 & 3x \\ x & 3 \end{vmatrix} \\
&= x^2\cdot(3-3x^2) = 3x^2\cdot(1-x^2)
\end{aligned}$$

D.h. $|\mathbf{B}| \neq 0$ genau dann, wenn $x \in \mathbb{R}\backslash\{0;1;-1\}$.
Damit ist $|\mathbf{A}\cdot\mathbf{B}| \neq 0$, also $\mathbf{A}\cdot\mathbf{B}$ invertierbar, genau dann, wenn $x \in \mathbb{R}\backslash(\{0;2\}\cup\{0;1;-1\})$ d.h. $x \in \mathbb{R}\backslash\{-1;0;1;2\}$.

c) Gesucht $|\mathbf{A}| = |\mathbf{B}| \neq 0$. Aus den Teilen a) und b) ist $|\mathbf{A}| = 3x(x-2)$ und $|\mathbf{B}| = 3x^2(1-x^2)$ bekannt.

$$|\mathbf{A}| = |\mathbf{B}| \iff 3x(x-2) = 3x^2(1-x^2)$$

Für $x = 0$ folgt $|\mathbf{A}| = |\mathbf{B}| = 0$. Für $x \neq 0$ gilt $|\mathbf{A}| = |\mathbf{B}|$ genau dann, wenn $x-2 = x(1-x^2)$, also $x^3 = 2$, d.h. $x = \sqrt[3]{2}$.

Nur für $x = \sqrt[3]{2}$ ist die Bedingung $|\mathbf{A}| = |\mathbf{B}| \neq 0$ erfüllt.

Lösung von Aufgabe 17

a) $\mathbf{A}$ invertierbar $\iff$ $\mathbf{A}$ hat vollen Rang
Um diejenigen Werte von a zu berechnen, für die $\mathbf{A}$ nicht vollen Rang hat, wird $\mathbf{A}$ mittel des GAUSS-Verfahrens auf obere Dreiecksgestalt gebracht. Gleichzeitig werden die gleichen Umformungen auf die Einheitsmatrix angewendet, um Vorarbeit für Teil b) zu leisten.

$$
\begin{array}{ccc|ccc}
1 & 2 & a & 1 & 0 & 0 \\
5 & a & 1 & 0 & 1 & 0 \\
-1 & 1 & 1 & 0 & 0 & 1 \\
\hline
1 & 2 & a & 1 & 0 & 0 \\
0 & a-10 & 1-5a & -5 & 1 & 0 \\
0 & 3 & 1+a & 1 & 0 & 1 \\
\hline
1 & 2 & a & 1 & 0 & 0 \\
0 & 3 & 1+a & 1 & 0 & 1 \\
0 & a-10 & 1-5a & -5 & 1 & 0 \\
\hline
1 & 2 & a & 1 & 0 & 0 \\
0 & 3 & 1+a & 1 & 0 & 1 \\
0 & 0 & \widetilde{A} & -5-\frac{a-10}{3} & 1 & -\frac{a-10}{3}
\end{array}
\qquad
\begin{array}{l}
\text{Zeile 1} \cdot(-5) \text{ zu Zeile 2 } (+),\ \text{Zeile 1} \cdot(-5) \text{ zu Zeile 3 } (+) \\
\\
\\
\\
\text{Zeilentausch} \\
\\
\\
\text{Zeile 2} \cdot\left(-\frac{a-10}{3}\right) \text{ zu Zeile 3 } (+) \\
\end{array}
$$

mit $\tilde{A} = 1 - 5a - \frac{(1+a)(a-10)}{3} = \frac{-a^2-6a+13}{3}$.

Es gibt keine Inverse für $\widetilde{A} = 0$, d.h.:

$$a^2 + 6a - 13 = 0 \iff a_{1,2} = -3 \pm \sqrt{9+13} = -3 \pm \sqrt{22}$$

b) Um die Inverse zu berechnen wird das GAUSS-Verfahren weiter verwendet. Man setzt $a = 2$ im Endtableau aus Teil a) und erhält:

$$
\begin{array}{ccc|ccc|l}
1 & 2 & 2 & 1 & 0 & 0 & \\
0 & 3 & 3 & 1 & 0 & 1 & \\
0 & 0 & -1 & -\frac{3}{7} & 1 & \frac{8}{3} & \cdot 2 \text{ zu Zeile 1 } (+),\ \cdot 3 \text{ zu Zeile 2 } (+) \\
\hline
1 & 2 & 0 & -\frac{11}{3} & 2 & \frac{16}{3} & \\
0 & 3 & 0 & -6 & 3 & 9 & :3 \\
0 & 0 & -1 & -\frac{7}{3} & 1 & \frac{8}{3} & \cdot(-1) \\
\hline
1 & 2 & 0 & -\frac{11}{3} & 2 & \frac{16}{3} & \\
0 & 1 & 0 & -2 & 1 & 3 & \cdot(-2) \text{ zu Zeile 1 } (+) \\
0 & 0 & 1 & \frac{7}{3} & -1 & -\frac{8}{3} & \\
\hline
1 & 0 & 0 & \frac{1}{3} & 0 & -\frac{2}{3} & \\
0 & 1 & 0 & -2 & 1 & 3 & \\
0 & 0 & 1 & \frac{7}{3} & -1 & -\frac{8}{3} & \\
\hline
 & \mathbf{E} & & & (\mathbf{A}^*)^{-1} & &
\end{array}
$$

Damit ist $(\mathbf{A}^*)^{-1}$ berechnet und hat die im Hinweis gegebene Form.

c) Da $(\mathbf{A}^*)^{-1}$ existiert und in Teil b) berechnet wurde, folgt durch Multiplikation der gegebenen Matrizengleichung mit $(\mathbf{A}^*)^{-1}$ von links: $\mathbf{X} - \mathbf{A}^* + \mathbf{X} = (\mathbf{A}^*)^{-1}$, also $\mathbf{X} = \frac{1}{2}\left((\mathbf{A}^*)^{-1} + \mathbf{A}^*\right)$.

Also:

$$\mathbf{X} = \frac{1}{2}\left[\begin{pmatrix} \frac{1}{3} & 0 & -\frac{2}{3} \\ -2 & 1 & 3 \\ \frac{7}{3} & -1 & -\frac{8}{3} \end{pmatrix} + \begin{pmatrix} 1 & 2 & 2 \\ 5 & 2 & 1 \\ -1 & 1 & 1 \end{pmatrix}\right] = \frac{1}{2}\begin{pmatrix} \frac{4}{3} & 2 & \frac{4}{3} \\ 3 & 3 & 4 \\ \frac{4}{3} & 0 & -\frac{5}{3} \end{pmatrix}$$

Lösung von Aufgabe 18

a) $\mathbf{A}(1)$ sei die Matrix $\mathbf{A}$ für $b = 1$. $\mathbf{A}(1)$ wird mit Hilfe des GAUSS-Verfahrens invertiert und man erhält: $\mathbf{A}(1)^{-1} = \begin{pmatrix} \frac{1}{4} & -\frac{1}{4} & \frac{1}{2} \\ \frac{1}{4} & \frac{1}{4} & 0 \\ -\frac{1}{4} & \frac{1}{4} & \frac{1}{2} \end{pmatrix}$.

b) Die Inverse $\mathbf{B}$ zu $\mathbf{A}^2$ muß erfüllen: $\mathbf{A}^2 \cdot \mathbf{B} = \mathbf{B} \cdot \mathbf{A}^2 = \mathbf{E}$.

$$(1) \quad \mathbf{A}^2 \cdot \mathbf{B} = \mathbf{E} \overset{\mathbf{A}^{-1}\text{ ex.}}{\Longrightarrow} \begin{aligned} \mathbf{A} \cdot \mathbf{B} &= \mathbf{A}^{-1} \cdot \mathbf{E} \\ \mathbf{B} &= \mathbf{A}^{-1} \cdot \mathbf{A}^{-1} = (\mathbf{A}^{-1})^2 \end{aligned}$$

$$(2) \quad \mathbf{B} \cdot \mathbf{A}^2 = \mathbf{E} \overset{\mathbf{A}^{-1}\text{ ex.}}{\Longrightarrow} \begin{aligned} \mathbf{B} \cdot \mathbf{A} &= \mathbf{E} \cdot \mathbf{A}^{-1} \\ \mathbf{B} &= \mathbf{A}^{-1} \cdot \mathbf{A}^{-1} = (\mathbf{A}^{-1})^2 \end{aligned}$$

Aus Teil a) folgt $\mathbf{A}^{-1} = \frac{1}{4} \cdot \underbrace{\begin{pmatrix} 1 & -1 & 2 \\ 1 & 1 & 0 \\ -1 & 1 & 2 \end{pmatrix}}_{=:\mathbf{C}}$, also $(\mathbf{A}^{-1})^2 = \frac{1}{16} \cdot \mathbf{C}^2$.

$\mathbf{C}^2$ wird mit dem Falk'schen-Schema berechnet:

			1	−1	2
			1	1	0
			−1	1	2
1	−1	2	−2	0	6
1	1	0	2	0	2
−1	1	2	−2	4	2

$$\Longrightarrow \quad (\mathbf{A}^{-1})^2 = \frac{1}{8} \cdot \begin{pmatrix} -1 & 0 & 3 \\ 1 & 0 & 1 \\ -1 & 2 & 1 \end{pmatrix}$$

c) Mit Hilfe des GAUSS-Verfahrens erhält man:

1	2	$-b$	1	0	0	$\cdot(-b)$
-1	2	b	0	1	0	← +
b	0	b	0	0	1	← +
1	2	$-b$	1	0	0	
0	4	0	1	1	0	$\cdot\frac{b}{2}$
0	$-2b$	$b+b^2$	$-b$	0	1	← +
1	2	$-b$	1	0	0	
0	4	0	1	1	0	
0	0	$b+b^2$	$-\frac{b}{2}$	$\frac{b}{2}$	1	

Genau für $b+b^2=0$ hat die Matrix nicht vollen Rang, ist also nicht invertierbar. Das ist genau für $b_1=0$ und $b_2=-1$ der Fall.

d) Aus Teil b) ist $\mathbf{A}^{-2}$ bekannt, damit folgt für die Matrizengleichung:

$$\begin{aligned}
\mathbf{A}^{-2}\cdot \mid \quad \mathbf{A}^2(\mathbf{A}+\mathbf{X})+\mathbf{A}^2\mathbf{X} &= E\\
\mathbf{A}+\mathbf{X}+\mathbf{X} &= \mathbf{A}^{-2}\cdot E\\
\mathbf{X} &= \tfrac{1}{2}\cdot(\mathbf{A}^{-2}-\mathbf{A}) = \tfrac{1}{16}\begin{pmatrix} -9 & -16 & 11\\ 9 & -16 & -7\\ -9 & 2 & -7\end{pmatrix}
\end{aligned}$$

Lösung von Aufgabe 19

Das Gleichungssystem wird mit dem GAUSS-Verfahren gelöst. Nach einem Spalten- und einem Zeilentausch ergibt sich:

x_3	x_2	x_1	r	
-1	2	-2	0	$\cdot(-2)$
-2	5	-2	-1	← +
0	0	$1-a^2$	$1-a$	

1)	-1	2	-2	0
2)	0	1	2	-1
3)	0	0	$\underline{1-a^2}$	$\underline{1-a}$

Damit gilt Rang $(\mathbf{A}) \geq 2$ und die Lösbarkeit hängt nur noch von den beiden unterstrichenen Termen der letzten Zeile ab. $1-a^2=0$ gilt für $a_1=1$ und $a_2=-1$.

Fallunterscheidung:

<u>1. Fall:</u> $a=a_2=-1$

Dann lautet die 3. Zeile $\left(\begin{array}{ccc|c} 0 & 0 & 0 & 2\end{array}\right)$, also $0=2$, ein Widerspruch. Daher besitzt das Gleichungssystem keine Lösung.
(Man kann auch mit Rang $(\mathbf{A}) = 2 \neq 3 = $ Rang $(\mathbf{A},\mathbf{b})$ argumentieren.)

2. Fall: $a = a_1 = 1$

Dann lautet die letzte Zeile $\left(\begin{array}{ccc|c} 0 & 0 & 0 & 0 \end{array} \right)$ und wegen Rang $(\mathbf{A})$ = Rang $(\mathbf{A}, \mathbf{b})$ $= 2 < 3$ gibt es eine 1-parametrige Lösungsschar:

Mit $x_1 =: t \in \mathbb{R}$ folgt $x_2 = -1 - 2x_1 = -1 - 2t$ und $x_3 = +2x_2 - 2x_1 = -2 - 6t$, also

$$\mathbf{x} = \begin{pmatrix} 0 \\ -1 \\ -2 \end{pmatrix} + \begin{pmatrix} 1 \\ -2 \\ -6 \end{pmatrix} \cdot t \quad t \in \mathbb{R}$$

3. Fall: $|a| \neq 1$

Dann gibt es eine eindeutige Lösung, die sich zu $\mathbf{x} = \frac{1}{1+a} \begin{pmatrix} 1 \\ -3 - a \\ -8 - 2a \end{pmatrix}$ berechnet.

Lösung von Aufgabe 20

a) Sei $b = 1$. Man dividiert die 2. Zeile durch 2, tauscht dann 1. und 2. Zeile und überführt das Schema wie üblich mit dem GAUSS-Verfahren in das Schema

1	−1	0	−1	1
0	−1	2	2	−2
0	0	2	0	−2
0	0	0	4	0

Daraus berechnet sich die Lösung $\mathbf{x}^\top = (1, 0, -1, 0)$.

b) Wie zuvor dividiert man die 2 Zeile durch 2 und tauscht dann 1. und 2. Zeile:

x_1	x_2	x_3	x_4	r	
1	−1	0	−1	1	·(−1) zu Zeile 3 addieren; ·(−1) zu Zeile 4 addieren
0	−1	2	2	−2	
1	−1	2	−1	−1	← +
1	0	b	b^2	0	← +
1	−1	0	−1	1	zu Zeile 4 addieren
0	−1	2	2	−2	
0	0	2	0	−2	
0	1	b	$b^2 + 1$	−1	← +

1	-1	0	-1	1
0	-1	2	2	-2
0	0	2	0	-2 $\cdot\frac{-1}{2}(b+2)$ ⌐+
0	0	$b+2$	b^2+3	-3 ←
1	-1	0	-1	1
0	-1	2	2	-2
0	0	2	0	-2
0	0	0	b^2+3	$b-1$

Wegen $b^2 + 3 > 0$ für alle $b \in \mathbb{R}$ in der letzten Zeile, gilt Rang $\mathbf{A} = 4$ und es gibt für jedes $b \in \mathbb{R}$ eine eindeutige Lösung.

D.h.: - es gibt keine $b \in \mathbb{R}$, so daß keine Lösung existiert.
- es gibt keine $b \in \mathbb{R}$, so daß unendlich viele Lösungen existieren.

Lösung von Aufgabe 21

a) $C(\mathbf{z}) = (4, 3, 12) \cdot \mathbf{z} \longrightarrow \max!$

$$\mathbf{A} \cdot \mathbf{z} = \begin{pmatrix} 1 & 1 & 8 \\ 2 & 1 & 3 \end{pmatrix} \cdot \begin{pmatrix} z_1 \\ z_2 \\ z_3 \end{pmatrix} \leq \begin{pmatrix} 5 \\ 7 \end{pmatrix} \quad , \quad \mathbf{z} \geq 0$$

Das duale LOP lautet: $\pi(x_1, x_2) = (5, 7) \cdot \begin{pmatrix} x_1 \\ x_2 \end{pmatrix} \longrightarrow \min!$

$$\mathbf{A}^\top \cdot \mathbf{x} = \begin{pmatrix} 1 & 2 \\ 1 & 1 \\ 8 & 3 \end{pmatrix} \cdot \begin{pmatrix} x_1 \\ x_2 \end{pmatrix} \geq \begin{pmatrix} 4 \\ 3 \\ 12 \end{pmatrix} \quad , \quad \mathbf{x} \geq 0$$

ausgeschrieben: $\pi(x_1, x_2) = 5x_1 + 7x_2 \longrightarrow \min!$

$x_1 + 2x_2 \geq 4,\ x_1 + x_2 \geq 3,\ 8x_1 + 3x_2 \geq 12, \quad x_1, x_2 \geq 0$

Für die graphische Lösung werden die drei Nebenbedingungen zunächst umgeformt (die zugehörigen Geraden nennen wir g_1, g_2, g_3):

$$\begin{aligned} x_1 + 2x_2 &\geq 4 &\iff&& x_2 &\geq 2 - \tfrac{1}{2}x_1 \\ x_1 + x_2 &\geq 3 &\iff&& x_2 &\geq 3 - x_1 \\ 8x_1 + 3x_2 &\geq 12 &\iff&& x_2 &\geq 4 - \tfrac{8}{3}x_1 \end{aligned}$$

Zudem:
$\pi(x_1, x_2) = \text{const} = C = 5x_1 + 7x_2$
$\iff x_2 = \frac{C}{7} - \frac{5}{7}x_1.$
Das Minimum von $\pi(x_1, x_2)$ auf M wird offensichtlich im Schnittpunkt der Geraden g_1 und g_2 angenommen. Dieser berechnet sich zu $\mathbf{x}_{\text{opt}} = (2, 1)$ mit $\pi_{\min} = \pi(2, 1) = 17$.

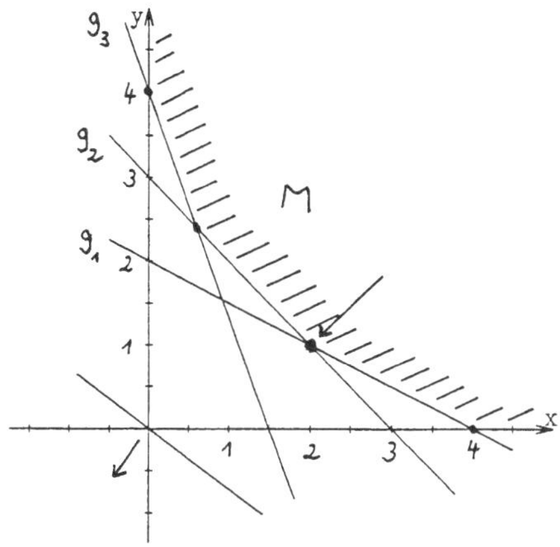

b) Vor der Anwendung des 2. Dualitätssatzes werden zunächst noch die zur Minimallösung des Duals gehörenden Schlupfvariablen des dualen LOPs in Normalform bestimmt:

$$\begin{array}{rcrcccc} x_1 & + & 2x_2 & -s_1 & & & = 4 \\ x_1 & + & x_2 & & -s_2 & & = 3 \\ 8x_1 & + & 3x_2 & & & -s_3 & = 12 \end{array} \quad , \quad s_i \geq 0$$

Einsetzen von $x_1 = 2$ und $x_2 = 1$ ergibt: $s_1 = 0$, $s_2 = 0$, $s_3 = 7$.

Anwendung des zweiten Dualitätssatzes:

$$\begin{array}{ccccc} >0 & >0 & =0 & =0 & >0 \\ x_1 & x_2 & s_1 & s_2 & s_3 \\ \hline t_1 & t_2 & z_1 & z_2 & z_3 \\ \downarrow & \downarrow & \downarrow & \downarrow & \downarrow \\ =0 & =0 & >0 & >0 & =0 \end{array}$$

Mit $z_3 = 0, t_1 = 0$ und $t_2 = 0$ berechnen wir aus der Normalform des Primals

$$\begin{array}{rcrcrcrcrl} z_1 & + & z_2 & + & 8z_3 & + & t_1 & & & = 5 \\ 2z_1 & + & z_2 & + & 3z_3 & & & + & t_2 & = 7 \end{array}$$

$z_1 = 2$ und $z_2 = 3$, also $\mathbf{z}_{\text{opt}} = (2, 3, 0)$ mit $C_{\max} = C(2, 3, 0) = 17$.

Lösung von Aufgabe 22

a) Einführung der Schlupfvariablen:

Maximiere $\pi(x) = 2x_1 + x_2 + 3x_3 + x_4$ unter den Nebenbedingungen

$$\begin{array}{rrrrrrrcl} 2x_1 & +4x_2 & & +x_4 & +x_5 & & & = & 20 \\ x_1 & +x_2 & +5x_3 & +x_4 & & +x_6 & & = & 30 \\ & x_2 & +x_3 & +x_4 & & & +x_7 & = & 10 \end{array}$$

und $x_1 \geq 0, \ldots, x_7 \geq 0$.

Formulierung in Matrizenschreibweise:

Maximiere $\pi(x) = 2x_1 + x_2 + 3x_3 + x_4$ unter den Nebenbedingungen $\mathbf{A} \cdot \mathbf{x} = \mathbf{r}$ und $\mathbf{x} \geq \mathbf{0}$, wobei

$$\mathbf{A} = \begin{pmatrix} 2 & 4 & 0 & 1 & 1 & 0 & 0 \\ 1 & 1 & 5 & 1 & 0 & 1 & 0 \\ 0 & 1 & 1 & 1 & 0 & 0 & 1 \end{pmatrix}, \quad \mathbf{r} = \begin{pmatrix} 20 \\ 30 \\ 10 \end{pmatrix} \text{ und } \mathbf{x} = (x_1, \ldots, x_7)^\top .$$

b) $\mathbf{x}^{(1)} = (x_1, \ldots, x_7)^\top = (0,0,0,0,20,30,10)^\top \geq \mathbf{0}$ ist zulässig und eine Ecke, weil die Spalten von $\mathbf{A}$ zu den positiven Komponenten von $\mathbf{x}^{(1)}$ eine Basis des $\mathbb{R}^3$ bilden. Es ist $\pi(0,0,0,0) = 0$.

c) Nach Umformung der Nebenbedingungen erhält man:

$$\begin{array}{rcrrrrr} x_5 & = & -2x_1 & -4x_2 & & -x_4 & +20 \\ x_6 & = & -x_1 & -x_2 & -5x_3 & -x_4 & +30 \\ x_7 & = & & -x_2 & -x_3 & -x_4 & +10 \end{array}$$

d) Zwei Austauschschritte mit dem Simplex-Verfahren:
Starttableau:

	x_1	x_2	x_3	x_4	const	Quotienten	
x_5	-2	-4	0	-1	20	–	
x_6	-1	-1	$\boxed{-5}$	-1	30	$\frac{30}{5} = 6$	← Pivotzeile
x_7	0	-1	-1	-1	10	$\frac{10}{1} = 10$	
π	2	1	3	1	0		
			↑ Pivotspalte				

$\boxed{-5}$: Pivotelement;

Startecke: $\mathbf{x}^{(1)} = (x_1, \ldots, x_7) = (0, 0, 0, 0, 20, 30, 10)$ mit $\pi = 0$.

1. Austauschschritt: $x_6 \longleftrightarrow x_3$

	x_1	x_2	x_6	x_4	const	Quotienten	
x_5	$\boxed{-2}$	-4	0	-1	20	$\frac{20}{2} = 10$	← Pivotzeile
x_3	$-\frac{1}{5}$	$-\frac{1}{5}$	$-\frac{1}{5}$	$-\frac{1}{5}$	6	$\frac{6}{\frac{1}{5}} = 30$	
x_7	$\frac{1}{5}$	$-\frac{4}{5}$	$\frac{1}{5}$	$-\frac{4}{5}$	4		
π	$\frac{7}{5}$	$\frac{2}{5}$	$-\frac{3}{5}$	$\frac{2}{5}$	18		
	↑ Pivotspalte						

$\boxed{-2}$: Pivotelement; Ecke: $\mathbf{x}^{(2)} = (x_1, \ldots, x_7) = (0, 0, 6, 0, 20, 0, 4)$ mit $\pi = 18$.

2. Austauschschritt: $x_1 \longleftrightarrow x_5$

	x_5	x_2	x_6	x_4	const	Quotienten
x_1	$-\frac{1}{2}$	-2	0	$-\frac{1}{2}$	10	
x_3	$\frac{1}{10}$	$\frac{1}{5}$	$-\frac{1}{5}$	$-\frac{1}{10}$	4	
x_7	$-\frac{1}{10}$	$-\frac{6}{5}$	$\frac{1}{5}$	$-\frac{9}{10}$	6	
π	$-\frac{7}{10}$	$-\frac{12}{5}$	$-\frac{3}{5}$	$-\frac{3}{10}$	32	

Ecke: $\mathbf{x}^{(3)} = (10, 0, 4, 0, 0, 0, 6)$ mit $\pi = 32$.

e) Da im letzten Tableau das Stopp-Kriterium erfüllt ist, ist $\mathbf{x}^{(3)} = (10, 0, 4, 0, 0, 0, 6)$ die Maximallösung mit $\pi(\mathbf{x}^{(3)}) = 32$.

Lösung von Aufgabe 23

a) Aus dem Modell des Produktionsprozesses geht hervor:

			Markt	Gesamt-produktion
$x_{11} = 720$	$x_{12} = 1800$	$x_{13} = 1000$	$y_1 = 80$	$x_1 = 3600$
$x_{21} = 1800$	$x_{22} = 2400$	$x_{23} = 1500$	$y_2 = 300$	$x_2 = 6000$
$x_{31} = 360$	$x_{32} = 1200$	$x_{33} = 2000$	$y_3 = 1440$	$x_3 = 5000$

Also:

$$\mathbf{x} = \begin{pmatrix} x_1 \\ x_2 \\ x_3 \end{pmatrix} = \begin{pmatrix} 3600 \\ 6000 \\ 5000 \end{pmatrix} = \begin{pmatrix} x_{11} & x_{12} & x_{13} \\ x_{21} & x_{22} & x_{23} \\ x_{31} & x_{32} & x_{33} \end{pmatrix} + \begin{pmatrix} y_1 \\ y_2 \\ y_3 \end{pmatrix}$$

$$= \underbrace{\begin{pmatrix} \frac{x_{11}}{x_1} & \frac{x_{12}}{x_2} & \frac{x_{13}}{x_3} \\ \frac{x_{21}}{x_1} & \frac{x_{22}}{x_2} & \frac{x_{23}}{x_3} \\ \frac{x_{31}}{x_1} & \frac{x_{32}}{x_2} & \frac{x_{33}}{x_3} \end{pmatrix}}_{\text{Matrix der Produktionskoeffizienten}} \cdot \begin{pmatrix} x_1 \\ x_2 \\ x_3 \end{pmatrix} + \begin{pmatrix} y_1 \\ y_2 \\ y_3 \end{pmatrix}$$

$$= \begin{pmatrix} \frac{720}{3600} & \frac{1800}{6000} & \frac{1000}{5000} \\ \frac{1800}{3600} & \frac{2400}{6000} & \frac{1500}{5000} \\ \frac{360}{3600} & \frac{1200}{6000} & \frac{2000}{5000} \end{pmatrix} \cdot \mathbf{x} + \mathbf{y}$$

Das LEONTIEF-Modell des Produktionsprozesses lautet also:

$$\begin{pmatrix} x_1 \\ x_2 \\ x_3 \end{pmatrix} = \begin{pmatrix} 0,2 & 0,3 & 0,2 \\ 0,5 & 0,4 & 0,3 \\ 0,1 & 0,2 & 0,4 \end{pmatrix} \cdot \begin{pmatrix} x_1 \\ x_2 \\ x_3 \end{pmatrix} + \begin{pmatrix} 80 \\ 300 \\ 1440 \end{pmatrix}$$

b) Das LEONTIEF-Modell: $\mathbf{x} = \mathbf{A} \cdot \mathbf{x} + \mathbf{c}$ umgeschrieben $(\mathbf{E} - \mathbf{A}) \cdot \mathbf{X} = \mathbf{c}$, und das ist das lineare Gleichungssystem

$$\begin{pmatrix} \frac{4}{5} & -\frac{3}{10} & -\frac{1}{5} \\ -\frac{1}{2} & \frac{3}{5} & -\frac{3}{10} \\ -\frac{1}{10} & -\frac{1}{5} & \frac{3}{5} \end{pmatrix} \cdot \mathbf{x} = \begin{pmatrix} 400 \\ 100 \\ 1400 \end{pmatrix}.$$

Hieraus berechnet sich $x_3 = 5000$, $x_2 = 6000$, $x_1 = 4000$.

Damit lautet die Gesamtproduktion: $\mathbf{x} = (4000, 6000, 5000)^{\mathsf{T}}$.

Lösung von Aufgabe 24

a) Das LEONTIEF-Modell $\mathbf{x} = \mathbf{A} \cdot \mathbf{x} + \mathbf{c}$, also $(\mathbf{E} - \mathbf{A}) \cdot \mathbf{X} = \mathbf{c}$ führt auf das LGS

$$\begin{pmatrix} 0,9 & -0,3 & -0,6 \\ -0,1 & 0,8 & -0,1 \\ -0,5 & 0 & 0,8 \end{pmatrix} \cdot \begin{pmatrix} x_1 \\ x_2 \\ x_3 \end{pmatrix} = \begin{pmatrix} 6 \\ 61 \\ 22 \end{pmatrix},$$

das im folgenden gelöst wird:

x_1	x_2	x_3	r		
0,9	−0,3	−0,6	6	$\cdot(-10)$	Zeilentausch
−0,1	0,8	−0,1	61	$\cdot(-10)$	
−0,5	0	0,8	22	$\cdot 10$	
1	−8	1	−610	$\cdot 9$ +	$\cdot 5$ +
−9	3	6	−60		
−5	0	8	220		
1	−8	1	−610		
0	−69	15	−5550	$\cdot \frac{-40}{69}$	+
0	−40	13	−2830		
1	−8	1	−610		
0	−69	15	−5550		
0	0	4,304	387,39		

Es folgt $x_3 = 90$, $x_2 = 100$, $x_1 = 100$.

Damit lautet die Gesamtproduktion: $\mathbf{x} = (100, 100, 90)^{\mathsf{T}}$

b) Durch Erhöhung des Produktionskoeffizienten $a_{33} = 0,2$ auf $a_{33}^* = 0,2 + \epsilon$; $(0 < \epsilon < 0,05)$ ist ein modifiziertes Gleichungssystem zu lösen:

x_1^*	x_2^*	x_3^*	r	
1	−8	1	−610	
−9	3	6	−60	
−5	0	$8 - 10\epsilon$	220	
1	−8	1	−610	
0	−69	15	−5550	(Umformungen wie zuvor)
0	−40	$13 - 10\epsilon$	−2830	
1	−8	1	−610	
0	−69	15	−5550	
0	0	$4,304 - 10\epsilon$	387,39	

Nun leitet man für x_i^* ab:

$$x_3^*(4,304 - 10\epsilon) = 387,39$$

$$x_3^* = \frac{387,39}{4,304 - 10\epsilon} > \frac{387,39}{4,304} = x_3$$

Also $x_3^* > x_3$.

$$-69x_2^* = -15x_3^* - 5550$$

$$x_2^* = \frac{1}{69}(15 \cdot x_3^* + 5550) > \frac{1}{69}(15 \cdot x_3 + 5550) = x_2$$
$$\uparrow \text{ da } x_3^* > x_3$$

Also $x_2^* > x_2$.

$$\begin{aligned} x_1^* &= \frac{8}{69}(15 \cdot \frac{387,39}{4,304 - 10\epsilon} + 5550) - \frac{387,39}{4,304 - 10\epsilon} - 610 \\ &= \frac{673,72}{4,304 - 10\epsilon} + 643,48 - \frac{387,39}{4,304 - 10\epsilon} - 610 \\ &= 33,48 + \frac{286,33}{4,304 - 10\epsilon} > 33,48 + \frac{286,33}{4,304} = x_1 \end{aligned}$$

Also $x_1^* > x_1$.

Alle Produktionszahlen erhöhen sich: $\mathbf{x}^* > \mathbf{x}$.

Lösung von Aufgabe 25

Bestimmung der Funktionsgleichungen:

$y_1 = ax^2$: $y_1(p) = 3 \implies 3 = a \cdot p^2$, also $a = \frac{3}{p^2}$ und $y_1 = \frac{3}{p^2} \cdot x^2$.

$y_2 = mx + n$: $y_2(p) = 3 = m \cdot p + n$

$y_2(5) = 0 = m \cdot 5 + n$

Es folgt $m = \frac{3}{p-5}$ und $y_2 = \frac{3}{p-5} \cdot x - \frac{15}{p-5}$.

Damit folgt: $A = \int_0^p y_1\, dx + \int_p^5 y_2\, dx$

$$A = \left[\frac{x^3}{p^2}\right]_0^p + \left[\frac{\frac{3}{2}}{p-5}x^2 - \frac{15}{p-5}x\right]_p^5 = \frac{p^3}{p^2} + \frac{1}{p-5}\left[(\frac{75}{2} - 75) - (\frac{3}{2}p^2 - 15p)\right]$$

also $A = A(p) = p + \frac{1}{p-5}(-\frac{75}{2} - \frac{3}{2}p^2 + 15p)$

Für $A(p)$ mit $1 \leq p < 5$ wird ein Maximum gesucht.

$$A'(p) = 1 + \frac{(-3p+15)(p-5) - (-\frac{75}{2} - \frac{3}{2}p^2 + 15p) \cdot 1}{(p-5)^2}$$

$A'(p) = 0 \implies -(p-5)^2 = (-3p+15)(p-5) + \frac{75}{2} + \frac{3}{2}p^2 - 15p$

$-p^2 + 10p - 25 = -3p^2 + 15p + 15p - 75 + \frac{75}{2} + \frac{3}{2}p^2 - 15p$

$$0 = -0.5p^2 + 5p - \tfrac{25}{2}$$
$$0 = p^2 - 10p + 25$$
$$p_{1,2} = 5 \pm \sqrt{25-25} = 5 \quad \notin D(f)$$

Damit ist $A(p)$ monoton in $J = [1, 5]$

Durch Berechnung eines Wertes, z.B. $A'(2) = -\frac{1}{2} < 0$ erkennt man, daß $A(p)$ monoton fällt. Also wird A maximal für $p = 1$.

Der maximale Wert ist dann : $A(1) = 1 - \frac{1}{4}(-\frac{75}{2} - \frac{3}{2} + 15) = 7.$

Lösung von Aufgabe 26

a) zu y_1 :

Es muss gelten: (1) $y_1(1) = m \implies m = a \cdot 1(1-2) + c$ d.h. $m = -a + c.$

(2) $y_1(0) = 4 \implies 4 = 0 + c$

Aus (2) und (1) folgt $c = 4$ und $a = 4 - m$, also

$y_1 = (4-m)x(x-2) + 4 = (4-m)(x^2 - 2x) + 4.$

zu y_2 : $y_2(1) = m \implies m = b \cdot 1(-1),$ also $b = -m$ und damit $y_2 = -mx(x-2).$

b)

$$\begin{aligned} A_2(m) &= \int_0^2 [-mx(x-2)]\,dx = \int_0^2 [-mx^2 + 2mx]\,dx = \left[-\frac{m}{3}x^3 + mx^2)\right]_0^2 \\ &= -\frac{m}{3} \cdot 8 + 4m = m\frac{-8+12}{3} = \frac{4}{3}m \end{aligned}$$

$$m = 2 \implies A_2(2) = \frac{8}{3} \quad ; \quad m = 4 \implies A_2(4) = \frac{16}{3}$$

c) $A(m) = A_1(m) + A_2(m) \longrightarrow$ Max!

schon berechnet: $A_2(m) = \frac{4}{3}m$

$$A_1 = \int_0^2 [4 - y_1]\,dx = \int_0^2 \left[4 - (4-m)(x^2 - 2x) - 4\right]\,dx$$

$$= \int_0^2 \left[(m-4)(x^2-2x)\right] dx = -\frac{4}{3}m + \frac{16}{3}$$

Also $A(m) = A_1(m) + A_2(m) = \frac{16}{3}$

Ergebnis: Für jedes $m \in [0;4]$ ist $A_1 + A_2 = \frac{16}{3}$, also unabhängig von m!

$$\sum_{i=1}^{4} A_i = \underbrace{\text{Rechtecksfläche}_{OPQR}}_{A_{OPQR}} = 2 \cdot 4 = 8$$

$$A_3 + A_4 = A_{OPQR} - (A_1 + A_2) = 8 - \frac{16}{3} = \frac{8}{3}$$

Es folgt $2(A_3 + A_4) = 2 \cdot \frac{8}{3} = \frac{16}{3} = A_1 + A_2$, was zu zeigen war.

Lösung von Aufgabe 27

a) Skizze des Graphen von $y = \frac{x^2+1}{x^3+3x}$, $x > 0$:

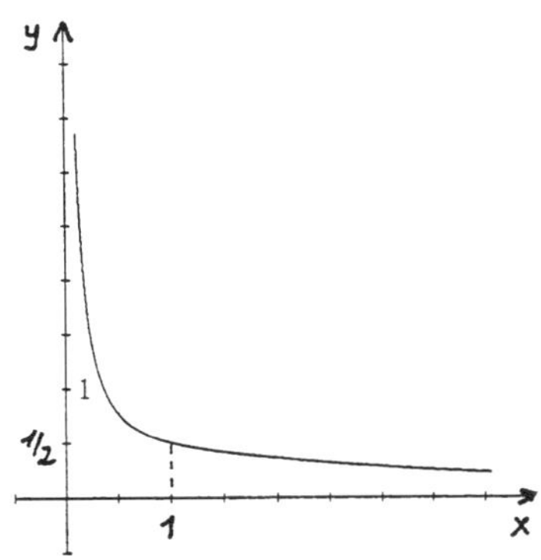

b)

$$\begin{aligned}
\int f(x)\,dx &= \int \frac{x^2+1}{x^3+3x}\,dx \\
&= \frac{1}{3}\int \frac{3x^2+3}{x^3+3x}\,dx \\
&= \frac{1}{3}\int \frac{g'(x)}{g(x)}\,dx \\
&= \frac{1}{3}\ln|g(x)| + C \\
&= \frac{1}{3}\ln|x^3+3x| + C
\end{aligned}$$

$$\int_1^2 f(x)\,dx = \frac{1}{3}\ln\left(x^3+3x\right)\Big|_1^2 = \frac{1}{3}[\ln 14 - \ln 4] \approx 0.4176$$

c)

$$\int_0^1 f(x)\,dx = \lim_{a\to 0+}\int_a^1 f(x)\,dx = \lim_{a\to 0+}\left[\frac{1}{3}\ln(x^3+3x)\right]_a^1$$

Wegen $\lim_{a\to 0+} \ln a = -\infty$ existiert dieser Grenzwert nicht.

Lösung von Aufgabe 28

a) Für Stetigkeit von h an der Stelle $x = 1$ muß gelten:

$\lim\limits_{x\to 1-} h(x) = \lim\limits_{x\to 1+} h(x) = h(1)$. Es ist $h(1) = 1 + b = \lim\limits_{x\to 1-} h(x)$ und $\lim\limits_{x\to 1+} h(x) = 4 - (1-a)^2$. Also folgt $1 + b = 4 - (1-a)^2$.

Für Differenzierbarkeit von h an der Stelle $x = 1$ muß gelten:

$\lim\limits_{x\to 1^-} h'(x) = \lim\limits_{x\to 1^+} h'(x)$

Für $0 < x < 1$ gilt $h'(x) = 1$ und für $1 < x$ gilt $h'(x) = -2(x-a)$. Daher folgt aus der Gleichheit der links- und rechtsseitigen Grenzwerte: $1 = -2 + 2a$.

Beide Gleichungen liefern $a = 1.5$ und $b = 2.75$. Es folgt

$$h(x) = \begin{cases} x + 2.75 & \text{für } 0 \le x \le 1 \\ 4 - (x-1.5)^2 = -x^2 + 3x + \dfrac{7}{4} & \text{für } 1 < x \end{cases} .$$

b) Im Bereich $0 < x < 1$ gilt $h(x) > 0$ und eine Nullstelle kann deshalb nur rechts von $x = 1$ liegen:

$$h(x) = 0 = -x^2 + 3x + \frac{7}{4} \quad \Longleftrightarrow \quad x_{1,2} = \frac{3}{2} \pm \sqrt{\frac{9}{4} + \frac{7}{4}} = \frac{3}{2} \pm 2$$

Wegen $x_2 < 0$ ist $x_1 = 3.5$ das gesuchte x_0.

$$\begin{aligned} \int_0^{x_0} h(x)\,dx &= \int_0^1 (x + 2.75)\,dx + \int_1^{3.5} (-x^2 + 3x + \frac{7}{4})\,dx \\ &= \left[\frac{x^2}{2} + 2.75\right]_0^1 + \left[-\frac{x^3}{3} + \frac{3}{2}x^2 + \frac{7}{4}x\right]_1^{3.5} \\ &\approx 10.54 \end{aligned}$$

Lösung von Aufgabe 29

a) Die Skizze von $\quad f(x) = x(\dfrac{1}{\sqrt{x}} + \mathrm{e}^{-x})\,; \quad x > 0$

steht auf der nächsten Seite oben:

b) Es wird zunächst das unbestimmte Integral $J = \int x(\frac{1}{\sqrt{x}} + e^{-x})\,dx$ bestimmt:

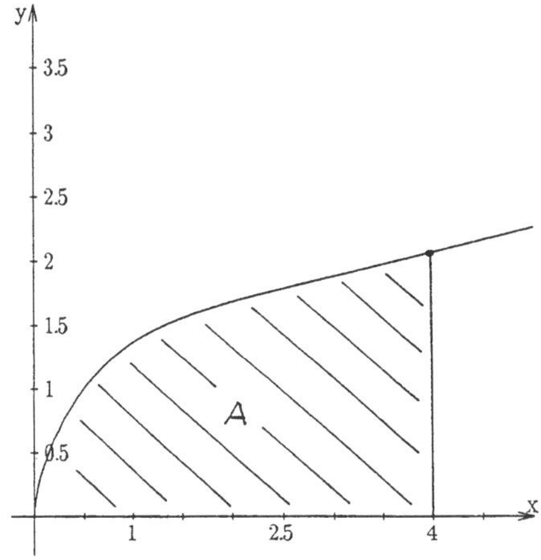

$$\begin{aligned} J &= \int (\sqrt{x} + x \cdot e^{-x})\,dx \\ &= \int \sqrt{x}\,dx + \int x \cdot e^{-x}\,dx \\ &=: J_1 + J_2 \\ J_1 &= \int x^{\frac{1}{2}}\,dx = \frac{2}{3} \cdot x^{\frac{3}{2}} + C_1 \\ &= \frac{2}{3}x \cdot \sqrt{x} + C_1 \end{aligned}$$

J_2 wird partiell integriert:

$$J_2 = \int \underbrace{x}_{u} \cdot \underbrace{e^{-x}}_{v'}\,dx \;=\; u \cdot v - \int u' \cdot v\,dx$$

Es ist $u' = 1$ und $v = -e^{-x}$, also

$$J_2 = x \cdot (-e^{-x}) - \int -e^{-x}\,dx = -x \cdot e^{-x} + \int e^{-x}\,dx = -x \cdot e^{-x} - e^{-x} + C_2\,.$$

Es folgt $J = J_1 + J_2 \;=\; \frac{2}{3}x \cdot \sqrt{x} - e^{-x}(x+1) + C$. Damit gilt:

$$\begin{aligned} \int_0^4 f(x)\,dx &= \lim_{a\to 0+} \int_a^4 f(x)\,dx = \lim_{a\to 0+} \left[\frac{2}{3}x \cdot \sqrt{x} - e^{-x}(x+1)\right]_a^4 \\ &= \lim_{a\to 0+} \left[(\frac{2}{3} \cdot 4 \cdot \sqrt{4} - e^{-4}(4+1)) - (\frac{2}{3}a \cdot \sqrt{a} - e^{-a}(a+1))\right] \\ &= \left[\frac{16}{3} - 5 \cdot e^{-4} - (-e^0 \cdot (0+1))\right] = \frac{19}{3} - 5 \cdot e^{-4} \approx 6.24 \end{aligned}$$

Lösung von Aufgabe 30

a) Skizze von

$$f(x) := \begin{cases} \dfrac{2}{\sqrt{2-x}} & \text{für } 0 \le x < 2 \\ \dfrac{2}{(x-1)^2} & \text{für } 2 \le x \end{cases}$$

siehe nächste Seite.

b)

$$\int_0^{\infty} f(x)\,dx = \int_0^2 f(x)\,dx + \int_2^{\infty} f(x)\,dx$$
$$= \int_0^2 f_1(x)\,dx + \int_2^{\infty} f_2(x)\,dx$$

mit
$f_1(x) = \dfrac{2}{\sqrt{2-x}}$ und $f_2(x) = \dfrac{2}{(x-1)^2}$.

$\int f_1(x)\,dx$ löst man mit der Substitution $\sqrt{2-x} = t$, also $\dfrac{-dx}{2\sqrt{2-x}} = dt$, und erhält

$$\int f_1(x)\,dx = -4\sqrt{2-x} + C_1 \,.$$

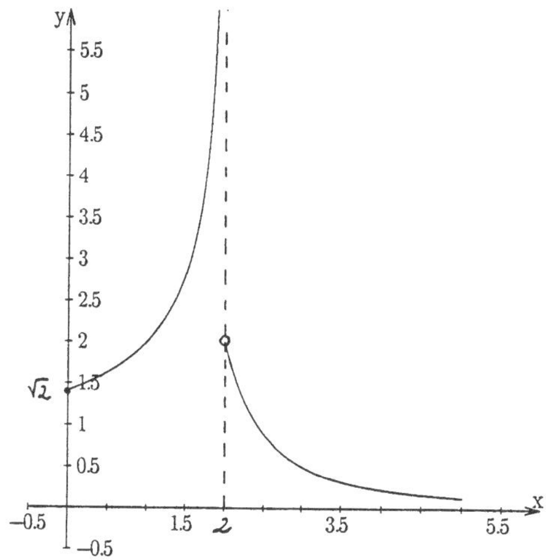

Und damit: $\int_0^2 f(x)\,dx = \left[-4\sqrt{2-x}\right]_0^2 = 0 + 4\sqrt{2} = \underline{4\sqrt{2}}$

$$\int f_2(x)\,dx = \int \frac{2}{(x-1)^2}\,dx = \frac{-2}{x-1} + C_2$$

Es folgt

$$\int_2^{\infty} f_2(x)\,dx = \lim_{a\to\infty} \int_2^a f_2(x)\,dx = \lim_{a\to\infty} \left[\frac{-2}{x-1}\right]_2^a = \lim_{a\to\infty} \left(\frac{-2}{a-1} + \frac{2}{1}\right) = 2$$

Das Integral $\int_0^{\infty} f(x)\,dx$ existiert also und es gilt

$$\int_0^{\infty} f(x)\,dx = 4\sqrt{2} + 2 \approx 7.66 \,.$$

c) Wegen $\int_2^{\infty} f(x)\,dx = 2$ muß gelten $0 < b < 2$!

b ist also so zu bestimmen, daß $\int_b^2 f(x)\,dx \stackrel{!}{=} 1$.

$$\int_b^2 f(x)\,dx = \left[-4\sqrt{2-x}\right]_b^2 = 4\sqrt{2-b} \stackrel{!}{=} 1$$

Es folgt $b = 2 - \frac{1}{16} \approx 1.94$.

Lösung von Aufgabe 31

a)

$$f(x) := \begin{cases} 1+x & \text{für } x \leq 0 \\ (1+x)^{-2} & \text{für } x > 0 \end{cases}$$

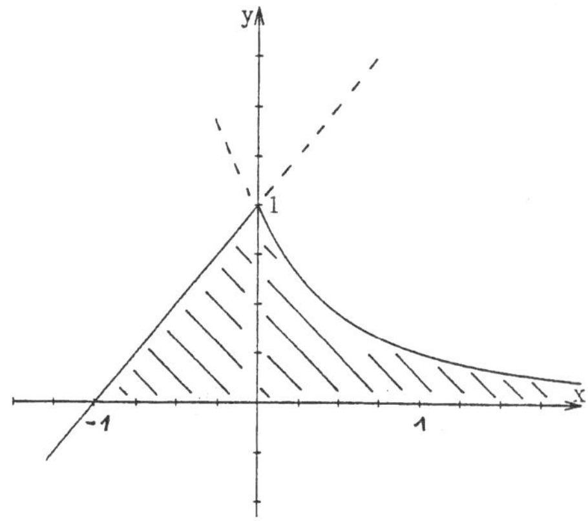

Es ist $\int 1 + x\, dx = \frac{1}{2}x^2 + x + C_1$ und
$\int (1+x)^{-2}\, dx = -(1+x)^{-1} + C_2$.
Eine Stammfunktion F zu f hat also das Aussehen

$$F(x) = \begin{cases} \frac{x^2}{2} + x + C_1 & \text{für } x \leq 0 \\ -(1+x)^{-1} + C_2 & \text{für } x > 0 \end{cases}.$$

Da f stetig ist, muß F differenzierbar sein, also muß $F(0) = C_1 = -1 + C_2$ gelten. Z.B. ist

$$F(x) = \begin{cases} \frac{x^2}{2} + x & \text{für } x \geq 0 \\ -(1+x)^{-1} + 1 & \text{für } x > 0 \end{cases}$$

eine Stammfunktion zu f.

b) Für die Flächenfunktion $F_{-1}(x)$ muß $F_{-1}(-1) = 0$ gelten, also $\frac{1}{2} - 1 + C_1 = 0$. Es folgt $C_1 = \frac{1}{2}$. Aus $C_1 = -1 + C_2$ folgt dann $C_2 = \frac{3}{2}$.

Ergebnis: $$F_{-1}(x) = \begin{cases} \frac{x^2}{2} + x + \frac{1}{2} & \text{für } x \leq 0 \\ \frac{3}{1} - \frac{1}{1+x} & \text{für } x > 0 \end{cases}$$

c) Das uneigentliche Integral ist die in der Skizze schraffierte Fläche.

$$\int_{-1}^{\infty} f(x)\, dx = \lim_{x\to\infty} F_{-1}(x) = \lim_{x\to\infty} (\frac{3}{2} - \frac{1}{1+x}) = \frac{3}{2}$$

Lösung von Aufgabe 32

a)

Skizze des Graphen und Veranschaulichung des Integrals $A = \int_1^5 \frac{1}{x^2} \cdot \ln x^3 \, dx$

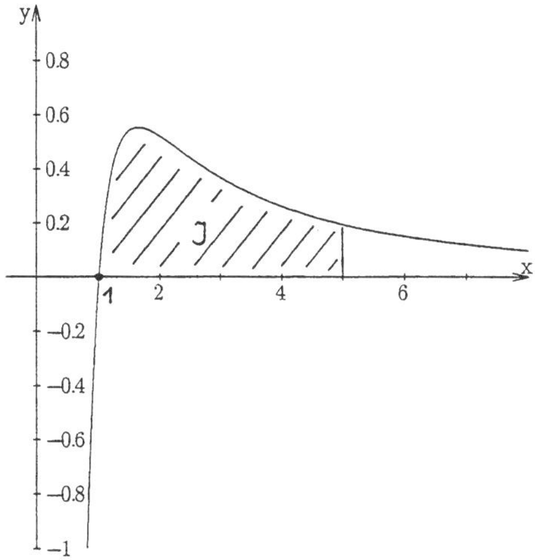

b) Das Integral $I = \int_1^5 \frac{1}{x^2} \cdot \ln x^3 \, dx$ wird mit partieller Integration berechnet.

$$\begin{aligned} I &= \int \frac{1}{x^2} \cdot \ln x^3 \, dx \\ &= 3 \cdot \int \underbrace{\ln x}_{g} \cdot \underbrace{\frac{1}{x^2}}_{f'} \, dx \end{aligned}$$

Es ist dann $g' = \frac{1}{x}$ und $f = -\frac{1}{x}$, also $I = -\frac{1}{x} \cdot \ln x - \frac{1}{x} + C$.

Es folgt $\displaystyle\int_1^5 \frac{1}{x^2} \cdot \ln x^3 \, dx = -\frac{3}{x}(\ln x + 1)\Big|_1^5 \approx 1.434$.

c)

$$\begin{aligned} \int_1^\infty \frac{1}{x^2} \cdot \ln x^3 \, dx &= \lim_{a\to\infty} \left[-\frac{3}{x}(\ln x + 1) \right]_1^a = \lim_{a\to\infty} \left(-\frac{3}{a}(\ln a + 1) + 3 \right) \\ &= 3 - \underbrace{\lim_{a\to\infty} 3 \frac{\ln a + 1}{a}}_{=0} = 3 \end{aligned}$$

Ergebnis: Das uneigentliche Integral existiert und besitzt den Wert 3.

Lösung von Aufgabe 33

a) Berechnung des charakteristischen Polynoms der Matrix **A**:

$$\varphi_A(\lambda) = |\mathbf{A} - \lambda \mathbf{E}| = \begin{vmatrix} \mathbf{H_4} & 0 \\ 0 & 2-\lambda \end{vmatrix} = |\mathbf{H_4}| \cdot (2 - \lambda)$$

Es ist also $\varphi_A(2) = 0$, d.h. 2 ist Eigenwert von A unabhängig von a.

b) $\mathbf{A}$ ist invertierbar, wenn $\det(\mathbf{A}) \neq 0$.

$$|\mathbf{A}| = \left|\begin{array}{ccccc} -2 & a & & & \\ 1 & 4 & & & \\ & & -3 & 2 & \\ & & 3 & a & \\ & & & & 2 \end{array}\right| \begin{array}{l} \cdot\frac{1}{2} \\ \leftarrow + \\ \\ \leftarrow + \\ \\ \end{array} = \left|\begin{array}{ccccc} -2 & a & & & \\ 0 & 4+\frac{a}{2} & & & \\ & & -3 & 2 & \\ & & 0 & a+2 & \\ & & & & 2 \end{array}\right|$$

$$= (-2)\cdot(4+\tfrac{a}{2})\cdot(-3)\cdot(a+2)\cdot(2)$$

$\mathbf{A} \neq 0 \iff a \neq -8$ und $a \neq -2$. Also ist $\mathbf{A}$ für alle $a \in \mathbb{R} \setminus \{-8,-2\}$ invertierbar.

c) Es wird $a = 2$ gesetzt. Cramersche Regel: $x_3 = \frac{|\mathbf{A}_3|}{|\mathbf{A}|}$.
Mit dem Ergebnis aus Aufgabenteil b) ergibt sich für $\det(\mathbf{A})$:

$$|\mathbf{A}| = -2\cdot(4+1)\cdot(-3)\cdot(2+2)\cdot(2) = -2\cdot 5\cdot(-3)\cdot 4\cdot 2 = 240$$

$$|\mathbf{A_3}| = \left|\begin{array}{ccccc} -2 & 2 & 0 & & \\ 1 & 4 & 0 & & \\ & & 1 & 2 & \\ & & 0 & 2 & \\ & & 0 & 0 & 2 \end{array}\right| \begin{array}{l} \cdot\frac{1}{2} \\ \leftarrow + \\ \\ \\ \\ \end{array} = \left|\begin{array}{ccccc} -2 & 2 & 0 & 0 & 0 \\ & 5 & 0 & 0 & 0 \\ & & 1 & 2 & 0 \\ & 0 & & 2 & 0 \\ & & & & 2 \end{array}\right|$$

$$= -2\cdot 5\cdot 1\cdot 2\cdot 2 = -40$$

Also ergibt die Cramersche Regel $x_3 = \dfrac{|A_3|}{|A|} = \dfrac{-40}{240} = -\dfrac{1}{6}$.

Lösung von Aufgabe 34

a) Bestimmung der Determinante mit der Regel von Sarrus:

$$\det(\mathbf{A}) = \left|\begin{array}{ccc} 3 & 1 & 6 \\ 2 & 2 & 4 \\ 9 & 3 & 20 \end{array}\right|$$
$$= 3\cdot 2\cdot 20 + 1\cdot 4\cdot 9 + 6\cdot 2\cdot 3 - (6\cdot 2\cdot 9 + 3\cdot 4\cdot 3 + 1\cdot 2\cdot 20)$$
$$= 192 - 184 = 8$$

b)

$$\begin{aligned}
\text{Spur}(\mathbf{A}) &= \sum a_{ii} = 3+2+20 = 25\\
\text{rg}(\mathbf{A}) &= 3, \quad \text{da } \det(\mathbf{A}) \neq 0\\
\det(2\mathbf{A}) &= 2^n \det(\mathbf{A})\\
&\ \mathbf{A} \in \mathbb{R}^{3\times 3} \Rightarrow n = 3\\
&\ \text{d.h. } \det(2\mathbf{A}) = 2^3 \cdot 8 = 64
\end{aligned}$$

c) Bestimmung der inversen Matrix $\mathbf{A}^{-1}$ mittels der CRAMERschen Regel: $\mathbf{A}^{-1} = \frac{1}{\det(\mathbf{A})} \cdot \mathbf{A}_{adj}$ Es sind 9 Unterdeterminanten $|\mathbf{A}|_{ik}$ zu berechnen:

$$|A_{11}| = \begin{vmatrix} 2 & 4 \\ 3 & 20 \end{vmatrix} = 28; \quad |A_{12}| = \begin{vmatrix} 2 & 4 \\ 9 & 20 \end{vmatrix} = 4; \quad |A_{13}| = \begin{vmatrix} 2 & 2 \\ 9 & 3 \end{vmatrix} = -12$$

$$|A_{21}| = \begin{vmatrix} 1 & 6 \\ 3 & 20 \end{vmatrix} = 2; \quad |A_{22}| = \begin{vmatrix} 3 & 6 \\ 9 & 20 \end{vmatrix} = 6; \quad |A_{23}| = \begin{vmatrix} 3 & 1 \\ 9 & 3 \end{vmatrix} = 0$$

$$|A_{31}| = \begin{vmatrix} 1 & 6 \\ 2 & 4 \end{vmatrix} = -8; \quad |A_{32}| = \begin{vmatrix} 3 & 6 \\ 2 & 4 \end{vmatrix} = 0; \quad |A_{33}| = \begin{vmatrix} 3 & 1 \\ 2 & 2 \end{vmatrix} = 4$$

$$\text{damit:} \quad \mathbf{A}_{adj} = \underbrace{\begin{pmatrix} 28 & -4 & -12 \\ -2 & 6 & 0 \\ -8 & 0 & 4 \end{pmatrix}^T}_{((-1)^{i+k} \text{ beachten})} = \begin{pmatrix} 28 & -2 & -8 \\ -4 & 6 & 0 \\ -12 & 0 & 4 \end{pmatrix}$$

$$\text{Also:} \quad \mathbf{A}^{-1} = \tfrac{1}{8} \cdot \mathbf{A}_{adj} = \tfrac{1}{4} \begin{pmatrix} 14 & -1 & -4 \\ -2 & 3 & 0 \\ -6 & 0 & 2 \end{pmatrix}.$$

Unabhängig davon berechnet man: $\det(\mathbf{A}^{-1}) = \frac{1}{\det(\mathbf{A})} = \frac{1}{8}$.

Lösung von Aufgabe 35

a) Mit $x = -1$ folgt

$$\begin{aligned}
\det(\mathbf{A}) &= \begin{vmatrix} 4 & -3 & 7 \\ 2 & 0 & -1 \\ 3 & 0 & 2 \end{vmatrix} \qquad \text{(Entwicklung 2. Spalte)}\\
&= -(-3) \begin{vmatrix} 2 & -1 \\ 3 & 2 \end{vmatrix} = 3 \cdot (4+3) = 21
\end{aligned}$$

b) $\mathbf{A}$ singulär $\iff \det(\mathbf{A}) = 0$

$$\det(\mathbf{A}) = \begin{vmatrix} 2-2x & 1+4x & 4-3x \\ 2 & 0 & -1 \\ 3 & 0 & 2 \end{vmatrix} \qquad \text{(Entwicklung 2. Spalte)}$$

$$= -(1+4x)\begin{vmatrix} 2 & -1 \\ 3 & 2 \end{vmatrix} = -7(1+4x)$$

$$\det(\mathbf{A}) = 0 \iff \begin{aligned} 1+4x &= 0 \\ x &= -\tfrac{1}{4} \end{aligned}$$

c)

$$\begin{aligned} \det(\mathbf{A}\cdot\mathbf{B}^{-1}) &= \det(\mathbf{A})\cdot\det(\mathbf{B}^{-1}) = \frac{\det(\mathbf{A})}{\det(\mathbf{B})} \\ &= \frac{-7(1+4x)}{2\cdot 2\cdot 2} \end{aligned}$$

Aus $\frac{-7}{8}(1+4x) = -0.875$ folgt $4x = 0$, also $x = 0$.

d)

$$\det(\mathbf{A}\cdot\mathbf{B}) = \det(\mathbf{A})\cdot\det(\mathbf{B}) = -7(1+4x)\cdot 8$$

Aus $-56\cdot(1+4x) = -140$ folgt $x = \dfrac{3}{8}$.

Lösung von Aufgabe 36

a)

$$\begin{aligned} |\mathbf{A}| &= \begin{vmatrix} 1 & -0,7 & a \\ -0,2 & 1 & -0,3 \\ -0,4 & -0,5 & 1 \end{vmatrix} \\ &= 1 + 0,1a - 0,084 + 0,4a - 0,15 - 0,14 \\ &= 0,5a + 0,626 \\ |\mathbf{A}| &> 0 \iff 0,5a + 0,626 > 0 \quad |\cdot 2 \\ & a > -1,252 \end{aligned}$$

b) Untersuchung auf Definitheit mittels Hauptminoren:

$$|\mathbf{B}_1| = |1| = 1 > 0$$

$$|\mathbf{B}_2| = \begin{vmatrix} 1 & 2 \\ 2 & 1 \end{vmatrix} = 1 - 4 = -3 < 0$$

Damit gibt es kein $b \in \mathbb{R}$, so dass $\mathbf{B}$ positiv definit ist.

c) $\mathbf{C} \in \mathbb{R}^{k\times k}$; $k > 1$

(1) Aussage: " $|\mathbf{C}| > 0 \implies \lambda_1, \ldots, \lambda_k \in \mathbb{R}^+$ "
Es gilt $|\mathbf{C}| = \lambda_1 \cdot \ldots \cdot \lambda_k$.
Ist etwa $\lambda_1, \lambda_2 \in \mathbb{R}^-$ und $\lambda_3, \ldots, \lambda_k \in \mathbb{R}^+$,
so gilt $|\mathbf{C}| = \lambda_1 \cdot \ldots \cdot \lambda_k > 0$ aber $\lambda_1, \lambda_2 \in \mathbb{R}^-$.
Also ist die Aussage falsch.

(2) Aussage: " $|\mathbf{C}| < 0 \implies$ Es gibt mindestens ein $\lambda_j \in \mathbb{R}^-$ ".
Es gilt wieder $|\mathbf{C}| = \lambda_1 \cdot \ldots \cdot \lambda_k$.
Hat $\mathbf{C} \in \mathbb{R}^{k \times k}$ komplexe Eigenwerte, so treten diese paarweise konjugiert-komplex auf, etwa
$\lambda_k = a + bi$ und $\lambda_{k+1} = a - bi = \overline{\lambda_k}$.
Dafür gilt: $\lambda_k \cdot \lambda_{k+1} = \lambda_k \cdot \overline{\lambda_k} = (a + bi)(a - bi) = a^2 + b^2 > 0$
Also bleiben nur noch die reellen Eigenwerte, etwa $\lambda_1, \ldots, \lambda_p$ zu betrachten, für welche dann gelten muss:
$\lambda_1 \cdot \ldots \cdot \lambda_p < 0$
Dieses Produkt reeller Zahlen ist nur dann negativ, wenn mindestens einer der Eigenwerte $\lambda_1, \ldots, \lambda_p$ negativ ist.
Also ist die Aussage richtig.

(3) Aussage: " $\text{Spur}\,(\mathbf{C}) > 0 \implies \lambda_1, \ldots, \lambda_k \in \mathbb{R}^+$ "
$\text{Spur}\,(\mathbf{C}) = \lambda_1 + \ldots + \lambda_k$.
Ist etwa $\lambda_1 = 2$ und $\lambda_2 = \lambda_k = -1$,
so gilt $\text{Spur}\,(\mathbf{C}) = 1 > 0$, aber $\lambda_2 < 0$.
Die Aussage ist also falsch.

Man kann bei a) und c) auch einfach Gegenbeispiele angeben. So sind die folgenden Matrizen $\mathbf{C}_1$ und $\mathbf{C}_2$ Gegenbeispiele zu a) bzw. c).

$$\mathbf{C}_1 = \begin{pmatrix} -1 & 0 \\ 0 & -2 \end{pmatrix} \quad , \quad \mathbf{C}_2 = \begin{pmatrix} 2 & 0 \\ 0 & -1 \end{pmatrix}$$

Lösung von Aufgabe 37

a) Niveaulinien $H_z(f)$ = Höhenlinien von f zum Niveau z:

$$z = f(x, y) = x^2 - 4x + 4 + y^2 + 1 = (x-2)^2 + y^2 + 1$$
$$H_z(f) = \{(x, y) \mid (x-2)^2 + y^2 = z - 1\}$$

Für $z > 1$ sind dies konzentrische Kreise um den Mittelpunkt $(x, y) = (2, 0)$ mit dem Radius $r = \sqrt{z-1}$. Also:

$H_0(f) = \emptyset$
$H_1(f) = \{(2,0)\}$
Mittelpunkt der konz. Kreise
$H_2(f) = \{(x,y) : (x-2)^2 + y^2 = 1\}$
Kreis um $(2,0)$ mit Radius 1
$H_5(f) = \{(x,y) : (x-2)^2 + y^2 = 4\}$
Kreis um $(2,0)$ mit Radius 2
$H_{10}(f) = \{(x,y) : (x-2)^2 + y^2 = 9\}$
Kreis um $(2,0)$ mit Radius 3

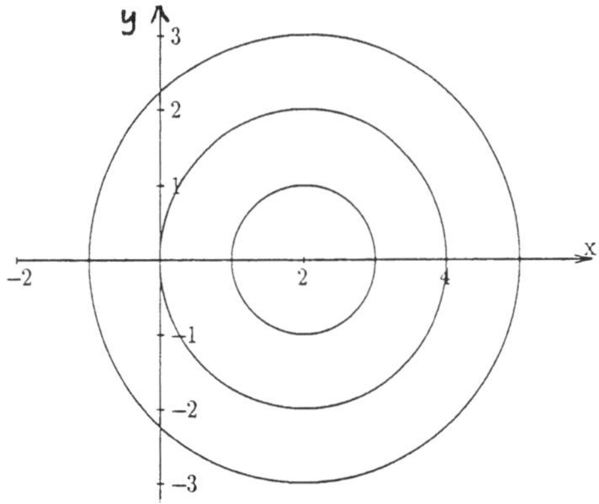

b) Die partiellen Ableitungen von $f(x,y)$ lauten $f_x(x,y) = 2x - 4$ und $f_y(x,y) = 2y$. Sie sind in allen Punkten der $x,y-$Ebene stetig. Deshalb ist f in allen Punkten der $x,y-$Ebene vollständig differenzierbar.

c) 1. Lösung: Man sieht unmittelbar, daß $f(x,y) = (x-2)^2 + y^2 + 1$ größer oder gleich 1 ist für alle (x,y) und gleich 1 genau für den Punkt $(x,y) = (2,0)$. Deshalb ist dieser Punkt Stelle eines strengen absoluten Minimums von f, und es ist die einzige Stelle eines relativen Extremums von f. Der Graph von f ist ein Rotationsparaboloid, das durch Rotation der Kurve $z = (x-2)^2 + 1$ um eine vertikale Achse zur $x,y-$Ebene durch den Punkt $(2,0)$ erzeugt wird.

2. Lösung:

Notwendige Bedingungen für ein Extremum: $\text{grad} f(x,y) = (f_x, f_y) = (0,0)$. Aus $2x - 4 = 0$ und $2y = 0$ ergibt sich $(2,0)$ als einziger kritischer Punkt.

Hinreichende Bedingungen für Extremum:

Die HESSE-Matrix von f lautet: $\mathbf{H}_f(x,y) = \begin{pmatrix} 2 & 0 \\ 0 & 2 \end{pmatrix}$

Sie ist unabhängig von (x,y) stets positiv definit. Deshalb ist die Stelle $(2,0)$ Stelle eines absoluten strengen Minimums von f der Größe $f(2,0) = 1$.

Die Funktion f besitzt kein relatives Maximum, da es nur einen kritischen Punkt gibt und dieser ein absolutes Minimum von f liefert.

d) f ist überall streng konvex, da die HESSE-Matrix von f positiv definit ist.

e) g ist für alle (x,y) definiert.

f) Die Funktion $z = e^u - u$ ist für $0 < u$ streng monoton wachsend, da

$z'(u) = e^u - 1$ für $u > 0$ positiv ist. Der Wertebereich der Funktion $f(x,y)$ ist das Intervall $[1,\infty)$. Deshalb ist die Stelle $(2,0)$ des Minimums von f auch die (einzige) Stelle eines absoluten Minimums von g.

Alternativ kann man den Gradienten von g berechnen:

$$\begin{aligned}\operatorname{grad} g(x,y) &= e^{f(x,y)}\operatorname{grad} f(x,y) - \operatorname{grad} f(x,y) = (e^{f(x,y)}-1)\operatorname{grad} f(x,y)\\ &= (e^{f(x,y)}-1)(2(x-2),2y)\end{aligned}$$

$\operatorname{grad} g(x,y) = (0,0)$ ist äquivalent mit $\operatorname{grad} f(x,y) = (0,0)$, da der Faktor

$(e^{f(x,y)}-1)$ für alle (x,y) positiv ist, denn $f(x,y) \geq 1$. Also ist der einzige kritische Punkt der schon oben gefundene Punkt $(2,0)$.

Die HESSE-Matrix von g lautet:

$$\begin{aligned}\mathbf{H}_g(x,y) &= \begin{pmatrix} g_{x,x} & g_{x,y} \\ g_{y,x} & g_{y,y}\end{pmatrix}\\ &= \begin{pmatrix} e^{(f(x,y)}4(x-2)^2 + 2(e^{f(x,y)}-1) & e^{f(x,y)}4y(x-2) \\ e^{f(x,y)}4y(x-2) & e^{f(x,y)}4y^2 + 2(e^{f(x,y)}-1)\end{pmatrix}.\end{aligned}$$

An der kritischen Stelle $(2,0)$ ist

$\mathbf{H}_g(x,y) = \begin{pmatrix} 2(e-1) & 0 \\ 0 & 2(e-1)\end{pmatrix}$ positiv definit. Also ist der Punkt $(2,0)$ Stelle eines absoluten strengen Minimums von g der Größe $g(2,0) = e-1$.

g besitzt keine relativen Maxima, da f keine besitzt.

Lösung von Aufgabe 38

a) Für die gegebene Funktion $f(x_1,x_2) = x_1 + \sqrt{\frac{x_2}{x_1+1}}$ mit $x_i > 0$ gilt

$W_f = (0,\infty)$, wegen $x_1, x_2 > 0$.

$$f(1,2) = 1 + \sqrt{\frac{2}{1+1}} = 1 + \sqrt{\frac{2}{2}} = 2$$

b) $f(x_1,x_2) = 2$ wird nach x_2 aufgelöst.

$$2 = x_1 + \sqrt{\frac{x_2}{x_1+1}} \quad\Longrightarrow\quad 2 - x_1 = \sqrt{\frac{x_2}{x_1+1}}$$

$$(2-x_1)^2 = \frac{x_2}{x_1+1} \quad\Longleftrightarrow\quad x_2 = (x_1+1)(2-x_1)^2$$

Wertetabelle:

x_1	$y = x_2$
0	4
0.5	3.375
1	2
1.5	0.625
2	0

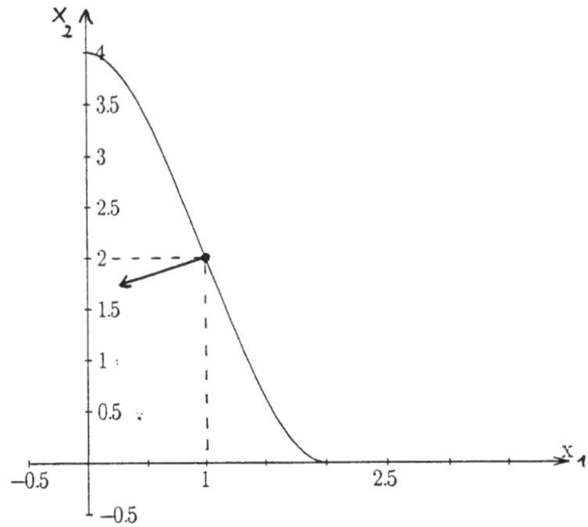

c) Gleichung der Tangentialebene:

$$y = g(x_1, x_2) = f(\mathbf{a}) + \operatorname{grad} f(\mathbf{a}) \cdot (\mathbf{x} - \mathbf{a})$$

Es ist $f(\mathbf{a}) = f(1,2) = 2$ (siehe a)), also bleibt der Gradient (f_{x_1}, f_{x_2}) zu bestimmen:

$$f_{x_1} = 1 + \frac{1}{2\sqrt{\frac{x_2}{x_1+1}}} \cdot \frac{-x_2}{(x_1+1)^2} \quad , \quad f_{x_2} = \frac{1}{2\sqrt{\frac{x_2}{x_1+1}}} \cdot \frac{1}{x_1+1}$$

$$f_{x_1}(\mathbf{a}) = \frac{3}{4} \quad , \quad f_{x_2}(\mathbf{a}) = \frac{1}{4}$$

Die Gleichung der Tangentialebene ergibt sich aus $y = 2 + (\frac{3}{4}, \frac{1}{4}) \cdot \begin{pmatrix} x_1 - 1 \\ x_2 - 2 \end{pmatrix}$ zu $y = \frac{3}{4}x_1 + \frac{1}{4}x_2 + \frac{3}{4}$.

d) Der Gradient $\operatorname{grad} f(\mathbf{a})$ zeigt an der Stelle $\mathbf{a}$ in die Richtung des steilsten Anstiegs. Damit zeigt $-\operatorname{grad} f(\mathbf{a})$ an der Stelle $\mathbf{a}$ in die Richtung des steilsten Abstiegs. Also:

$$-\operatorname{grad} f(\mathbf{a}) = -(\frac{3}{4}, \frac{1}{4}) = (-\frac{3}{4}, -\frac{1}{4}) .$$

e) Beim Übergang von $\mathbf{a} = (1,2)$ zu $\mathbf{a} + \underbrace{(0.2\,;\,-0.2)}_{=d\mathbf{x}}$ erhält man als Veränderung von $f(x_1, x_2)$ näherungsweise

$$\triangle y \approx dy = \operatorname{grad} f(\mathbf{a}) \cdot d\,\mathbf{x} = (\frac{3}{4}, \frac{1}{4}) \cdot \begin{pmatrix} 0.2 \\ -0.2 \end{pmatrix} = 0.1$$

und exakt:

$$\triangle y = f(\mathbf{a} + d\,\mathbf{x}) - f(\mathbf{a}) = \underbrace{f(1.2\,;\,1.8)}_{=1.2+\sqrt{\frac{1.8}{2.2}}\approx 2.105} - \underbrace{f(1,2)}_{=2} = 0.105$$

Lösung von Aufgabe 39

a) Es werden zunächst die partiellen Ableitungen an der Stelle **a** gebildet:

$$\begin{array}{lll} f_{x_1} = 4x_1x_2^2 + \frac{1}{4}e^{x_1-x_2+x_3-x_4+x_5} & \Longrightarrow & f_{x_1}(\mathbf{a}) = 4 + \frac{e}{4} \\ f_{x_2} = 4x_1^2x_2 - \frac{1}{4}e^{x_1-x_2+x_3-x_4+x_5} & \Longrightarrow & f_{x_2}(\mathbf{a}) = 4 - \frac{e}{4} \\ f_{x_3} = -2x_3x_4^2 + \frac{1}{4}e^{x_1-x_2+x_3-x_4+x_5} & \Longrightarrow & f_{x_3}(\mathbf{a}) = \frac{e}{4} \\ f_{x_4} = -2x_3^2x_4 - \frac{1}{4}e^{x_1-x_2+x_3-x_4+x_5} & \Longrightarrow & f_{x_4}(\mathbf{a}) = -\frac{e}{4} \\ f_{x_5} = \frac{1}{4}e^{x_1-x_2+x_3-x_4+x_5} & \Longrightarrow & f_{x_5}(\mathbf{a}) = \frac{e}{4} \end{array}$$

Für das vollständige Differential gilt:

$$df = \operatorname{grad} f(\mathbf{a}) \cdot d\,\mathbf{x}^\top = (4 + \frac{e}{4}\,;\, 4 - \frac{e}{4}\,;\, \frac{e}{4}\,;\, -\frac{e}{4}\,;\, \frac{e}{4}) \cdot \begin{pmatrix} dx_1 \\ \vdots \\ dx_5 \end{pmatrix}$$

b) (1) Offensichtlich (siehe a)) gilt $f_{x_1}(\mathbf{a}) > f_{x_i}(\mathbf{a})$ für $i \neq 1$, d.h. x_1 wird die größte Umsatzsteigerung bewirken.

Sie beträgt etwa: $(4 + \frac{e}{4}) \cdot 0.08 \approx 4.68 \cdot 0.08 \approx 0.374$

(2) Es wird zur näherungsweisen Berechnung das vollständige Differential verwendet:

$$\begin{aligned} \triangle y \approx dy &= \operatorname{grad} f(\mathbf{a}) \cdot d\,\mathbf{x}^\top \\ &= (4.68\,;\, 3.32\,;\, 0.68\,;\, -0.68\,;\, 0.68) \cdot 0.08 \begin{pmatrix} 1 \\ 1 \\ 0 \\ 1 \\ 2 \end{pmatrix} \\ &= 0.08 \cdot (4.68 + 3.32 + 0 - 0.68 + 2 \cdot 0.68) \approx 0.694 \end{aligned}$$

Man berechnet:

$f(\mathbf{a}) = 2 - 0 + \frac{1}{4}e^1 \approx 2.68$, also $\frac{\triangle y}{y} \approx \frac{0.694}{2.68} = 0.26 = 26\%$.

Lösung von Aufgabe 40

a) Richtung des steilsten Anstiegs in $\mathbf{a} = (-1, 0, 2)$ ist grad $f(\mathbf{a})$.

Bestimmung des Gradienten von $f(x_1, x_2, x_3) = \dfrac{x_1^2 + 2x_2x_3 + x_3^2}{x_1^2 + x_2^2 + x_3^2} =: \dfrac{Z}{N}$

$$
\begin{aligned}
f_{x_1} &= \frac{2x_1(x_1^2 + x_2^2 + x_3^2) - (x_1^2 + 2x_2x_3 + x_3^2) \cdot 2x_1}{x_1^2 + x_2^2 + x_3^2} \\
&= \frac{2x_1(x_1^2 + x_2^2 + x_3^2 - (x_1^2 + 2x_2x_3 + x_3^2))}{N^2} = \frac{2x_1(N - Z)}{N^2} \\
f_{x_2} &= \frac{1}{N^2}(2x_3 \cdot N - Z \cdot 2x_2) = \cdots \qquad \text{(unnötige Berechnung)} \\
f_{x_3} &= \frac{1}{N^2}(2x_3 \cdot N - Z \cdot 2x_3) = \frac{2x_3}{N^2}(N - Z) = \cdots \qquad \text{(unnötig)}
\end{aligned}
$$

Damit folgt grad $f(\mathbf{a})$ =grad $f(-1, 0, 2) = (f_{x_1}(\mathbf{a}), f_{x_2}(\mathbf{a}), f_{x_3}(\mathbf{a}))$.

Für die weitere Rechnung ist die Berechnung von $Z(\mathbf{a})$ und $N(\mathbf{a})$ hilfreich. Man erhält $Z(\mathbf{a}) = 5$ und $N(\mathbf{a}) = 5$. Damit folgt grad $f(-1, 0, 2) = (0\,,\,\frac{4}{5}\,,\,0)$ Dies ist die Richtung des steilsten Anstiegs von f an der Stelle $(-1, 0, 2)$.

b) Für eine Funktion $f : \mathbb{R}^3 \longrightarrow \mathbb{R}$ ist die Tangentialhyperebene E von f im Punkt $(\mathbf{a}, f(\mathbf{a}))$ eine Teilmenge $E \subseteq \mathbb{R}^4$. Sie hat die Gleichung

$$E \;:\; x_4 = f(\mathbf{a}) + \operatorname{grad} f(\mathbf{a}) \cdot (\mathbf{x} - \mathbf{a})\,.$$

Mit $f(\mathbf{a}) = \dfrac{Z}{N}|_{\mathbf{a}} = \dfrac{5}{5} = 1$ folgt für E:

$$x_4 = 1 + (0\,;\,\frac{4}{5}\,;\,0) \cdot \begin{pmatrix} x_1 + 1 \\ x_2 \\ x_3 - 2 \end{pmatrix} = 1 + \frac{4}{5}x_2$$

Die Gleichung der Tangentialhyperebene lautet: $-\frac{4}{5}x_2 + x_4 = 1$.

c) Der Punkt $P = (12, \frac{5}{4}, -8, 2)$ liegt in E, denn $-\frac{4}{5} \cdot \frac{5}{4} + 2 = 1$.

d)

$$g : \qquad \mathbf{x} = \begin{pmatrix} 0 \\ 0 \\ 0 \\ 1 \end{pmatrix} + t \cdot \begin{pmatrix} 3 \\ 0 \\ -1 \\ 0 \end{pmatrix} \quad ; \quad t \in \mathbb{R}$$

$g \subseteq E$ genau dann, wenn gilt: $\quad \mathbf{x} \in g \Longrightarrow \mathbf{x} \in E.$

$$\mathbf{x} \in g \quad \Longrightarrow \quad \vec{x} = \begin{pmatrix} x_1 \\ x_2 \\ x_3 \\ x_4 \end{pmatrix} = \begin{pmatrix} 3t \\ 0 \\ -t \\ 1 \end{pmatrix}$$

Erfüllt nun $\mathbf{x}$ für jedes $t \in \mathbb{R}$ die Ebenengleichung? Einsetzen ergibt:

$$-\frac{4}{5}\underbrace{x_2}_{0} + \underbrace{x_4}_{1} = 1$$

D.h. die Ebenengleichung wird für jedes $\mathbf{x}(t)$ erfüllt und damit gilt $g \subseteq E$.

e) Untersuchung von f auf Homogenität:

$$\begin{aligned} f(\lambda \cdot \mathbf{x}) &= f(\lambda x_1, \lambda x_2, \lambda x_3) \qquad ; \lambda > 0 \\ &= \frac{(\lambda x_1)^2 + 2\lambda x_2 \lambda x_3 + (\lambda x_3)^2}{(\lambda x_1)^2 + (\lambda x_2)^2 + (\lambda x_3)^2} = \frac{\lambda^2(x_1^2 + 2x_2x_3 + x_3^2)}{\lambda^2(x_1^2 + x_2^2 + x_3^2)} \\ &= \frac{x_1^2 + 2x_2x_3 + x_3^2}{x_1^2 + x_2^2 + x_3^2} = f(\mathbf{x}) \end{aligned}$$

f ist homogen vom Grad $\alpha = 0$ wegen $f(\lambda \cdot \mathbf{x}) = \lambda^0 \cdot f(\mathbf{x}) = f(\mathbf{x})$.

Lösung von Aufgabe 41

a) grad $f(\mathbf{a})$ zeigt in die Richtung des steilsten Anstiegs von f an der Stelle $\mathbf{a} = (1, -1, 2)$.

$$\begin{aligned} \operatorname{grad} f &= (f_{x_1}, f_{x_2}, f_{x_3}) \\ f_{x_1} &= \frac{1}{2\sqrt{3x_1^2 + 2x_2^2 + x_3^2}} \cdot 6x_1 = \frac{3x_1}{\sqrt{3x_1^2 + 2x_2^2 + x_3^2}} \\ f_{x_2} &= \frac{1}{2\sqrt{3x_1^2 + 2x_2^2 + x_3^2}} \cdot 4x_2 = \frac{2x_2}{\sqrt{3x_1^2 + 2x_2^2 + x_3^2}} \\ f_{x_3} &= \frac{1}{2\sqrt{3x_1^2 + 2x_2^2 + x_3^2}} \cdot 2x_3 = \frac{x_3}{\sqrt{3x_1^2 + 2x_2^2 + x_3^2}} \end{aligned}$$

$$f_{x_1}(\mathbf{a}) = 1 \quad , \quad f_{x_2}(\mathbf{a}) = -\frac{2}{3} \quad , \quad f_{x_3}(\mathbf{a}) = \frac{2}{3}$$

Also ist grad $f(\mathbf{a}) = (1, -\frac{2}{3}, \frac{2}{3})$ die Richtung des steilsten Anstiegs von f.

b) Tangential-Hyperebene:

$$x_4 = f(\mathbf{a}) + \operatorname{grad} f(\mathbf{a}) \cdot (\mathbf{x} - \mathbf{a}) = 3 + (1, -\frac{2}{3}, \frac{2}{3}) \begin{pmatrix} x_1 - 1 \\ x_2 + 1 \\ x_3 - 2 \end{pmatrix}$$

Damit ist die Tangential-Hyperebene durch $3x_1 - 2x_2 + 2x_3 - 3x_4 = 0$ gegeben.

c) $g(\lambda \mathbf{x}) = \sqrt{c\lambda^2 x_1^2 + 2\lambda^2 x_2^2 + \lambda^2 x_3^2} = |\lambda|\sqrt{cx_1^2 + 2x_2^2 + x_3^2} = \lambda g(\mathbf{x})$ für $\lambda > 0$
g ist also homogen vom Grad 1 und dieser Homogenitätsgrad hängt nicht von c ab.

Lösung von Aufgabe 42

a) Aus

$$K_x = 3x^2y - z \stackrel{!}{=} 0 \quad , \quad K_y = x^3 - \frac{1}{y^2} \stackrel{!}{=} 0 \quad , \quad K_z = -x + 1 \stackrel{!}{=} 0$$

erhält man $x = 1$, dann $y^2 = 1$, also $y = 1$ ($y = -1 \notin D(K)$) und schließlich $z = 3$. D.h. K besitzt für $x, y, z > 0$ genau einen stationären Punkt, nämlich $\mathbf{x}^0 = (x, y, z) = (1, 1, 3)$.

b) HESSE-Matrix erstellen:

$$\mathbf{H} = \begin{pmatrix} K_{xx} & K_{xy} & K_{xz} \\ K_{yx} & K_{yy} & K_{yz} \\ K_{zx} & K_{zy} & K_{zz} \end{pmatrix} = \begin{pmatrix} 6xy & 3x^2 & -1 \\ 3x^2 & \frac{2}{y^3} & 0 \\ -1 & 0 & 0 \end{pmatrix}$$

$$\mathbf{H}(\mathbf{x}^0) = \mathbf{H}(1,1,3) = \begin{pmatrix} 6 & 3 & -1 \\ 3 & 2 & 0 \\ -1 & 0 & 0 \end{pmatrix}$$

Untersuchung der Definitheitseigenschaften von $\mathbf{H}(\mathbf{x}^0)$ z.B. mit GAUSS-Algorithmus

6	3	−1	$\cdot(-\frac{1}{2})$ (zu Zeile 2 addieren), $\cdot\frac{1}{6}$ (zu Zeile 3 addieren)
3	2	0	← +
−1	0	0	← +
6	3	−1	
0	0,5	0,5	$\cdot(-1)$ (zu Zeile 3 addieren)
0	0,5	$-\frac{1}{6}$	← +
6	3	−1	
0	0,5	0,5	
0	0	$-0,5 - \frac{1}{6}$	

Da die Hauptdiagonale positive und negative Elemente enthält, ist $\mathbf{H}(\mathbf{x}^0)$ indefinit, d.h. $\mathbf{x}^0$ ist Sattelstelle von K.

Lösung von Aufgabe 43

a) Für $f(x,y) = \frac{x^2+y^2}{x+y}$ folgt:

$$\begin{aligned}
f_x &= \frac{2x(x+y)-(x^2+y^2)}{(x+y)^2} = \frac{x^2+2xy-y^2}{x^2+2xy+y^2} \\
f_y &= \ldots \text{ aus Symmetriegründen } = \frac{y^2+2xy-x^2}{x^2+2xy+y^2} \\
f_{xx} &= \frac{(2x+2y)(x+y)^2-(x^2+2xy-y^2)\cdot(2x+2y)}{(x+y)^4} = \frac{4y^2}{(x+y)^3} \\
f_{yy} &= \frac{4x^2}{(x+y)^3} \quad \text{(aus Symmetriegründen !)} \\
f_{xy} = f_{yx} &= \frac{(2x-2y)(x+y)^2-(x^2+2xy-y^2)\cdot(2x+2y)}{(x+y)^4} = \frac{-4xy}{(x+y)^3}
\end{aligned}$$

Also lautet die HESSE-Matrix

$$\mathbf{H}(x,y) = \frac{4}{(x+y)^3}\begin{pmatrix} y^2 & -xy \\ -xy & x^2 \end{pmatrix}.$$

Es ist

$$|\mathbf{H}(x,y)| = \left[\frac{4}{(x+y)^3}\right]^2 \cdot \begin{vmatrix} y^2 & -xy \\ -xy & x^2 \end{vmatrix} = \left[\frac{4}{(x+y)^3}\right]^2 \cdot (y^2x^2 - x^2y^2) = 0$$

für alle $x, y \in D(f)$.

b) Tangentialebene im Punkt $(1\,,\,1\,,\,f(1,1))$:

$$z = f(1,1) + \operatorname{grad} f(1,1) \cdot \begin{pmatrix} x-1 \\ y-1 \end{pmatrix} = 1 + (\frac{1}{2}, \frac{1}{2}) \begin{pmatrix} x-1 \\ y-1 \end{pmatrix} = \frac{1}{2}x + \frac{1}{2}y$$

Eine Gleichung der Tangentialebene lautet also $x + y - 2z = 0$.

Lösung von Aufgabe 44

(1) Notwendige Bedingungen (Bed. 1. Ordnung):

$$\begin{aligned}
f_{x_1} \overset{!}{=} 0 &= 4(x_1 - x_2) - 4x_1^3 \\
f_{x_2} \overset{!}{=} 0 &= 4(x_1 - x_2)(-1) - 4x_2^3 \quad (+) \\
\hline
0 &= -4x_1^3 - 4x_2^3 \\
\Longrightarrow \quad x_1^3 &= -x_2^3 \\
x_1 &= -x_2
\end{aligned}$$

Durch Einsetzen in die 1. Gleichung folgt $8x_1 - 4x_1^3 = 0$, also $x_1(2 - x_1^2) = 0$ mit den Lösungen $x_1^{(1)} = 0$, $x_1^{(2)} = \sqrt{2}$, $x_1^{(3)} = -\sqrt{2}$.

Mit $x_1 = -x_2$ ergeben sich 3 stationäre Punkte:

$$\mathbf{x}^{(1)} = (0,0)\,; \quad \mathbf{x}^{(2)} = (\sqrt{2}, -\sqrt{2})\,; \quad \mathbf{x}^{(3)} = (-\sqrt{2}, \sqrt{2})\,.$$

(2) Überprüfung mit HESSE-Matrix (Bedingungen 2. Ordnung):

$$f_{x_1x_1} = 4 - 12x_1^2 \ , \ f_{x_1x_2} = -4 \ , \ f_{x_2x_2} = 4 - 12x_2^2 \ , \ f_{x_2x_1} = -4$$

$$\mathbf{H}_f = \begin{pmatrix} 4 - 12x_1^2 & -4 \\ -4 & 4 - 12x_2^2 \end{pmatrix}$$

α) Überprüfung von $\mathbf{x}^{(1)} = (0, 0)$:

$\mathbf{H}_f(0;0) = \begin{pmatrix} 4 & -4 \\ -4 & 4 \end{pmatrix}$ ist positiv semidefinit (Addition von Zeile 1 zu Zeile 2 ergibt auf der Hauptdiagonalen eine 4 und eine 0). Das Kriterium mit der HESSE-Matrix liefert also keine Entscheidung.

Betrachtet man aber die Umgebung von $(0, 0)$, so erkennt man, daß für $x_1 = x_2$ gilt $f(x_1, x_2) = -2x_1^4 < 0$; für $x_2 = 0$ ist $f(x_1, 0) = 2x_1^2 - x_1^4 = x_1^2(2 - x_1^2) > 0$. Damit folgt, daß $(0, 0)$ ein Sattelpunkt ist.

β) Überprüfung von $\mathbf{x}^{(2)} = (\sqrt{2}, -\sqrt{2})$:

$\mathbf{H}_f(\sqrt{2}; -\sqrt{2}) = \begin{pmatrix} -20 & -4 \\ -4 & -20 \end{pmatrix}$, also $|\mathbf{H}_f| > 0$ und $f_{xx} < 0$.

Damit ist $(\sqrt{2}, -\sqrt{2})$ (relative) Maximalstelle von f.

γ) Überprüfung von $\mathbf{x}^{(2)} = (-\sqrt{2}, \sqrt{2})$:

$$\mathbf{H}_f(-\sqrt{2}; \sqrt{2}) = \begin{pmatrix} -20 & -4 \\ -4 & -20 \end{pmatrix}$$

Wie bei β) ist $\mathbf{x}^{(3)}$ (relative) Maximalstelle von f.

Lösung von Aufgabe 45

a) Zur Homogenitätsuntersuchung wird $f(\lambda\mathbf{x})$ berechnet:

$$\begin{aligned} f(\lambda\mathbf{x}) &= f(\lambda x_1, \lambda x_2, \lambda x_3) = 2(\lambda x_1 + \lambda x_2)^2 + 3(\lambda x_2 - \lambda x_3)^2 + \lambda x_1 \lambda x_3 \\ &= \lambda^2 \cdot 2(x_1 + x_2)^2 + \lambda^2 \cdot 3(x_2 - x_3)^2 + \lambda^2 x_1 x_3 = \lambda^2 f(\mathbf{x}) \end{aligned}$$

f ist homogen vom Grad 2.

b) Eine Inputsenkung um 6% bedeutet, daß $\mathbf{x}$ auf $0.94\mathbf{x}$ sinkt. Es ist

$$f(0.94\mathbf{x}) = 0.94^2 f(\mathbf{x}) = 0.8836 f(\mathbf{x}) \ .$$

Der Output sinkt also um 11.64%.

c) Es ist $f(2,1,3) = 36$. Der Output soll daher um $41 - 36 = 5$ gesteigert werden. Es ist

$$f_{x_1} = 4(x_1+x_2)+x_3 \ , \quad f_{x_2} = 4(x_1+x_2)+6(x_2-x_3) \ , \quad f_{x_3} = -6(x_2-x_3)+x_1 \ ,$$

also $\operatorname{grad} f(\mathbf{x}) = (f_{x_1}(\mathbf{x}), f_{x_2}(\mathbf{x}), f_{x_3}(\mathbf{x})) = (15, 0, 14)$. Das vollständige Differential

$$dy = \operatorname{grad} f(\mathbf{x}) \cdot \Delta\,\mathbf{x} \approx \Delta\, y = 5$$

liefert daher $dy = 15 \cdot \Delta\, x_1 + 14 \cdot \Delta\, x_3$. Mit $\sum \Delta\, x_i = \frac{1}{3} = \Delta\, x_1$ erreicht man offensichtlich mit minimaler Inputerhöhung die Steigerung des Outputs um 5.

Lösung von Aufgabe 46

a) Es ist $f(\mathbf{x}) = x^2 e^{x-y} - 3x + y + z e^{z-y}$, also

$f(\mathbf{a}) = f(1,1,1) = 1 \cdot e^0 - 3 + 1 + 1 \cdot e^0 = 0.$

b) Es werden die partiellen Ableitungen nach y und nach z bestimmt. Sind sie an der Stelle $\mathbf{a}$ von 0 verschieden, so existieren die fraglichen Auflösungen.

$$\begin{aligned}
\frac{\partial f}{\partial y} &= x^2 e^{x-y}(-1) + 1 + z e^{z-y}(-1) \\
\frac{\partial f}{\partial y}(1,1,1) &= -1 \neq 0 \\
\frac{\partial f}{\partial z} &= e^{z-y} + z e^{z-y} \\
\frac{\partial f}{\partial z}(1,1,1) &= 2 \neq 0
\end{aligned}$$

$f(x,y,z) = 0$ ist also sowohl nach y als auch nach z an der Stelle $\mathbf{a}$ auflösbar.

c) Nach dem (erweiterten) Satz über implizite Funktionen gilt hier für $x_i = x$ bzw. $x_i = y$:

$$\frac{\partial z}{\partial x_i}(\mathbf{a}) = \left.\frac{\partial h}{\partial x_i}\right|_{\mathbf{a}} = -\left.\frac{\frac{\partial f}{\partial x_i}}{\frac{\partial f}{\partial z}}\right|_{\mathbf{a}} ,$$

also mit Teil b)

$$\frac{\partial z}{\partial x}(\mathbf{a}) = \left.\frac{\partial h}{\partial x}\right|_{\mathbf{a}} = -\left.\frac{\frac{\partial f}{\partial x}}{\frac{\partial f}{\partial z}}\right|_{\mathbf{a}} = -\frac{0}{2} = 0 ,$$

$$\frac{\partial z}{\partial y}(\mathbf{a}) = \left.\frac{\partial h}{\partial y}\right|_{\mathbf{a}} = -\left.\frac{\frac{\partial f}{\partial y}}{\frac{\partial f}{\partial z}}\right|_{\mathbf{a}} = -\frac{-1}{2} = \frac{1}{2} .$$

d) $\Delta z \approx d\,z = \operatorname{grad} h \cdot (d\,x, d\,y)^{\top}\,|_{\mathbf{a}} = (0\,,\,\frac{1}{2}) \cdot \begin{pmatrix} -0.1 \\ 0.1 \end{pmatrix} = 0.05.$

Beim Übergang von $(1,1)$ zur Stelle $(0.9\,,\,1.1)$ ändert sich z von 1 auf näherungsweise 1.05.

Lösung von Aufgabe 47

a) Mit $f_1(x,y,z) = x\mathrm{e}^z - yz - x + 2z$ und $f_2(x,y,z) = x - y + z$ folgt $f_1(1,1,0) = 1 \cdot \mathrm{e}^0 - 0 - 1 + 0 = 0$ und $f_2(1,1,0) = 0$.

b) Es wird die JACOBI-Matrix von $\mathbf{f}$ bezogen auf die Variablen y, z berechnet, also

$$Jac_{(y,z)}(\mathbf{f}) = \begin{pmatrix} \frac{\partial f_1}{\partial y} & \frac{\partial f_1}{\partial z} \\ \frac{\partial f_2}{\partial y} & \frac{\partial f_2}{\partial z} \end{pmatrix} = \begin{pmatrix} -z & x\mathrm{e}^z - y + 2 \\ -1 & 1 \end{pmatrix}.$$

An der Stelle $(1,1,0)$ ergibt sich

$$Jac_{(y,z)}(\mathbf{f}(1,1,0)) = \begin{pmatrix} 0 & 2 \\ -1 & 1 \end{pmatrix}.$$

Da die Matrix invertierbar ist, folgt nach dem Fundamentalsatz für implizite Funktionen, daß es eine Auflösung $y = g_1(x)$, $z = g_2(x)$ von $f(x,y,z) = 0$ nach (y,z) im Punkt $\mathbf{a}$ gibt, d.h. es existiert eine vektorwertige Funktion

$$\mathbf{g}: \; x \mapsto \begin{pmatrix} g_1(x) \\ g_2(x) \end{pmatrix} = \begin{pmatrix} y \\ z \end{pmatrix}$$

mit $g_1(1) = 1$ und $g_2(1) = 0$ und $\mathbf{f}(x, g_1(x), g_2(x)) = \mathbf{0}$ für alle x in einer Umgebung von $a_1 = 1$.

c) Berechnung der JACOBI-Matrix $Jac\,\mathbf{g}(x) = \begin{pmatrix} \frac{\partial g_1}{\partial x} \\ \frac{\partial g_2}{\partial x} \end{pmatrix}$:

Man differenziert die Gleichungen

$$f_1(x, g_1(x), g_2(x)) = 0 \qquad \text{und} \qquad f_2(x, g_1(x), g_2(x)) = 0$$

mit der Kettenregel nach x:

$$\frac{\partial}{\partial x} f_1(x, g_1(x), g_2(x)) = \frac{\partial f_1}{\partial x} + \frac{\partial f_1}{\partial y} \cdot \frac{\partial g_1}{\partial x} + \frac{\partial f_1}{\partial z} \cdot \frac{\partial g_2}{\partial x} = 0 \qquad (1)$$

$$\frac{\partial}{\partial x} f_2(x, g_1(x), g_2(x)) = \frac{\partial f_2}{\partial x} + \frac{\partial f_2}{\partial y} \cdot \frac{\partial g_1}{\partial x} + \frac{\partial f_2}{\partial z} \cdot \frac{\partial g_2}{\partial x} = 0 \qquad (2)$$

Bekannt ist

$$\frac{\partial f_1}{\partial x} = \mathrm{e}^z - 1 \qquad \frac{\partial f_1}{\partial y} = -z \qquad \frac{\partial f_1}{\partial z} = x\mathrm{e}^z + 2 - y$$

$$\frac{\partial f_2}{\partial x} = 1 \qquad \frac{\partial f_2}{\partial y} = -1 \qquad \frac{\partial f_2}{\partial z} = 1\,.$$

Durch Einsetzen in die Gleichungen (1) und (2) erhält man für $\frac{\partial g_1}{\partial x}$ und $\frac{\partial g_2}{\partial x}$ das folgende lineare Gleichungssystem:

$\frac{\partial g_1}{\partial x}$	$\frac{\partial g_2}{\partial x}$	r	
$-z$	xe^z+2-y	$-(e^z-1)$	← +
-1	1	-1	$\cdot(-z)$
-1	1	-1	
0	$xe^z+2-y-z$	$-(e^z-1)+z$	

Die letzte Gleichung liefert

$$\frac{\partial g_2}{\partial x}(1) = \left.\frac{z-e^z+1}{xe^z+2-y-z}\right|_{(x,y,z)=(1,1,0)} = 0\,.$$

Die vorletzte Zeile ergibt dann

$$-\frac{\partial g_1}{\partial x}(1) = -1+\frac{\partial g_2}{\partial x} = -1\,.$$

Damit lautet die gesuchte JACOBI-Matrix $Jac\,\mathbf{g}(1) = \begin{pmatrix}1\\0\end{pmatrix}$.

Lösung von Aufgabe 48

a) Ist $(x^*, y^*) = (\sqrt{2}, 1)$ eine Maximalstelle von f ?

1) notwendige Bedingung (Bedingung 1. Ordnung)

$$L(\lambda, x, y) = x\cdot y + \lambda(x^2+2y^2-4)$$

$$\begin{aligned} L_x &= y+2\lambda x &&\stackrel{!}{=} 0\\ L_y &= x+4\lambda y &&\stackrel{!}{=} 0\\ L_\lambda &= x^2+2y^2-4 &&\stackrel{!}{=} 0 \end{aligned}$$

$$\begin{aligned} L_x(\lambda^*, x^*, y^*) &= L_x(\lambda^*, \sqrt{2}, 1) &&= 1+2\lambda^*\sqrt{2} &&\stackrel{!}{=} 0 &&(1)\\ L_y(\lambda^*, x^*, y^*) &= L_y(\lambda^*, \sqrt{2}, 1) &&= \sqrt{2}+4\lambda^*\cdot 1 &&\stackrel{!}{=} 0 &&(2)\\ L_\lambda(\lambda^*, x^*, y^*) &= L_\lambda(\lambda^*, \sqrt{2}, 1) &&= 2+2-4 &&\stackrel{!}{=} 0 \end{aligned}$$

Sowohl (1) als auch (2) wird von $\lambda^* = -\frac{\sqrt{2}}{4}$ erfüllt, also ist $(\lambda^*, x^*, y^*) = (-\frac{\sqrt{2}}{4}, \sqrt{2}, 1)$ kritischer Punkt von L.

2) hinreichende Bedingung (Bedingung 2. Ordnung)
Zunächst Überprüfung der Zusatzbedingung: $\operatorname{Rang} Jac(\mathbf{g})(\lambda^*, \mathbf{x}^*) = m$:

$$\begin{aligned} Jac(\mathbf{g}) &= \operatorname{grad} g \qquad \text{hier mit } g(x,y) = x^2 + y^2 - 4 \\ &= (g_x, g_y) \\ &= (2x, 4y) \end{aligned}$$

$\operatorname{grad} g(x^*, y^*) = (\sqrt{2}, 4)$ hat vollen Rang $m = 1$

Die geränderte HESSE-Matrix lautet:

$$\mathbf{H}_L = \left(\begin{array}{c|cc} 0 & g_x & g_y \\ \hline g_x & L_{xx} & L_{xy} \\ g_y & L_{yx} & L_{yy} \end{array}\right) = \left(\begin{array}{c|cc} 0 & 2x & 4y \\ \hline 2x & 2\lambda & 1 \\ 4y & 1 & 4\lambda \end{array}\right)$$

$$\mathbf{H}_L(\lambda^*, x^*, y^*) = \left(\begin{array}{c|cc} 0 & 2\sqrt{2} & 4 \\ \hline 2\sqrt{2} & -\frac{\sqrt{2}}{2} & 1 \\ 4 & 1 & -\sqrt{2} \end{array}\right)$$

Wegen $n - m = 2 - 1 = 1$ ist lediglich $|\mathbf{H}_L|$ zu untersuchen:

$$\begin{aligned} |\mathbf{H}_L(\lambda^*, x^*, y^*)| &= \begin{vmatrix} 0 & 2\sqrt{2} & 4 \\ 2\sqrt{2} & -\frac{\sqrt{2}}{2} & 1 \\ 4 & 1 & -\sqrt{2} \end{vmatrix} \\ &= 32 \cdot \sqrt{2} > 0 \quad \text{also Vorzeichen} = +1 \end{aligned}$$

Also gilt $\operatorname{sign}|\mathbf{H}_L| = (-1)^2$ (2 = Anzahl der Variablen), d.h. $(1,1)$ ist Maximalstelle von f unter den angegebenen Nebenbedingungen.

b) Änderung des Maximalwertes ΔM:

$$\begin{aligned} f(x,y) &= x \cdot y & \longrightarrow \quad p(x,y) &= x \cdot y^{1.1} \\ g(x,y) &= x^2 + 2y^2 - 4 & \longrightarrow \quad h(x,y) &= x^2 + 2.2 \cdot y^2 - 4 \end{aligned}$$

$$L = L(\lambda, x, y, \alpha_1, \alpha_2) = x \cdot y^{\alpha_1} + \lambda(x^2 + \alpha_2 y^2 - 4)$$

$$\begin{aligned} \Delta M \approx dM &= \operatorname{grad} M \cdot \mathbf{d}\,\alpha \\ &= \left(\frac{\partial M}{\partial \alpha_1}, \frac{\partial M}{\partial \alpha_2}\right) \cdot \begin{pmatrix} 0.1 \\ 0.2 \end{pmatrix} \end{aligned}$$

Mit dem Umhüllenden-Satz ergibt sich:

$$\begin{aligned} \frac{\partial M}{\partial \alpha_1} = \left.\frac{\partial L}{\partial \alpha_1}\right|_{\text{Opt}} &= x \cdot y^{\alpha_1} \cdot \ln y|_{\text{Opt}} \\ &= \sqrt{2} \cdot 1^1 \cdot \underbrace{\ln 1}_{=0} = 0 \end{aligned}$$

$$\frac{\partial M}{\partial \alpha_2} = \left.\frac{\partial L}{\partial \alpha_2}\right|_{\text{Opt}} = \lambda y^2\big|_{\text{Opt}} = -\frac{\sqrt{2}}{4} \cdot 1^2 = -\frac{\sqrt{2}}{4}$$

$$\Longrightarrow \quad \Delta M \approx (0\,,\,-\frac{\sqrt{2}}{4})\cdot\begin{pmatrix}0.1\\0.2\end{pmatrix} = -0.071$$

Der Maximalwert verringert sich um ca. 0.07.

Lösung von Aufgabe 49

a) 1) notwendige Bedingung: $\operatorname{grad} f = \mathbf{0}$

$$\begin{array}{llll} f_{x_1} & = 2x_1 & \Longrightarrow & x_1 = 0 \\ f_{x_2} & = -2x_2 & \Longrightarrow & x_2 = 0 \\ f_{x_3} & = 2x_3 & \Longrightarrow & x_3 = 0 \end{array}$$

Damit ist $\mathbf{a} = (0\,,0\,,0)$ einziger stationärer Punkt von f und da f auf ganz R^3 differenzierbar ist, ist er auch die einzige mögliche Extremstelle von f.

2) hinreichende Bedingung: Untersuchung mit der HESSE-Matrix:

$$\mathbf{H}_f(x_1, x_2, x_3) = \begin{pmatrix} f_{x_1x_1} & f_{x_1x_2} & f_{x_1x_3} \\ f_{x_2x_1} & f_{x_2x_2} & f_{x_2x_3} \\ f_{x_3x_1} & f_{x_3x_2} & f_{x_3x_3} \end{pmatrix} = \begin{pmatrix} 2 & 0 & 0 \\ 0 & -2 & 0 \\ 0 & 0 & 2 \end{pmatrix}$$

$\mathbf{H}_f$ ist konstant, also auch $\mathbf{H}_f(0\,,0\,,0) = \begin{pmatrix} 2 & 0 & 0 \\ 0 & -2 & 0 \\ 0 & 0 & 2 \end{pmatrix}$.

Diese Matrix ist indefinit, da z.B.

1. mit dem GAUSS-Kriterium positive und negative Elemente in der Hauptdiagonalen auftauchen oder
2. $\lambda_1 = 2, \lambda_2 = -2, \lambda_3 = 2$ Eigenwerte von $\mathbf{H}_f$ sind und es $\lambda_i < 0$ und $\lambda_j > 0$ gibt.

Also hat f keine Extremstellen; $\mathbf{a}$ ist Sattelpunkt von f.

b) Aus der Nebenbedingung $g_1(\mathbf{x}) = 1 - x_1 + x_2 = 0$ folgt $x_1 = 1 + x_2$.
Damit geht $f(x_1, x_2, x_3)$ über in $f(1 + x_2, x_2, x_3) =: h(x_2, x_3)$ mit

$$\begin{aligned} h(x_2, x_3) &= (1 + x_2)^2 - x_2^2 + x_3^2 \\ &= 1 + 2x_2 + x_2^2 - x_2^2 + x_3^2 = 1 + 2x_2 + x_3^2 \end{aligned}$$

notwendige Bedingung: $\operatorname{grad} h = \mathbf{0}$

$$\begin{array}{lll} h_{x_2} & = 2 & \stackrel{!}{=} 0 \quad \longleftarrow \text{nicht erfüllbar!} \\ h_{x_3} & = 2x_3 & \stackrel{!}{=} 0 \end{array}$$

Da $h_{x_2} = 0$ nicht erfüllbar ist, besitzt f unter der Nebenbedingung g_1 keine Extrema!

c) Aus den Nebenbedingungen folgt mit der Eliminationsmethode:

$$\begin{aligned} &g_1(\mathbf{x}) = 0 \quad \Longrightarrow \quad x_1 = 1 + x_2 \quad \text{(siehe auch Teil b)} \\ &g_2(\mathbf{x}) = 1 - x_1 + x_3 = 0 \quad \Longrightarrow \quad x_3 = x_1 - 1 = 1 + x_2 - 1 = x_2 \end{aligned}$$

Damit: $\begin{aligned} f(x_1, x_2, x_3) &= f(1 + x_2, x_2, x_2) \\ &= (1 + x_2)^2 - x_2^2 + x_2^2 = 1 + 2x_2 + x_2^2 =: p(x_2) \end{aligned}$

<u>notwendige Bedingung:</u> $p'(x_2) = 0$

$$p'(x_2) = 2 + 2x_2 \stackrel{!}{=} 0 \quad \Longrightarrow \quad x_2 = -1$$

<u>hinreichende Bedingung:</u> p'' verwenden.

$$p''(x_2) = 2 > 0 \quad \text{für alle } x_2,$$

d.h. p besitzt an der Stelle $x_2 = -1$ ein Minimum.

Damit besitzt f an der Stelle $\mathbf{a} = (0\ ; -1\ ; -1)$ ein relatives Minimum unter den Nebenbedingungen $g_1 = g_2 = 0$ mit dem Wert $f(\mathbf{a}) = 0$.

Lösung von Aufgabe 50

Aus der Nebenbedingung $x + y + z = 12$ folgt mit der Eliminationsmethode: $z = 12 - x - y$ und damit

$$f(x, y, z) = f(x, y, 12 - x - y) = x^2y^3(12 - x - y) =: \varphi(x, y)$$

<u>notwendige Bedingung:</u> $\operatorname{grad} \varphi(x, y) = 0$

$$\begin{aligned} \varphi_x &= 2xy^3(12 - x - y) - x^2y^3 &&= xy^3(24 - 3x - 2y) &&= 0 \\ \varphi_y &= 3x^2y^2(12 - x - y) - x^2y^3 &&= x^2y^2(36 - 3x - 4y) &&= 0 \end{aligned}$$

Für den zu untersuchenden Punkt $\mathbf{x} = (4, 6, 2)$ ist die Bedingung erfüllt, denn:

$$\begin{aligned} \varphi_x(4, 6) &= 4 \cdot 6^3(24 - 12 - 12) &&= 0 \\ \varphi_y(4, 6) &= 4^2 \cdot 6^2(36 - 12 - 24) &&= 0 \end{aligned}$$

Also ist $(x, y) = (4, 6)$ stationärer Punkt von φ.

<u>hinreichende Bedingung:</u> Die HESSE-Matrix lautet:

$$\mathbf{H}_\varphi = \begin{pmatrix} y^3(24 - 6x - 2y) & xy^2(72 - 9x - 8y) \\ xy^2(72 - 9x - 8y) & x^2y(72 - 6x - 12y) \end{pmatrix}$$

$$\mathbf{H}_\varphi(4,6) = \begin{pmatrix} 6^3(-12) & 4\cdot 6^2(-12) \\ 4\cdot 6^2(-12) & 16\cdot 6(-24) \end{pmatrix} = (-12)\cdot 6\cdot \begin{pmatrix} 6^2 & 4\cdot 6 \\ 4\cdot 6 & 32 \end{pmatrix}$$

$$\det \mathbf{H}_\varphi = 144\cdot 6^2\cdot(36\cdot 32 - 24^2) > 0$$

$\varphi_{xx} < 0$, damit ist $(4,6)$ ein relatives Maximum von φ, d.h. von f unter der gegebenen Nebenbedingung.

Lösung von Aufgabe 51

1. Sind f und g konvex?

   (a) Untersuchung von f:

   $$\begin{aligned} f_x &= 2x+1 &\Longrightarrow\quad f_{xx} &= 2\ ; \quad f_{xy} = f_{yx} = 0 \\ f_y &= 8y &\Longrightarrow\quad f_{yy} &= 8 \end{aligned}$$

   $\mathbf{H}_f = \begin{pmatrix} 2 & 0 \\ 0 & 8 \end{pmatrix}$ Alle Elemente der Hauptdiagonalen sind größer 0, also ist (nach GAUSS-Kriterium) $\mathbf{H}_f$ positiv definit und f damit streng konvex.

   (b) Untersuchung der Nebenbedingung $h(x,y) = 1 - 2x - 2y$
   h ist als affin-lineare Funktion konvex, oder man schließt:
   $\mathbf{H}_h = \begin{pmatrix} 0 & 0 \\ 0 & 0 \end{pmatrix}$ Alle Elemente der Hauptdiagonalen sind größer oder gleich 0, also ist $\mathbf{H}_h$ positiv semi-definit und somit h konvex.

   Also liegt eine konvexe Optimierungs-Aufgabe vor.

2. SLATER-Bedingung:
   Da h affin-linear ist, muss die SLATER-Bedingung nicht untersucht werden; oder man zeigt z.B.: $\mathbf{x}^* = (2\,;2)$ erfüllt $h(\mathbf{x}^*) < 0$.

3. Untersuchung auf „freie Extrema":

   $$\begin{aligned} f_x &\overset{!}{=} 0 = 2x+1 &\Longrightarrow\quad x &= -\tfrac{1}{2} \\ f_y &\overset{!}{=} 0 = 8y &\Longrightarrow\quad y &= 0 \end{aligned}$$

   $\mathbf{x}_0 = (-\frac{1}{2}\,;0) \notin M$, also muß das Extremum auf dem Rand von M liegen.

4. Anwendung des Satzes vom KUHN-TUCKER:

   $$\begin{aligned} \Phi(u,x,y) &= f(x,y) + u\cdot h(x,y) \\ &= x^2 + x + 4y^2 + u(1-2x-2y) \end{aligned}$$

notwendige Bedingung:

$h(\mathbf{x}) \leq 0$	$1-2x-2y \leq 0$
$u \cdot h(\mathbf{x}) = 0$	$u(1-2x-2y) = 0$
$u \geq 0$	$u \geq 0$
$\Phi_x \geq 0$ $x \cdot \Phi_x = 0$	$2x+1-2u \geq 0$ $x(2x+1-2u) = 0$
$\Phi_y \geq 0$ $y \cdot \Phi_y = 0$ $x, y \geq 0$	$8y-2u \geq 0$ $y(8y-2u) = 0$ $x \geq 0, y \geq 0$

Man vermutet zunächst, z.B. auf Grund von 3), daß $h(x,y)$ bindend ist, d.h. $h(x,y)$ ist „aktive“ Nebenbedingung; dann ist $u > 0$.
Nimmt man weiter an, daß das Minimum nicht in einem Eckpunkt von M liegt, also $x > 0$ und $y > 0$, so folgt aus den obigen Bedingungen:

$$\begin{array}{llrcl}
h(\mathbf{x}) = 0 \text{ also}: & 1-2x-2y = 0 & \iff & 2x+2y & = 1 \\
\Phi_x = 0 \text{ also}: & 2x+1-2u = 0 & \iff & 2x-2u & = -1 \\
\Phi_y = 0 \text{ also}: & 8y-2u = 0 & \iff & 8y-2u & = 0
\end{array}$$

lineares Gleichungssystem

	2	2	0	1	$\cdot(-1)$ ┐ +
	2	0	−2	−1	← ┘
	0	8	−2	0	
	2	2	0	1	
	0	−2	−2	−2	$\cdot 4$ ┐ +
	0	8	−2	0	← ┘
I	2	2	0	1	
II	0	−2	−2	−2	
III	0	0	−10	−8	

aus III: $u = \frac{8}{10} = \frac{4}{5} > 0$

aus II: $-2y - 2 \cdot \frac{4}{5} = -2 \implies y = \frac{1}{5} > 0$

aus I: $2x + 2 \cdot \frac{1}{5} = 1 \implies x = \frac{3}{10} > 0$

Damit besitzen die notwendigen Bedingungen die Lösung $(u^*, x^*, y^*) = (\frac{4}{5}, \frac{3}{10}, \frac{1}{5})$ und nach dem Satz von KUHN-TUCKER ist $\mathbf{x}^* = (x^*, y^*) = (\frac{3}{10}, \frac{1}{5})$ (einzige) Minimallösung des Problems.
Das Minimum lautet: $f(\frac{3}{10}, \frac{1}{5}) = \frac{55}{100} = 0.55$.

Lösung von Aufgabe 52

Die Optimierungsaufgabe ist äquivalent zur Aufgabe, $-f$ unter den Nebenbedingungen zu minimieren.

1. $-f(x,y) = (x-1)^2 + 4(y-2)^2 - 4$ ist streng konvex, da die HESSE-Matrix von $-f$, $\mathbf{H}_{-f} = \begin{pmatrix} 2 & 0 \\ 0 & 8 \end{pmatrix}$ positiv definit ist.

2. $h(x,y) = x + y - 2$ ist affin-linear, also konvex. Die SLATER-Bedingung ist also entbehrlich.

3. Untersuchung von $-f$ auf „freie Extrema“:

$$\begin{aligned} \operatorname{grad}(-f)(x,y) &= (2(x-1), 8(y-2)) \stackrel{!}{=} (0,0) \\ \iff & \quad x = 1, \quad y = 2 \end{aligned}$$

Der Punkt $(x,y) = (1,2)$ liegt außerhalb von

$$M := \{(x,y) \mid h(x,y) = x + y - 2 \leq 0, \; x \geq 0, y \geq 0\}$$

Damit muß die Extremstelle auf dem Rand von M liegen. „Starke“ Vermutung nach Skizze: auf der Geraden g.

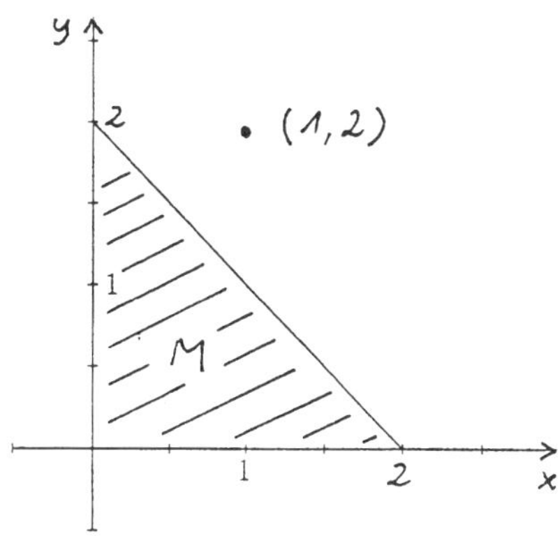

4. Ansatz für die LAGRANGE-Funktion:

$$\Phi(x,y,\mu) = 4 - (x-1)^2 - 4(y-2)^2 - \mu(x + y - 2)$$

5. Auswertung der notwendigen und hinreichenden Bedingung:

(a)	$\frac{\partial \Phi}{\partial x} = -2(x-1) - \mu \leq 0$
	$\frac{\partial \Phi}{\partial y} = -8(y-2) - \mu \leq 0$
(b)	$x + y - 2 \leq 0$
(c)	$x \cdot (2(x-1) + \mu) = 0$
	$y \cdot (8(y-2) + \mu) = 0$
(d)	$\mu \cdot (x + y - 2) = 0$
(e)	$x \geq 0, \quad y \geq 0$
(f)	$\mu \geq 0$

Durch zusätzliche Annahmen wird versucht, eine Lösung für diese Bedingungen zu finden. Zunächst ist die Annahme $\mu > 0$ sinnvoll, da nach obiger Vermutung die Extremstelle auf der Geraden g liegen wird.

$$\begin{array}{llcl}
\text{Annahme:} & \mu > 0: & (d) & \Longrightarrow & x + y = 2 \\
\text{Annahme:} & x > 0: & (c_1) & \Longrightarrow & 2(x-1) + \mu = 0 \\
\text{Annahme:} & y > 0: & (c_2) & \Longrightarrow & -\quad 8(y-2) + \mu = 0 \\
\hline
 & & & & 2x - 2 - 8y + 16 = 0 \\
 & & & \Longleftrightarrow & \boxed{\begin{array}{rl} x - 4y & = -7 \\ x + y & = 2 \end{array}}
\end{array}$$

Mit $x = -y+2$ folgt $-5y = -9$. Dies ergibt $y = \frac{9}{5}$ und $x = \frac{1}{5}$, und damit $\mu = \frac{8}{5}$.

Lösung der notwendigen und hinreichenden Bedingung: $(x^1, y^1, \mu^1) = \left(\frac{1}{5}, \frac{9}{5}, \frac{8}{5}\right)$

Mit dem Satz von KUHN-TUCKER folgt:
$\mathbf{x}^1 = \left(\frac{1}{5}, \frac{9}{5}\right)$ ist (einzige) Maximallösung, und $f(\frac{1}{5}, \frac{9}{5}) = \frac{16}{5}$ ist das Maximum von f in M, da f streng konvex ist.

Lösung von Aufgabe 53

a) Für $\mathbf{C}$ erhält man:

$$\underbrace{\begin{pmatrix} \mathbf{B} & \mathbf{0} \\ \mathbf{0} & \mathbf{E} \end{pmatrix} \cdot \begin{pmatrix} \mathbf{0} & \mathbf{B} \\ \mathbf{E} & \mathbf{0} \end{pmatrix}} \cdot \underbrace{\begin{pmatrix} \mathbf{E} & \mathbf{0} \\ \mathbf{0} & \mathbf{B} \end{pmatrix} \cdot \begin{pmatrix} \mathbf{0} & \mathbf{E} \\ \mathbf{B} & \mathbf{0} \end{pmatrix}}$$

$$\underbrace{\begin{pmatrix} \mathbf{0} & \mathbf{B}^2 \\ \mathbf{E} & \mathbf{0} \end{pmatrix} \cdot \begin{pmatrix} \mathbf{0} & \mathbf{E} \\ \mathbf{B}^2 & \mathbf{0} \end{pmatrix}}$$

$$\begin{pmatrix} \mathbf{B}^4 & \mathbf{0} \\ \mathbf{0} & \mathbf{E} \end{pmatrix},$$

Dies ist aber $\begin{pmatrix} \mathbf{B} & \mathbf{0} \\ \mathbf{0} & \mathbf{E} \end{pmatrix}^4$, und das war zu zeigen.

b) $\mathbf{B} = \begin{pmatrix} 1 & 1 \\ 1 & 2 \end{pmatrix} \Longrightarrow \mathbf{A} := \begin{pmatrix} 1 & 1 & 0 & 0 \\ 1 & 2 & 0 & 0 \\ 0 & 0 & 1 & 0 \\ 0 & 0 & 0 & 1 \end{pmatrix}$

Eigenwerte von $\mathbf{A}$:

$$\varphi_{\mathbf{A}}(\lambda) = |\mathbf{A} - \lambda\mathbf{E}|$$

$$= \begin{vmatrix} 1-\lambda & 1 & 0 & 0 \\ 1 & 2-\lambda & 0 & 0 \\ 0 & 0 & 1-\lambda & \\ 0 & 0 & 0 & 1-\lambda \end{vmatrix} = (1-\lambda)^2 \begin{vmatrix} 1-\lambda & 1 \\ 1 & 1-\lambda \end{vmatrix}$$

$$= (1-\lambda)^2((1-\lambda)(2-\lambda)-1) = (1-\lambda)^2(\lambda^2 - 3\lambda + 1)$$

Also gilt $\lambda_1 = \lambda_2 = 1$, d.h. 1 ist doppelter Eigenwert von $\mathbf{A}$. $\lambda^2 - 3\lambda + 1 = 0$ hat die Lösungen $\lambda_{3,4} = \frac{3}{2} \pm \sqrt{\frac{9}{4} - 1} = \frac{3}{2} \pm \sqrt{\frac{5}{4}}$.

Damit lauten die Eigenwerte von $\mathbf{C}$ wegen $\mathbf{C} = \mathbf{A}^4$:

$$\lambda_1 = \lambda_2 = 1\,,\ \lambda_3 = (\frac{3}{2} + \sqrt{\frac{5}{4}})^4 \approx 46,98\,,\ \lambda_4 = (\frac{3}{2} - \sqrt{\frac{5}{4}})^4 \approx 0,02$$

Lösung von Aufgabe 54

a) Es wird der Kreisesatz von GERSCHGORIN angewendet (Spaltenform):

$$\begin{array}{llcll} K_1 & : |z-1| & \le & |-1| = 1 & \text{Kreis um 1 mit Radius 1} \\ K_2 & : |z-2| & \le & |-2| = 2 & \text{Kreis um 2 mit Radius 2} \\ \vdots & & & & \\ K_{10} & : |z-10| & \le & |-10| = 10 & \text{Kreis um 10 mit Radius 10} \end{array}$$

Wegen $K_1 \subset K_2 \subset \ldots \subset K_{10}$ folgt für jedes i: $\quad 0 \le \mathrm{Re}(\lambda_i) \le 20$.

b) Da alle Spaltensummen Null ergeben, folgt $|\mathbf{A}| = 0$.

Andererseits ist $|\mathbf{A}| = \lambda_1 \cdot \ldots \cdot \lambda_n$. Also gibt es einen Eigenwert $\lambda_j = 0$.

c) Wir zeigen, daß $|\mathbf{A} - 1 \cdot \mathbf{E}| = 0$ gilt, denn dann ist 1 Nullstelle des charakteristischen Polynoms, also Eigenwert von $\mathbf{A}$. In der Matrix $\mathbf{A} - \mathbf{E}$ ist aber die erste Zeile die Nullzeile. Also gilt $|\mathbf{A} - 1 \cdot \mathbf{E}| = 0$.

d) Hier zeigen wir $|\mathbf{A} - 10\mathbf{E}| \neq 0$. Dann ist 10 keine Nullstelle des charakteristischen Polynoms, also kein Eigenwert von $\mathbf{A}$.

$$|\mathbf{A} - 10\mathbf{E}| = \begin{vmatrix} -9 & & & & & & \\ -1 & -8 & & & \mathbf{0} & & \\ & -2 & -7 & & & & \\ & & -3 & \ddots & & & \\ & & & & -2 & & \\ & \mathbf{0} & & & -8 & -1 & -10 \\ & & & & & -9 & 0 \end{vmatrix}$$

Entwickeln nach der 10. Spalte

$$= (-1)^{19}(-10)\begin{vmatrix} -9 & 0 & & & & \\ -1 & -8 & & & & \\ & -2 & -7 & & & \\ & & & \ddots & & \\ & & & & -2 & 0 \\ & & & & 0 & -9 \end{vmatrix}$$

$$= 10(-9)(-8)\cdot\ldots\cdot(-2)(-9) \neq 0$$

Lösung von Aufgabe 55

a) Die Eigenwerte werden als Nullstellen des charakteristischen Polynoms $p_{\mathbf{A}}(\lambda)$ berechnet:

$$p_{\mathbf{A}}(\lambda) = \begin{vmatrix} 2-\lambda & -1 & 1 \\ 0 & 3-\lambda & -1 \\ 2 & 1 & 3-\lambda \end{vmatrix} = (2-\lambda)\begin{vmatrix} 3-\lambda & -1 \\ 1 & 3-\lambda \end{vmatrix} + 2\begin{vmatrix} -1 & \\ 3-\lambda & - \end{vmatrix}$$

$$= (2-\lambda)((3-\lambda)^2+1) + 2(1-(3-\lambda)) = -\lambda^3 + 8\lambda^2 - 20\lambda + 16 = 0$$

Hieraus ergeben sich die Eigenwerte $\lambda_1 = 2$, $\lambda_2 = 2$, $\lambda_3 = 4$.

b) Zur Berechnung der Eigenvektoren werden die zugehörigen homogenen linearen Gleichungssysteme $(\mathbf{A} - \lambda\mathbf{E})\mathbf{x} = \mathbf{0}$ gelöst.

Zu $\lambda_1 = \lambda_2 = 2$:

$$\mathbf{A} - 2\mathbf{E} = \begin{pmatrix} 0 & -1 & 1 \\ 0 & 1 & -1 \\ 2 & 1 & 1 \end{pmatrix}$$

Mit $x_2 = t$ folgt $x_3 = t$ und $x_1 = -t$.
Also lauten die Eigenvektoren zu $\lambda = 2$:
$\mathbf{x} = (-1, 1, 1)^\top \cdot t$, $t \neq 0$

Zu $\lambda_3 = 4$:

$$\mathbf{A} - 4\mathbf{E} = \begin{pmatrix} -2 & -1 & 1 \\ 0 & -1 & -1 \\ 2 & 1 & -1 \end{pmatrix}$$

Mit $x_2 = t$ folgt $x_3 = -t$ und $x_1 = -t$.
Also lauten die Eigenvektoren zu $\lambda = 4$:
$\mathbf{x} = (-1, 1, -1)^\top \cdot t$, $t \neq 0$

c) $\mathbf{A}$ besitzt nur zwei linear unabhängige Eigenvektoren, z.B. $(-1, 1, 1)^\top$ und $(-1, 1, -1)^\top$, und ist folglich **nicht diagonalisierbar**.

Lösung von Aufgabe 56

a) $|\mathbf{A}| = 0 \iff \begin{vmatrix} 1 & 1 & 2 \\ 1 & 2 & 0 \\ 2 & 0 & b \end{vmatrix} = 0 \iff 2b - 8 - b = 0 \iff b = 8$

b) Für $b = 8$ Bestimmung der Eigenwerte von $\mathbf{A}$:

$$
\begin{aligned}
|\mathbf{A} - \lambda \mathbf{E}| &= \begin{vmatrix} 1-\lambda & 1 & 2 \\ 1 & 2-\lambda & 0 \\ 2 & 0 & 8-\lambda \end{vmatrix} \\
&= (1-\lambda)(2-\lambda)(8-\lambda) - 4(2-\lambda) - (8-\lambda) \\
&= -\lambda^3 + 11\lambda^2 - 21\lambda = \varphi_{\mathbf{A}}(\lambda)
\end{aligned}
$$

$$\varphi_{\mathbf{A}}(\lambda) = 0 \Longrightarrow -\lambda^3 + 11\lambda^2 - 21\lambda = 0 \quad , \quad -\lambda(\lambda^2 - 11\lambda + 21) = 0$$

$\lambda_1 = 0$ ist ein Eigenwert (das war auch wegen $\det(\mathbf{A}) = 0$ klar!). Die anderen Eigenwerte ergeben sich aus

$$\lambda_{2,3} = \frac{11}{2} \pm \sqrt{(\frac{11}{2})^2 - 21} = \frac{11}{2} \pm \sqrt{\frac{37}{4}} = 5,5 \pm 3,0414$$

zu $\lambda_2 = 8,5414$ und $\lambda_3 = 2,4586$.

c) $\mathbf{A}$ ist diagonalisierbar, da $\mathbf{A}$ symmetrisch ist. (Symmetrische reelle Matrizen sind diagonalisierbar!). Wegen der drei berechneten Eigenwerte ist $\mathbf{A}$ z.B. ähnlich zu

$$\mathbf{D} = \begin{pmatrix} 0 & 0 & 0 \\ 0 & 8,5414 & 0 \\ 0 & 0 & 2,4586 \end{pmatrix} .$$

Lösung von Aufgabe 57

a) Die Untersuchung von $\mathbf{A}$ auf Definitheit erfolgt mit dem Gauß-Algorithmus:

4	2	1	$:4$
2	3	-1	$:2$
1	-1	2	
1	$\frac{1}{2}$	$\frac{1}{4}$	$\cdot(-1)$ zu Zeile 2 addieren (+); $\cdot(-1)$ zu Zeile 3 addieren (+)
1	$\frac{3}{2}$	$-\frac{1}{2}$	
1	-1	2	

1	$\frac{1}{2}$	$\frac{1}{4}$	
0	1	$-\frac{3}{4}$	$\cdot\frac{3}{2}$ zu Zeile 3 addieren (+)
0	$-\frac{3}{2}$	$\frac{7}{4}$	
1	$\frac{1}{2}$	$\frac{1}{4}$	
0	1	$-\frac{3}{4}$	
0	0	$\frac{5}{8}$	

Da hier sämtliche Hauptdiagonalelemente positiv sind, ist $\mathbf{A}$ positiv definit.

b)

$$
\begin{aligned}
Q(\mathbf{x}) &= (x_1, x_2, x_3) \begin{pmatrix} 4 & 2 & 1 \\ 2 & 3 & -1 \\ 1 & -1 & 2 \end{pmatrix} \begin{pmatrix} x_1 \\ x_2 \\ x_3 \end{pmatrix} = (x_1, x_2, x_3) \begin{pmatrix} 4x_1 + 2x_2 + x_3 \\ 2x_1 + 3x_2 - x_3 \\ x_1 - x_2 + 2x_3 \end{pmatrix} \\
&= 4x_1^2 + 3x_2^2 + 2x_3^2 + 4x_1x_2 + 2x_1x_3 - 2x_2x_3
\end{aligned}
$$

c)

$$\begin{aligned} Q(\lambda\mathbf{x}) &= 4\lambda^2x_1^2 + 3\lambda^2x_2^2 + 2\lambda^2x_3^2 + 4\lambda x_1\lambda x_2 + 2\lambda x_1\lambda x_3 - 2\lambda x_2\lambda x_3 \\ &= \lambda^2(4x_1^2 + 3x_2^2 + 2x_3^2 + 4x_1x_2 + 2x_1x_3 - 2x_2x_3) \\ &= \lambda^2 Q(\mathbf{x}) \end{aligned}$$

$Q(\mathbf{x})$ ist also homogen vom Grade 2.

$$Q(3,-1,2) = 4\cdot 9 + 3\cdot 1 + 2\cdot 4 + 4\cdot(-3) + 2\cdot 6 - 2\cdot(-2) = 51$$

$Q(\lambda\mathbf{x}) = \lambda^2 Q(\mathbf{x})$, d.h. $Q(1,6\cdot\mathbf{x}) = 1,6^2\cdot 51 = 130,56$.

Lösung von Aufgabe 58

a) Da $\mathbf{A}$ symmetrisch sein muß, werden in Q die gemischten Terme aufgeteilt:

$$\begin{aligned} Q(\mathbf{x}) &= 3x_1^2 + x_2^2 + 2x_3^2 + x_4^2 \\ &\quad + x_1x_2 + x_2x_1 \quad + x_1x_3 + x_3x_1 \quad + x_1x_4 + x_4x_1 \quad + \frac{1}{2}x_3x_4 + \frac{1}{2}x_4x_3 \end{aligned}$$

Damit gilt

$$Q(\mathbf{x}) = \mathbf{x}^\top\mathbf{A}\mathbf{x} = \mathbf{x}^\top \begin{pmatrix} 3 & 1 & 1 & 1 \\ 1 & 1 & 0 & 0 \\ 1 & 0 & 2 & \frac{1}{2} \\ 1 & 0 & \frac{1}{2} & 1 \end{pmatrix} \mathbf{x}\,.$$

b) Hierzu wird $\mathbf{A}$ auf Definitheit untersucht, mittels des GAUSS-Algorithmus ohne Zeilen- und Spaltenvertauschungen.

$$\begin{pmatrix} 3 & 1 & 1 & 1 \\ 1 & 1 & 0 & 0 \\ 1 & 0 & 2 & \frac{1}{2} \\ 1 & 0 & \frac{1}{2} & 1 \end{pmatrix} \rightsquigarrow \begin{pmatrix} 3 & 1 & 1 & 1 \\ 0 & \frac{2}{3} & -\frac{1}{3} & -\frac{1}{3} \\ 0 & -\frac{1}{3} & \frac{5}{3} & \frac{1}{6} \\ 0 & -\frac{1}{3} & \frac{1}{6} & \frac{2}{3} \end{pmatrix} \rightsquigarrow \begin{pmatrix} 3 & 1 & 1 & 1 \\ 0 & \frac{2}{3} & -\frac{1}{3} & -\frac{1}{3} \\ 0 & 0 & \frac{3}{2} & 0 \\ 0 & 0 & 0 & \frac{1}{2} \end{pmatrix}$$

In der letzten Matrix sind alle Elemente der Hauptdiagonalen positiv, also ist $\mathbf{A}$ positiv definit, d.h. für alle $\mathbf{x} \neq \mathbf{0}$ gilt $Q(\mathbf{x}) > 0$.

c) Der Kreisesatz von GERSCHGORIN liefert - wegen der Symmetrie von **A** - genau vier Kreise:

$K_1 \; : \; |z-3| \leq 3$
$K_2 \; : \; |z-1| \leq 1$
$K_3 \; : \; |z-2| \leq 1,5$
$K_4 \; : \; |z-1| \leq 1,5$

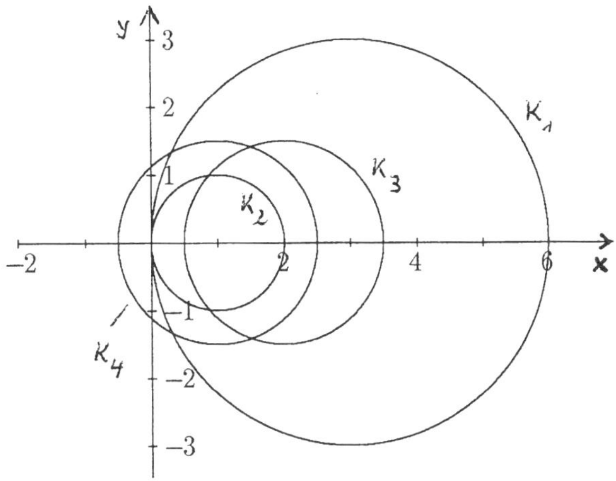

Daraus folgt für die Eigenwerte λ_i: $\quad -0,5 \leq |\lambda_i| \leq 6.$

Da symmetrische Matrizen nur reelle Eigenwerte besitzen, folgt: $\quad -6 \leq \lambda_i \leq 6.$

Da **A** nach Teil a) positiv definit ist, folgt: $\quad 0 < \lambda_i \leq 6.$

Lösung von Aufgabe 59

a) Mit dem GAUSS-Algorithmus wird **A** umgeformt:

10	1	1	$\cdot(-\frac{1}{10})$ +, $\cdot(-\frac{1}{10})$ +
1	10	1	
1	1	a	
10	1	1	
0	9,9	0,9	$\cdot(-\frac{1}{11})$ +
0	0,9	$a-0,1$	
[10]	1	1	
0	**[9,9]**	0,9	
0	0	$(a-0,1-\frac{0,9}{11})$	

Es folgt: **A** ist positiv definit für $\quad a-0,1-\frac{0,9}{11} > 0 \iff a > \frac{2}{11}.$

Für kein $a \in \mathbb{R}$ wird **A** negativ definit, da $10 > 0$ und $9,9 > 0$.

b) Zu (1): Für den Eigenvektor $\mathbf{x}$ gilt $\mathbf{A}\mathbf{x} = \lambda\mathbf{x}$, also

$$\underbrace{\begin{pmatrix} 10 & 1 & 1 \\ 1 & 10 & 1 \\ 1 & 1 & 12 \end{pmatrix}\begin{pmatrix} 1 \\ 1 \\ 2 \end{pmatrix}} = \lambda \begin{pmatrix} 1 \\ 1 \\ 2 \end{pmatrix}$$

$$\begin{pmatrix} 13 \\ 13 \\ 26 \end{pmatrix} = \lambda \begin{pmatrix} 1 \\ 1 \\ 2 \end{pmatrix}$$

Es folgt $\lambda = 13$.

Teil (2):

$$\begin{aligned} \varphi_{\mathbf{A}}(\lambda) &= |\mathbf{A} - \lambda\mathbf{E}| = \begin{vmatrix} 10-\lambda & 1 & 1 \\ 1 & 10-\lambda & 1 \\ 1 & 1 & 12-\lambda \end{vmatrix} \\ &= (10-\lambda)^2(12-\lambda) + 2 - (10-\lambda) - (10-\lambda) - (12-\lambda) \\ &= -\lambda^3 + 32\lambda^2 - 337\lambda + 1170 \end{aligned}$$

$\varphi_{\mathbf{A}}(\lambda) = 0 \iff \lambda^3 - 32\lambda^2 + 337\lambda - 1170 = 0$

Da $\lambda_1 = 13$ von oben als Eigenwert bekannt ist, also Nullstelle von $\varphi_{\mathbf{A}}$ ist, wird eine Polynomdivision durchgeführt.

$$(\lambda^3 - 32\lambda^2 + 337\lambda - 1170) : (\lambda - 13) = \lambda^2 - 19\lambda + 90$$

Damit erhält man $\lambda_{2,3} = \frac{19}{2} \pm \sqrt{\frac{19^2}{4} - 90} = \frac{19}{2} \pm \sqrt{\frac{361-360}{4}}$, also $\lambda_2 = 10$ und $\lambda_3 = 9$.

Teil (3): Der kleinste Eigenwert ist 9, also wird das Gleichungssystem

$(\mathbf{A} - 9\mathbf{E})\mathbf{x} = \mathbf{0}$ gelöst.

$$\mathbf{A} - 9\mathbf{E} = \begin{pmatrix} 1 & 1 & 1 \\ 1 & 1 & 1 \\ 1 & 1 & 3 \end{pmatrix} \leadsto \begin{pmatrix} 1 & 1 & 1 \\ 0 & 0 & 0 \\ 0 & 0 & 2 \end{pmatrix}$$

Es folgt $x_3 = 0$ und aus $x_1 + x_2 = 0$ ergibt sich mit $x_1 = 1$ noch $x_2 = -1$.

$\mathbf{x}^\top = (1, -1, 0)$ ist der gesuchte Eigenvektor.

Lösung von Aufgabe 60

a) Mit $f(x) = y$ lautet die Dgl.: $xy' = (1-x)y$.
$y = 0$ ist eine Lösung der Dgl. Für $y \neq 0$ läßt sich die Dgl. durch Trennung der Variablen lösen:

$$\frac{dy}{y} = \frac{1-x}{x}\,dx = (\frac{1}{x} - 1)\,dx$$

$$\begin{aligned} \ln|y| &= \ln|x| - x + C_1 \quad \Longrightarrow |y| &&= \mathrm{e}^{\ln|x|} \cdot \mathrm{e}^{-x} \cdot \mathrm{e}^{C_1} \\ && y = f(x) &&= C \cdot x \cdot \mathrm{e}^{-x} \qquad ; C \in \mathbb{R} \setminus \{0\} \end{aligned}$$

$y = 0$ ist für $C = 0$ in der obigen Lösung enthalten;

also ist $f(x) = Cx\mathrm{e}^{-x}$, $C \in \mathbb{R}$ die allgemeine Lösung der Dgl.

b)

$$\begin{aligned} f'(x) &= C(\mathrm{e}^{-x} + x \cdot \mathrm{e}^{-x} \cdot (-1)) = C \cdot \mathrm{e}^{-x}(1-x) \\ f'(0) &= C = 1 \qquad \Longrightarrow f(x) = x \cdot \mathrm{e}^{-x} \end{aligned}$$

c) Es wird zunächst das unbestimmte Integral ermittelt:

$$\int f(x)\,dx = C \int \underbrace{x}_{u} \cdot \underbrace{\mathrm{e}^{-x}}_{v'}\,dx = u \cdot v - \int u' \cdot v\,dx$$

Es ist $u' = 1$ und $v = -\mathrm{e}^{-x}$, also $\int f(x)\,dx = (-x \cdot \mathrm{e}^{-x} - \mathrm{e}^{-x}) \cdot C.$

$$\begin{aligned} \Longrightarrow \int_0^\infty f(x)\,dx &= \lim_{a \longrightarrow \infty} C \cdot \left[\mathrm{e}^{-x}(-1-x)\right]_0^a \\ &= \underbrace{\lim_{a \longrightarrow \infty} C \cdot (\mathrm{e}^{-a}(-1-a))}_{=0} - C \cdot (-1) = C = 1 \end{aligned}$$

also auch hier: $f(x) = x \cdot \mathrm{e}^{-x}$.

Lösung von Aufgabe 61

a) $x(y-1) = y' \cdot (x^2+1) - 1$ wird umgeformt:

$y'(x^2+1) - xy = 1 - x$ (Lin. Dgl. 1. Ordnung)

1. Homogene Dgl. lösen:

$$y'(x^2+1) - xy = 0 \quad \Longrightarrow \quad y'(x^2+1) = xy$$

$$\begin{aligned}
\int \frac{dy}{y} &= \int \frac{x}{x^2+1}\,dx = \frac{1}{2}\int \frac{2x}{x^2+1}\,dx \\
\ln|y| &= \frac{1}{2}\ln|x^2+1| + C_1 = \ln\sqrt{x^2+1} + C_1 \\
y_{hom} &= C \cdot \sqrt{x^2+1}
\end{aligned}$$

2. Lösung der inhomogenen Dgl.:
   Ansatzversuch: $y_s = ax + b \implies y_s' = a$

$$\begin{aligned}
\text{einsetzen:} \quad a(x^2+1) - x(ax+b) &= 1 - x \\
ax^2 + a - ax^2 - bx &= 1 - x \\
a - bx &= 1 - x
\end{aligned}$$

   Es folgt $a = 1$; $b = 1$ und $y_s = x + 1$.
   Die allgemeine Lösung lautet $y = y_{hom} + y_s = C \cdot \sqrt{x^2+1} + x + 1$

b) Aus $y(2) = 1$ folgt $1 = C \cdot \sqrt{4+1} + 2 + 1$, also $C = -\frac{2}{\sqrt{5}}$.

Damit erfüllt die spezielle Lösung

$$y = -\frac{2}{\sqrt{5}} \cdot \sqrt{x^2+1} + x + 1 \approx -0,894\sqrt{x^2+1} + x + 1$$

die Anfangsbedingung $y(2) = 1$.

c) Wenn die Lösung der AWA eine Gerade darstellen soll, so muß $C = 0$ gelten. Man erhält dann die Lösung $y = x + 1$.

Die Anfangsbedingung $y(0) = 1$ liefert z.B. diese Lösung.

Lösung von Aufgabe 62

a) $y'' + \frac{1}{x}y' = 1 \quad ; \quad x > 0$

Substitution: $z = y' \implies z' = y'' \implies z' + \frac{1}{x}z = 1$

$$\begin{aligned}
\text{homogene Dgl.:} \quad z' &= -\frac{1}{x} \cdot z \\
\frac{dz}{z} &= -\frac{1}{x} \cdot dx \\
\ln|z| &= -\ln|x| \\
z &= c \cdot \mathrm{e}^{-\ln x} = \frac{c}{x} \qquad ; x > 0
\end{aligned}$$

$$\Longrightarrow \quad z = y' = \frac{c}{x} \quad \Longrightarrow \quad y_{hom} = c \cdot \ln x + d \quad x > 0$$

Ansatz für eine spezielle Lösung: $y_s = ax^2$; $a \in \mathbb{R}$.

Es folgt $y_s' = 2ax$ und $y_s'' = 2a$. Einsetzen in die gegebene Dgl. liefert $a = \frac{1}{4}$, $y_s = \frac{1}{4}x^2$ und $y = y_{hom} + y_s = c \cdot \ln x + d + \dfrac{1}{4}x^2$.

b) $y(1) = y(3) = 1$ liefert $1 = c \cdot 0 + d + \frac{1}{4}$, also $d = \frac{3}{4}$ und $1 = c \cdot \ln 3 + \frac{3}{4} + \frac{9}{4}$ also $c = -\frac{2}{\ln 3}$.

Die gesuchte spezielle Lösung lautet $y = -\dfrac{2}{\ln 3}\ln x + \dfrac{1}{4}x^2 + \dfrac{3}{4}$.

Lösung von Aufgabe 63

a)

$$\begin{aligned}
x^2y' - 8y' - \frac{2x}{y} &= 0 \\
\Longleftrightarrow \quad (x^2-8)y' &= \frac{2x}{y} \\
(x^2-8)\frac{dy}{dx} &= \frac{2x}{y} \quad \text{Trennung der Veränderlichen ergibt:} \\
\underbrace{\int y \cdot dy}_{\frac{y^2}{2}+C_1} &= \underbrace{\int \frac{2x}{x^2-8}\,dx}_{\int \frac{u'}{u}\,dx} \\
\Longleftrightarrow \quad \frac{y^2}{2} + C_1 &= \ln|u| + C_2 \\
&= \ln|x^2-8| + C_2
\end{aligned}$$

Also $\frac{y^2}{2} = \ln|x^2-8| + C$ bzw. $y^2 = \ln(x^2-8)^2 + C$. Daraus ergeben sich als Lösungen $y_1 = +\sqrt{\ln(x^2-8)^2 + C}$ und $y_2 = -\sqrt{\ln(x^2-8)^2 + C}$.

Die Anpassung an die Anfangsbedingung $y(3) = 2$ zeigt zunächst, daß nur Lösung y_1 in Betracht kommt.

$$y_1(3) = 2 \quad \Longrightarrow \quad 2 = \sqrt{\ln(3^2-8)^2 + C}$$

Es folgt $C = 4$. Damit lautet die Lösung der AWA: $y = \sqrt{\ln(x^2-8)^2 + 4}$.

Zur Bestimmung des Definitionsbereichs der Lösung sind diejenigen $x \in \mathbb{R}$ gesucht, für die der Wurzelradikand $R = \ln(x^2-8)^2 + 4 \geq 0$ ist. Wir lösen $R = \ln(x^2-8)^2 + 4 = 0$. Aus $\ln(x^2-8)^2 = -4$ folgt $(x^2-8)^2 = \mathrm{e}^{-4}$, also $x^2 = 8 \pm \sqrt{\mathrm{e}^{-4}} = 8 \pm \mathrm{e}^{-2}$. Wegen $x > 0$ interessieren hiervon nur die Lösungen

$x_1^{(1,2)} = \sqrt{8 \pm e^{-2}}$.

Aufgrund des Terms $\frac{2x}{y}$ in der Dgl., d.h. $y \neq 0$, gehören $x_1^{(1)}$ und $x_1^{(2)}$ nicht zum Definitionsbereich. Man überlegt nun, z.B. durch Einsetzen geeigneter Werte:

$$R > 0 \text{ für } 0 < x < x_1^{(1)} \text{ oder } x > x_1^{(2)} \quad \text{und} \quad R < 0 \text{ für } x_1^{(1)} < x < x_1^{(2)} .$$

Also gilt $D(y) = \mathbb{R}^+ \setminus \left[x_1^{(1)}, x_1^{(2)}\right]$.

Lösung von Aufgabe 64

$y''' - 4y'' + 4y' = t + 1$

Lineare Dgl. 3. Ordnung mit konstanten Koeffizienten.

a) Lösung der homogenen Dgl. mittels Nullstellen der charakteristischen Gleichung:

$$\begin{aligned} y''' - 4y'' + 4y' = 0 \quad \Longrightarrow \quad \varphi(\lambda) = \lambda^3 - 4\lambda^2 + 4\lambda &= 0 \\ \lambda(\lambda^2 - 4\lambda + 4) &= 0 \\ \lambda(\lambda - 2)^2 &= 0 \end{aligned}$$

$$\underbrace{\lambda_1 = 0}_{y_1 = e^{\lambda_1 \cdot t} = e^0 = 1} \quad ; \quad \underbrace{\lambda_2 = 2 \quad ; \quad \lambda_3 = 2}_{y_2 = e^{\lambda_2 \cdot t} = e^{2t} \text{ und } y_3 = t \cdot e^{\lambda t} = t \cdot e^{2t}} \quad \text{(Doppelte NSt.)}$$

$$\Longrightarrow \quad y_{hom} = c_1 + c_2 e^{2t} + c_3 t e^{2t} \qquad t \in \mathbb{R};\ c_i \in \mathbb{R}$$

b) Spezielle Lösung der inhomogenen Dgl.:

1. naheliegender Ansatz : $y_s = at + b$ kann nicht klappen, da auf der linken Seite der DGL nur $4b$ übrig bliebe und $4b \neq t + 1$.

2. Ansatz: $\quad y_s = at^2 + bt + c$.

Es folgt $\quad y_s' = 2at + b \;;\; y_s'' = 2a \;;\; y_s''' = 0$.

$$\text{Einsetzen ergibt:} \quad \begin{aligned} -4 \cdot 2a + 4(2at + b) &= t + 1 \\ -8a + 8at + 4b &= t + 1 \\ 8at + 4b - 8a &= t + 1 \end{aligned}$$

Der Koeffizienten-Vergleich liefert also $8a = 1$ und $4b - 8a = 1$, d.h. $a = \frac{1}{8}$ und $b = \frac{1}{2}$. Mit z.B. $c = 0$ erhält man als eine spezielle Lösung $y_s = \dfrac{1}{8}t^2 + \dfrac{1}{2}t$ und die allgemeine Lösung lautet

$$y = y_{hom} + y_s = c_1 + c_2 e^{2t} + c_3 t e^{2t} + \frac{1}{8}t^2 + \frac{1}{2}t \quad ; \; t \in \mathbb{R}; \; c_i \in \mathbb{R} .$$

c) Lösung der AWA:

Dazu erforderlich sind
$$\begin{aligned} y' &= 2c_2 e^{2t} + c_3 e^{2t} + c_3 t 2 e^{2t} + \frac{1}{4}t + \frac{1}{2} \\ y'' &= 4c_2 e^{2t} + 2c_3 e^{2t} + 2c_3 e^{2t} + 4c_3 t e^{2t} + \frac{1}{4} \end{aligned}$$

Die Bedingungen $y(0) = y'(0) = y''(0) = 0$ liefern das LGS

$$\begin{aligned} 0 &= c_1 + c_2 + 0 \\ 0 &= 2c_2 + c_3 + \frac{1}{2} \\ 0 &= 4c_2 + 4c_3 + \frac{1}{4}, \end{aligned}$$

das wie üblich gelöst wird und die Lösung $c_1 = \frac{7}{16}$, $c_2 = -\frac{7}{16}$, $c_3 = \frac{3}{8}$ besitzt.

Lösung der AWA: $y = \frac{7}{16} - \frac{7}{16}e^{2t} + \frac{3}{8}te^{2t} + \frac{1}{8}t^2 + \frac{1}{2}t \quad ; \; t \in \mathbb{R}.$

Lösung von Aufgabe 65

a) In anderer Schreibweise lautet das Dgl.-System:

$$\underbrace{\begin{pmatrix} y_1' \\ y_2' \end{pmatrix} = \begin{pmatrix} 1 & 2 \\ 3 & 2 \end{pmatrix} \cdot \begin{pmatrix} y_1 \\ y_2 \end{pmatrix}}_{\mathbf{y}' = \mathbf{A} \cdot \mathbf{y} \;:\; \text{hom. System}} + \begin{pmatrix} -p \\ 0 \end{pmatrix}$$

Eigenwerte von $\mathbf{A}$:

$$|\mathbf{A} - \lambda\mathbf{E}| = \begin{vmatrix} 1-\lambda & 2 \\ 3 & 2-\lambda \end{vmatrix} = (1-\lambda)(2-\lambda) - 6 = \lambda^2 - 3\lambda - 4 = 0$$

Wegen $\lambda^2 - 3\lambda - 4 = (\lambda - 4)(\lambda + 1)$ besitzt diese Gleichung die Lösungen $\lambda_1 = 4$ und $\lambda_2 = -1$.

Zugehörige Eigenvektoren:

$\lambda_1 = 4$:

x_1	x_2	r
-3	2	0
3	-2	0

$\Longrightarrow \quad x_2 = t\,, \; x_1 = \frac{2}{3}t$ also $\mathbf{x}^{(1)} = t \begin{pmatrix} \frac{2}{3} \\ 1 \end{pmatrix} \quad t \in \mathbb{R}$

$\lambda_2 = -1$:

x_1	x_2	r
2	2	0
3	3	0

$\Longrightarrow \quad \mathbf{x}^{(2)} = t \begin{pmatrix} -1 \\ 1 \end{pmatrix} \quad t \in \mathbb{R}$

Für $p=0$ folgt also $\mathbf{y}_{hom} = k_1 \cdot \begin{pmatrix} \frac{2}{3} \\ 1 \end{pmatrix} \cdot e^{4t} + k_2 \cdot \begin{pmatrix} -1 \\ 1 \end{pmatrix} \cdot e^{-t}$.

b) Eine sofort ersichtliche spezielle Lösung des inhomogenen Systems lautet:

$$\underbrace{\mathbf{y}_s = \begin{pmatrix} a \\ b \end{pmatrix}}_{\mathbf{y}_s'=\mathbf{0}} = const \qquad a, b \in \mathbb{R}\,.$$

Bestimmung von a, b (falls nicht erraten) durch Einsetzen in das System:

$$\begin{array}{rcl} 0 & = & a + 2b - 1 \quad \cdot(-1) \\ 0 & = & 3a + 2b \quad (+) \\ \hline 0 & = & 2a \quad +1 \end{array} \quad \Longrightarrow \quad b = \frac{3}{4}; \qquad \text{und} \quad a = -\frac{1}{2};$$

Also folgt $\quad \mathbf{y}_s = \begin{pmatrix} -\frac{1}{2} \\ \frac{3}{4} \end{pmatrix}$ und $\mathbf{y} = \mathbf{y}_{hom} + \mathbf{y}_s$.

c) Für $p=0$ folgt mit $y_1(0)=7$ und $y_2(0)=3$ aus Teil a):

$$\begin{pmatrix} 7 \\ 3 \end{pmatrix} = k_1 \begin{pmatrix} \frac{2}{3} \\ 1 \end{pmatrix} \cdot \underbrace{e^0}_{1} + k_2 \begin{pmatrix} -1 \\ 1 \end{pmatrix} \cdot \underbrace{e^0}_{1}$$

Das sich ergebende LGS

$$\begin{array}{rcrcl} \frac{2}{3}k_1 & - & k_2 & = & 7 \\ k_1 & + & k_2 & = & 3 \end{array}$$

besitzt die Lösung $k_1 = 6$, $k_2 = -3$. Die gesuchte spezielle Lösung der AWA lautet somit:

$$\mathbf{y} = 6 \begin{pmatrix} \frac{2}{3} \\ 1 \end{pmatrix} \cdot e^{4t} - 3 \begin{pmatrix} -1 \\ 1 \end{pmatrix} \cdot e^{-t} = \begin{pmatrix} 4 \\ 6 \end{pmatrix} \cdot e^{4t} + \begin{pmatrix} 3 \\ -3 \end{pmatrix} \cdot e^{-t}\,.$$

Lösung von Aufgabe 66

$$\begin{array}{rcl} y_1'(t) & = & 10 \cdot y_1(t) - y_2(t) \\ y_2'(t) & = & 9 \cdot y_1(t) \quad + t \end{array} \Longrightarrow \mathbf{y}' = \begin{pmatrix} 10 & -1 \\ 9 & 0 \end{pmatrix} \cdot \mathbf{y} + \begin{pmatrix} 0 \\ t \end{pmatrix} =: \mathbf{A}\mathbf{y} + \mathbf{b}$$

1. Lösung des homogenen Systems

Eigenwerte von $\mathbf{A}$:

$$\varphi_{\mathbf{A}}(\lambda) = |\mathbf{A} - \lambda\mathbf{E}| = \begin{vmatrix} 10-\lambda & -1 \\ 9 & 0-\lambda \end{vmatrix} = \lambda^2 - 10\lambda + 9 \qquad = 0$$

$$\Longrightarrow \quad \lambda_{1,2} = 5 + \sqrt{25-9} = 5 \pm 4, \quad \text{also } \lambda_1 = 9; \quad \lambda_2 = 1.$$

Bestimmung zugehöriger Eigenvektoren:

$\lambda_1 = 9: \quad (\mathbf{A} - 9\mathbf{E}) \cdot \mathbf{x} = \mathbf{0}$

x_1	x_2	r
1	-1	0
9	-9	

$\Longrightarrow \quad \mathbf{x} = \begin{pmatrix} 1 \\ 1 \end{pmatrix}$

$\lambda_2 = 1: \quad (\mathbf{A} - \mathbf{E}) \cdot \mathbf{x} = \mathbf{0}$

x_1	x_2	r
9	-1	0
9	-1	0

$\Longrightarrow \quad \mathbf{x} = \begin{pmatrix} 1 \\ 9 \end{pmatrix}$

Damit: $\mathbf{y}_{hom} = k_1 \cdot \begin{pmatrix} 1 \\ 1 \end{pmatrix} \cdot \mathrm{e}^{9t} + k_2 \cdot \begin{pmatrix} 1 \\ 9 \end{pmatrix} \cdot \mathrm{e}^{t}.$

2. Ansatz für spezielle Lösung:

$$\mathbf{y}_s = \begin{pmatrix} a \\ b \end{pmatrix} t + \begin{pmatrix} c \\ d \end{pmatrix} \quad \Longrightarrow \quad \mathbf{y}_s' = \begin{pmatrix} a \\ b \end{pmatrix}$$

Einsetzen in $\mathbf{y}' = \mathbf{A}\mathbf{y} + \mathbf{b}$:

$$\begin{aligned} \begin{pmatrix} a \\ b \end{pmatrix} &= \begin{pmatrix} 10 & -1 \\ 9 & 0 \end{pmatrix} \cdot \begin{pmatrix} at + c \\ bt + d \end{pmatrix} + \begin{pmatrix} 0 \\ t \end{pmatrix} \\ &= \begin{pmatrix} 10at + 10c - bt - d \\ 10at + 9c \end{pmatrix} + \begin{pmatrix} 0 \\ t \end{pmatrix} \end{aligned}$$

Es folgt: $\begin{aligned} a &= 10at + 10c - bt - d \\ b &= 9at + 9c \quad + t \end{aligned} \quad \Longleftrightarrow \quad \begin{aligned} 0 &= (10a - b) \cdot t - a + 10c - d \\ 0 &= (9a + 1) \cdot t - b + 9c \end{aligned}$

$$\begin{array}{rrcl} \mathrm{I}: & 10a - b & = 0 & \Longrightarrow \; b = 10a = -\frac{10}{9} \\ \mathrm{II}: & 9a + 1 & = 0 & \Longrightarrow \; a = -\frac{1}{9} \\ \mathrm{III}: & -b + 9c & = 0 & \Longrightarrow \; 9c = b; \; c = \frac{b}{9} = -\frac{10}{81} \\ \mathrm{IV}: & -a + 10c - d & = 0 & \Longrightarrow \; d = -a + 10c = \frac{1}{9} - \frac{100}{81} = -\frac{91}{81} \end{array}$$

Also $\quad \mathbf{y}_s = \begin{pmatrix} -\frac{1}{9} \\ -\frac{10}{9} \end{pmatrix} t + \begin{pmatrix} -\frac{10}{81} \\ -\frac{91}{81} \end{pmatrix} \qquad$ und $\qquad \mathbf{y} = \mathbf{y}_{hom} + \mathbf{y}_s.$

Lösung von Aufgabe 67

Die allgemeine Lösung lautet: $\mathbf{y} = \mathbf{y}_{hom} + \mathbf{y}_s$

Bestimmung einer speziellen Lösung:

Da $\mathbf{b} = \begin{pmatrix} 2 \\ 0 \\ 0 \end{pmatrix}$ konstant ist, ist ein Ansatz $\mathbf{y}_s = \begin{pmatrix} y_{s1} \\ y_{s2} \\ y_{s3} \end{pmatrix} = \begin{pmatrix} a_1 \\ a_2 \\ a_3 \end{pmatrix} \in \mathbb{R}^3$ sinnvoll (Superpositionsprinzip). Da hierfür $\mathbf{y}_s' = \mathbf{0}$ ist, ergibt sich $\begin{pmatrix} a_1 \\ a_2 \\ a_3 \end{pmatrix}$ als Lösung von

$$\begin{pmatrix} 1 & 0 & 2 \\ 0 & 5 & 0 \\ 3 & 0 & 2 \end{pmatrix} \cdot \begin{pmatrix} a_1 \\ a_2 \\ a_3 \end{pmatrix} = \begin{pmatrix} 2 \\ 0 \\ 0 \end{pmatrix} .$$

GAUSS-Algorithmus:

a_1	a_2	a_3	r	
1	0	2	2	$\cdot(-1)$ ┐
0	5	0	0	+
3	0	2	0	← ┘
1	0	2	2	
0	5	0	0	
2	0	0	−2	

Es folgt $a_1 = -1$, $a_2 = 0$, $a_3 = \frac{3}{2}$, also ist $\mathbf{y}_s = \begin{pmatrix} -1 \\ 0 \\ \frac{3}{2} \end{pmatrix}$ eine spezielle Lösung.

Bestimmung einer Lösung $\mathbf{y}_{hom}$ des zugehörigen homogenen Dgl.-Systems.

Verfahren mittels der Ähnlichkeitstransformation.

Eigenwerte von $\mathbf{A}$:

$$\begin{aligned} |\mathbf{A} - \lambda\mathbf{E}| &= \begin{vmatrix} 1-\lambda & 0 & 2 \\ 0 & 5-\lambda & 0 \\ 3 & 0 & 2-\lambda \end{vmatrix} = (1-\lambda)(5-\lambda)(2-\lambda) - 6(5-\lambda) \\ &= (5-\lambda)\left[(1-\lambda)(2-\lambda) - 6\right] = (5-\lambda)(4-\lambda)(1+\lambda) \end{aligned}$$

Also sind 5, 4 und −1 die drei reellen und verschiedenen Eigenwerte von $\mathbf{A}$.

Bestimmung zugehöriger Eigenvektoren:

<u>zu $\lambda = 5$:</u> nichttriviale Lösung von: $(\mathbf{A} - 5\mathbf{E})\mathbf{x} = \mathbf{0}$

x_1	x_2	x_3	r		
-4	0	2	0	$\longrightarrow$	$x_1 = \frac{1}{2}x_3$
0	0	0	0	$\longrightarrow$	$x_2 \in \mathbb{R}$
3	0	-3	0	$\longrightarrow$	$x_1 = x_3$

Mit $x_1 = x_3 = 0$ und $x_2 = 1$ ergibt sich als Eigenvektor: $\begin{pmatrix} 0 \\ 1 \\ 0 \end{pmatrix}$.

<u>zu $\lambda = 4$:</u> nichttriviale Lösung von: $(\mathbf{A} - 4\mathbf{E})\mathbf{x} = \mathbf{0}$

x_1	x_2	x_3	r		
-3	0	2	0	$\cdot 1$ ⌐	
0	1	0	0		+
3	0	-2	0	←	
-3	0	2	0	$\longrightarrow$	$x_1 = \frac{2}{3}$
0	1	0	0	$\longrightarrow$	$x_2 = 0$
0	0	0	0		

Mit $x_3 = 1$ ergibt sich $\begin{pmatrix} \frac{2}{3} \\ 0 \\ 1 \end{pmatrix}$ als Eigenvektor.

<u>zu $\lambda = -1$:</u> nichttriviale Lösung von: $(\mathbf{A} + \mathbf{E})\mathbf{x} = \mathbf{0}$

x_1	x_2	x_3	r		
2	0	2	0	$\longrightarrow$	$x_1 = -x_3$
0	6	0	0	$\longrightarrow$	$x_2 = 0$
3	0	3	0	$\longrightarrow$	$x_1 = -x_3$

Mit $x_1 = 1$ erhält man $\begin{pmatrix} 1 \\ 0 \\ -1 \end{pmatrix}$ als dritten Eigenvektor.

$$\mathbf{y}_{hom} = c_1 e^{5t} \cdot \begin{pmatrix} 0 \\ 1 \\ 0 \end{pmatrix} + c_2 e^{4t} \cdot \begin{pmatrix} \frac{2}{3} \\ 0 \\ 1 \end{pmatrix} + c_3 e^{-t} \cdot \begin{pmatrix} 1 \\ 0 \\ -1 \end{pmatrix} \quad c_i \in \mathbb{R} \,,$$

und somit lautet die allgemeine Lösung:

$$\mathbf{y} = \mathbf{y}_{hom} + \mathbf{y}_s = c_1 e^{5t} \begin{pmatrix} 0 \\ 1 \\ 0 \end{pmatrix} + c_2 e^{4t} \begin{pmatrix} \frac{2}{3} \\ 0 \\ 1 \end{pmatrix} + c_3 e^{-t} \begin{pmatrix} 1 \\ 0 \\ -1 \end{pmatrix} + \begin{pmatrix} -1 \\ 0 \\ \frac{3}{2} \end{pmatrix}, \quad c_i \in \mathbb{R}.$$

Lösung von Aufgabe 68

a) Homogene Gleichung: $\lambda^2 - \lambda + \frac{3}{16} = 0$

$$\lambda_{1,2} = \frac{1}{2} \pm \sqrt{\frac{1}{4} - \frac{3}{16}} \quad \Longrightarrow \quad \lambda_1 = \frac{1}{4}; \quad \lambda_2 = \frac{3}{4}$$

$$\Longrightarrow \quad y_t^{hom} = k_1 \cdot \left(\frac{1}{4}\right)^t + k_2 \cdot \left(\frac{3}{4}\right)^t \quad ; \quad k_i \in \mathbb{R};\ t \in \mathbb{N}_0$$

Ansatz für eine spezielle Lösung: $g_t = C \in \mathbb{R}$

Einsetzen in die Differenzengleichung: $C - C + \frac{3}{16}C = 2$, also $C = \frac{32}{3}$.

Die allgemeine Lösung der Differenzengleichung lautet:

$$y_t = k_1 \cdot \left(\frac{1}{4}\right)^t + k_2 \cdot \left(\frac{3}{4}\right)^t + \frac{32}{3}; \quad k_i \in \mathbb{R};\ t \in \mathbb{N}_0$$

b)

$$\begin{array}{rcll} y_0 = 0 & \doteq & k_1 + k_2 + \frac{32}{3} & \cdot(-1) \\ y_1 = 1 & = & \frac{1}{4}k_1 + \frac{3}{4}k_2 + \frac{32}{3} & \cdot 4 \quad (+) \\ \hline 4 & = & 2k_2 + 32 & \end{array}$$

Es folgt $k_2 = -14$ und $k_1 = 14 - \frac{32}{3} = \frac{10}{3}$. Die gesuchte spezielle Lösung lautet:

$$y_t^s = \frac{10}{3} \cdot \left(\frac{1}{4}\right)^t - 14 \cdot \left(\frac{3}{4}\right)^t + \frac{32}{3}; \quad t \in \mathbb{N}_0$$

c) Die Aufspaltung der Summanden von y_t^s in positive und negative ergibt:

$$-14\left(\frac{3}{4}\right)^t \le y_t^s \le \frac{10}{3} \cdot \left(\frac{1}{4}\right)^t + \frac{32}{3}$$

Speziell für $t = 0$: $-14 \le y_0^s \le \frac{10}{3} + \frac{32}{3} = 14$.

Da $\left(\frac{3}{4}\right)^t$ und $\left(\frac{1}{4}\right)^t$ monotone Nullfolgen sind, gilt für alle $t \in \mathbb{N}_0$:

$$-14 \le y_t^s \le 14 \quad \text{also} \quad |y_t^s| \le 14$$

Lösung von Aufgabe 69

$$y_{t+3} = \frac{1}{3}(y_{t+2} + y_{t+1} + y_t) \iff y_{t+3} - \frac{1}{3}y_{t+2} - \frac{1}{3}y_{t+1} - \frac{1}{3}y_t = 0$$

$$p(\lambda) = \lambda^3 - \frac{1}{3}\lambda^2 - \frac{1}{3}\lambda - \frac{1}{3} = 0$$

Man errät leicht $\lambda_1 = 1$ als eine Nullstelle von $p(\lambda)$.

$$\begin{array}{l}
(\lambda^3 - \frac{1}{3}\lambda^2 - \frac{1}{3}\lambda - \frac{1}{3}) \quad \div \quad (\lambda - 1) = \lambda^2 + \frac{2}{3}\lambda + \frac{1}{3} \\
\underline{(\lambda^3 - \lambda^2)} \\
\quad \frac{2}{3}\lambda^2 - \frac{1}{3}\lambda \\
\quad \underline{-(\frac{2}{3}\lambda^2 - \frac{2}{3}\lambda)} \\
\qquad \frac{1}{3}\lambda - \frac{1}{3} \\
\qquad \underline{-(\frac{1}{3}\lambda - \frac{1}{3})} \\
\qquad \quad 0
\end{array}$$

$\lambda^2 + \frac{2}{3}\lambda + \frac{1}{3} = 0$ hat die Lösungen

$$\lambda_{2,3} = -\frac{1}{3} \pm \sqrt{\frac{1}{9} - \frac{1}{3}} = -\frac{1}{3} \pm \sqrt{-\frac{2}{9}} = -\frac{1}{3} \pm \frac{\sqrt{2}}{3}\mathrm{i}$$

Da die reelle Lösung gefragt ist, bestimmt man $|\lambda_{2,3}| = \sqrt{\frac{1}{9} + \frac{2}{9}} = \frac{1}{3}\sqrt{3} = 0,5774$ und den Winkel φ von $\lambda_2 = -\frac{1}{3} + \frac{\sqrt{2}}{3}\mathrm{i}$. Da λ_2 im 2. Quadranten liegt, gilt $\varphi = \pi - \arctan(\frac{\sqrt{2}}{3} : \frac{1}{3}) = \pi - \arctan\sqrt{2} = 2,186$. Damit lauten (Basis-) Lösungen der Differenzengleichung:

$$\begin{array}{lllll}
y^1 & = & (\lambda_1)^t & & \\
y^2 & = & z_1 & = |\lambda_2|^t \cdot \cos(\varphi t) & , t \in \mathbb{N}_0 \\
y^3 & = & z_2 & = |\lambda_2|^t \cdot \sin(\varphi t) &
\end{array}$$

und die allgemeine Lösung lautet:

$$y_t = k_1 \cdot 1^t + k_2 \cdot 0,5774^t \cdot \cos(2,186 \cdot t) + k_3 \cdot 0,5774^t \cdot \sin(2,186 \cdot t)$$

$$k_i \in \mathbb{R}; \quad t \in \mathbb{N}_0$$

Zur Konvergenz: Wegen $|\cos(2,186 \cdot t)| \leq 1$, $|\sin(2,186 \cdot t)| \leq 1$ und $\lim_{t \to \infty} 0,5774^t = 0$ gilt $\lim_{t \to \infty} y_t = k_1 \in \mathbb{R}$.

D.h. für alle Anfangsglieder $y_0, y_1, y_2 \in \mathbb{R}$ gibt es eine konvergente Lösung.

Lösung von Aufgabe 70

a) Das System von Differenzengleichungen läßt sich mittels einer Matrix $\mathbf{A} \in \mathbb{R}^{3\times 3}$ schreiben in der Form:

$$\mathbf{y}_{t+1} = \mathbf{A} \cdot \mathbf{y}_t \quad \text{mit} \quad \mathbf{y}_t = \begin{pmatrix} y_t^{(1)} \\ y_t^{(2)} \\ y_t^{(3)} \end{pmatrix} \quad \text{und } \mathbf{A} = \begin{pmatrix} 1 & 0 & 0 \\ 1 & -2 & 0 \\ 1 & -2 & 3 \end{pmatrix}, t \in \mathbb{N}_0 .$$

Hieraus sind wegen der Dreiecksgestalt von **A** sofort die Eigenwerte von **A** ablesbar: $\lambda_1 = 1$; $\lambda_2 = -2$; $\lambda_3 = 3$.

Die zugehörigen 3 Eigenvektoren werden bestimmt aus $(\mathbf{A} - \lambda_i \cdot \mathbf{E}) \cdot \mathbf{x}^{(i)} = \mathbf{0}$

zu $\lambda_1 = 1$:

x_1	x_2	x_3	r	
0	0	0	0	
1	−3	0	0	$\cdot(-1)$ ┐ +
1	−2	2	0	← ┘
1	−3	0	0	
0	1	2	0	

Mit $x_3 := s$ folgt $x_2 = -2s$, $x_1 = -6s$ und $\begin{pmatrix} -6 \\ -2 \\ 1 \end{pmatrix}$ ist ein Eigenvektor zu λ_1.

zu $\lambda_2 = -2$:

x_1	x_2	x_3	r	
3	0	0	0	
1	0	0	0	$\Longrightarrow x_1 = 0$
1	−2	5	0	

Mit $x_3 = s$ ist hier $\begin{pmatrix} 0 \\ \frac{5}{2} \\ 1 \end{pmatrix}$ ein Eigenvektor.

zu $\lambda_3 = 3$:

x_1	x_2	x_3	r	
−2	0	0	0	
1	−5	0	0	$\cdot(-1)$ ┐ +
1	−2	0	0	← ┘
−2	0	0	0	
1	−5	0	0	
0	3	0	0	

Man erkennt direkt $\begin{pmatrix} 0 \\ 0 \\ 1 \end{pmatrix}$ als Eigenvektor.

Die allgemeine Lösung der Differenzengleichung lautet damit:

$$\mathbf{y}_t = k_1 \begin{pmatrix} -6 \\ -2 \\ 1 \end{pmatrix} + k_2 \begin{pmatrix} 0 \\ \frac{5}{2} \\ 1 \end{pmatrix} \cdot (-2)^t + k_3 \begin{pmatrix} 0 \\ 0 \\ 1 \end{pmatrix} \cdot 3^t \ ; \ k_i \in \mathbb{R} \ ; \ t \in \mathbb{N}_0 \ .$$

b) Setzt man den durch die Anfangsbedingungen gegebenen Vektor

$\mathbf{y}_0 = (1, 2, 3)^\top$ in die soeben bestimmte allgemeine Lösung ein, so erhält man das Gleichungssystem

$$\begin{aligned} 1 &= -6k_1 \\ 2 &= -2k_1 + 2,5k_2 \\ 3 &= k_1 + k_2 + k_3 \ , \end{aligned}$$

das wegen seiner Dreiecksform sofort die Lösung $k_1 = -\frac{1}{6}$, $k_2 = \frac{2}{3}$, $k_3 = \frac{5}{2}$ liefert.

Damit lautet hier die spezielle Lösung des Systems von Differenzengleichungen:

$$\begin{aligned} y_t^{(1)} &= 1 \\ y_t^{(2)} &= \tfrac{1}{3} + \tfrac{5}{3}(-2)^t \qquad\qquad ; t \in \mathbb{N}_0 \\ y_t^{(3)} &= -\tfrac{1}{6} + \tfrac{2}{3}(-2)^t + \tfrac{5}{2} \cdot 3^t \end{aligned}$$

Lösung von Aufgabe 71

a) Die Koeffizientenmatrix lautet: $\mathbf{A} = \begin{pmatrix} 3 & -1 \\ 2 & 1 \end{pmatrix}$

und für das charakteristische Polynom ergibt sich

$$\varphi(\lambda) = (3 - \lambda)(1 - \lambda) + 2 = \lambda^2 - 4\lambda + 5$$

mit (komplexen) Nullstellen (Eigenwerten) $\lambda_{1,2} = 2 \pm \mathrm{i}$.

Die Eigenvektoren findet man aus dem Gleichungssystem $(\mathbf{A} - \lambda\mathbf{E})\mathbf{x} = \mathbf{0}$.

1. $\lambda = \lambda_1 = 2 + \mathrm{i}$ Nur die 1. Gleichung wird benutzt und liefert:
   $(1 - \mathrm{i})x_1 - x_2 = 0$; daraus folgt $x_2 = (1 - \mathrm{i})x_1$.
   Ein Eigenvektor lautet daher (setze $x_1 = 1$): $\mathbf{x} = (1, 1 - \mathrm{i})^\top$ oder
   $\mathbf{x} = \mathbf{u} + \mathrm{i}\mathbf{v}$ mit $\mathbf{u} = \begin{pmatrix} 1 \\ 1 \end{pmatrix}$ und $\mathbf{v} = \begin{pmatrix} 0 \\ -1 \end{pmatrix}$.

2. $\lambda = \lambda_2 = 2 - \mathrm{i}$

Hier lautet ein Eigenvektor $\mathbf{x} = \mathbf{u} - \mathrm{i}\mathbf{v}$ mit $\mathbf{u}$ und $\mathbf{v}$ wie oben.

Die allgemeine Lösung des zugehörigen homogenen Systems kann jetzt mit

$$\mathbf{y}^* = k_1 \mathrm{e}^{2t}(\mathbf{u}\cos(t) - \mathbf{v}\sin(t)) + k_2 \mathrm{e}^{2t}(\mathbf{u}\sin(t) + \mathbf{v}\cos(t))$$

oder komponentenweise

$y_1^* = k_1 \mathrm{e}^{2t}\cos(t) + k_2 \mathrm{e}^{2t}\sin(t)$

$y_2^* = k_1 \mathrm{e}^{2t}(\cos(t) + \sin(t)) + k_2 \mathrm{e}^{2t}(\sin(t) - \cos(t))$

angegeben werden.

b) Da die Störfunktion konstant ist, ist als Lösungsansatz für die gesuchte spezielle Lösung $\mathbf{y}^0$ ebenfalls eine konstante Funktion zu wählen. Das ergibt:

$$\mathbf{A}\mathbf{y}^0 + \mathbf{b} = \mathbf{0} \qquad \text{oder} \qquad \mathbf{A}\mathbf{y}^0 = -\mathbf{b}\ .$$

Das Gleichungssystem lautet also

$$\begin{aligned} 3y_1^0 - y_2^0 + 2 &= 0 \\ 2y_1^0 + y_2^0 - 1 &= 0 \end{aligned}$$

Addition der Gleichungen ergibt $5y_1^0 + 1 = 0$, woraus sofort $y_1^0 = -0,2$ folgt.

Aus Gleichung 1 errechnet man $\quad y_2^0 = 2 + 3y_1^0 = 1,4$.

c) Die allgemeine Lösung des inhomogenen Systems $\mathbf{y}'(t) = \mathbf{A}\mathbf{y}(t) + \mathbf{b}$ ist demnach $\quad \mathbf{y}(t) = \mathbf{y}^*(t) + \mathbf{y}^0$, also

$$\mathbf{y}(t) = k_1 \mathrm{e}^{2t}(\mathbf{u}\cos(t) - \mathbf{v}\sin(t)) + k_2 \mathrm{e}^{2t}(\mathbf{u}\sin(t) + \mathbf{v}\cos(t)) + \mathbf{y}^0\ .$$

d) Für $t = 0$ ergibt sich

$$\mathbf{y}(0) = k_1\mathbf{u} + k_2\mathbf{v} + \mathbf{y}^0 = k_1 \begin{pmatrix} 1 \\ 1 \end{pmatrix} + k_2 \begin{pmatrix} 0 \\ -1 \end{pmatrix} + \begin{pmatrix} -0,2 \\ 1,4 \end{pmatrix},$$

bzw. komponentenweise

$$\begin{aligned} y_1(0) &= k_1 - 0,2 && \overset{!}{=} 2 \\ y_2(0) &= k_1 - k_2 + 1,4 && \overset{!}{=} 1 \end{aligned}$$

Es folgt $k_1 = 2,2$ und $k_2 = k_1 + 0,4 = 2,6$.

Die gesuchte spezielle Lösung ist daher (komponentenweise)

$y_1(t) = 2,2\mathrm{e}^{2t}\cos(t) + 2,6\mathrm{e}^{2t}\sin(t) - 0,2$

$y_2(t) = 2,2\mathrm{e}^{2t}(\cos(t) + \sin(t)) + 2,6\mathrm{e}^{2t}(\sin(t) - \cos(t)) + 1,4\ .$

Index

FORMELSAMMLUNG

Quadratische Gleichung

$$\boldsymbol{x^2 + px + q = 0}$$

$$x_{1,2} = -\frac{p}{2} \pm \sqrt{\frac{p^2}{4} - q}$$

$$\boldsymbol{ax^2 + bx + c = 0}$$

$$x_{1,2} = \frac{-b \pm \sqrt{b^2 - 4ac}}{2a}$$

Rechnen mit **Potenzen** und **Logarithmen**

a: Basis, mit $0 < a \neq 1$

$a^{x+y} = a^x a^y$	$\log_a xy = \log_a x + \log_a y$
$a^{-x} = \frac{1}{a^x}$	$\log_a \frac{1}{x} = -\log_a x$
$a^0 = 1$	$\log_a 1 = 0$
$(a^x)^r = a^{xr}$	$\log_a x^r = r \log_a x$

Logarithmen zu verschiedenen Basen:

$\log_a x = \frac{\log_b x}{\log_b a}$, speziell: $\log_a x = \frac{\ln x}{\ln a}$

Trigonometrische Funktionen

	0	$\frac{1}{6}\pi$	$\frac{1}{4}\pi$	$\frac{1}{3}\pi$	$\frac{1}{2}\pi$	$\frac{2}{3}\pi$	$\frac{3}{4}\pi$	$\frac{5}{6}\pi$	π	$\frac{7}{6}\pi$	$\frac{5}{4}\pi$	$\frac{4}{3}\pi$	$\frac{3}{2}\pi$	$\frac{5}{3}\pi$	$\frac{7}{4}\pi$	$\frac{11}{6}\pi$	2π
	0^0	30^0	45^0	60^0	90^0	120^0	135^0	150^0	180^0	210^0	225^0	240^0	270^0	300^0	315^0	330^0	360^0
$\sin x$	0	$\frac{1}{2}$	$\frac{\sqrt{2}}{2}$	$\frac{\sqrt{3}}{2}$	1	$\frac{\sqrt{3}}{2}$	$\frac{\sqrt{2}}{2}$	$\frac{1}{2}$	0	$-\frac{1}{2}$	$-\frac{\sqrt{2}}{2}$	$-\frac{\sqrt{3}}{2}$	-1	$-\frac{\sqrt{3}}{2}$	$-\frac{\sqrt{2}}{2}$	$-\frac{1}{2}$	0
$\cos x$	1	$\frac{\sqrt{3}}{2}$	$\frac{\sqrt{2}}{2}$	$\frac{1}{2}$	0	$-\frac{1}{2}$	$-\frac{\sqrt{2}}{2}$	$-\frac{\sqrt{3}}{2}$	-1	$-\frac{\sqrt{3}}{2}$	$-\frac{\sqrt{2}}{2}$	$-\frac{1}{2}$	0	$\frac{1}{2}$	$\frac{\sqrt{2}}{2}$	$\frac{\sqrt{3}}{2}$	1
$\tan x$	0	$\frac{\sqrt{3}}{3}$	1	$\sqrt{3}$	$\pm\infty$	$-\sqrt{3}$	-1	$-\frac{\sqrt{3}}{3}$	0	$\frac{\sqrt{3}}{3}$	1	$\sqrt{3}$	$\pm\infty$	$-\sqrt{3}$	-1	$-\frac{\sqrt{3}}{3}$	0
$\cot x$	$\pm\infty$	$\sqrt{3}$	1	$\frac{\sqrt{3}}{3}$	0	$-\frac{\sqrt{3}}{3}$	-1	$-\sqrt{3}$	$\pm\infty$	$\sqrt{3}$	1	$\frac{\sqrt{3}}{3}$	0	$-\frac{\sqrt{3}}{3}$	-1	$-\sqrt{3}$	$\pm\infty$

Additionstheoreme

$$\cos(x \pm y) = \cos x \cos y \mp \sin x \sin y$$
$$\sin(x \pm y) = \sin x \cos y \pm \cos x \sin y$$
$$\tan(x \pm y) = \frac{\tan x \pm \tan y}{1 \mp \tan x \tan y}$$

doppelter Winkel

$$\cos 2x = \cos^2 x - \sin^2 x = 1 - 2\sin^2 x = 2\cos^2 x - 1$$
$$\sin 2x = 2 \sin x \cos x$$
$$\tan 2x = \frac{2 \tan x}{1 - \tan^2 x}$$

halber Winkel

* Vorzeichen je nach Quadranten

$$\cos \frac{x}{2} =^* \pm\sqrt{\frac{1}{2}(1 + \cos x)}$$
$$\sin \frac{x}{2} =^* \pm\sqrt{\frac{1}{2}(1 - \cos x)}$$
$$\tan \frac{x}{2} = \frac{1 - \cos x}{\sin x} = \frac{\sin x}{1 + \cos x}$$

$$\boxed{\cos^2 x + \sin^2 x = 1}$$

$$\cos^2 x = \frac{1}{2}(1 + \cos 2x) \qquad \sin x =^* \frac{\tan x}{\pm\sqrt{1 + \tan^2 x}}$$
$$\sin^2 x = \frac{1}{2}(1 - \cos 2x) \qquad \cos x =^* \frac{1}{\pm\sqrt{1 + \tan^2 x}}$$
$$\cos x = \sin\left(\frac{\pi}{2} \pm x\right) \qquad \tan x = \frac{\sin x}{\cos x}$$
$$\sin x = \cos\left(\frac{\pi}{2} - x\right) \qquad \cot x = \frac{\cos x}{\sin x} = \frac{1}{\tan x}$$

$$\sin x + \sin y = 2 \sin \frac{x+y}{2} \cos \frac{x-y}{2}$$
$$\sin x - \sin y = 2 \cos \frac{x+y}{2} \sin \frac{x-y}{2}$$
$$\sin x \cdot \sin y = \frac{1}{2}\big(\cos(x - y) - \cos(x + y)\big)$$
$$\cos x + \cos y = 2 \cos \frac{x+y}{2} \cos \frac{x-y}{2}$$
$$\cos x - \cos y = -2 \sin \frac{x+y}{2} \sin \frac{x-y}{2}$$
$$\cos x \cdot \cos y = \frac{1}{2}\big(\cos(x - y) + \cos(x + y)\big)$$
$$\sin x \cdot \cos y = \frac{1}{2}\big(\sin(x - y) + \sin(x + y)\big)$$

Hyperbelfunktionen

$$\cosh x = \frac{1}{2}(e^x + e^{-x}) \qquad \tanh x = \frac{\sinh x}{\cosh x} = \frac{e^{2x} - 1}{e^{2x} + 1}$$
$$\sinh x = \frac{1}{2}(e^x - e^{-x}) \qquad \tanh \frac{x}{2} = \frac{e^x + 1}{e^x - 1}$$

$$\boxed{\cosh^2 x - \sinh^2 x = 1}$$

$$\cosh 0 = 1, \quad \sinh 0 = 0, \quad \tanh 0 = 0$$

FORMELSAMMLUNG

Potenzreihen

$$e^x = \sum_{n=0}^{\infty} \frac{1}{n!} x^n = 1 + \frac{1}{1!}x + \frac{1}{2!}x^2 + \frac{1}{3!}x^3 + \cdots \quad \text{für} \quad x \in \mathbb{R}$$

$$\sin x = \sum_{n=0}^{\infty} \frac{(-1)^n}{(2n+1)!} x^{2n+1} = x - \frac{1}{3!}x^3 + \frac{1}{5!}x^5 - + \cdots \quad \text{für} \quad x \in \mathbb{R}$$

$$\cos x = \sum_{n=0}^{\infty} \frac{(-1)^n}{(2n)!} x^{2n} = 1 - \frac{1}{2!}x^2 + \frac{1}{4!}x^4 - + \cdots \quad \text{für} \quad x \in \mathbb{R}$$

$$\sinh x = \sum_{n=0}^{\infty} \frac{1}{(2n+1)!} x^{2n+1} = x + \frac{1}{3!}x^3 + \frac{1}{5!}x^5 + \cdots \quad \text{für} \quad x \in \mathbb{R}$$

$$\cosh x = \sum_{n=0}^{\infty} \frac{1}{(2n)!} x^{2n} = 1 + \frac{1}{2!}x^2 + \frac{1}{4!}x^4 + \cdots \quad \text{für} \quad x \in \mathbb{R}$$

$$\arctan x = \sum_{n=0}^{\infty} \frac{(-1)^n}{2n+1} x^{2n+1} = x - \frac{1}{3}x^3 + \frac{1}{5}x^5 - \frac{1}{7}x^7 + - \cdots \quad \text{für} \quad |x| < 1$$

$$\ln(1+x) = \sum_{n=1}^{\infty} \frac{(-1)^{n+1}}{n} x^n = x - \frac{1}{2}x^2 + \frac{1}{3}x^3 - \frac{1}{4}x^4 + - \cdots \quad \text{für} \quad -1 < x \leq 1$$

$$\ln(1-x) = -\sum_{n=1}^{\infty} \frac{1}{n} x^n = -(x + \frac{1}{2}x^2 + \frac{1}{3}x^3 + \frac{1}{4}x^4 + \cdots) \quad \text{für} \quad -1 \leq x < 1$$

$$(1+x)^r = \sum_{n=0}^{\infty} \binom{r}{n} x^n = 1 + rx + \binom{r}{2} x^2 + \binom{r}{3} x^3 + \cdots \quad \text{für} \quad \begin{matrix} |x| \leq 1, \ r > 0 \\ |x| < 1, \ r < 0 \end{matrix}$$

$$\sqrt{1+x} = \sum_{n=0}^{\infty} \binom{\frac{1}{2}}{n} x^n = 1 + \frac{1}{2}x - \frac{1}{8}x^2 + \frac{1}{16}x^3 - \frac{5}{128}x^4 + - \cdots \quad \text{für} \ |x| \leq 1$$

$$\frac{1}{\sqrt{1+x}} = \sum_{n=0}^{\infty} \binom{-\frac{1}{2}}{n} x^n = 1 - \frac{1}{2}x + \frac{3}{8}x^2 - \frac{5}{16}x^3 + \frac{35}{128}x^4 - + \cdots \quad \text{für} \ |x| < 1$$

geometrische Reihe: $\sum_{n=0}^{\infty} x^n = 1 + x + x^2 + x^3 + \cdots = \frac{1}{1-x}, \quad |x| < 1$

endliche geom. Reihe: $\sum_{n=0}^{k} x^n = 1 + x + x^2 + \cdots + x^k = \frac{1-x^{k+1}}{1-x}, \quad x \neq 1$

harmonische Reihe: $\sum_{n=1}^{\infty} \frac{1}{n^x} = 1 + \frac{1}{2^x} + \frac{1}{3^x} + \cdots$ konvergent $\Longleftrightarrow x > 1$

$$1 + \frac{1}{2} + \frac{1}{3} + \frac{1}{4} + \cdots = \infty$$

$$1 - \frac{1}{2} + \frac{1}{3} - \frac{1}{4} + - \cdots = \ln 2$$

$$1 + \frac{1}{1!} + \frac{1}{2!} + \frac{1}{3!} + \cdots = e$$

$$1 - \frac{1}{1!} + \frac{1}{2!} - \frac{1}{3!} + - \cdots = \frac{1}{e}$$

$$1 + \frac{1}{2} + \frac{1}{4} + \frac{1}{8} + \cdots = 2$$

$$1 - \frac{1}{3} + \frac{1}{5} - \frac{1}{7} + - \cdots = \frac{\pi}{4}$$

$$1 + \frac{1}{2^2} + \frac{1}{3^2} + \frac{1}{4^2} + \cdots = \frac{\pi^2}{6}$$

$$1 + \frac{1}{3^2} + \frac{1}{5^2} + \frac{1}{7^2} + \cdots = \frac{\pi^2}{8}$$

wichtige Grenzwerte

		$\binom{a}{n} \to 0, \ a > -1$
$\sqrt[n]{a} \to 1$	$(\frac{n+1}{n})^n \to e$	$\frac{a^n}{n!} \to 0$
$\sqrt[n]{n} \to 1$	$(1 + \frac{1}{n})^n \to e$	$\frac{n^n}{n!} \to \infty$
$\sqrt[n]{n!} \to \infty$	$(1 + \frac{x}{n})^n \to e^x$	$\frac{a^n}{n^k} \to \infty \begin{cases} a > 1 \\ k \text{ fest} \end{cases}$
$\frac{1}{n} \sqrt[n]{n!} \to \frac{1}{e}$	$(1 - \frac{x}{n})^n \to e^{-x}$	$\frac{a^n}{n^k} \to 0 \begin{cases} 0 < a < 1 \\ k \text{ fest} \end{cases}$

FORMELSAMMLUNG

Differentiations- und Integrationsregeln

Produktregel: $(u \cdot v)' = u' \cdot v + u \cdot v'$

$(uvw)' = u'vw + uv'w + uvw'$

partielle Integration: $\int u'v\,dx = uv - \int uv'\,dx$

Quotientenregel: $\left(\frac{u}{v}\right)' = \frac{u' \cdot v - u \cdot v'}{v^2}$

Vektorfunktionen

$$(\lambda\vec{u})' = \lambda'\vec{u} + \lambda\vec{u}\,'$$
$$(\vec{u} \cdot \vec{v})' = \vec{u}\,' \cdot \vec{v} + \vec{u} \cdot \vec{v}\,'$$
$$(\vec{u} \times \vec{v})' = \vec{u}\,' \times \vec{v} + \vec{u} \times \vec{v}\,'$$
$$(\vec{u}(\lambda(t)))' = \vec{u}\,'(\lambda(t)) \cdot \lambda'(t)$$

Kettenregel: $\big(y(x(t))\big)' = \frac{dy}{dt} = \frac{dy}{dx} \cdot \frac{dx}{dt} = y'(x(t)) \cdot x'(t)$

Substitutionsregel: $\int f(x)\,dx = \int f(g(t))\,g'(t)\,dt$, dabei ist $\begin{cases} x = g(t) \\ dx = g'(t)\,dt \end{cases}$

f	f'
x^n	nx^{n-1}
$\frac{1}{x^n}$	$\frac{-n}{x^{n+1}}$
$\sqrt{x}$	$\frac{1}{2\sqrt{x}}$
$\sqrt[n]{x}$	$\frac{1}{n\sqrt[n]{x^{n-1}}}$
e^x	e^x
$\ln x$	$\frac{1}{x}$
a^x	$a^x \ln a$
x^x	$x^x(1+\ln x)$
$\sin x$	$\cos x$
$\cos x$	$-\sin x$
$\tan x$	$\frac{1}{\cos^2 x}$
$\cot x$	$\frac{-1}{\sin^2 x}$
$\arcsin x$	$\frac{1}{\sqrt{1-x^2}}$
$\arccos x$	$\frac{-1}{\sqrt{1-x^2}}$
$\arctan x$	$\frac{1}{1+x^2}$
$\text{arccot}\, x$	$\frac{-1}{1+x^2}$
$\sinh x$	$\cosh x$
$\cosh x$	$\sinh x$
$\tanh x$	$\frac{1}{\cosh^2 x}$
$\coth x$	$\frac{-1}{\sinh^2 x}$
$\text{arsinh}\, x$	$\frac{1}{\sqrt{x^2+1}}$
$\text{arcosh}\, x$	$\frac{1}{\sqrt{x^2-1}}$
$\text{artanh}\, x$	$\frac{1}{1-x^2}$, $\|x\| < 1$
$\text{arcoth}\, x$	$\frac{1}{1-x^2}$, $\|x\| > 1$
$\int g\,dx$	g

$\int x^n\,dx = \frac{1}{n+1}x^{n+1}$, $(n \neq -1)$ | $\int \frac{f'}{f}\,dx = \ln|f|$

$$\int \frac{1}{x}\,dx = \ln|x|$$
$$\int \frac{dx}{x+a} = \ln|x+a|$$
$$\int \frac{dx}{(x+a)^2} = -\frac{1}{x+a}$$
$$\int \tan x\,dx = -\ln|\cos x|$$
$$\int x\ln x\,dx = x^2\left(\frac{\ln x}{2} - \frac{1}{4}\right)$$
$$\int \frac{1}{\sqrt{x}}\,dx = 2\sqrt{x}$$
$$\int \frac{1}{\sqrt[3]{x}}\,dx = \frac{3}{2}\sqrt[3]{x^2}$$
$$\int e^{ax}\,dx = \frac{1}{a}e^{ax}$$
$$\int x\,e^{ax}\,dx = \frac{ax-1}{a^2}e^{ax}$$
$$\int \ln x\,dx = x\ln x - x$$

$$\int \ln^2 x\,dx = x\ln^2 x - 2x\ln x + 2x$$
$$\int \sin^2 ax\,dx = \frac{1}{2}x - \frac{1}{4a}\sin 2ax$$
$$\int \cos^2 ax\,dx = \frac{1}{2}x + \frac{1}{4a}\sin 2ax$$
$$\int \sin ax\cos ax\,dx = \frac{1}{2a}\sin^2 ax$$
$$\int \frac{dx}{\sin ax\cos ax} = \frac{1}{a}\ln|\tan ax|$$
$$\int e^{ax}\sin bx\,dx = \frac{e^{ax}}{a^2+b^2}(a\sin bx - b\cos bx)$$
$$\int e^{ax}\cos bx\,dx = \frac{e^{ax}}{a^2+b^2}(a\cos bx + b\sin bx)$$
$$\int x\sin ax\,dx = \frac{1}{a^2}\sin ax - \frac{x}{a}\cos ax$$
$$\int x\cos ax\,dx = \frac{1}{a^2}\cos ax + \frac{x}{a}\sin ax$$

Bezeichnungen: $X = ax^2 + bx + c$, $\Delta = 4ac - b^2$, $a \neq 0$

$$\int \frac{dx}{X} = \begin{cases} \frac{2}{\sqrt{\Delta}}\arctan\frac{2ax+b}{\sqrt{\Delta}}, & (\Delta > 0) \\ \frac{-2}{\sqrt{-\Delta}}\,\text{artanh}\,\frac{2ax+b}{\sqrt{-\Delta}}, & (\Delta < 0) \end{cases}$$
$$\int \frac{dx}{X^2} = \frac{2ax+b}{\Delta X} + \frac{2a}{\Delta}\int\frac{dx}{X}$$
$$\int \frac{dx}{X^3} = \frac{2ax+b}{\Delta}\left(\frac{1}{2X^2} + \frac{3a}{\Delta X}\right) + \frac{6a^2}{\Delta^2}\int\frac{dx}{X}$$
$$\int \frac{x\,dx}{X} = \frac{1}{2a}\ln|X| - \frac{b}{2a}\int\frac{dx}{X}$$

$$\int\sqrt{x^2+a^2}\,dx = \frac{1}{2}\left(x\sqrt{x^2+a^2} + a^2\,\text{arsinh}\,\frac{x}{a}\right) = \frac{1}{2}\left(x\sqrt{x^2+a^2} + a^2\ln(x+\sqrt{x^2+a^2})\right)$$
$$\int\sqrt{x^2-a^2}\,dx = \frac{1}{2}\left(x\sqrt{x^2-a^2} - a^2\,\text{arcosh}\,\frac{x}{a}\right) = \frac{1}{2}\left(x\sqrt{x^2-a^2} - a^2\ln(x+\sqrt{x^2-a^2})\right)$$
$$\int\sqrt{a^2-x^2}\,dx = \frac{1}{2}\left(x\sqrt{a^2-x^2} + a^2\arcsin\frac{x}{a}\right)$$